热带气象研究

梁必骐 学术论文选集

气象出版社
China Meteorological Press

内 容 简 介

本书选编了梁必骐教授50余篇学术论文,内容包括综合评述、热带大气环流与系统研究、热带气旋研究、暴雨研究、自然灾害研究5个部分,评述了热带气象和自然灾害研究的进展,讨论了热带大气环流和南海环流系统的分布规律、结构特点及其对季风、台风、暴雨的作用以及热带气旋的活动规律、结构模式及其形成机制,揭示了暴雨和自然灾害的形成规律及其对经济建设的影响。本书可供从事气象、海洋、水文和防灾减灾等部门的专业人员以及大专院校相关专业的师生阅读和参考。

图书在版编目(CIP)数据

热带气象研究:梁必骐学术论文选集 / 梁必骐等著. —北京:
气象出版社,2015.9
ISBN 978-7-5029-6262-3

Ⅰ. ①热… Ⅱ. ①梁… Ⅲ. ①热带气象学—文集
Ⅳ. ①P444-53

中国版本图书馆 CIP 数据核字(2015)第 234296 号

Redai Qixiang Yanjiu——Liangbiqi Xueshu Lunwen Xuanji
热带气象研究——梁必骐学术论文选集
梁必骐　等著

出版发行:气象出版社

地　　址:北京市海淀区中关村南大街 46 号　　　邮政编码:100081
总 编 室:010-68407112　　　　　　　　　　　发 行 部:010-68409198
网　　址:www.qxcbs.com　　　　　　　　　　E-mail:qxcbs@cma.gov.cn
责任编辑:林雨晨　黄红丽　　　　　　　　　　终　　审:袁信轩
封面设计:易普锐创意　　　　　　　　　　　　责任技编:赵相宁
印　　刷:北京地大天成印务有限公司
开　　本:787 mm×1092 mm　1/16　　　　　　印　　张:29
字　　数:749 千字　　　　　　　　　　　　　彩　　插:8
版　　次:2015 年 9 月第 1 版　　　　　　　　印　　次:2015 年 9 月第 1 次印刷
定　　价:150.00 元

梁必骐、梁经萍结婚照（广州，1969.10）

❶ 合家首次外出旅游，在银杏树下留影（自左至右：女儿
梁健、梁必骐、夫人梁经萍、儿子梁勇，韶关，2001）

❷ 爷孙共赏牡丹（洛阳，2006）

❸ 红宝石婚留念（广州，2009）

三代人在广州共庆梁必骐的父亲 90 华诞暨父母金刚钻石婚（70 周年）留影（前排自左至右：小妹、大哥、母亲、父亲、梁必骐、三弟，1997）

全家福（广州，2010）

孙辈同庆梁必骐生日（中山大学，2012）

梁必骐在计算机房工作（威斯康星大学，1985）

书斋留影（1991）

梁必骐在学习（中山大学，1957）　　　　梁必骐在写作（中山大学，1990）

在中山大学环境科学与工程学院成长论坛上讲话（自左至右：尹延清、梁必骐、吕小平，2010）

参加中山大学校友总会在梅州举行的联欢活动（前排自左至右：蒋勤、李萍、市委书记李嘉、校党委书记郑德涛、梁必骐、冯达文，2011）

梁必骐与教研室同仁一起讨论教学（自左至右：梁经萍、许丽章、温之平、梁必骐、黎伟标、郭英琼，1994）

1984 年 8 月梁必骐率领中山大学气象学术考察团访问香港天文台，同岑柏台长座谈（自左至右：沈如桂、岑柏、梁必骐、杨平章）

1985 年梁必骐在威斯康星大学做访问学者，同美国专家一起欢度国庆（自右至左：Johnson 教授及夫人、梁必骐、Schaack 博士及夫人，1985.10.1）

春节慰问陈世训老先生（自左至右：谢国涛局长、陈世训、石云风、梁必骐，1991）

梁必骐同来校调研的中国气象局马鹤年副局长座谈（自左至右：梁必骐、薛纪善、马鹤年，1993.5）

访问澳门地球物理暨气象台（左三为梁必骐、左六为冯瑞权局长，澳门，1998）

台湾气象专家和学者来访（前排左二至四为台湾张隆男、刘广英、陈泰然教授，1995）

同指导工作的两位院士合影（自左至右：梁必骐、高由禧院士、陶诗言院士、杨平章、高绍凤，中山大学，1995.5）

出席中国气象学会成立 60 周年庆祝大会的广东代表合影（前排自左至右：何大章、陈世训、李真光、韦有暹、梁必骐，南京，1984.10）

梁必骐在南沙地区科学考察第二次学术讨论会上发言（广州，1990.2）

梁必骐主持中国南方自然灾害研讨会（广州，1990.11）

出席东亚中尺度气象与暴雨研讨会（二排右三为梁必骐，福州，1995.11）

梁必骐应邀访问日本期间，在日本气候研究所作学术报告（筑波，1995.12）

梁必骐(右二)指导本科生
毕业论文(中山大学,1975)

梁必骐同研究生座谈
(中山大学,1983)

梁必骐(居中者)同研究生
在一起(中山大学,1991)

梁必骐同研究生合影
（左为首届澳门研究生冯
瑞权，右为研究生李萍，
中山大学,1992）

梁必骐和夫人同来访的研究生合影（中山大学,1994）

梁必骐和夫人旅美期间,同在华盛顿工作的校友欢聚（华盛顿,2013）

曾庆存院士题词

　　梁必骐教授长期从事气象学教育与科研，桃李满天下，学术成果丰硕。尤其在热带气象学研究方面，他是著名学专和先驱之一。今其学生们将其在热带气象学方面的研究之杰出成果结集出版，以利后来学者，这确是一大好事，是我国气象学界的一大盛事，谨此表示热烈祝贺。

热带乡人

曾庆存谨识

二〇一三年夏日

序

热带海洋是全球大气运动的主要能源和水汽源地，从 20 世纪 60 年代以来，气象学家逐步重视热带气象研究，现在热带气象学已成为大气科学的重要的前沿学科研究领域之一。我国对热带气象研究起步较晚，直至 70 年代才开始有计划地开展热带气象研究。70 年代初，在中央气象局的组织下，有关单位的部分气象专家和学者齐聚广州，制订了我国第一个"热带天气研究计划"。1974 年 4 月在桂林召开了热带气象研究工作年会，1976 年出版了第一本《热带天气会议论文集》。此后，全国开展了一系列有计划的热带气象研究，取得了丰硕的研究成果。

中山大学是国内最早开展热带气象研究的高等院校之一，早在 20 世纪 70 年代初，该校就提出"中山大学气象专业应以热带气象研究为主要发展方向，并逐步建成为我国热带气象学研究和人才培养基地。"从此"热带气象研究"成为该校从气象专业到大气科学系的办学和科研的主要发展方向。梁必骐教授作为该系的创始人之一，首先倡议并积极推进了该学科在热带气象研究方面的发展，为大气科学人才的培养和热带气象学的发展做出了突出贡献。

梁必骐教授作为我国最早从事热带气象研究的学者之一，他参与制订和组织实施"中国热带天气研究计划"，并先后参与策划和组织了首次在国内进行的大规模热带气象实验——华南前汛期暴雨实验、"中国热带夏季风研究"、"热带环流系统研究"和"热带环流系统及其预报研究"等国家重点气象科研课题，并积极承担了国家"七五""八五""九五"等科技攻关项目以及"南沙群岛及其邻近海区综合科学考察"等国家重大项目的相关课题研究。集中对南海及其附近地区热带大气环流与天气系统进行了研究，取得一系列重要研究成果。

20 世纪 70 年代，他和他的同仁合作，首先给出南海热带辐合带的活动规律和结构特点，提出了辐合带和热带东风急流与南海台风发生发展的关系。他带领几位学生研究完成的学术论文《南海地区中层气旋的分析研究》，获得 1978 年全国科学大会奖。他在"华南前汛期暴雨实验"研究中，也取得许多新的研究成果，尤其对"暴雨中尺度系统"和"地形对暴雨的作用"提出了新见解。他参与完成的《华南前汛期暴雨成因及预报研究》获得 1985 年国家科技进步三等奖。

在 20 世纪 80 年代初期，他和他的团队系统地对南海热带环流系统进行了多项研究，最先揭示出南海及其附近地区各类环流系统（热带辐合带、低空急流、东风波、中层气旋、季风低压、赤道反气旋和南海高压等）的活动规律及其与热带气旋的关系，并给出了它们的结构模式，探讨了南海季风扰动（季风低压、中层气旋）的形成机制，此外还提出在 105°E 附近存在高、低空两支越赤道气流及其与南海夏季风的关系。同时他带领一些学生探讨了大气低频振荡和遥相关的若干问题。1981 年，他协助陈世训教授指导完成的硕士论文《季风区热带环流的振动与季风辐合带》，是我国最早揭示热带大气低频振荡的研究成果之一，该文提出，在亚洲热带季风区存在 5～7 周、准两周和 7～9 天三种周期振动，其中 5～7 周振动集中表现为赤道西风和热带东风的强弱振动，也表现为西太平洋副热带高压南北位置的变动及其导致的季风辐合带强度和位置的变动。此外，另一些研究成果则揭示了热带地区 OLR（outgoing long-wave radiation，向外长波辐射）的低频振荡特点及其与热带气旋的关系，给出了北半球冬季存在的 7 种大气遥相关型。80 年代中后期，他集中对南海台风进行了系统性研究，不仅给出了南海台风的活动规律和结构模式，还探讨了它们的发生发展机制，填补了这方面的某些研究空白。

20 世纪 90 年代初，他在总结上述研究的基础上，出版了两本书，一是由他主编的《热带气象学》教材，另一本是《南海热带大气环流系统》专著。《热带气象学》一书不仅总结了国内外学者在热带气象方面的主要研究成果，还提出了作者的一些新成果和新观点，同当时国内外的同类著作相比，其内容更为全面、新颖。《南海热带大气环流系统》是作者在这方面大量研究成果的系统性总结，该专著目前仍是对南海地区热带环流研究的唯一系统著作，填补了南海热带气象学的空白，为南海地区的气象保障提供了许多理论基础，对南海天气预报和资源开发具有重要的应用价值，其学术水平达国内领先和国际先进。

梁必骐教授长期从事高等教育，不仅在热带气象研究方面，而且在热带气象人才培养方面也做出了重要贡献。1974 年他率先在国内为气象学专业本科生开设《热带天气学》新课程，并编出国内第一本《热带天气学》教材。1981 年开始招收以热带气象研究为培养方向的研究生，并先后为研究生开设《热带气象学》《热带大气环流与系统》和《热带气候学》等学位课程，已培养这类研究生 30 余名。他从教 50 年，培养出一批又一批大气科学人才，可谓桃李满天下。他的许多学生已成为大气科学科研、教学和实际业务的学科带头人或中坚骨干力量，成为有关部门的优秀管理人才。

我和梁必骐教授第一次相见于 1974 年 4 月桂林会议，那个时期我的专业是"东亚大气环流"研究，对我国华南和南海热带地区的天气变化及其形成原因知之甚少，和梁教授认识后，得益很大。1980 年后，在热带气象研究中设立了季风研究课题，以后中国和美国经过协商又设立了政府间季风协作研究，梁教授仍参加了季风研究计划，相互讨论，继续得益。

在梁必骐教授 80 华诞之际，他的几位学生从他大量著述中选取部分学术论文汇集成《热带气象研究——梁必骐学术论文选集》一书，并由气象出版社出版，这是一件挺有意义的事情，我谨热烈祝贺《热带气象研究——梁必骐学术论文选集》的出版，并期望该书能成为从事热带气象学研究的青年学者的重要参考书。

陈隆勋

2015 年 8 月

我的科研之路与感悟

（代自序）

我们这一代知识分子早在学生时代就经常参加科学实践，20 世纪 50 年代，我先后参加了"广东省土壤鉴定"、"华南综合科学考察"和"云南热带生物资源综合科学考察"等多项科研活动。但大学毕业后，由于种种原因，长期没有机会从事科研工作，直至 70 年代才开始走上科学研究之路，退休后虽然结束了系统性的科学研究工作，但仍然从事一些有兴趣的力所能及的科研工作。

我的科研工作主要集中于天气动力学、热带气象学和自然灾害研究，特别是在暴雨、台风、季风、热带大气环流系统和自然灾害等方面作了长期深入的研究。

20 世纪 70 年代，我国开始有计划地开展热带气象学研究，我是该项研究的倡导者和组织者之一，也是国内最早从事该项研究的学者之一。鉴于我学习和工作在祖国最南端的高等学校——中山大学，而且当时国内对热带气象研究不多，故令我对热带气象研究"情有独钟"。在 70 年代初，怀着对热带气象研究的兴趣，我约了几位老师一道前往广东、广西、福建一些气象台和研究所进行调研，并在广西气象局待了两个多月，利用该局的气象资料，同有关科技人员合作，开始了我们的热带气象研究之路。正因此，我参与制订了我国第一个"热带天气研究协作计划"，参与组织了全国首届热带天气会议（1974 年），并报告了《中南半岛和南海地区热带辐合带的初步分析》和《热带辐合带与南海台风发生发展关系的初步探讨》两篇论文，首先给出南海热带辐合带的活动规律和结构特点，提出了辐合带和热带东风急流与南海台风发生发展的关系。我带领几位学生研究完成的学术论文《南海地区中层气旋的分析研究》，获得 1978 年全国科学大会奖。70 年代后期，我参与策划和组织了首次在华南地区进行的国内第一个大规模气象实验——"华南前汛期暴雨实验"，并主持由中山大学和南京大学联合举办的暴雨训练班，为该实验培养了一批技术人才。参与编写了《暴雨的分析与预报》一书（农业出版社，1981 年）和三本"华南前汛期暴雨实验"研究文集，合作撰写的《华南前汛期暴雨》专著（1986 年），我负责撰写"暴雨的中尺度系统"和"地形对暴雨的作用"等内容，同行专家认为该书是迄今最完整论述华南前汛期暴雨的论著，该项研究成果获得 1985 年国家科技进步三等奖。

20 世纪 80 年代初期,我先后参与组织了"中国热带夏季风研究"、"热带环流系统研究"、"热带环流系统及其预报研究"等国家重点气象科研课题。我的团队系统地对南海热带天气系统进行了研究,最先揭示出南海中层气旋、低空急流、东风波、季风低压、赤道反气旋和南海高压的活动规律,首次给出了它们的结构模式和南海季风扰动(季风低压、中层气旋)的形成机制,并提出了在 105°E 附近存在高、低空两支越赤道气流及其与南海夏季风的关系。此外,我同我的学生共同探讨了大气低频振荡和遥相关的一些问题,较早揭示出南亚季风区热带环流和季风辐合带的变动存在 5～7 周的周期振动,以及热带地区 OLR 的低频振荡特点及其与热带气旋的关系;另一些研究成果则给出了北半球冬季存在的 7 种大气遥相关型,以及北半球夏季大气遥相关与低频遥相关的关系。80 年代中后期,我主持国家教委重点科研项目"南海台风发生发展理论及其预报研究"和国家"七五"科技攻关课题,集中对南海台风进行系统性研究,填补了这方面的空白。该项研究成果首次给出了南海台风的结构模式,提出了其发生发展机制,探讨了地形对台风强度和路径的影响。在这些研究的基础上,我们在国内首先开设了《热带天气学》课程(1974 年),由我主编出版了国内第一本《热带气象学》(中山大学出版社,1990年),并撰写出版了《南海热带大气环流系统》专著(气象出版社,1991 年)。

20 世纪 90 年代以来,我先后主持多项国家自然科学基金项目和国家科技攻关课题的研究,其中包括"中国南方区域重大气象灾害的形成规律及其预测研究"和"广东自然灾害区划研究"以及国家"八五"和"九五"科技攻关等八项课题,重点研究了中国南方重大气象灾害成因及其预测。合作撰写了《1994 年华南夏季特大暴雨研究》专著。此外,还参加了南沙群岛及其邻近海区综合科学考察,完成了"南沙海域天气过程及海浪数值模拟研究"专题,联合主编出版了《南沙海域海气相互作用与天气气候特征研究》一书(科学出版社,1998 年),填补了这方面的研究空白。联合国于 1987 年 12 月确定 20 世纪 90 年代为"国际减轻自然灾害十年",在我的创议下,1989 年我校地学院设立减灾研究室,1992 年中山大学成立自然灾害研究中心,我被任命为首任中心主任,并组织有关专家开始了一系列"自然灾害与减灾防灾"研究。1993 年编写出版了《广东自然灾害》一书,该书是国内第一本全面论述省区自然灾害的著作,1995 年又参与编辑出版了《广东省自然灾害地图集》。同时完成了一批有关自然灾害及防灾减灾的研究成果,集中探讨了南方自然灾害的类型和形成规律,分析了自然灾害对经济建设和可持续发展的影响,给出了若干灾情预测和评价模式。在国内,中山大学是最早开展自然灾害研究的高等学校之一,可惜我退休后这方面的研究未能延续下去。

此外，20 世纪 80 年代以来，我先后承担了广东省和广州市科技志的"大气科学"部分的修志工作，已编写完成，并已正式出版。

退休以后，我在气候变化、自然灾害等方面继续做了一些研究工作，其中包括在报刊和网络上发表的 50 多篇科普文章。

通过多年的研究，我同我的团队在热带气象和自然灾害等领域完成了一系列研究成果，先后发表学术论文 130 余篇。主编出版了《热带气象论文集》《自然地理学研究与应用》《Proceedings of the South and East Asia Regional Symposium on Tropical Storm and Related Flooding》和《南沙海域海气相互作用与天气气候特征研究》等论文集，参与编审出版《华南前汛期暴雨实验研究文集》《热带天气会议论文集》《全国热带夏季风学术会议文集》《全国热带环流和系统学术会议文集》等全国性学术论文集和译文集十多种。在科学研究的基础上，出版专著和教材 10 本，代表作有《热带气象学》（中山大学出版社，1990 年）、《南海热带大气环流系统》（气象出版社，1991 年）、《广东自然灾害》（广东人民出版社，1993 年）和《天气学教程》（气象出版社，1995 年）。其中《热带气象学》一书经中国科学院院士陶诗言、高由禧等十多位国内外知名专家书面评审，一致肯定该书的科学性、先进性和适用性，认为这是一本"高水平的著作，内容全面、系统、丰富、新颖，有独到的特色，反映了国内外最新研究成果，是同类著作中的佼佼者。在国内是领先的，并达到国际先进水平"。该书先后获得中南区大学出版社优秀图书一等奖、中山大学优秀教材奖和广东省高等学校科技进步（教材）二等奖。《南海热带大气环环流系统》一书由中山大学组织包括中科院院士在内的八位同行专家进行书面评议，鉴定意见认为该专著"内容广泛而深入，且富有新意，是国内外关于该地区气象研究的唯一系统著作，填补了南海气象学的空白，丰富发展了热带气象学和海洋气象学，为南海地区的气象保障及天气预报提供了坚实的理论基础，有助于南海资源的开发，具有重要的学术意义和应用价值，达国内领先和国际先进水平"。该专著获得 1992 年广东高等学校科技进步二等奖和联合国技术信息促进系统（TIPS）中国国家分部颁发的 1994 年度"发明创新科技之星"奖。此外，其他科研成果获得十多项厅、局级以上科技成果奖。本人多次获得"中山大学先进科技工作者"称号，我领导的热带天气研究组获得"中山大学科研先进单位"。

半个多世纪的科教人生，令我深深感悟到"兴趣、勤奋、毅力、合作"乃是成功之道。做任何事情首先必须有兴趣、有毅力才能坚持下去，可以说兴趣是开拓创新的"敲门砖"，毅力是取得成功的"金箍棒"。

古人云："业精于勤，行成于思"（唐代韩愈）。我深信"成功在于勤奋"，在于勤思、勤行。对科学研究而言,在于"思行合一",勤思而精,勤行必果,只有不断地把握学科的发展和坚持不懈的努力,才能开花结果。然而在科学研究中离不开合作,科研成果的获得往往都是科研团队共同努力的结果。我能取得一些科研成就,除了自己的努力外,更与我的同事和学生的真诚合作分不开。应该说,一切成就首先应归功于团队的合作与创新精神。

此外,作为长期从事教学的教师,除了科研课题外,我也先后承担了学校和教育部的多项教学研究课题,对高等教育和教学改革做了大量研究。1993 年完成的《加强课程建设 创建一类课程》教学研究成果,总结了《热带天气学》课程建设的经验,提出了一套比较有效的课程建设和教学改革方法,为创建一类课程提供了经验。该项成果获 1993 年广东省普通高等学校优秀教学果一等奖和国家级优秀教学成果二等奖。

科研与教学是相辅相成的。科研成果有助于充实教学内容,而在教学过程中往往会发现一些疑点和问题,从而为科研提出新的课题。可见两者是相互促进的。五十多年的教师生涯,令我体会到,一个优秀的教师不仅教学认真,而且科研也出色。只有经常开展科学研究,才能不断提高学术水平,日益吸收新知识,扩大学术视野,更新教学内容,从而在传授基础知识的同时,也能让学生掌握学科的新进展。

梁必骐

2015 年 6 月

于康乐园

前　言

　　梁必骐先生长期从事高等教育和科学研究,是我国知名的气象学家和教育家,中山大学大气科学系和自然灾害研究中心的创始人之一,为中国大气科学人才的培养和热带气象学的发展做出了突出贡献。在今年梁必骐先生八十华诞之际,我与他的其他几个学生一起商议,为总结梁必骐先生对我国气象教育和中山大学大气科学研究、学科发展和人才培养的贡献,将其在热带气象学各方面的研究成果结集为《热带气象研究——梁必骐学术论文选集》出版。

　　梁必骐先生于 1960 年 7 月毕业于中山大学地理系自然地理专业并留校任教,历任中山大学助教、讲师、副教授、教授,先后兼任中山大学气象系(1986 年易名为大气科学系)副主任、主任和中山大学自然灾害研究中心主任,中山大学学术委员会、教师职称评审委员会委员,国家教委第一届、第二届高等学校大气科学教学指导委员会成员,全国高校气象类教材编审领导小组成员,中国灾害防御协会理事,广东省气象学会副理事长,以及《中山大学学报》和《热带海洋》学报编委等职。

　　梁必骐先生在中山大学从教近 40 年,先后讲授过《中长期天气预报》《天气学》《天气分析与预报》《中尺度天气学》和《暴雨分析与预报》等 10 门课程,于 1974年首先在国内为本科生开出《热带天气学》课程,并编出国内第一本《热带气象学》教材。他早期编写的《天气学》以及后期改编的《天气学教程》都受到了其他国内高校大气科学专业师生的好评。梁必骐先生于 1981 年开始招收研究生,并先后为研究生开设了《热带气象学》《热带大气环流与系统》和《热带气候学》等学位课程,至今已培养研究生 30 余名。他主持完成的《加强课程建设,创建一类课程》的教学研究成果,于 1993 年获得广东省普通高等学校省级优秀教学成果一等奖和国家级优秀教学成果二等奖。梁必骐先生教书育人,勤勤恳恳,无私奉献,数十年如一日,默默耕耘于教学第一线。他治学严谨,注重教学质量,讲究教学方法,善于启发、引导和培养学生独立思维能力,教学效果优良,深受学生欢迎。他桃李满天下,培养出一代又一代的优秀人才。如今,他的学生以及学生的学生正工作在大气科学科研、教学、业务和管理的第一线,已成为我国大气科学事业的中坚和重要骨干力量。

　　在长达 50 多年的学术生涯中,梁必骐先生的科学研究涉及天气动力学、热带气象学和自然灾害学等多个研究领域,在热带气旋、暴雨、季风、热带大气环流系统和自然灾害等方面作了长期深入的研究,取得一系列的丰硕成果。作为我国最早从事热带气象和自然灾害研究的学者之一,他先后主持完成了国家自然科学基金和国家科技攻关等项目 10 余项。20 世纪 70 年代,他参与策划和组织了首次在国内进行的大规模气象实验——华南前汛期暴雨实验。70—90 年代,先后参与组织了"中国热带天气研究""中国热带夏季风研究""热带环流系统研究"和"热带环流系统及其预报研究"等国家重点气象科研课题,以及国家科技攻关等项目,系统地对南海热带环流系统进行了研究,并在"自然灾害与减灾防灾"方面取得一批重要研究成果。他在国内外先后发表学术论文 130 多篇,出版有《天气学》《热带气象学》《南海热带大气环流系统》《广东自然灾害》《广东省自然灾害地图集》和《天气学教程》等专著和教材。梁必骐先生退休以后,还在气候变化、自然灾害等方面继续进行研究工作,并在报刊和网络上发表的 50 多篇科普文章。他这种活到老、学到老的崇高敬业精神让我们后来人无不为之感动。

　　中山大学大气科学学科已走过了 50 多年的辉煌历程。自 1961 年起,她经历了早期海洋气象学专业的初创阶段,建立气象系时期的蓬勃发展,到现在的大气科学系。虽然中山大学大气科学的师资队伍、教学内容和科研方向等随着时代的前进经历了很大的变化,但有一点则始终没有改变,那就是严谨、求实和创新的科学精神。这一科学精神是梁必骐先生等老一辈学者言传身教铸就的,需要我们后来者发扬光大。目前,大气科学系正处在一个崭新的历史时期,除了传统的大气科学学科研究特色外,正在拓展全球气候变化、大气化学等前沿研究领域,将来还将增加一些新的学科专业。无论学科将来如何向前发展,我们都将秉承梁必骐先生等老一辈留下的优良学术传统,并将他们的严谨、求实和创新的科学精神传承下去并发扬光大。进一步办好大气科学学科,将大气科学系的教学、科研和学科建设推上新台阶。

　　文集选录了梁必骐先生的 50 多篇学术论文,内容包括综合评述、热带大气环流和系统、热带气旋、暴雨、自然灾害等 5 个部分,分别评述了热带气象和自然灾害研究的进展,讨论了热带大气环流和南海环流系统的分布规律、结构特点及其对季风、台风、暴雨的作用,热带气旋的活动规律、结构模式及其形成机制,揭示了暴雨和自然灾害的形成规律及其对经济建设的影响。此外,文集还附有梁教授从事教学、科学、社会活动和家庭生活的数十幅照片,以及同行专家对《热带气象学》一书的书面评价。

　　最后,我谨代表梁必骐教授工作所在的单位——中山大学大气科学系对所有为该文集的出版做出贡献的同仁们表示衷心的感谢。

中山大学大气科学系

温之平

2015 年 9 月 8 日

目　　录

第三部分　热带气旋研究

第四部分　暴雨研究

第五部分　自然灾害研究

附　　录

第一部分

综合评述

华南前汛期暴雨的成因与预报问题

李真光[1]　梁必骐[2]　包澄澜[3]

(1. 广东省热带海洋气象研究所；2. 中山大学气象系；3. 南京大学气象系)

摘　要　根据 1977 年以来华南前汛期暴雨实验研究的论文和报告,并参考近年来其他有关材料,本文综合分析了华南前汛期暴雨的成因及其主要特征,其中包括大尺度环流,天气尺度系统,中尺度扰动、地形作用和暴雨动力学等几方面的分析,特别强调了斜压区附近的暖湿空气中的暖区降水特征,低空急流的贡献和对流层低层中尺度扰动的辐合作用,以及特殊地形的作用,给出了初步的空间剖面图像和中尺度描述。

关于华南前汛期暴雨的预报方面,主要讨论了暴雨落区预报及其他几种预报方法的试验,着重指出暴雨落区预报方法在应用华南前汛期暴雨实验的天气学和动力学成果,拟出和改进落区预报指标方面是有成效的。

1　引　言

1976 年 2 月热带天气科研协作第三次会议在广州召开,决定将华南前汛期暴雨实验列为热带天气科研规划的一项重点课题,组织力量进行实施。经过 1977 年的预演实验,1978—1979 年的正式实验,组织了广西、广东、福建省(区)全部气象站和贵州、湖南、江西等省南部的气象站共 310 个,在广西、广东、福建省(区)的重点实验区组织了 40 个县 350 个公社气象哨和 127 个水文站提供了加密的观测资料,组织华南 23 个天气雷达站和 16 个高空站进行了加密观测,另相应收集整理了大尺度的气象资料和卫星云图资料。根据这些资料,各单位按所负责的课题进行集中的或分散的研究工作,三年来共提出了近百篇内容丰富的论文和研究报告,本文根据这些材料并参考一些其他的有关论文,对华南前汛期暴雨问题,给出若干方面的主要概念和简要叙述,以期进一步讨论和研究。由于引用的文献太多,为了节省篇幅,就不一一列出了。

华南前汛期是指每年 4—6 月的华南多雨期,它区别于 7—10 月的以台风雨或热带辐合带降水为主的后汛期。这时期实际上是从春到夏我国雨带从南向北移的一个起始阶段。对华南前汛期暴雨的研究,也许能指出某些带普遍意义的问题,故本文把重点放在暴雨成因问题上,而对过程细节则予省略。

2　大尺度环流

华南前汛期暴雨既然是我国的一个季节性雨带,它的出现自然是大尺度环流调整的产物,

本文发表于《华南前汛期暴雨文集》,北京:气象出版社,1982.

具体来说,适当的有利于冷空气南下的中高纬环流和有利于水汽向华南输送的低纬环流,高层有利于疏散热量,低层有利于水汽及不稳定能量辐合积聚的形势,相互配合,才导致一次明显的暴雨过程。

2.1　欧亚环流型

如以广东暴雨期代表华南前汛期暴雨期,则可用较长的资料序列统计暴雨期的优势环流型。据苏联王根盖伊姆欧亚环流分型统计,1951—1976 年广东出现日雨量≥200 mm 的暴雨期中,西方型(W)占 46.5%,东方型(E)占 30%,经向型(C)占 23.5%,西方型实际是经向度较小的环流型,与另一种统计可相对照。据 1967—1976 年广东出现三天连续暴雨时的欧亚环流型,则西阻高型占 42%,多波型占 40%,其他占 18%。但据三年暴雨实验期所分析的 12 次暴雨过程中有 9 次是欧亚两脊一槽型,3 次是两槽一脊型,两脊一槽型占优势,与天气分析的经验亦较相符。因分型标准的问题,这些数字只作同一分型时的分析参考。

中高纬环流型与冷空气向南活动的关系是复杂的,如以冷空气南下路径分型,统计 1971—1978 年前汛期暴雨出现的情况,则有 37.5% 的暴雨过程与中路南下冷空气相关,有 25% 与西路南下冷空气相关,其余各种冷空气活动方式则相关性较小,但都有一定关系。总的来说,92.5% 的暴雨过程与南下冷空气活动有关,只有 7.5% 全无冷空气活动。

2.2　副热带高压

以对流层中层的副热带高压来看,前汛期高压主体在西太平洋居多,有时也存在南海高压。副热带高压脊伸于南海的时候,通常配合其西侧的西南气流,对华南稳定的输送水汽和不稳定能量。据 1973—1975 年 10 次过程及 1977—1979 年 12 次过程的分析,华南沿海500 hPa 高度<588 dagpm 副高脊线在 15°~20°N,平均约在 17°N 左右对华南暴雨的产生有利。但有些特殊的例子,如 1977 年 5 月 27 日至 6 月 1 日的粤东特大暴雨过程,副高脊南退至10°N,这是很少见的。

2.3　对流层高层辐散形势

对于暴雨来说,对流层高层辐散形势不仅是维持低层辐合的补偿机制,而且也是疏散由于对流凝结产生的潜热,维持气柱的稳定度性质的一种机制。根据 4—6 月 200 hPa 平均图(图略),4 月份华南处于脊的北侧西风区;5 月份反气旋中心在泰国上空,华南处在西北气流之下;6 月份反气旋中心移至西藏高原之上,华南处于东北气流之下。根据流线来粗略判断,则华南前汛期经常具备高层辐散形势,尤以 5—6 月份为多。三年分析的 12 个过程,有 11 个可以明显地判别为辐散形势,只有一个例外。从 1974 年 4—6 月 16 次低空急流过程中 11 次广东的大到暴雨全部定性判为高层辐散形势,可以互相印证。

随高层反气旋的北移,副热带急流亦相应北移,但随着冷空气南下活动,副热带急流亦间歇地南移,暴雨发生在副热带急流的南侧,其作用与上述机制相似。

2.4　前汛期暴雨结束的环流形势

基本上可从三方面看:青藏高原暖高脊向东北发展并稳定下来,使冷空气活动偏北偏东,1971—1978 年有 7 年暴雨结束期具有这个特征;副热带高压第一次北跳,将雨带推进到长江流域,在华南沿海以香港 200 hPa 稳定出现东风分量作为判别,多年平均为 6 月中旬;高层热带东风向北扩展的同时,向下传递,至西沙群岛 500 hPa 出现东风分量时,华南前汛期基本结束,时间在 15 天以内。

3 天气尺度系统

华南前汛期暴雨是在一定的天气尺度背景下触发和维持较为广泛的中小尺度系统造成的对流性降水。这里叙述的并不是严格的天气系统概念。

3.1 暖湿带与暖区降水

研究华南前汛期暴雨的所有个例分析都无例外地发现,自我国西南部至北部湾一带有一暖湿带东伸至华南,表征这暖湿带为 $\theta_{se} \geqslant 70℃$ 的东伸舌,其北为冷空气控制区,其南为副热带高脊控制区,那里均为 θ_{se} 相对小值区。由于暴雨是在短时间内需要环境供给大量水汽,经过上升凝结而形成的,所以它只能在暖湿带里产生与发展。

在很长的时间里,人们一直认为华南前汛期暴雨主要是锋面降水,虽然有一些作者已指出暖区降水的特点,还未得到更多的确认。三年的实验研究,有了细致的分析和资料证实,前汛期的主要暴雨(不是所有暴雨),特别是大暴雨和特大暴雨,基本上是暖区降水。三年分析的12 次过程,有 10 次主要降水区是在暖区,其中多次的创纪录的暴雨,全是暖区降水。这是一个重要的概念,具有理论意义和实际意义。

暖湿带中的湿层厚度和 θ_{se} 随高度的变化并非处处一样,从图 1 可见,最有利产生暴雨的主要是锋前低空急流的左侧,这里相对湿度大于 90% 的高度常可达 500 hPa,气柱位势不稳定值最大,而其北冷空气区和其南高值区便相差很远了。当然每次过程与示意图不一样,但这是具有普遍特征的。

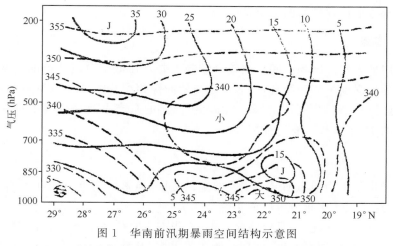

图 1 华南前汛期暴雨空间结构示意图

实线为等风速线(m/s);虚线为等 θ_{se} 线(K);J 为急流轴

3.2 低空急流

经过多年的资料分析,大约有 75% ~ 80% 的暴雨是存在低空急流的对应关系的。据1971—1978 年 40 次暴雨过程分析统计,对应的低空急流有 75% 在暴雨之前一天以上出现,

20％与暴雨同时出现,无急流出现的只占 5％。三年暴雨实验分析的 12 次过程全部有低空急流相对应。从这三种不同分析统计材料所得的结论,绝大多数华南前汛期暴雨与低空急流密切相关,是形成暴雨的重要天气系统。

通过暴雨实验研究,证实华南前汛期低空急流主要是西南风强风带,通常是天气尺度及中间尺度的,作为天气系统,其动力学和天气学特征大概可以归纳为以下各点:

(1)低空急流的左侧低层为气旋性切变区和辐合区,高层为反气旋切变区和辐散区;右侧全层为反气旋切变区和辐散区;最有利产生暴雨的地点为大风核的左前方和湿舌前端。

(2)低空急流轴在空间是倾斜的而且是随时间变化的,一般是由低到高的变化。因它有时是对流层多层急流结构的一部分,与其他层存在相互转化和相互作用。

(3)低空急流的强度有日变化,通常早晨最强,傍晚最弱,即使在某些短时间内,还可以分析到风速脉动,可能导致重力波及相应的雨量振动。

(4)低空急流与其他大尺度及天气尺度系统的相互作用的结果,会由北向南或由南向北移动,并且与华南的不同地理位置的地形、海陆分布相结合,形成不同特点的低空急流分类。

(5)由大面积的雷达回波拼图得到的低空急流直观图像是明确的,与天气学的分析相符。

低空急流还是华南前汛期暴雨的水汽和不稳定能量的输送带,一些研究证明华南暴雨的水汽来源是南海北部,主要是 700 hPa 以下自南向北输送;其次是由西向东输送,但有时也存在自东向西输送的情况。

除了西南风低空急流以外,华南沿海的东南风低空急流也对暴雨产生有明显的贡献。这种东南风低空急流很主要的特征是中间尺度的甚至是中尺度的,一般存在于 850 hPa 以下的低层,而且在与西南风辐合处发生暴雨,三年实验期间,共有四次暴雨过程是由东南风低空急流及西南风与东南风辐合激发的,其中两次粤东沿海特大暴雨,两次粤西沿海局地特大暴雨,可见这是值得重视的。不过,在华南沿海出现西南风和东南风辐合的机会很多,只有同时出现东南风低空急流才会出现较大的暴雨。

3.3　低层辐合形势

对流层低层的天气尺度和中间尺度辐合形势主要是在低空急流北侧的切变线和低涡,有时和南支槽前的正涡度平流相结合,但多数是与地面锋相配合的,850 hPa 的切变线位置很近于地面锋线,这是一个重要特征。暴雨多出现在低涡的东南方及切变线上正涡度大的地方。暴雨实验分析的 12 个过程均有这种配置。

3.4　斜压区

上面虽然指出了华南前汛期暴雨主要发生在暖区,但暖区附近斜压性不明显也不会有很大范围的暴雨,这是三年实验分析所证实的。

所谓斜压区有二种情况:一是沿锋面一带,在华南主要是静止锋南下至南岭及以南而出现的,这就是通常所熟知的情况;另一种是变性高压出海,其脊西伸至闽、粤沿海,形成的沿海西北—东南的总温度密梯度区,即 θ_{se} 大梯度区,这往往为分析者所忽略。图 1 所给的图像,两种情况均合,只是剖面方向不同而已。

4 触发暴雨的中尺度扰动

一般来说,暴雨是一种中尺度现象,具有明显的中尺度特征。对华南前汛期暴雨实验期间所取得的加密观测资料中的分析表明,每一次暴雨过程都是集中在几个时段,由几场降水所造成,每场降水时段一般为几小时至十几小时。分析雨量图可以看到,暴雨过程的天气尺度雨区中包含几个中尺度雨带,暴雨中心是由若干个中尺度雨团所造成。每次暴雨过程一般都有 10 个以上中尺度雨团活动,雨团水平尺度一般为数十千米,个别的可达 100 km 以上,生命史平均为 5 h,强雨团可维持 10 h 以上。移动性雨团多受 500 hPa 或 700 hPa 气流引导,自西往东移动。停滞性雨团的活动多受地形影响,当它们在某地较长时间停滞打转时,往往形成大暴雨。龙岩地区锋面暴雨雨团的活动具有一定的波动性,它与低层锋面上的界面波的活动一致,波长约 300 km,周期 8~10 h。根据气象雷达观测资料,分析 14 次暴雨过程的雷达回波系统也发现,它们多是中尺度对流回波带,或者是由几个中尺度回波团所组成的回波带。

暴雨的中尺度特征也表现在它的产生总是与中尺度扰动相联系。从本质上说,暴雨是中小尺度扰动的产物。在前汛期暴雨过程中,中尺度扰动都相当活跃,如 1977 年 5 月 29 日至 6 月 1 日华南地面图上,先后有 16 次中尺度切变线和 21 次中低压活动,而且一般都伴有明显的雨团过程。特别是行星边界层的中尺度扰动与暴雨的关系更为密切。分析发现,触发前汛期暴雨的中尺度扰动主要有以下几种。

4.1 中尺度涡旋

常见的有中尺度低压、小涡旋和辐合点。主要特点是具有明显的辐合中心,水平尺度约 50 km 左右,生命史约数小时,移速较慢,且有不少属停滞性系统。这类系统具有较强的辐合上升运动,是触发暴雨产生的主要中尺度扰动之一,特别是一些强烈降水常常是这类系统与中尺度辐合线共同作用的结果。如"77·5"特大暴雨过程中,先后出现 25 次中尺度涡旋,都在总雨量大于 500 mm 的暴雨区内活动,而且它们的两个集中活动区正是两个最大暴雨中心。

4.2 中尺度辐合线

与暴雨关系最密切的是出现在地面或低层的行星边界层辐合线,它有利于水汽和热量在低层集中和积累,是触发暴雨的另一类主要中尺度扰动。暴雨过程中常见的这类扰动多是西北—东北与西—西南气流之间的切变,呈东西走向,水平尺度 100 km 左右,生命史约数小时,一般自西北往东南移动。有的切变线前生后消,表现为跳跃式的传播过程。几乎所有暴雨过程都伴有这类切变扰动,尤其是两条切变线相交的"锢囚点"附近或当它与其他降水系统叠加时,更易产生强烈降水。

在沿海特大暴雨过程中,常见一种西南—东南气流辐合线,这种辐合线呈南北走向,尺度较小,但因是两支偏南暖湿气流的辐合,有大量水汽和热量输送,是造成特大暴雨的一种触发机制。例如,1977 年 5 月 27—28 日粤东沿海连续出现西南—东南气流辐合线,两天分别伴有暴雨 146 mm、195 mm。1978 年广东沿海两次特大暴雨过程中,也在低层(1000 m 以下)伴有这种辐合线。

此外,偏南辐合区、风速辐合线、海风锋、露点锋、雨成锋、能量锋和飑线等中尺度扰动都对华南前汛期暴雨有重要的触发作用。

4.3　中尺度波动

前已指出大尺度低空急流对华南暴雨的重要作用。细致的分析发现,在低空西南急流轴上常有一个个尺度为 400～600 km、时距 12～24 h 的强风速中心东传,它们与一次次强降水相对应。如 1978 年 6 月上旬伴有暖湿中心的三次强风中心东传,正与三次强降水过程相对应。急流轴上的风速变化还存在一种周期很短(6～12 h)而振幅很大(12 m/s 以上)的波动,即风速脉动。强风速脉动与暴雨有密切关系。据 1978 年三次暴雨过程分析,在 1000 m 以上的高山站(如九仙山、衡山)风速出现了 15 次中尺度脉动,其下游 200～300 km 地区对应有 14 次超前或同时出现中尺度雨团,只有一次是在雨峰后才出现脉动,而且脉动越强,雨势越大。可见这种强风速脉动可能是雨团的一种触发机制,它反映了中尺度流场扰动对暴雨的重要作用。

重力波是形成暴雨的一种重要触发机制。在华南前汛期暴雨分析中,主要发现两种低层重力波,一是在锋面上激发出来的重力波,它与锋面暴雨雨团的活动有着很好的对应关系;另一种是在低空西南急流上激发起来的重力波,这种急流型重力波在边界层强输送带引起的辐合上升,对强对流和暴雨的形成提供了触发条件。如 1978 年 5 月 26—27 日蒙山暴雨过程中出现四次雨峰,就是这种重力波一次次地向蒙山一带传播所引起的。

4.4　中尺度反气旋

包括雷暴高压、中尺度高压(脊)、辐散点等,其特点是在流场上气流是辐散的,气压场上有时有小高压对应,一般尺度为 40～50 km,有的可达 200 km,生命史约几小时。与暴雨关系最密切的是雷暴高压,其强烈的辐散气流有利于高压前缘的辐合线加强,从而促使降水发展。如图 2 所示,阳江附近中高压前缘的辐合气流与其东侧的偏东气流形成一中尺度辐合线,连续维持两天,造成阳江特大暴雨。

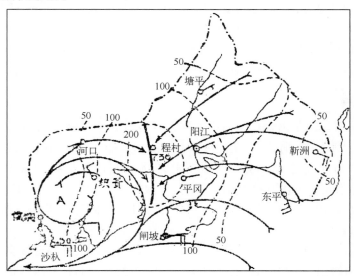

图 2　"78·5"阳江大暴雨与流场的关系

(虚线为 5 月 26 日 03 时至 28 日 08 时总雨量,实线为 5 月 26 日 14 时流场)

上述中尺度扰动是在一定地区和有利的环境条件下生成的。据 1977 年 5 月 29 日至 6 月 1 日暴雨过程分析发现,产生中低压的源地主要有四个,即西江下游的梧州至召庆间、珠江三角洲、潮汕平原和龙岩地区。粤东南阳山南麓的海陆丰及其东面的大南山区,粤西大云雾山东南麓的两阳地区也是中尺度涡旋和辐合线活动最集中的源地。有利的大尺度环境条件主要包括:高温、高湿、层结不稳定、气旋性涡度区、有利的风速垂直切变以及一定的触发条件。在华南,暴雨中系统的触发因素主要有:①锋面抬升;②低空急流辐合上升;③露点锋抬升;④地形抬升和辐合上升;⑤海风锋抬升;⑥重力波抬升;⑦热力上升;⑧行星边界层浅薄冷空气的触发。此外,暴雨分析中发现,在有利的大尺度背景条件下,如果具备一定的中尺度条件,如中尺度温湿场上为高温高湿区或能量锋区与流场上的中尺度辐合区相重合,则最有利于暴雨和中系统的发生发展。

5　地形对暴雨的作用

前面已经指出,地形的强迫抬升作用是触发暴雨产生的重要条件之一。华南前汛期的大暴雨中心几乎都是出现在山脉迎风坡一侧,如"77·5"、"78·6"粤东特大暴雨和"79·5"两阳特大暴雨以及一些局地性特大暴雨都是集中在山脉迎风坡。这种作用对暴雨的贡献有时是相当可观的。据计算,"78·5"阳江暴雨过程中,当低空风向与山脉走向近于垂直时,地形降水量可占 60%～70%。

华南地形复杂,地势是北高南低,沿海有东北—西南走向的山脉,且多向南开口的喇叭形平原。这种复杂的地形,不仅有利南来的暖湿气流抬升,而且一些特定地形的作用也为暴雨的产生和加强提供了极有利的条件。例如,出现在径口(暴雨中心为 465 mm/6 h)、华江(268 mm/3 h)、阳江(736 mm/13 h)等地的时间短、范围小、强度大的局地性特大暴雨,都是当地特定地形作用的结果。出现在沿海的几次特大暴雨显然也与特定的地形作用有密切关系。这种地形作用主要表现在以下几个方面。

5.1　喇叭口地形的辐合作用

两阳地区、珠江三角洲地区和海陆丰地区都是向南开口的喇叭形平原,当偏南气流盛行,而且风速较大时,不仅地形抬升明显,而且易于形成偏南风辐合区和中尺度辐合线,造成暖湿气流辐合上升,对流云发展,因而有利暴雨的产生和加强。一些河谷地带构成的小喇叭口或马蹄形地形也可造成明显的辐合上升。所以发生在河谷和三角洲地带的暴雨几乎都与这种地形作用有关。

5.2　地形的屏障作用

由于沿海山系的屏障作用,不仅有利低空西南急流在沿海稳定维持,而且常使盛行气流折向,而与不同来向的气流辐合。当东南沿海有变性高压维持时,其南侧的偏东气流可沿莲花山南麓直达海陆丰附近与偏南气流相遇,因而激发中尺度切变线和低涡的形成和加强,如图 3 所示,"77·5"特大暴雨正是它们造成的。地形性切变线也常在粤中和两阳地区形成,成为这些地区重要的暴雨中系统。此外,在山脉的阻挡作用下,许多中系统和雨团常在迎风坡和马蹄形区停滞打转,使这些地区暴雨维持,以至酿成大暴雨。海陆丰地区就常在这种情况下形成大暴雨。

福建的武夷山脉可阻挡冷空气南下,使锋面移动不均匀,而河谷又有利于小股冷空气入侵,在迎风坡或喇叭口地形区造成辐合上升,因而使锋上产生中尺度扰动,这种扰动是龙岩地区的重要暴雨中系统。

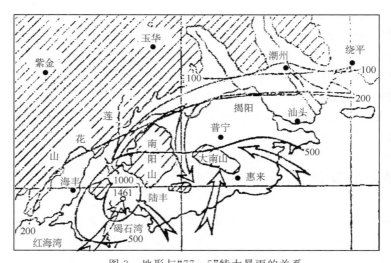

图 3　地形与"77·5"特大暴雨的关系

（阴影区为 500 m 以上的山系，实线为等雨量线，箭头为气流方向）

5.3　地形对降水的增幅作用

这种作用主要表现在改变降水系统中的降水过程。当降水系统或雨团移近山地时，在地形作用下，对流云可得到充分发展，云中冰晶或雪粒落入低层中又可捕捉大量小水滴，因而使原来降水增强，形成暴雨。前面提及的几次大暴雨都存在这种地形增幅过程的影响。

5.4　海陆风效应

华南沿海，由于海陆风环流的作用，往往触发"海风锋"或"陆风锋"产生，或者使原有辐合线加强，从而使沿海暴雨过程维持和加强。海陆风环流对中尺度切变线的南北摆动也有明显作用，这种作用使沿海暴雨的时空分布具有明显的日北夜南的特点。如"77·5"粤东沿海特大暴雨过程中，白天（28 日 08 时至 28 日 20 时）陆丰雨量为 161 mm，其北部的大坪为 15 mm，夜间（28 日 20 时至 29 日 08 时）：陆丰为 55 mm，大坪达 173 mm。雷州半岛海风辐合线激发的对流雨带，也属此类。此外，沿海海湾地形的辐合作用，山区的局地热对流和山谷风效应，湖区的湖风环流等对暴雨也有一定的作用。

6　暴雨动力学的探讨

在华南前汛期暴雨过程分析中，广泛应用了动力分析方法。通过对实验期间各次暴雨过程的散度、涡度、垂直速度、水汽通量、层结稳定度等物理量的计算和分析，讨论了暴雨的形成条件，总结提出了暴雨落区预报指标和方法。对暴雨落区的动力学探讨表明，在 850 hPa 急流轴的左前方存在正涡度平流和正涡度区的辐合作用，又处于 θ_{se} 最大中心的下风方和位势不稳定区的上升运动区，加上低层是气旋性切变涡度区和摩擦辐合区，所以最有利于暴雨雨产生，是暴雨的主要落区。在此基础上，提出了暴雨的诊断分析法和趋势分析法。

运用涡度方程和完全的散度方程研究华南低涡暴雨的形成过程发现，涡度平流并不能促使正涡度增加,导致正涡度增长的主要是与散度有关的项,即低涡暴雨的发生发展主要决定于局地散度的变化,而局地散度变化与风场的结构密切相关。因此研究风场和散度场的变化对暴雨和中系统的作用是很有意义的。

用行星边界层理论探讨暴雨的发生,进一步表明边界层中尺度扰动对暴雨的重要作用。例如,取边界层急流型的条件,求解大气运动的重力波方程组,可以得到边界层急流型重力波相速公式

$$c_g = -\overline{v} \pm \sqrt{\frac{\sigma_g}{k^2 + (f/2A)}}$$

式中,c_g 为群速度,$\overline{v}$ 为平均流速,σ_g 为群密度,k 为波数,f 为频率,A 为波振幅。

以此解释 1978 年 5 月下旬蒙山暴雨,所得理论结果与实际分析颇为一致。

华南多对流性暴雨,这类暴雨要求有大量不稳定能量的输送。理论探讨表明,位势不稳定的局地变化或平流输送是引起暴雨的重要原因。

近年来注意了水汽对大气运动和天气系统发生发展的作用,开展了湿斜压大气天气动力学的研究。华南地处低纬,气压场和温度场都较微弱,暴雨系统往往反映不明显。但在前汛期暴雨分析中发现,流场与 θ_{se} 场配合较好,对暴雨系统反映清楚,风的垂直切变与饱和水汽分布有重要关系,即引起实测风垂直切变的主要原因可能不是"热成"的,而是"湿成"的。从饱和湿空气热力学的基本特征出发,导出的饱和湿空气动力学方程组,从理论上证实了饱和水汽的分布与流场的直接关系,即在饱和湿空气中可能存在一种类似于地转风和热成风的湿平衡风和假相当位温的平衡过程。此外,还从理论上讨论了饱和湿空气中的垂直运动和不稳定波长。这些结果对暴雨的分析和预报是有重要意义的。

此外,使用细网格的多层初始方程模式对 1979 年 6 月 9—11 日华南暴雨进行了数值模拟试验。初步结果说明,流场的动力作用,特别是边界层流场与暴雨有密切关系,以及水汽输送对暴雨形成的重要作用。

7 预报问题

暴雨预报是天气预报的难题之一,最终的解决可能是稠密的探测、快速的通信条件加有效的数值预报。华南前汛期暴雨实验期间通过实战试验的暴雨预报方法很多,其中有较好成效的主要是落区预报,它全面采用了华南前汛期暴雨实验的研究成果,包括低空急流特征、暖湿带特征、假相当位温风原理、斜压区特征、气压场扰动特征、不稳定能量积聚概念等,形成各地的适用指标。据广东的试验,36 h 的大雨以上(≥40 mm)的落区预报,按预报区与实况区重叠的面积评定,准确率可达 50%~60%,已达业务使用的精度,所缺的是暴雨量级尚待改进。

暴雨过程的预报,试验使用低空急流过程结合广东沿海三站(海口、广州、汕头)平均经向水汽通量表征值曲线趋势判断和使用低纬区域高度指标数曲线趋势判断,也有发展的前景,只是有些过程预报时效太短,达不到中期预报的要求。

县站暴雨客观预报方面,曾经试验了用凝结函数与垂直速度相乘推算降水量的方法,得到与气候概率相比略优的初步结果,但由于用单点记录去检验区域平均雨量存在代表性问题,并且还要根据不同的系统移向选择计算区域,还要进行深入的研究工作才能判别效果。

有些预报试验要求建立在较好的数值预报输出上,这有待我国数值预报工作者的共同努力。

近年来我国对热带天气系统的研究

梁必骐

（中山大学气象系）

1　引　言

　　南海和西太平洋地区是全球热带天气系统最活跃的地区之一,特别是夏季各种尺度的热带系统的活动都相当频繁,它们对我国华南以至西南和长江中下游地区的天气有着十分重要的影响,常常给这些地区带来不同程度的灾害性天气。因此对这些热带系统进行研究,不仅在理论上而且在实际预报业务上也有重要意义。过去我国对台风和副热带高压做了不少工作,但对其他热带系统的研究很少。20 世纪 70 年代我国开展热带大气科研协作以来,对南海和西太平洋地区的各种热带系统都进行了广泛的研究,获得许多新认识,取得大量科研成果。

　　近年来的研究表明,影响我国的热带系统就其天气模式而言,大致可有四类:一类是热带波动,如东风波等;一类是热带涡旋,如台风、中层气旋、赤道反气旋等;另一类是线形扰动或带状辐合系统,如热带辐合带等;还有一类是热带云团,它与上述系统可以是有联系,也可以是没有直接联系的。下面我们根据近十年来国内在热带天气系统研究方面取得的主要成果进行评述,其中关于台风问题已有许多专题评述,这里就不再重复了。

2　副热带高压的成长维持和预报

　　副热带高压是出现在低纬地区的大型环流系统,它的活动对中低纬环流和天气都有重要作用。过去我国对副高的活动、结构及其对我国天气的影响作了许多研究,近年来对它的形成维持、变动周期和预报作了进一步研究,得到许多有意义的结果。

　　一般认为副热带高压主要是动力作用形成的,它的形成和维持与哈得来（Hadley）环流和费雷尔（Ferrel）环流的下沉气流密切关联,其中尤以哈得来环流起主要作用。但该环流是冬季强、夏季弱,而北半球副热带高压是夏季比冬季更强,黄士松等[1,2]认为,这主要是由于在北半球副热带地区,除存在哈得来环流和费雷尔环流的下沉支外,还存在东—西环流的下沉气流。由于对流层上层存在从强大的青藏高压向东（西）的辐散气流与从墨西哥高压向西（东）的辐散气流,使在太平洋（大西洋）上空产生水平质量辐合,因而导致大洋上副

本文发表于《气象科技》,1983,(4).

高的成长和维持。

近年来许多研究表明,副热带高压不仅存在有规律的季节变化,而且存在 48 个月[3]、40 个月[4]以及准两周和一周左右[5,6]的周期变动,这些变动往往与赤道海温、热带云量、台风活动之间存在耦合振荡。黄士松等[7]取全涡度方程,并考虑非绝热加热作用,把局地涡度变化分解为三个分量,即涡度平流、温度场特征和加热场特征所造成的局地涡度变化。由此讨论了副热带高压的变动与流场、温度场、加热场特征的关系,并得出根据天气图上流场、温度场和云雨分布特征预报副高变动的若干定性规则。

海温变异与副高活动的关系,很久以前就为人们所注意,近年来国内在这方面也做了许多工作[3,8~12]。分析表明,海面温度的变化对副高活动有很大影响,特别是热带太平洋的海温变异与副高强度变化有着密切关系,它们之间存在耦合振荡现象。由此得到的一些预报关系,对副热带高压的长期预报有重要意义。

西太平洋副高的活动除受其自身变动因子和海温影响外,还与其周围系统如青藏高压、太平洋中部槽、西风槽等有关,所以做副高预报时应注意这些系统的活动[13,14]。

此外,近年来通过数值试验和诊断分析,对副热带高压的活动和预报也取得一些有意义的结果[15~17]。

3　热带辐合带活动及其与台风的关系

热带辐合带(ITCZ)是热带地区最常见的行星尺度系统,是热带大气环流的重要组成部分。国内外对 ITCZ 的研究特别活跃,尤其是近年来由于气象卫星提供了大量资料,国内在这方面的研究也颇有成果,特别是对 ITCZ 活动与台风的关系研究更多。

方宗义等[18]利用卫星云图分析西太平洋 ITCZ 的几种演变过程,指出组成 ITCZ 的东北、西南、东南三支气流中任何一支加强,尤其是两侧气流同时加强,都可使 ITCZ 加强,而台风北上、副高南落、赤道反气旋北进则会导致 ITCZ 减弱或消失。梁必骐、彭本贤等[19]对中南半岛和南海 ITCZ 的分析表明,该地区 ITCZ 的生消还与西太平洋高压的北移和西伸、印度季风槽的东伸和西缩等因素有关。同时也与高层东风下传和冷空气活动有关[20],因而提出由高层东风下传至地面以及低层东北季风与赤道西风构成 ITCZ 的两种特殊类型。包澄澜等[21]月平均云量图分析 ITCZ 的变化,发现北半球各月平均热源、热汇的分布和变化与 ITCZ 云带的移动变化几乎一一对应,这说明 ITCZ 的位置及其变化与海陆分布有密切关系。最近的研究[22,23]发现,南海 ITCZ 的活动存在周期振动。谱分析指出,在亚洲热带季风区存在三种明显的周期振动:5~7 周、准两周和 7~9 d。5~7 周振动集中表现在赤道西风和热带东风的强弱振动,而准两周振动与副高变动和南半球越赤道气流强弱振动密切相关。这些振动都导致 ITCZ 强度和位置的周期变化。

对南海和西太平洋 ITCZ 结构和天气的研究表明[18,19,24~26],该地区大多数 ITCZ 随高度向南倾斜,少数近于垂直,有一部分在北移过程中可由南倾转为北倾,但无论南倾或北倾,坡度都比锋面陡得多。在温度场上具有低层偏冷、中高层偏暖,而且在低层北侧温度稍高于南侧,对流层顶附近有冷中心相配置的结构特点。湿度场是 ITCZ 与湿区对应,湿中心一般位于南侧。南海 ITCZ 不像南亚 ITCZ 那样具有明显的锋面性质和"鼻状结构"。ITCZ 的动力结构也不对称,一般是高层辐散,低层辐合,与正涡度区对应(有时高层为负涡度),但辐散辐合都是南侧大于北侧,而且正涡度最大中心一般也位于低层南侧。所以较强的上升运动和天气区主要出现在地面 ITCZ 的南侧。关于 ITCZ 及其邻近地区的经圈环流,不同的作者所得结果不完全一致。蒋全荣、余志豪[25]认为,在南海 ITCZ 两侧各存在一个垂直环流圈,北侧为哈得来环流,南侧是一较弱的反哈得来环流。杨亚正、朱庆沂[26]认为南海高空存在两支东风急流,在 ITCZ 北侧为一较弱的经圈正环流,其上方是一个与北支东风急流相联系的反环流;在 ITCZ 南侧的季风环流圈也存在一个反环流,它与南支东风急流相联系。这个模式与沈如金等[24]所得结果相类似。此外,陈隆勋、罗绍华[27]分析了西太平洋强、弱辐合带时期的不同环流结构特征,图 1 给出了强、弱时期 0°—5°N 上空东西向环流结构,可见它们存在明显的差异。

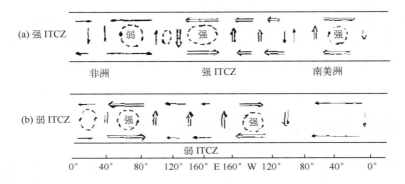

图 1　西太平洋地区强和弱 ITCZ 时期全球 0°—5°N 上空东西向环流圈,(a)强 ITCZ(b)弱 ITCZ

分析还发现[25,28],南海 ITCZ 在发展过程中,其上空风速垂直切变不断减小,中上层不断增暖,这表明 CISK 可能是南海 ITCZ 形成和维持的重要机制。这一点同大西洋的 ITCZ 有所不同①。

气象卫星观测发现,热带的大部分云系集中于 ITCZ,而且它与海温暖轴相对应,这说明 ITCZ 是产生热带大气能量的源地,也是热带扰动和台风发生的主要源地。据统计,南海和西太平洋台风约有 80% 以上起源于 ITCZ 中的涡旋扰动。许多研究都指出 ITCZ 与台风发生发展的密切关系。如分析表明[29],台风主要发生在 ITCZ 活跃阶段,而不活跃阶段很少有台风生成。仲荣根等[30]指出,南海台风绝大多数发生在强 ITCZ 上。丁一汇[31,32]认为,ITCZ 的存在是多台风发生的重要环流背景。在北太平洋可能存在两种活跃的 ITCZ 云带,一是由一次赤道反气旋推动而形成的所谓"爆发性云带";另一种是由一系列赤道反气旋相继推动而形成的维持时间更长的云带,它往往是一连串低压或台风的孕育地,因而构成明显的台风活跃期。

关于 ITCZ 中台风的形成过程,陈隆勋等[33]从卫星云图上概括出 ITCZ 云团发展成台风的两类过程,即两云团旋转型和云带扰动发展型,同时提出了两类台风的可能发展机制。图 2 是 ITCZ 中两云团旋转型台风发展的理想模式。由图可见,台风发生初期,环流中心位于两云团间的晴空区,以后扰动加入该暗空区,使中心云区不断发展,最后形成台风。这种过程与 CISK 机制是不完全一致的。

① Estoque M,Doglas M. Strueture of the GATE area. *Tellus*,1978,30.

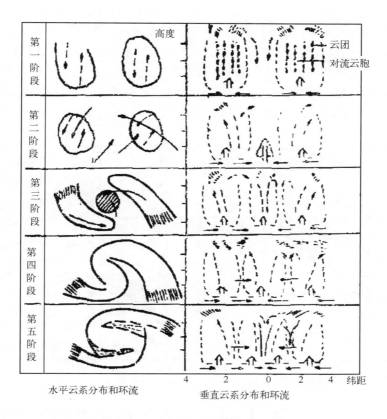

图 2　ITCZ 中台风发展的理想模式

4　热带波动和低层东风扰动

　　热带波动是近年来热带气象集中讨论的问题之一,目前在这方面研究较多的是东风波。由于许多新的资料的获得,近年来发现许多新的事实。例如,许多研究指出,Rieh1 的经典东风波模式并不是唯一的,实际上的东风波模式是多种多样的。气象卫星观测表明,东风波云系种类颇多,常见的有倒"V"形云系,也有涡旋状或逗点状云系。

　　东风波对我国天气也有重要影响。中科院大气所[34]指出,在盛夏季节,发生在西太平洋对流层中低层的东风波可沿副高南侧的东风气流侵袭我国东南沿海,这类东风波结构特征与经典模式基本一致。包澄澜[35]研究了影响长江中下游地区的东风波,其结构与经典模式类似,但它不一定是在稳定而深厚的东风基本气流中产生的,而可能是由于西风小槽、冷锋进入ITCZ 后发展起来的。对于东风波能否影响华南,国内外都存在不同的看法。Ramage[①]认为,夏季在东南亚、南海和华南地区由于低层盛行西南季风,很难有东风波出现。我国一些气象工作者[36～38]认为,在西南季风之上的高空东风波可移入南海,影响华南地区。最近梁必骐、杨运强等[39]根据近 11 年夏季的资料分析发现,影响华南的东风波颇为复杂,常见的有三类,即高

---

　　① 　Ramage C S. Notes on the meteorology of tropieal Paeific and sutheast Asia. AF. Surreys,1959,(12).

层东风波、中低层东风波和深厚东风波,其中出现最多的是中低层东风波(占总数的 58%),而不是一般认为的高层东风波(仅占 25%)。各类东风波的热力和动力结构以及天气模式都有明显的差异,与国外的经典模式不完全相同,甚至相反。图 3 是各类东风波的几个实例。研究还表明[40],单纯的东风波一般只给华南带来对流性天气,降水量不大。只有当它与西南季风或其他系统相互作用时,才能造成较大降水,特别是当南海西南季风加强北上,并从东风波南侧卷入时,可使积云对流加强,促进东风波发展成台风。

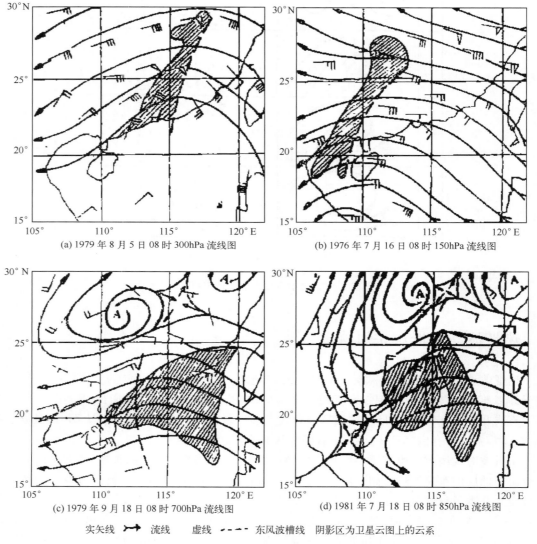

(a) 1979 年 8 月 5 日 08 时 300hPa 流线图　　　　(b) 1976 年 7 月 16 日 08 时 150hPa 流线图

(c) 1979 年 9 月 18 日 08 时 700hPa 流线图　　　　(d) 1981 年 7 月 18 日 08 时 850hPa 流线图

实矢线 ⊱→ 流线　　虚线 ◂-◂-◂ 东风波槽线　　阴影区为卫星云图上的云系

图 3　各类东风波示例(阴影区是卫星云图上的云区)

根据对亚洲和西太平洋热带地区一些单站的测风资料进行功率谱分析[41~43],发现一些新的热带波动。如南亚地区存在周期为两星期和三四天左右的低层波动,高空盛行一星期左右的波动。西北太平洋热带近地面层扰动以 7 d 周期为主,还有 1.5 d 和 3 d 的周期。南海地区低层存在两类波动,一类是周期为 14 d 的波动,波轴随高度超前,波长 8000 km 左右,是一种深厚系统,与平均气流同方向传播;另二类在西南季风上传播,类似东风波,周期约 3～5 d,波轴随高度后倾,波长 2000 km 左右,是一种浅薄系统。最近的工作[44~46]也发现在华南和南海地区存在上述一些波动,特别是准两周的周期扰动最为明显。同时还发现该地区的热带扰动主要是自西向东传播的,波速约 9 经距/日。

大气所[47]分析 700 hPa 合成风时间剖面图发现,在西太平洋热带地区低层东风带中还存在明显的风速扰动,它们表现为一次次强东风区自东向西传播,其波长、周期、波速都和过去分析的低层东风扰动相似。这种强风区多起源于太平洋中部,它所表示的东风扰动比风向变化(东风波)更显著,连续性更好。其活动有时伴有副高的增强,对台风的生成也有影响。

长期以来,人们对热带波动与台风的关系进行了许多研究,并提出一些东风波发展成台风的模式。但国内外对这个问题尚存在一些争论。丁一汇[48]认为,热带波动和 ITCZ 对台风的形成都有重要作用,尤其是活跃的 ITCZ 与强热带波的相互作用是台风形成的最有利的背景条件,并提出了这类台风生成的天气学模式(图 4)。

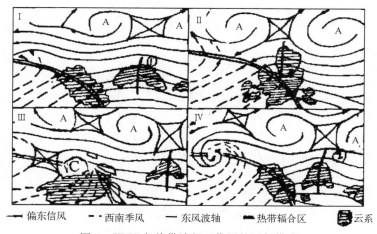

图 4　ITCZ 与热带波相互作用的天气模式

杨祖芳[49]利用 1979 年我国考察船获得的气象资料分析了北半球 160°—165°E 近赤道地区的赤道波活动,发现其发生频数在过渡季节远大于隆冬季节,波轴有的随高度倾斜,有的垂直,波顶一般只达 850～500 hPa。垂直波表现为波轴附近有明显辐合,天气区主要在轴线附近。倾斜波的辐合区主要位于波轴后部,湿舌也落后于波轴,坏天气主要在波后,波轴附近反而为少云区。

5　南海及其附近地区的中层气旋

中层气旋是发生在对流层中层的一种热带天气系统,它既不同于具有锋面结构的温带气旋,也不同于暖心结构的热带气旋。Simpson①最早在夏威夷地区发现这类系统,称为副热带气旋。近年来发现[50,51],在南海及其附近地区也常有这类系统活动,它发生在 900～400 hPa,水平尺度约 600 km。梁必骐等[51]利用 1960—1975 年 4—9 月的天气图资料和 1973—1975 年

①　Simpson R H. Evolution of the Kona storm,a subtropieal eyelone. J Met,1978,(9).

夏季的卫星云图资料分析发现,在南海及其附近地区活动的中层气旋主要不是出现在冷季,而是暖季活动频繁。它的形成过程也同国外的一些研究结果有所不同,按其成因,主要可以分为四类,它们分别由 ITCZ 上的涡旋扰动、切断低涡、东风扰动(东风波)和季风扰动发展而成。最近还发现①,在南海,有些中层气旋的形成与其附近台风的迅速填塞过程有关。该地区的中层气旋多数产生于热带地区,也有一部分来源于副热带地区。中层气旋的生命史平均 5 d,最长达 10 d 以上。其移动路径复杂,几乎向各个方向移动的都有,但以向西北和偏西移动为主。

南海中层气旋的热力结构具有上暖下冷的特点,湿区主要位于气旋中心附近及其以南地区。最强辐合中心和气旋性涡度中心出现在 500 hPa 附近。没有发现国外文献中提到的"眼区"。最近邹美恩、梁必骐[52]根据强度相近的 12 个南海中层气旋进行合成分析,对中层气旋的结构得到同样的结果。图 5 给出了南海中层气旋的三维平均结构。由图可见,气旋轴心随高度向西倾斜,指向暖区一侧,中低层是冷心结构,但对应有强的辐合上升运动。这种特殊的结构特征表明,潜热的加热作用不明显,因而 CISK 理论不能解释中层气旋的形成。由合成风场分析表明,在中层气旋中心附近,中低层东南方和高层各有一支强风带。由此他们认为,南海中层气旋是中低纬系统相互作用而产生的混合型气旋,中低层气旋东南方的强风带是一条重要的能量输送带。

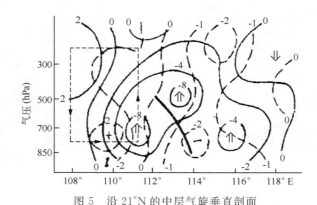

图 5　沿 21°N 的中层气旋垂直剖面

粗线是气旋轴,虚线是等温度距平线,实线是等垂直速度(10^{-3} hPa/s)

中层气旋是南海及其附近地区的重要降水系统之一,大多数中层气旋可给华南带来大雨到暴雨。在适当条件下,有的中层气旋可发展为台风或温带气旋。

6　赤道反气旋和赤道缓冲带

在南海和太平洋热带地区的对流层中低层,除经常有气旋系统活动外,还存在反气旋系统活动。赤道反气旋及与之相联系的赤道缓冲带就是这类较常见的一种热带系统,它们与台风的活动有着密切的关系。

赤道缓冲带是赤道及其附近地区的一个大型环流系统,它是由于两半球的信风气流越过赤道而形成的气流转换带。据统计[53],在南海和西太平洋地区,平均每年可出现 12 次缓冲带

---

① 刘四臣,罗圣桃,吴婉萍. 南海中层气旋的活动和结构,1982.

过程,4—11 月都可出现,最多出现在夏季,生命史平均 5 d。据包澄澜等[54]的普查,在该地区每年有 8 次赤道反气旋活动,主要出现在 6—9 月,大多数发生在 10°N 以南地区,生命史一般为 4~9 d,它的形成多与南半球越赤道气流有关。梁必骐等[53]指出,南海和西太平洋地区的赤道反气旋常由缓冲带北侧的西南气流折向,或者缓冲带被切断,或者缓冲带北上演变而成,也有的由西太平洋副高切断而形成。

刘伯汉[55]和梁必骐等[53]分别研究了赤道缓冲带和赤道反气旋的结构,所得结果基本一致。他们的工作表明,这两种系统具有类似的结构特征,它们都是比较浅薄的暖性系统,中心轴线随高度向偏北方向倾斜,脊轴和中心附近的中低层,正散度区和负涡度区相对应,下沉气流明显,有利于抑制对流发展,所以在它们控制下,往往是晴好天气,有时甚至会造成干旱。

赤道缓冲带和赤道反气旋的活动对 ITCZ 和台风有明显影响。大气所[56]认为,夏季南海地区缓冲带活动主要有两种方式,缓冲带北上,常与副高合并,导致南海 ITCZ 消失;缓冲带准静止过程,有利其北侧西南气流维持和增强,因而有利于 ITCZ 建立和维持。赤道反气旋对台风的发生发展和移动路径都有作用[53,54]①,它的建立、北上和加强,将促使赤道西风和西南季风的维持和增加,因而为 ITCZ 和台风的发生发展提供了有利的环流背景和能源条件。如果在台风南侧出现深厚强大的赤道反气旋活动,特别当它与副高共同作用时,往往使台风路径突然折向,而出现右折的异常路径。但单纯的赤道反气旋活动,一般只能影响较浅薄系统(如热带低压)的移动路径。

7 太平洋中部高空槽和热带高空冷涡

在亚洲和太平洋低纬地区对流层高层(200~100 hPa)夏季环流的主要特征,是存在两个行星尺度环流系统,即青藏高压和太平洋中部槽(简称"洋中槽"),它们对低纬环流和系统都有十分重要的影响。

"洋中槽"是近年来发现的,它在盛夏 200 hPa 高空表现得最清楚,槽线呈东北—西南走向。大气所[47]分析 1973 年夏半年的 200 hPa 流线图发现,在平均"洋中槽"西南部的西风气流中,常有天气尺度的槽脊系统活动,它们有规律地西移,产生一次次系统替换,其周期一般为 4~6 d,波长约 3000~6000 km。这类高空系统在西移过程中,促使环流形势发生变化,对台风等热带系统的活动有重要影响。当"洋中槽"西伸与青藏高压之间构成气流散开区时,有利于其下方的扰动和云团发展,甚至形成台风[47,57]。此外,"洋中槽"与西太平洋副高活动也有密切关系[13]。

"洋中槽"有时表现为一条东西向的高空切变线,西北太平洋热带高空的这种切变线与低空赤道西风存在重要关系[58]。当该切变线在 20°N 以北建立时,赤道西风将加强,并会有台风生成;反之,该切变线被破坏时,赤道西风将减弱,一般不会有台风发生。

热带高空冷涡是热带对流层高层常见的涡旋系统,在 200 hPa 附近达最强,有的可伸达低层,诱生出低层波动或涡旋,这种涡旋在有利的环境条件下可以发展成台风[59,60]。

西北太平洋热带高空冷涡大多产生于"洋中槽"内的切变线上,在秋冬季节也可由西风带延伸槽在低纬切断而形成。据 1978 年夏半年资料统计[61],冷涡集中出现在 23°N 附近(即盛夏热带对流层上部切变线的平均位置),平均每天出现 2.5 个。据卫星云图分析,冷涡云型结

---

① 刘伯汉. 夏季赤道高压和台风右折路径.

构大致有两类,一类是冷涡中心为晴空区,其南北各有一条弧形的卷云带,在夏季华南上空也可出现类似云型的"干涡"[62];另一类云型在冷涡中心附近是少云区,其外围是多云带。许健民、王友恒[61]分析了这类冷涡的结构,指出它在 200 hPa 以上是暖心,以下是冷心;中心区的对流层上部辐合,下部辐散,盛行下沉运动,中部为干燥大气,冷涡外围则是上部辐散,下部辐合,对应上升运动,中部是一条潮湿的通道,可伸达 300~400 hPa。冷涡的这种特定结构为台风初期发展提供了有利条件:外部云带内的上升运动和穿过中层的高 θ_{se} 通道,以及中心少云区提供的补偿下沉运动都是有利于低层扰动发生发展的。

8　热带云团及其天气过程

热带云团是卫星云图问世以后,在热带气象学中出现的一个新概念。云团是由许多中小尺度对流云系所组成,是维持低纬大气环流的一个重要因子。此外,热带天气系统大多是在云团的基础上发展起来的,而且云团也使其经过地区产生强烈降水和大风。因此,近年来热带云团已成为热带气象学一个重点研究的新课题。

南海和西太平洋热带地区是云团活动最频繁的地区之一。沈如金、罗绍华[63]对夏半年影响我国的热带云团过程进行了分析。据统计,在夏半年,该地区平均每个月约出现 40 个云团,即每天都有云团活动,它们大多数与天气系统相联系,对我国华东和华南沿海天气有重要影响。云团天气过程是多种多样的,据他们分析,影响我国的云团天气过程主要有六类,包括 ITCZ 北侧切变气流中云团,ITCZ 不均匀云团,东西两条辐合带交汇处南侧辐合气流中云团,东风波云团,与台风相联系的云团,以及变性云团过程。此外,还有与季风低压、中层气旋、西南季风等相联系的云团活动以及产生华南暴雨的南支槽云团过程[64]和孤立的积雨云团过程[62]。

季风云团是地球上规模最大的云团,我国西南地区也可受到这种云团的影响[65]。夏季西南地区的降水,除与冷空气活动有关外,还与侵入和出现在雅鲁藏布江—布拉马普特拉河谷的季风云团有密切关系,该地区夏季较强降水多是该云团与冷空气活动结合而造成的。

9　华南低空急流及其与暴雨的关系

近年来在暴雨分析研究中发现,在低纬地区存在低空急流,它对暴雨的发生发展有着重要的作用。分析表明[66~68],影响我国华南的大尺度低空急流全年都可以出现,以 4—6 月活动最频繁,主要出现在 800~600 hPa,平均风速 16~25 m/s,最强可达 40 m/s。每次急流过程一般维持 3~4 d,最长可达一星期以上。低空急流的形成与天气形势的演变密切关联。例如,冷空气南下,高原低槽东移,西南热低压南移,印度季风低压加强东伸,西太平洋副高加强西伸,切变线南移等等,都可能导致急流的产生。我国一些气象工作者[69,70]对西南风低空急流产生和维持的动力与热力条件也作了初步探讨,强调了地转偏差的作用。

低空急流具有独特的热力、动力特性和三维流场结构。许多研究指出[66,71,72],西南风低空急流总是与暖湿舌相结合,暖湿区最大中心一般位于急流轴上或其左前侧,同时指出,在急流轴左前方为正涡度区、辐合上升运动区,右前方正好相反,因而组成一个左侧上升、右侧下沉的垂直环流圈,这一点与松本城一等①的结果是不一致的。最近仲荣根、梁必骐[68]指出,低空急

---

① 松本诚一.伴有大雨的不平衡低空急流和力管环流.气象科技资料,1973,(4).

流入口区和出口区的动力结构有很大不同。在入口区，左侧为辐散下沉，右侧为辐合上升；出口区则相反，左侧为辐合上升，右侧为辐散下沉。此外，低空急流具有很强的超地转特性和明显的中尺度特征。李麦村[73]研究了这种超地转特性对急流的维持和惯性重力波的的激发作用。孙淑清[74]分析了急流中的中尺度扰动，如急流轴上强风速中心的东传和风速脉动的周期性传播，并指出它们是暴雨发生的一种触发机制。

低空西南风急流是一支强劲的水汽和热量传送带，它与华南前汛期暴雨有十分密切的关系。据统计，广东88%的低空急流过程伴有大到暴雨[67]，84%的强急流过程伴有大暴雨[71]。暴雨主要出现在急流轴的左侧，也有与急流轴重合的。急流降水常常是与其他系统相结合的结果[75]。李真光等[67]把这类降水概括为暖区、锋际和"三合点"等三类急流过程降水。罗会邦、王两铭[76]在假相当位温守恒条件下，由低层涡度方程导出急流暴雨落区的诊断方程。由方程分析表明，在850 hPa急流轴的左前方，存在正涡度平流和正涡度区的辐合作用，且处于θ_{se}最大中心的下风方向和位势不稳定的上升运动区，加上低层是气旋性切变涡度区和摩擦辐合上升区，因而最有利于暴雨的产生，是暴雨的主要落区。

低空急流对台风的形成也有一定作用。董克勤等[77,78]指出，辐合带台风形成前，在ITCZ两侧或一侧多数有明显的中低空急流存在，台风常在这些急流加强和基本气流气旋性切变增大后发展起来。

在华南沿海，除西南风低空急流外，还存在一种尺度较小的东南风急流[79]，以及超低空的边界层急流[80]，它们对暴雨的产生也有重要贡献。

近年来，我国不仅对夏季发生的上述各种热带天气系统作了广泛的研究，而且对冬半年影响我国的一些热带系统，如南海高压、南支槽以及孟加拉湾风暴等也作了初步探讨[81~86]。孟加拉湾风暴和南支槽是冬半年影响我国西南和华南的重要降水系统，特别是当两者相互作用时，更可能影响整个青藏高原和长江以南地区的天气。南海高压活动对华南和西南的降水也有重要影响。

热带天气系统的研究对于热带天气预报，以至中纬度降水，特别是暴雨预报都是十分重要的。近年来虽然我国在这方面取得了许多可喜的成果和明显的进展，但有不少问题的了解还是比较肤浅的，例如各类热带系统的三维结构及其相互作用的机制，它们的形成机制及其发生发展消亡的规律，以及它们的定量预报问题等等，都是需要进一步深入研究的。随着南海和西太平洋季风实验、台风实验的开展，同步卫星资料的广泛应用，以及热带气象理论研究的深入，今后我们必将获得更充足的资料，取得更多更好的新成果，为实现我国四个现代化做出贡献。

参考文献

［1］黄士松.有关副热带高压活动及其预报问题的研究.大气科学，1978，**2**(2).

［2］黄士松，汤明敏.夏季大洋上副热带高压的成长维持与青藏高压的联系.南京大学学报(自然科学版)，1977，(1).

［3］巢纪平，符涂斌.热带海气相互作用及其对副热带高压长期变化影响的研究.气象科技，1979，**66**(4).

［4］杨义碧，陈隆勋.太平洋副热带高压的活动与云量的关系//一九八○年热带天气会议论文集.科学出版社，1982：61-69.

［5］孙淑清.盛夏亚洲上空副热带高压活动的波谱分析//大气物理研究所集刊第8号.科学出版社，1979：68-76.

［6］汤明敏，陆森娥，黄士松.西太平洋副热带高压强度变化特点//热带环流和系统会议论文集.海洋出版

社,1984.

[7] 南京大学气象系.副热带高压系统的变动与流场、温度场、加热场特征及其顶报应用.南京大学学报(自然科学版),1978(1).

[8] 章淹,等.初夏西太平洋副热带高压活动与梅雨和海温关系的初步探讨//1975年长江流域长期水文气象预报讨论会技术经验交流文集.1975:164-17.

[9] 中国科学院南海海洋研究所气象组.南海北部冬季海温异常与副高活动关系的初步分析//热带天气会议论文集(1976).1976:150-154.

[10] 中国科学院地理研究所长期天气预报组.热带海洋对副热带高压长期变化的影响.科学通报,1977,(7).

[11] 陈烈庭.东太平洋赤道地区海温异常对热带大气环流及我国汛期降永的影响.大气科学,1977,(1).

[12] 李克让,等.北太平洋海温距平经向差对副热带高压影响的若干事实.大气科学,1979,3(2).

[13] 大气物理研究所热带气象研究组.盛夏亚洲和西太平洋副热带地区高压活动规律的若干研究.大气科学,1977,(2).

[14] 杨广基.夏季500 hPa西太平洋副热带高压进退的短期预报试验.大气科学,1978,2(3).

[15] 伍荣生,余志豪,吕克利.中纬度扰动对低纬副热带高压流场的影响数值试验.南京大学学报(自然科学版),1978,(2).

[16] 余志豪,葛孝贞.副热带高压脊线季节活动的数值试验.同[6].

[17] 党人庆.副高强度短时期演变的诊断分析.大气科学,1982,6(1).

[18] 方宗义,陈隆勋,王作述,洪序团.西太平洋赤道辐合带的初步分析//大气物理研究所集刊第2号.科学出版社,1974:36-45.

[19] 梁必骐,彭本贤,仲荣根,诸济苍.中南半岛和南海地区热带辐合带的初步分析//热带天气会议论文集.(1974).科学出版社,1976:85-94.

[20] 广东省热带海洋气象研究所.南海热带辐合带活动的初步分析.同[9],41-50.

[21] 南京大学气象系天气教研室,空字623部队天气教研室.有关热带辐合带云区变动及其与台风相互关系的若干分析.同[19],101-107.

[22] 陈世训,柯史钊.季风区热带环流的振动与季风辐合带//热带季风会议文集.云南人民出版社,1981.

[23] 蒋全荣,余志豪.南海地区赤道辐合带的天气气候特征及其谱分布.同[6].

[24] 沈如金,韩忠南,等.西太平洋及南海地区一次热带辐合带环流和结构的初步分析.大气科学,1978,2(1).

[25] 蒋全荣,余志豪.南海地区赤道辐合带结构的个例分析.同[6].

[26] 杨亚正,朱庆圻.8008号台风活动时南海热带辐合带的结构.同[6].

[27] 陈隆勋,罗绍华.北太平洋西部地区强和弱热带辐合带时期低纬大气环流的分析.同[6].

[28] 张兰兰.一次南海热带辐合带形成过程的初步分析//热带季风会议文集.云南人民出版社,1982.

[29] 大气物理研究所,中央气象台.夏季西太平洋地区赤道辐合区中台风形成的个例分析//台风会议文集(1972).上海人民出版社,1974:57-62.

[30] 仲荣根,梁必骐,诸济苍,彭本贤.热带辐合带与南海台风发生发展关系的初步探讨.同[19],118-123.

[31] 丁一汇,范惠君,等.热带辐合区中多台风同时发展的初步研究,大气科学,1977,(2).

[32] 丁一汇.热带辐合区云带与台风形成关系的分析.同[5],44-51.

[33] 陈隆勋,王作述,方宗义,洪序团.西太平洋赤道辐合带中台风发生发展的初步分析.同[18],1-13.

[34] 大气物理研究所.影响福建的两次东风波过程分析//台风会议文集(1972).上海人民出版社,1973:63-80.

[35] 包澄澜.影响长江中下游的东风波个例分析.南京大学学报(自然科学报),1974,(2).

[36] 朱抱真,等.东南亚和南亚的大气环流和天气.科学出版社,1966:155-157.

[37] 包澄澜.热带天气学,科学出版社,1980:208-213.

[38] 陈联寿,丁一汇.西太平洋台风概论.科学出版社:1979,82-89.

[39] 梁必骐,杨运强,梁经萍,等.华南东风波的分析.同[6].

[40] 梁必骐,杨运强,梁经萍,吴易震.东风波与西南季风的相互作用.同[22].

[41] 北京大学地球物理系热带天气研究组,等.南亚扰动功率谱的初步分析.同[19],10-30.

[42] 山东海洋学院.南海海域一九七四年七—九月对流层下层天气尺度扰动的功率谱分析.同[9],156-165.

[43] 国家海洋局水文气象预报总台远洋预报组.西北太平洋热带近地面层扰动功率谱的初步分析.同[9],201-203.

[44] 梁必骐,彭金泉.影响华南的热带扰动谱分析.同[28].

[45] 陈隆勋,金祖辉.夏季南海—西太平洋季风环流系统的中期变化与印度季风系统的相互关系.同[28].

[46] 陶礼文,王晓东.南海夏季风系统的中期变动.海洋学报(即将发表).

[47] 大气物理研究所热带气象研究组.西太平洋热带地区对流层上层波动系统与低层东风带扰动的分析.同[19],39-49.

[48] 丁一汇.热带波与热带辐合区对台风生成的共同作用.同[5],34-43.

[49] 杨祖芳.赤道波的分析.同[6].

[50] 广东省气象台.南海东北部中层气旋的个例分析.同[19],140-144.

[51] 中山大学气象专业热带天气研究组.南海及其附近地区中层气旋的分析研究.同[9],25-40.

[52] 邹美恩,梁必骐.南海中层气旋的合成结构.同[28].

[53] 梁必骐,梁孟漪,徐小英.夏季赤道缓冲带和赤道反气旋的初步分析//一九八○年热带天气会议论文集.科学出版社,1982;29-36.

[54] 包澄澜,魏荣茂,黄专花.西太平洋和南海地区赤道反气旋活动及其对台风路径的影响.大气科学,1979,**3**(2).

[55] 刘伯汉.夏季南海邻近地区赤道缓冲带的来源及其结构的个例分析.同[53],37-43.

[56] 大气物理研究所热带气象研究组.夏季南海地区赤道缓冲带的个例分析.同[19],136-139.

[57] 方宗义.用气象卫星扫描辐射仪图片分析热带洋面上空的高空流场//全国气象卫星云图接收应用会议文集.科学出版社,1976;71-81.

[58] 王友恒,许健民.热带对流层上部切变线与低空赤道西风的关系.气象,1979,(6).

[59] 同[38],128-136.

[60] 杨祖芳.一个高空冷涡下传诱生出强台风的个例分析.气象,1978(4).

[61] 许健民,王友恒.夏季西北太平洋热带对流层丰部冷涡的分析.气象学报,1979,**37**(3).

[62] 丁一汇,范惠君.夏季影响我国低纬地区几类天气系统的卫星云图分析.同[18],55-73.

[63] 沈如金,罗绍华.夏半年影响我国沿海地区的热带云团天气过程及其路径的初步分析.同[57],143-157.

[64] 梁经萍,叶惠明.春季产生粤东暴雨的南支云团形成过程及其特征分析//全国卫星云图分析应用座谈会文集.

[65] 阎石城,诸葛秀华.雅-布河谷季风云团与西南降水.气象科技资料,1975,(1).

[66] 中山大学气象专业,广西气象台研究室.华南低空急流与四—六月广西暴雨.中山大学学报(自然科学版),1977,(1).

[67] 广东省热带海洋气象研究所天气研究室.华南前汛期低空急流过程的初步分析.大气科学,1977,(2).

[68] 仲荣根,梁必骐.华南低空急流的活动及其对暴雨的作用.同[6].

[69] 仲荣根,4—6月华南地区西南风低空急流的形成、移动及其预报的研究.中山大学学报(自然科学版),1979,(1).

[70] 朱乾根.低空急流与暴雨.气象科技资料,1975,(8).

[71] 广东省气象台.华南前汛期的一次低空急流过程.同[19],124-132.

[72] 陶祖钰.湿急流的结构及形成过程.气象学报,1980,**38**(4).

［73］李麦村.华南前汛期特大暴雨与低空急流的非地转风关系//大气物理研究所集刊第 9 号.科学出版社，
　　　　1978：109-116.

［74］孙淑清.关于低空急流对暴雨触发作用的一种机制.气象，1978，(4).

［75］南京大学气象系，空军气象学校.低层强西南风急流与华南前汛期的大暴雨.同［9］，89-96.

［76］罗会邦，王两铭.暴雨天气动力学一些问题的探讨(Ⅱ).中山大学学报(自然科学版)，1978，(1).

［77］董克勤，张婉佩.对流层中低空急流影响下辐合带扰动的发展——7504 号台风的形成.大气科学，1979，
　　　　3(1).

［78］董克勤，张婉佩.辐合带台风形成与对流层中低空急流的联系.气象学报，1979，**37**(1).

［79］李真光，梁必骐，包澄澜.华南前汛期暴雨的成因与预报问题//华南前汛期暴雨文集.气象出版社，1982.

［80］李建辉.高、低、超低空急流的相互关系及其对暴雨的贡献.同［79］.

［81］梁必骐，罗章爱，伍培明.南海高压的初步研究.同［6］.

［82］云南省气象局.春季的南支波动和云南的降水预报——3—5 月中短期预报模式.同［19］，70-74.

［83］广西气象台研究室.初夏影响广西的南支西风槽.同［19］，75-84.

［84］范惠君.冬半年南支西风槽云系特征的初步分析.同［57］，182-191.

［85］丁一汇.南支槽与台风高空流场的相互作用及其对天气的影响.同［57］，127-142.

［86］北京大学地球物理系热带天气研究组，等.孟加拉湾风暴的活动及其对我国天气的影响.同［19］，58-69.

全球变化的若干问题

梁必骐

（中山大学自然灾害研究中心，大气科学系）

摘　要　本文讨论了全球变化的成因和特点及其与人类活动和自然灾害的关系，着重分析了人类活动诱发的全球重大变化，其中包括温室效应、臭氧洞、核冬天、生态环境恶化、沙漠化和环境污染等问题。最后介绍了全球变化研究计划。

1　当今人类面临的全球性问题

人口膨胀、资源紧缺、环境恶化、全球变化、自然灾害是当今人类面临的最重大的全球性问题，这些问题互为因果、相互制约，已给人类的生存带来了严重的威胁。

由于人口急剧增长和人类盲目活动对自然环境的破坏，导致自然资源日趋紧缺和环境不断恶化，从而诱发和加剧了全球异常变化和自然灾害频发，而全球变化和自然灾害又进一步加剧了资源紧缺和环境恶化，因而严重地制约着人类生产活动和国民经济发展，严重地影响人类生存和社会发展。综上所述，我们可以用图 1 来说明上述五大全球性问题的互为因果、相互制约的关系。

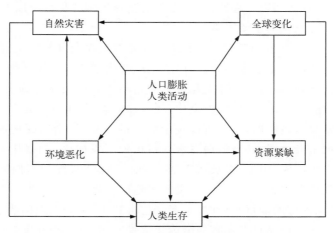

图 1　人类生存的五大全球性问题的相互关系

由此可见，为了人类的生存和发展，当前最紧迫的世界性问题是控制人口增长，加强资源与环境的管理和保护，提高自然灾害的防治能力，全球变化是资源紧缺、环境恶化和自然灾害

本文发表于《自然地理与环境研究》，中山大学出版社，1992.

频发的根源,而人类活动是诱发和加剧全球变化的基本因素之一。因此,加强全球变化的研究,尤其是人类活动对全球变化的影响问题,乃是当今,以至未来几十年国际科学界举世瞩目的重大研究课题。

2　全球变化及其与自然灾害的关系

　　发生在地球上的自然变化,具有各种不同的时空尺度,其空间尺度可大至全球范围,小至几米;时间尺度则可长至数十亿年,短至几分、几秒钟。全球变化通常是指地球上数千公里以上范围的异常事件,这类变化对于人类的生存环境将产生严重而长远的影响。

　　全球变化是发生在地球系统中的异常事件。从广义来说,地球系统包括固体地球、地球表层和地球空间;狭义而言,地球系统是指与人类生存密切关联的地球表层系统,即包括大气圈、水圈、生物圈和岩石圈。因此,研究全球变化的成因,必须着眼于地球系统的变异,尤其是四大圈的运动及其相互作用。这就是说导致全球异常变化的原因是多方面的,但概括而言,主要是两种因素,一是自然因素,二是人为因素。自然因素取决于自然界本身的发展规律,包括地球系统外部和内部的能源驱动,地球系统变化的外部能源主要依靠太阳的巨大能量。从根本上讲,地球大气和海洋的运动以及生命活动,其能源都来自太阳辐射,太阳光谱(紫外光和红外光)以及太阳驱动的高能粒子雨和太阳风都可能影响地球空间(包括磁层和大气层),进而通过四大圈的耦合作用而影响整个地球系统。可见太阳活动对于地球系统的影响是导致全球变化的外部驱动器。在地球内部,地核所具有的巨大热量是驱动地球系统变化的另一基本能源,虽然地表从地球内部获得的热量只有来自太阳的热量的1/5000,但它是地球系统的内部驱动器,通过地幔对流,驱动地壳运动,进而通过板块运动和造山运动使地表形成山脉和海洋,导致地球系统出现变异,而通过地震和火山喷发更直接引起全球性大气变化和生态变化。人类活动对地球环境的影响越来越严重,目前这种影响已经接近并将超过自然变化的强度和速率,它不仅加剧全球变化,而且使环境日趋恶化,诱发新的全球异常变化。所以人类活动的影响是全球变化研究的一个不可忽视的重要因素。

　　全球变化是产生自然灾害的基础,大多数自然灾害是在全球异常变化的背景下发生的。全球变化对自然灾害的影响是多方面的。首先,全球变化常导致环境恶化,而环境恶化正是自然灾害频发的主要根源,这就是说全球变化常常为自然灾害的发生创造有利的环境条件。其次,某些重大全球变化,如土地干旱化、沙漠化、环境污染等,其本身就是自然灾害,所不同的是自然灾害的形成通常是区域性的,但也可以是全球性的。第三,全球变化可以衍生自然灾害,如"温室效应"→海面上升→海水入侵,而海水入侵可能引发内涝、土壤盐渍化等灾害;又如土壤退化,易于引发水土流失、山崩、滑坡等灾害;再如 ENSO 事件是气候异常变化的信号,它将引发许多地区出现气象灾害。第四,一些缓慢的地球变化,其发展到一定阶段,需要依赖"突变"的形式来调整地球内部的能量平衡时,也会产生自然灾害,如地壳构造运动引发的地震、地裂缝和火山喷发等灾害。可见自然灾害与全球变化是密切关联、相互影响的,加强全球变化的研究,有助于促进对自然灾害形成规律的认识。

3　人类活动对全球变化的影响

　　自然界既赐予人类赖以生存的条件,同时也给人类以灾难性的报复。由于人类对自然资源和环境的不合理开发利用,不仅导致全球生态环境恶化,而且加剧和诱发了全球重大变化,导致了自然灾害频发。例如,大范围气候异常灾害频发,环境污染日益严重,森林、耕地面积不断缩小,土地干旱化、沙漠化日趋扩大,动植物种日趋消亡,等等。当前人类活动诱发的全球重大变化主要有如下几个方面:

3.1 "温室效应"与海平面上升

所谓"温室效应"是指大气中所含的 CO_2 等微量气体对于太阳短波辐射是相对透明的,面对于地表向外放射的长波辐射具有吸收作用;因而起着类似"花房效应"的作用。当大气中的 CO_2 浓度异常增加到一定程度时,就可能使全球温度升高。自从产业革命以来,大气中 CO_2 浓度一直在增加,全球因矿物燃料的燃烧,排入大气的 CO_2 已由 1950 年的 16 亿吨增加到 1984 年的 53 亿吨,全球大气中 CO_2 浓度已从 1958 年的 314 ppm(1 ppm＝10^{-6})增到 1990 年的 354 ppm,平均增长率为 1 ppm/a,比工业化前大约增加了 25%,到 2025 年,预计大气中 CO_2 的浓度可能达到 420～475 ppm[1],即将比工业化前增加一倍,因此将引起全球大气增温 1.5～4.5℃,从而导致海冰融化,海平面上升 0.2～1.4 m。这种"温室效应"将造成全球范围的气候异常和海平面变化,因而给人类生存带来极大影响。

3.2 "臭氧洞"和生态危机

臭氧(O_3)层位于平流层中,它有两种作用,一是作为一种温室气体影响地球辐射的收支,二是起着"保护伞"的作用,使 99% 的太阳紫外辐射不能直接到达地面,因而使地球上的生命免遭紫外辐射的伤害。但观测事实表明[2],最近十几年来地球大部分地区 O_3 浓度已减少 1.7%～3.0%,其中南极地区从 1970 年代中期以来每年 10 月 O_3 总量减少 40%,1991 年南极上空被破坏的臭氧层面积达 2.072 万 km^2,因此提出了南极上空存在所谓"臭氧洞"问题。卫星上的 O_3 光谱仪提供的图片也证实了"臭氧洞"的存在。1969—1988 年的冬季,北半球测得的臭氧层总量也减少了 3%～5%。科学家们对"臭氧洞"的形成提出了多种推测和假说,但都不能圆满解释其形成机理。目前一般的看法是人类大量使用含氯氟烃的化合物(F_{11}、F_{12} 等),例如,它被广泛用于制冷、工业溶剂和航天,这些物质日益排入大气是导致 O_3 减少的重要原因。平流层 O_3 的减少,将削弱"保护伞"作用,导致紫外辐射增加,因而将导致人体免疫功能降低,皮肤癌的发病率增加,呼吸道和眼睛也会受到危害。据测算,大气层 O_3 含量减少 10%,到达地面的紫外辐射将增加 20%,皮肤癌患者将增加 40%,白内障和呼吸道疾病的发病率也会大大增加,因而严重影响人体健康和生物繁殖。

3.3 "核冬天"问题

人们对于核战争的后果,一般只注意核爆炸所引起的热辐射、放射性、冲击波等直接效应。1980 年代开始注意大规模核战争的次级效应——大气强烈降温,可能形成"核冬天",因而对地球上的生命构成极大的威胁。"核冬天"产生的基本物理机制是所谓的"反温室效应"。核爆炸所产生的尘埃和烟粒子,其尺度相当于次微米量级,这样的核气溶胶可吸收太阳辐射,但对红外辐射的吸收能力远远低于对可见光的吸收能力,因此可阻截太阳辐射而使地面的红外辐射易于发散到宇宙空间,结果导致地面温度降低,当大气中存在大量这类烟云时,反温室效应将使地面急剧变冷,而当温度下降到冰点以后,地表的水变为冰;大气中的水汽变成雪,由于冰雪面的反照率更强,将使更多的阳光反射至宇宙空间而导致地面温度进一步降低,如此继续,将使地球获得的阳光更少,这种"降温→结冰→反照率增大"的正反馈机制将使气温降到－20℃左右才稳定下来,即达到严寒的冬天。数值模拟试验表明,一旦发生核战争,只要爆炸17000个核弹头,在极短的时间内,燃烧产生的烟和尘埃可达9.6亿吨,其中80%可进入平流层,这些核气溶胶可使白天阳光减少95%,而让大量的地面红外辐射散逸于太空,结果在两星期内陆地地面温度就可降到－20℃左右,并可持续二三个月,甚至一年以上[3]这种由核战争或大规模战争产生的"核冬天"将给人类和生物带来极大灾难,许多物种可能面临灭绝,甚至有人预言"核冬天"将毁灭现代人类文明,全球人口将降到史前时代,尽管当前对"核冬天"理论尚有不同看法,但持怀疑态度的科学家也不排除"核冬天"的可能性。总之,"核冬天"给人类以及生态系统构成的威胁将比核爆炸造成的短期破坏和灾难更严重得多。

3.4　生态平衡失调和资源短缺

人类是影响生态系统的最活跃、最积极的因素。长期以来,人类对自然界的不合理开发和利用,如滥垦、滥伐、滥牧、滥采、滥猎、滥捕等等,严重地破坏了整个自然生态系统,导致生态系统平衡严重失调,全球可耕地、森林、草原面积日益减少,物种锐减,土壤退化,水源枯竭等一系列后果。

目前全球有可耕地 $30.7×10^6$ km²,占地球陆地面积的 1/10,但由于土壤侵蚀,每年流失土壤 250 亿吨,全球人均表土量将从 1980 年的 792 t 降到 2000 年的 490 t,人均耕地面积将由 1975 年的 3100 m² 减为 2000 年的 1500 m²。世界森林亩积约为 $11×10^8$ km²,每年约减少 20 万 km²,其中热带森林每年减少 11.3 万 km²,在发展中国家每分钟毁林 0.2 km²,至 2000 年,热带森林将减少 10%～15%,这对生态环境和全球气候将产生严重影响。由于世界人口的急剧增长(将从 20 世纪初的 20 亿人猛增至 20 世纪末的 60 多亿人)和工业化迅速发展,人类用水也急剧增加,全世界可能出现严重水荒。目前全世界用水量比 19 世纪增加了近 10 倍,因而全球约有一半以上地区缺乏淡水。由于生态环境变化,加上人类滥伐、滥捕,地球上每年将有一万多种动植物面临灭绝的危险。由此可见,由于人类活动对自然生态的破坏,加之人口剧增,未来世界将面临一场全球性的水源危机,能源紧缺,森林枯竭,土壤退化,草地和野生生物资源匮乏,气候资源等也将出现严重问题。同时,由此导致的环境恶化,将进一步加剧和诱发各种自然灾害。

3.5　干旱和沙漠化

由于人类对生态平衡的破坏及其造成的土壤退化、植被锐减,进一步加剧了全球性干旱和沙漠化。当今世界,干旱区和半干旱区约占全球陆地面积的 1/4。1968—1974 年在非洲撒哈拉沙漠南缘地区,发生了震惊世界的持续 17 年的大旱,造成 200 多万人死亡,22 个国家、2.5 亿人口遭受 20 世纪以来最严重的粮食危机[3]。

据联合国沙漠化会议(1977 年)的统计资料,目前全世界受沙漠化威胁的土地占 35%,人口占 20%,沙漠化和可能受沙漠化影响的面积约 4560 万 km²,其中非洲 1655 万 km²,亚洲 1523 万 km²,美洲 784 万 km²,澳大利亚 574 万 km²,欧洲 24 万 km²。沙漠化面积正以每年 6 万 km² 的速度扩大,因此给农业生产造成的损失每年达 260 亿美元。如按这样的沙漠化速度发展,到 20 世纪末,全球将有 14% 的人生活在干旱和半干旱区,2/3 的人可能受到沙漠化的影响。

3.6 环境污染

随着人口的增长,工业化和城市化的发展,环境污染问题日趋严重。据预测,到 20 世纪末,世界城市人口将占总人口的 1/2。由于城市人口密集和工业化的迅速发展,将给人类带来一系列环境问题。"三废"排放量的增加,将使城市和农村的生态环境遭受严重的污染和破坏。一些空气污染物的排放(如二氧化硫、二氧化碳等),导致大气污染(如尘埃空气、酸沉降等)和温室效应,酸雨日益增多。污水的排放,直接造成地表水体的污染,水质恶化,同时还会造成土壤污染、地下水污染和水生生物污染。固体垃圾、矿山废石(土)的堆放,除占用土地和污染空气外,随着降水渗入和水流,也会造成地表水和地下水污染,以及土壤污染。目前,无论是大气污染、水污染、土壤污染和生物污染都有日益恶化之势,它们将进一步加剧生态环境的恶化,因而严重威胁人类的健康和生存。据统计,目前大约有 10 亿以上城市居民生活在超标准的烟尘污染中。所以对此如不加以整治和制止,将给人类和生物带来全球性的灾难。

人类活动及其造成的上述全球性问题,不仅对人类的生存构成潜在的威胁,而且对自然灾害的严重程度影响极大,其恶果主要表现在:

(1)直接造成灾害,促使自然灾害发生发展,加剧成灾强度,增加成灾频数;

(2)诱发次生灾害,如地沉、地陷、地裂、滑坡、泥石流、水库地震、矿坑突水、水土流失等等;

(3)环境恶化导致生态系统的承载能力下降,使脆弱的生态环境更趋恶化;

(4)直接破坏生产力,造成严重的经济损失,影响国民经济的持续发展;

(5)导致许多物种消亡,尤其是一些珍稀动植物濒临灭绝,使人类失去赖以生存的多种生物资源;

(6)环境污染直接威胁人类的健康与生存。

4 全球变化计划及其研究

面临全球环境日益恶化的严峻挑战,国际科学界先后提出了"世界气候研究计划"和"全球变化研究计划"。1979 年世界气象组织(WMO)提出制定"世界气候计划"(WCP),1984 年、1985 年先后提出了"世界气候研究计划"(WCRP)的科学计划和执行计划[4,5],其目标就是要确定气候的可预报程度和人类影响气候的程度,主要研究:

(1)月、季长期天气预报的物理基础和方法;

(2)全球气候的年际变化和预报;

(3)几年至几十年的气候变化趋势。

为此国际科学界组织了一系列国际性观测试验,如"热带海洋和全球大气试验"(TOGA)、"全球能源和水循环试验"(GEWEX)、"世界海洋环流试验"(WOCE)、"海冰预测国际气候试验"(SIPECE)、"国际卫星陆面气候学计划"(ISLSCP)等等。1980 年代初,G. Garland 和 H. Fridaiman 教授先后提出"全球变化"和"地球系统"概念,经国际科联(ICSU)的促进,通过多次国际讨论会,这个思想不断为世界科学家所接受,并用三年(1986—1989 年)时间制定全球变化研究计划,即国际地圈—生物圈计划(IGBP)[6],建立了七个核心研究计划,从 1990 年开始实施。1990 年 12 月提出了 IGBP 的"全球变化分析、研究和培训系统"(START),旨在推进区域性研究中心及区域性研究站的国际网络的发展。为了组织和协调我国对气候变化和全球变化的研究工作,1987 年和 1988 年我国先后成立了国家气候委员会和 IGBP 中国委员会。

IGBP 是当今人类为迎接全球环境日益恶化的挑战而提出的一项战略性计划。其主要目标是研究整个地球系统相互作用的物理、化学和生物学过程,以及人类活动对地球系统及其变化的影响,从而提高对未来几十年至百年全球重大变化的预测能力。在现阶段,IGBP 的主要研究内容是:

(1)陆地生物圈与大气化学的相互作用;

(2)海洋生物圈与大气的相互作用;

(3)全球水分循环过程的生物学特征;

(4)气候变化对陆地生态系统的影响;

(5)全球变化史的研究。

为此还将发展全球变化的模拟,建立全球观测网以及资料和信息系统。

全球变化问题是一个综合问题,已远远超出了单一学科的范围,必须从整体上、用多学科交叉来研究地球系统及其变化,研究其各组成部分之间的相互作用,其内部的物理、化学、生物过程之间的相互作用,以及人类与地球系统之间的相互作用。一门多学科交叉的新兴学科——全球变化学正在形成,其理论基础就是地球系统科学。可以预计,全球变化的研究,不仅对保护和改善人类生存环境具有战略意义,而且必将推动地球科学、环境科学、宏观生物学以及灾害学的发展。

参考文献

[1] 叶笃正,等. 当代气候研究. 气象出版社,1991.

[2] Earth System Sciences Commitece. Earth Systen Science,1989.

[3] 任振球. 全球变化——地球四大圈异常变化及其天文成因. 科学出版社,1990.

[4] WMO/ICSU. Sciences plan for world climate research programme. WCRP publications serics, No. 2, WMO/TD—(6),1984.

[5] WMO/ICSU. First impiementation plan for the world climate research programme. WCRP publications seties,No. 5,WMO/TD(80),1985.

[6] JGBP/JCSU. A Study of Global Change,ICSU Press,1989.

自然灾害研究的几个问题

梁必骐

(中山大学大气科学系,广州 520275)

摘　要　本文讨论了自然灾害的分类、特点以及形成规律,并分析了中国主要自然灾害和灾情,重点分析了干旱、洪水、台风、地震、山地灾害、风沙和沙漠化、冷害、强风暴、森林火灾、虫鼠害等十大灾害。最后对自然灾害研究的几个基本问题,包括灾害学基本理论、自然灾害监测与评估、灾害信息与管理,以及灾害经济学和灾害社会学的研究内容作了探讨。

关键词　自然灾害　类型　成因　中国

自然灾害频发是人类面临的最严重问题之一,其对社会和经济发展的严重影响已引起世界各国的极大关注,成为各国政府和科学家共同的攻关课题。1987 年 12 月 1 日第 42 届联合国大会通过第 169 号决议,确定 20 世纪 90 年代为"国际减轻自然灾害十年";1989 年联合国又通过第 44/236 号决议和"减灾十年"国际行动纲领,号召"通过协商一致的国际行动,以减轻自然灾害,如地震、风暴、海啸、洪水、滑坡、火山喷发、自然大火、蝗灾、干旱与沙漠化,以及其他自然灾害所造成的生命财产损失、社会和经济的停滞"。1989 年 4 月我国成立了"中国国际减灾十年委员会",其宗旨是响应联合国倡议,积极开展减灾活动,增强全民、全社会减灾意识,提高防灾、抗灾、救灾能力,争取到 20 世纪末,达到减少自然灾害损失 30% 的目标。

自然灾害是人类的大敌,而人类的盲目活动,又导致或诱发一系列自然灾害,严重地威胁人类的生存和发展。据联合国公布的材料,在过去 20 年中,全世界有 30 多万人死于自然灾害,8 亿多人受灾,经济损失达千亿美元以上。近年来灾情更为严重,平均每年因此丧生 25 万人,经济损失 400 多亿美元。而且,世界自然环境日趋恶化,1 万多种动植物面临灭绝。因此,减轻自然灾害是当今人类的一项紧迫任务。为达到减灾目的,首先必须研究自然灾害和减灾对策,为此本文对自然灾害的类型、特点、中国灾情和几个基本问题作了讨论。

1　自然灾害的定义和类型

地球上的自然现象是千变万化的,当自然变异强度达到人类难以抗拒,对人类的生命财产和经济建设带来危害时,便构成自然灾害。实质上,自然灾害就是自然变异过程对人类社会经济系统产生危害性后果的事件。

自然灾害按其成因可分为 6 大类:①气象灾害:主要由大气圈变异所引起,如干旱、洪涝、热带气旋、暴雨、寒潮、高温冷害、连阴雨,以及龙卷、冰雹、雷暴、强风等;②陆地灾害:主要由岩

本文发表于《热带地理》,1993,**13**(4).

石圈变异所致,如地震、山崩、滑坡、泥石流、火山喷发、地面沉降、水土流失,以及土地沙漠化、盐碱化、泽沼化等;③海洋灾害:主要由水圈变异活动所形成,如风暴潮、海啸、海浪、赤潮、海冰、海面上升和海水入侵等;④生物灾害:主要由生物圈变异活动所引起的病虫害、蝗害、鼠害、恶草、生物污染和生态环境变异等;⑤天文灾害:由于天体的变异和活动所造成的陨石坠落、天体冲击、小行星撞击、火球流等等;⑥人为自然灾害:主要由人类活动造成,如地面沉降、地陷、地裂、泥石流、水土流失、水库地震、矿井突水、森林火灾、土地盐碱化和环境污染等。

　　自然灾害按其发生过程的长短则可分为 3 类:①突发性灾害,如台风和风暴潮、暴雨和洪水、地震和火山、山崩和泥石流、强风暴等;②缓慢性灾害,如干旱、水土流失、内涝、连阴雨和病虫害等;③趋势性灾害,如环境污染、海面上升、生态变异和土地沙漠化、盐碱化等。

2　自然灾害的特点和形成规律

　　自然灾害是自然—经济—社会的综合反映。自然灾害的形成及其强度,既决定于自然变异的频度和强度,又受人类活动的影响,同时还取决于社会经济环境和结构。

　　全球变化及其引发的自然变异是形成自然灾害的基础,无论是突变过程或缓变过程。这种变异包括大气圈、岩石圈、水圈和生物圈以及天体的变异与活动。重大自然灾害常常是其中两种或多种变异过程造成的。

　　环境恶化是自然灾害频发的主要根源,而人类对自然资源和环境的不合理开发,如滥垦、滥伐、滥牧、滥捕和滥排污等,正是导致环境恶化的基本因素。人类活动不仅诱发和加剧一系列突发性自然灾害,而且造成许多人为自然灾害,也为一些缓慢性和趋势性自然灾害种下"祸根"。可见人类活动的影响是当前减灾研究中的一个最紧迫课题。

　　自然灾害的成灾强度,与灾害本身强度和受灾区的经济结构、人口分布以及承受和防御灾害的能力有关。一般来说,同样的自然灾害,如发生在经济和人口密集区或生态系统脆弱区,其灾情将比人烟稀少的山区严重得多,如 1955 年的康定地震(7.5 级)和 1976 年的唐山地震(7.8 级),虽震级相差不大,但两地死亡人数之比为 84 : 242000,经济损失也相差千万倍;防灾承灾能力不同,成灾强度也不同,如 1975 年的海城地震(7.3 级),震前作了预报,仅死亡 1000多人,远不及唐山地震;防灾能力与减灾强度更是密切相关,如去年 2 月 2 日在东京发生了 5.7 级地震,由于防震体系较健全而无一人死亡。通过对自然灾害形成规律的分析,可揭示自然灾害的特点。

2.1　灾害的地区性

　　自然灾害的分布具有明显区域性。环太平洋沿岸带和阿尔卑斯—喜马拉雅山脉带,是世界上两个最大的自然灾害带。在中国,自然灾害呈东西分区、南北分带的网状分布:西区为地震活跃带,且是干旱和山地灾害频发区;东区是旱涝和海洋灾害多发区,其中部也是强地震带;从北向南,阴山—天山、秦岭—昆仑山、南岭—喜马拉雅山等山系是严重山地灾害带,这些山系两侧的大江河流域主要是严重气象水文灾害地带。

2.2　灾害的周期性

　　自然灾害在时间分布上具有一定的周期性,其相对频繁期 140～180 年。如陕西省大旱周期为 300～400 年,东部地区干旱为 50 年一遇,著名的 ENSO 事件周期为 3～4 年,其他如洪水、台风、地震等灾害也具有一定周期规律。

2.3 灾害的群发性

自然灾害的发生往往不是孤立的,而常在某时段或某地区相对集中出现,如台风、暴雨、洪水、大风、风暴潮等灾害常常是同时发生,而构成灾害体系(图 1),地震、山崩、滑坡、泥石流、地裂、地陷等也常具群发性。

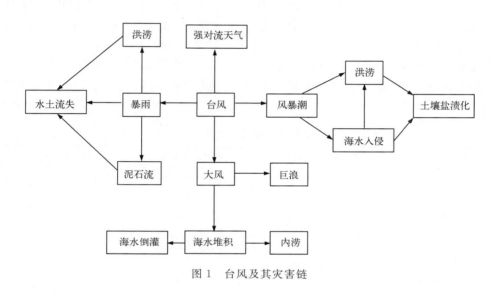

图 1 台风及其灾害链

2.4 灾害的连发性

一些强度大的自然灾害常引发一连串次生灾害,形成所谓的灾害链。例如,台风—暴雨—水土流失,台风—风暴潮—海水入侵—洪涝,暴雨—洪水—泥石流,地震—崩塌—滑坡等都构成灾害链;又如 1960 年 5 月智利连续发生 3 次 7 级以上地震,造成 3 次大滑坡,填入瑞尼赫湖后,湖水上涨 24 m,湖水外溢,附近的瓦尔的维亚城水深 2 m,使百万人无家可归。

2.5 灾害的社会性

如前所述,人类的盲目活动破坏了自然环境,加剧和诱发了一系列自然灾害,而自然灾害造成的严重损失和人员伤亡,将影响经济和社会的发展,严重者可能威胁人类生存。另方面,人类的自觉活动可以预防灾害,减轻灾害损失。就是说,人类活动既可成为致灾因素,也可成为减灾动力。可见,自然灾害与人类社会息息相关,具有广泛的社会性。

3 中国的主要自然灾害及其灾情分析

中国是自然灾害的多发重发地区,又是经济较落后的农业大国,承受灾害的能力较低,所以是世界上受灾最严重的国家之一。一般年份,受灾人口达 2 亿多人,死亡 5000～10000 人,减产粮食 200 亿 kg,直接经济损失 100 亿元以上,尤其是近年来损失越来越严重(表 1)[1]。影响中国的自然灾害是多种多样的,其中以干旱、洪涝经济损失最大,台风、地震的损失也相当惊人[2]。下面就影响最大的 10 种自然灾害分别进行讨论。

表 1　中国自然灾害造成的直接经济损失(亿元)

项目	1950 年代	1960 年代	1970 年代	1980—1988 年	1989 年	1990 年	1991 年
年平均经济损失	80.4	缺	245	409	525	616	1215

(1)干旱　干旱在中国持续时间最长,影响范围最大。公元前 206 年—1949 年的 2155 年间,中国发生较严重旱灾 1056 次[3],其中公元 1877 年晋、冀、鲁、豫 4 省大旱,死亡 1300 万人,1920 年陕、晋、冀、鲁、豫 5 省大旱,2000 万人受灾,505 万人死亡;1930 年陕西大旱,250 万人死亡,占全省人口 940 万人的 27%;1943 年广东全省 80% 的耕地受旱,死亡 30 万人。1949—1988 年全国平均每年受旱面积约 0.3 亿 hm²,损失粮食 200～250 亿 kg,经济损失 150 亿～200 亿元(表 2)。

表 2　中国各类自然灾害的经济损失估计(年平均)

灾害种类	粮食损失(亿 kg)	直接经济很失(亿元)	经济损失合计(亿元)
干旱	200～250	150～200	
洪涝	100	150～200	
台风和风暴潮	3～5	50～60	370～490
冰雹和低温	15～25	20～30	
地震		10～20	
山崩、滑坡、泥石流	3～5	20～30	
水土流失	15～25	20～30	70～110
风沙和土地沙漠化	3～5	20～30	
森林火灾		50～100	
人为次生灾害		10～20	60～120
生物灾害	10～15	10～15	10～15
总计	349～430	510～735	510～735

(2)洪水　洪水的危害也相当严重。1980—1985 年全球有近 2 亿人口受洪水之害,2000 万人无家可归,3 万人死亡。中国公元前 206 年至 1949 年发生较大洪涝灾害 1092 次[3],其中 1887 年长江流域大洪水,造成 150 万人死亡;1931 年黄河流域大洪水,死亡 300 万～400 万人;1938 年黄河花园口决堤,水淹土地逾 5 万 km²,受灾 1250 万人,死亡 89 万人,1915 年广州地区的洪水也造成 10 万余人丧生。解放后也发生多次特大洪涝灾害,如 1954 年的长江流域洪涝,淹没农田近 30 万 hm²,1800 多万人受灾,死亡 1.3 万人,经济损失 200 多亿元;1975 年 8 月河南特大暴雨造成大洪水,使 2.6 万人丧生,经济损失 100 亿元以上;1983 年长江流域特大洪水,受灾 3300 万人,经济损失超过 200 亿;1991 年江淮流域出现特大洪涝,2 亿多人受灾,直接经济损失达 680 多亿元。据 1950—1980 年统计,全国每年洪涝受灾耕地 100 万 hm²,成灾 800 万 hm²,粮食损失约 100 亿 kg,经济损失约 150 万～200 亿元。

(3)台风　据联合国公布的资料,1947—1980 年全球死于台风的人数为 49.9 万,居十大灾害死亡人数之首。据统计,全球每年发生热带风暴和台风 80～100 个,造成经济损失 60 亿～70 亿美元和 2 万人丧生[4]。中国是世界上少数几个受台风影响最严重的国家之一,平均每年有 7 个台风或热带风暴登陆,全国 4/5 的省市可能受台风影响[5]。1922 年 8 月登陆汕头的台风造成 6 万余人死亡,数十万人无家可归。解放后,台风造成的人员伤亡已大大减少,但经济损失却有增大之势[6],如 1985—1991 年经济损失 10 亿元以上的台风超过 10 个,总损失达 300 亿～400 亿元,其中 1985 年东北地区受台风影响损失达 47 亿元,1989 年海南省损失 29.4 亿元,超过该省当年的财政收入,1990 年闽、浙 2 省损失 79 亿元,1991 年仅广东省直接经济损失就达 43.2 亿元。

（4）地震　地震造成的人员伤亡最严重。1900—1980 年全球均有 120 万人丧生于地震灾害,其中中国占 1/2（61 万人）。据记载,中国历史上发生地震 8000 多次,其中破坏性地震 1004 次,造成 230 余万人死亡[7]。20 世纪以来,中国发生 6 级以上地震 650 多次,其中 7 级以上大陆地震占全球的 30%,在一般年份,地震造成的直接经济损失约 10 亿元,死亡 2000～3000 人,其中最严重的是 1976 年唐山大地震（7.8 级）,造成 24.2 万人丧生,直接经济损失 100 亿元以上。

（5）山地灾害　主要包括山崩、滑坡、泥石流和灾害性水土流失,多发生于 23.5°—50°N 的山区。中国山地占国土面积 69%,也是这类灾害的多发区,约有 30 万个滑坡体,1 万多条泥石流,危及 23 个省（区、市）,以云、贵、陕、川最多。这类灾害主要由暴雨、地震和人类活动所诱发,近年来有增强之趋势。解放以来已造成近万人死亡,每年经济损失达 20 亿～30 亿元。1949—1985 年全国发生泥石流灾害 1000 多起,其中 1975—1984 年仅泥石流就造成 2000 余人死亡,直接经济损失 16 亿元[8]。1981 年川、陕发生滑坡、崩塌、泥石流 8 万多处,造成罕见的灾害,仅陕南地区经济损失就达 11 亿元以上。

中国水土流失状况更是日益严重,全国水土流失面积已从解放初的 1.16 亿 hm² 扩大到 1.45 亿 hm²,约占国土面积的 1/6. 每年流失土壤 50 亿 t,流失土壤中的氮、磷、钾肥约 0.4 亿 t,相当于全国目前一年的化肥施用量,折合人民币达 24 亿元。长江、黄河流域尤其是西北黄土高原和江南红黄壤区是严重的灾害性水土流失区。这类灾害造成全国粮食损失 15 亿～20 亿 kg,经济损失 20 亿～30 亿元。

（6）风沙和土地沙漠化灾害　风沙灾害是在干旱多风的环境中产生和发展的,其进一步发展便导致土地沙漠化。中国的风沙灾害和土地沙漠化面积共 151 万 km²,占国土面积 16%,主要分布在西北、华北和东北地区。近半个世纪来,沙漠化土地扩大了 5 万 km²。目前已有 11 个省（区）5000 多万人口、4 万 km² 农田、5 万 km² 草场和逾 2000 km 铁路受到威胁。据估计,每年约损失 20 亿～30 亿元。如不加强治理,其威胁将越来越严重。

（7）冷害　中国常见冷害有冻害、霜冻、东北夏季低温冷害、南方低温阴雨和寒露风等。这类灾害不仅造成粮食减产,而且严重危害柑橘、茶林、热带作物的生长发育和畜牧业生产。平均每年造成直接经济损失 5 亿～10 亿元。据统计,1953—1980 年全国发生严重冷冻害 79 次[9],其中 1953 年严重冻害造成冬小麦减产 30 亿 kg;1969 年和 1972 的东北冷害使粮食和豆类减产超过 128 亿 kg;1978 年寒露风使广东晚稻减产 13 亿 kg。冻害对热带作物危害极大,如 1955 年 1 月的严重寒害使华南橡胶幼树损失惨重,其中海南岛 15%～30%、湛江 80%、广西 85% 的幼树严重受害,福建的幼树几乎全部枯死。

（8）强风暴灾害　主要由强对流天气造成,包括冰雹、龙卷和雷雨大风。中国是这类灾害的频发区,每年因此造成约数千人死亡和数十亿元损失。如 1987 年全国 2000 多个县遭受冰雹灾害,受灾面积 500 万 hm²,毁坏房屋 108 万间,死亡 4000 人,直接经济损失达 30 亿元。

(9)森林火灾 全球每年发生林火灾害 20 多万次,毁林 0.1% 以上,其中 1983 年印尼森林火灾一次烧毁森林 3.5 万 km²。中国平均每年发生森林火灾 1.5 万次,受害面积约 1 万 km²,直接经济损失达 50 亿~10 亿元。1987 年大兴安岭森林火灾,面积达 13000 km²,过火林木 1.05 亿 m³,估计损失 30 亿元以上[10]。

(10)虫鼠害 包括农作物病虫害、果树病虫害、森林病虫害、蝗害、鼠害、杂草害等生物灾害,危害最大的是蝗害和鼠害。蝗害最严重的地区是非洲、中东和西亚。蝗群每天可吞食数千公斤粮食。全球因鼠害每年损失粮食 350 多亿 kg,1985 年鼠害造成全球农业损失 170 亿美元。中国每年因虫鼠害损失粮食 10 亿~15 亿 kg,经济损失 10 亿~15 亿元。据史籍记载,在新中国成立前的 260 多年中发生蝗灾 800 多次,其中 1933—1935 年蝗害面积达 312 万 hm²,捕杀蝗虫 1440 多万 kg[11]。解放后蝗害虽得到较大控制,但仍然严重。如 1979—1981 年新疆发生蝗害,严重危害面积每年达 87 万 hm²;1985 年天津发现的蝗群长逾 100 km、宽 30 km,波及河北 17 万 hm² 田地。中国的鼠害也十分严重,1983 年受害面积达 2400 万 hm²,占全国耕地的 24.4%。1970 年代以来,全国因鼠害年损失粮食超 150 亿 kg。

此外,影响中国的自然灾害还有高温、干热风、暴风雪、冻雨、雾凇、积冰、赤潮、海啸、海冰、海水入侵、土地盐碱化、地面沉降、地裂、地陷、恶草以及其他人为次生灾害。火山喷发是全球性的重大灾害,过去 400 年已夺去 27 万人的生命,但在中国,活火山并不多见。

4 自然灾害研究的几个基本问题

一是灾害学基本理论的研究。重点研究自然灾害的特点、分布规律和形成机理,主要包括灾害分类和分布;孕灾环境的特点和演变,致灾因子和成灾机理,包括自然因素和人为因素及其相互作用;承灾体的特征及其反馈作用;灾害系统的结构以及灾害链、灾害群、灾害度、灾害史、灾害区划等基本理论问题的研究。

二是自然灾害的监测技术、预报和评估方法的研究。内容包括遥感、卫星等新技术的应用,重大灾害的预报和预测,客观评估灾情的科学方法,建立预评估、实地评估和灾后评估系统。

三是灾害信息系统和减灾管理系统的研究。灾害信息系统包括历史灾情、人口和经济密度、承灾能力、灾情评估数据库以及灾情信息网。减灾系统包括建立灾害监测系统(监测工具的相互配合和协调)、灾害预测系统(预报、预测的发布、传送和服务)、社会减灾和救灾系统(减灾对策的实施和救灾行动方案)、政府决策系统(发布防灾、抗灾指令、减灾宣传和应急对策)。

四是灾害经济学和灾害社会学的研究。主要研究自然灾害对国民经济和社会发展的影响及减灾效益,包括灾害的经济损失和社会效应(人员伤亡、财产损失、引发社会动乱、破坏社会秩序、造成心理创伤等等)和减灾经济效益(减灾经费投入与灾害经济损失之比,受灾→负效应与减灾→正效益之关系,减轻损失→相对增值→增加产值的计算等)。

中国的减灾工作已取得举世瞩目的成就,但今后 10 年的任务更加艰巨。科学技术对生产发展的主要作用之一,就是预防灾害,减轻损失,获得相对的增值。中国进入 1990 年代以来,每年因自然灾害的经济损失超过 600 亿元,如能达到减轻灾害损失 30%,则每年可获得 180 亿元以上的相对增值。为了实现中国国际减灾十年委员会提出的这一宏伟目标,我们必须进一步增强减灾意识,增加减灾投资,加强减灾研究,提高对自然灾害的防治能力,最大限度减轻损失,为人民和子孙造福。

参考文献

［1］李吉顺,王昂生.中国减灾.1991,**1**(2).

［2］孙广忠.中国减灾.1991,**1**(1).

［3］史凤林,等.灾害与灾害经济.中国城市经济社会出版社,1988.

［4］Anthes R A. Tropical cyclones their evolution,structur and effects. Amer Met Soc,1982.

［5］梁必骐,等.热带气象学.中山大学出版社,1990.

［6］梁必骐.论沿海地区减灾与发展.地震出版社,1991:232-235.

［7］杨玉荣.灾害与灾害经济.中国城市经济社会出版社,1988.

［8］谭万沛.灾害学.1987,**2**(3).

［9］郑斯中.中国自然灾害.学术书刊出版社,1990:150-159.

［10］黄东林,等.中国自然灾害.学术书刊出版社,1990:166-174.

［11］陈永霖.中国自然灾害.学术书刊出版社,1990:235-252.

中国南方重大气象灾害的若干研究

梁 必 骐

（中山大学大气科学系）

中国南方是自然灾害频发区，尤其是气象灾害的发生频率更居全国之首，这类灾害所造成的影响也相当严重。例如，1991 年由于大范围持续性暴雨造成江淮地区出现特大洪涝灾害，导致 2 亿多人受灾，经济损失达 680 多亿元；1992 年全国台风灾害的直接经济损失达 120 多亿元；1993 年广东省连续受 5 个台风袭击，受灾人口 2000 多万，直接经济损失 80 多亿元。

由中山大学、南京大学和中科院南海海洋研究所共同承担的国家自然科学基金项目《中国南方区域重大气象灾害的形成规律和综合预测研究》（编号：49070229），经过 3 年（1991—1993 年）的研究，已完成学术论文和报告 40 篇，其中已正式发表 23 篇，在国际学术会议上交流 7 篇。通过这些研究，初步摸清了中国南方重大气象灾害（重点是旱涝、热带气旋和暴雨等灾害）的时空分布规律，探讨了它们的形成规律，综合研究并给出了主要气象灾害的分区图，提出了一些可供预报参考的物理依据和思路方法。概括而言，主要在以下几个方面取得重要进展。

（1）较全面地分析了中国的热带气旋灾害。根据最近 40 年的资料，统计了影响和登陆中国的热带气旋分布规律，综合分析了这类灾害的特征及其成灾规律和台风灾害对中国沿海经济发展的影响。结果指出，影响中国的热带气旋灾害具有发生频率高、突发性强、群发性显著、影响范围广、成灾强度大等特点，这类灾害的形成除取决于热带气旋带来的大风、暴雨和风暴潮外，还与其引发的次生灾害以及社会经济因素有关，由此提出了台风及其灾害链的成灾框图。资料表明，热带气旋灾害所造成的经济损失有逐年增大之势，进入 20 世纪 90 年代以来这类灾害造成的中国经济损失年均达 60 亿元以上。

（2）研究了热带气旋形成机制。利用动能收支方程和位涡拟能方程诊断了热带气旋发生发展过程，结果表明，非绝热加热是热带气旋发展的主要能源，在整个热带气旋发生发展过程中，辐散风是主要动能源，无辐散风产生的动能较少；非绝热加热，尤其是积云对流加热随高度的变化（分布廓线和大小）是影响热带气旋强度变化的最重要因素，而加热的直接作用较小。相关分析发现，春末夏初北太平洋热带辐合带活跃或西风飘流区海温偏暖，则盛夏登陆中国的台风偏多，反之则偏少。

（3）综合研究了江淮地区的旱涝灾害。根据 40 多年的资料，综合分析了长江中下游梅雨在开始期、持续期和雨季总降水量等方面出现异常的特征，以及梅雨季出现洪涝灾害的环境背景，重点分析了 1991 年江淮流域的异常洪涝灾害。结果发现，梅雨开始期异常偏早，具有 20 年左右的周期现象；异常洪涝灾害的形成，除与一定环境背景有关外，还与暴雨出现频次、量级和地理环境有密切联系，其中梅雨盛期出现连续性暴雨是关键因素。研究还发现，长江流域夏

本文发表于《地球科学进展》，1995，**10**(1).

季旱涝无明显连续性;大范围旱涝主要发生在长江中下游,周期为 10～15 年。此外,通过数值试验,讨论了西太平洋副热带高压异常对长江中下游旱涝的影响;利用自然正交函数分析法(EOF)给出了江淮流域秋季旱涝的时空分布及其环流特征,分析得到长江流域及其以南地区夏季大范围旱涝的三种主要分布类型;用模糊聚类法对长江流域旱涝进行区划,得到六个旱涝灾害区。

(4)探讨了海温与华南旱涝的关系。计算分析了南海海温和上层海洋热含量(表层至100 m 海深的平均值),给出了其时间序列,发现它们具有 2～3a 和 5～6a 以上的振动周期,以及这种振动与华南旱涝关系的一些新事实。此外,通过数值模拟,揭示了初夏南海海温对华南降水的影响,给出了南海海温增暖→华南降水增加的物理过程。利用卫星资料(OLR),通过功率谱和 EOF 分析,给出了热带 OLR 低频振荡特征,揭露了其与厄尔尼诺事件和华南降水的关系。

(5)统计分析了中国南方降水和暴雨的特征。根据最近 30 年的降水资料,统计分析了中国南方 24 个站点的旬降水量,发现其频数分布多为正偏态和尖峰态,年变化以 1 波为主,且1 波振幅存在气候跃变现象。据近 40 年汛期(5—9 月)中国南方暴雨的统计分析,暴雨频发区存在季节和地域变化,且与中国热带季风系统向北推移的季节变化是相吻合的。此外,根据多年资料对江淮流域汛期降水和海南岛暴雨进行了统计分析,给出了时空分布特征。

(6)分析了华南暴雨的形成条件和机制。利用多年资料分析了华南大暴雨(日雨量≥100 mm)的特征及其形成的环流条件,概括出可供预报参考的六种环流型,并通过个例分析,比较了前汛期、后汛期和冬季大暴雨形成的环流条件。在统计华南登陆台风暴雨的基础上,对登陆台风所形成的暴雨过程进行了诊断研究,指出这类暴雨强度变化主要取决于水汽输送条件的变化,积云对流及其加热的反馈作用是登陆台风暴雨维持的主要机制。

(7)全面分析研究了广东省的气象灾害及其对经济发展的影响。通过大量资料的综合分析,给出了影响广东的热带气旋、暴雨、旱涝、冷害和强风暴等灾害的时空分布特征,探讨了主要气象灾害的发生特点、孕灾环境和形成规律,提出了广东气象灾害区划,讨论了气象灾害对广东经济发展的影响,重点分析了珠江三角洲的历史灾害和气象灾害成因及其对经济的影响。

(8)在综合分析的基础上,初步提出了中国南方旱涝和暴雨灾害区划、华南气象灾害区划和防灾减灾对策。对热带气旋和旱涝的预测提出了若干依据和思路,初步研究了台风灾害损失的评估方案。

本项研究是第一次对中国南方气象灾害进行较全面系统的分析,所得结果具有重要的科学意义和实际应用价值。

第二部分

热带大气环流与系统研究

中南半岛和南海地区热带辐合带的初步分析

梁必骐[1]　　仲荣根[1]　　诸济苍[1]　　彭本贤[2]

(1. 中山大学地理系气象教研室；2. 广西壮族自治区气象局气象台研究室)

热带辐合带是热带地区的一个行星尺度系统,它与低纬度地区的天气和天气系统的活动,特别与台风的活动有密切关系。因此,近年来人们对它进行了较多的研究,但对中南半岛和南海地区的热带辐合带目前还研究得不多。本文试图利用现有的一些资料对该地区的热带辐合带进行初步的探讨。

所用资料主要是 1956—1973 年(其中缺 1965—1968 和 1972 年资料)的历史天气图和 1962—1966 年的各层平均合成风统计结果。着重分析了热带辐合带的活动概况、形成、结构与天气,最后还给出了热带辐合带活动的个例分析。

1　热带辐合带的活动概况

普查 1956—1973 年的地面图和 850 hPa,700 hPa,500 hPa 高空图,初步发现热带辐合带的活动与太平洋副高、赤道西风、印度季风槽、台风、热带低压的活动有密切的关系,特别是副高的变化更直接影响辐合带强度与位置的变化。在中南半岛和南海地区的辐合带是由赤道西风或西南季风与太平洋副高南侧的热带东风组成的。由于赤道地区偏西风常年存在,而副高又是一个半永久性的活动中心,所以热带辐合带全年都存在,并且随着季节而移动。但由于西南季风的稳定度较小,同时在中南半岛的北部一带又经常受副热带西风槽南端和太平洋副高脊的影响,因此,该地区辐合带的位置常不很稳定,甚至不清楚。在 5—10 月 850 hPa 图上,90°—130°E,5°N 以北的范围内所出现的 128 次辐合带在各月中的活动情况列于表 1 中。

表 1　热带辐合带活动概况

项目	月份					
	5	6	7	8	9	10
各月出现次数与5—10月出现总次数比(%)	6	17	20	23	19	15
平均位置(°N)	15	17.5	18	18.6	16.8	12.9
最北位置(°N)	21	23	25	26	23	20
平均持续天数(d)	3.6	5	7	9	10	10

由表 1 可见,在中南半岛和南海地区,热带辐合带活动的大致情况是:5月份出现较少,持续天数最短;6月、10月次之;7月、8月、9月出现最多,持续天数较长,位置也较北。为了较

本文发表于《中山大学学报(自然科学版)》,1975,(2).

确切地描述中南半岛和南海地区热带辐合带的活动情况,我们应用 1962—1966 年各高度层 (850 hPa、700 hPa、6 km、7 km 以及 300 hPa)的平均合成风来进一步分析,发现 5 月、6 月在中南半岛地区并无辐合带存在,7 月在低层为一致的西南气流,辐合带只在 6 km 高空出现,而 8 月、9 月、10 月辐合带在中南半岛地区表现较为明显(图 1)。

　　下面根据各层平均合成风分析所得结果,对该地区各月辐合带的活动作些说明。

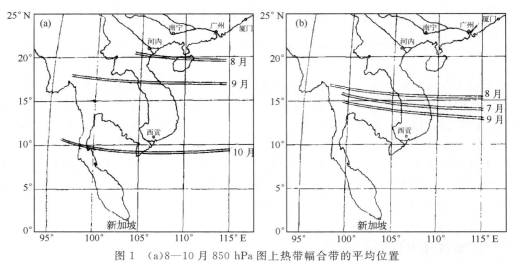

图 1　(a)8—10 月 850 hPa 图上热带辐合带的平均位置

　　　　(b)7—9 月 500 hPa 图上热带辐合带的平均位置

　　5 月、6 月份:

　　在 6 月以前,副热带高压脊线在 20°N 以南[1]。5 月、6 月,虽然东北季风已逐步北撤,副高缓慢北移,但副高位置仍偏南,大约位于中南半岛东南侧的海洋上。在中南半岛,低层主要为西南气流影响,而在 700 hPa 以上的高空为西太平洋副高的环流所影响,且越高层越明显[2]。所以就平均合成风而言,5 月、6 月份中南半岛并没有热带辐合带存在。

　　7 月份:

　　7 月,赤道西风显著北移扩大,基本上控制了中南半岛,这与副高北跳紧密联系。但副高还位于中国沿海,脊线一般位于 25°—30°N,中南半岛低层盛行西南气流,只有在 6 km 的高空才有东西向气流的辐合,热带辐合带大约位于 15°—16°N。6 km 以上的高空为偏东气流所控制。

　　8 月份:

　　8 月,副高更向北移,脊线大约位于 30°—35°N。由于副高北移,赤道西风向北推进,辐合带的位置也就较偏北,在 850 hPa 图上,其平均位置在 20°N 左右。由于 8 月份西南气流盛行,气温较高,对流旺盛,有利于气流辐合的增强,致使在 15°—20°N 的太平洋、南海到中南半岛地区不断产生热带辐合带以及热带低压、台风等系统。850 hPa 图上平均合成风表示的辐合带位置在 20°N 左右,在 700 hPa 图上位于 19°N 左右,在 6 km 高空图上位于 16°N 左右,这说明辐合带随高度增加而向南倾斜。在 850 hPa 以下,坡度较大,达 1/100 左右,而在高层较小。辐合带平均伸展高度达 450 hPa 左右。

　　9 月份:

　　9 月,副高逐渐减弱,中心向东南移,赤道西风也南撤,在 850 hPa 和 700 hPa 图上,辐合的平均位置都在 17°N 左右,6 km 高空则位于 14°—15°N,这说明在 700 hPa 以下辐合带几乎是垂直的,700 hPa 以上则随高度增加而向南倾斜,坡度减少。9 月在中南半岛和南海地区气温仍较高,西南气流也较强,有利于辐合带的维持和增强。其平均坡度达 1/100,平均伸展高度达 450 hPa 左右。

10 月份:

10 月,东亚地区冷空气活动渐逐增强,我国东南沿海和中南半岛大部分地区为东北季风控制,西太平洋副高向东南撤退,脊线位于 20°N 以南。在 850 hPa 图上,辐合带的平均位置在 8°—10°N,在 700 hPa 图上位于 5°—7°N,由于赤道西风和热带东风的减弱,所以辐合带也减弱,坡度较小,约为 7/1000。而在 6 km 以上的高空则为一致的偏东风,辐合带已不明显。

2　热带辐合带的形成和来源

前面已经指出,中南半岛和南海地区的辐合带是由赤道西风和副高南侧的热带东风辐合而成,因此,它的形成、强弱以及消失均与赤道西风和热带东风密切相关。普查表明,该地区辐合带的形成和来源可有以下五种类型。

2.1　辐合带的北移

这类辐合带来自半岛南面的海洋。由于赤道西风是低纬度地区的一支基本风系,而副高是一个半永久性的活动中心,所以,辐合带常年存在。随着季节的推移,控制着半岛和南海地区的副高北移,辐合带也随之北上侵入中南半岛和南海地区。如 1963 年 9 月 19 日 700 hPa 图上,5°—10°N 的太平洋上,有一条热带辐合带,这时太平洋副高(以 316 线代表)往西伸,控制着南海和整个半岛(图 2a)。由于副高的北移,21 日副高的南界位于中南半岛中部,辐合带也北抬西伸,22 日副高继续北移,其南界位于 20°N 左右,这样辐合带也随之北上侵入中南半岛地区(图 2b)。

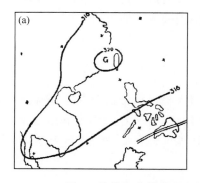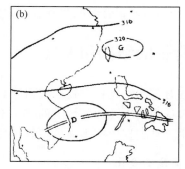

图 2　热带辐合带的形成与副热带高压活动的关系
(a)1963 年 9 月 19 日 08 时 700 hPa 图;(b)1963 年 9 月 22 日 08 时 700 hPa 图

2.2　印度季风槽的东伸

当印度季风槽加强并向东扩展时,往往会促使控制半岛的副高东退,这样,季风槽内的辐合带也随之伸展到中南半岛。如 1962 年 9 月 9—19 日活动于印度到中南半岛的辐合带。在

9 日 700 hPa 图上，印度有一低压槽存在，中南半岛主要为一高压控制，10 日，低压槽东伸，13 日副高东移至 115°E 以东，这时从印度到中南半岛南部、南海为一低压槽带，辐合带也就从印度伸到半岛南部和南海地区。

2.3　台风或低压的西进

当太平洋上有热带辐合带存在，而且在它上面形成的台风或低压沿着辐合带向西移入南海或半岛附近时，辐合带也随之延伸至南海和半岛地区（参看本文最后的个例分析）。

2.4　副高的西伸

当太平洋副高脊位于 25°—30°N，并加强西伸至我国华南一带时，副高南面的偏东气流可在中南半岛和南海地区加强，它同该地区盛行的赤道西风汇合可使辐合带形成。如 1963 年 8 月 18—22 日一次辐合带活动过程。18 日 20 时 500 hPa 图上，副高西伸到我国华南，脊西端在 105°E，孟加拉湾有一低压，这时中南半岛主要为偏南风。20 日副高加强西伸南压，西伸到 90°E，并控制半岛北部。同时半岛南部的低压区得到发展，从而形成一条由孟加拉湾经中南半岛到南海的辐合带，直到 22 日，由于副高减弱东退，它才逐渐消失。

2.5　东风层的下降

原先低层为一致的赤道西风，其上为东风，以后，北面高空的东风气流加强，上层东风下传，东风层逐渐降低到达地面，辐合带也随之生成。

以上几种过程往往不是孤立的，而是互相联系的。例如，当第二、三种过程同时进行时，常可形成横贯南亚、东南亚、南海到太平洋地区长达几千公里的连续的辐合带。

显然，辐合带的减弱和消失也与赤道西风和热带东风紧密联系。在中南半岛和南海地区辐合带的减弱与消失过程主要有：①副高加强西伸控制南海和中南半岛，使辐合带消失或移出半岛和南海；②大陆低槽东移，使副高明显减弱东撤，偏东气流减弱消失，辐合带也随之减弱和消失，③辐合带随着台风或热带低压登陆北上消失而消失；④辐合带随着印度季风槽的北上或向西收缩而减弱消失；⑤辐合带北移到我国大陆消失或变性为切变线。

3　热带辐合带的结构和天气

关于热带辐合带的结构曾有过一些研究，有人提出热带辐合带呈"鼻状结构"，并具有锋面特性[3]。也有人认为由于地理区域上的特点不同，辐合带在海洋上和陆地上具有不同的结构特点[4]。本文主要是根据中南半岛的资料，对该地区辐合带的结构与天气特点做一概略分析。

3.1　辐合带随高度的变化

从半岛地区 105°E 的垂直剖面图和有辐合带活动时期的每日天气图中可以看到，辐合带绝大多数是随高度向南倾斜的，也有的是几乎近于垂直的，向北倾斜的极少见。据 22 个辐合带的统计分析，向南倾斜的约占 70% 左右，20% 基本上是垂直的。其最大坡度为近于垂直状态，最小坡度为 1/170，由此可见，辐合带的坡度比锋面坡度要大得多。所有个例分析表明，这一地区的辐合带并不存在"鼻状结构"。

根据一些个例分析，我们也发现，当辐合带的纬度位置不同时，其随高度变化亦有所不同。

一般是当它向北移时,其倾斜度变大,而且通常是首先随高度向南倾斜,以后逐渐近于垂直。至较高纬度时甚至可向北倾斜。另外,还可以看到,辐合带在低层坡度较大,高层坡度较小。

在中南半岛和南海地区的辐合带伸展高度同太平洋副热带高压和赤道西风的位置及其强弱变化有关。一般是当赤道西风较强,副高南侧的东风气流较弱时,所达高度较高;反之,伸展高度较低。据统计,其最大伸展高度可达 160 hPa 附近,最低也可达 660 hPa 附近。

3.2　温湿场结构

分析辐合带的三度空间温度场可知,高空(150 hPa 以上)冷中心通常位于辐合带的南侧,而且它往往与高空东风急流中心相配合,这就不难理解为什么它是随高度向南倾斜的。也有的辐合带是位于高空冷中心和东风急流轴的下面,所以它的垂直变化轴线有时是近于垂直的。

另外,根据我们的分析,中南半岛和南海地区的辐合带并不具有明显的锋面性质。依据统计分析,该地区辐合带两侧的温差很小,一般都小于 3℃,特别是 500 hPa 以上两侧温度仅差 1～2℃,甚至无温差。此外,辐合带两侧温度分布多是南侧温度比北侧稍低些,只是在低层有时南侧温度稍高于北侧。这种不同于温带锋面温度分布的现象,我们认为主要是由于两侧气流的来源不同而造成的,其南侧是来自印度洋上的西南气流,而北侧是来自太平洋副高南侧的偏东气流,相对而言,北侧温度要高些。同时,也因为副高南侧在低空有下沉辐散气流存在[2],温度垂直梯度较小,所以在该地区上空辐合带北侧温度要比南侧略高些。

为了说明辐合带的湿度场结构,我们用温度露点差来表示湿度的分布。分析垂直剖面图上的 4℃(温度露点差值)线发现,两侧的湿度场多呈舌状分布,而且一般都是南侧的湿度大于北侧,但湿舌伸展高度往往是北侧大于南侧,其最大伸展高度可达 300 hPa 左右。根据湿舌所处位置不同,我们可以将辐合带湿度场结构分为三种类型:

(1)湿舌居后类:湿度舌状线位于辐合带的南侧,这类较多,占 50% 以上。

(2)湿舌居中类:湿舌沿辐合带分布,此类型约占 30% 左右。

(3)湿舌居前类:湿舌分布在辐合带北侧,此类结构较少,仅占 5% 左右。

随着辐合带所处位置和强度变化不同,其湿度场结构也有所不同。一般而言,辐合带形成初期,位置较南,强度也较弱,其湿舌多分布在南侧,这显然同其南侧盛行暖湿的西南气流有关;随着辐合带北移,强度加强,湿舌多沿辐合带分布;当辐合带进一步往北移,强度减弱时,则湿舌也往往北冲,以至演变为湿舌居前类。

3.3　散度场与涡度场

我们知道,当辐合带处在形成加强过程中,低层总是辐合明显,而高层(100 hPa 附近)往往是东风急流所在位置,也就是说高层是辐散的。当然,这仅仅是一般情况。这里我们利用实测风的分量对热带辐合带的一些个例计算其水平散度和铅直相对涡度。

从计算结果可以看到,在辐合带附近高层与低层的散度场配置是相反的。在高层(以 200 hPa 代表)基本上是正值,且正散度中心多位于辐合带的北侧,量级为 $1 \times 10^{-5} \, \mathrm{s}^{-1}$,当有台风在辐合带上发展时,可达 $4 \times 10^{-5} \, \mathrm{s}^{-1}$ 以上。在低层(以 850 hPa 代表),水平散度则以负值为主,量级为 $-1 \times 10^{-5} \, \mathrm{s}^{-1}$,有台风发展时,可达 $-3 \times 10^{-5} \, \mathrm{s}^{-1}$。这种高层辐散和低层辐合的垂直配置,有利于低层上升运动的发展,可促使辐合带的维持与加强。

辐合带附近的涡度场结构无论高层或低层都是以正涡度为主,量级为 $2 \times 10^{-5} \, \mathrm{s}^{-1}$,涡度中心多在辐合带的南侧。值得注意的是,当辐合带北移趋于减弱消失时,虽然低层仍然有气流辐合,但正涡度却逐渐为负涡度所代替。

必须指出,上述涡度与散度场的这种配置并非辐合带沿线都是一致的,有时候有些地方呈相反的配置。正因如此,辐合带上的天气现象也各处不同。

3.4　天气分布

鉴于热带辐合带低层辐合总是存在的,而且它上面常常有低涡或台风形成和发展,所以辐合带上常有很活跃的天气现象出现。中南半岛和我国华南一带的降水常常同它的活动相联系。

在辐合带附近经常有积云、积雨云发展,并常伴有暴雨和雷暴出现,特别是在它上面有低涡或台风发展时,更可带来狂风暴雨。在强烈发展的云团中还可有猛烈的湍流出现。在积云的上部常扩展为高积云和高层云,更高处有卷层云。

辐合带带来的降水区范围通常可达 $200\sim800\ km^2$。主要降水区一般位于辐合带附近两侧,尤以东北侧和西南侧较为明显。最大降水区位于辐合最强的气旋性环流区域,24 小时降水量可达 100 mm 以上。在半岛南部和沿海地区,降水中心往往位于低层辐合带的南侧,降水强度也特别大,24 小时降水量可达 200 mm 以上,这可能和西南季风的加强以及地形的影响有关。前面曾经指出,辐合带的天气分布并不是连续的,明显的降水一般只出现在有风场辐合的地区,而有风切变但无气流辐合,甚至是辐散的地区,并无降水出现,最多只有一些积状云出现。

4　个例分析

为了进一步说明辐合带的发生发展、结构与天气,我们对 1963 年 7 月 19—24 日活动于南海和中南半岛地区的一次热带辐合带过程进行了分析。

4.1　活动概况

19 日在菲律宾东部的西太平洋上有一条辐合带,并有一台风发生于其上。在 850 hPa 上,台风位于 128°E、17°N,由于西太平洋副高的加强西伸,辐合带也明显北抬西伸(见表 2 和图 3)。

表 2　850 hPa 上副高与热带辐合带的关系

项目		日期						
		19	20	21	22	23	24	25
副高 (152 线)	脊西端所在经度	126°E	123°E	121°E	120°E	119°E	119°E	121°E
	脊西端所在纬度	27°N	27°N	27°N	27°N	25°N	20°N	18°N
	宜昌等四站高度和*	571	587	597	599	597	596	589
辐合带的平均位置		16°N	17°N	20°N	21°N	21°N	消失	
台风中心位置		17°N	18°N	19°N	21°N	22°N	减弱为低压	

* 表示宜昌、汉口、衢州、上海四站高度和。

由表 2 可见,19 日辐合带位于太平洋上,平均纬度位置约 16°N,随着副高的加强西伸(以副高 152 线所在经纬度以及宜昌、汉口、衢州、上海四站高度和的变化为代表),辐合带也不断北抬西移;20 日辐合带西伸到中南半岛,其平均纬度位置在 20°N,它上面的台风也沿着它西

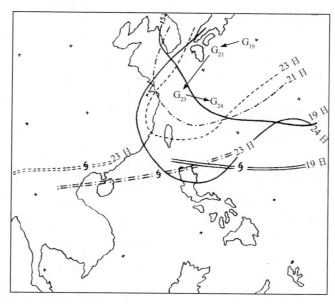

图 3　850 hPa 图上副热带高压(以 152 线为代表)与热带辐合带位置的关系

移进入南海,23 日副高继续加强西伸到我国福建省,台风沿着辐合带继续西行,穿过雷州半岛进入广西,这时辐合带和台风均已移到 22°N;由于台风登陆,势力大为减弱,24 日变为热带低压,同时副高也向东南撤,偏东气流不明显,辐合带也随之消失。由此可见,热带辐合带、台风与副高的关系是很密切的,它们随着副高的加强西伸而北抬西移,而又随着副高的东撤而减弱。另外,台风与辐合带的关系也是很紧密的,后者有利于前者的西行,同时前者的减弱或消失也影响着后者的强度。

4.2　结构与天气

从 105°E 垂直剖面图(图 4a,c)可以看出,辐合带结构的主要特点是低层(700 hPa 以下)气流辐合与高层(200 hPa 以上)气流辐散。在低层为低压区,东西风气流辐合,而高层为东风急流,东风急流的北侧为反气旋区,气流的辐散有利于辐合带的发展。辐合带的温湿场结构是它产生激烈天气的一个重要因素,由图 4b,d 可见它南侧的温度比北侧稍低,这是使对流云发展旺盛的一个有利条件。其湿度场用温度露点差值(4℃线)表示,湿舌居后稍明显,这主要是由于辐合带南侧是来自赤道海洋上的西风和季风低压的西南气流,所以湿度比较大。此外,辐合带具有一定的坡度,表现为向南倾斜,低层坡度较大,高层(700 hPa 以上)坡度较小。本次过程,辐合带平均伸展高度达 330 hPa 左右,且随西风风速的增大而增高,最大伸展高度达 280 hPa,如表 3 所示。

表 3　辐合带伸展高度与最大西风风速的关系

目项	日期					
	19	20	21	22	23	24
西风最大风速(m/s)	14	14	12	16	18	18
辐合带伸展高度(hPa)	300	320	320	450	280	280

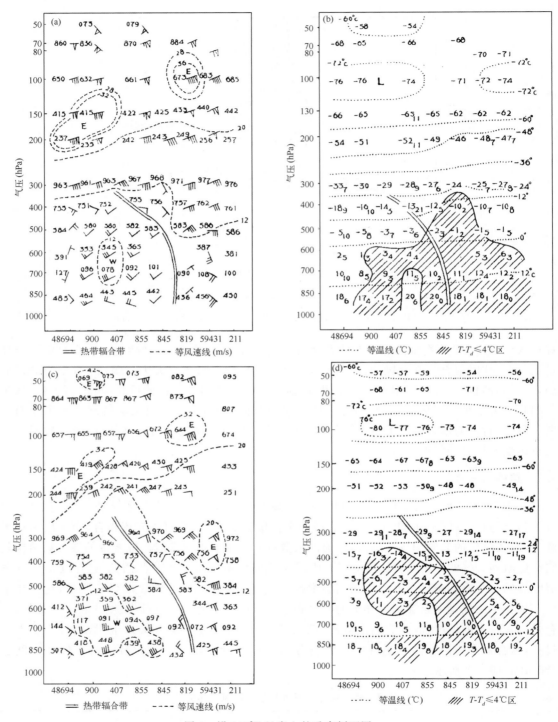

图 4　沿 105°E 经度上的垂直剖面图

(a)1963 年 7 月 21 日 08 时热带辐合带两侧的风场与高度场；(b)1963 年 7 月 21 日 08 时热带辐合带两侧的温湿场；(c)1963 年 7 月 23 日 08 时热带辐合带两侧的风场与高度场；(d)1963 年 7 月 23 日 08 时热带辐合带两侧的温湿场

由图 5 可以看到辐合带两侧云层分布的情况。在辐合带附近多为对流性的积云、积雨云，而较远的地方多为层状云或普通积云，这是因为在辐合带附近气流的辐合较强所致。由于这样的云层结构所造成的天气区分布也较明显，天气区主要分布于辐合带的两侧，多为积云、积雨云、雷暴和阵性降水等，且东北侧和西南侧较为明显（图 6）。辐合带上的气流呈反时针方向流动，其北侧为副高，所以它的东北侧气流辐合较强，天气较激烈，降雨明显，24 小时降水量达 100 mm 以上，最大中心达 122.8 mm；在西南侧，由于来自季风低压和赤道海洋上的大量暖湿空气，表现为湿舌居后，所以辐合带西南侧降雨也明显；此外，在中南半岛的西海岸，由于西南气流受地形抬升作用，降雨也较明显。

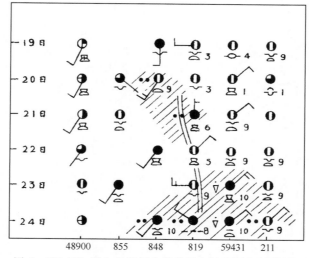

图 5　850 hPa 图上热带辐合带位置与地面天气的关系

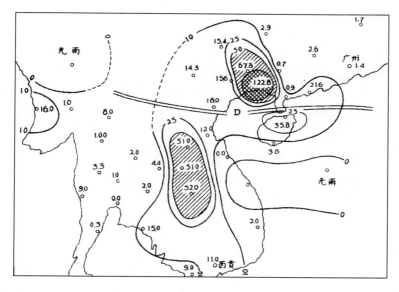

符号：━━ 850hPa 辐合带位置　　雨量单位：mm　　▨ >50.0　　▩ >100.0

图 6　1963 年 7 月 20 日 20 时至 21 日 20 时 24 小时雨量图

参考文献

[1] 陶侍言,等.中国夏季副热带天气系统若干问题的研究.1963:106-123.

[2] 黄士松,等.气象学报.1962,31:339-369.

[3] Sawyer J S. The Structure of the Intertropical Frout over. N. W. India during the S. W. Mousoon. *Quart J Roy Met Soc*,1947,73:346-369.

[4] 中国科学院地球物理研究听.东南亚和南亚的大气环流和天气.1966:142-147.

热带辐合带与南海台风
发生发展关系的初步探讨

仲荣根[1]　梁必骐[1]　诸济苍[1]　彭本贤[2]

（1. 中山大学地理系气象教研室；2. 广西壮族自治区气象局气象台研究室）

根据对历史天气图的统计分析发现：台风和热带辐合带的活动有着密切的关系，即当有台风发生的时候都有热带辐合带与之相配合，并且随着台风的移动而移动。无论是太平洋上的台风还是南海地区的台风，这种关系都比较明显。就南海地区而言，根据最近 20 年的资料统计发现，每年 4—12 月都有台风发生的可能，但台风的活动仍以夏季最盛，其中以 8—9 月最集中，4 月和 12 月最少。台风形成以后，发展的情况也各不相同，有些只能发展为弱台风。有些能强烈发展，以致达到强台风；有些在海洋上强度稍有减弱之后又重新加强起来。另外，在热带辐合带上的低压有的可发展成台风，有的却不能发展成台风。所有这些，都应该与台风发生发展的条件有关。根据 1962—1966 年 5—9 月 12 个南海台风、1973 年 7—10 月 6 个南海台风和 1962—1966 年 7 个热带低压的资料，利用 105°E 附近的剖面图和一些平面图作对比进行统计分析，得到了一些初步结果。

1　热带辐合带的强弱与南海台风发生发展的关系

一般认为，台风和热带低压大都发生在热带辐合带上。然而并不是所有发生在热带辐合带上的低压都能发展成台风。根据我们对 18 个南海台风和 7 个热带低压的对比分析发现，一般只有强热带辐合带上的低压发展成台风的可能性较大，也就是说，台风的发生发展与热带辐合带的强弱有密切的关系。如何表示热带辐合带的强弱，到目前为止，还没有一个比较统一的方法。在这里，我们以热带辐合带两侧 850 hPa、700 hPa 及 500 hPa 三层水平切变涡度之和$(\zeta_T)_{8+7+5}$来表示热带辐合带的强弱。为此我们分别统计了 18 个南海台风和 7 个热带低压的$(\zeta_T)_{8+7+5}$（表 1）。我们取台风发生前两天的$(\zeta_T)_{8+7+5}$来分析，由此将热带辐合带分成三种类型：如果$(\zeta_T)_{8+7+5} \geqslant 8 \times 10^{-5} \ \mathrm{s}^{-1}$，定为强热带辐合带，如果 $4 \times 10^{-5} \ \mathrm{s}^{-1} \leqslant (\zeta_T)_{8+7+5} < 8 \times 10^{-5} \ \mathrm{s}^{-1}$，定为中强度热带辐合带；如果$(\zeta_T)_{8+7+5} < 4 \times 10^{-5} \ \mathrm{s}^{-1}$，定为弱热带辐合带。统计表明，约 67% 的台风是发生在强热带辐合带上，发生在中强或弱热带辐合带上的台风各占 17%（表 1）。由此可见，台风主要发生在强热带辐合带上。

例如，6402 号台风，从低层 850 hPa 来看，当时在 5 月 23 日 08 时（图 1（a）），热带辐合带已比较明显，位于辐合带南侧的南沙站为西南风 12 m/s，西贡站还是西北风 6 m/s，到了 5 月 24 日 08 时(图 1(b))南沙站西南风增强到 16 m/s,西贡站也转为西南风,风速也增加到 12 m/s,到了 5 月 25 日 08 时(图 1(c)),西贡西南风已增强到 16 m/s,而 48907 站西南风达到 20 m/s,从 5 月 24 日及 5 月 25 日这两天的剖面图(图 2)来看,辐合带是比较明显的,辐合带高度达到 400 hPa 以上,由于南侧西南风的加大,北侧低层的东风也加大,因而辐合带两侧的 $(\zeta_T)_{8+7+5}$ 达到了 $10 \times 10^{-5} \mathrm{s}^{-1}$ 以上(表 1),因此从 5 月 25 日 08 时以后,热带低压就发展成强台风(图 1(c))。另外,从分析还可看出,有一些热带低压虽也是发生在强热带辐合带上,但这些低压并没有发展成台风。因此这就说明强热带辐合带(即低层的强烈水平辐合)仅是台风发生发展的一个必要条件。

表 1　各类热带辐合带的统计

辐合带类型	$(\zeta_T)_{8+7+5}$	个例数	百分比(%)
强热带辐合带	$\geqslant 8 \times 10^{-5} \mathrm{s}^{-1}$	12	66.7
中强热带辐合带	$4 \sim 7 \times 10^{-5} \mathrm{s}^{-1}$	3	16.6
弱热带辐合带	$< 4 \times 10^{-5} \mathrm{s}^{-1}$	3	16.6
ΔU_T	$\leqslant 10$ m/s	17	94
	> 10 m/s	1	6

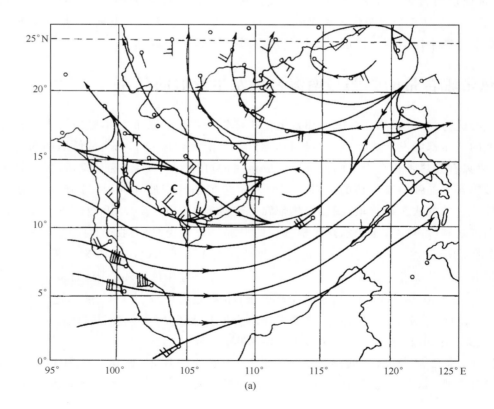

(a)

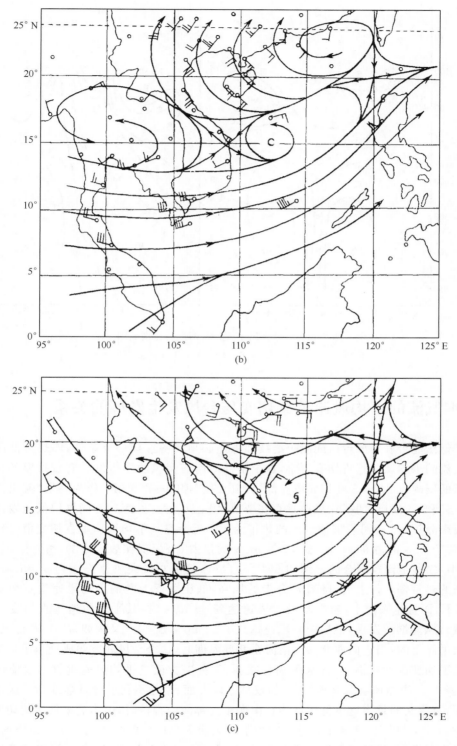

图 1　(a)1964 年 5 月 23 日 08 时 850 hPa 流线图；(b)1964 年 5 月 24 日 08 时 850 hPa 流线图；
(c)1964 年 5 月 25 日 08 时 850 hPa 流线图

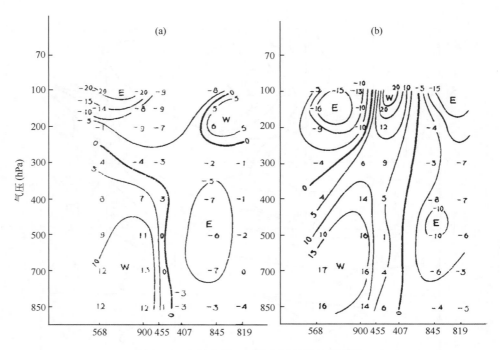

图2　6402 号台风 105°E 东西风风速剖面图
(a)1964 年 5 月 24 日 08 时；(b)1964 年 5 月 25 日 08 时

2　基本气流的平均风速垂直切变与台风发生发展的关系

　　热带低压能否发展成台风或能否继续加强还必须具备这样一个条件，即热带低压附近上空基本气流的平均风速垂直切变要小，这个条件对南海台风的发生发展有着重要的作用。我们取热带低压附近 850～500 hPa 作为低层"流入层"，400～200 hPa 作为高层"流出层"，并求出"流入层"和"流出层"的平均风速垂直切变值，用 ΔU_T 表示（表1）。同样取低压发展成台风的前两天来分析，18 个可发展成台风的热带低压附近上空其平均风速垂直切变值（绝对值，下同）$\Delta U_T \leqslant 10$ m/s 的占 94％，而 $\Delta U_T > 10$ m/s 的仅占 6％。对照表 1 中的 $(\zeta_T)_{8+7+5}$（较大）和 ΔU_T（较小）二者是比较配合的。例如 6617 号台风，其中心最大风速曾达到 55 m/s。它是发生在中强的热带辐合带上的，随着辐合带的加强，低压附近上空的平均风速垂直切变值也在 5 m/s 以下，而且越来越小，当中心最大风速达到 35 m/s 时，其平均风速垂直切变值已小于 1 m/s，故台风能继续发展，最后中心风速达到了 55 m/s（表 1）。又例如，7310 号台风，原来是发生在太平洋上的，当它向西北移入南海东北部海面时，这个台风就减弱成低压了。这一方面是由于水平切变涡度减小了，即水平辐合减弱了，另一方面其平均风速垂直切变值已增大到 12 m/s（表 1）。当然还会有其他原因，但仅从这两方面看，是不利于台风继续发展或继续维持的。然而，有意义的是当这个低压环流在南海东北部海面维持时，由于后来低层的切变涡度加大到 $10 \times 10^{-5}\,\mathrm{s}^{-1}$ 以上，该低压附近上空的平均风速垂直切变值减小到 5 m/s 以下时，这个低压又重新得到发展，最后终于发展成 7311 号台风。由以上分析可见，基本气流的平均风速垂直切变的大小是台风能否发生发展的重要条件之一，这是因为大的平均风速垂直切变对应高层有一最大风速区存在,这样会使台风中心已增暖了的空气被吹走,不利于台风暖中心的形成;相反,小的平均风速垂直切变对应高空无最大风速中心区存在,这样可以保证增暖的空气高度集中,因而有利于台风暖中心的形成和维持。我们知道,暖中心结构的系统,按热成风原理,风速随高度增加会逐渐转变成反气旋流场,这样高空辐散流场也就形成,如果低层有强的辐合相配合的话,那么对流上升运动就可以继续维持,凝结潜热的释放又进一步加强这种辐散流场,因而低压可以不断发展,以致形成台风,或者台风可以继续发展加强起来。

需要指出的是,平均风速垂直切变的大小有以下几种情况,一种是高层有最大风速中心存在,低层又有强的辐合,这时垂直切变值就很大,低压是不能得到发展的,例如(6512),(6212),(6319),(6226)低压就是如此;第二种是高层有最大风速中心存在,低层无强的辐合,这时垂直切变虽不很大,但低压仍不能得到发展,例如(6204),(6314),(6317)低压,6418 号台风就是如此;第三种是高层无最大风速中心存在,但低层有强的辐合,这时垂直切变值也会较大,低压仍可发展成台风,例如 6603,6204 号台风就是如此。因此我们在判断低压能否发展成台风时,一方面要看低层的辐合强度,另一方面要看垂直切变值的大小,但关键是看在低压附近上空有无最大风速中心存在,若有最大风速中心存在,则低压一般是不能得到发展的。

通过上面分析可明显看出,小的垂直切变值对台风的发生发展是十分重要的,1973 年的南海台风就可以说明这一点。1973 年南海台风是历史上最多的一年,就我们所选的 6 个南海台风来看,它们虽是发生在不同强度的辐合带上,但最基本的特点是台风发生前两天低压上空的平均风速垂直切变值都在 10 m/s 以下,因此 1973 年南海台风特别多,与垂直切变小的关系是十分密切的。

3 热带东风急流与台风发生发展的关系

在热带地区,副热带高压的南侧存在一支热带东风急流,夏季它在 100～150 hPa 比较显著,在 200 hPa 上也有表现。这支热带东风急流,夏季从太平洋西部经我国南海一直到北非大陆上空。同西风急流一样,热带东风急流也呈波状形式。热带东风急流与台风的关系是非常密切的,它能激发台风高空反气旋流场的形成,从而促使台风的发生发展,而且可以发展成台风的热带低压都位于热带东风急流的右侧(即东风急流北侧)。为了说明这个问题,我们粗略地从剖面图上计算了 150 hPa 或 200 hPa 上低压中心南北的切变涡度和最大风速中心与地面低压中心的距离。统计分析发现,在台风发生前两天最大风速中心与低压中心的距离大多数是处在 8～4 个纬距之间,而表现在低压的南北侧高层都为负涡度,亦即在低压南北及其上空为反气旋流场,这种反气旋流场对低压能否发展成台风是有作用的。由台风的暖中心结构所形成的反气旋流场,在这种东风急流的扰动之下,就进一步得到加强和维持,因而使垂直环流得以加强和维持,从而使低压得到发展。例如 6617 号台风,在台风发生前两天,低压南北侧高层均为反气旋涡度,而且数值达到 $-8 \times 10^{-5} \, s^{-1}$ 以上,在台风发生以后,这种反气旋涡度一直维持在 $-6 \times 10^{-5} \, s^{-1}$ 以上,因此这个台风的强度是比较大的。其他一些台风,除 6418 号台风外,大部分最大风速中心都处于低压中心的南侧,表现在地面低压南北侧高层也均为反气旋涡度,有些仅数值较小而已。为了进一步说明东风急流的作用,对比分析了 7 个热带低压,发现最大风速中心与地面低压中心的距离大部分是在 4 个纬距以内,而且多数在低压上空有最大风速中心通过,因而表现在涡度分布上,南侧反气旋涡度较小,甚至为气旋涡度,在北侧为反气旋涡度,这种涡度分布与垂直切变比较大是一致的,因此这种低压始终未能得到发展,以至最后减弱消失了。根据已有的研究估计,在平均情况下,热带东风急流上游,轴北的低层对应是上升运动区,轴南对应是下沉运动区。显然轴北的上升运动与高空反气旋流场是紧密联系的。南海地区基本上是处于东风急流中心上游,因此当热带低压移至急流轴的北侧时,在东风急流的扰动之下,高层的反气旋流场得到激发,因而热带低压可以得到发展或台风可以得到加强。

4   结   语

通过以上分析,我们可以得到以下几点初步结论:

(1)南海台风多半发生在强热带辐合带上。即在台风发生前两天,热带辐合带两侧的水平切变涡度达到 $8 \times 10^{-5} \, \text{s}^{-1}$ 以上时,南海低压就有较大可能发展成台风。

(2)在上述前提条件下,若低压附近上空的平均风速垂直切变值(绝对值)小于或等于 10 m/s 时,则低压发展成台风的可能性更大。这一条件也可用来判别台风未来是加强还是减弱。

(3)150 hPa 或 200 hPa 以上最大东风气流中心(东风急流轴)在距地面低压中心 8~4 个纬距之间时,则东风急流对台风的发展是有利的,若最大风速中心距低压中心 4 个纬距以内,或低压北侧出现最大风速中心时,则对台风的发生发展是不利的。从切变涡度角度来说,就是在低压南侧 7 个纬距以内到低压北侧都为反气旋涡度(尽可能大)时,则低压上空的反气旋流场就可得到激发加强,促使台风得以发展,反之,若低压南侧反气旋涡度较小,或为气旋性涡度,或北侧反气旋涡度较大,则对台风发生发展是不利的。

南海及其附近地区中层气旋的分析研究[①]

梁必骐　许　宁　何华庆　谭志保　黄江辉　曾伦章

（中山大学地理系气象专业）

中层气旋是发生在对流层中层的低纬度天气系统之一。它对低纬度地区的天气有着重要的影响。国内外的一些气象工作者曾对它进行过一些研究[1~7]。

近年来发现，在我国南海及其附近地区，夏半年经常有中层气旋活动，而且往往带来大范围的降水、雷暴等天气，特别是有的中层气旋发展成台风后更带来恶劣天气，对华南地区造成严重影响。因此，对中层气旋的研究，是热带天气系统研究的一个重要课题，对我国天气预报和建设有着重要的意义。

本文所涉及的中层气旋，主要是指发生在 700 hPa 或 500 hPa 等压面上的气旋，它首先在对流层中层形成，以后逐步向上、下发展，在地面可以有，也可以没有气旋性环流出现。

我们主要利用广东省气象台 1960—1975 年夏半年（4—9 月）的历史天气图资料，对出现在 10°—30°N、100°—130°E 范围内的中层气旋[②]进行普查，对中层气旋活动的一般气候规律作了统计分析，进行了分类，讨论了各类的形成过程，最后对中层气旋的结构和天气做了初步研究。

1　中层气旋活动的气候特征

南海及其附近地区的中层气旋，以 700 hPa 等压面上出现最多、最明显，所以我们主要根据 700 hPa 等压面图，对中层气旋进行统计分析，得到如下一些气候规律。

1.1　中层气旋的活动季节

夏半年，在南海及其附近地区，1960—1975 年 16 年中共出现 44 个中层气旋，平均每年约出现 3 个。除 4 月份外，其余月份都有中层气旋活动，其中以 7—8 月出现最多，约占总数的 68％，而 5 月最少（表 1 和图 1）。这表明在南海及其附近地区中层气旋的活动季节，同东北太平洋和北大西洋的不同，即主要不是在冷季，而是在暖季活动频繁。中层气旋之所以多出现在盛夏季节，是同这个时期的热带辐合带在南海及其附近地区活动频繁、热带东风的盛行和赤道西风的卷入密切关联的。在 4 月间，因南海地区经常为西太平洋高压和南海高压所控制，中南半岛和南海一带盛行东北季风，而西南季风尚未建立，所以不易形成中层气旋。显然，这也是冷季中层气旋较少出现的原因。

本文发表于《中山大学学报》，1976，（3）.

①本文曾得到广东省气象台研究科同志的大力支持，本专业陈创买同志协助对部分个例的一些参数进行了计算。

②我国习惯通称的西南低涡也是产生在对流层中层，但因其性质和本文所说的中层气旋不同，故未包括在内。

表 1　南海及其附近地区中层气旋的统计

年	月						合计
	4	5	6	7	8	9	
1960						1	1
1961				1	1		2
1962				3			3
1963		1	1	1	1		4
1964				1	1		2
1965		1					1
1966		1					1
1967				1		1	2
1968				1	3		4
1969			1		1		2
1970					1		1
1971					1		1
1972			1	3	2		6
1973			2	1	1	3	7
1974		1					1
1975				2	4		6
合计	0	4	5	14	16	5	44
频率(%)	0	9.0	11.4	31.8	36.4	11.4	100

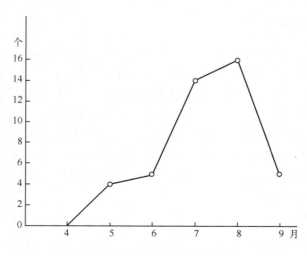

图 1　中层气旋的逐月变化曲线

由图 2 可见,中层气旋出现的最高频率可能存在 5 年的周期。

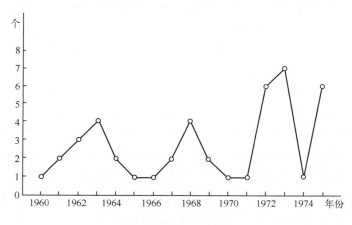

图 2　中层气旋的年际变化曲线

1.2　中层气旋的生成地区和空间分布

分区统计的结果(图 3)表明,在南海北部和中南半岛地区形成的中层气旋最多,约占总数的一半左右。这显然是因为夏季副热带高压位置偏北,在南海北部盛行副高南缘的偏东气流,而低层在该地区经常存在一支赤道西风气流,当两支气流产生扰动而互相卷入时就易于形成中层气旋,也由于夏半年热带辐合带在这一地区特别活跃,极有利于中层气旋的产生。基于同样原因,南海南部产生的中层气旋也较多。在南海产生的中层气旋基本上是源于热带辐合带和东风扰动。中南半岛生成的中层气旋则主要来自西南季风扰动。在菲律宾附近洋面生成的中层气旋最少,不到总数的 5%,可能是该地区的热带扰动多发展成热带低压和台风的缘故。

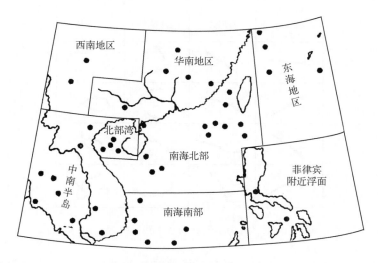

图 3　中层气旋生成源地分布图

表 2　中层气旋在各层等压面及地面出现频率

层次	月						频率(%)
	5	6	7	8	9	合计	
500 hPa	4	5	13	15	2	39	88.6
700 hPa	4	4	12	15	5	40	90.9
850 hPa	3	3	7	11	5	29	65.5
地面	1	3	4	7	1	16	36.4

由表 2 可知,绝大多数中层气旋都出现在 700 hPa 和 500 hPa 等压面上,尤其是 700 hPa 图上反映最明显。中层气旋大约有三分之一左右能伸展到地面。我们按照中层气旋出现的天数,对 500 hPa、700 hPa、850 hPa 三层等压面分别统计的结果也表明,700 hPa 面上出现最多,占中层气旋在各层出现总天数的 40%;500 hPa 面上出现的次数占 35%;850 hPa 面上出现最少,约占 25%。

1.3　中层气旋的生命史

根据 700 hPa 和 500 hPa 图上中层气旋的活动情况,一个中层气旋从形成闭合环流起,直到消失或变性为止,全部历程平均 5 天,最长的达 11 天,最短的不到 2 天。

据统计,约有一半以上的中层气旋在海上或登陆后自行消失,约有 1/3 并入西风槽或季风槽内逐步消失,还有很少部分能变性为台风、热带风暴或锋面气旋。

1.4　中层气旋的移动

中层气旋的移动既受东风带气流的影响,也受西风带气流的影响,所以其路径不像温带气旋和热带气旋那样比较有规律,而是比较复杂。图 4 是几种基本路径模式。

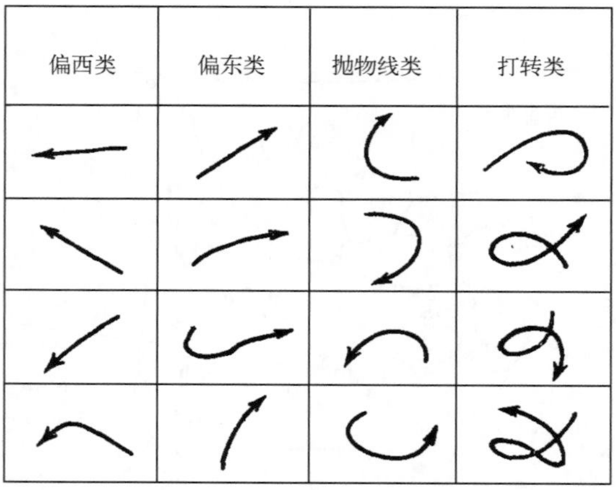

图 4　中层气旋的基本路径模式

统计表明,中层气旋以向西北和偏西方向移动的最多,约占 56%,路径打转的占 22%,向东和东南方向移动的最少。平均移动速度为 15～20 km/h。一般是向偏西和西北方向移动时,移速快;向偏北和西南方向移动时,速度较慢;打转时移动最慢,有时甚至呈准静止状态。

2 中层气旋的分类及其形成过程

我们的研究表明,影响我国的中层气旋,其形成过程同国外的[2]一些研究结果是有所不同的。

在南海及其附近地区活动的中层气旋,按其成因,大致可以分为四类:我们把在热带辐合带上产生的称为辐合带类气旋;由高空西风槽切断或台风槽切断的低涡发展成的称为切断低涡类气旋;由东风扰动发展成的称为东风扰动类气旋;由西南季风加强而形成的则称为季风扰动类气旋。

下面是各类中层气旋活动的一般特征及其形成过程。

2.1 辐合带类气旋

在夏半年,副热带高压随季节逐渐北移,位置较偏北,其南侧的热带辐合带也往往随之北上,在南海及其附近一带活动。这条活跃的辐合带,不仅是台风而且也是中层气旋的主要孕育源地。据统计,夏半年在南海及其附近地区发生的中层气旋,以这类气旋最多,约占总数的43%。

辐合带类中层气旋一般以700 hPa等压面上最清楚,大多数在500 hPa等压面上也有明显反映,在地面则时有时无气旋性环流。出现时间主要是7—8月。几乎全部生成于南海,尤其是南海东北部。生成以后,大多沿辐合带向偏西方向移动,或随辐合带北抬而北上,个别的也可脱离辐合带而向北移动。其生命史平均为4天,最长可达8天左右。

由热带辐合带的涡旋扰动发展而成的中层气旋,其形成过程主要有两类:

第一类,中层气旋生成前,在500 hPa(或700 hPa)等压面上,太平洋副热带高压的位置偏北、偏西,脊线位于25°—30°N附近,并西伸我国大陆地区。在华南沿海地区盛行高压南缘的偏东气流,在中南半岛至南海一带则经常维持一支偏西气流,这两支气流"相互依赖和相互斗争"的结果,便往往形成一条横贯南海的辐合带。通常当西太平洋有台风在辐合带上形成,并向西北偏北方向移近南海附近时,常使副热带高压北移或断裂,这时在南海的热带辐合带上易于产生涡旋扰动,该涡旋扰动将随邻近的台风的发展而发展成中层气旋,其原因可能是发展的台风上空强烈的反气旋流场激发了扰动上空的辐散流场,因而促使扰动发展。据统计,在700 hPa等压面上,中层气旋一般形成在台风西侧12～15个纬距的地方。

另一类,是随着热带辐合带的建立而同时产生中层气旋。由于副热带高压西伸至华南一带,或台风西进至南海附近,或印度季风槽向东扩展至中南半岛一带,都有利于中南半岛和南海地区热带辐合带的建立[8]。与此同时,往往在辐合带辐合气流明显的地方产生中层气旋,它可以产生于水平切变较大的地方或负变高中心附近,也可以形成于季风槽东端或台风槽的尾部。

这类中层气旋一般随着辐合带的消失而消失,也有的并入季风槽内消失或移至孟加拉湾再度发展变性为热带风暴。

2.2 切断低涡类气旋

西风槽切断低涡发展成的中层气旋,经常是对流层中层或高层西风槽东移至我国东部及其沿海地区后强烈加深的结果。

夏半年,这类气旋出现的次数也较多,约占 27%,在 500 hPa 等压面上最明显,地面往往没有明显的气旋性环流。6—8 月都可形成,但以 8 月出现较多。其源地纬度较高,一般都生成于 20°N 以北地区。移动路径比较复杂,没有明显的规律,东移、西行、北上、南下、打转的都有。生命史一般较长,平均 6 天,最长可达 10 天以上。

这类气旋形成前的 500 hPa 等压面形势是,在亚欧中高纬度地区,经向环流发展较明显,槽脊振幅较大。当长波槽缓慢东移加深,延伸至低纬地区,而且槽区有较明显的冷中心或冷槽与之配合时,由于槽后的冷平流作用,常可在槽的南段切断为低涡,进而发展成中层气旋。如果这时在长波槽的东侧有台风移近时,台风西侧的偏北气流有利于引导冷空气南下,从而更有利于低涡的切断。这类过程一般都是自上向下发展的。

此外,当台风进入中纬度地区后,如台风槽南段出现冷中心或有冷舌伸入 时,也有可能被切断出一冷涡发展为中层气旋。

这类中层气旋一般在陆地消失,个别的可发展为锋面气旋,还有个别的入海后可变性为热带低压,甚至发展为台风。

2.3　东风扰动类气旋

夏半年,在南海地区的对流层中、上层经常盛行一支较稳定的偏东气流,低层为一支赤道西风,当东风气流上产生扰动,同时有赤道西风卷入时,往往易于形成中层气旋。其出现频率约为 21%。

这类中层气旋一般在 700 hPa 和 850 hPa 等压面上反映明显。在夏半年,除 4 月份外,其他各月都有此类气旋活动,而以 9 月出现较多。生成地区主要是南海。多沿东风气流向偏西方向移动,也有向偏北方向移动。生命史平均 5 天,当进入孟加拉湾再度发展时,可维持 10 天以上。

夏秋季节,这类气旋过程的主要特征是:在 500 hPa 和 700 hPa 图上,副热带高压呈东西向带状分布,比较稳定,高压脊西伸至我国大陆地区,在华南沿海和南海北部盛行高压南缘的偏东气流,在这支东风气流上经常有自东向西移动的东风扰动(包括东风波)产生。这时在 850 hPa 和地面图上,南海及其附近一带一般是低槽区,盛行赤道西风。当东风扰动移到南海或在南海地区产生时,如果有印度季风槽东伸或赤道高压北上,往往会促使赤道西风加强东传,当西风卷入东风扰动,便会使之发展形成中层气旋。这类过程常常是首先在中低层(700 hPa 和 850 hPa)开始,以后向上、下伸展。

另外,当西太平洋有台风在副热带高压南侧生成并北上时,也有利于南海地区东风扰动的产生和发展形成中层气旋。

这类过程,在夏半年各个月份的基本形势是大致相似的,所不同的是,5—6 月份副热带高压位置较偏南,中层气旋多生成于南海南部。值得注意的是,南海南部东风扰动的产生和中层气旋的形成可能同澳大利亚高压的加强北移有关。

这类中层气旋大多是移入季风槽消失,或与孟加拉湾低压合并,个别的可发展为热带风暴。

2.4　季风扰动类气旋

在中南半岛和南海地区,5 月中旬开始进入西南季风期,盛行西南季风。当季风加强东传,往往会加强低空辐合,有时便能发展为中层气旋。这类气旋为数不多,只占 9%。主要产生在 5—6 月。一般在 850 hPa 和 700 hPa 等压面上最明显,地面不明显。生成后多向东北方向移动,也有向偏西方向移动。生命史约 5～6 天。

这类中层气旋形成前的形势特征是:在 500 hPa 图上,中纬度地区以纬向环流为主,不断有短波槽东移,低纬度地区,西太平洋高压位置偏南,脊线位于 15°N 附近,高压中心偏东,常在 135°E 以东,印度半岛一般为副热带高压控制,中南半岛和南海地区为一相对低压区。在低层,自孟加拉湾至南海一带为低槽区,盛行西南气流。700 hPa 和 850 hPa 图上,华南沿海常有切变线存在。在地面图上,我国大陆通常为变性高压控制,华南沿海有静止锋活动。显然,上述形势有利于冷空气南侵低纬度地区。当太平洋副热带高压西伸或南海高压建立时,中南半岛和南海北部的西南季风也会随之加强,这时如果 500 hPa 等压面上有西风槽东移,引导冷空气自青藏高原东部南下侵入华南或中南半岛北部,便会导致低空辐合的加强,有时就会在静止锋末端的北部湾附近上空,或者在低空切变线的西端形成中层气旋,这类过程也是从中、低层向上伸展的。

3 中层气旋的结构

为了进一步了解中层气旋的性质和结构,我们在普查历史天气图的基础上,利用一些垂直剖面图和卫星云图做了分析,此外,还对一些个例的涡度、散度和铅直运动进行了计算和分析。

3.1 温压场和湿度场

中层气旋是一种较小的天气尺度系统。它在 700 hPa 等压面上,水平半径约 200～300 km,个别的可达 500 km 左右,其垂直伸展高度一般在 7～8 km 以下,有的也可达 10 km 以上,平均厚度约 4～6 km。

中层气旋在 700 hPa 和 500 hPa 面上,一般都有冷中心或冷舌与之配合,特别是切断低涡类中层气旋,这种结构最为明显。在 500 hPa 面上,冷中心一般位于气旋的西南侧,也有的同气旋重合。在中层气旋发展后期,由于大量降水,释放潜热增暖周围空气,会使气旋中心附近的冷区逐步变暖或趋于不明显,这一点往往是气旋减弱或变性的征兆。

除少数能发展为热带气旋或温带气旋的中层气旋外,大多数中层气旋的水平气压梯度和温度梯度都比较小,在 700 hPa 图上一般只能分析出 1～2 根闭合等高线,与之配合的闭合等温线最多只能分析出一条,尤其是出现在较低纬度的中层气旋,其中心附近温度分布比较均匀,内外温差很小,一般只相差 1～2℃。

在垂直方向上,中层气旋上空一般为反气旋环流,低空有气旋性环流或低槽与之对应。温度垂直结构如图 5 所示,在气旋上部偏暖,而下部偏冷。比较多的情况是,在气旋中心附近,500 hPa 以下偏冷,400 hPa 以上偏暖。

在 500 hPa 以下,中层气旋一般是随高度向冷区方向倾斜。因为冷中心大多位于气旋的西南侧,所以中层气旋的垂直轴线也大多是向西南方向倾斜。据统计,在东西向剖面图中,气旋中心轴线随高度向西倾斜的占 60% 左右;在南北向剖面图中,气旋中心轴线向南倾斜的约占 80%。而向东、向北倾斜的比较少,还有一些是近于垂直状态。

我们利用温度露点差作为湿度场的表征量,并规定其值≤4℃为湿区。分析发现,湿区主

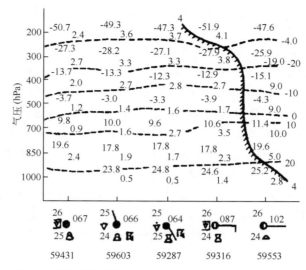

图 5　中层气旋温湿场剖面图（1975 年 7 月 13 日 08 时）

要分布在中层气旋中心附近(图 5)。但由于中层气旋来源不同,其湿度场配置也有所不同。一般是产生于海洋上的中层气旋,湿度大,湿区范围也大,湿中心位于气旋中心附近和近海一侧;在陆地形成的中层气旋则比较干燥,中心附近往往是一干区,只有当它移入海洋上时才出现湿区。切断低涡类气旋的最大湿度中心一般位于气旋的东侧,而其他三类则多位于气旋的南侧或中心附近。

中层气旋的湿区经常是随气旋发展而向上伸展,在发展旺盛时其湿舌伸展高度最大,最高可达 10 km 以上。

图 6 是 1975 年 7 月中旬广州地区高空风和温湿场变化时间剖面图。由图可见,中层气旋过境的时间是先低层后高层,因为该气旋是自东向西移的,所以这可说明气旋的垂直轴线在这期间是向东倾斜的。另外,在气旋过境前,其温度在 500 hPa 以下随时间略有降低,而 400 hPa 以上则随时间有所升高,这说明该气旋具有上暖下冷的结构特点。至于湿度,也是随时间增大,湿层升高,过境日(13 日)湿区最高,伸达 200 hPa 附近。

3.2　散度、涡度场和铅直运动场

利用实测风的分量,对一些不同类型的中层气旋个例进行了水平散度和铅直相对涡度的计算,并根据连续方程由下而上逐层计算了它们的铅直速度。这里给出三个个例来讨论。

例 1:1975 年 7 月 11—16 日辐合带类中层气旋

计算结果表明,该气旋在形成初期(图 7a),气旋中心附近低层为辐合区,最大辐合位于 850 hPa 附近,辐合量级为 1×10^{-5} s^{-1};500 hPa 以上为辐散区,200 hPa 最大辐散在 2×10^{-5} s^{-1} 以上。这种高层辐散大于低层辐合的结构,为气旋的发展提供了条件。在气旋发展最盛期 (图 7b),对流层中、下层的辐合区显著扩大,辐合量亦有所增加,最大辐合中心出现在 500 hPa 上,位于气旋中心南侧 200 km 处,其数量级为 3×10^{-5} s^{-1};这时在气旋中心附近的上层,正散度已减小,且出现了微弱的辐合,表明该气旋的发展受到了限制。当气旋处于衰亡阶段时 (图 7c),气旋中心附近的对流层中、上部,散度结构已发生显著变化,200 hPa 辐合明显增大,

700～400 hPa 出现辐散，只有 850 hPa 仍为辐合，这反映了该气旋的衰亡过程是自上而下的。

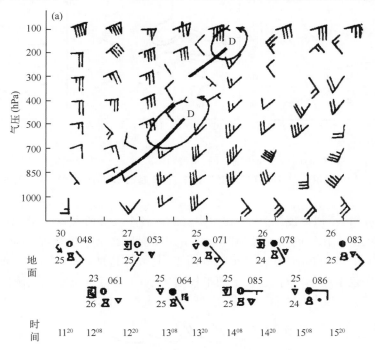

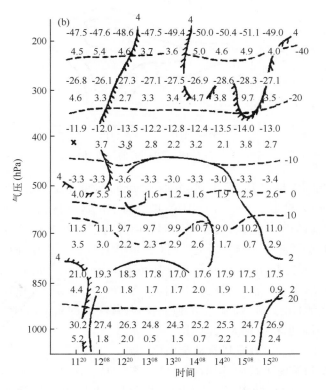

图 6　1975 年 7 月 1—15 日广州时间剖面图

(a)高空风变化图；(b)温湿场变化图

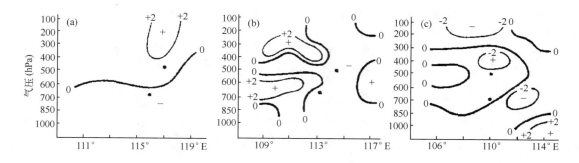

图 7　沿气旋中心的散度纬向剖面图(单位：10^{-5} s^{-1})　●中层气旋中心(以下同)

(a)1975 年 7 月 12 日 08 时沿 22°N；(b)1975 年 7 月 13 日 08 时沿 23°N；(c)1975 年 7 月 15 日 08 时沿 24°N

涡度场结构不似散度场复杂，在中层气旋的各个发展阶段，在气旋中心附近都为正涡度区，而且有最大值。在气旋发展最强时，中、下层正涡度区水平半径可达 600 km 以上，向上可伸达 200 hPa，最大涡度中心位于 500 hPa 附近，其数值超过 $6×10^{-5}$ s^{-1}(图 8)。随着气旋的减弱，正涡度区逐渐缩小，数值也自上而下逐渐减小，上层逐渐出现反气旋性涡度。

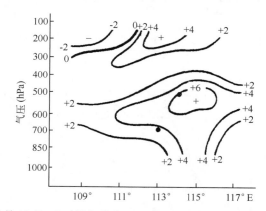

图 8　1975 年 7 月 13 日 08 时沿气旋中心(23°N)的涡度纬向剖面图(单位：10^{-5} s^{-1})

分析气旋的铅直速度场可知，在生成初期(图 9a)，气旋中心附近的最大上升速度仅为 5 cm/s，而且上升运动区只限于 500 hPa 以下，其上为下沉运动区；在对流层中、下层，气旋中心的西部和北部为微弱的下沉运动，而在其东部和南部为广阔的上升运动区，最大上升运动出现在 500 hPa 气旋中心附近。气旋发展成熟时(图 9b)，自气旋中心往外约 200～300 km 范围内，从地面至 200 hPa 都是上升运动，最大上升速度达 20 cm/s。这时，与最大上升运动相对应的地面图上出现大暴雨中心。在气旋衰亡时期(图 9c)，上升运动明显减弱，范围显著缩小，低层出现微弱的下沉运动，由于副热带高压加强西伸，气旋中心的东部出现大范围下沉运动。随着上升运动的减弱，雨量也相应地大大减弱。

例 2：1973 年 9 月 22—25 日东风扰动类中层气旋

这类个例的散度和涡度场结构，同前面个例基本相似。在气旋生成初期也是高层辐散大于低层辐合，在气旋中心附近的中、下层为气旋性涡度，上层为反气旋性涡度。在气旋发展强盛时(图 10a，b)，对流层中、下层辐合增强，气旋性涡度增大，高层辐散减小，反气旋性涡

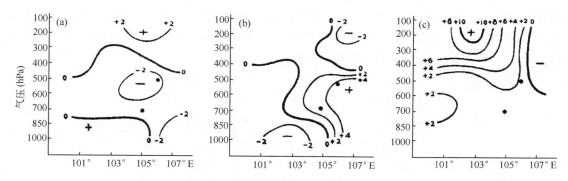

图9 沿气旋中心的铅直运动纬向剖面图(单位:cm/s)
(a)1975年7月12日08时沿22°N;(b)1975年7月13日08时沿23°N;
(c)1975年7月15日08时沿24°N

度向下伸展到400 hPa,无辐散层也在400 hPa附近,最大辐合和最大正涡度中心都出现在500 hPa上。在气旋衰亡时期,对流层高层出现辐合,中层出现辐散,只在700 hPa以下仍维持一定强度的辐合,这时中心附近的气旋性涡度也相应减弱。

该气旋的铅直运动场,同例1有所不同。当它还处在东风扰动阶段时(22日),在对流层中、下层,东风波前辐合,上升运动明显,波后辐散,为下沉运动;高层辐散,存在广泛的下沉运动。在气旋生成以后,中心附近出现大范围上升运动(图10c),但在气旋的东部仍然是下沉运动区。以后随着气旋的衰弱,中心附近出现下沉运动。

相对来说,这个中层气旋无论辐合场或气旋性涡度区,或上升速度,都不如前述个例强,所以它只造成较小的降水,而且主要分布在气旋中心的西侧。

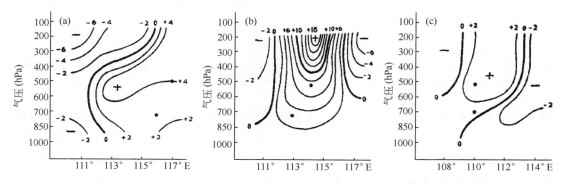

图10 1973年9月24日08时沿气旋中心(17°N)纬向剖面图(单位同前)
(a)散度;(b)涡度;(c)铅直运动

例3:1968年8月上旬切断低涡类中层气旋

该气旋生成初期位于东海海面。我们只作了距气旋中心300 km处的散度、涡度经向剖面图(图11a,b),将它和以后几天通过气旋中心的剖面图进行对比分析,可以看到,3日气旋附近的最大辐合中心和最大正涡度中心都是位于200 hPa上,以后逐步下传,5日移至500 hPa上(图11c,d),6日下传至低层,在气旋中心附近,从地面至200 hPa都出现辐合和气旋性涡度,最大辐合中心和正涡度中心位于800 hPa和700 hPa上。这说明该气旋的形成同前两类不一样,它是自上向下发展的。另外,由图11c可以看到,该气旋发展后期的散度场结构,同前面两个气旋也有明显的不同,5 日在气旋中心附近的高层,辐散不是减弱,而是显著加强了,在 200 hPa 上辐散量达 10×10^{-5} s^{-1} 以上,大大超过低层的辐合,这意味着该气旋将再度强烈发展,事实上它正在发展成锋面气旋。

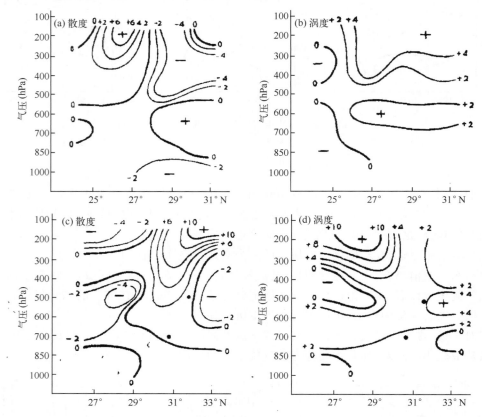

图 11　(a)(b)1968 年 8 月 3 日 20 时沿气旋前方 300 km 处（129°E）的散度、涡度经向剖面图（单位同前）

(c)(d)1968 年 8 月 5 日 20 时沿气旋中心(119°E)的散度、涡度经向剖面图（单位同前）

从铅直速度分布来看,这个气旋也不同于前述个例分析的结果。在气旋生成初期（3 日）,中心附近由低层至高层的大范围地区都是上升运动。当它接近大陆后（4 日）,上升运动强度增大,最大上升速度超过 23 cm/s,范围却显著缩小,水平宽度只有 200～300 km,而且主要分布在气旋北部和东部,而在气旋南部和西部广大地区为下沉运动（图 12a,b）,前者大概同来自海洋上的暖平流有关,后者显然是由于西太平洋高压西伸和来自欧亚大陆的冷平流所引起的。此后,气旋北上,中心附近的上升运动区又有所扩展,尤其是低层上升运动明显加强,可能和高层的强烈辐散有关。

综上所述,各个中层气旋的散度场、涡度场和铅直运动场的结构虽不尽相同,但也有其共同点,初步概括有如下几点:

(1)辐合带和东风扰动类气旋,在形成初期都是高层辐散大于低层辐合,后期则是低层辐合大于高层辐散,或是高层出现辐合,低层出现辐散。

(2)中层气旋发展最强时,最大辐合中心和最大气旋性涡度都出现在 500 hPa 气旋中心附近,这时上升运动也最强,在气旋中心附近从低层至高层都出现上升运动。

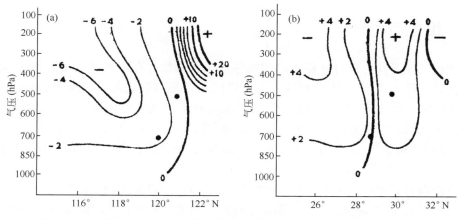

图12　1968年8月4日20时沿气旋中心附近铅直运动剖面图(单位同前)
(a)经向(28°N)剖面图;(b)纬向(120°E)剖面图

(3)暴雨区一般都出现在上升运动最强、低层辐合量较大的气旋中心附近。

3.3　云型结构特征

在中层气旋附近,广泛散布着发展的积云和浓积云,有时低层伴有层积云。在积云上部可扩展为高积云和高层云,更高处可见卷云。在卫星云图上也可判别出这种云系分布。

我们对1973—1975年7—9月11个中层气旋的卫星云图分析表明,在气旋生成前后,云系结构比较松散,是一团稠密云系较小、无一定形状的云区,云区边界常有一些向外辐散的卷云纹线,云团南侧常有大量弯曲的云线卷入中心,这些显然是云团发展的征兆。当气旋发展最盛时,密蔽云区明显,一般具有逗点状或螺旋状云系结构,根据云型可以大致定出气旋的中心,如图13、图14所示。在气旋趋于衰亡时,逗点状或螺旋状云系渐趋模糊,云区缩小、松散,最后消失或并入其他系统。

在国外文献中,曾经提到"副热带气旋也存在眼区"[8],但在我们分析的11个中层气旋中都没有发现眼区。

图13　1975年7月13日诺阿—2卫星云图　　　图14　1973年9月23艾萨—8卫星云图

4　讨　论

(1)中层气旋是发生在对流层中层的低纬度天气系统。在南海及其附近地区,主要出现在暖季,尤以 7 月、8 月份活动最频繁。生成源地主要是南海北部和中南半岛。出现层次以 700 hPa 和 500 hPa 等压面最多、最明显,在地面可有可无气旋性环流反映。生命史平均约 5 天,最长达 10 天以上,最短不到 2 天。最后结局多数是消失,部分能变性为热带气旋或锋面气旋。移动路径比较复杂,几乎向各个方向移动的都有,但以向西北和偏西方向移动的最多,路径打转的也不少。平均移动速度为 15~20 km/h。

(2)在南海及其附近地区生成的中层气旋,按其成因可以分为四类:

1)辐合带类:由热带辐合带上的涡旋扰动发展而成。夏半年出现最多,约占总数 43%。

2)切断低涡类:由延伸低纬度的高空西风槽或台风槽切断低涡自上向下发展而成。出现频率约为 27%。

3)东风扰动类:由于东风扰动(包括东风波)加强、赤道西风的卷入而形成。常由低层向上发展。出现频率约为 21%。

4)季风扰动类:主要生成于春夏过渡季节。由于西南季风加强,东风卷入而形成,常生成于地面静止锋末端和低空切变线西端,一般由低层向上发展。出现频率仅占 9%。

(3)中层气旋是一种较小的天气尺度系统,是一种冷性的气旋性涡旋。水平气压梯度和温度梯度都比较小。最大湿度、最强辐合和最大气旋性涡度一般都出现在气旋中心附近,最大辐合中心和气旋性涡度中心多位于 500 hPa 上。气旋发展最强时,在复合气旋中心附近从低层至高层都出现上升运动。在卫星云图上,气旋发展旺盛时期,云型一般具有逗点状或螺旋状云系结构。但没有观察到眼区。

(4)中层气旋可造成比较恶劣的天气,通常都伴有暴雨和雷暴,个别的可引起地面大风。在南海及其附近地区活动的中层气旋,大部分都对我国南方地区的天气有重要影响。影响严重的地区主要是华南,尤其是沿海一带。当有其他系统与之配合时,有可能影响到长江以南地区的天气。

据统计,1960—1975 年夏半年出现的 44 个中层气旋,有 36 个对我国天气有直接影响,占总数的 82%。一般都带来大雨到暴雨。在上述 36 个有影响的气旋中,造成一个站以上出现暴雨的有 22 个,约占 61%,其中造成大暴雨(≥100 mm/d)的有 15 个,占 42%。

中层气旋的降水和雷暴,可以是它单独造成的,也可以是它和其他系统(例如热带辐合带、高空切变线、地面静止锋等)结合而造成的。前者影响范围较小,一般只有几百千米,后者影响范围较大。

降水基本上出现在气旋中心附近,但各类气旋的降水区分布不尽相同。一般而言,大雨、暴雨中心:辐合带类主要出现在中心附近或东南侧,切断低涡类主要位于中心附近或其东侧,东风扰动类和季风扰动类,则多出现在气旋西部。

(5)中层气旋预报的几点初步意见:

1)生成的预报:切断低涡类气旋的生成,主要着眼于当西风长波槽延伸至低纬地区时,槽的南端有否冷中心或冷舌配合。其他各类气旋则应注意在有热带扰动出现的地区,有否东风或赤道西风的加强卷入。在有热带扰动活动的地方,如果出现明显的负变高,有可能产生中层气旋。另外,台风的移近也往往是激发中层气旋形成的有利条件。

2)发展的预报:高低空各层低涡和低槽的叠加,常常是气旋发展的前兆。气旋入海,特别是入海后,如果与热带系统(如热带辐合带、东风波、热带低压等)结合,有可能强烈发展,甚至发展为台风。气旋由冷心结构变成暖心结构,往往是它变性发展为热带气旋的征兆。另外,西南季风的明显加强也是中层气旋形成发展的一个有利条件。

3)移动的预报:各类气旋移动的气候统计规律可作预报依据之一。中层气旋尺度较小,它一般是沿着高空引导气流的方向移动。它的移动还常常和其中心附近的大风方向一致。此外,辐合中心,正涡度中心和负变高区都对中层气旋的移动有指示意义。

4)卫星云图的应用:卫星云图是鉴别中层气旋发生发展和移动的重要诊断工具。在南海有云团活动时,如果云团的西南或东南方有大量云系卷入,特别是有长螺旋云带出现时,该云团将发展,有可能形成中层气旋。如果气旋已形成,则上述迹象常常是它发展的征兆之一。当密蔽云区四周的任一方,出现短而细的卷云线向外辐散时,也是气旋将发展的一个征兆。如果中层气旋的云型呈较完整的逗点状或螺旋状结构时,这表明它已发展到盛期,预示着未来将不会强烈发展或逐渐减弱。但如果有新的云团与之合并,则有可能再度发展。

参考文献

[1] 广东省气象台. 南海东北部中层气旋的个例分析. 热带天气会议论文集,1976,5.

[2] Simpson R H. Evolution of the Kona Storm,a subtropieal cyelone. *J of Met*,**9**(1):24-25.

[3] Ramage C S. The subtropical cyelone. *J Geophy Researeh*,1962,**67**:1401-1411.

[4] Ramage C S. The summer atmospheric circulation over the Arabian Sea. *J Atmos Sci*, 1966,**23**:144-150.

[5] Miller F R,Kesharamurthy R N. Structure of an Araubian Sea summer monsoon system. IIQE Met. Monogr. I,East—West Center Press,Honolulu,1968.

[6] Krishnamurti T N,Hawkine R S. Mid—tropospheric cyelones of the Southwest monsoon. *J of Appl Met Vot*,1970,**9**(3):442-455.

[7] Spiegler D B. Unnamed Atlamtie tropical storms of 1970. *Mon Wea Rea*,1971,**99**:966-976.

[8] 广西气象台研究室,中山大学地理系气象教研室. 中南半岛和南海地区热带辐合带的初步分析. 中山大学学报(自然科学版),1975,(2):105-120.

夏季赤道缓冲带和赤道反气旋的初步分析

梁必骐　　梁孟璇　　徐小英

(中山大学气象系)

摘　要　本文利用 1974—1978 年 4—11 月的资料,对南海和西太平洋地区(100°—180°E)赤道缓冲带和赤道反气旋的活动特点、形成过程、结构及其对周围系统的影响进行了初步分析。

赤道缓冲带和赤道反气旋是一种中低层的天气尺度热带系统,一般出现在 5—10 月,平均每年出现 12 次,生命史平均 5 天。赤道反气旋的形成有四类过程。它与副热带高压共同作用,可对台风移动路径产生明显影响,但单纯的赤道反气旋活动只能影响浅薄系统的移动路径。

赤道缓冲带是赤道及其附近地区的一个大尺度系统,是构成亚洲和太平洋热带地区地面基本流场形势的主要环流系统之一[1]。与缓冲带密切关联的赤道反气旋是热带低层较常见的一种反气旋系统。它们对热带地区的天气系统和天气有着重要的影响。过去由于资料缺乏,对它们了解不多,近年来随着热带的资料增多和卫星云图的利用,对它们的研究日益加强。Fujita 等[2]根据卫星云图和常规资料,提出了北太平洋东部地区赤道反气旋发展过程的模式。国内对这些系统也作了一些个例分析[3],特别是它们对台风的影响作了较多分析[4~6]。

1　赤道缓冲带的活动特点

赤道缓冲带是指南北半球偏东信风气流越过赤道时发生转向的过渡带,又称气流转换带。本文所讨论的是夏季南半球的东南信风越过赤道,转向成赤道西风,在赤道附近形成赤道缓冲带。

在夏季,南海和西太平洋西部地区是太平洋副热带高压东西进退的主要活动区,而且这时西南季风盛行,所以在这一地区低层的偏东气流不够强大也不稳定,有利于南半球信风气流越过赤道而在地转偏向力作用下转变成赤道西风。同时,这时在澳大利亚地区经常维持一较强的冷高压,每当南半球寒潮爆发,该冷高压北侧的偏东风将加强,随后在 100°—140°E 地区越过赤道形成缓冲带。在 140°—180°E 地区)由于副热带高压南侧的偏东气流较稳定且较强大,而相应的南半球的东南气流势力较弱,所以在这一地区一般情况下是较难形成赤道缓冲带的。只是在盛夏季节,副热带高压脊线比较偏北,南半球冷空气活动频繁,这时才可以形成赤道缓冲带和一些水平尺度较大的赤道反气旋,但个例不多。

缓冲带一般出现于 5—10 月,最早出现在 4 月,最迟在 11 月也偶尔可见。缓冲带过程平均每年出现 12 次,最多的 1978 年达 20 次。每个过程,短则 3~5 天,长则 10 多天。由于南半球冷空气一股一股地向北爆发,使澳大利亚高压北侧的东南强风一股一股地越过赤道,导致缓

本文发表于《1980 年热带天气会议论文集》,科学出版社,1982.

冲带一个过程接着一个过程,有时原有的过程尚未消失,新的过程又形成,这样连续不断可持续 20 多天。

缓冲带在对流层中低层表现明显,尤以低层最明显。在卫星云图上,它一般与晴空区相对应。在它的控制下,可出现持续多天的晴朗天气。缓冲带形成后,往往自东向西移动,有时呈准静止状态。也有时北上,至北半球多呈高压脊形式。有时可出现闭合反气旋中心,演变成赤道反气旋。

缓冲带一般出现于热带辐合带的南侧,它的活动与热带辐合带和副热带高压有密切关系。由于它在赤道附近地区维持,其北侧的西南气流可不断加强和维持,因而有利于辐合带的建立和加强,有利于带内的气旋性涡旋扰动发展,在适当条件下,这些扰动可发展成台风。但当缓冲带北上并与西太平洋副热带高压合并时,可使副热带高压加强西伸,往往导致热带辐合带的消失。

2 赤道反气旋的形成及其结构

在低纬度地区,气压梯度很小,日变化较大。由于扰动尺度较小,高度场是向风场适应、调整。所以用高度场来讨论问题不如用流场来讨论问题较为明暸。我们普查赤道反气旋时是从流场出发,把中心出现在 15°N 以南且顺时针旋转的闭合环流定义为赤道反气旋。在南海和西太平洋地区,赤道反气旋的形成大体可分成四种过程:

(1)在赤道缓冲带内的西南气流折向形成赤道反气旋:当赤道缓冲带北侧的西南气流与副热带高压南侧的偏东气流相距较近,也就是热带辐合带比较狭窄时,来自南半球的气流与北半球气流之间具有很大的水平风向切变和气旋性相对涡度,在这两支气流开始相互作用时,往往使来自南半球的气流获得足够大的反气旋涡度,使赤道缓冲带北侧的西南气流折向成西北气流。这个过程继续下去,就会在赤道缓冲带内出现来自南半球气流所包围的顺时针旋转的闭合环流,形成赤道反气旋。该地区的赤道反气旋主要是以这种形式形成的。

(2)赤道缓冲带被切断而形成的赤道反气旋:当低槽南伸到较低纬度,可使赤道缓冲带被切断,从而在缓冲带西端形成一顺时针旋转的闭合环流中心,即赤道反气旋。这时,往往出现赤道反气旋和赤道缓冲带并存的形势。这类过程形成的赤道反气旋一般来说是比较浅薄的,势力也较弱。例如,1975 年 9 月 4 日,850 hPa 等压面上,在赤道地区有一缓冲带形成,其西端位于 110°E 附近,在 500 hPa 等压面上没有反映。此时,850 hPa 面上在马尼拉附近有一低压。5 日,赤道缓冲带西端向西北方向翘起,位于马尼拉的低压向西移动,并向南伸出一槽,此槽槽底伸达 4°N 附近,从缓冲带中部切断,其西部出现闭合的反气旋环流,中心位于 6°N、107°E 附近。从而形成了赤道反气旋和赤道缓冲带并存的形势(图 1)。

该赤道反气旋势力较弱,始终只在低层活动,没有向中、上层发展。

(3)西太平洋副热带高压脊断裂而形成的赤道反气旋:当西太平洋副热带高压脊位置偏南,当脊南伸至 15°N 以南后,有时会断裂一环,在南海附近形成一独立的反气旋式闭合环流。

(4)赤道缓冲带北上演变而成的赤道反气旋:盛夏季节,当西太平洋高压位置偏北或明显北移时,赤道缓冲带有时也会随之北上,移至北半球呈高压脊形式。这时如副热带高压南侧有较强的偏东气流进入缓冲带,可使其北侧的西南气流折向南流,并逐渐形成闭合的反气旋中心,因而形成赤道反气旋。这种由北上的赤道缓冲带(脊)演变而来的赤道反气旋为数不多,但

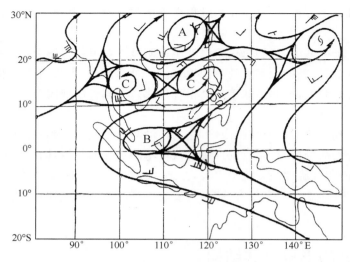

图1　1975年9月5日850 hPa流线图

位置偏北,在它的控制下,往往造成南海和东南亚的西南季风间歇。有时可造成持续几个星期的异常的晴好天气[7]。

赤道反气旋形成后,一般是自东向西或向西北方向移动。这一方面是由于上层偏东气流的引导,另一方面是由于赤道反气旋闭合环流形成后,北半球的偏东气流被大量输送到反气旋南半部,而促使反气旋向西或西北方向移动。但也有少数反气旋是北上或移向不规则的。

赤道反气旋是一种暖性的大尺度系统,水平尺度一般为 1500～2500 km,小的在 1000 km左右,大的可达 3000 km 以上。赤道反气旋主要出现在对流层中、低层,尤以低层明显,发展较深厚时,可达 500 hPa 以上,其中心轴线略向偏北方向倾斜。它伸达 500 hPa 时,多呈高压脊形式,往往难以与副热带高压脊区分开来,也就是说,在低层时,赤道反气旋与副热带高压之间,被一辐合带分隔,到 500 hPa 或 400 hPa 时,二者已难以区分(图2)。

赤道反气旋中心附近有正散度中心和负涡度中心相对应,它们的中心轴随高度向偏北方向倾斜,到达 200 hPa 时,这些物理量分布比较凌乱。可见,赤道反气旋主要还是中、低层系统。在反气旋区域内,基本上是下沉运动区,有利于抑制对流的发展。所以在赤道反气旋控制下,往往是晴好天气。

例如,1976年9月下旬的一次赤道反气旋过程,在9月27日该反气旋发展最强。我们计算了该天 08 时 850 hPa、700 hPa 的涡度、散度、垂直速度及 200 hPa 的涡度、散度。计算结果如图3所示。9月27日,赤道反气旋在 850 hPa 等压面上位于菲律宾西侧,19号台风已减弱成为低压,中心位于海南岛东海岸。赤道反气旋中心附近有 -3.8×10^{-5} s^{-1} 的负涡度中心和 $+1.2 \times 10^{-5}$ s^{-1} 的正散度中心。相反,在海南岛东海岸的低压区出现 -3.3×10^{-5} s^{-1} 的负散度中心和 $+11.7 \times 10^{-5}$ s^{-1} 的正涡度中心,其中心绝对值都较之赤道反气旋处大。在 700 hPa等压面上,负涡度中心已略向偏北倾斜,中心值为 -3.9×10^{-5} s^{-1},正散度中心为 $+0.9 \times 10^{-5}$ s^{-1}。到达 200 hPa 时,在反气旋区域出现负散度、负涡度中心。

从我们普查的个例来看,1976年9月27日的赤道反气旋发展还是比较深厚的,但其所对应的涡度、散度场并不强大。由此可见,赤道反气旋并不是一个势力很强的系统。当然,也有个别的赤道反气旋可发展得特别深厚,但一般来说,主要是对流层中、低层的系统。

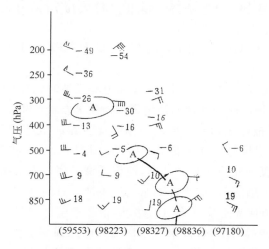

图 2　1976 年 9 月 26 日 128°E 经向测风温度剖面图

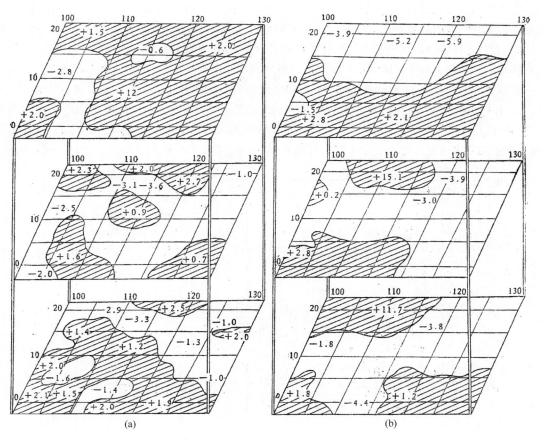

(a)

(b)

图 3　(a)1976 年 9 月 27 日 850 hPa,700 hPa,500 hPa 各层散度图；

(b)1976 年 9 月 27 日 850 hPa,700 hPa,500 hPa 各层涡度图

3　赤道反气旋对周围一些系统（低值）移动路径的影响

赤道反气旋对周围一些低值系统的移动路径可以产生影响，但其影响程度要视具体情况而定。

当赤道反气旋比较浅薄，只在 850 hPa 等压面上有反映时，有时不但不能对周围系统的移动路径产生明显的影响，相反却受到别的系统影响而使其自身产生不规则的路径。例如：1975年 9 月 5 日，赤道缓冲带被低槽切断而形成的赤道反气旋，中心位于 6°N，107°E。此时，西南低槽槽底在曼谷以北，马尼拉西部有一低压，中心在 10°N 以北，这些系统在 500 hPa 上都没有反映。6 日，马尼拉西部低压略有发展并西移，西南低槽槽底已发展抵达西贡。西贡的风向由 5 日的西北风转成 6 日的西南风。南半球的东南风也从 5 日的平均 8～10 m/s，加强为 6 日的 12～14 m/s。但低槽仍迫使赤道反气旋向南移动，中心移至 2°N，107°E。7 日西南低槽北收，马尼拉西部低压移至西沙群岛南侧，南半球东南信风已加强到平均 14～16 m/s，这时赤道反气旋又向东北方向移到 6°N，113°E 附近。8 日西沙群岛南侧的低压与低槽合并，势力有所加强，因而又迫使赤道反气旋南下。

当赤道反气旋发展到一定厚度，并在 500 hPa 等压面上可以分析出中心时，它对周围一些比较弱的系统（例如热带低压）的移动路径可以产生较明显的影响，而对那些发展比较强的系统（例如台风）的移动速度有影响，而对其移动路径影响并不明显。

例如，1976 年 19 号台风，其移动路径是很异常的（图 4）。9 月 13 日，在 14.9°N，113°E 处有一低压形成后，向东移动，到 15 日发展成台风后，就折向西北，向西北移动过程中，不断加强。20 日 08 时，在广东吴川登陆后，继续西行到北部湾，21 日 20 时又东南下，22 日减弱为低压，25 日移到 17°N，111°E 后转向北上，27 日折向东北，10 月 1 日消失在 21.5°N，119°E 附近。我们仔细分析该台风的移动，可以发现其路径有一明显特点，就是当它向东、向南行时，都是处

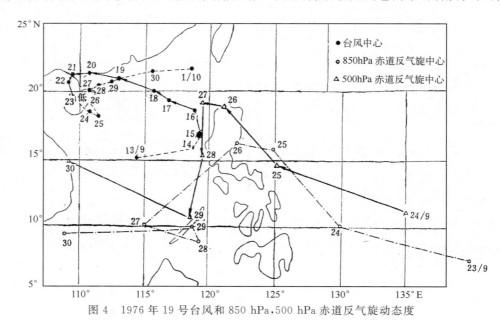

图 4　1976 年 19 号台风和 850 hPa，500 hPa 赤道反气旋动态度

在台风发展前的低压和台风减弱后的低压阶段,而发展成台风后,就比较有规律地向西北方向移动。我们认为这些特点除了与台风本身的内力作用有关外,还与赤道缓冲带和赤道反气旋的影响有很大关系。

13 日,低压出现时,在 850 hPa 上,低压南部已出现赤道缓冲带,14 日 500 hPa 的赤道缓冲带也在低压南部出现。此时,西太平洋副热带高压偏东,588 线在 150°E 以东。低压在赤道缓冲带北侧的西南气流的操纵下向东行。15 日(图 5),赤道缓冲带的位置与强度并没有什么明显变化,而低压已发展成台风。这时在台风内力和地转偏向力的作用下已使之不受赤道缓冲带北侧气流的控制,而较稳定地向西北方向移动。16 日赤道反气旋形成,17 日赤道反气旋北上,18 日中心移至菲律宾中部。台风中心位于东沙岛西南方约 200 km 海面上,与赤道反气旋中心相距约 700~800 km,台风的移动速度加快了,但台风仍按其原路径向西北方向移动(见图 6)。可见赤道反气旋依靠其自身力量,还不足以改变台风的移动路径。20 日,副热带高压加强西伸,588 线已伸至台风北侧,台风受副热带高压南侧的偏东气流引导而转向西行至北部湾。21 日开始,冷空气从高原南下,迫使台风也南下并于 22 日减弱为低压。26 日副热带高压东撤,588 线已撤到 145°E 以东。27 日在马尼拉西侧有一从东往西移来的新的赤道反气旋(见图 7)。它是从 19 日在 7°N,165°E 处形成,有规律地自东往西移来的,其环流逐步与台风减弱后的低压环流相连。这时,低压在赤道反气旋西侧的西南气流操纵下转向东北方向移动。当然,29—30 日在四川东部有一西风槽,此槽槽底较浅,位于 25°N 以北,它在东移过程中,北端移动较快,南端移动较慢,基本上停留在贵阳附近,它对低压的东北行也可能起到一定的作用。

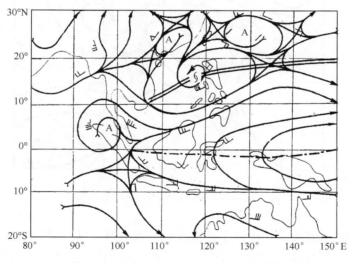

图 5　1976 年 9 月 15 日 850 hPa 流线图

当赤道反气旋与其他较强的系统(如副热带高压)共同作用时,可以对台风的移动产生较明显的影响。例如,1976 年 10 号台风,在 7 月 23 日前都是比较有规律的西北行。23 日到达海南岛东海岸,当晚突然转向东北,25 日又折向西北,于 26 日在广东阳江县登陆。分析表明,造成 10 号台风两次折向的原因,就在于赤道反气旋与副热带高压的共同作用。

24 日赤道反气旋已从加里曼丹北上到 8°—10°N 附近,在 850 hPa 等压面上,马来西亚、新加坡一带的风向由 22 日的西北风转成 23 日的西南风,平均风速为 10~12 m/s。24 日平均风

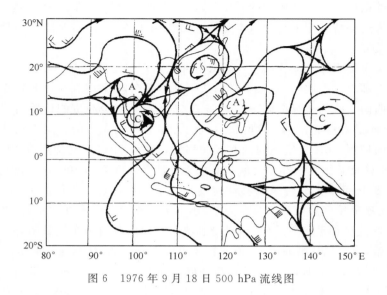

图 6　1976 年 9 月 18 日 500 hPa 流线图

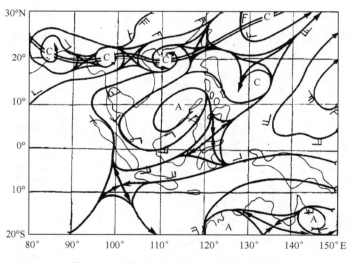

图 7　1976 年 9 月 27 日 850 hPa 流线图

速加大至 14～16 m/s,甚至整个中南半岛都转成一致的西南风,显然该地区风向的转变与风速的加大是与赤道反气旋北上加强有关的。在台风中心以南广大地区内的西南气流建立与加强是有利于台风转向东北的。此外,副热带高压也于 23 日开始明显东撤,850 hPa 148 线 24日迅速东撤到 130°E 以东。在 500 hPa 等压面上,24 日整个华南地区出现明显的 24 小时负变高,584 线已南压至厦门—衡阳—汉口一线。从这可以看出,赤道反气旋北上加强与副热带高压明显东撤的共同作用,促使 10 号台风转向东北行。25 日,副热带高压明显西伸,584 线已在台风北侧形成一明显的高压脊,赤道反气旋中心南移,850 hPa 面上马来西亚、新加坡一带的平均风速也减至 8～10 m/s。副热带高压西伸与赤道反气旋南移的共同作用,又促使台风转向西北行。

4　小结

（1）赤道缓冲带是热带地区的一个大型环流系统。南海和西太平洋地区夏季的赤道缓冲带主要是南半球寒潮爆发使东南信风越过赤道而形成的。它是一种中、低层系统。主要出现在 5—10 月，平均每年出现 12 次，生命史平均 5 天。

（2）赤道反气旋是南海和西太平洋热带地区夏季较常见的一种大尺度的低层浅薄系统，主要生成在 15°N 以南地区。在它的控制下往往出现晴好天气。

（3）南海和西太平洋地区赤道反气旋的生成方式主要有四种类型：①赤道缓冲带北侧的西南气流折向而形成；②缓冲带被切断而形成；③西太平洋副热带高压脊断裂而成；④赤道缓冲带北上演变而成。

（4）赤道缓冲带和赤道反气旋的活动对热带辐合带和台风等热带系统有重要影响，特别是当赤道反气旋和副热带高压共同作用时，可使台风出现异常路径，但单纯赤道反气旋的活动只能影响较浅薄系统（如热带低压）的移动路径。

参考文献

[1] 北京大学地球物理系，国家海洋局预报总台. 夏季热带低层环流及其中期变化的初步分析//热带天气会议论文集. 北京：科学出版社，1976.

[2] Fujita T T，Watanabe K，Izawa T. Formation and structure of equatorial anticyclones caused by largescale cross-equatorial flows determined by ATS Photographs. *Appl Met*，1969，**8**：649-667.

[3] 中国科学院大气物理研究所热带气象研究组. 夏季南海地区赤道缓冲带活动的个例分析//热带天气会议论文集. 北京：科学出版社，1976：156-139.

[4] 方宗义，等. 西太平洋赤道辐合带的初步分析//夏季西太平洋热带天气系统的研究. 北京：科学出版社，1974：36-48.

[5] 大气物理研究所热带气象研究组. 南半球气流对南海和北太平洋西部地区热带环流的影响. 大气科学，1976，(2).

[6] 包澄澜，等. 西太平洋和南海地区赤道反气旋活动及其对台风路径的影响. 大气科学，1979，**3**(2).

[7] 阿特金森. 热带天气预报手册. 中国科学院大气物理研究所译. 上海：上海人民出版社，1974：123.

低空越赤道气流与中南半岛和南海的夏季风

梁必骐　　梁孟璇　　徐小英

（中山大学气象系）

关于夏季风（西南季风）与低空越赤运气流的关系，早在 20 世纪 40 年代就有人指出：南亚的夏季风来源于南半球的东南信风。60 年代 Findlater[1~3] 发现并证实非洲东岸存在一支强烈的低空越赤道气流以后，人们更多地认为南亚西南季风主要是由来自南半球的东南信风越过赤道后转向而成。近年来，国内一些气象工作者也强调越赤道气流对南海和西太平洋夏季风的重要作用[4~6]。但另一些气象工作者对中南半岛和南海夏季风的来源提出了不同的看法[7]，他们认为该地区的西南季风主要来源于上游印度孟加拉湾地区，而直接来自南半球的比重不大。因此，目前对中南半岛和南海夏季风的来源以及与之相联系的在南海南部是否存在一条越赤道气流的通道还存在争议。我们试图以 1979 年的资料为主，对这些问题作些初步探讨。

本文分析表明，在 1979 年夏季 105°E 附近存在一支明显的低空越赤道气流，它对中南半岛和南海夏季风有十分重要的作用。利用同样的资料作功率谱分析，也得到同样结果[8]。

1　南海地区的越赤道气流

对于南海南部是否存在低空越赤道气流，由于所用资料和研究方法不同，不同作者所得到的结果也是不同的。陈隆勋等[4,5]认为，来自澳大利亚东北侧的气流，低层主要在加里曼丹至苏拉威西越过赤道。陈于湘[6]根据波谱分析，韦有暹等[9]根据地面逐月平均资料分析，都得出在 105°E 附近存在越赤道气流的通道。王作述等[7]则认为，在南海南部并不存在越赤道气流的通道。我们根据 1979 年夏季 850 hPa 的逐日高空风资料和月平均资料分析，得到在 105°E 附近的赤道地区存在一支明显的越赤道气流。

图 1（a）是 1979 年 7 月南海和西太平洋赤道附近 13 个站（48601，48647，48657，48694，96237，96249，96413，97072，97014，97724，97560，94027，94085 等站）中低层的南北风分量月平均纬向剖面。由图可见，在 850 hPa 上有三个偏南风（图中正值区）风速中心，分别位于 105°E、125°E、150°E 附近，其中最强的风速中心（4.9 m/s）出现在 105°E 附近。这表明在南海和西太平洋地区存在三条越赤道气流的通道，125°E 和 150°E 通道是和陈隆勋等[4,5]提出的相一致，而以 105°E 附近低空越赤道气流最强。从赤道附近各站 V 分量（偏南风≥3 m/s）频率分布图（图 2（a））也可以证实 105°E 附近存在一条越赤道气流的通道。由图可见，850 hPa 偏南风大于或等于 3 m/s 的出现频率，其大于 40% 的频率中心和图 1（a）的风速中心很吻合，同样是分别位于 105°E、125°E 和 150°E 附近，且最大中心也位于 105°E 附近，中心值高达 76%。

本文发表于《全国热带夏季风学术会议论文集》，云南人民出版社，1983.

由 1979 年 8 月 V 分量的平均纬向剖面图（图 1(b)）和频率分布图（图 2(b)）也可以得到同样的结果，即在 105°E 附近低层存在最强的风速中心（5.4 m/s）和最大的南风频率（中心值为 83％）。由此可以说明在 105°E 附近的确存在一支最强的低空越赤道气流。

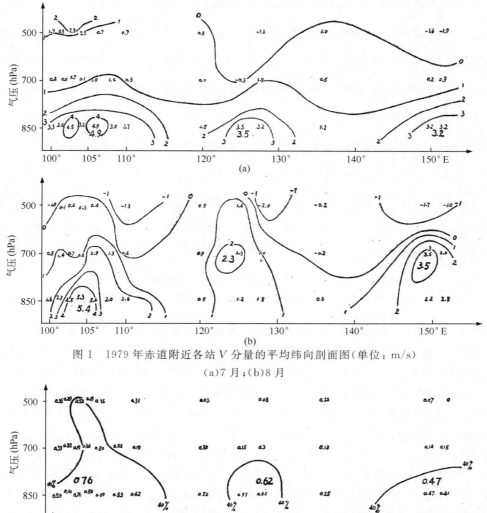

图 1　1979 年赤道附近各站 V 分量的平均纬向剖面图（单位：m/s）

（a）7 月；(b)8 月

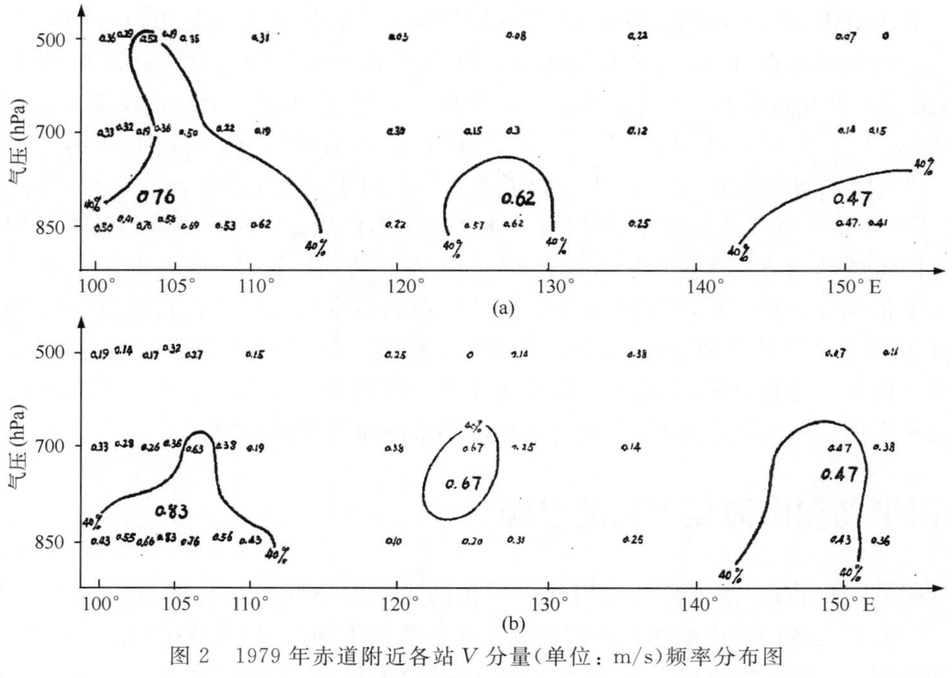

图 2　1979 年赤道附近各站 V 分量（单位：m/s）频率分布图

（a）7 月；(b)8 月

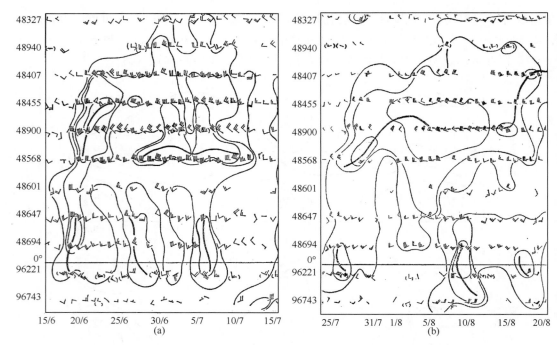

图 3　105°E 附近季风急流过程的 850 hPa 高空风时间剖面图

(a)1979 年第一次季风急流过程；(b)1979 年第二次季风急流过程

　　由沿 105°E 的 850 hPa 高空风时间剖面图(图 3)可以看到,在 105°E 附近不仅存在一支低空越赤道气流,而且它的活动是颇有规律的。1979 年 6 月至 8 月中旬经常都有南半球东南信风越过赤道转为西南季风,而且每一次较强的信风过程都伴有较强的西南风出现。杨义碧[8]发现 150°E 附近南半球东南信风存在 15 天的周期振动。由图 3 大致也可以看到 105°E 附近南半球东南信风亦存在准 15 天的周期振动。从南半球 105°E 附近的 96221 站和 96743 站850 hPa 高空风变化可见,6—8 月先后出现七次强信风过程(风速≥10 m/s,连续二天以上),即 6 月 1—2 日、6 月 17—18 日、7 月 6—7 日、7 月 16—19 日、7 月 26—27 日、8 月 10—11 日、8 月 26—29 日,平均周期为 12～14 天。除了 8 月下旬由于西太平洋副高脊线偏南,南海为副高控制,不利于南半球气流越过赤道外,每一次强的东南信风过程都伴随有西南季风加强。可见 105°E 附近的越赤道气流过程也可能存在 15 天左右的周期振动。9 月间虽然澳大利亚东北侧的东南信风也比较活跃,但同样由于这时北半球副热带高压位置比较偏南,850 hPa 上脊线经常处于 10°—15° N 之间,南海常为副热带高压控制,不利于南半球信风越过赤道,所以越赤道气流不明显。这就是说,南海南部低空越赤道气流的强度变化不仅决定于澳大利亚冷高压的爆发和东南信风的强度,而且亦受北半球副热带高压进退的影响。

2　中南半岛和南海夏季风的来源

　　前面提到,目前对中南半岛和南海西南季风的来源有不同看法。根据 1979 年的资料分析,我们认为,该地区的西南季风在不同时期来源是有所不同的,过渡季节(5—6 月)主要来源于上游的印度、孟加拉湾地区。盛夏季节(7—8 月)南海季风则常常是南半球东南信风在

105°E 附近越赤道后转向而成,而强西南季风的维持则往往是南海南部的低空越赤道气流和印度季风气流共同作用的结果。

为了讨论低空越赤道气流对中南半岛和南海夏季风的影响,我们作了 5—9 月 850 hPa 上南半球三个站(94120、97372、97900)平均的东南风分量的 5 天滑动平均曲线,马来半岛南部三个站(48647、48657、48694)平均南风分量的 5 天滑动平均曲线,以及西贡、亚庇、西沙的西南风分量的 5 天滑动平均曲线(图 4)。分析比较这些曲线的振动情况可以看到,从 5 月至 6 月中旬它们的变化趋势无明显的对应关系;但西贡、亚庇、西沙与上游印度地区三个站 (43369、43371、43413)平均的西风分量的 5 天滑动平均曲线(图略)有较好的对应关系,后者的各峰点一般比前者超前一二天。在这期间,南海南部的越赤道气流也较弱。由此表明,中南半岛和南海的夏季风主要来源于上游的印度地区,而受南海南部越赤道气流的影响较小。6 月下旬至 8 月,南半球三站的东南风,马来半岛南部三站的南风以及西贡、亚庇、西沙的西南风等三者之间风速分量的强度变化是基本一致的,变化曲线的谷峰位相大致相同。如图 4 所示,与新加坡、亚庇的变化曲线比较,其谷峰点一般都超前一二天,而西贡、西沙的变化曲线,其主要谷峰点比新加坡落后二三天。这表明中南半岛和南海的夏季风与南半球越赤道气流密切相关。由文献[6]给出的图 5 也可以看到,1974 年和 1975 年夏季印度南部(以 43371 站为代表)850 hPa 西风加强的时间和极大值的位相都明显落后于中南半岛(以 48568 站为代表)和南海南部(以 96471 站为代表),这无论以西风动量东传或能量频散都难以说明该地区的夏季风主要来源于上游印度地区。所以我们认为,盛夏期间中南半岛和南海的夏季风,主要来源于南海南部越赤道气流,上游印度季风有影响,但不起主导作用。我们知道,夏季当澳大利亚冷高压加强时,常促使其东北侧的东南信风加大,这支偏东气流往往在 105°E 附近越过赤道,在 β 效应和马来半岛地形的影响下转向为西南气流,因而导致中南半岛和南海的西南季风爆发和加强。如果这时叠加有上游印度地区夏季风的东传,则往往形成一支强盛的西南季风急流。下面我们以两次季风急流过程为例来说明这个问题。

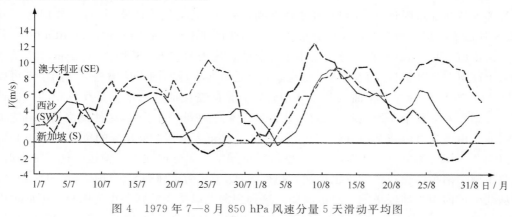

图 4 1979 年 7—8 月 850 hPa 风速分量 5 天滑动平均图

1979 年夏季中南半岛地区低空出现两次强季风急流过程(偏西风≥16 m/s),第一次在 6 月 19 日—7 月 10 日,第二次在 7 月 29 日—8 月 19 日(图 3),都出现在 5°—15°N 之间,每次持续 20 天以上。在 6 月 19 日以前,5°N 以北的中南半岛地区属季风中断期,风速小,南半球 105°E 附近的东南风也较弱,风向也较凌乱,而且风速都在 10 m/s 以下,17 日 105°E 附近南半球 850 hPa 的东南风加强到 10 m/s,并越过赤道转为西南气流,以后逐日北传。首先在新加坡出现西南风 4 m/s,以后自南向北陆续开始出现西南强风(风速≥16 m/s),例如宋卡 19 日,曼谷 21 日,乌汶 22 日先后开始出现西南强风。分析沿 80°E 的 850 hPa 高空风逐日时间剖面图(图略)可以看到,上游印度地区南部虽在 15 日开始出现 12 m/s 的偏西风,但强西风(≥16 m/s)却是在 22 日以后才出现,也就是说印度季风急流出现的日期要比中南半岛晚,可见中南半岛这支季风急流的出现虽与上游印度地区季风东传有关,但南海南部低空越赤道气流的作用更为重要。

第二次季风急流过程也有类似现象。7 月 26 日,南半球的东南风明显加强,并出现 16 m/s 的东南气流在 105°E 附近越过赤道,27 日新加坡出现 14 m/s 的西南风,以后逐日北传,29 日开始出现一次长达 22 天的季风急流过程。上游印度半岛南部偏西风是 27 日开始明显加大,但印度季风急流过程是 31 日才开始,也比中南半岛的开始日期晚两天。

两次季风急流过程之所以能维持较长时间,除与上游印度地区季风急流的长时间维持有关外,105°E 附近越赤道气流的持续出现,也有着十分重要的作用。

值得注意的是,这两次季风急流过程的出现,还可能与西太平洋副热带高压的活动有关。6 月 14 日前 500 hPa 副高脊线位于 20°N 附近,15 日第一次北跳到 25°N 附近,18 日长江中下游梅雨开始,19 日开始出现第一次季风急流。7 月 22 日副高脊线第二次北跳,29 日第二次季风急流建立。显然,西太平洋副热带高压的北跳,有利于印度季风槽东伸和西南季风东传,也有利于越赤道气流北上。

3　高低层季风环流的相互联系

陈隆勋等[10]曾指出,在季风期间,亚洲南部高空存在东风急流,低空存在西风急流。我们在分析 1979 年中南半岛和南海季风期的环流形势时,也发现高空东风急流与低空西风急流同时存在的现象。

为了弄清在赤道附近,南北半球在季风期间,高空和低空气流的联系情况,我们作了新加坡 5—8 月份 850 hPa 和 200 hPa V 分量的逐日曲线图(图 5)。我们发现,850 hPa 的 V 分量基本上为正值,而 200 hPa 的 V 分量基本上为负值。这表明在 105°E 附近,低层的气流基本上是由南半球向北半球输送,而在高层,气流基本上是由北半球向南半球输送。从图中还可以看出,850 hPa 的 V 分量的变化曲线与 200 hPa V 分量的变化曲线基本上是反位相的。这种现象在 5 月到 8 月的整个季风期间都存在,尤其是在 6 月中到 8 月下旬,这种反位相的对应关系十分明显。由图 5 可以清楚地看到 850 hPa V 分量的正大值与 200 hPa 的负大值,850 hPa 的正小值与 200 hPa 的负小值相对应。这就是说,低层从南半球向北半球输送的气流加强时,高层从北半球向南半球输送的气流也加强。相反地,低层从南半球向北半球输送的气流减弱时,高层从北半球向南半球输送的气流也减弱。这种现象尤以季风活跃期更为明显。因此可以认为,高层和低层的越赤道气流是作为一个整体出现的。这说明南半球低空越赤道气流可能与北半球高层越赤道气流密切关联。

在季风期间,既然在低层由南半球向北半球输送空气,而高层空气由北半球向南半球输送,而且这两支越赤道气流的强度变化又基本一致,那么高低层环流之间必然存在一定的联系,这种联系很可能是通过经圈环流来进行的。为此,我们选了一次强的低空越赤道气流过程和一次弱的低空越赤道气流过程进行对比分析。我们分别计算了两次过程的平

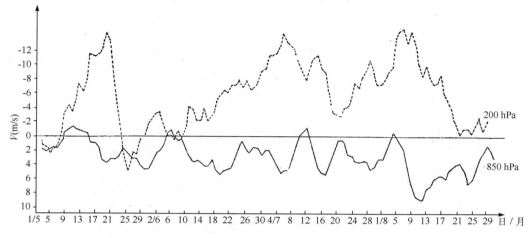

图 5　新加坡 200 hPa 和 850 hPa 的 V 分量曲线图

均经圈环流,结果如图 6 所示。1979 年 7 月 16 日南半球 96221 站出现 16 m/s 的东南风,
17—18 日中南半岛南部先后出现 12 m/s 以上的西南季风。图 6(a)绘出了这次较强季风过
程的沿 105°E 的平均经圈环流。由图可见,这时在赤道附近及南半球近赤道地区基本上盛
行下沉气流,而北半球 4°—8°N 地区以上升运动为主,由于高层盛行东北风,低层盛行偏南
风,因而在赤道及其附近地区形成一个沿经圈的反环流。根据 7 月 17 日的资料计算结果,
该经圈反环流更明显。显然,该经圈反环流是该地区低空越赤道气流和季风得以维持和加
强的重要机制。在该反环流圈的北侧(10°—16°N)存在下沉气流,这是由于这里有赤道反
气旋的活动。图 6(b)是一次弱越赤道气流过程(1979 年 8 月 27—31 日)的平均经圈环流。
该过程中虽然在南半球东南信风较强,但越赤道气流较弱,从图 5 中可以看到 850 hPa 新加
坡南风分量很小,中南半岛和南海的西南季风也不明显。这时在赤道及其附近地区的中低
层盛行上升气流,南半球(0°—4°S)的高层存在下沉气流,而在北半球 10°N 以北的低纬地区
从高层到低层都是下沉运动,因而季风经圈环流已不明显,这对西南季风的形成和维持是
不利的,常导致夏季风的减弱或中断。

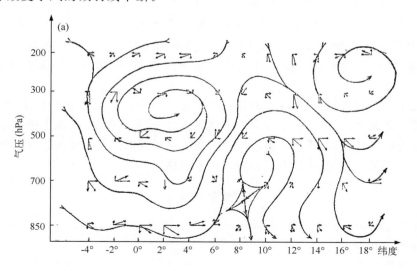

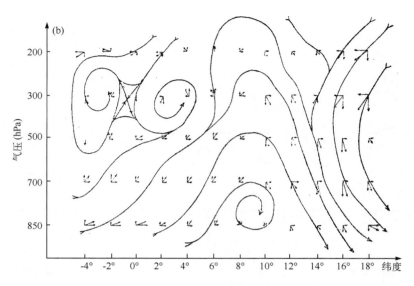

图 6　沿 105°E 的垂直经圈环流
(a)1979 年 7 月 16—18 日的强的低空越赤道气流过程平均经圈环流图；
(b)1979 年 8 月 27—31 日弱的低空越赤道气流过程平均经圈环流图

通过以上对比分析可以看到，强弱越赤道气流时期，即强弱夏季风时期，中南半岛和南海南部的垂直经圈环流是十分不同的。强时期，8°N 以南的赤道地区存在经圈反环流，即季风经圈环流，正是它使得该地区低层西南季风能够维持；弱时期，中南半岛和南海南部不存在季风经圈环流。

4　小结

(1)夏季在 105°E 附近存在一条低空越赤道气流的通道，而且是一支较强的越赤道气流。这支气流对中南半岛和南海夏季风有着十分重要的作用。

(2)中南半岛和南海地区西南季风的主要来源在不同季节是不同的。过渡季节主要来自上游印度地区。盛夏季节主要来源于南半球越赤道气流。夏季季风急流的形成和维持，除与上游印度季风东传和低空越赤道气流密切相关外，还与西太平洋副热带高压的北跳有关。

(3)在夏季风强盛时间，沿 105°E 的热带地区存在一个在北半球基本上升，在南半球基本下沉，高层盛行东北风，气流由北半球向南半球输送，低层是偏南风，气流由南半球向北半球输送，因而形成经圈反环流，即季风经圈环流。它对该地区西南季风的维持起着重要的作用。相反，在弱季风或季风中断期，这种季风经圈环流不明显。

参考文献

[1] Findlater J A. Major low-level air current near the Indian Ocean during the northern summer. *Quart J R Met Soc* , (1969a) , **95** ; 362-382.

[2] ——Interhemispheric transport of the lower troposphere over the western Indian Ocean, ibid, (1969b),

95：400-403.

［3］——Mean monthly airflow at lower over the westem Indian Ocean. *Gerophys Mew*，1971，**16**：115.

［4］陈隆勋，李麦村，等.夏季的季风环流.大气科学，1979，**3**(1).

［5］大气物理研究所热带气象研究组(陈隆勋，张宝产).南半球气流对南海和北太平洋西部地区热带环流的影响.大气科学，1976，**2**(1).

［6］陈于湘.夏季西太平洋越赤道气流的谱分析.大气科学，1980，**4**(4).

［7］王作述，何诗秀.南海至太平洋一带夏季低空越赤道气流和季风的初步研究.气象学报，1979，**37**(4).

［8］韦有暹，杨亚正.南海台风发生发展与南半球越赤道气流//台风会议文集.上海科学技术出版社，1983.

［9］杨义碧.西太平洋地区信风的振动及其与北太平洋热带环流的关系.大气科学，1980，**4**(3).

［10］陈隆勋，等.夏季亚洲季风环流的结构及其与大气环流季节变化的关系//一九八〇年热带天气会议论文集.北京：科学出版社，1982.

华南东风波的分析

梁必骐[1]　　杨运强[1]　　梁经萍[1]　　吴勖震[2]

（1. 中山大学气象系；2. 广州空军气象处）

对于影响我国的东风波已有不少人作过研究[1~5]，大气物理研究所[1]和包澄澜[2]还分别给出了影响我国东南沿海和长江中下游的东风波天气模式。但对于东风波能否影响我国华南地区，以及其天气模式如何，尚存在不同的看法。Ramage[6]曾经指出，西太平洋的低层东风波西移到菲律宾后，常沿着副热带高压前缘的西南气流向西北转向，这时扰动引起的风场变化很小，因此认为夏季在东南亚、南海和华南地区，由于低层盛行西南季风，所以很难出现东风波。我国一些气象工作者[7~9]认为，从西太平洋到南海的高空东风带上常有东风波产生，并在西南季风之上自东向西移入南海时，可影响华南地区，但其模式与Riehl的经典模式不同。不过，在这方面给出的具体实例分析亦不多。我们通过普查分析1971—1981年夏季（7—9月）的天气图和1979—1981年7—9月的卫星云图资料发现，影响华南的东风波无论其活动特点，结构特征和天气模式都是比较复杂的，并不像一般所认为的那样该地区的东风波只出现在高空东风带中，天气区主要出现在波槽的前面。

1　华南东风波的活动特点

夏季，当西太平洋副热带高压脊线位于30°—35°N时，在我国台湾省以东洋面上的东风带中产生的东风波，除西移影响东南沿海外，也常越过台湾海峡进入华南地区。据1971—1981年7—9月的资料统计，11年中影响华南的东风波共有64个，平均每年出现5～6个，其中最多一年（1975年）出现12个，最少年份（1980年）只有1个。盛夏季节，在华南活动的东风波最频繁，约有43%的东风波出现在副热带高压平均位置最北的8月份，其他季节影响华南的东风波较少。

影响华南的东风波，大部分来自西太平洋（约占68%），约有三分之一（约占32%）是在华南沿海产生的。在华南活动的东风波生命期平均为3～4天，一般来自西太平洋的东风波生命期较长，平均维持4～5天，最长过程可达10天；在华南沿海产生的东风波生命史较短，一般仅维持二三天；有的只存在一天就消失了。

同西太平洋地区的东风波比较，影响华南的东风波水平尺度较小，波长一般为1500～2000 km，个别的不到1000 km，波的南北振幅约800～1000 km，有的仅二三百千米。其垂直伸展厚度平均4～5 km，深厚的可达15～16 km，个别浅薄的仅出现在某一等压面上。

东风波一般都是自东往西移动，移速比较稳定。西太平洋东风波移入华南后，移速减慢，平均约20 km/h，最快可达45 km/h，慢的不到10 km/h，个别的甚至呈准静止。

本文发表于《全国热带环流和系统学术会议论文集》，海洋出版社，1984.

影响华南的东风波大多数在广东境内消失,有少数可深入到西南地区。除在陆地减弱消失外,有的东风波与其他系统(如热带低压等)相互作用可发展为台风。

在卫星云图上,东风波云系在西太平洋上常呈倒"V"形,进入南海和华南地区之后,一般无明显发展,云区往往缩小,云型常演变成逗点状或范围不大的稠密云区。但当东风波扰动与低层涡旋相互作用时,东风波云系也明显发展,逐步演变成涡旋状云系。

2 影响华南的东风波类型

一般认为,我国华南地区由于夏季低层盛行西南季风,东风波只出现在高空东风带上。我们的分析表明,影响华南的东风波大多数出现在中低层,而不是高层。在 64 个东风波个例中,除 11 个(占 17%)是属于深厚(由低层伸展到高层)的东风波外,约有一半以上(37 个,占 58%)出现在中低层,高层(300 hPa 以上)东风波(17 个)仅占 25%。这表明在盛夏季节,由于副热带高压位置偏北,华南经常处于西南季风和热带东风的交替影响之下,当西南季风减弱西撤、南退或消失时,华南的中低层常常为西太平洋副热带高压南缘的热带东风所控制,这时在东风带上产生的深厚东风波或中低层东风波可以影响华南,造成坏天气;当西南季风强盛并控制华南时,在西南季风之上的高空东风带中可能产生高层东风波,或者是西太平洋东风波移入华南和南海之后,低层虽然消失,但高层仍很活跃,所以也可以给华南造成不同程度的天气。

由以上分析可以看到,影响华南的东风波主要有三种类型,它们的结构和天气模式各有特点。

第一类是发生在深厚东风带中的东风波。这时华南自低层至高层都是一致的东风基本气流控制,这支东风深厚而稳定,东风风速随高度增大,低层西南季风很弱,甚至不明显。这类东风波可自 850 hPa 一直伸展到 100 hPa 高空。天气区主要分布在槽前和槽线附近。例如 1979 年 8 月上旬来自西太平洋的东风波(图 1a)。8 月初西太平洋副高位置偏北,500 hPa 副高脊线位于 31°—35°N 附近,华南和西太平洋的热带低纬地区自低层至高层都为副高南缘的热带东风控制,4 日东风波在台湾省以东洋面产生,并随东风基本气流向西移动,5 日进入我国东南和华南地区,自 850 hPa 至 100 hPa 都很明显。东风波云系由倒"V"形演变为条状云系,且只出现在槽前,这表明该东风波进入华南后,天气区分布在槽前,这与其动力、热力结构是一致的。需要指出的是,有人认为出现在湘粤地区的条状对流云系是高空冷涡外围云系,我们认为这是东风波前云系,因为位于香港附近的冷涡是由西太平洋暖性涡旋演变而成的,而且仅在 200 hPa 上明显,范围也不大,而处于其北面的东风波在各层都反映明显,动力结构与天气区配置也较好,相反,它与高空冷涡云系的一般概念是不一致的。

第二类是出现在中低层的东风波。这类东风波有两种不同天气模式。当华南及其以北地区的高层(300 hPa 以上)东风不稳定而盛行副热带西风时,中低层的东风风速随高度减小,在该东风气流上产生的东风波,也有从西太平洋移入的。东风波所带来的坏天气主要发生在槽后。例如,1979 年 9 月 16—19 日在华南沿海活动的东风波,该东风波来自台湾省东侧洋面上空。17—18 日,华南地区 300~100 hPa 高空为偏西风控制,500 hPa 以下才出现热带东风,且风速随高度减小,东风波出现在中低层,槽后有阵雨和雷暴活动(图 1c)。另外,当中高层副热带高压控制华南地区时,华南上空虽然盛行热带东风,但这支气流稳定,风速随高度增大,在中高层常常盛行一致的东北风,故东风波往往只见于低层,主要天气区则产生在槽前和槽线附近。例如,1981 年 7 月中旬影响华南的一次东风波过程(图 1d)。该东风波也是来自西太平洋。由图 2 可见,对流天气和主要降水都是发生在槽前和槽线附近,17 日 08 时波槽位于台湾海峡,17 日 08 时至 18 日 08 时汕头地区出现暴雨,汕尾 24 小时降水量达 81 mm;18 日波槽经过汕头后,汕头降水量仅 4.8 mm,而位于槽前的广州却出现暴雨(24 小时降水量为62.2 mm);19 日波槽移至雷州半岛,槽后的广州 24 小时降水量仅有 4.8 mm;槽前则出现30 mm 的降水。

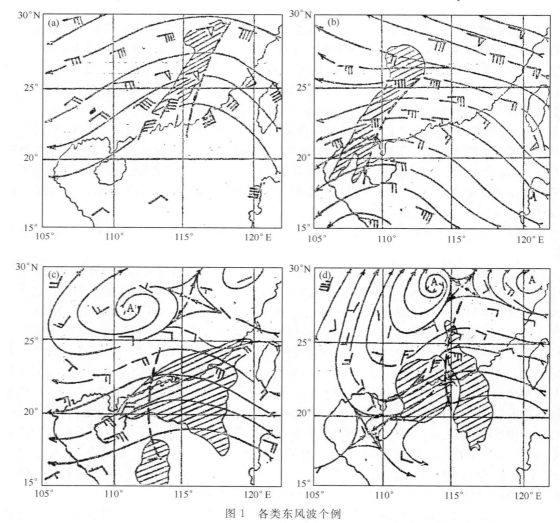

图 1　各类东风波个例

(a)1979 年 8 月 5 日 08 时 300 hPa 流线图;(b)1976 年 7 月 16 日 02 时 150 hPa 流线图;

(c)1979 年 9 月 18 日 08 时 700 hPa 流线图;(d)1981 年 7 月 18 日 08 时 800 hPa 流线图

(实矢线是流线,虚线是东风波槽线,阴影区是卫星云图上云系)

　　第三类是发生在高层东风带中的东风波。这类东风波主要出现在 300 hPa 以上的高层,常可达 100 hPa 以上,这时中高层东风风速一般随高度增加而增大,在中低层大多处于副热带高压的西侧或西北侧,盛行西南季风或偏西风,有时对应低层有切变线和低涡活动,坏天气主

$18^{20}—19^{20}$	$17^{20}—18^{20}$	$16^{20}—17^{20}$	$15^{20}—16^{20}$	日期/值/项目	地名
[illegible]	[illegible]	[illegible]	[illegible]	天气	汕头
0.4	50.2			降水量	
[illegible]	[illegible]	[illegible]		天气	广州
4.8	62.2			降水量	
[illegible]	[illegible]	[illegible]	[illegible]	天气	遂溪
11.3				降水量	

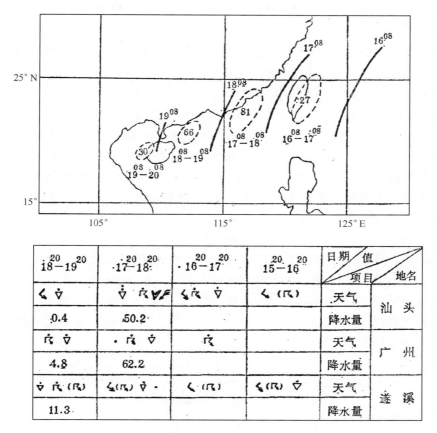

图 2 1981 年 7 月 16—19 日东风波综合动态图

(粗实线为东风波槽线,虚圈线为 24 小时大于 5 mm 降水量)

要出现在东风波槽前和波槽附近。如 1976 年 7 月中旬在粤西和桂东一带活动的高空东风波(图 1b)。该东风波于 15 日产生于华南沿海的高空东风带上,中低层是副高前缘的西南气流,天气区在槽前和槽线附近,但由于低层湿层较薄,且没有明显的低层辐合系统配合,所以仅出现一些对流性天气,降水量不大。此外,还有一类东风波是属浅薄系统,通常仅出现在对流层中层,其上层多为南亚高压控制,盛行一致的东北气流,有时高压减弱,则副热带西风盛行,低层往往是西南季风,天气区也主要分布在槽前和槽线附近,如 1979 年 8 月下旬影响华南的东风波。该东风波只在 500 hPa 反映明显,其上层是东北风,低层是赤道西风,辐合上升运动出现在槽前,所以天气发生在槽前和槽线附近。

3 华南东风波的结构模式

前面已经指出,华南东风波不仅仅出现在对流层高层,因此,其结构特征和天气模式也不像通常所认为的那样简单,实际上影响华南的东风波模式是多种多样的。前述不同类型的东风波,其热力学和动力学结构以及天气分布都有较大差异,即使同类型的中低层东风波模式也不尽相同,有的甚至同经典模式相反。下面分别讨论几类东风波的结构模式。

3.1　深厚东风波

这是发生在稳定而深厚的东风带中的波动,厚度可达 12 km 以上,波轴在低层随高度向西倾斜,500 hPa 以上则近于垂直,如图 3 所示。

在对流层中低层,这类东风波一般有冷槽或冷中心与之配合,而在高层往往有暖中心与之对应,这表明它在温度场上具有上暖下冷的结构特点。例如 1979 年 8 月 5 日的东风波(图略),在波轴附近,中低层(500 hPa 以下)偏冷,高层(400 hPa 以上)偏暖。同时,在槽前等比湿线向上凸起,湿层(比湿≥8 g/kg 的高度)可达 650 hPa 高度,槽后则为等比湿线低谷区,湿层只达 750 hPa 附近。此外,在波轴 600 hPa 附近有一 θ_{se} 小值中心,而且槽前低层有一 θ_{se} 大值区。可见暖湿区位于东风波槽前,但湿层不厚,槽后及槽线附近为相对干冷区。正因此,该东风波过程并未带来较大降水,它经过广州时降水量仅达 7 mm。

由沿 25°N 的纬向散度及垂直环流剖面图(图 3)可以了解该东风波附近的散度场及垂直环流状况。由图可见,东风波在低层位于厦门和台湾省桃园之间,且随高度西倾,在低层槽前以辐合上升运动为主,中层辐散,300 hPa 以上的高层也是辐合上升运动区;在槽后,高层是辐合下沉运动区,中低层以辐散下沉运动占优势,尤其是低层(850 hPa)是明显的辐散下沉运动区。加之槽前是暖湿区,又是对流不稳定区,所以云雨区产生在槽前,从卫星云图看,东风波云系也主要是分布在槽前(图 1b)。

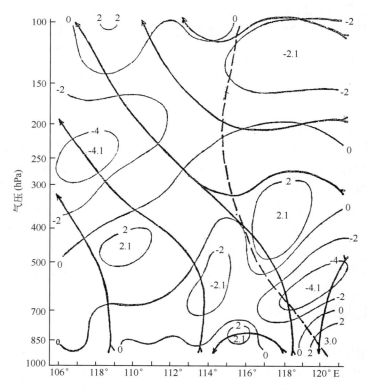

图 3　1979 年 8 月 5 日 08 时沿 25°N 纬向散度及垂直环流剖面图
(细实线是散度等值线,单位 10^{-5} s^{-1},粗虚线是东风波轴线;粗矢线是垂直环流线)

3.2 中低层东风波

这类东风波主要出现在 500 hPa 以下,波轴近于垂直,一般也具有上暖下冷的结构特点。但其动力结构和波槽前后的温湿场及天气分布存在两种明显不同的模式,一种是在东风风速随高度减小的情况下产生的东风波,其模式与 Riehl 的经典东风波模式相似,如 1979 年 9 月 18 日的华南东风波;另一种东风波,其东风风速随高度增大,结构与经典模式相反,如 1981 年 7 月 18 日来自西太平洋的东风波。

图 4 是华南地区 1979 年 9 月 18 日的温湿剖面图,由图可以清楚地看到,波轴随高度西

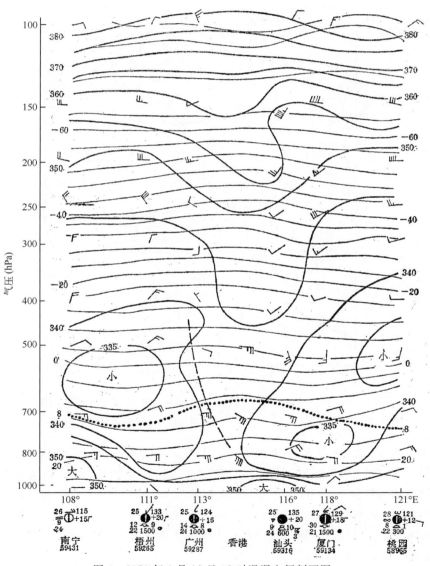

图 4　1979 年 9 月 18 日 08 时温湿空间剖面图

(粗实线为等 θ_{se} 线;实线为等温线;点断线为 8 g/kg 比湿线;虚线为东风波轴线)

倾,槽前湿层(比湿≥8 g/kg 的高度)较浅薄,在 750 hPa 左右;槽后等温线和等比湿线同位相凸起,湿层在 700 hPa 以上,在 850 hPa 以下的低层有一 θ_{se} 大值区。由此可知低层干冷区在槽前、槽后为相对的暖湿区和对流不稳定区。图 5 示出,该东风波的动力结构特点是,槽前中低层以辐散下沉运动为主,对应高层是辐合和辐散区相间出现,但盛行一致的下沉运动;槽后和槽线附近则是高层辐散,中低层辐合,整层以上升运动占优势。在东风波槽前后的 300 hPa 以下分别存在一个方向相同的垂直环流圈,即东边下沉,西边上升,高层吹偏西风,低层吹偏东风。显然,这种环流结构有利于这类东风波的维持,而且使东风波的云和降水主要发生在槽后。

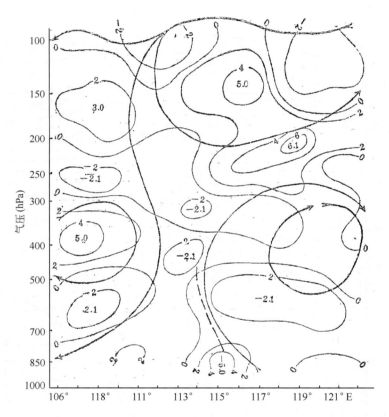

图 5　1979 年 9 月 18 日 08 时沿 23°N 纬向散度及垂直环流剖面图
(细实线是散度等值线,单位×10⁻⁵ s⁻¹;粗虚线是东风波轴线;粗矢线是垂直环流线)

　　1981 年 7 月 18 日,东风波仅出现在 850 hPa 和 700 hPa 面上,波槽位于 115°E 附近(图 2),东风风速随高度增大,由图 6 可见,低层暖湿区位于槽前,湿层约达 650 hPa 附近,$\Delta\theta_{se}/\Delta z$ 负值区可伸展到 500 hPa。该东风波的动力结构正好与上述个例相反,在槽前自低层到高层都是以辐合上升运动为主,垂直运动中心(-6.7×10^{-3} hPa/s)位于 550 hPa 附近,槽后则是中低层辐散、高层辐合,而且整层都是下沉运动占优势(图 7)。所以该东风波在槽前和槽线附近出现明显对流性降水,如图 2 所示。

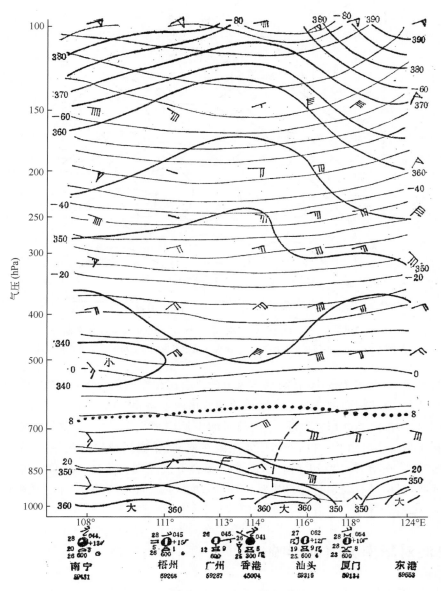

图 6　1981 年 7 月 18 日 08 时温湿空间剖面图

（粗实线为等 θ_w 线；细实线为等温线；点断线为 8 g/kg 等比湿线；虚线为东风波轴线）

3.3　高层东风波

　　这类东风波的动力结构与经典模式相反，即槽前高层辐散，低层辐合，以上升运动为主，槽后高层辐合，低层辐散，以下沉运动为主。天气区主要分布在槽前。由于这类东风波的低层常常盛行暖湿的西南气流，有利于低层的水汽输送，而且往往与中低层切变线和低涡配合，可以造成较明显的降水。

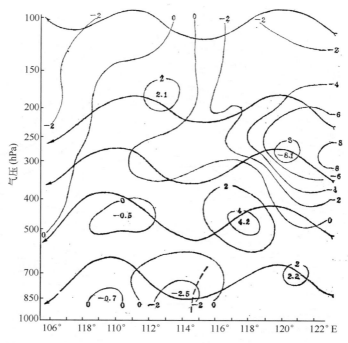

图 7　1981 年 7 月 18 日 08 时沿 23°N 纬向散度及垂直环流剖面图
（细实线是散度等值线单位×10^{-5} s^{-1}；粗虚线是东风波轴线；粗矢线是垂直环流线）

　　图 8 给出了 1976 年 7 月 16 日高空东风波的垂直温湿空间剖面图，由图可见，该东风波位于 300 hPa 以上，波轴随高度西倾。高层槽前和波槽附近是相对的干冷区，中低层等温线较平直，θ_{se} 小值中心在槽后 600 hPa 附近，但槽前后的中低层都是不稳定区，这同前述上暖下冷的热力结构有所不同。由图 9 可以看到，该东风波在槽前，中高层以辐散为主，中低层是较弱的辐合上升运动区；在槽后，400 hPa 以上，高空以辐合下沉运动占优势。中层（700～400 hPa）是辐散下沉区，低层虽有弱辐合，但仍是以下沉运动为主。因此，在槽前和槽线附近出现对流性天气。

4　东风波对华南天气的影响

　　分析发现，东风波进入华南或在华南产生的东风波，一般都会带来阵雨和雷暴天气，有的可带来飑线大风天气。但正如前面所指出的，不同类型的东风波，其天气分布是不同的，降水强度也不一样。

　　影响华南的东风波，降水大都分布在槽前及槽线附近，尤其是高层东风波降水几乎都是在槽前及槽线附近，据 64 个东风波的初步统计，这类东风波有 42 个，占总数的 66%，降水出现在槽后及槽线附近的共有 10 个，占 16%，还有少量（4 个）东风波槽前后都有降水发生。

　　东风波虽会给华南造成明显的对流性天气，但降水量一般较小，只有当它与其他系统相互作用时，才能造成较大的降水。这种相互作用主要有三种型式：（1）东风波与低层低涡叠加，在适当的条件下可发展成台风；（2）东风波与西南季风相互作用可造成明显的降水；（3）高层东风

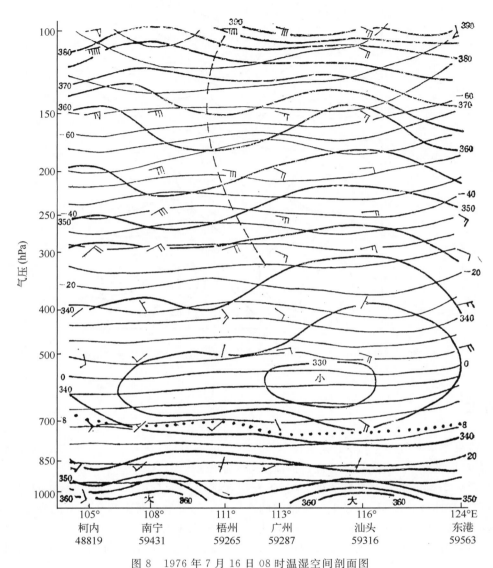

图 8　1976 年 7 月 16 日 08 时温湿空间剖面图
（粗实线为等 θ_{se} 线；细实线为等温线；点断线为 8 g/kg 等比湿线；虚线为东风波轴线）

波与低层切变线和低涡配合，也可造成可观的降水。在南海和华南地区常见的东风波降水主要是第（2）类型造成的，其相互作用主要表现在：中低层东风波与西南季风相互作用，造成低层较强的水平辐合，或者是东西风之间的水平切变发展成涡旋扰动，有时还可形成为台风；另一种情况是高层东风波与低层西南季风之间造成切变辐合，或者是高层东风波槽前的辐散场导致低层季风辐合扰动的发展，无论是哪一种相互作用过程，西南季风带来的大量水汽和热量都是降水和扰动发展的一个必要条件。例如，1979 年 9 月 16—19 日在华南沿海活动的东风波，初期降水不明显，只有当它与来自中南半岛的西南季风相互作用之后，才产生了明显的降水，19 日发展成台风后更带来强烈降水和大风。此外，由于副热带高压西伸，东风波云团加强，也可造成明显的降水。

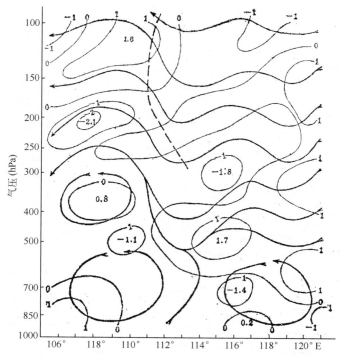

图 9　1976 年 7 月 16 日 08 时沿 22°N 纬向散度及垂直环流剖面图

5　结论

(1)盛夏季节,当副热带高压脊线位于 30°—35°N 附近时,在 20°—25°N 的西太平洋东风带中常有东风波产生,并可西移越过台湾海峡,影响华南天气。

(2)影响华南东风波主要有三种类型:①发生在深厚热带东风带中的东风波,这类东风波可自低层一直伸展到高层;②发生在中低层的东风波;③发生在西南季风上空的高层东风波。其中最常见的是中低层东风波,而不是一般认为的高层东风波。

(3)华南沿海活动的东风波尺度较小,波长约 1500～2000 km,生命期 3～4 d。移速平均约 20 km/h。

(4)在卫星云图上,东风波云系在西太平洋常呈倒"V"形结构,进入南海和华南之后,稠密云区范围缩小,或者演变成逗点状、条状,涡旋状云系。不同类型的东风波,其云系分布是不同的。

(5)华南东风波的结构比较复杂,不像通常所认为的那样简单,其波轴随高度变化近于垂直,或略向西倾,不同类型的东风波,其热力和动力结构有明显的差异。大多数东风波具有上暖下冷的热力结构,但深厚东风波和高层东风波是暖湿区在槽前,干冷区在槽后。根据个例分析,深厚东风波槽前中低层以辐合上升为主,槽后以辐散下沉为主;高层东风波是槽前高层辐散,低层辐合,槽后高层辐合,中低层以辐散为主,所以天气区都是在槽前及槽线附近。中低层东风波有一类与经典东风波模式相似,天气区在槽后;还有一类与经典模式相反,即槽前辐合上升,槽后辐散下沉,天气区主要发生在槽前。

（6）东风波活动对华南天气有重要影响,但单纯的东风波一般只带来阵雨和雷暴等对流性天气,降水量不大;只有当它与其他系统相互作用时,才能造成较大降水。

参考文献

［1］大气物理研究所.影响福建的两次东风波过程分析//台风会议文集.上海人民出版社;1973:63-80.

［2］包澄澜.影响长江中下游的东风波个例分析.南京大学学报(自然科学版),1974,2.

［3］丁一汇,范惠君.夏季影响我国低纬地区几类天气系统的卫星云图分析//大气物理研究所集刊第2号.北京:科学出版社,1974,55-73.

［4］梁必骐,杨运强,等.东风波与西南季风的相互作用(摘要)//全国热带夏季风学术会议论文集.云南人民出版社.

［5］李光真,等.南海夏秋环流与系统.广东省气象学会论文选编,1979.

［6］Ramage C S. Notes on the meteorology of the tropical pacific and Southeast Asia,*AF Survey in Geophys*,1959,12.

［7］朱抱真,等. 东南亚和南亚的大气环流和天气.北京:科学出版社,1966:155-157.

［8］包澄澜.热带天气学. 北京:科学出版社,1980:208-213.

［9］陈联寿,丁一汇.西太平洋台风概论.北京:科学出版社,1979:82-89.

冬半年南海高压的初步研究

梁必骐　　罗章爱　　伍培明

（中山大学气象系）

副热带高压是制约大气环流变化的重要成员之一。人们对它已进行了广泛的研究[1]，尤其是对夏季西太平洋高压的结构和活动规律以及对天气的影响已有较多的了解[2~5]。但对冬半年南海高压的研究较少。

冬半年，西太平洋副高退居低纬地区，常常伸至南海和中南半岛。当 500 hPa 等压面图上在南海或中南半岛存在闭合 588 线且维持时间在一天以上时，我们称之为南海高压。它是太平洋副热带高压的一个暖性高压单体。

我们普查了 1972—1981 年冬半年（1—4 月和 9—12 月）南海高压的活动情况，对南海高压的结构及其水汽输送和天气（主要是华南、西南地区）的影响做了初步分析。

1　南海高压活动的统计特征

冬半年，在南海和中南半岛地区，十年中共出现南海高压 246 个（表 1），年平均 25 个，平均每月出现 3 个，最多出现在 11 月（4 个），最少在 9 月（2 个），就个别月份而言，最多月份可出现 6 个。从南海高压的活动天数来看，冬半年平均各月有 7 天存在南海高压活动。这表明冬半年南海高压的活动是十分频繁的。

表 1　南海高压活动情况统计表

年＼月 地区	1 中南半岛	1 南海	2 中	2 南	3 中	3 南	4 中	4 南	9 中	9 南	10 中	10 南	11 中	11 南	12 中	12 南	累计 中	累计 南	合计
1972	0	2	0	1	1	2	2	3	0	2	1	2	2	2	1	1	7	15	22
1973	1	2	0	0	0	1	1	1	0	1	1	3	3	1	2	2	8	11	19
1974	1	1	2	2	0	2	1	1	2	1	2	0	3	2	2	0	13	9	22
1975	2	3	2	2	2	4	1	2	1	0	1	0	3	4	2	3	14	18	32
1976	0	4	0	2	2	1	0	2	0	2	1	1	1	2	3	2	7	16	23
1977	1	2	3	0	3	0	1	3	1	0	1	1	3	1	0	2	13	9	22
1978	1	3	1	1	1	5	1	1	1	2	1	1	5	0	2	3	13	16	29
1979	2	1	2	1	1	3	2	0	2	1	1	1	3	2	2	1	16	10	26
1980	0	3	1	4	1	5	0	1	0	2	1	1	4	0	2	1	11	16	27
1981	0	3	1	3	1	3	0	3	0	1	0	1	2	1	1	4	9	15	24
累　计	8	24	12	17	11	26	9	16	11	10	13	14	27	13	20	15	111	135	246
合　计	32		29		37		25		21		27		40		35				246
平　均	3.2		2.9		3.7		2.5		2.1		2.7		4.0		3.5				24.6

本文发表于《全国热带环流和系统学术会议文集》，海洋出版社，1984.

图 1 是 1972—1981 年冬半年南海高压频数分布图,可见最大频率中心出现在中南半岛东南部、南海西部。

从南海高压活动的统计结果(表 1)来看,南海高压出现在南海的次数(占 55%)略多于中南半岛。在夏末秋初季节(9—10 月),副热带高压位置较偏北,变性冷高压也很少能伸入南海,所以这时南海高压活动较少;而且在南海和中南半岛出现的频数差异不大。随着副高的季节性南撤,南海高压也日趋活跃,其活动区域也不尽相同,11—12 月南海高压出现在中南半岛的概率大于南海,而且位置较偏北,出现在 12°—20°N 之间;1—4 月南海高压在南海多于中南半岛,位置也较偏南,在 10°—15°N 之间,主要出现在南海西南部和中南半岛东南部。

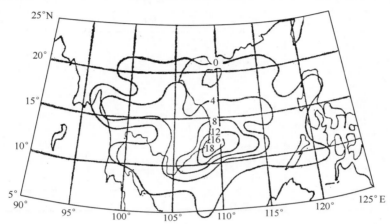

图 1　1972—1981 冬半年南海高压总分布图
(图中数值为高压个数,是以 2×2 纬距为面积统计的)

从表 2 可以看出,南海高压从形成到退出南海和中南半岛或原地消失,平均维持 2.7 天,但生命史最长的可维持两周左右。

表 2　南海高压平均维持天数

月份	1	2	3	4	9	10	11	12	平均
平均维持天数(d)	2.1	2.8	2.8	2.8	2.6	2.8	2.8	2.6	2.7

南海高压是一种天气尺度的系统,其空间、时间尺度都比西太平洋副高小,尤其是水平尺度要小得多。南海高压的平均水平尺度(指 588 线所包围的范围)东西长约 1500 km,南北宽 1000 km。500 hPa 中心强度一般是 589~590 dagpm,最强可达 593 dagpm。

南海高压在对流层中层反映最明显,而在地面图上几乎没有反映,只有到了 700 hPa 才有明显的闭合环流,在 500 hPa 上高压闭合环流最强,850 hPa 在南海常为一脊,有的也可形成闭合中心,平均有 46% 可伸至 850 hPa(表 3)。南海高压的伸展高度可达 100 hPa,尤其是 1—4 月这类高压较多。图 3 是两个伸至 100 hPa 的南海高压的个例。

表 3　南海高压伸展高度比例统计表

月份	1	2	3	4	9	10	11	12	平均
伸至 700 hPa	86%	83%	87%	84%	59%	79%	78%	81%	80%
伸至 850 hPa	56%	43%	55%	47%	19%	49%	41%	57%	46%

南海高压的移动既受高空西风引导,也受高空东风引导,所以其路径比较复杂(表4),一些较长的高压过程,常出现多次摆动和打转。这里我们大致把它分为九种路径,其中以东移路径最多,占57%,一些过程开始是南北摆动,后来东移,这种路径以3月和11—12月最多。这表明南海高压的移动主要受高空副热带西风引导。其次是准静止的,占20%,这种路径在9—12月较多。西移、东北路径也较多,各占8%和6%。其他特殊路径较少见,其中有北移,南移,也有打转的。其消失途径,大多数是东移与西太平洋副高合并,其次是原地消失。

表 4　南海高压移动路径统计表

月份	路径								
	东行	准静止	西行	东北行	西北行	西南行	抛物线型	东南行	特殊路径
1	15	5	3	1	3	2		1	1
2	16	6	3	3	1				
3	25	5	1	2	3				
4	16	2	2			2	1		2
9	9	8	1	2		1			
10	16	7		3			1		
11	22	9	4	2	1		1	1	
12	21	7	5	1			1		
合计	140	49	19	14	8	5	5	2	4
百分比(%)	57	20	8	6	3	2	2	1	2

2　南海高压的形成过程

南海高压作为副热带高压的一个单体,其形成原因也是以动力作用为主。但由于它有季节变化;尺度又较小,所以热力因子也是重要的,而且形成过程比较复杂。根据普查十年的资料分析,按其成因大致可归纳为如下四种类型:

(1)西太平洋副高断裂型　这是南海高压形成的主要形式。这类常见的形成过程主要有两种。

1)东移槽使副高断裂而形成南海高压。当西太平洋副高西伸控制南海或中南半岛时,由于中纬度西风槽东移发展,并延伸至低纬地区,槽前减压和槽后冷平流的相继作用,常使副高脊断裂而形成南海高压。这种过程在整个冬半年都可发生。例如,1977年11月下旬的南海高压形成过程就是这样(图2)。在500 hPa图上,11月22日以前副高控制南海和中南半岛,这时东亚沿岸不断有低槽活动。22日东亚大槽建立,21日和22日又有南支槽和高原槽东移,23日东移槽叠加发展,南伸至南海地区,在槽后冷平流的作用下,西太平洋副高被切断,其主体东退,西环高脊便在中南半岛形成一高压单体。以后该高压逐渐西移,并与孟加拉湾高压合并。

2)台风北上使带状副高断裂而形成南海高压。这类过程多见于9—11月,一般是在台风比较强大而副高比较弱的情况下发生的。例如,1980年10月11日以前,西太平洋高压西伸至中南半岛,呈东西向带状分布,12日在转向北上的19号强台风(中心附近最大风速70 m/s)的影响下,副高断裂,在南海和中南半岛形成一较强的高压单体。随着台风转向后移往日本,

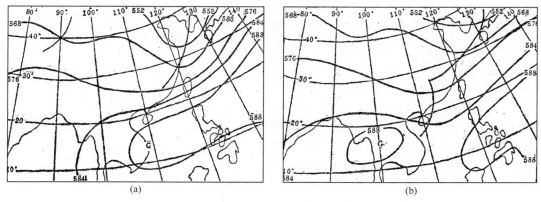

图 2　1977 年 11 月 22 日(a),23 日(b)00Z 500 hPa 图

15 日南海高压又与西太平洋高压合并形成一强大而稳定的副高带。

（2）变性高压型　这类南海高压是由冷高压脊南伸分裂小高压或大陆冷高压南下变性演变而成。其过程特点是冷性高压(脊)变成暖性高压的过程,而且常常是低层高压的建立早于中层,高压建立后维持时间也较长。如 1975 年 3 月上旬的南海高压形成过程（图略）。3 月初,由于南支槽东移,西太平洋副高东退,低层变性冷高南下,3 月 6 日和 7 日在 850 hPa 和 700 hPa 图上,中南半岛高压建立。随着 500 hPa 低槽东移至 115°E 附近,由于槽后冷平流的影响,9 日中南半岛高压向 500 hPa 发展,并伸展到南海。14 日该高压才与西太平洋副高合并消失。

（3）孟加拉湾高压东移型　这类过程在 11—1 月出现较多。孟加拉湾高压单体常在平直西风引导下缓慢东移,或者印度高压分裂;东环高压东移,因而在中南半岛建立高压。例如,1980 年 1 月底 500 hPa 印度高压建立,这时低纬环流为纬向型,2 月 1 日随着孟加拉湾低槽的建立,印度高压断裂成东西两环,东环高压单体于 2 日东移至中南半岛和南海,直至 11 日由于孟加拉湾低槽重建,该高压再东移与西太平洋副高合并。

（4）南海高压在原地建立　这类高压是在有利的环流形势下就地形成的。如 1981 年 11 月上旬的南海高压就属这种类型(图略)。11 月 8 日西太平洋副高撤离中南半岛,这时在半岛南面的赤道附近有低压形成,使得半岛南部维持偏东风,在西风槽的影响下,9 日中南半岛高压形成,中心位于 15°N 附近。以后北上西伸,11 日与西太平洋副高合并。

3　南海高压的结构

南海高压的动力、热力性质与西太平洋副热带高压相似,所以,由其结构特点,可以把它归类为副热带高压。但同西太平洋副高相比,它的尺度小、强度弱、生命史短,而且生消化变大,所以其结构比较复杂。

3.1　南海高压的垂直变化

从普查的 246 个个例来看,南海高压脊线(指高压内部东西风分量为零的各点连线)在各层等压面上基本呈东西走向或东北—西南走向,在中高层多为东西走向,中低层则以东北—西南走向为主。

南海高压脊线随高度的变化大致是中低层向北倾斜,中高层近于垂直,但由于高压出现的地区和月份的不同而脊轴变化也有所不同。图 3 给出了有代表性的南海高压脊轴在 3 月和 11 月不同地区的变化情况。在 3 月间,高压在南海上空(以 110°E 线为代表)时,脊轴在中低层南北摆动,500 hPa 以上基本垂直;高压在中南半岛上空(以 100°E 线为代表)时,脊轴在中低层向北倾斜,500～300 hPa 近于垂直,而 300 hPa 以上转为向南倾斜。在 11 月间,高压无论在南海或中南半岛,脊轴的垂直变化基本相似,即在低层向北倾斜,500～200 hPa 大致垂直,200 hPa 以上又明显北倾。由纬向剖面(图略)可以看到,南海高压脊轴在不同月份基本上都是随高度向西倾斜的。高压脊轴的这种向西北倾斜的变化与其温度场的垂直结构是一致的。这说明南海高压脊轴的垂直变化同西太平洋副高脊轴的变化是有所不同的[5],而且它在春季和秋季的变化也是有差异的。

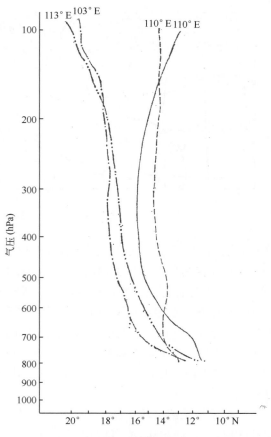

图 3　南海高压脊轴的垂直变化

(实线和虚线表示 1979 年 3 月 23 日高压过程;
点划线和双点划线表示 1979 年 1 月 19 日高压过程)

3.2　温度场和湿度场

低纬度地区一般情况下温度梯度是不明显的。普查的结果表明,南海高压是暖性高压系统。在 246 个个例中有 195 个在 500 hPa 上有明显的暖中心或暖脊配合,占 79%,有些在 500 hPa 上虽然反映不明显,但在 700 hPa、850 hPa 上却有明显反映。

图 4 是经、纬向的温湿剖面图,它反映了南海高压温湿场的垂直结构情况,从图 4 可知,在 300 hPa 以下各层,高压中心附近都为一明显的暖脊,以 500～300 hPa 最为明显,暖脊与高压脊轴基本重合。这也是南海高压在这些层次上明显的原因。低层暖中心位于脊轴的西北侧。从 300 hPa 附近开始,高压中心附近开始变为冷性,冷中心在 100 hPa 的脊轴附近,这种温度分布势必使一些高压不能伸至 100 hPa 的高层。

我们以等露点线来分析南海高压的湿度场。由图 4 可见,低层高压中心附近等露点线明显突起,为湿层厚的地区,湿中心位于高压脊轴的东南侧。这显然是由于高压东侧和南侧为海洋地区。高层有一干中心位于 300 hPa 的脊轴附近,与冷区相对应。中层为过渡层,等露点线较为平直,总趋势是湿层自东南向西北方向降低。

综上所述,南海高压低层是暖湿的,中层是暖干的,而上层是冷干的。

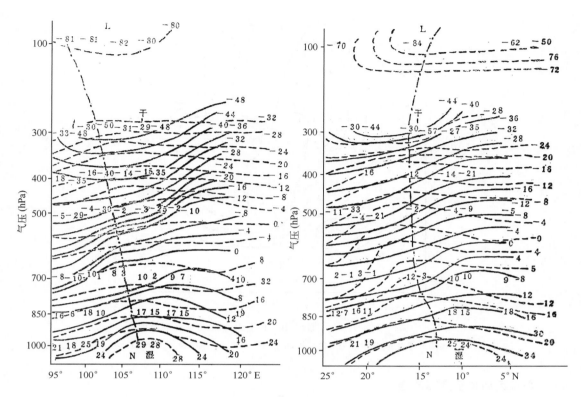

图 4　1979 年 11 月 5—7 日南海高压纬向（a）和经向（b）的温湿剖面图

（虚线为等温线，实线为等露点线，点划线为高压中心随高度的变化）

3.3　涡度场和散度场

我们利用 1979 年 11 月 5—7 日一次南海高压过程的资料，用综合法计算了南海高压各层的涡度、散度场，并作了通过高压中心（103°E）的垂直剖面图（图 5）。由图可以看出，南海高压的涡度分布是比较有规律的，在整个高压范围内，脊轴附近 700 hPa 以上都是负涡度区，负涡度中心在高压中心轴线之北，最大值在 250 hPa 附近，为 $-5.4 \times 10^{-5}\ \mathrm{s}^{-1}$。涡度场的这种分布，反映了南海高压是随高度减弱的。这一点与夏季西太平洋副高是有所不同的。

由各等压面上的涡度分布（图略）也可以看到，700 hPa 以下高压的西部、北部为正涡度，对流层中层高压中心附近是负涡度区，而高层（300～100 hPa）整个高压范围内都是明显的负涡度区，负涡度中心与高压中心近于重合。

南海高压散度的分布比较复杂（见图 5），高压脊轴 700 hPa 以下的低层是辐散的，700 hPa 以上的中高层为辐合，辐合中心（$-2.1 \times 10^{-5}\ \mathrm{s}^{-1}$）位于脊轴南侧的 500 hPa 附近。高层的脊轴之北有两个辐合中心，一个在 300 hPa 附近（中心为 $-2.7 \times 10^{-5}\ \mathrm{s}^{-1}$），另一个在 100 hPa 附近（$-3.6 \times 10^{-5}\ \mathrm{s}^{-1}$）。

从各层散度的水平分布（图略）也可以清楚地看出，在中低层高压西部以辐散为主，中心附近为弱辐合或辐散区；高层却相反，高压中心及其西北部为明显辐合区，其余为辐散区。

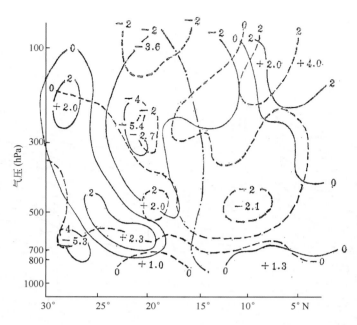

图 5　1979 年 11 月 5—7 日沿 103°E 上涡度散度垂直剖面图
（实线为等涡度线，虚线为等散度线，单位 10^{-5} s^{-1}，点划线为高压脊轴）

3.4　垂直运动和垂直环流圈

　　计算结果表明，垂直运动场与散度场有较好的对应关系，辐合区为上升区，辐散区为下沉区，但垂直运动的分布也并不是理想模式的高压内部低层气流下沉，高层辐合上升，而是在某些地方存在着上升气流，在另一些地方则以下沉气流为主。由此可见高压区垂直运动场的复杂性。我们作了 1979 年 11 月 5—7 日南海高压过程的经圈和纬圈环流图（见图 6）。由图 6a 可见，在 700 hPa 以下脊轴附近存在一个范围不大的南侧下沉、北侧上升的弱环流圈，在该环流圈 10°N 以南地区盛行下沉气流，更北的 23°N 附近也存在一个类似的逆环流。在 500 hPa 以上脊轴附近则为一致的上升气流，脊轴的北侧（20°N 附近），存在一个与低层相反的正环流圈，而轴南上升，赤道附近则为下沉，可见赤道附近自低层至高层都是下沉气流，这支下沉气流对南海高压的形成和维持可能起了重要的补偿作用。

　　由纬向剖面图（图 6b）可以看到，在高压脊轴附近是一个东侧上升、西侧下沉的完整环流圈，中心位于 600 hPa 附近。这似乎表明，青藏高原东侧的下沉气流是南海高压维持的另一支补偿气流。

4　南海高压对水汽输送的作用及对天气的影响

　　从前面的讨论我们知道，冬半年南海高压的活动是非常频繁的，它的活动直接影响着低纬度地区的大气环流，而且由于高压西侧和西北侧经常盛行一支暖湿的西南气流，有时还伴有低槽和切变线的活动，所以它对华南、西南地区水汽输送有重要作用，与降水关系密切。

　　据统计，南海高压过程中，约有 70% 左右在华南、西南或长江以南地区伴有降水，其中以

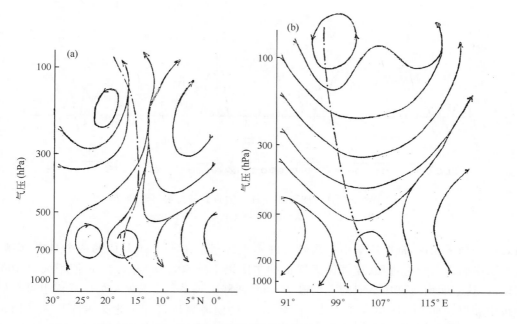

图 6　1979 年 11 月 5—7 日南海高压经圈(a)和纬圈(b)环流图(点划线为高压脊轴)

3—4 月和 11 月三个月伴有降水的高压过程最多。这可能是由于我国南方在这时期锋面活动比较频繁加之南海高压造成的水汽输送的影响,使得锋面降水十分活跃。出现在中南半岛的高压过程中有 76% 在上述地区伴有降水,而出现在南海的高压过程中伴有降水的只占 64%。可见中南半岛出现高压比南海出现高压,造成降水的概率要大。这似乎表明,对降水而言,来自孟加拉湾的水汽输送比源于南海的水汽输送更重要。但由于高压活动区域不同,出现降水的地区也有差异。伴有降水的中南半岛高压 60% 以上的降水过程出现在西南地区,这显然是因为这时云贵地区正处于高压西部的西南气流控制之下,有利于水汽从孟加拉湾向西南地区输送,如遇有冷空气南下,便易产生降水。相反,当高压位于南海上空时,有利于水汽源源不断地向华南地区输送,所以 88% 的高压降水过程出现在华南和长江以南地区。

　　为了进一步说明南海高压对华南水汽输送和降水的作用,我们计算了 1979 年 3—4 月华南沿海(以广州站作为代表)逐日经向水汽通量值 F[①],其变化曲线如图 7 所示。由图可以看到,每次南海高压出现都有一次相应的水汽通量值增大,大多数水汽通量值增大是在南海高压出现后一两天之内,也有些是同时出现的。但有个别是经向水汽通量值增大而没有出现南海高压,较明显的两次是 4 月 12 日和 4 月 18 日,4 月 12 日虽然没有出现南海高压闭合单体,但西太平洋副高很活跃,特别是低层,高压脊伸至南海中北部,对华中的水汽输送是十分有利的。4 月 17—19 日也没有南海高压,但这时南海东侧有台风西移,华南沿海吹东南或南风,因而有利于华南经向水汽输送。

　　从图 7 我们还可以看出,随着南海高压的活动,经向水汽通量值增大,每次 F 值上升到最

---

① 　经向水汽通量取自南向北为正,为了简化计算,采取以下公式:

$$F = V_{1000} \times q_{1000} + V_{850} \times q_{850} + 2V_{700} \times q_{700} + 2V_{500} \times q_{500}$$

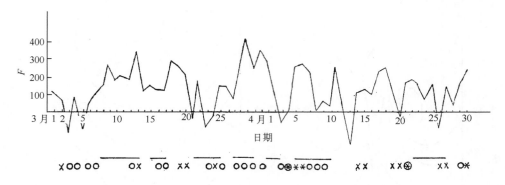

图 7　华南（广州站）1979 年 3 月、4 月逐日经向水汽通量（F）

小雨 ○　中雨 ×　大雨 ⊗　局部暴雨 *　南海高压 ——

大值之后一到两天内，都对应华南一次较大的降水过程。在所计算 F 值的两个月中，南岭以南有 9 次中雨以上降水过程（连续两天以上的中雨以上降水过程）都是在 F 值增大至 100 以后出现的，这表明南海高压造成的水汽输送，与华南降水关系是十分密切的。我们也可以从个例分析中加以说明，如 1975 年 3 月 21 日至 22 日的南海高压过程。此高压伸至 850 hPa 附近，低层水汽从南海和孟加拉湾不断输送到华南地区，水汽积蓄了两天后，23 日一次冷锋南下，华南地区出现大范围降水，降水最大中心日雨量达 97 mm。

　　前面曾指出，9—11 月，南海高压主要出现在中南半岛。当中南半岛有高压活动时，高原东部、西南地区处于高压西北侧，高压西北侧的西南气流从孟加拉湾向该地区输送水汽，此时华南为东北季风控制，是不利于降水的。在这个季节西南地区往往处于大陆冷高压西南侧，有利于空气辐合，所以如配合有南海高压的水汽输送便易产生降水。

　　根据个例（1979 年 11 月 5—7 日南海高压过程）计算，中南半岛上空存在高压时，低层（850 hPa）水汽通量散度分布（图略）特点是，高压中心及其东北侧为水汽辐散区（最大水汽通量散度为 2.7×10^{-5} g · cm^{-2} · hPa^{-1} · s^{-1}），高压西北侧和东侧为水汽辐合区（中心为 -2.4×10^{-5} g · cm^{-2} · hPa^{-1} · s^{-1}）。这说明中南半岛高压有利于高原东部、西南地区的水汽输送和辐合。例如 1979 年 10 月 1—7 日南海高压过程就是一个典型的例子。此过程中，中南半岛始终为高压控制，自 850～500 hPa 高压西北部西南气流源源不断把水汽从孟加拉湾输送到西南地区，低层 850 hPa 东北气流与西南气流在该地辐合，500 hPa 上也可见西南地区明显的风速辐合，在地面冷空气的配合下，西南地区产生了大雨。

5　小结

　　冬半年南海高压的活动十分频繁，尤以 3 月和 11—12 月出现最多。主要活动于南海中西部及中南半岛东部，10°—20°N 之间出现最多。生命史平均为 2.7 d。移动路径复杂，但以偏东移为主。南海高压在对流层中层最明显，地面一般无明显反映，有的可伸达 100 hPa。500 hPa 南海高压平均水平尺度为 1000～1500km。

　　按照南海高压的成因，大致可分为四类：①西太平洋副高断裂型（东移槽或台风北上使副高断裂形成南海高压）；②变性高压型；③孟加拉湾高压东移型；④原地建立的南海高压。

　　南海高压中心轴线的垂直变化大致是中低层向西北倾斜,中高层基本垂直,但因季节和地区的不同而有所差异。南海高压涡度的分布较为简单,基本上是高压中心附近为负涡度,负涡度最大中心在高压中心北侧;散度分布 700 hPa 以下的低层中心附近为辐散,中高层中心附近为辐合。南海高压中心附近及其东南侧的中高层为一致的上升气流,而西侧为下沉气流;低层脊轴之南下沉、之北上升。

　　南海高压对水汽输送和降水有重要作用。位于南海的南海高压,有利于华南地区水汽输送和辐合,与华南降水关系密切;而高压位于中南半岛上空时,有利于高原东部,西南地区的水汽输送和辐合,与西南地区的降水关系密切。前者春季出现多,后者多在 9－11 日出现。华南地区永汽输送源地主要是南海,而西南地区则主要来自孟加拉湾。

参考文献

［1］黄士松.有关副热带高压活动及其预报问题的研究.大气科学,1978,**2**(2).

［2］袁恩国.夏季经圈环流的调整和西太平洋副热带高压活动的关系.大气科学,1981,**5**(1).

［3］地理研究所长期预报组.热带海洋对副热带高压长期变化的影响.科学通报,1977,7.

［4］周明煜,等.夏季西太平洋副热带高压的模拟实验.大气科学,1980,**4**(1).

［5］黄士松,等.副热带高压结构及其同大气环流有关若干问题的研究.气象学报,1962,**31**(4).

南海季风低压和南海台风的对比分析

邹美恩　梁必骐

（中山大学气象学系）

摘　要　本文用综合方法给出了南海季风低压和南海台风的平均结构,并分别计算了它们的涡度收支。结果表明两者的结构和环境场条件存在明显的差异。台风发生于风速垂直切变零线附近,而低压则远离切变零线。在散度场上,台风比季风低压具有更深厚的辐合层,而在对流层上层低压比台风有更大的正值。在涡度场上,中对流层以下有较大的涡度积累,而上层为涡度亏损,这一特点台风比低压表现更明显,在量值上台风比低压大二倍以上。局地涡度变化主要取决于散度项、水平平流项和垂直输送项,就这些项而言,台风比低压具有更明显的不对称结构。不对称的加热和涡度变化是导致台风移动的一个重要因素。

在南海地区,夏季风时期最常见的热带涡旋是台风和季风低压,大多数南海台风是由季风低压发展而成的。由于南海海域小,环境场条件比较特殊,这里发生的季风低压与印度季风低压不同,在结构上存在明显的差异[1],南海台风也比太平洋台风弱小,结构上也有明显不同的特点。因此,研究和比较这两类低涡系统在结构上的特点和差异,以及它们形成的环境场条件,进而探讨季风低压在什么样的环境条件下能发展成台风,这对于做好南海台风的预报乃是一项有意义的工作。

我们对 1970 年以来在南海地区生成的台风和季风低压进行普查分析,并挑选出强度和环境流场相似的 12 个台风和 10 个季风低压个例,用合成方法进行分析,分别得到它们的平均三维结构,并作了对比分析。本文所用的合成方法类似 于文献[2]。此外,我们利用合成后的网格资料集,分别计算了两类低涡系统的局地温度变化和局地涡度变化。加热场是采用大尺度垂直速度和温湿网格资料估算的。涡度变化是将涡度方程化为网格差分计算的。同时,我们采用类似于 Stevens 方法[3],将次网格涡度输送当作大尺度涡度倾向的余差,讨论涡度收支平衡,对比两类低涡系统各项量值的差异,以求得对低压发展成台风的机制有更深刻的认识。

南海台风大多是在季风低压的基础上发展起来的。它们是既有明显区别又有密切联系的两个热带系统。我们在后面讨论中把低压发展成的台风称为发展系统,而将始终停滞于低压强度的季风低压称为不发展系统。

1　结构对比分析

1.1　风场垂直切变特征

Groy[4]指出,热带风暴的发展要求对流层中风速垂直切变小,这样有利于水汽和能量的

本文发表于《中山大学学报(自然科学版)》,1984,(2).

保持。因此发展系统中心附近都有一个切变值为零的地带,而不发展系统往往没有。要形成热带强气旋,不仅要求在系统中心附近风垂直切变要小,还要求在系统两边毗邻区域上的风垂直切变要很大,且符号相反。如图 1 所示,上述特征,在南海台风与季风低压中同样有明显的反映。无论是纬向风分量或经向风分量,台风都发生在切变零线附近,而低压则远 离切变零线。在纬向风切变图 上,台风北侧是正值,南侧是负值。在经向风切变图 上,台风西侧是正值,东侧是负值。正负中心绝对值比较,负中心远大于正中心。这与具有对称的正负值中心的太平洋台风系统是有区别的,导致这种区别的直接原因,可能是受南亚高压的影响,在南海上空常常存在一股东北风急流。而在低层盛行西南季风气流,如果低压北侧和西侧没有足够大的偏东、偏北气流配合,其较大的正切变值不易达到,可见在天气分析中,考虑低压能否发展成台风,应当特别注意热带辐合带北侧是否有足够强大的东北气流。正如 Dvorak[5] 指出的,在大西洋上高层偏北气流会抑制系统的发展。那么在南海地区,强盛的高层东北气流很可能就是南海台风不如太平洋台风强大的原因之一。

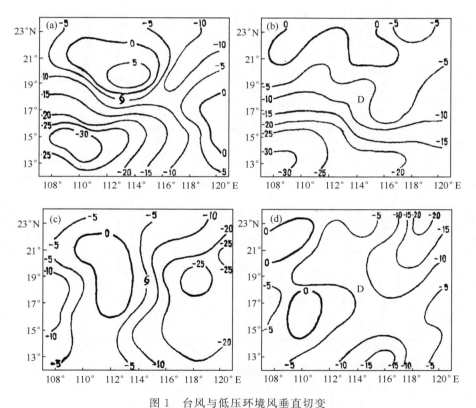

图 1　台风与低压环境风垂直切变

(a)台风 $U_{200}—U_{850}$;(b)低压 $U_{200}—U_{850}$;(c)台风 $V_{200}—V_{850}$;(d)低压 $V_{200}—V_{850}$

1.2　散度,涡度场对比分析

我们以二个经纬距的格距求散度与涡度,再求出系统中心附近五点平均值作垂直分布廓线,如图 2(a),(b)所示,图中实线代表发展系统,虚线代表不发展系统。从散度场分布看出,发展系统在 300 hPa 以下都是辐合的,而不发展系统的辐合层仅出现在 600 hPa 以下,在对流层上层不发展系统的辐散强度比发展系统更强。由此可见,认 为当高层辐散大于低层辐合时,系统将会得到发展的所谓"上层抽吸 "作用,不一定是系统发展的主要机制,至少对于南海台风来说是如此。由涡度场分布看出,发展与不发展系统都是 250 hPa 以下为正涡度,250 hPa 以上为负涡度,但不同的是在量值上,发展系统比不发展系统大 2 倍以上,这与 Gray[6] 和 Mcbride[7] 的结果是一致的。

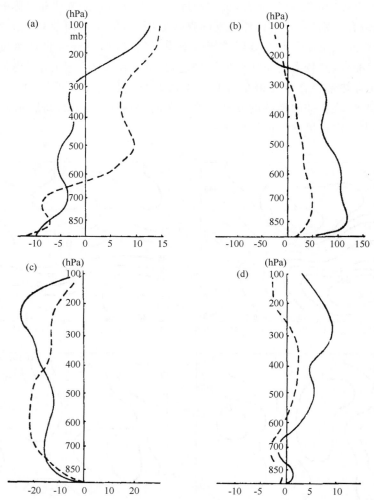

图 2　半径为 2 纬距的低压中心平均垂直廓线

实线为台风,虚线为低压;(a)散度 $D(10^{-6} s^{-1})$;(b)涡度 $\zeta(10^{-6} s^{-1})$;

(c)垂直速度 $\omega(10^{-4} hPa/s)$;(d)由 ω 算的加热倾向($10^{-5}℃/s$)

　　对照综合流线图可知,不发展系统的涡管在垂直方向上倾斜度很大,尽管其涡度环流可以追踪到 500 hPa 以上,但低层为涡管中心的地方,其 600 hPa 以上已经转为涡管后部的辐散区,造成上部有一个深厚的辐散层,且辐散强度远大于低层的辐合强度,从而抑制了系统的发展。反之,对于发展系统,在 300 hPa 以下,涡管是近于垂直的,仅在 300 hPa 到 150 hPa 之间出现明显的倾斜,其辐散也仅出现在 300 hPa 以上,虽然上层辐散不大,抽气作用不明显,但由于组织得很好的垂直涡管环流的维持,促进了系统的发展。

1.3 垂直运动场和加热场结构

图 2(c)是两类低压系统中心附近的平均上升速度的垂直廓线,发展系统的最大上升速度出现在 250 hPa,不发展系统出现在 600 hPa 左右。图 3(a),(b)分别给出了台风与季风低压上升速度的纬向垂直剖面,发展系统在中心附近有强烈的上升运动,以西侧为大,在中心上空出现弱下沉运动,有利于台风眼的形成。不发展系统仅在中心附近出现上升运动,在其西侧有弱下沉发生。

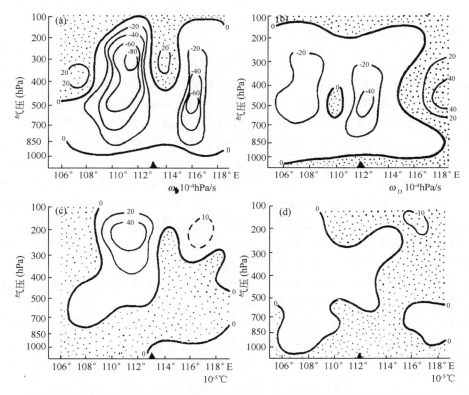

图 3 (a)台风垂直速度东西剖面,(b)低压垂直速度东西剖面(点影区为下沉区),
(c)台风加热场东西剖面,(d)低压加热场东西剖面(点影为非加热区)

为了考察南海低压的加热场结构,在没有弄清小尺度积云对流是如何影响大尺度热力分配的情况下,我们采用大尺度垂直速度与综合得到的温湿网格资料来估计局地温度变化,热力学第一定律可写成:

$$\frac{\mathrm{d}\theta}{\mathrm{d}t} = \frac{\theta}{T} - \frac{H}{c_p} \tag{1}$$

这里 H 为单位质量空气的加热率,T 为温度,c_p 为比定压热容,θ 位温。微商位温关系式得

$$\frac{\mathrm{d}\theta}{\mathrm{d}t} = \frac{\theta}{T}\frac{\mathrm{d}T}{\mathrm{d}t} - \frac{\kappa\theta}{p}w \tag{2}$$

$\kappa = R/c_p$,R 为气体常数,(2)式代入(1)式整理得

$$\frac{\partial T}{\partial t} = \left(\frac{\kappa T}{p} - \frac{\partial T}{\partial p}\right)w - u\frac{\partial T}{\partial x} - v\frac{\partial T}{\partial y} + \frac{H}{c_p} \tag{3}$$

H 由 w 和凝结函数求得。

图 2(d)是两类低压系统中心附近的垂直加热廓线,两类系统都在 600 hPa 到 250 hPa 之间加热,以发展系统更为显著。图 3(c),(d)分别给出了两类系统的加热场纬向垂直剖面分布,两类系统都在中心以西加热,特别是发展系统中心西面加热很剧烈。虽然计算结果可能偏大,而不完全符合实际情况,但从定性看,这样的加热场分布与系统的西移是一致的。

2　涡度收支分析

大尺度涡度方程可写成

$$\frac{\partial \zeta}{\partial t} = -\boldsymbol{V} \cdot \nabla (\zeta + f) - \omega \frac{\partial \zeta}{\partial p} - D(\zeta + f) - \boldsymbol{k} \cdot \nabla \omega \times \frac{\partial \boldsymbol{V}}{\partial p} \tag{4}$$

其中 ζ 是相对涡度,$\boldsymbol{V}$ 是全风速矢,f 是地转参数,D 为散度,ω 是 p 坐标中的垂直速度,$\boldsymbol{k}$ 为垂直方向单位矢量。直接用综合法得到的网格风资料计算,结果表明,扭转项比方程(4)右面的其他项小一个量级,涡度的局地变化,主要是由散度项、平流项和垂直输送项引起的。

图 4(a),(b),(c)分别是系统中心附近散度项、平流项和垂直输送项的垂直廓线。图 4(d)是方程(4)右边四项的总和。从图看出,散度项在 850 hPa 为 18×10^{-10} s^{-2},100 hPa 为 -17×10^{-10} s^{-2},是各项中量值最大的一项。对于发展系统,200 hPa 以下是正涡度积累,200 hPa 以上是负涡度积累,不发展系统仅在 600 hPa 以下有正涡度积累。平流项的一个重要特征是对于发展系统而言,在对流层中层存在明显的负涡度平流,而不发展系统则没有。不管是发展或不发展系统,除 600 hPa 附近外,平流项的作用总是部分抵消了散度项的贡献。特别是不发展系统有较大的上层正平流,很不利于上层负涡度的产生。

垂直输送项对各层涡度起到调节作用,发展系统最大垂直输送发生于对流层中上层,不发展系统则发生于 500 hPa 以下,这种结构与 ω 的垂直分布相一致。

由图 4(d)看出,涡度方程右边各项作用的总和在低层造成正涡度积累,上层有正涡度亏损,特别是发展系统,这种特征表现得更明显。如果按发展系统 850 hPa 的涡度倾向变化,则一天之后就会使气旋涡度增大 15×10^{-6} s^{-1},这个数值已经远远超过了图 2(b)所示的最大气旋涡度值(120×10^{-6} s^{-1}),显然这是不可能的。实际上气旋在发展过程中,各层涡度的量级是准平衡的,上述计算误差的产生,可能是由于没有考虑小尺度积云对流对涡度输送的作用。按 Stevens[3] 的方法,结合考虑天气尺度和次网格尺度的涡度输送,可将涡度方程改写为

$$\frac{\partial \zeta}{\partial t} + \boldsymbol{V} \cdot \nabla (f + \zeta) + \omega \frac{\partial \zeta}{\partial p} + D(\zeta + f) + \boldsymbol{k} \cdot \left(\nabla \omega \times \frac{\partial \boldsymbol{V}}{\partial p} \right)$$
$$= -\nabla \cdot \boldsymbol{V}^* \zeta^* - \omega^* \frac{\partial \zeta^*}{\partial p} - \boldsymbol{k} \cdot \left(\nabla \omega^* \times \frac{\partial \boldsymbol{V}^*}{\partial p} \right) \tag{5}$$

其中 * 表示次网格尺度的偏差量,其他符号同(2)式。在具体计算过程中是把大尺度的余差作为次网格尺度的涡度源来考虑的。由此可见,就次网格尺度涡度输送而言,上层是涡度源,下层是涡度汇,也就是说积云对流在低层损耗大尺度涡度的积累,而在上层产生正涡度,以补偿大尺度的亏损。由图 4(d)可推知,发展系统的积云对流比不发展系统要旺盛得多。

图 5 分别给出了发展与不发展系统的散度项,平流项与总倾向的纬向垂直剖面分布。由图 5(a)不难看出,发展系统是强不对称系统,其中心西侧 300 hPa 以下都是正涡度产生区,最大中心在 850 hPa 附近,而中心以东,从上到下基本上都是负涡度生产区,有两个负中心,分别

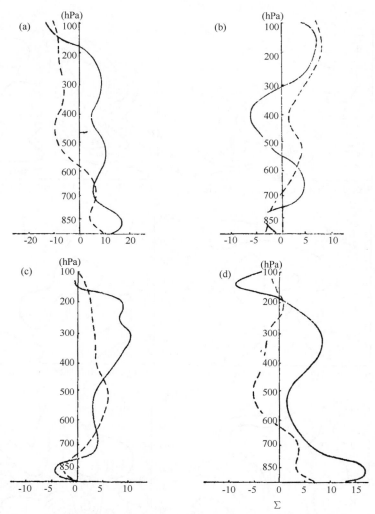

图 4　涡度方程中各主要项在低压中心 2 纬距内平均垂直廓线

实线为台风,虚线为低压

(a)散度项$-D(\zeta+f)10^{-10}\,s^2$;(b)平流项$-\mathbf{V}\cdot\nabla(\zeta+f)10^{-10}\,s^2$;

(c)垂直输送项$-\omega\dfrac{\partial s}{\partial p}10^{-10}\,s^2$;(d)各项总和$10^{-10}\,s^2$

位于 850 hPa 和 400 hPa 左右,这种倾向显然有利于系统向西移动。

图 5(b)表示不发展系统的情况,可见它是一个比较对称的系统,在中心上空 850 hPa 上有一个正中心,700 hPa 以上两侧都是负涡度产生区,700 hPa 附近在气旋中心西侧有一个负值中心,这显然不利于系统西移。以上分析结果与系统移动的统计事实是相符合的。

图 5(c)与(d)表示的平流项结构,其差别不很显著,中层都有一个负涡度产生层。图 4(e),(f)给出了总涡度倾向分布,它同样反映出发展系统的不对称性和不发展系统的对称性。对照图 3(c),(d),涡度倾向的分布和加热场的分布很相似,特别是发展系统,加热区对应着正涡度产生区,加热中心在正涡度倾向中心的上空,这说明,涡度的产生和上层大气的增暖是密切联系的,这与台风向增温中心方向移动的观测事实是一致的。

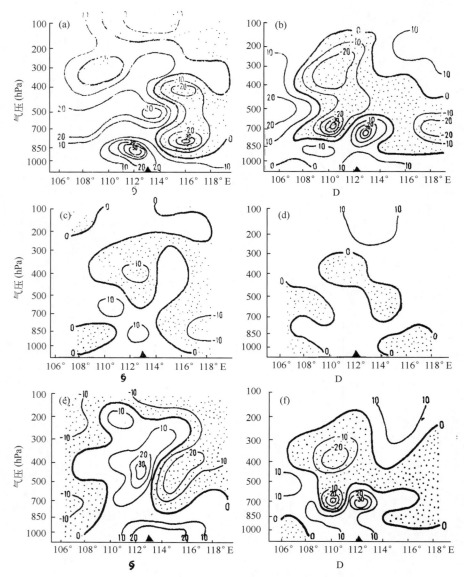

图 5　涡度方程中大尺度主要项东西向垂直剖面分布

(a)台风散度项 $-D(\zeta+f)10^{-10}\,\mathrm{s}^{-2}$；(b)低压散度项 $-D(\zeta+f)10^{-10}\,\mathrm{s}^{-2}$；

(c)台风平流项 $-\boldsymbol{V}\nabla(\zeta+f)10^{-10}\,\mathrm{s}^{-2}$；(d)低压平流项 $-\boldsymbol{V}\nabla(\zeta+f)10^{-10}\,\mathrm{s}^{-2}$；

(e)台风大尺度各项总变化 $\dfrac{\partial\zeta}{\partial t}10^{-10}\,\mathrm{s}^{-2}$；(f)低压大尺度各项总变化 $\dfrac{\partial\zeta}{\partial t}10^{-10}\,\mathrm{s}^{-2}$

3　结　语

对于南海地区,生产于热带辐合带中的低压,能否发展成台风,可以得到以下几点初步结论:

(1)考虑系统能否发展时,不仅要注意辐合带南侧的西南气流是否活跃,同时更应注意其北侧是否有足够强大的偏东气流,以致使低压中心处于垂直风切变(U_{200}—U_{854})的零线附近,其南北两侧异号,且梯度较大。

(2)导致系统发展的有利环境条件是对流层上层的负涡度和中下层的正涡度配置,而不是散度场上表现出来的"抽吸作用"。

(3)由大尺度涡度方程各项的计算表明,在垂直剖面上,不对称的系统有利于发展和移动,对称系统则反之。不对称的涡度倾向分布和加热场有较好的联系。

(4)积云对流在涡度平衡中起着不可忽视的作用,大尺度低层有正涡度积累和上层有正涡度亏损,这主要是由积云对流补偿的。对积云来说,低层是涡度汇,上层是涡度源。

参考文献

[1] 梁必骐,等. 南海季风低压的活动和结构特征. 热带海洋,1985,**4**(4):60-69.

[2] 邹美恩,梁必麒. 全国热带夏季风学术会议文集(1982). 云南人民出版社,1983:259-271.

[3] Stevens D E. Vorticity momentum and divergence budgets of synoptic-scale wave disturbances in the tropical eastern Atlantic. *Mon Wea Rev*,1979,**107**:535-550.

[4] Grav W M. Tropieal cyelone genesis. *Atoms Sci*,1975,119

[5] Dvorak V F. Tropical cyclone intensity analysis and forecasting from satellite imagery. *Mon Wea Rev*,1975,**103**:420-430.

[6] Gray W M. *Envpers—Chfac Technical*,16-75.

[7] Mcbride J L. *Atmoms Sci*,1979,308.

赤道反气旋的合成结构和涡度收支

梁必骐　　薛联芳 *

（中山大学气象系）

摘　要　本文通过普查 1979—1983 年 7—9 月在 10°S—15°N、90°E—140°E 范围内的赤道反气旋活动情况,从中选出 15 个强度和范围较接近的赤道反气旋进行综合分析,得到它们的平均三维结构特征。结果表明,赤道反气旋是一个暖性的中低层系统。反气旋环流与涡度、散度及垂直运动有较好的配合。在赤道反气旋的低层,环流中心为负涡度区和辐散区,并与下沉运动区相对应,四周为正涡度和辐合区,以及上升运动区。高层正好相反。加热场与垂直运动场有较好的对应关系。中心区是干绝热下沉增温区。对涡度收支的计算表明,中低层有负涡度积累,上层有正涡度积累,局地涡度变化主要决定于散度项、平流项和垂直输送项。

1　引言

　　本文把中心出现于赤道与 10°S 之间呈逆时针旋转和赤道至 15°N 之间呈顺时针旋转的闭合环流称为赤道反气旋。它是赤道附近地区的重要环流系统,对热带及赤道地区天气系统和天气有重要影响。梁必骐等[1]和刘伯汉[2]对其结构做了个例分析。但由于赤道地区附近天气资料极为缺乏,个例分析代表性较差。为此,我们对 1979—1983 年 7—9 月的热带 850 hPa 天气图进行普查,在 15°N—10°S,90°E—140°E 的范围内,共出现赤道反气旋 108 个,平均每年出现 22 个,其中 7 月占 32%;8 月占 31%;9 月占 37%。反气旋生命史一般为 3 天左右,其中维持 1~2 天的较多,最长可达 7 天。从 108 个个例中挑选出强度和范围都比较接近的 15 个赤道反气旋(表 1),取这 15 个个例的 18 天各层(1000 hPa、850 hPa、700 hPa、500 hPa、400 hPa、300 hPa、200 hPa、100 hPa)的风、温度、相对湿度进行合成分析,方法类似文献[3]和[4]。根据该合成资料集,我们计算了有关物理量,最后得到赤道反气旋的平均三维结构模型。同时,计算了它们的加热场和涡度收支。

表 1　赤道反气旋个例的中心位置

日　期	中心位置	日　期	中心位置
1979 年 7 月 16 日	118°E、4°N	1982 年 7 月 5 日	115°E、2°N
1979 年 7 月 18 日	107°E、4°N	1982 年 7 月 9 日	113°E、4°N
1979 年 7 月 29 日	118°E、3°N	1982 年 7 月 14 日	118°E、2.5°N
1979 年 8 月 16 日	117°E、3°N	1982 年 7 日 24 日	123°E、4.5°N

本文发表于《热带气象》,1986,**2**(3).

蔡一峰同学参加了部分统计工作。

续表

日期	中心位置	日期	中心位置
1979 年 8 月 19 日	110°E、3°N	1982 年 8 月 14 日	121°E、5°N
1979 年 9 月 3 日	108°E、8°N	1982 年 8 月 18 日	110°E、6°N
1980 年 7 月 12 日	119°E、5°N	1983 年 7 月 18 日	109°E、7°N
1980 年 7 月 28 日	108°E、6°N	1983 年 7 月 19 日	110°E、7°N
1980 年 8 月 25 日	119°E、4.5°N	1983 年 7 月 25 日	112°E、2°N
		平均	114°E、4°N

2 赤道反气旋的合成结构

2.1 风场

根据合成法得到的流线图及垂直剖面图分析表明,赤道反气旋具有明显的反气旋环流,尤其在 850 hPa 最明显,强度最强,范围也最大,闭合环流直径可达 2000 km,从中心有较强的气流向外流出如图 1a 所示。反气旋环流一直伸展到 500 hPa。随着高度增加,环流减弱,水平范围缩小,中心略向东北方向倾斜,到 400 hPa 反气旋环流已不明显,在 300 hPa 及以上整层为平直热带东风,如图 1b 所示。可见,赤道反气旋是一种中低层环流系统,这一结果与文献[1]的结论是一致的。由 U、V 分量的经、纬向垂直剖面图(图略)也清楚地表明,赤道反气旋只在 500 hPa 以下表现明显,400 hPa 以上为热带东风层,中心向东北方向倾斜。同时可以看到,在低层,南风分量大于北风分量,在高层基本上是吹偏北风。这表明在低层有动量由南向北输送,在高层有动量自北向南输送。

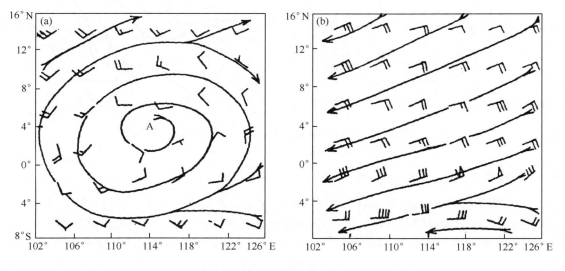

图 1 赤道反气旋的合成流场(a)850 hPa;(b)300 hPa

2.2　温度场

　　分析各层的温度距平,总的趋势是北边暖,南边冷,零距平线随着高度增加而向北移。根据它的温度距平纬向和经向剖面图(图略)可以看到,在 400 hPa 以下,赤道反气旋中心附近为暖区,且随高度增暖,在 400 hPa 附近最暖,400 hPa 以上随着反气旋环流的消失,转为冷区,这种特点由赤道反气旋中心附近(2×2 经纬距)的平均温度廓线(图 2)也可以清楚看到。它的最大温度距平值所在高度与最大下沉运动的高度(参见图 6)比较一致,这表明其温度结构特点与下沉增温作用有关。

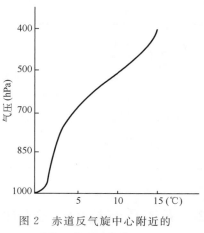

图 2　赤道反气旋中心附近的
平均温度距平廓线(℃)

2.3　湿度场

　　赤道反气旋的湿度场呈明显的不对称分布,图 3a 清楚地表明,低层反气旋的南侧是干区,北侧为湿区,这显然是由于赤道反气旋南侧多岛屿,且盛行信风气流,而北侧位于海洋上,且盛行暖湿的西南气流的缘故。在赤道反气旋的上部,干湿区分布较为凌乱,无明显规律。我们由垂直剖面图(图 3b)也可以看到,在赤道反气旋低层的东侧比西侧干,南侧比北侧干,在中心附近为干区,这也是与下沉运动有关的。这种结构特点是导致在赤道反气旋控制下为晴好天气的主要原因之一。

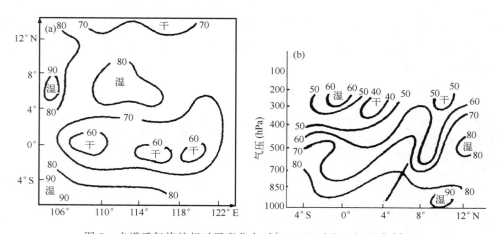

图 3　赤道反气旋的相对湿度分布(％)(a)850 hPa;(b)经向剖面

2.4　涡度场

　　计算结果表明,赤道反气旋的涡度场与流场配合较为吻合。如图 4a 所示,在赤道反气旋中心附近,低层为大范围的负涡度区,四周为零星的正涡度区。中心负涡度区随高度增加而逐渐减弱,四周正涡度则逐渐加强,并向中心扩展,到 300 hPa 高空正负涡度分布较为凌乱,在 200 hPa 则转为正涡度区,其四周为负涡度区。在中低层负涡度中心轴与环流中心轴一样,随高度略向北倾斜,负涡度中心较环流中心稍偏南。

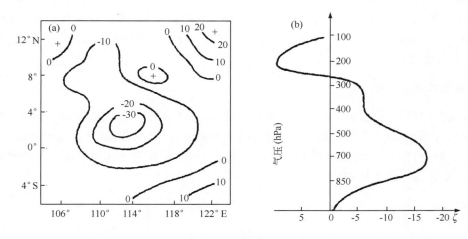

图 4   赤道反气旋的平均涡度场($10^{-5}\,\mathrm{s}^{-1}$)(a)850 hPa;(b)垂直廓线

图 4b 为 850 hPa 环流中心附近 8×8 个经纬距范围内的涡度随高度变化廓线。可以看到,在中低层,中心负涡度先随高度增大,至 700 hPa 最强,其值约为 $-18\times10^{-5}\,\mathrm{s}^{-1}$。700 hPa 以上反气旋涡度逐渐减弱,至 400 hPa,反气旋涡度仅相当于 700 hPa 层涡度值的 1/3 左右,说明赤道反气旋大致伸展至此为止。

2.5   散度场

赤道反气旋的散度场结构同中纬度冷性反气旋相类似,即低层为辐散,高层为辐合(图 5)。散度场与涡度场、流场也配合较好。在低层,赤道反气旋中心附近为大片辐散区,而在其周围存在辐合区。随着高度的增加,周围的辐合区逐渐向中心扩展。在 300 hPa 上,辐散、辐合区交错出现,分布较为凌乱,说明赤道反气旋伸展高度低于此层。到 200 hPa 上空,辐散区已完全被辐合区所代替,而周围却变为辐散区。与环流中心一样,辐散中心轴线随高度略向北倾斜,稍偏于环流中心的南侧,与负涡度中心相对应。

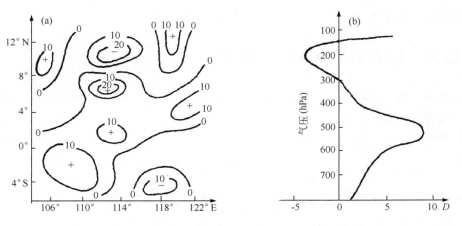

图 5   赤道反气旋的平均散度场($10^{-5}\,\mathrm{s}^{-1}$)(a)850 hPa;(b)垂直廓线

由赤道反气旋中心附近平均散度随高度变化的廓线(图5b)也清楚地表明,从850 hPa开始,中心为辐散区,300 hPa开始转为辐合区。与平均涡度廓线配合比较一致。低层最大辐散区位于600~500 hPa之间,其中心值为 $10 \times 10^{-5}\,s^{-1}$,最大辐合区位于200hPa,其值为 $-5 \times 10^{-5}\,s^{-1}$,无辐散层位于300 hPa附近。

2.6　垂直运动场

由连续方程积分得到的各层垂直运动场表明,在反气旋的中心附近从850~200 hPa都为下沉运动区,而周围为上升运动区,且随高度的增加,下沉运动减弱,上升运动则渐渐加强。由中心附近平均垂直速度廓线图(图6b)可以看到,在500 hPa下沉运动达最大,其值为 $10 \times 10^{-4}\,hPa \cdot s^{-1}$,这与最大辐散层是一致的。

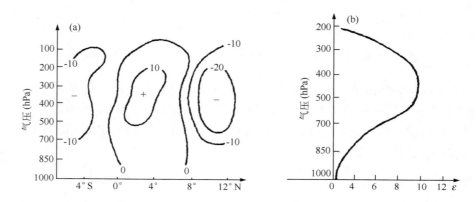

图6　赤道反气旋的垂直运动(10^{-4}hPa/s)(a)经向剖面;(b)垂直速度廓线

图6a为垂直运动的经向垂直剖面图,可以清楚地看到,环流中心附近为下沉运动,南北两侧为上升运动,最强上升运动出现在北侧。上升区大致与南北半球热带辐合带的平均位置相对应,因而构成了两个反向的垂直经圈环流。在纬向剖面图(图略)上,赤道反气旋区为大范围的下沉运动区,东西两侧存在小范围的上升区。

总之,在赤道反气旋的中心为下沉运动区,而四周为上升运动。这种中心盛行下沉运动是造成在赤道反气旋控制下为晴好天气的另一重要原因。

3　赤道反气旋的加热场和涡度收支

我们利用上述合成资料,计算了赤道反气旋的加热场和涡度收支,由此初步讨论了赤道反气旋的形成和维持条件。

由热力学第一定律和位温关系可得:

$$\frac{\mathrm{d}\theta}{\mathrm{d}t} = \frac{\theta}{T}\frac{H}{c_p} \tag{1}$$

$$\frac{\mathrm{d}\theta}{\mathrm{d}t} = \frac{\theta}{T}\frac{\mathrm{d}T}{\mathrm{d}t} - \frac{\kappa\theta}{p}\omega \tag{2}$$

$$\frac{\partial T}{\partial t} = \left(\frac{\kappa T}{p} - \frac{\partial T}{\partial p}\right)\omega - u\frac{\partial T}{\partial x} - v\frac{\partial T}{\partial y} + \frac{H}{c_p} \tag{3}$$

其中，H 为单位质量空气的加热率，T 为温度，c_p 为比定压热容，$\kappa = \dfrac{R}{c_p}$，R 为气体常数，H 可由 ω 和凝结函数求得。

根据上述公式，对合成资料集的计算结果表明，在赤道反气旋中心附近的中低层大片区域是明显的加热区，直到 200 hPa 变为失热区。表 2 是各层赤道反气旋中心附近 8 纬距内垂直加热项的平均值，图 7 为垂直加热廓线。可以看到，在 300 hPa 以下都是加热增暖的，以上转为失热减温。由赤道反气旋的加热垂直剖面图（图略）可以看出，它与垂直运动场有较好的对应关系，在下沉运动区对应于加热增温区，而在上升运动区对应是减温区。由此可见，这种加热可能与赤道反气旋的中心下沉增温密切相关。

表 2　赤道反气旋中心附近的平均加热（$10^{-4}\ ℃/s$）

高度（hPa）	1000	850	700	500	400	300	200	100
加热值	0.125	0.125	0.2	0.6	0.6	1.8	−2.4	−1.2

我们将大尺度的涡度方程写成以下形式：

$$\frac{\partial \zeta}{\partial t} = -V \cdot \nabla (\zeta + f) - \omega \frac{\partial \zeta}{\partial p} - D(\zeta + f) - K \cdot \nabla \omega \times \frac{\partial V}{\partial p} \qquad (4)$$

该式左边为涡度局地变化项，右边四项分别是涡度平流项、垂直输送项、散度项和扭转项。式中 ζ 是相对涡度，V 是全风速矢，f 是地转参数，ω 是 p 坐标中的垂直速度，D 是散度，K 是垂直方向单位矢量。由上式计算结果表明，扭转项比右边其余三项小两个量级，即涡度局地变化主要是前三项作用的结果，因此下面只分析平流项、垂直运动项及散度项对局地涡度变化的影响。表 3 给出了各项的计算结果。

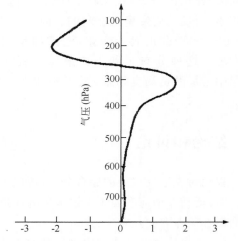

图 7　赤道反气旋中心附近的平均加热廓线（$10^{-4}\ ℃/s$）

表 3　赤道反气旋各层的涡度收支（单位：$10^{-11}\ s^{-2}$）

高度（hPa）	1000	850	700	500	400	300	200
$-V \cdot \nabla (\zeta + f)$	−0.175	−0.269	−1941	1.63	0.300	0.069	−5.843
$-D(\zeta + f)$	0.113	−0.100	−0.200	−0.575	−0.380	−0.188	2.600
$-\omega \cdot \left(\dfrac{\partial \zeta}{\partial p} \right)$	0.00	0.263	0.213	−0.038	−0.800	1.531	0.076
总和	−0.288	−0.106	−0.186	−0.450	0.462	1.413	2.538

图 8 为赤道反气旋中心附近 8 纬距内的平流项、散度项和垂直输送项随高度变化的廓线以及三项总和的垂直廓线。从图中可看出，在平流项中，除 500 hPa 和 300 hPa 之间有正涡度积累外，以下和以上都有负涡度积累。散度项的作用则导致 300 hPa 以下有负涡度积累，在 500 hPa 达到最大值，为 $-5.75 \times 10^{-10}\ s^{-2}$，该层以上有正涡度积累。以上两项作用都

在 500 hPa 以下造成负涡度积累,共同对反气旋发展有正的贡献。而在 500 hPa 以上,两者作用相互抵消,不利于反气旋环流发展。可见,赤道反气旋是由低层向上发展的中低层系统。

垂直输送项对各层涡度变化起到调节的作用,它在涡度平衡中的作用是不可忽视的。由该项造成的最大负涡度垂直输送出现在对流层中层,这与下沉运动在 500～400 hPa 达最大和负涡度在 850～400 hPa 迅速向上减小是相对应的。因而有利于中低层负涡度的产生和积累。

涡度方程中的上述三项(图 8 中的 d 曲线)共同作用的结果,在 400 hPa 以下有负涡度积累,对反气旋发展是有利的。而在 300～200 hPa 之间有正涡度积累,它抑制反气旋的发展。这种分布有利于赤道反气旋在对

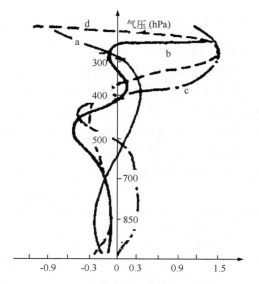

图 8　涡度方程中各项计算的平均垂直廓线($10^{-11} s^{-2}$)
(a)平流项;(b)散度项;(c)垂直输送项;
(d)各项总和

流层中下层的负涡度增加,反气旋加强,这与赤道反气旋一般只出现在对流层中下层是一致的。

4　结论和讨论

根据对赤道反气旋的综合分析,可以得到如下初步结论:

(1)活动在南海和西太平洋地区的赤道反气旋,主要出现在夏季,7—9 月年平均为 22 个,生命期 3 天左右。

(2)赤道反气旋环流的水平半径约 1000 km,最强环流出现在 850～700 hPa 之间,随高度明显减弱,垂直伸展高度可达 500 hPa,至 300 hPa 已为一致的热带东风所取代。可见,它是一种中低层环流系统。

(3)由水平风速分量的垂直剖面图分析可知,赤道反气旋的中心轴线随高度略向东北倾斜。在低层,南风分量大于北风分量,有动量自南向北输送,在高层却相反,动量是自北向南传送的。

(4)在热力场上,赤道反气旋中心对应温度正距平和相对干区,400 hPa 以上则对应负距平,这表明它是一个暖性系统。正因如此,在它的控制下多为晴好天气,如连续受它控制,则易造成干旱。

(5)赤道反气旋环流与涡度场配合相当吻合,在 400 hPa 以下,环流中心附近为负涡度区,周围是正涡度区,最大负涡度中心位于 850～700 hPa 附近,在 300～400 hPa 之间则为正涡度区。

(6)散度场与垂直运动场的配合颇为一致。反气旋环流中心附近,在 300 hPa 以下为辐散区和下沉运动区,最强辐散和下沉运动都出现在 500 hPa 附近。在赤道反气旋北侧是上升运

动区,在卫星云图上,这里经常对应有多云区。

(7)对加热场的计算表明,赤道反气旋中心附近的平均加热,在 300 hPa 以下为正值,以上为负值,最强加热出现在 300 hPa 附近,与最大下沉运动区不完全一致。这说明赤道反气旋中心区的加热,除了干绝热下沉增温外,还有其他因子的作用。

(8)对涡度收支的计算结果表明,赤道反气旋区的涡度变化,总的趋向是中低层有负涡度积累,其中起主要作用的是散度项,该项导致 400 hPa 以下有负涡度积累,而 300～200 hPa 之间有正涡度积累,这与各项总和的涡度倾向分布是比较一致的。低层负涡度平流的作用和垂直输送项的调节作用也是不可忽视的。显然,这种倾向分布有利于赤道反气旋在中低层维持,而不利于它向上伸展,这与它一般只出现在对流层中低层是一致的。

本文用的是合成分析方法,在网格上的资料是取平均值来代替,而没有考虑各资料的权重,所以得出的结果只能反映平均结构的特征,与个别个例分析的结果可能会有差别。另一方面由于热带海洋地区资料缺乏,尽管采用了 15 个个例的合成,但某些网格上的资料仍然必须通过内插而得到,特别是在高层。所以不可避免地存在一些主观性。而要得到较客观的结果,还需要有更多的资料并采用客观分析方法。此外,我们对涡度收支的计算用的是合成资料,实际只能从赤道反气旋的涡度倾向分布来估计它的形成维持条件,如要诊断它的发生发展过程,还需进一步按不同发展阶段进行计算分析。

参考文献

[1] 梁必骐,梁孟璇,徐小英.一九八〇年热带天气会议论文集.科学出版社,1982;29-36.

[2] 刘伯汉.一九八〇年热带天气会议论文集.科学出版社,1982;37-43.

[3] 邹美恩,梁必骐.全国热带夏季风学术会议文集(1982).云南人民出版社,1983,259-271.

[4] 梁必骐,邹美恩,李少群.南海台风的结构及其与西太平洋台风的比较//1983 年台风会议文集,上海科技出版社.

[5] Godbole R V. *Tellus*,1997,**29**(1):25-40.

南海季风低压的结构演变和涡度收支

梁必骐　　刘四巨

(中山大学大气科学系,广州)

　　季风低压是夏季风系统的主要成员之一,也是季风降水的主要系统,对于季风低压的研究,历来都是南亚季风研究的重要内容。国外对印度季风低压已进行了许多诊断 分析和理论研究[1-8],对其活动特点、结构和形成机制已有较多了解。

　　近年来发现,在南海地区夏季风时期也常有季风低压活动,它不仅可以造成明显的降水,而且在合适的条件下还可以发展成台风,这一点是与印度季风低压不同的。由合成资料分析发现[9,10],南海季风低压与印度季风低压虽属同类低压系统,但由于它们所处的环境场条件不同,所以在结构上存在一些差异,发生发展过程和物理机制也有所不同。

　　用合成分析可以弥补南海资料的不足,较好地了解季风低压的一般结构特点,但难于弄清其演变的物理过程和形成机制。为此,我们在普查分析的基础上,选出发生在 1979 年 6 月17—24 日,8 月 4—11 日两个较典型的季风低压,利用 FGGE3b 资料给出南海季风低压各发展阶段的结构变化模式,计算了它们的涡度收支和扰动动能收支,同时用准平衡模式和 Kuo(1974)的积云对流参数化方案对它们进行了诊断研究。本文主要讨论南海季风低压的结构演变和涡度收支,文中定义的季风低压是指发生在南海西南季风环境场中,与该季风气流有密切联系的,并在地面具有闭合环流的低压扰动。它与一般热带低压不同之处在于,季风低压是以较强的西南季风气流为环流背景,是由季风槽或季风辐合带上的扰动发展起来的。

1　南海季风低压的结构演变

　　图 1 给出了两个季风低压的路径图。根据它们在发生发展过程中的变化特点,可将其划分为初生、发展、强盛和减弱四个阶段,如表 1 所示。分析表明,两个个例各阶段的基本特征是一致的。为此,我们主要以 1979 年 8 月上旬的季风低压为代表进行讨论。

表 1　南海季风低压活动阶段的划分

阶段	时段	强度		$\partial \zeta / \partial t$	$\partial K_E / \partial t$
		中心气压(hPa)	最大风速(m·s^{-1})		
初生阶段	6 月 17—18 日	1004	12	>0	>0
	8 月 4 日	1003	10		
发展段阶	6 月 10—21 日	1001	12	>0,增大	>0,增大
	8 月 5—6 日	998	12		

本文发表于《海洋学报》,1988,10(5).

续表

| 阶段 | 时段 | 强度 | | $\partial\zeta/\partial t$ | $\partial K_E/\partial t$ |
		中心气压(hPa)	最大风速(m・s^{-1})		
强盛阶段	6月22—23日	999	15	$\to 0$	>0
	8月7—7日	996	15		
减弱阶段	6月24日	1002	10	<0	<0
	8月10—11日	999	10		

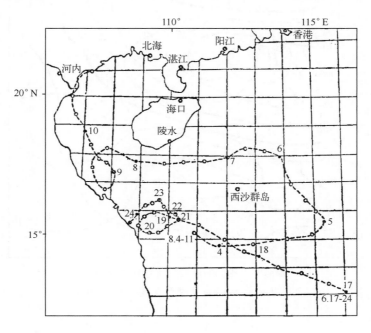

图1　两个南海季风低压的路径图

　　该季风低压于1979年8月4日02时形成于季风槽的东端,11日登陆越南后消失。中心最低气压达995 hPa,最大风速达15 m・s^{-1}。由于该低压的影响,海南岛和雷州半岛出现一次暴雨过程,最大过程降水量达236 mm(陵水)。最大日降水量为102 mm(8日)。该低压在不同发展阶段的热力和动力结构都有不同。

1.1　水平环流和垂直结构

　　南海季风低压从初生到强盛阶段的水平流场存在共同的特点:在低层是明显的气旋性辐合流场,其范围随着低压的发展而增大,地面最大半径达800 km;低压南侧存在一支明显的西南季风气流,它是来自印度季风槽南侧的西南气流和南半球越赤道气流,北侧是来自西太平洋副热带高压南缘的东风气流,它们形成较强的低空气流水平切变;低压所对应的高层是一致的东北气流。

　　季风低压是由低层向上逐步发展的。初生阶段仅在地面出现闭合环流,以后向上伸展。从涡度分布来看,最强盛时气旋性涡度可伸达300 hPa。低压中心轴线随高度变化基本上是垂直的。

　　南海季风低压上空的风速垂直切变较大,是其不能强烈发展的原因之一。图 2 给出了低压发展阶段的风速垂直切变场,其纬向和经向风速垂直切变零线都偏于低压中心的南侧,低压中心位于 $5 \sim 10 \; \mathrm{m \cdot s^{-1}}$ 的切变之间。

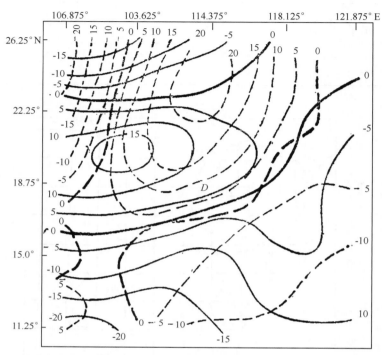

图 2　南海季风压低的环境风速垂直切变($\mathrm{m \cdot s^{-1}}$)

实线为 $u_{200}-u_{800}$ 等值线,虚线为 $v_{200}-v_{800}$ 等值线

1.2　温度场

　　在初生阶段,季风低压中心 700 hPa 以下对应暖区。随着低压的发展,暖区逐步在中上层形成,到强盛阶段(图 3)暖区伸达 200 hPa,900 hPa 以下变为冷区。减弱阶段冷区伸展至中层。在低压最强时期,温度场结构是准对称的,暖心与低压中心是基本一致的。

　　上述温度场的演变是与非绝热加热和低压两侧冷暖平流的影响有关。由于潜热加热,低压中心附近上空变为暖区。随着低压发展,积云对流加热增强,低压暖心结构逐渐在对流层中上层形成。与此同时,低压西侧偏北风的冷平流也增强,并逐渐向中心扩展。加之降水蒸发冷却,使低压逐渐为冷区所代替,至减弱阶段低压中心附近中低层均为冷区。这将使层结越来越趋于稳定,是季风低压趋于消亡的标志之一。此外,低层季风气流向低压区输送暖湿空气,也是有利于低压暖心结构形成的。

1.3　湿度场

　　低压中心附近对流层中下层都是潮湿层,随着低压发展,水汽不断向上输送,促使湿层(相对湿度 ≥90%)逐渐抬升。发展阶段湿层位于 700～500 hPa,强盛阶段(图 3)升达 300 hPa,最大湿中心位于 700～500 hPa 之间,呈准对称分布。800 hPa 以下的低层相对湿度小,这显然与冷平流和降水作用有关。

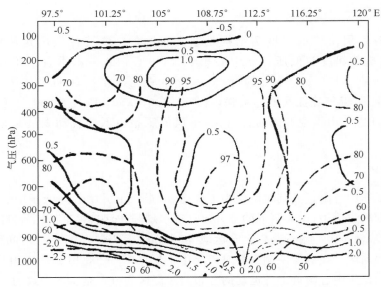

图 3　南海季风低压的温湿场纬向垂直剖面

实线为温度距平等值线，℃；虚线为相对湿度等值线，%

1.4　散度场

在低压形成初期，辐合区仅限于近地面层。在发展阶段，低压中心附近 700 hPa 以下辐合，以上辐散，最大辐散中心位于 300～200 hPa，散度场比较对称。至强盛阶段（图 4），辐合辐散进一步增强，辐合层抬升至 500 hPa，最强辐合区位于 700 hPa 以下，无辐散层在 500 hPa 附近，最强辐散出现在 200 hPa 上空。散度场的这种结构是有利于低压区气旋性涡度的加强和维持的。

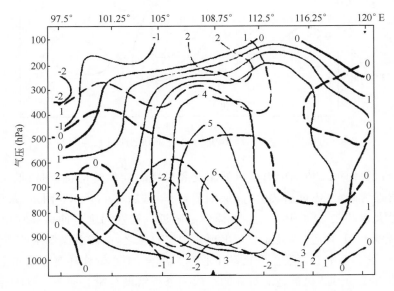

图 4　沿季风低压中心（18.75°N）的散度（虚线）和涡度（实线）垂直剖面（单位：$10^{-5}\,s^{-1}$）

1.5　涡度场

季风低压各发展阶段的涡度场结构是基本对称的。气旋性涡度是从低层逐渐向上增大的,最大气旋性涡度与低压环流中心相吻合,中心轴线基本垂直。在发展阶段,最大气旋性涡度出现在 900～800 hPa 的低层,涡度中心比初生阶段明显增强。至强盛阶段(图 4),低压中心附近气旋性涡度达最强,且伸达 300～200 hPa 上空,最大气旋性涡度中心位于 800～700 hPa。由涡度场的演变可见,季风低压是由低层扰动发展起来的,并垂直向上发展。

1.6　垂直运动场

南海季风低压中心附近及其东南侧为上升运动,最大上升中心与低压中心基本重合。在季风低压发生发展过程中,中心附近的上升运动逐步增强,至强盛阶段发展最旺盛。如图 5 所示。在强盛阶段,低压中心附近为强上升运动区,中心位于 600～500 hPa 之间低压的东南侧,也为大片上升运动区。在低压两侧只是对流层中上层(600～300 hPa)为上升区,在低层和高层都是下沉区。低压中心附近上升运动的分布与暖湿区的分布是基本一致的。这表明潜热的释放对低压上空的加热起显著作用。

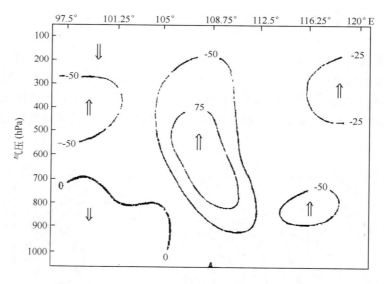

图 5　沿低压中心(18.75°N)的 ω 纬向垂直剖面(10^{-4} hPa·s^{-1})

由以上分析,我们可以概括南海季风低压发展成熟时期的结构特征是:低层冷心,中上层为暖心;中心附近为高湿区;低层辐合,高层辐散,无辐散层在 500 hPa 附近,最强辐合中心出现在中低层,最大辐散在 200 hPa 上空;低压中心附近气旋性涡度可伸达 300 hPa,低层最强;低压中心附近整层为上升运动,最强上升出现在中层。总之,南海季风低压的环流中心与暖湿中心、辐合中心、正涡度中心以及上升运动中心基本重合,中心轴线随高度基本上是垂直的,也就是说,无论热力或动力结构都是准对称的。这一分析结果与梁必骐等[10]对于南海季风低压的合成分析结果一致。但与 Krishnamurti[1] 和 Godbole[3] 对印度季风低压的分析结果有所不同,他们从典型个例和合成分析所得结果都指出,印度季风低压各参数分布不对称,中心轴线随高度倾斜。这种差异可能与两者所处环境场不同有关。这说明南海季风低压与印度季风低压虽然性质相似,但结构有明显差异。

2 南海季风低压发展过程中的涡度收支

前面已经指出,随着季风低压的发展,气旋性涡度由低层逐渐向上伸展,涡度中心不断增强。气旋性涡度随时间的变化直接反映了低压环流的加强和减弱。因此,考察季风低压的涡度收支,可以探讨气旋性环流强弱变化的物理过程。通常在低压区内对流发展旺盛,局地涡度变化不仅决定于大尺度的涡度制造,网格尺度的涡度制造也很重要。

如果不考虑摩擦的作用,大尺度涡度方程可写成:

$$\frac{\partial \zeta}{\partial t} = -\mathbf{V} \cdot \nabla \eta - \omega \frac{\partial \eta}{\partial p} - \eta \nabla \cdot \mathbf{V} - \mathbf{k} \cdot \nabla \omega \times \frac{\partial \mathbf{V}}{\partial p} \tag{1}$$

式中,$\eta = \zeta + f$ 为绝对涡度垂直分量,ζ 为相对涡度,f 为地转参数,$\mathbf{V}$ 是全风速矢,ω 是 p 坐标中的垂直速度,$\mathbf{k}$ 是垂直方向单位矢量。设任一物理量 A 表示为

$$A = \overline{A} + A' \tag{2}$$

其中,$\overline{A}$ 为 A 的空间(区域)平均值,即大尺度变量;A' 为 A 相对于 $\overline{A}$ 的偏差,即次网格尺度变量。将式(2)代入式(1),并对方程取区域平均,则可得:

$$\frac{\partial \overline{\zeta}}{\partial t} + \overline{\mathbf{V}} \cdot \nabla \overline{\eta} + \overline{\omega} \frac{\partial \overline{\eta}}{\partial p} + \overline{\eta} \nabla \cdot \overline{\mathbf{V}} + \overline{\mathbf{k}} \cdot \nabla \overline{\omega} \times \frac{\partial \overline{\mathbf{V}}}{\partial p}$$

$$= -\nabla \cdot \overline{\eta' \mathbf{V}'} - \overline{\omega' \frac{\partial \eta'}{\partial p}} - \mathbf{k} \cdot \overline{\nabla \omega' \times \frac{\partial \mathbf{V}'}{\partial p}} \tag{3}$$

上式右边各项代表积云尺度对大尺度涡度的影响,即视涡度源(Z),其中以 $-\overline{\omega' \frac{\partial \eta'}{\partial p}}$ 项的量级较大,其他两项可略去。也就是说,在一般情况下,Z 主要反映积云尺度的涡度垂直输送对大尺度涡度调整的作用。在实际计算时,通常把 Z 当作大尺度涡度收支的余项,即

$$Z = \frac{\partial \overline{\zeta}}{\partial t} + \overline{\mathbf{V}} \cdot \nabla \overline{\eta} + \overline{\omega} \frac{\partial \overline{\eta}}{\partial p} + \overline{\eta} \nabla \cdot \overline{\mathbf{V}} + \mathbf{k} \cdot \nabla \overline{\omega} \times \frac{\partial \overline{\mathbf{V}}}{\partial p} = -\overline{\omega' \frac{\partial \eta'}{\partial p}} \tag{4}$$

令 $D = \nabla \cdot \mathbf{V}$,并略去平均符号"—",则涡度方程可写为

$$\frac{\partial \zeta}{\partial t} = -\mathbf{V} \cdot \nabla \eta - \eta D - \omega \frac{\partial \eta}{\partial p} - \mathbf{k} \cdot \nabla \omega \times \frac{\partial \mathbf{V}}{\partial p} + Z \tag{5}$$

上式右边各项依次为绝对涡度平流项、散度制造项、大尺度涡度垂直输送项、扭转项和积云对流尺度的垂直输送项。

表 2 给出了利用上式对 1979 年 8 月上旬的季风低压发生发展各阶段的计算结果,表中各项数字是低压中心附近各点的区域平均值。由表可见,局地涡度变化主要取决于涡度平流项($-\mathbf{V} \cdot \nabla \eta$)、散度制造项($-\eta \cdot D$)和积云对流尺度的涡度输送,而大尺度涡度垂直输送项($-\omega \partial \eta / \partial p$)和扭转项($-\mathbf{k} \cdot \nabla \omega \times \partial \mathbf{V} / \partial p$)的贡献较小,小于其他项约一个量级。垂直输送项的作用在于调整上下层涡度。扭转项虽有利低层正涡度增加,但贡献很小,这反映了斜压过程对季风低压发生发展作用较小。为此,下面仅讨论三个主要项对低压各阶段涡度收支所起的作用。

初生阶段:如表 2 所示,三项的综合作用导致低压在 400 hPa 以下有正涡度积累($\partial \zeta / \partial p >$

表 2　南海季风低压各阶段的涡度收支（10^{-10} s^{-2}）

初生阶段

层次（hPa）	1000	900	800	700	500	300	200	100
$\partial\zeta/\partial t$	0.2	0.2	0.1	0.1	0.1	0.0	-0.1	0.07
$-\boldsymbol{V}\cdot\nabla\eta$	-1.1	-1.0	-1.4	-1.1	-1.0	-1.5	-0.6	1.9
$-\eta\cdot D$	3.1	1.4	-0.2	-0.8	-0.3	-0.3	-1.0	-1.8
Z	-1.8	0.6	1.6	1.8	1.3	1.2	1.4	0.1
$-\omega\partial\eta/\partial p$	0.01	-0.2	0.02	0.1	0.1	0.2	-0.03	-0.1
$-\boldsymbol{K}\cdot\nabla\omega\times\partial\boldsymbol{V}/\partial p$	0.0	0.04	0.04	0.1	0.0	0.4	0.1	-0.03

强盛阶段

层次（hPa）	1000	900	800	700	500	300	200	100
$\partial\zeta/\partial t$	0.03	-0.02	-0.06	-0.05	0.1	0.1	0.3	0.02
$-\boldsymbol{V}\cdot\nabla\eta$	-1.4	-1.2	-0.6	-0.3	0.02	0.4	2.0	0.4
$-\eta\cdot D$	2.4	2.6	1.9	0.5	0.1	-1.0	-3.0	-0.6
Z	-0.9	-1.4	-1.3	-0.3	0.0	0.3	1.1	0.2
$-\omega\partial\eta/\partial p$	0.0	-0.2	-0.1	0.0	0.0	0.7	0.4	0.0
$-\boldsymbol{K}\cdot\nabla\omega\times\partial\boldsymbol{V}/\partial p$	0.0	0.1	0.1	0.0	-0.1	-0.4	-0.2	0.0

发展阶段

层次（hPa）	1000	900	800	700	500	300	200	100
$\partial\zeta/\partial t$	0.7	0.8	0.9	0.7	0.6	-0.1	-0.2	-0.6
$-\boldsymbol{V}\cdot\nabla\eta$	-1.6	-0.3	0.1	0.5	-0.3	-1.5	-0.8	-1.2
$-\eta\cdot D$	3.1	1.0	0.1	-0.8	-0.4	-1.2	-2.7	-0.9
Z	-0.8	0.03	0.6	1.0	1.3	2.1	2.8	1.4
$-\omega\partial\eta/\partial p$	0.01	-0.1	0.0	0.02	0.0	0.4	0.2	0.02
$-\boldsymbol{K}\cdot\nabla\omega\times\partial\boldsymbol{V}/\partial p$	0.0	0.2	0.03	0.0	0.05	0.06	0.3	0.1

减弱阶段

层次（hPa）	1000	900	800	700	500	300	200	100
$\partial\zeta/\partial t$	-0.2	-0.3	-0.3	-0.3	-0.6	-0.9	-0.8	0.04
$-\boldsymbol{V}\cdot\nabla\eta$	-1.1	-0.6	0.4	1.0	0.4	-0.1	0.02	1.3
$-\eta\cdot D$	1.8	1.5	0.5	-1.0	-0.6	-0.4	-0.4	-1.2
Z	-0.9	-1.1	-1.1	-0.3	-0.3	-0.4	-0.5	-0.1
$-\omega\partial\eta/\partial p$	0.02	-0.2	-0.1	-0.03	-0.1	0.2	0.1	-0.04
$-\boldsymbol{K}\cdot\nabla\omega\times\partial\boldsymbol{V}/\partial p$	-0.02	0.1	0.1	0.01	0.04	-0.1	-0.1	0.1

0)。其中低层正涡度积累主要是大尺度散度的涡度制造形成的,不过这阶段辐合较弱,辐合层仅在 900 hPa 以下,因而 $-\eta \cdot D$ 项的贡献也只在 1000～900 hPa 低层为正,即大尺度散度作用仅在近地层产生大尺度涡源,900 hPa 以上为大尺度涡汇。$-V \cdot \nabla\eta$ 项在 200 hPa 以下各层的作用都是负的,尤其是低层负涡度平流较强,大大抵消了大尺度散度制造的作用,因而低层气旋性涡度增加很少。积云对流尺度的作用(Z)与大尺度散度的作用正好相反。900 hPa 以下为负,以上为正,其导致的涡度垂直输送,对维持低压上下层的涡度平衡有着重要作用。

发展阶段:在低压中心附近在,1000～400 hPa $\partial\zeta/\partial t>0$,量值比初生阶段明显增大。由于低压中心辐合增强,辐合层上升,$-\eta \cdot D$ 项作用造成 1000～800 hPa 有正涡度积累。这时在对流层中低层(800～600 hPa)出现正涡度平流,其他各层为负。由表 2 可见,大尺度的作用只是造成 800 hPa 以下的低层有正涡度增加。显然,对流层中层 700～400 hPa 的正涡度积累是由积云对流尺度涡度输送造成的。由于该阶段在低压区的积云对流发展旺盛,积云尺度的涡度输送明显,除平衡大尺度的反气旋涡度制造外,还在中层产生较大的气旋性涡度积累。可见积云对流对低压的发展起着主要作用。

强盛阶段:这阶段的 $\partial\zeta/\partial t \to 0$,标志着低压发展到最强盛阶段。这时低层辐合、高层辐散都达到最强,无辐散层达 500 hPa。散度制造项的作用也加强,在 500 hPa 以下为正,以上为负。随着气旋性环流向上发展,低层西南季风加强,高层偏东北风盛行,使得 $-V \cdot \nabla\eta$ 项在 500 hPa 以下为负,以上为正,正好与 $-\eta \cdot D$ 项作用相反。该两项共同作用的结果,造成 500 hPa 以下为大尺度涡源,500 hPa 以上为涡汇。积云对流作用抵消了大尺度涡度制造,500 hPa 以下损耗气旋性涡度的积累,以上则抵消反气旋性涡度制造,从而维持上下层的涡度平衡。

减弱阶段:气旋性涡度明显减弱,各层的 $\partial\zeta/\partial t<0$。在 8 00 hPa 以下,较小的大尺度涡度积累被积云对流的涡度损耗所抵消。800 hPa 以上,大尺度散度制造项和大尺度涡度平流的作用几乎相互抵消。积云对流尺度的作用整层都是损耗大尺度涡度。可见低压的减弱主要是由于积云对流和摩擦对涡度损耗造成的。

综上所述,南海季风低压从发展到减弱的整个过程中,涡度变化主要由大尺度散度的涡度制造、大尺度涡度平流及积云对流尺度的涡度输送三项综合作用的结果。低层,偏西南风把南边较小的 η 向低压区输送,故 $-V \cdot \nabla\eta<0$;高层正好相反,$-V \cdot \nabla\eta>0$。所以大尺度涡度平流在低层输送负涡度,高层输送正涡度。散度制造项对低压的发生发展贡献最大。在低纬地区,f 较小,它主要决定于 ζ 和 D 的相关。低压区一般是低层辐合 $-\eta \cdot D>0$,制造大尺度正涡度;高层辐散,$-\eta \cdot D<0$,正涡度亏损。所以大尺度散度项的作用有利于低层气旋性涡度增强,高层气旋性涡度减弱,该作用在强盛阶段最显著。总之,在低压发生发展过程中,大尺度作用是低层积累正涡度,高层耗损正涡度。积云对流作用与之相反,在高层是涡度源,低层是涡度汇,对大尺度涡度分布起调节作用。由于低压的发展,积云对流加强,积云尺度的涡度输送也加大,尤其是在发展阶段,它对气旋性涡度的增加起主导作用。同样,低层的减弱也主要是由于积云对流尺度的涡度耗损造成的。可见大尺度和积云尺度的相互作用是季风低压发生发展的重要机制。从涡度收支角度,南海季风低压发生发展过程可归纳如下:大尺度涡度制造→低压形成→积云对流发展→积云对流尺度涡度输送→低压强烈发展→大尺度与积云对流尺度相互作用→低压上下层涡度平衡→积云对流尺度涡度耗损→低压减弱。

3　结　论

(1)南海季风低压的热力、动力结构是准对称的。各发展阶段的结构相似,但参量变化有所不同,与印度季风低压结构有明显差异,这主要是不同环境场条件造成的。

(2)南海季风低压水平流场的主要特点是:低层盛行西南季风气流,高层盛行偏东北风气流,低压中心附近风速垂直切变较大。后者是低压不能强烈发展的原因之一。

(3)南海季风低压成熟阶段的结构特点是:中心轴线基本垂直,低压环流和气旋性涡度可伸达高层,以 800～700 hPa 最强。最强辐合出现在中低层,无辐散层位于 500 hPa。中心附近整层为上升运动,以 600～500 hPa 最强。低层冷心,中上层为暖心结构。湿度场呈对称分布,最大湿中心位于 700～500 hPa。低压的这种热力结构特点及其变化主要决定于凝结潜热的释放和季风气流的暖平流输送,同时也与冷平流作用有关。

(4)在南海季风低压发生发展过程中,涡度变化主要决定于散度制造项、涡度平流项以及积云对流尺度的涡度输送。低压的发展是大尺度和积云对流尺度共同作用的结果。

(5)大尺度涡度制造总是造成低层积累正涡度,高层耗损正涡度,有利于季风低压的发展。其中大尺度散度项的涡度制造贡献最大,涡度平流项的作用与散度项相反,起到抑制低压发展的作用。大尺度涡度垂直输送项和扭转项的作用都较小,这说明斜压作用对季风低压发展的贡献不大。

(6)积云对流尺度的涡度输送对季风低压的涡度变化有着重要作用。它一方面对大尺度涡度积累进行调整,以维持低压的涡度平衡;另方面造成气旋性涡度增加,有利于低压的发展,尤其是在低压发展阶段,它起主导作用。

参考文献

[1] Krishnamurti T N, et al. Study of a monsoon depression(Ⅰ), synoptic strueture. *J. Meteor. Soc.*, Japan, 1975, 53(4):227-239.

[2] Krishnamurti T N, et al. Stody of a monsoon depresion(Ⅱ), dynamical strueture. *J. Meteor. Soe.*, Japan, 1976, **54**(4):208-225.

[3] Godbole R V. The composite struoture of the monsoon depression. *Tellus*, 1977, **25**(1):25-40.

[4] Sikka D R. Some aspects of the life history. Strueture and movement of monsoon depression, *Pure Appl Geophys*, 1977, **115**:5-6, 1501-1529.

[5] Shukla J. CISK-Barotropic-Baroclinic instability and the growth of monsoon depression. *J. Atmos Sci*, 1978, **35**(3):495-508.

[6] Shukla J. On the dynamical of monsoon disturbaneos, Indian. *J Meteor Hyd Geophys*, 1978, **29**:1-2, 302-310.

[7] Rao K V, et al. Diagnostie study of a monsoon depression, Indian. *J Met Hyd Geohys*, 1978, **25**:1-2, 260-272.

[8] Nitta T, et al. Observational study of a monsoon depression devetoped over the Bay of Bengal during summer MONEX. *J Mereor Soc* Japan, 1981, **59**(5):672-682.

[9] 邹美恩, 梁必骐. 南海季风低压与南海台风的对比分析. 中山大学学报(自然科学版), 1984, **76**(2):91-99.

[10] 梁必骐, 邹美恩, 李勇, 李斌. 南海季风低压的活动和结构特征. 热带海洋, 1985, **4**(4):60-67.

南海季风低压发生发展机制的探讨

刘四臣　　梁必骐

（中山大学大气科学系）

摘　要　根据 FGGE3B 资料，对发生在 1979 年 8 月中旬的一次南海季风低压过程，利用 ω 方程和 Kuo（1974）的积云对流参数化方案进行了诊断研究。结果表明：决定南海季风低压发生发展的物理过程是潜热加热，尤以积云对流的作用最显著，温度平流和涡度平流也起一定作用，其他物理因子贡献较小。南海季风低压是通过积云对流和大尺度环境场的反馈作用而发展增强的，可认为，CISK 机制是低压发生发展的主要机制。

关键词　南海季风低压　方程　发生发展　CISK 机制

1　引　言

国外对印度季风低压的形成机制做了许多研究，但目前尚存在一些不同看法。Krishnamurti[1,2]用原始方程模式研究的结论是：季风低压主要是由积云对流维持的，正、斜压过程也起一定作用。Sikka[3]的诊断研究和 Shukla[4]的理沦研究则指出，CISK 和正斜压联合不稳定是季风低压的不稳定增长机制。Shukla[5]用线性化准地转模式研究的结果表明，CISK 机制是季风低压发展的主要机制。Rao[6]利用准地转斜压模式对印度季风低压的诊断分析表明，正、斜压过程对低压的形成都起作用。但 Lindzen[7]的研究则认为：印度季风低压的形成不可能是由 CISK 机制和斜压不稳定机制引起的，而只有正压不稳定才是其发生发展的主要机制。Mak 等[8]用两层线性化干平衡模式和 MONEX 资料对印度季风低压的研究结果也指出，正压不稳定是涡旋建立的主要动力过程，而斜压不稳定过程是次要的。

长期以来，人们对季风低压的研究都是限于印度季风低压，而对南海季风低压的研究几乎是空白。近年来我们利用 FGGE 资料对南海季风低压进行了若干研究[9,10]，给出了它的平均结构模式，以及低压发生发展过程中的涡度收支和扰动动能收支，对其发生发展有了一定的认识。

天气学诊断表明，垂直运动场的变化是诊断气压系统发生发展的重要指标，尤其是对于以潜热加热作为主要能源的热带扰动来说，垂直运动的变化与水汽的垂直输送和潜热的加热效应有着密切的关系，因此探讨各种物理因子对扰动区垂直运动的贡献，可以较好地揭示各种因子对扰动发生发展的作用及其机制。应用 ω 方程诊断中纬度气旋和副热带扰动已获得相当的成功。本文试图通过 ω 方程的诊断研究，讨论南海季风低压演变过程中各种物理因子的作用，从而探讨低压发生发展的机制。

本文发表于《中山大学学报（自然科学版）》，1988，（4）.

2　计算方法和资料处理

2.1　资料来源及处理

我们在分析 1975—1984 年约 10 个南海季风低压的基础上,选出 1979 年 6 月 17—24 日和 8 月 4—11 日两个典型低压过程,利用 FGGE3B 资料进行诊断分析。根据 Krishnamurti[11]的诊断平衡模式和 Kao[12]的积云对流参数化方案,对低压过程逐日进行计算。计算范围包括低压整个活动区域,即 0°—30°N 和 90°—120°E,网格距为 1.875°×1.875°经纬度。垂直范围从 1000 至 100 hPa,间隔 $\Delta P = 100$ hPa,共 10 层。除对 ω 方程中各强迫函数逐项求解外,并分别计算了大气中有非绝热加热和无非绝热加热的 ω 场。

为了比较低压不同发展阶段的特征,根据低压中心强度、涡度和动能的变化趋势,将低压整个生命史划分为初生、发展、强盛和减弱四个阶段分别进行讨论。具体划分标准见文献[10]。本文主要讨论 8 月中旬的低压过程。

2.2　计算方程及其处理

Krishnamurti 的多层非线性平衡 ω 方程包含有海气相互作用、积云对流加热、大尺度加热、辐射加热、摩擦等许多因子的作用。南海季风低压发生在热带洋面上,可忽略摩擦作用对 ω 的影响,且不考虑变形作用和 β 效应的贡献,也略去辐射加热,仅考虑感热和潜热加热的作用。故将该模式简化为

$$\nabla^2 \sigma \omega + f^2 \frac{\partial^2 \omega}{\partial p^2} = f \frac{\partial}{\partial p} J(\psi, \zeta_a) + \frac{RT}{p\theta} \nabla^2 J(\psi, \theta) - f \frac{\partial}{\partial p} (\zeta \cdot \nabla^2 \chi) -$$
$$\frac{R}{c_p p} \nabla^2 H_S - \frac{R}{c_p p} \nabla^2 H_{LS} - \frac{R}{c_p p} \nabla^2 H_{LC} + f \frac{\partial}{\partial p} \left(\omega \frac{\partial}{\partial p} \nabla^2 \psi \right) +$$
$$f \frac{\partial}{\partial p} \left(\nabla \omega \cdot \nabla \frac{\partial \psi}{\partial p} \right) - f \frac{\partial}{\partial p} (\nabla \chi \cdot \nabla \zeta_a) - \frac{RT}{p\theta} \nabla^2 (\nabla \chi \cdot \nabla \theta) \quad (1)$$

取边界条件为

$$\begin{cases} \omega \big|_{p=1000, 100 \text{ hPa}} = 0 \\ \omega \big|_{侧边界} = 0 \end{cases} \quad (2)$$

式中 ψ 为流函数,χ 为势函数,$\sigma = -\dfrac{RT}{p\theta} \dfrac{\partial \theta}{\partial p}$ 为静力稳定参数。

(1)式中右边各强迫函数的物理意义如下:

$f \dfrac{\partial}{\partial p} J(\psi, \zeta_a)$ 为旋转风涡度平流的垂直差异;$\dfrac{RT}{p\theta} \nabla J(\psi, \theta)$ 为旋转风温度平流的拉普拉斯,反映了温度平流水平分布不均匀对 ω 的影响;$-f \dfrac{\partial}{\partial p} J(\zeta, \nabla^2 \chi)$ 为平衡模式散度项的垂直差异,即大尺度涡度制造的垂直差异;$-\dfrac{R}{c_p p} \nabla^2 H_S$ 为感热作用;$-\dfrac{R}{c_p p} \nabla^2 \cdot H_{LS}$ 为大尺度潜热加热作用;$-\dfrac{R}{c_p p} \nabla^2 H_{LC}$ 为积云对流潜热加热作用;$f \dfrac{\partial}{\partial p} \left(\omega \dfrac{\partial}{\partial p} \nabla^2 \psi \right)$ 为涡度垂直平流的垂直差异;$f \dfrac{\partial}{\partial p} \left(\nabla \omega \cdot \nabla \dfrac{\partial \psi}{\partial p} \right)$ 为涡度扭转的垂直差异;$-f \dfrac{\partial}{\partial p} (\nabla \chi \cdot \nabla \zeta_a)$ 为辐散风涡度平流的垂直

差异；$-\dfrac{RT}{p\theta}\nabla^2(\nabla\chi\cdot\nabla\theta)$ 为辐散风温度平流的拉普拉斯。

因为上述各项分别代表各种物理因子对 ω 的强迫作用，所以各项之和可看作是各强迫函数的叠加，即

$$F = \sum F_i$$

于是方程（1）可写成

$$\nabla^2\sigma\omega + f^2\frac{\partial^2\omega}{\partial p^2} = \sum F_i \tag{3}$$

因此可由下式分别求解各强迫函数对应的 ω 场

$$\begin{cases} \nabla^2\sigma\omega_i + f^2\dfrac{\partial^2\omega_i}{\partial p^2} = F_i \\ \omega_i\,\big|_{\text{侧边界}},\, p = 1000,100\ \text{hPa} = 0 \end{cases} \tag{4}$$

并有

$$\omega = \sum\omega_i \tag{5}$$

为使方程（4）能够求解，必须使之成为椭圆方程，即满足 $c>0$。但实际上热带大气常常是条件性不稳定的，尤其在对流活动区，σ 在很多点是负值。为此，对 σ 作如下处理：用实测资料计算 σ 的区域平均值 $[\sigma]$，如 $[\sigma]<0$，就用 $\sigma=-0.1\times[\sigma]$ 代替，则 $\sigma=\sigma(P,t)$。这样对 ω 计算值的影响是使垂直运动的峰值减小。由于计算区域不大，可取 f 为常数（$f=2\Omega\sin 15°$）。

关于非绝热加热的计算，未考虑辐射加热，只考虑下垫面的感热输送和潜热加热（包括大尺度加热和 积云对流加热）。为此，总加热率为

$$H = H_S + H_{LS} + H_{LC} \tag{6}$$

2.2.1　感热（H_S）的计算

地表面（洋面）感热通量可用总体空气动力学公式计算：

$$F_0 = C_D\rho_s c_p(T_s - T_a)\,|\,V_s\,| \tag{7}$$

式中 ρ_s 为近地层空气密度，T_s 为地表面或海面温度，T_a 为地面或海面气温，V_s 为地表面或海面附近的风速，C_D 是阻力系数，可以是 V_s 的函数，低压中心附近 $V_s>10$ m/s，可取 $C_D=2.0\times10^{-3}$。感热通量一般仅限于边界层，故可设 850 hPa 上感热通量为零，该高度近似代表边界层顶。为此，感热加热率为

$$H_s = g\frac{\partial F_0}{\partial p} = g\frac{F_0}{P_s - 850} \tag{8}$$

2.2.2　大尺度加热（H_{LS}）的计算

大尺度加热必须满足三个条件：①大气是绝对稳定的，即 $-\dfrac{\partial\theta}{\partial p}>0$ 或 $\dfrac{\partial\theta_e}{\partial p}>0$；②在计算的各层次中，大气是近似饱和的，即 $f\approx 100\%$；③在该层中存在上升运动，即 $\omega<0$。对季风低压来说，取弱不稳定条件 $\left(-\dfrac{\partial\theta_e}{\partial p}>0\right)$ 和 $f>75\%$ 是比较合乎实际的，而且一般都存在上升运动（$\omega<0$），所以基本满足上述条件，有大尺度加热产生。

在满足上述条件的情况下，稳定性加热率取决于饱和比湿的时间变化率，即

$$H_{LS} = -L\frac{\mathrm{d}q_s}{\mathrm{d}t} \tag{9}$$

式中 L 是凝结潜热,在上升运动区可近似取 $\dfrac{\mathrm{d}q_s}{\mathrm{d}t}\approx\omega\,\dfrac{\partial q_s}{\partial p}$,则(9)式可改写为

$$H_{LS}=-L\omega\,\frac{\partial q_s}{\partial p} \tag{10}$$

其中

$$\frac{\partial q_s}{\partial p}=C_5\left(\frac{1}{p}-C_6\right)\Big/\left(1-\frac{L}{c_p}\times C_3\times C_5\right),$$

$$C_5=-\frac{0.633\times 6.11}{p}\exp\left[\frac{a(T-273.16)}{T-b}\right],$$

$$C_6=c_3\times\left[\frac{RT}{c_p p}(1+0.61q_s)\right],$$

$$C_3-\frac{a}{T-b}-\frac{a(T-273.16)}{(T-b)^2}$$

a,b 为已知常数,T 为气温。

2.2.3　积云对流加热(H_{LC})的计算

我们采用 Kuo[12] 的积云对流参数化方案计算 H_{LC}。为此,要有云发生,必须满足两个条件:①大气是条件不稳定的,即 $\dfrac{\partial\theta_{se}}{\partial p}>0$;②气柱有净的水汽供应,即有水汽辐合($M_t>0$)。设 $\Delta q\approx 0$,则积云加热率只有

$$\Delta T=g\,\frac{(1-b)L\cdot M_t(T_s-T)\pi}{c_p(p_B-p_T)(T_s-T)}\qquad\text{(当 }T_s>T) \tag{11}$$

其中

$$M_t=-\frac{1}{g}\int_0^{p_s}(\nabla\cdot\boldsymbol{V}q)\mathrm{d}p+\rho_s C_D\,|\,\boldsymbol{V}_s\,|\,(q_s-q),\ \ \pi=(p_0/p)^{R/c_p}$$

$$b=b_1\tau^*/(t+\tau^*)$$

$$b_1=\int_{p_T}^{p_B}(q_s-q)\mathrm{d}p\Big/\int_{p_T}^{p_B}\left[\frac{c_p}{L}(T_s-T)+(q_s-q)\right]\mathrm{d}p$$

$$\langle T_s-T\rangle=\frac{1}{p_B-p_T}\int_{p_T}^{p_B}(T_s-T)\mathrm{d}p$$

式中 p_s、p_T、p_B 分别为海平面气压、云顶和云底气压,T_s、T 分别为云中温度和环境温度,$\boldsymbol{V}$、ρ_s 分别为海面风速和空气密度,q_s、q 分别为海面和近海面空气比湿,b、b_1 为湿润因子,t、τ^* 为时间。各层的 T_s 一般可由下式求得

$$T_{sp}=T_s(p+\Delta p)-\tau_m\Delta p$$

其中

$$\tau_m=\frac{\mathrm{d}T_s}{\mathrm{d}p}=\frac{0.2876T_s}{p}\left(1+\frac{9.045Le_s}{pT_s}\right)\Big/\left[1+\frac{17950Le_s}{pT_s^2}\left(1-\frac{T_s}{1300}\right)\right]$$

取 $\Delta p=100$ hPa,因此可有

$$-\frac{R}{c_p p}\nabla^2 H_{LC}=-\frac{R}{p}\nabla^2(\Delta T) \tag{12}$$

3　各种物理因子对 ω 的贡献

南海季风低压是属热带扰动,潜热加热是其发展的主要能源。根据 ω 方程对低压过程的计算结果,讨论各种物理因子对垂直运动的贡献,可较好地揭示南海季风低压发生发展的机制。

表 1 给出了 ω 方程中各强迫函数的计算结果,同时给出了某些项对应的垂直速度纬向剖面图。由此讨论各强迫函数对 ω 的贡献。

表1　ω-方程中各强迫项对应的垂直速度在低压中心附近的区域平均值（单位：×10⁻⁵ hPa·s⁻¹）

强迫函数	初生阶段					发展阶段				
	800	700	600	500	300	800	700	600	500	300
$f\dfrac{\partial}{\partial p}J(\psi,\zeta_a)$	−5.1	−6.5	−7.0	−9.2	−16.7	−3.8	−9.3	−10.3	−11.9	5.4
$\left(\dfrac{RT}{p\theta}\right)\nabla^2 J(\psi,\theta)$	17.5	25.1	33.7	39.4	34.5	−16.9	−28.6	−35.9	−35.9	−20.3
$-f\dfrac{\partial}{\partial p}(\nabla\chi\cdot\nabla\zeta_a)$	−21.1	−23.2	−21.0	−22.0	3.1	−28.1	−31.1	−25.9	−18.4	−0.5
$-\left(\dfrac{RT}{p\theta}\right)\nabla^2(\nabla\chi,\nabla\theta)$	3.0	2.2	2.1	2.9	3.6	1.3	0.6	0.5	1.0	−2.7
$f\dfrac{\partial}{\partial p}(\zeta\cdot D)$	16.2	9.7	2.2	−1.9	−8.6	24.4	15.2	5.3	2.2	−17.2
$f\dfrac{\partial}{\partial p}\left(\omega\dfrac{\partial\zeta}{\partial p}\right)$	−12.9	−10.7	−10.2	−9.4	−2.5	−7.8	−8.0	−8.9	−10.7	−7.3
$f\dfrac{\partial}{\partial p}\left(\nabla\omega\cdot\nabla\dfrac{\partial\zeta}{\partial p}\right)$	5.5	6.6	5.5	5.3	4.9	5.9	5.6	6.2	7.1	3.0
$-\left(\dfrac{R}{c_p}p\right)\nabla^2 H_S$	−1.3	−0.9	−0.6	−0.4	−0.1	−6.3	−4.0	−2.6	−1.7	−0.2
$-\left(\dfrac{R}{c_p}p\right)\nabla^2 H_{LS}$	−20.3	−31.8	−43.5	−61.4	−58.0	−21.0	−42.7	−55.4	−68.6	−44.8
$-\left(\dfrac{R}{c_p}p\right)\nabla^2 H_{LC}$	−7.0	−7.7	−10.0	−9.6	−9.4	−44.1	−108.0	−179.4	−206.5	−41.8
$\sum F_i$	−25.5	−37.2	−48.8	−66.6	−49.2	−96.4	−210.3	−306.4	−343.4	−126.4

强迫函数	强盛阶段					减弱阶段				
	800	700	600	500	300	800	700	600	500	300
$f\dfrac{\partial}{\partial p}J(\psi,\zeta_a)$	−0.8	−2.5	−3.6	−1.2	−1.1	−15.8	−11.6	−1.0	12.3	17.8
$\left(\dfrac{RT}{p\theta}\right)\nabla^2 J(\psi,\theta)$	−11.4	−11.1	−15.2	−13.2	11.9	36.9	30.8	19.8	8.6	4.7
$-f\dfrac{\partial}{\partial p}(\nabla\chi\cdot\nabla\zeta_a)$	−42.5	−44.7	−56.7	−52.3	−18.2	−15.1	−7.4	5.5	12.6	11.9
$-\left(\dfrac{RT}{p\theta}\right)\nabla^2(\nabla\chi,\nabla\theta)$	8.5	7.1	2.6	−1.9	−0.8	0.7	2.7	1.5	1.0	1.3
$f\dfrac{\partial}{\partial p}(\zeta\cdot D)$	55.4	69.5	72.9	66.6	20.0	33.0	15.0	−10.8	−21.1	−11.1
$f\dfrac{\partial}{\partial p}\left(\omega\dfrac{\partial\zeta}{\partial p}\right)$	−19.2	−21.5	−23.7	−24.7	−20.2	−12.5	−13.4	−10.8	−10.2	−5.3
$f\dfrac{\partial}{\partial p}\left(\nabla\omega\cdot\nabla\dfrac{\partial\zeta}{\partial p}\right)$	8.6	8.9	9.6	9.6	12.3	6.5	5.7	3.6	3.5	2.8
$-\left(\dfrac{R}{c_p}p\right)\nabla^2 H_S$	−9.6	−7.4	−5.7	−4.1	−1.1	2.4	1.0	0.3	0.0	−0.3
$-\left(\dfrac{R}{c_p}p\right)\nabla^2 H_{LS}$	−17.9	−26.1	−33.2	−36.3	−43.1	−11.5	−5.0	−0.4	3.1	7.8
$-\left(\dfrac{R}{c_p}p\right)\nabla^2 H_{LC}$	−529.7	−1106.1	−2304.4	−1378.4	−23.3	47.5	72.3	98.5	95.6	16.0
$\sum F_i$	−558.6	−1133.9	−2357.45	−1435.9	−63.6	72.1	90.1	106.2	105.1	45.6

3.1　旋转风涡度平流的垂直差异 $\left[f \dfrac{\partial}{\partial p} J(\psi, \zeta_a) \right]$ 所造成的 ω 分布

图 1 给出了该项所对应的 ω 纬向垂直剖面图,可见低压各阶段都是在低压东侧为上升运动区,西侧为下沉运动区. 作者[10]曾指出,低压东侧低层为较强的西南季风气流,高层为东北风,即低层为负涡度平流,高层为正涡度平流,负涡度平流随高度减小,故 $f \dfrac{\partial}{\partial p} J(\psi, \zeta_a) < 0$,则 $\omega < 0$,即产生上升运动. 低压西侧上下层均为东北风,气旋性环流以中低层较强,故正涡度平流随高度减小,即 $f \dfrac{\partial}{\partial p} J(\psi, \zeta_a) > 0$,所以在低压西侧产生下沉运动。

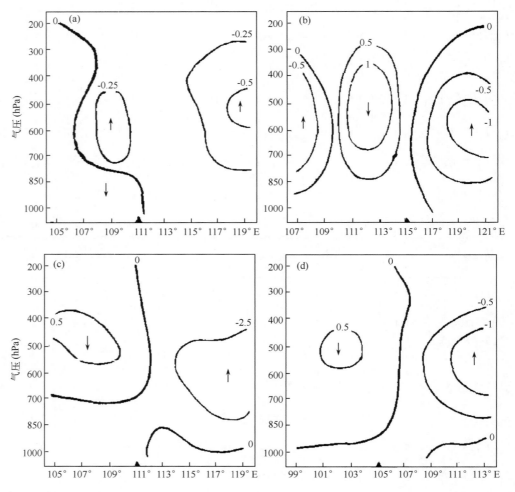

图 1　$f \dfrac{\partial}{\partial p} J(\psi, \zeta_a)$ 项对应的 ω (10^{-3} hPa·s^{-1})沿低压中心的纬向垂直剖面(黑三角表示低压中心)

(a)初生阶段;(b)发展阶段;(c)强盛阶段;(d)减弱阶段

　　在季风低压初生阶段,低层西南季风气流较强,气旋性环流很弱,且仅出现在低层,故负涡度平流随高度减小,因而导致低压基本上是上升运动,这表明旋转风涡度平流对低压形成有重要贡献。随着低压的发展,气旋性环流加强,并向中高层伸展,低压东侧低层西南季风气流带

来很强的负涡度平流,同时低压西侧的正涡度平流也增强,涡度平流随高度的变化更明显,因而造成低压东侧产生较强的上升运动,西侧为下沉运动。最强上升运动出现在 600～500 hPa 附近。

3.2　旋转风湿度平流的拉普拉斯 $\left[\dfrac{RT}{p\theta}\nabla^2 J(\psi,\theta)\right]$ 对 ω 的影响

该项反映了温度平流水平分布不均匀所造成的垂直运动,如 $\nabla^2 J(\psi,0)<0$,即暖平流,产生上升运动($\omega<0$),冷平流产生下沉运动。该项所对应的 ω 如图 2 所示。

低压初生时期冷暖平流较弱,垂直运动较小,在低压中心附近盛行下沉运动(图 2a),这说明低压初生阶段的上升运动不是由于暖平流输送引起的,因而该项对季风低压的形成没有贡献。在发展阶段,由于气旋性环流加强,西南季风气流的暖平流输送也加强,因而在低压中心附近产生很强的上升运动,尤其是强盛阶段,中低层的暖平流输送最强,上升运动也达到最强,中心达 -4×10^{-3} hPa·s^{-1},出现在 700 hPa 附近(图 2b,d)。可见暖平流输送虽对低压初生阶段贡献不大,但对加强发展时期的上升运动是有重要作用的。在低压西侧由于受来自陆地的冷平流影响,出现下沉运动。

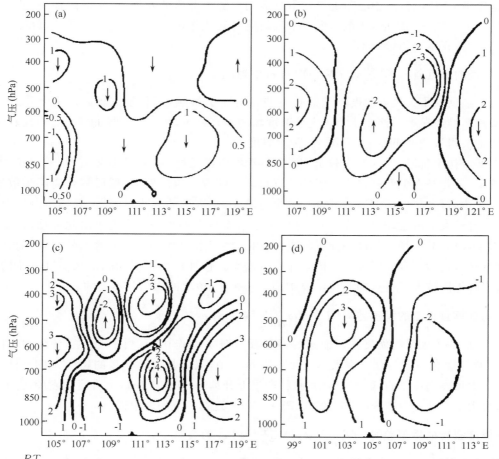

图 2　$\dfrac{RT}{p\theta}\nabla^2 J(\psi,\theta)$ 项对应的 ω(10^{-3} hPa·s^{-1})沿低压中心的纬向垂直剖面(黑三角表示低压中心)

(a)初生阶段;(b)发展阶段;(c)强盛阶段;(d)减弱阶段

3.3　辐散风涡度平流的垂直差异 $\left[-f\dfrac{\partial}{\partial p}(\nabla\chi\cdot\nabla\zeta_a)\right]$ 对 ω 的贡献

该项的贡献是有利于产生上升运动。从低压初生到强盛阶段，中低层均为上升运动，尤以强盛阶段最强，整层为上升运动，同其他各项相比，该项对低压初始上升运动的贡献是显著的。在低压中心附近，低层辐合、高层辐散，因而辐散风涡度平流的垂直分布是低层为负涡度平流，高层为正涡度平流，故 $-f\dfrac{\partial}{\partial p}(\nabla\chi\cdot\nabla\zeta_a)<0$，即产生上升运动($\omega<0$)。在低压初生阶段，上升运动主要出现在中下层，这是因为低层辐合为负涡度平流，而中上层辐散风涡度平流微弱。随着低压的发展，低层辐合、高层辐散加强，因而辐散风涡度平流的作用也加大。在强盛阶段其作用最大，造成最强 ω 出现在 600 hPa 附近，可达 -0.9×10^{-3} hPa·s^{-1}。这说明在季风低压发生发展过程中，在辐散风作用下，其本身将不断产生有利其发展的因素。

3.4　辐散风温度平流的拉普拉斯 $\left[-\left(\dfrac{RT}{p\theta}\right)\nabla^2(\nabla\chi,\nabla\theta)\right]$ 对 ω 的影响

该项主要取决于辐散风温度平流分布的不均匀性，不利于产生上升运动，但其贡献很小。在低压初生阶段，低层辐合对应暖区，辐散风向低压输送冷平流，高层辐散对应冷区，辐散风向外输送冷平流，所以低压中心附近盛行下沉运动。随着低压的发展，由于潜热加热，使低压中心附近上空增温变为暖区，辐散风温度平流效应将起负作用，抵消非绝热加热的贡献，但其作用较小，对垂直运动的影响不大。

3.5　散度的垂直差异 $\left[f\dfrac{\partial}{\partial p}(\zeta\cdot\nabla^2\chi)\right]$ 对 ω 的影响

这一项反映了大尺度涡度制造的垂直差异对 ω 的影响，不利于低压区产生上升运动，对强盛阶段影响最显著。该项主要决定于散度场的垂直分布，因为涡度场的垂直分布比较一致，在低压中心附近，300 hPa 以下均是气旋性涡度。

在低压初生阶段，无辐散层较低，辐合主要集中在低层，中上层辐散较弱，所以该项对 ω 影响较小，主要是在中低层造成较弱的下沉运动。随着低压的发展，低层辐合高层辐散加强，无辐散层抬高，大尺度涡度制造的垂直差异也增大，下沉运动逐步增强，至强盛阶段该项影响最大，这时最大下沉运动可达 3×10^{-3} hPa·s^{-1}，出现在 600 hPa 附近。由此可见，在低压发展过程中，由于散度场和涡度场配置的这种变化，将产生抑制上升运动增强的因素，而且随着低压的增强，这种不利低压发展的因素作用也增大。这种作用正好同辐散风涡度平流的作用相反，但其作用较大，不过，同其他主要物理因子相比，该项的作用是不大的。

3.6　涡度垂直平流的垂直差异 $\left[f\dfrac{\partial}{\partial p}(\omega\dfrac{\partial}{\partial p}\nabla^2\psi)\right]$ 对 ω 的贡献

该项反映了大尺度涡度垂直输送的通量辐合对 ω 的作用，有利于产生上升运动，对低压初始上升运动有一定贡献。在低压发生发展过程中，涡度是向上输送的，且以中上层输送较强，由于大尺度涡度垂直输送的不均匀，将产生上升运动，促使低压区上升运动发展，但其贡献较小，最大上升速度只有 -0.5×10^{-3} hPa·s^{-1}，出现在 500 hPa 附近。

3.7　涡度扭转的垂直差异 $\left[f\dfrac{\partial}{\partial p}(\nabla\omega\cdot\nabla\dfrac{\partial\phi}{\partial p})\right]$ 对 ω 的贡献

该项的作用是抑制上升运动，但影响很小，最大垂直速度约 0.5×10^{-3} hPa·s^{-1}，也出现在 500 hPa 附近，且各阶段变化不大。这也说明斜压过程的作用甚小。

3.8 加热效应对 ω 的贡献

这里只简单讨论感热加热($-\dfrac{R}{c_p p}\nabla^2 H_S$)、大尺度潜热加热($-\dfrac{R}{c_p p}\nabla^2 H_{LS}$)和积云对流潜热加热($-\dfrac{R}{c_p p}\nabla^2 H_{LC}$)对 ω 的贡献。对于这个问题,我们将在另文[①]进行详细讨论。

感热加热分布的不均匀性可反映海面感热输送对 ω 的作用。但低压区内海气温差的水平差异很小,所以该项的贡献也较小。

计算结果表明(表 1),潜热加热对 ω 的贡献最大,尤其是积云对流加热最重要。这种加热主要集中在低压中心附近及其东南侧。但在不同阶段潜热加热的性质是有所不同的。由表 1 可见,在低压初生阶段,潜热加热主要是大尺度加热的贡献,在低压中心附近产生上升运动,最强达 -7×10^{-3} hPa・s^{-1},其贡献为积云加热贡献的 4 倍。这反映了西南季风气流的水汽输送及其在有利环境场中释放大量凝结潜热,对低压发生的重要作用。随着低压的发展,由于气旋性环流和水汽辐合的加强,潜热加热的贡献也增大,尤其是积云对流加热越来越显著,其贡献要比大尺度加热大一倍。至强盛阶段,积云对流加热的贡献更是大尺度加热贡献的 $5\sim6$ 倍。可见,积云对流加强是促使低压发展的主要因素。当低压移近大陆,进入减弱阶段,由于水汽供给减少,积云对流及其加热也迅速减弱,因而低压中心附近出现下沉运动。这表明,南海季风低压的减弱主要是水汽供给和潜热减少的结果。

4 讨论和结论

(1)多层非线性平衡 ω 方程的诊断结果表明,在南海季风低压发生发展过程中起主要作用的物理过程有积云对流加热、大尺度加热、旋转风温度平流和涡度平流,其中以潜热加热的贡献最显著。温度平流在初期没有贡献,但对低压发展有明显贡献。旋转风涡度平流和辐散风涡度平流对整个低压发展过程都有重要作用。其他各项的贡献均较小,约比潜热的贡献小一个量级。

(2)潜热加热效应对南海季风低压的发生发展起主导作用。低压的形成主要是大尺度加热起作用,低压的发展和加强则主要决定于积云对流加热及其与环境场的相互反馈作用。积云对流减弱,低压也随之减弱。

(3)南海季风低压的发生发展与环境场条件有着密切的关系,特别是依赖于西南季风气流的变化。大尺度加热和积云对流的发展主要取决于西南季风气流的水汽输送及水汽辐合。西南季风气流的暖平流输送对于低压中心附近上升运动的增强和暖心结构的建立都起重要作用。

(4)CISK 机制是南海季风低压发生发展的主要机制,这与台风的形成机制是类似的,与 Krishnamurti[2] 和 Shukla[5] 对印度季风低压的研究结果是相同的,但同 Lindzen[7] 和 Mak[8] 等的结论是不一致的,同中层气旋的形成机制也不相同。

(5)南海季风低压的发生发展是积云对流与大尺度环境场相互反馈作用的结果,其物理过

---

① 梁必骐,刘四臣. 加热效应对南海季风低压垂直环流的贡献. 1987.

程可归结如下：

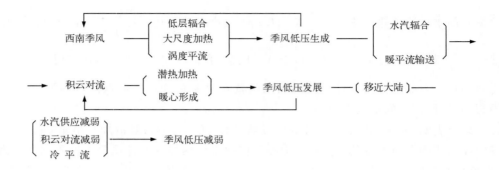

参考文献

[1] Krishnamurti T N,et al. *J Met Soc*,Japan,1975,**53**:227-239.

[2] Krishnamurti T N,et al. *J Met Soc*,Japan,1976,**54**:208-225.

[3] Sikka D R. *Pure Appl Geophys*,1977,**115**:1501-1529.

[4] Shukla J J. *Atmos Sci*,1978,**35**:495-508.

[5] Shukla J. *Indian J Met Hyd Geophys*,1978,**29**:302-315.

[6] Rao K V,et al. *Indian J Met Hyd Geophys*,1978,**29**:260-272.

[7] Lindzen R S. *Intern Conf on Tropi Met*,Oct.,1952,Janpan.

[8] Mak M,et al. *Tellus*,1982,**34**:358-368.

[9] 梁必骐,邹美恩,李勇,李斌. 热带海洋,1985,**4**:60-69.

[10] 梁必骐,刘四臣. 海洋学报,1988,**10**:5.

[11] Krishnamurti T N. *Mon Wea Rev*,1968,**96**:197-207.

[12] Kuo H L. *J Atmos Sci*,1974,**31**:1232-1240.

A comparison analysis between developed and undeveloped depressions over the South China Sea

Liang Biqi[1] and Zhang Qiuqing[2]

(1. Department of Atmospheric Sciences, Zhongshan University, Guangzhou, China;

2. National Research Center for Marine Environment Forcasts, Beijing, China)

Abstract In this paper, by using two sets of composite data of developed and undeveloped depressions over the South China Sea, we analyze and compare the dynamic structures, the heating fields and the vorticity budget residuals of two different types of depressions. Our conclusions are as follows:

The two types of depressions are similar in thermodynamical and dynamical structures. The main differences are: in the high layer of developed depression there is a divergece field, with a center near the zero line of vertical wind shear, and over undeveloped depression, the divergence field is weaker and the vertical wind at its center is greater than $5 \text{ m} \cdot \text{s}^{-1}$. The thermodynaimcal field of the former is asymmetrical and that of the latter is quasi-symmetrical. As far as the dynamics structure is concerned, the convergence in the lower layer and the difference of divergence between the upper and lower layers of developed depression is three tmies larger than that of undeveloped depression. The upward motion and heating field at the center of developed depression is also stronger than that of undeveloped one.

The vorticity budget of the two types of depressions is mainly determined by the divergence term, the vorticity advection term and the vertical transport term. The residual term is also important. The principal contribution comes from the divergence term. This is more significant of developed depression than for undeveloped depression.

1 INTRODUCION

The tropical disturbances over the South China Sea are active. Statistically, about 10 depressions can be observed every year, and almost all "Nanhai Typhoons" (South China Sea Typhoon) are developed originally from these depressions. So to analyze the structures and synoptic circumstances of developed and undeveloped depressions will be helpful for predicting the formation of typhoons over the South China Sea.

The advantage of using composite method to study typhoons has been shown (Gray, 1977; Mcbirde, 1981; Liang et al, 1986). In this paper, this method is employed to compare

本文发表于《海洋学报(英文版)》,1989,8(2).

the structures of developed and undeveloped depressions over the South China Sea. The heating field and vorticity budget will also be calculated.

In this paper, "Nanhai Depression" (South China Sea Depression) is defined as the low pressure system originated in the South China Sea or from western Pacific, with maximum wind speed about $11-17$ m $\cdot$ s^{-1} near the center. Such a depression which will develop into typhoon within 24 h is defined as developed depression. Otherwise it is defined as undeveloped depression.

2　DATA SOURCES AND CALCULATION METHOD

According to "The Synoptic Map" and "Yearbook of Typhoons" edited by the State Meteorological Administration (SMA) of PRC, there were 311 depressions observed over the South China Sea from 1949 to 1986. Among them, one hundred and seventy-eight are developed (57%) and one hundred and thirty-three are undeveloped (43%). It has also been found that most developed and undeveloped depressions occur in August and September.

From these 311 cases, we choose 16 developed and 14 undeveloped depressions with almost the same intensity. By using composite method, two data sets are obtained. The area for developed depressions is 20° of latitude and of longitude, and that for undeveloped is 16° of latitude and of longitude. The two centers are at 16.4°N, 115.6°E and 15.7°N, 112.9°E respectively. The grid point interval is 2° of latitude and of longitude, while there are ten levels vertically: 1000, 850, 700, 500, 400, 300, 250, 200, 150 and 100 hPa.

The temperature field is manifested in the form of deviation from the area mean. The humidity field is shown with the composite relative humidity. The vorticity, divergence and vertical velocity of the two types depressions are derived from the composite wind field at all levels. Furthermore, from the First Thermal Theorem:

$$\frac{\mathrm{d}\theta}{\mathrm{d}t} = \frac{\theta}{T}\frac{H}{c_p} \tag{1}$$

and the potential temperature relation in the differential form:

$$\frac{\mathrm{d}\theta}{\mathrm{d}t} = \frac{\theta}{T}\frac{\mathrm{d}T}{\mathrm{d}t} - \frac{K\theta}{p}\omega \tag{2}$$

the local change rate of temperature is written as:

$$\frac{\partial T}{\partial t} = \left(\frac{KT}{p} - \frac{\partial T}{\partial p}\right)\omega - V \cdot \nabla T + \frac{H}{c_p} \tag{3}$$

where $K = R/c_p$, R, the gas constant; c_p, the specific heat at constant pressure; T, temperature; θ, potential temperature; ω, vertical velocity of large-scale motion; H, the heating rate of unit air mass, which can be computed from ω and the condensation function. According to the composite temperature and humidity data and the vertical motion of large scale, we computed the heating field of the two types of depressions with Eq. (3).

If friction is neglected, the vorticity equation of large scale is:

A comparison analysis between developed and undeveloped depressions
over the South China Sea
· 149 ·

$$\frac{\partial \zeta}{\partial t} = -V \cdot \nabla \eta - \eta \nabla \cdot V - \omega \frac{\partial \eta}{\partial p} - K \cdot \nabla \omega \Lambda \frac{\partial V}{\partial p} \tag{4}$$

Any variable A can be written as $A = \overline{A} + A'$. $\overline{A}$ is the large scale part of the variable. And A', representing smaller scales, is the deviation from $\overline{A}$. Then Eq. (4) can be expressed as:

$$\frac{\partial \zeta}{\partial t} + \overline{V} \cdot \nabla \overline{\eta} + \overline{\eta} \nabla \cdot \overline{V} + \overline{\omega} \frac{\partial \overline{\eta}}{\partial p} + K \cdot \nabla \overline{\omega} \Lambda \frac{\partial \overline{V}}{\partial p}$$

$$= -\nabla \cdot \overline{\eta' V'} - \overline{\omega' \frac{\partial \eta'}{\partial p}} - K \cdot \overline{\nabla \omega' \Lambda \frac{\partial V'}{\partial p}} \tag{5}$$

In the right hand of (5), only $-\overline{\omega' \frac{\partial \eta'}{\partial p}}$ is relatively large, and the other terms can be omitted.

Let $D = \nabla \cdot V$, $Z = -\overline{\omega' \frac{\partial \eta'}{\partial p}}$, and omit the symbol "—". Then Eq. (5) can be simplified as:

$$\frac{\partial \zeta}{\partial t} = -V \cdot \nabla \eta - \eta \nabla D - \omega \frac{\partial \eta}{\partial p} - K \cdot \nabla \omega \Lambda \frac{\partial V}{\partial p} + Z \tag{6}$$

where ζ and η are relative vorticity and absolute vorticity respectively, D is divergence, K is the unit vector in the vertical direction. The terms in the right hand of Eq. (6) represent vorticity advection, divergent producing, vertical transportation of large scale vorticity, twist term and residual respectively. The last term Z mainly reflects the effect of vertical transportation of cumulu scale vorticity on large scale vorticity. In our calculation, Z is estimated as a residual of the large scale vorticity budget.

3   THE COMPARISON OF THE STRUCTURES OF THE TWO TYPES OF DEPRESSIONS

3.1   The composite wind field

The composite flow patterns of the two types of depressions are quite similar, although some obvious differences exist. The common characteristics of the composite flow fields at 850 hPa (Fig. 1) are as follows. In flows are converged towards the centers; there are a westerly jet on the south side and an easterly jet on the north side. The two jets of a developed deperssion are stronger than those of an undeveloped one. Especially, the southwest wind speed in the southeast quadrant of a developed depression is twice of that of an undeveloped one. The vertical distribution of the wind component shows that, compared with those of an undeveloped depression, the westerly wind on the south side and the southerly wind on the east side of a developed deperssion are stronger and spread over a large region than those of the undeveloped one. From the cross-section diagram of west-east wind components across the center of depressions (the diagram is not shown), the dividing line between the easterly and the westerly (zero line) can reach as high as over 400 hPa for the developed depression. This means that the west wind exists up to 400 hPa (with a maximum of over $10 \text{ m} \cdot \text{s}^{-1}$). But for the undeveloped depression, the west wind exists below 500 hPa (with a maximum of about $5 \text{ m} \cdot \text{s}^{-1}$). This indicates that the vapor transportation by the south-west monsoon has an important effect on the formation of typhoon.

　　Figure 2 shows the composite flow fields in the upper layer (200 hPa). It is obvious that the easterly is dominant in the upper-layer for the two types of depressions. But for the developed one, there are divergent flows with a center located in the north of the upper-layer jet, that is on the side of an anticyclonic mass circulation. This is favorable for the development of depressions beneath. The center of the undeveloped depression is located near the axis of the upper-layer jet, where the flows are convergent, and it is unfavorable for the further development of depression.

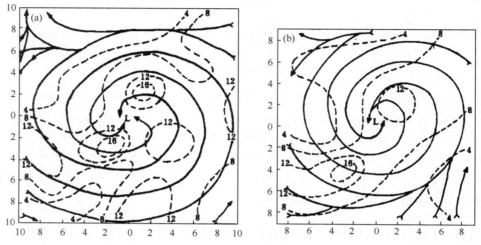

Fig. 1　Composite flow field of depression over the South China Sea for 850 hPa

(dashed line is isotacu, unit in m $\cdot$ s^{-1})

(a) For the developed; (b) for the undeveloped

　　One of the important dynamic parameters for the formation of typhoon is the weak vertical shear of the horizontal wind. This is a key condition for the formation of a warm core in the typhoon. Here we use $U_{200\text{ hPa}} - U_{850\text{ hPa}}$ and $V_{200\text{ hPa}} - V_{850\text{ hPa}}$ to represent the composite wind vertical shear in latitudinal and meridional directions respectively. The distributions of vertical shear of meridional wind for the two types of depressions are similar to each other. This diagram is not shown. Comparing Figs 3a with 3b, we find that the vertical shears of the longitudinal wind component are positive on the north side and negative on the south side. But for the developed depression, the gradient near its center is relatively large and the zero shear line passes through its center, while the center of the undeveloped depression is located in the area of high values of vertical shear (about $5 \sim 10$ m $\cdot$ s^{-1}) and the weak vertical shear area is relatively small. As shown by some authors (Gray, 1968, 1977; Erickson, 1977), almost all typhoons and hurricanes are formed in areas where the vertical shear of wind is smaller than 5 m $\cdot$ s^{-1}. As shown in their another paper, the present authors found that the average value for the developed is 2.0 m $\cdot$ s^{-1} and that for the undeveloped is 5.3 m $\cdot$ s^{-1} (Liang et al, 1986). This means that 5 m $\cdot$ s^{-1} is the critical value for the

development of depressions over the South China Sea. The result of this paper agrees with
this.

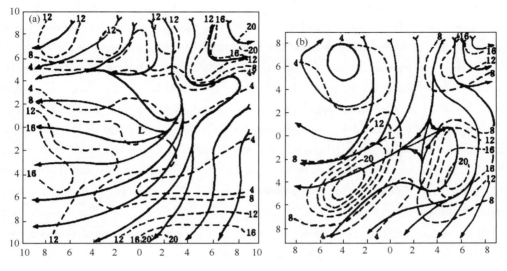

Fig. 2   Same as Fig. 1, but for 200 hPa

(a) the developed; (b) the undeveloped

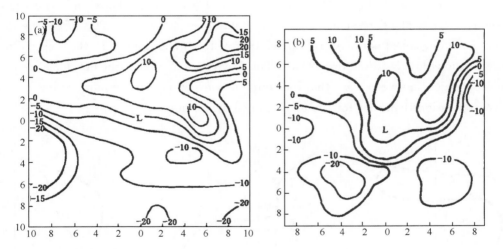

Fig. 3   Distribution of vertical shear of winds for depressions over the South China Sea (unit in m • s^{-1})

(a) the developed; (b) the undeveloped

3. 2   Dynamic parameter fields

Figure 4 illustrates the vertical profile of average vorticity, divergence and vertical veloc-
ity near the center calculated from the composite data sets. After taking a comprehensive
comparison between the developed and undeveloped tropical depressions in the Northwest
Pacific Ocean and the Atlantic Ocean, Erickson (1977) and Mcbride (1981) pointed out that

the divergence difference between the two types of depressions is not significant. The main difference is the low-level vorticity field. The vorticity difference between the upper and lower layers of the developed depression is two to three times that of the undeveloped one. However, the results from our computation show that the vorticity differences of the upper and lower layers are about the same for the two types of depressions over the South China Sea. And the difference of divergence of the upper and lower layers is quite obvious. As shown in Fig. 4a, there is no difference between the two vorticity fields except that the negative vorticity field in the upper layer of the developed depression is stronger. Figure 4b shows that for the developed depression, the flow field is convergent below 250 hPa and divergent above 250 hPa. Even though the convergence in the undeveloped depression can also reach 200 hPa, the convergence in the mid-lower layer for the developed depression is about two to three times that for the undeveloped one. The divergence difference between the upper and lower layers ($D_{200 \text{ hPa}} - D_{850 \text{ hPa}}$) for the two types of depressions is more significant. All these indicate that the synoptic circumstance for the formation of typhoon over the South China Sea is quite different from that over other oceans.

　　From Fig. 4c, it can be seen that near the centers of these two types of depressions, upward vertical motion prevails with a maxmum near 300 hPa for the developed and near 500 hPa for the undeveloped. Below700 hPa, there is no big difference between vertical motions of these two types of depressions. But in the mid-upper layer(500 — 200 hPa), the upward motion of the developed is one to two times that of the undeveloped. In the western part of each depression, downward motion exists. The downward motion of the developed depression is much stronger. So we can say that the cumulus convection is much more active for the developed depression than that for the undeveloped depression.

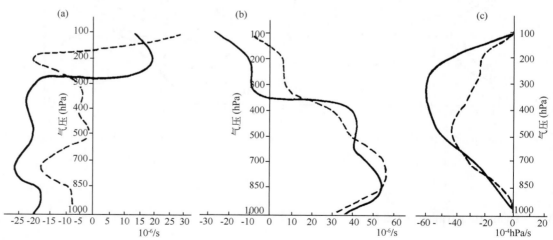

Fig. 4　The vertical profile of dynamic parameters near the center of the depression over the South China Sea

(soild lines for the developed, dashed lines for the undeveloped)

(a) vortitcity(unit in 10^{-6} s^{-1}); (b) divergence(unit in 10^{-6} s^{-1});

(c) vertical motion(unit in 10^{-4} hPa · s^{-1})

A comparison analysis between developed and undeveloped depressions
over the South China Sea
• 153 •

3. 3 Thermal parameter fields

Analysis shows that the distributions of temperature and humidity fields are asymmetric for the developed depression and quasi-symmetric for the undeveloped depression. This may be explained by the stronger temperature advection existing in the developed depression.

Figure 5a gives the vertical profiles of temperature difference between the center of depression ($R{\leqslant}2$ degrees in longitude) and the surrounding area ($2{<}R{\leqslant}6$ degrees in longitude). It shows that a negative temperature deviation exists in the lower-layer for both types of depressions, and a positive deviation at the mid-upper layer. But for the developed depression, the cold area extends much higher and the warm core at the upper layer (200 hPa) is also more obvious. This is because the vaporization cooling caused by rain and the latent heat releasing is more effective in the developed than in the undeveloped.

From the figure (omitted) of longitudinal and latitudinal cross-sections of relative humidity, it can be seen that the wet area in the eastern and southern parts of the developed depression is relatively large, and the wet layer extends into the layer above it. A small wet area exists near the center of the undeveloped depression. From the vertical profile of average relative humidity (Fig. 5b), it can be seen that the difference of relative humidity between the upper and lower layers is large. This shows that in the developed depression there is a more obvious stratification with an upper dry layer and a lower wet layer. Such an unstable stratification is favorable for the development of synoptic system.

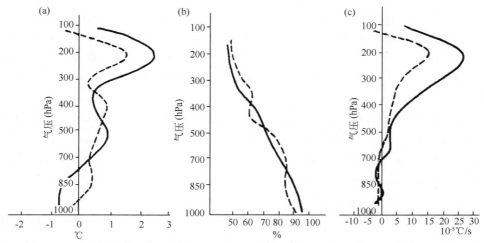

Fig. 5   The temperature and humidity fields and the vertical heating profile
for depressions over the South China Sea

(a) temperature deviation(℃); (b) relative humidity (%); (c) heating rate (10^{-5}℃ · s^{-1})

With the composite thermal fields and the large scale vertical velocity, we have calculated the heating rate of the two types of depressions by using Eq. (3). Figure 5c gives the vertical profile of heating rate near the centers. It is easy to see that the tendency of heating in the two types of depressions is similar. The difference under 700 hPa are very small. This is consistent with the distribution of vertical velocity. In both cases, the strongest heating appears near 200 hPa. The heating rate for the developed depression is twice that for the undeveloped one. In the western part of the two types of depressions, the heating rate is obvious too. This may be caused by the downward motion there.

4　A COMPARISON ANALYSIS OF VORTICITY BUDGET

If friction is ignored, the vorticity budget of large scale motion is mainly determined by divergence, advection, vertical transportation and twist terms. From the results of calculation, the magnitude of twist term is one order smaller than the other terms. So the following discussion is only focused on the other three terms and the effect of cumulus convection.

The computational results of each term in Eq. (6), averaged over the center of depression, are illustrated in Fig. 6. The divergence term ($-D \cdot \eta$) has the greatest contribution to the vorticity budget. For the two types of depressions, this term is the main positive vorticity maker in the mid-lower layer and the main negative vorticity maker in the upper layer. The value of vorticity cumulation of developed depression is more than twice that of the undeveloped depression.

The vorticity advection term ($-V \cdot \nabla\zeta$) acts differently for the two types of depressions. Figure 6b shows that for developed depression, a positive vorticity advection dominates in the layer below 500 hPa and a negative vorticity advection does the same between 500 — 200 hPa. It is favorable for the concentration of positive vorticity in the mid-lower layer and negative vorticity in the upper layer. For undeveloped depression, the positive vorticity advection exists only in the middle layer. In the lower layer it even diminishes the contribution of the divergence term. It is not favorable for the concentration of positive vorticity in the lower layer.

The distribution of vertical transportation term ($-\omega\partial\zeta/\partial p$) is similar to that of vertical motion. Its effect is to redistribute the vorticity vertically. Figure 6c shows that this term is favorable for the concentration of positive vorticity in the mid-lower layer. In developed depression, the maximum vertical transportation appears at 400 hPa. And it is several times larger than that of the undeveloped depression.

We can conclude that the contributions of these terms will cause concentration of positive vorticity in the mid-lower layer and loss in the upper layer, especially for developed depression (as shown in Fig. 6d). It is interesting to see that Fig. 6d looks like Fig. 6a. This indicates that the local change of vorticity is mainly determined by the divergence term, which is the most important term for the development and maintenance of depression.

The vorticity budget is quasi-balanced in the development process of depression. This is maintained by means of cumulus-scale adjustment. The vorticity transportation in cumulus-scale is represented by the residual term (Z). As mentioned above, the effect of large scale is to cause concentration of positive vorticity in the mid-lower layer and loss in the higher layer. The effect of cumulus scale is opposite to it. This means that through the vertical transportation of cumulus convection, the vortex system maintains a quasi-stable state. Because of the more active cumulus convection for developed depression, its effect is more significant than that for undeveloped depression.

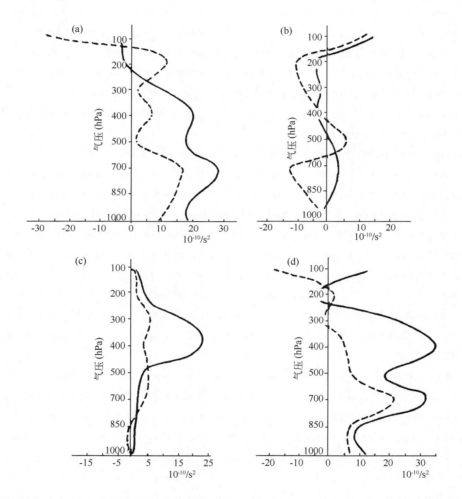

Fig. 6   The average vertical profile of the main terms of the vorticity equation near the center (unit in 10^{-10} s^{-2})

(a) $-D \cdot \eta$; (b) $-V \cdot \nabla \zeta$; (c) $-\omega \partial \zeta / \partial p$; (d) $\omega \partial \zeta / \partial t$

5   SUMMARY AND DISCUSSION

Even though similarity does exist, significant differences in the thermal and dynamic structures between developed and undeveloped depressions can be found. The main differences are as follows: there is an obvious divergent flow field in the upper layer for the developed depression but none for the undeveloped depression. In the lower layer, the developed depression also has a more obvious convergent flow field than the undeveloped one does. Especially for the developed depression, there is a stronger southwest monsoon flow converging into the center from the southeastern part of depression. The vertical wind shear near the center is very small, while the shear in the south and north flanks is large. The thermodynamic field is asymmetric for developed depression but symmetric for undeveloped depressions. The former has a more obvious warm core and stratification with an upper dry layer and a lower wet layer. As for the dynamic structure, the vorticity fields of the two types of depressions are similar. The convergence in the lower layer and the divergence difference between the upper and lower layers of developed depression are three times larger than those of undeveloped depression. The upward motion near the center and downward motion in the western part of the developed depression are stronger than those of the undeveloped depression, so is the corresponding heating field.

From the aspects of thermodynamics and kinetics, the construction of the tropical depression over the South China Sea is similar to that of the typhoon over the South China Sea and the typhoon over the western Pacific Ocean. The differences appear mainly in the quantity of physical parameters. The dynamic and thermal parameters of typhoon are one to two times larger than those of depression. Because of the particular geographic circumstances, the horizontal flow field of the depression over the South China Sea is much different from that of the typhoon over the western Pacific Ocean. An anti-cyclonic divergence field usuall exists in the upper layer of typhoon. But only easterly wind can be found in the upper layer of depression. In the lower layer, the southwest flow is more obvious in the south of depression than that of typhoon. And no eye or apparent spiral cloud bonds can be found in depression.

The diagnostic analysis of the large scale vorticity equation shows that for the depressions over the South China Sea, the contributions of vorticity producing term and the vorticity transportation term always lead to the concentration of positive vorticity in the lower layer and loss in the upper layer. Among these terms, the contribution of the divergence term is the greatest. The effect of cumulus convection is to adjust and redistribute large scale vorticity so that the loss of vorticity can be compensated and the vorticity balance can be maintained during the developing process of depression. The features mentioned above are more distinctive in developed depression than those in undeveloped depression.

Based on the analyses mentioned above, some necessary conditions and qualitative criteria for the development of depression can be drawn, such as, a low-layer easterly jet stream in the north of depression, the involvement of SW monsoons in the southeast sector, a center of depression located to the north of an upper-layer easterly jet stream and near the zero line of vertical wind shear, a warm core and unstable stratification with an upper dry layer and a lower wet layer, significant divergence difference between the upper and lower layers, strong convergence in the lower layer and large amount of positive vorticity concentration in the middle-lower layer. All these factors need further quantitative statistical investigation, so that they can be used in practical typhoon forecasting.

REFERENCES

Erickson S L. Comparison of developing and non-developing tropical disturbances. *Dept of Atmos Sci Paper*, 1977, **274** CSU. 81pp.

Gray W M. Global view of the origin of tropical disturbances and storm. *Monthly Weather Review*, 1968, **96**: 669-700.

Gray W M. Tropical cyclone genesis in the Western North Pacific. *Journal of the Meteorological Society of Japan Ser II*, 1977, **55**: 465-482.

Liang Biqi, et al. The structure of typhoons over the South China Sea in contrast with that over the West Pacific. *Symposium on Typhoons*, Huangshan, China, 1986: 39-48.

Mcbride J L. Observational analysis of the difference between developing and non-developing tropical disturbances. *Journal of the Atmospheric Sciences*, 1981, **38**: 1117-1131.

加热效应对南海季风低压垂直环流的贡献

梁必骐　　刘四巨

（中山大学大气科学系）

人们对季风低压的研究大多是限于印度季风低压,而对南海季风低压研究甚少。近年来作者用合成法对南海季风低压的结构做了一些研究[1],同时根据 FGGE3B 资料用涡度方程和扰动动能方程做诊断分析,讨论了南海季风低压的发生发展过程[2]。结果表明：对于南海季风低压的形成和维持,积云对流和环境场的作用有着重要贡献,而斜压不稳定和正压不稳定的贡献很小。

垂直运动场的演变可以反映出地面系统的发展情况,尤其是对于热带扰动,潜热加热是扰动发展的主要能源,扰动区上升运动的强弱直接影响着低层水汽的向上输送和潜热释放,从而影响了扰动发展的能量供给。因此,各种物理因子对扰动区垂直环流的贡献可以反映出该因子对扰动发生发展的作用。本文将根据诊断平衡模式[3]和 Kuo[4]（1974）的积云对流参数化方案对南海季风低压进行诊断分析,分别考察低压发生发展过程中有、无非绝热加热两种情况下低压垂直环流的演变以及非绝热加热对低压垂直环流的贡献,从而探讨低压发生发展的机制。

1　资料和计算方法

我们用 FGGE3B 资料,选出 1975 年 6 月 17—24 日和 8 月 3—13 日两个比较典型的南海季风低压个例进行分析。取每日 08 时资料计算。计算范围包括整个低压活动区,即 $0°—30°N, 90°—120°E$ 垂直范围取 $1000 \sim 100$ hPa 共 10 层。为了比较低压不同发展阶段的特征,我们将低压整个过程划分为初生、发展、强盛和减弱四个阶段[2]分别进行讨论。通过对比分析,发现这两个个例的基本特征很一致。本文主要对 8 月 3—13 日的季风低压个例进行详细分析,并以 8 月 4,6,8,10 日分别代表初生、发展、强盛和减弱阶段的特征。

略去模式中的摩擦、变形作用、β 效应和辐射加热项,ω 方程可简化成如下形式：

$$\nabla^2 \sigma\omega + f^2 \frac{\partial^2 \omega}{\partial p^2} = f \frac{\partial}{\partial p} J(\psi, \zeta_a) + \frac{RT}{p\theta} \nabla^2 J(\psi, \theta) - f \frac{\partial}{\partial p}(\zeta \cdot \nabla^2 \chi)$$

$$- \frac{R}{c_p p} \nabla^2 H_a - \frac{R}{c_p p} \nabla^2 H_{La} - \frac{R}{c_p p} \nabla^2 H_{Lc} + f \frac{R}{\partial p}(\omega \frac{R}{\partial p} \nabla^2 \psi)$$

$$+ f \frac{\partial}{\partial p}(\nabla\omega \cdot \nabla \frac{\partial \psi}{\partial p}) - f \frac{\partial}{\partial p}(\nabla\chi \cdot \nabla\zeta_a) - \frac{RT}{p\theta} \nabla^2(\nabla\chi \cdot \nabla\theta) \quad (1)$$

本文发表于《气象学报》,1989,**47**(3).

取边界条件为：

$$\begin{cases} \omega \mid p = 1000, 100 \text{ hPa} = 0 \\ \omega \mid 侧边界 = 0 \end{cases} \tag{2}$$

上式中各强迫函数的物理意义和文献[3]相同，各项分别代表各种物理因子对 ω 的贡献。由齐次边界条件，可由下式分别求解各强迫函数对应的 ω 场。

$$\begin{cases} \nabla^2 \sigma \omega_i + f^2 \dfrac{\partial^2 \omega_i}{\partial p^2} = F_i \\ \omega_i \mid 侧边界, p = 1000, 100 \text{ hPa} = 0 \end{cases} \tag{3}$$

并有
$$\omega = \sum \omega_i$$

为使方程（3）能够求解，必须使 $\sigma > 0$。而实际热带大气常常是条件性不稳定的，尤其在对流活动区 $\sigma < 0$。为此对 σ 作如下处理：用实际资料计算 σ 的区域平均值 $[\bar{\sigma}]$，若 $[\bar{\sigma}] < 0$，就用 $\sigma = -0.1 \times [\bar{\sigma}]$ 代替，则 $\sigma = \sigma(p, t)$。f 取为常数（$f = 2\Omega \sin 15°$）。

关于非绝热加热的计算，我们仅考虑感热和潜热加热（包括大尺度和积云对流加热），则总加热率为

$$H = H_s + H_{Lc} + H_{Ls} \tag{4}$$

感热（H_s）和大尺度加热（H_{Ls}）是用文献[5]的方法计算的。其中在 H_{Ls} 的计算中对季风低压来说取弱不稳定条件（$-\dfrac{\partial \theta_e}{\partial p} > 0$）和 $f > 75\%$ 是比较合乎实际的。积云对流加热（H_{Lc}）是用 Kuo[4]（1974）的积云对流参数化方案计算的。

2　非绝热加热对低压垂直环流的贡献

（1）有、无非绝热加热垂直环流的对比

图 1，2，3 分别给出了季风低压初生、发展和强盛阶段在有、无非绝热加热两种情况下的经向垂直环流。通过两种情况的对比分析，可以清楚地看出潜热加热对低压垂直环流加强和维持的作用。

低压初生阶段（图 1），在有加热和无加热情况下的垂直环流基本相似，仅在强度上有所差异。低压中心南侧上升支在有加热比无加热情况下要强，垂直环流圈也更明显。发展阶段（图 2），无加热情况下的垂直环流与初生阶段的情况无大差异，只在低压中心南侧有所变化，在中心附近的上升支反而有所减弱。当加入非绝热加热后，垂直环流发生明显变化，低压中心及其东南侧的上升运动明显加强，不仅南侧的垂直环流圈明显增强，而且北侧也出现一个反向的正环流圈。这充分显示了潜热加热对低压垂直环流发展加强的主导作用。强盛阶段（图 3），无加热情况下垂直环流变化较小，有加热情况下垂直环流更进一步加强。这显然是与该阶段积云对流的强烈发展有关的，由于大量潜热释放，使得低压中心及其南侧产生大片强烈的上升运动，上升支的范围和强度都进一步扩大和加强，下沉支明显减弱，以至消失。

通过以上对比分析可以看到，潜热加热是低压垂直环流加强和维持的主要因素，特别是在低压发展和强盛阶段，潜热加热的贡献更为显著。

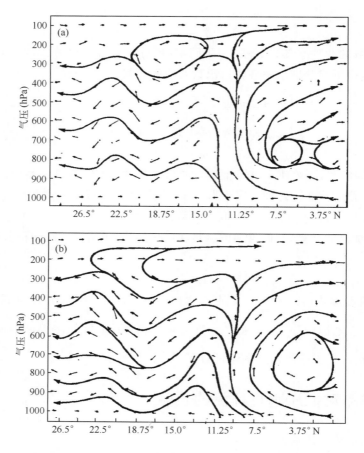

图 1　低压初生阶段沿中心的经向垂直环流剖面图

（a）无加热；（b）有加热

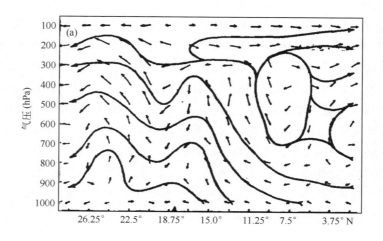

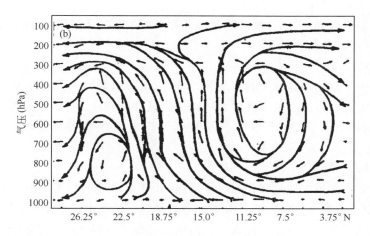

图 2　低压发展阶段沿中心的经向垂直环流剖面图
(a)无加热;(b)有加热

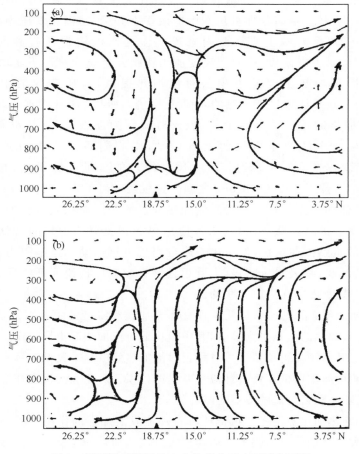

图 3　低压强盛阶段沿中心的经向垂直环流剖面图
(a)无加热;(b)有加热

（2）各加热分量对垂直运动的贡献

为了说明各加热分量对低压垂直环流的作用,我们分别计算了各加热分量所对应的 ω 场,分别讨论不同加热分量的贡献。

1）感热加热的贡献

该项主要取决于感热加热分布的不均匀性,可以反映出海面感热输送对低压发生发展的作用。在低压发展过程中主要是海洋向大气输送热量,由于低压范围不大,海气温差的水平差异很小,该项的贡献较小,只在低压中心及其东侧产生较弱的上升运动,最大上升速度约 $-10^{-3} \text{hPa} \cdot \text{s}^{-1}$。

2）潜热加热的贡献

潜热加热可分为大尺度加热和积云对流加热,计算表明该项对季风低压垂直环流的加强贡献最大,尤以积云对流加热的贡献最显著。潜热加热主要集中在低压中心附近及其东南侧,这是与西南季风气流的水汽输送相联系的。因而低压发展过程中的上升运动中心出现在低压中心或其东南侧上空。

图 4 和图 5 分别给出了低压各阶段的大尺度和积云对流加热对 ω 的贡献。初生阶段,潜热加热主要是大尺度加热,积云对流较弱。前者在低压中心及其东南侧造成大片上升运动,强中心位于 500 hPa。后者仅在低压东侧造成弱上升运动,而在低压中心上方为弱下沉运动。这说明低压初生阶段主要靠西南季风气流的水汽输送在有利的环境场中释放潜热,产生上升运动。发展阶段,虽然大尺度加热和积云对流加热都明显增强,但积云对流加热增长更快,潜热加热主要是由积云对流加热提供的,所造成的上升运动最大达 $11 \times 10^{-3} \text{hPa} \cdot \text{s}^{-1}$,几乎比大尺度加热的贡献大一倍。所以,这阶段垂直环流的明显增强主要是积云对流加热的贡献。强盛阶段,积云对流更为强烈发展,其贡献远远大于大尺度加热的贡献,在低压区产生更强的上升运动,中心附近最大上升速度可达 $-40 \times 10^{-3} \text{hPa} \cdot \text{s}^{-1}$,出现在 600 hPa 附近。但大尺度加热的贡献变化不大,最大上升速度约 $-7 \times 10^{-3} \text{hPa} \cdot \text{s}^{-1}$,位于 $500 \sim 400$ hPa 之间。这说明随着低压的发展,积云对流加热的作用越来越重要,潜热加热主要是由积云对流加热提供的。因而积云对流加热是低压垂直环流加强和维持的主要因素。减弱阶段,大尺度加热和积云对流加热的贡献均明显减弱,尤以积云对流加热的贡献减弱最快,低压中心附近出现下沉运动。这是因为这阶段低压已移近大陆,水汽供给减弱,积云对流减弱,上升运动明显减弱。这说明低压垂直环流的减弱是与水汽供给减弱,潜热减少直接相关联的。

以上对比分析表明:潜热加热是低压垂直环流加强和维持的主要因素,特别是在低压发展和强盛阶段,潜热加热的贡献更为显著,其中以积云对流加热起主导作用。大尺度加热的贡献仅对低压初始上升运动显得重要。可见积云对流加热效应是季风低压垂直环流发展加强的主要机制。这说明南海季风低压垂直环流主要是通过积云对流和大尺度环境场的反馈作用而发展增强的,而且随着积云对流的减弱而减弱。

综上所述,非绝热加热对南海季风低压垂直环流发展加强的作用过程如下:西南季风气流→上升运动→大尺度加热→增幅上升运动→大量水汽辐合→积云对流发展→潜热释放→垂直环流加强→积云对流加强→垂直环流更进一步加强。

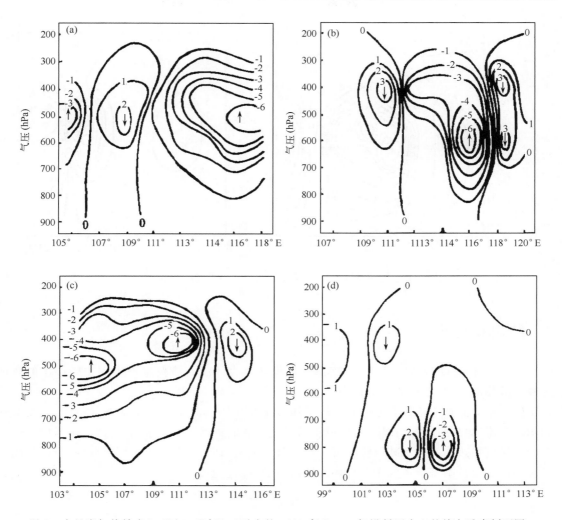

图4　大尺度加热效应$(-R/\varphi p, \nabla^2 H_{LS})$对应的$\omega(10^{-2}\,hPa \cdot s^{-1})$沿低压中心的纬向垂直剖面图
（a）初生阶段；（b）发展阶段；（c）强盛阶段；（d）减弱阶段

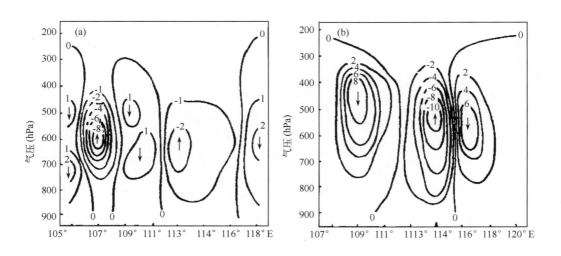

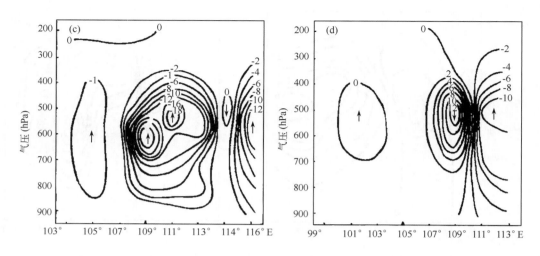

图 5　积云对流加热效应（$-R/c_p p$，$\nabla^2 H_{LS}$）对应的 ω（说明同图 4）

3　结论和讨论

（1）ω 方程的诊断结果表明：在南海季风低压垂直环流的演变过程中起主要作用的物理过程为潜热加热，其他项的贡献较小。

（2）大尺度加热对低压初始上升运动场起主要作用。但随着低压发展，尽管大尺度加热和积云对流加热的作用都在增大，但以积云对流加热的贡献增长较快，在发展和强盛阶段远远大于大尺度加热的贡献。减弱阶段由于积云对流迅速减弱，上升运动也明显减弱。所以，积云对流加热效应是南海季风低压垂直环流加强和维持的主要因素。

参考文献

［1］梁必骐，邹美思，李勇，李斌. 南海季风低压的活动和结构特征. 热带海洋，1985，**4**(4)：60-69.

［2］梁必骐，刘四臣. 南海季风低压的结构演变和涡度收支. 海洋学报，1988，**10**(5)：626-634.

［3］Krishnamurri T N. A diagnostie balance model for studies of weather systems of low and high latitudes Rossby number less than 1. *Mon Wea Rev*，1968，**96**：197-207.

［4］Kuo H L. Further studies of the parameterization of the inrluence of cumulus convection on large-seale flow. *J Atmos Sci*，1974，**31**：1232-1240.

［5］丁一汇. 诊断分析方法. 中国科学院大气物理研究所，1984，68-71，85.

OLR 资料所揭示的热带地区
低频振荡的变化特征

温之平　梁必骐

（中山大学大气科学系）

摘　要　本文使用 1979 年 1 月至 1984 年 12 月射出长波辐射（OLR）资料，对热带地区低频振荡的一些特性进行了研究，认为正常年份 30～60 d 振荡的合成功率谱最强，厄尔尼诺年最弱。低频波活动冬夏差异较大，其年际变化大值区冬季在赤道地区。夏季位置偏北，位于印度洋和西太平洋。就六年平均而言，低频波在西太平洋及印度洋地区有明显的经向传播，赤道地区低频波的纬向传播主要集中在北半球夏季。此外，30～60 d OLR 滤波场的强弱与印度季风的爆发和减弱有较好的对应关系。

1　引　言

近年来国内外学者对热带地区对流层大气中的季节内变化（30～60 d 周期）及其与北半球夏季风活动的关系作了大量的观测和理论研究。Yasunari[1~3] 使用印度季风区上空的云量资料证实云童距平以 40 d 左右的周期作经向传播，认为这种周期振荡与 Madden 和 Julian[4,5] 发现的 40～50 d 振荡是密切相关的。Murakarni 等[6,7] 通过欧洲中心资料的分析，也揭示出南亚夏季风活动存在 40～50 d 周期振荡，这种周期振荡是向北传播的，并通过天气尺度扰动、局地 Hadely 环流和平均纬向气流的相互作用，在季风区（10°—20°N、60°—150°E）显著加强。气象卫星资料的应用，更进一步研究了 30～60 d 周期振荡的一些特征。Lau[8,9] 分析了多年人造卫星射出长波辐射（OLR）资料，发现在印度洋和西太平洋上的月平均 OLR 的东西向偶极子距平的起伏与 40～50 d 振荡持续时间有联系。利用 8 年的 OLR 资料，Murakami 等[10] 还研究了低频振荡与季节变化及瞬变扰动的相互关系，他们指出，包括天气尺度扰动在内的瞬变扰动与低频波之间也有明显的非线性相互作用。最近，Lau 等[11] 又利用 12 年的 OLR 资料进一步研究了 40～50 d 振荡与 ENSO 的可能联系。

以上研究结果表明，对季节内振荡现象的研究在长期天气预报和短期气候变动研究中占有重要地位。就目前水平而言，我们还停留在对事实的揭露上。本文拟应用 OLR 资料定量地描述热带地区低频波活动的一些特征。

2　资料和计算方法

本文采用的是 1979—1984 年每日两次的射出长波辐射（OLR）资料。资料的分辨率为 2.5°×2.5° 格距，覆盖范围为 20°S—50°N，30°—180°E。在资料覆盖范围内的各个格点上，利用自相关函数逐年对日平均的 OLR 资料作功率谱估计(具体原理见参考文献[12])。为了研究低频波的特性,本文还应用了 M. Marakami[13] 所设计的带通滤波器。这种滤波器是如下形式的输出函数:

$$Y^A = a(\chi_K - \chi_{K-2}) - b_1 Y_{K-1} - b_2 Y_{A-2}$$

这里 a、b_1 及 b_2 是由以下关系给定的权重:

$$a = 2\Delta\Omega/(4 + 2\Delta\Omega + \Omega_0^2)$$
$$b_1 = 2(\Omega_0^2 - 4)/(4 + 2\Delta\Omega + \Omega_0^2)$$
$$b_2 = (4 - 2\Delta\Omega + \Omega_0^2)/(4 + 2\Delta\Omega + \Omega_0^2)$$

其中

$$\Delta\Omega = 2\left| \frac{\sin\omega_1\Delta T}{H\cos\omega_1\Delta T} - \frac{\sin\omega_2\Delta T}{H\cos\omega_2\Delta T} \right|$$
$$\Omega_0^2 = 4\sin\omega_1\Delta T\sin\omega_2\Delta T/[(H\cos\omega_1\Delta T)(1 + H\cos\omega_2\Delta T)]$$

ΔT 是样本的时间间隔,这里 $\Delta T = 1(d)$,$\omega_1 = 2\pi/30$,$\omega_2 = 2\pi/60$,$\omega_0^2 = \omega_1\omega_2$;这个滤波器的响应函数由以下关系给出:

$$W(Z) = a(1 - Z^2)/(1 + b_1 Z + b_2 z^2)$$

其中 $Z = e^{i\omega\Delta T}$。这样,在滤过波的资料中主要保留了 30～60 d 的周期振荡。

3 结果分析

3.1 OLR 的逐年功率谱分析

为了弄清楚各年 OLR 变动的总体特征,我们以年内逐日 OLR 资料为序列进行了功率谱分析。

图 1 为 1981 年和 1983 年 30～60 d 周期(2、3 和 4 波)的合成功率谱分布(其他年份的图略)。如图 1 所示,较大谱值区位于印度洋、热带西太平洋、副热带西太平洋和澳大利亚以北的赤道西太平洋地区,其最大振幅区则主要位于南亚季风区。各年合成功率谱分布虽存在上述共性,但不同年份其强度及出现的位置有所不同,尤其是正常年与 El Nino 年相差较大。1981年 30～60 d 周期的合成功率谱值振幅最强,大谱值区覆盖范围也最广,为整个热带印度洋和西太平洋地区;而 1983 年的合成谱值振幅最弱,仅在澳大利亚东北面的珊瑚海和日本以南的副热带西太平洋有较大的谱值。非常有趣的是,无论哪年,在日本岛以南的副热带西太平洋都有一东西向的合成谱大值区,其位置也相对较为稳定。这表明副热带西太平洋是 30～60 d 振荡的相对活跃区。

为了更详细地分析不同地区、不同年份 30～60 d 振荡的差别,图 2 画出了不同选点的滤波曲线,这些点都位于合成功率谱(图 1)的相对大值区。从中可以看出热带印度洋(10°N,85°E)正常年份 30～60 d 振荡较强,尤其是夏半年(图 2a)。但进入 El Nino 期(1982 年 6 月)以后,振荡明显减弱,整个 El Nino 期间都不强(图 2b)。赤道印度洋(0°,90°E)30～60 d 振荡在正常年与 El Nino 年相差不显著,但各年也存在一些差别(图略);赤道西太平洋(5°N,132.5°E)30～60 d 振荡在各年都较明显(图略),且各年的季节差异也不同,但与赤道印度洋及热带印度洋相比,其振荡强度更弱,最大峰值仅为 25 W·m^{-2} 左右。副热带西太平洋

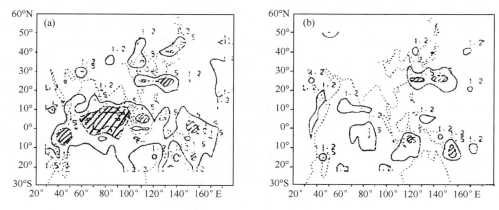

图 1　1981 年和 1983 年 30～60 d 周期合成功率谱分布（已放大 10 倍）
(a)1981 年；(b)1983 年，阴影区表示大于 1.5 个单位

(30°N,150°E)在 1979 年和 1983 年夏季 30～60 d 振荡最强，其他年份冬夏差异不太明显且振荡强度较弱（图略）；与北半球相比，南半球热带西太平洋(10°S,130°E)30～60 d 振荡更有规律，4—8 月振荡十分弱，9—3 月振荡则非常强（图 2c）。

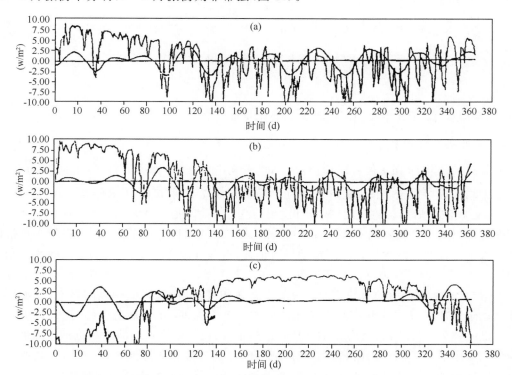

图 2　减去线性趋势的 OLR 时间系列（细线）和 30～60 d 滤波曲线（已缩小 10 倍）
(a)1981 年取点(10°N,85°E)；(b)1982 年取点(10°N,85°E)；(c)1979 年取点(10°S,130°E)

从对不同年份沿不同纬度功率谱的纬向分布的分析发现，随着纬度的不同，主要反映振荡强度的波数及其出现的位置都不相同。图 3 仅列举了 1981 年沿 5°N 以及 1979 年沿 10°S 的

功率谱分布情况,不难看出,OLR 振荡存在 30～60 d 的周期。但沿 5°N 功率谱的纬向分布表明,除 1983 年外,30～60 d 振荡在印度洋和西太平洋都有较强的反映,尤其是 1981 年(图 3a),整个印度洋地区的 30～60 d 振荡(2 波和 3 波)表现最为突出。与 5°N 相比,沿赤道的情况则有所不同。在赤道西太平洋,除 1983 年相差不大外,其他年份均不如 5°N 表现明显,这可能与北半球 ITCZ 的活动有关;在赤道印度洋,两者相差则较小,只是振荡表现的波数略不相同。在 10°S,澳大利亚以北的热带西太平洋处 30～60 d 振荡在不同年份相差较大,其中 1979 年该处的 30～60 d 振荡最强,且以 2 波为主(见图 3b)。

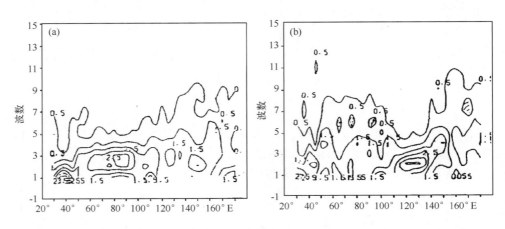

图 3　沿不同纬度的功率谱纬向分布(已放大 10 倍)

(a)1981 年沿 5°N;(b)1979 年沿 10°S

3.2　热带印度洋、西太平洋地区低频波的变化特征

(1)平均季节变化和年际变化

低频波的平均季节变化可以用经过了 30～60 d 滤波的 OLR 资料(以下简称$\widetilde{\text{OLR}}$)各旬的六年平均来进行讨论。图 4a、b 分别为 1 月中旬和 7 月中旬的 $\widetilde{\text{OLR}}$ 分布。在北半球冬季(图 4a),低频波的活动总的来说较弱,且主要位于南半球,尤其是 80°E 附近的南印度洋和澳大利亚北部以及新几内亚的东部。春季(图略)北半球低频波开始活跃,主要表现在热带印度洋和西太平洋以及印度地区低频波活动显著加强,这与此时 ITCZ 在 5°—10°N 间的活动是一致的。夏季(图 4b)低频波活跃区不断北移,在西太平洋,上旬移至菲律宾附近,以后继续北移至日本,与日本梅雨锋活动有较好的对应关系。在印度洋,随着印度季风的爆发,孟加拉湾低频波活动迅速加强,7 月中旬在热带印度洋形成一个很强的 OLR 低值中心,到 7 月下旬此低值中心已北移到印度北部,这时在 160°E 附近热带区,西太平洋低频波活动也迅速加强。秋季(图略)西太平洋和孟加拉湾低频波活跃区渐渐南移到热带和赤道地区,并在澳大利亚北部开始有活跃区出现。由此可见热带印度洋、西太平洋地区低频波的季节变化是比较明显的,亦即随着季节的变化,低频波活跃区向北推进而增强,向南退却而减弱的过程。

为了更清楚地了解低频波在不同地区的经纬向平均季节演变特征,我们用各旬 6 年平均 $\widetilde{\text{OLR}}$ 分别作经度(纬度)-旬剖面图。从图 5 中可以看出,除中太平洋(图略)外,其余两地区低频波的经向传播都很明显,而且均在赤道至 30°N 之间北传,且主要出现在夏半年,其中西

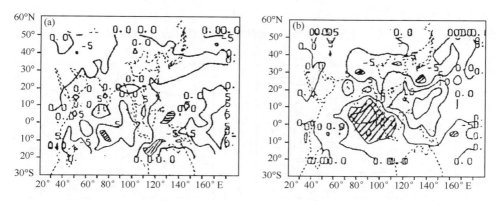

图 4　1979—1984 年 6 年平均的旬平均$\overparen{\mathrm{OLR}}$分布（阴影区表示小于 $-5\ \mathrm{W\cdot m^{-2}}$）

(a)1 月中旬；(b)7 月中旬

太平洋地区（图 5b）低频波北传最快，也更集中在 5—9 月间。3°N 以北的低频波虽有一些不规则南传，但不很明显。另外，下半年沿 130°—140°E，南半球的低频波也是向北传播的。相反，南印度洋地区低频波则有不明显的南传趋势。至于低频波的纬向平均季节演变特征，在南北半球也有很大的差别。在赤道区（图 6a）低频波的东传非常明显，且主要集中在北半球夏季，两振荡中心分别位于 90°E 附近的赤道印度洋和 130°E 附近的赤道西太平洋，低频波传播到这两处均有一次加强。北半球热带地区的情况却不相同（沿 5°—15°N，图略），仅 130°E 的振荡中心附近有较迅速的东传，而在热带印度洋，低频波却呈现西传特征，90°E 附近的振荡中心下半年已移至 70°E 附近。北半球副热带低频波的活动较弱（图 6b），且冬夏低频振荡程度相差很大，70°E 的振荡中心附近有较明显的西传，而 130°E 的振荡中心则呈驻波状态，无明显东传，这与图 1 中所示的副热带西太平洋有一稳定的合成谱大值区是相一致的。与北半球热带相比，南半球热带（沿 5°—15°S，图略）的情况大不相同，北半球冬半年上述两中心附近低频波东传明显，且振荡较强，而在 160°E 附近的南太平洋却有不明显的西传现象；北半球夏半年，130°E 附近的振荡中心已完全消失，90°E 附近的振荡中心也明显减弱，并向西传播。以上分析

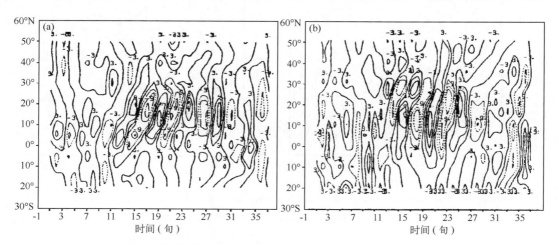

图 5　沿不同经带各旬六年平均的旬平均 OLR 的纬度旬剖面

实线所围区为正值，单位：$\mathrm{W\cdot m^{-2}}$；(a)沿 70°—80°E，(b)沿 130°—140°E

表明:南北半球低频波的传播虽都集中在各自的夏季,但北半球低频振荡的强度远大于南半球。经向传播以北半球热带地区最为明显,而纬向传播则以赤道地区最为突出。

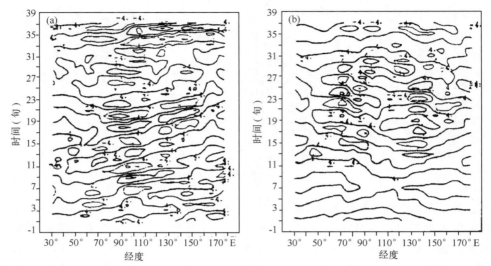

图 6　沿不同纬带各旬 6 年平均的旬平均 OLR 的经度—旬剖面(实线所围区为正值,单位:W·m⁻²)

(a)沿 5°S—5°N 剖面,(b)沿 20°—30°N 例面

低频振荡有何年际变化特征呢? 由 1 月和 10 月各旬$\widehat{OLR}$标准差分布可以看到,1 月份(图 7a)大的年际变化主要出现在近赤道地区,这个年际变化大值区很可能是发生在 1982—1983 年间的 El Nino 事件所致。此外,在澳大利亚北部和南印度洋存在大的年际变化则是由于澳大利亚季风活动的影响造成的。7 月份(图 7b)整个印度洋和西太平洋为大的年际变化区,这是由于南亚季风活动年际变化影响的结果。

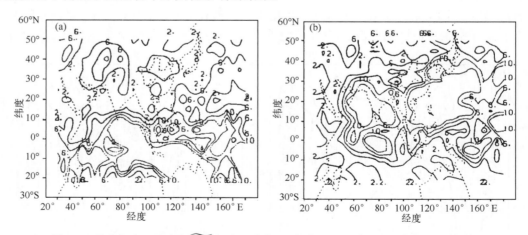

图 7　1 月中旬和 7 月中旬$\widehat{OLR}$标准差分布(细实线所围区域为大于等于 8 个单位)

(a)1 月中旬;(b)7 月中旬

(2)与印度季风的关系

根据由最大雨量轴线定义季风的传统方法,我们分别以轴线到达印度孟买附近和消失作

为孟买季风的爆发和减弱阶段来讨论$\overline{OLR}$与季风的关系。图 8 是 1980 年和 1982 年对应这两阶段的$\overline{OLR}$分布图，可以看到无论是正常年抑或是 El Nino 年两者都有较好的对应关系。当雨量轴线到达孟买附近时，孟买季风爆发，$\overline{OLR}$异常负值区中心也在孟买附近，印度及阿拉伯海都为 OLR 负值所占据；而当雨量轴线消失时，$\overline{OLR}$负值中心趋于减弱且北移到印度西北部的印巴交界附近，这与孟买季风的减弱有较好的对应。但是在孟买季风爆发和减弱的过程中，正常年与 El Nino 年$\overline{OLR}$的分布存在有一定的差异。1980 年无论是季风爆发还是减弱期间，孟买附近$\overline{OLR}$负值区都显得较强，亦即低频波较为活跃，而热带西太平洋$\overline{OLR}$负值区却显得较弱，该处的低频波也显得相对不活跃。此外，1982 年副热带西太平洋及赤道印度洋$\overline{OLR}$正值区异常强，这表明在异常年，无论是季风爆发还是减弱期间，这两处的低频波活动都较弱。

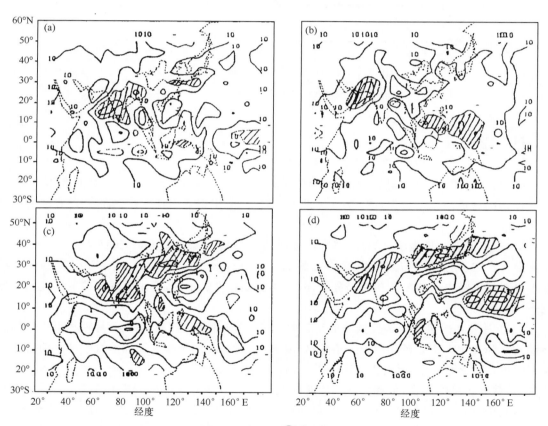

图 8　1980 年和 1982 年孟买季风爆发、减弱时的$\overline{OLR}$分布（阴影区表示负值，单位：W·m^{-2}）；
(a)1980 年 6 月 7 日；(b)1980 年 6 月 25 日；(c)1982 年 6 月 11 日；(d)1982 年 7 月 22 日

图 9 是通过孟买附近(20°N,72.5°E)点的 30～60 d 滤波曲线，从 6 年中我们逐年所作的滤波曲线来看，孟买附近的低频波活动与孟买季风有较好的对应关系。为方便分析，图中仅选取 1979 年、1980 年和 1983 年的 30～60 d 滤波曲线，若根据最大雨量轴线定义季风的传统方法，那么这三年孟买季风爆发的日期分别是 1979 年 6 月 19 日、1980 年 6 月 7 日和 1983 年 6 月 18 日。从图中不难看出，大约在孟买季风爆发前一个月左右，该处 30～60 d 振荡就开始明

显起来。如果我们把第一个 30～60 d 滤波值$\widehat{OLR}$小于－25 W·m^{-2}之时定义为季风"活跃"期,那么,这与孟买季风爆发的实际日期是比较吻合的。

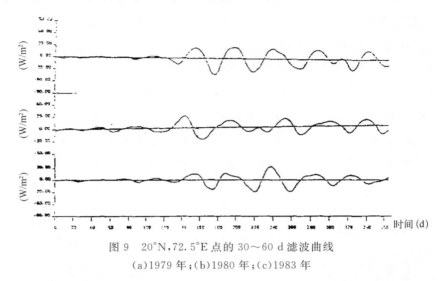

图 9　20°N,72.5°E 点的 30～60 d 滤波曲线

(a)1979 年;(b)1980 年;(c)1983 年

4　结　论

(1)北印度洋、热带和副热带西太平洋是 30～60 d 振荡的活跃区。其中正常年份 30～60 d 振荡的合成功率谱最强,El Nino 年最弱。然而,位于副热带西太平洋的大谱值区的年际变化不大。

(2)选点滤波分析表明:赤道及热带印度洋的 30～60 d 振荡最强,赤道西太平洋 30～60 d 振荡强度次之,副热带西太平洋振荡强度最弱。另外,南半球热带地区 30～60 d 振荡冬夏相差十分明显。沿不同纬度的功率谱分析还表明,随着纬度的不同,能主要反映振荡强度的波数也不同。

(3)1 月北半球热带地区低频波活动较弱,而南半球热带地区较活跃,7 月则相反。低频波活动的年际变化大值区冬季位于赤道地区,夏季位置偏北,位于印度洋和西太平洋。前者是由于 El Nino 的影响所致,后者则与南亚季风活动的年际变化相联系。

(4)就 6 年平均而言,低频波在西太平洋及印度洋地区有明显的经向传播,且主要集中在北半球夏季,中太平洋地区的经向传播则不明显。低频波的纬向传播以赤道地区最为明显,副热带低频波的活动相对较弱,但冬夏相差明显。南半球热带地区的情况与北半球基本相反,1月东传明显;7 月为西传,但强度较弱。

(5)OLR 滤波场与印度季风的关系较为密切,孟买季风爆发时,$\widehat{OLR}$异常负值区北移至20°N 附近,季风减弱也伴随着异常负值区的减弱消失。此外,孟买附近 30～60 d 振荡与孟买季风相关较好,大约在孟买季风爆发前一个月左右,该处 30～60 d 振荡就开始明显起来,$\widehat{OLR}$值减弱且第一次小于－25 W·m^{-2}时,往往对应着印度季风的爆发,这对印度季风爆发日期的确定有一定的参考作用。

参考文献

[1] Yasunari T. *J Meteor Soc* Japan,1979,**57**:227-242.

[2] Yasunari T. *J Meteor Soc* Japan,1980,**58**:225-229.

[3] Yasunari T. J *Meteor Soc* Japan,1981,**59**:336-354.

[4] Madden R A. Julian P R. *J Atmos Sci*,1971,**28**:702-708.

[5] Madden R A,Julian P R. *J Atmos Sci*,1972,**29**:1109-1123.

[6] Murakarni T,Nakazawa and He J. *J Mteor Soc Japan*,1984a,**62**:440-468.

[7] Murakarni T,Nakazawa and He J. *J Mteor Soc Japan*,1984b,**62**:469-484.

[8] Lau K M,Chan P H. *J Atmoe Sci*,1983a,**40**:2735-2750.

[9] Lau K M,Chan P H. *J Atmoe Sci*,1983b,**40**:2751-2767.

[10] Murakami T,Long－Yan Chan and An Xie. *Mon Wea Rev*,1986,**114**:1456-1465.

[11] Lau K M,Chan P H. *J Atmos Sci*,1988,**45**:506-521.

[12] 黄嘉佑,李黄. 气象中的谱分析. 气象出版社,1984.

[13] Murakami M. *Mon Wea Rev*,1979,**107**:994-1013.

初夏南海海温对华南降水影响的数值模拟

吴晓彤　梁必骐　王安宇

(中山大学大气科学系,广州)

摘　要　本文采用 $P-\sigma$ 五层原始方程模式以气候统计分析结果为依据,就 6 月份南海海温对华南地区降水的影响进行了数值模拟。试验结果表明,由于南海的海表温度增暖,华南地区低层有水汽辐合,并有较强的上升运动配置,使该地区降水增加。同时东亚季风环流也随之加强,整个东亚高、低层都呈现有利于华南地区降水增加的环流形势。在低层,由于南海海温增暖,使越过中南半岛的西南季风和 110°E 附近的越赤道气流都得到加强,从而增加了向南海及华南地区的水汽输送。在高层,南亚高压呈"东部型",在我国大陆上空得到加强。

关键词　南海海温　华南降水　数值模拟

1　前　言

热带海洋的海表面温度异常对降水的影响日益受到重视。两者之间对应关系的研究表明,热带海温异常与世界上许多地区的降水都有着密切的关系[1]。像赤道太平洋地区的海温异常,即埃尼诺事件不仅与南亚地区的降水,而且与我国长江中、下游及华南地区的降水都有着很好的对应关系[2,3]。而印度洋海温及南海海温的异常对我国长江中、下游地区的降水也有影响[4]。

许多研究表明[1],在统计诊断的基础上,用数值试验来验证并讨论海温异常对降水及大气环流的影响及其机制是行之有效的方法。如 Shukla[5] 曾进行过"阿拉伯海域海表温度距平对印度季风降水量的影响"的数值试验,结果发现,当阿拉伯海的海表温度增暖后,印度季风降水量随之增加。最近,倪允琪等[6] 运用一个原始方程模式模拟并研究了赤道西太平洋-印度洋海温距平对亚洲夏季风及降水的影响。结果表明,7 月份赤道西太平洋海温正距平时,对流层低层的印度低压明显加强,西太平洋副热带高压北挺,季风槽加深,同时加强了对流层上层的反气旋环流,因而,印度和长江上游地区降水增加,而华南、长江中下游及东北地区降水减少。

由此可以推论,南海海温对华南地区降水也应有一定影响。为此,我们利用 1951—1984 的资料首先进行了统计分析,着重对 6 月份南海海温资料进行 EOF 分析,得到其第一特征向量的时间序列曲线(图略),由此序列主要峰值确定的暖水年为 1959 年、1968 年、1970 年、1973 年、1980 年、1954 年、1969 年、1977 年、1979 年、1983 年;冷水年为 1955 年、1960 年、1961 年、1965 年、1971 年、1974 年、1976 年、1963 年、1975 年、1951 年。根据暖、冷水年的华南地区 20

本文发表于《海洋学报》,1995,**17**(2).

个站点的雨量距平差(图1)可以看到,6月份南海海温与华南降水有着较好的对应关系,尤其是6月份的南海海温暖,则整个华南地区基本上是降水量增加。另外,南亚半岛地区也是相同情况(图略)。

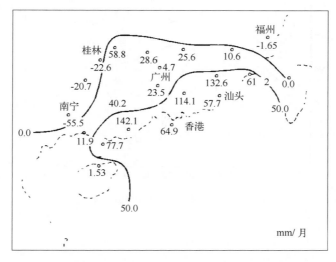

图1　6月份南海暖、冷水年对应华南地区年雨量距平差的分布

可见南海海温异常对华南地区降水有明显影响,但其影响机制如何呢? 我们试图用数值试验方法来进行探讨。

2　数值模式和试验方案

我们采用钱永甫—郭晓岚发展的 $P-\sigma$ 五层有限区域原始方程模式[7]。该模式对东亚地区的环流和降水有很好的模拟能力[8]。其物理过程包括了大尺度凝结,积云对流参数化,长、短波辐射,地面热平衡,边界层作用等。模式的水平分辨率为5个纬度×5个经度。积分范围为 $25°S—55°N,0°E—180°$。模式的垂直分辨率为五层,采用 $P-\sigma$ 混合坐标系,即 400 hPa 以下。采用 P 坐标系,划分成两层,400 hPa 以下采用 σ 坐标系,划分成三层。为了更好地对边界层进行处理,此模式在地面或水面以下还加了一层采用 σ 坐标系的厚度为 50 hPa 的边界层,用来计算地表或水表温度及水温或土温,从而相对于其他模式中对水温和水表温度采用预置的办法有了较好的改进。并且由于此附加边界层的设置,因而在模式中还可用其考虑下垫面的摩擦以及云、降水等物理过程对下垫面的反馈作用,从而避免了许多人为的假定。

模拟的初始资料采用 GPDL 多年平均的6月份高度场和水汽场,初始为纬向场。模式的积分步长为 15 min,积分时间为 11 d。

试验方案的设计:

方案 A:控制试验。海温的分布采用气候的纬向平均场。

方案 B:对南海海区设计了理想的海温距平场(图2),并叠加到多年纬向平均海温场上,其他则与 A 方案相同。

将方案 A、方案 B 所模拟的多种要素和物理量场的最后 d5 计算结果作平均,并进行对比,即可对南海海温增暖后对华南地区降水及东亚环流的影响进行分析讨论。

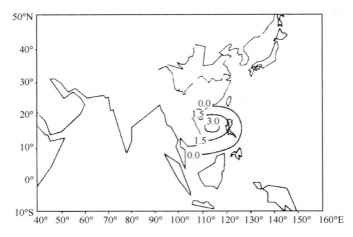

图 2　试验中所用的理想海温距平场

3　试验结果

3.1　南海海温增加对华南降水的影响

　　图 3 给出了两种方案模拟的降水差图。由图可见,由于南海海表温度的增暖,我国华南地区降水增加,这与前述的统计结果是一致的。只是由于北部湾附近区域相对于模式的水平分辨率尺度太小,所以该区域实际降水增加不明显,这一现象在模式模拟结果中未能得到反映,而在结果中只反映出从广东沿海到中南半岛的一个大的降水增加场,从而在图 3 中降水增大中心相对于实况图 1 有所向西偏移,而在北部湾及南海中部地区。从图上还可进一步看出,南海海温增暖对我国长江中下游及华北地区降水影响不大。

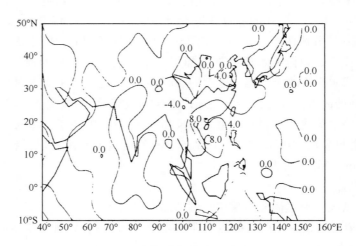

图 3　B 方案减 A 方案的降水差

3.2 南海海温增暖对对流层低层流场的影响

南海海温的增加对南海地区附近低层(模式边界层顶)流场有很明显的影响。图 4 为 A 方案模拟的低层平均流场。图上反映出整个华南地区为一致的西南季风所控制。图 5 是 B 方案和 A 方案模拟的低层流场差图。由此图可见,南海海温变暖后,在对流层低层,位于南海海温正距平区的东北方出现了一个气旋性的差值气流辐合区。这表明海温正距平在低层有加强气旋式环流的效应。图 4 与图 5 还可发现,南海海温增暖后,由于其上空气旋式差值环流的出现,我国大陆上空长江以南地区的西南季风反而有所削弱,而三支越赤道气流得到了加强。一支为索马里急流,另一支约在 140°—150°E,第三支也是加强得最显著的一支,在 100°—120°E 之间,这支气流越过赤道直接进入南海。同时可看到,由于南海海温的增暖,印度西南季风越过中南半岛的分支有所加强,并与前述的第三支越赤道气流在南海中、南部合并。显然,这种季风流型的加强对华南地区降水的增加是有利的[9]。

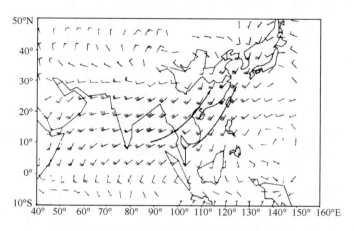

图 4 A 方案模拟的低层平均流场

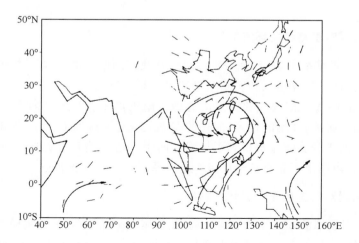

图 5 B 方案减 A 方案的低层流场差

综合以上讨论可以认为,南海海温增暖之后,由于低层出现了气旋式的差值环流,使南海中、南部的偏南风得到了加强。不过此偏南风增强的范围并不大,在南海北部及华南大陆地区偏南风增强不明显,甚至有所减弱。显然,由于此差值环流的出现,必然要对华南地区水汽输送的变化产生影响。

3.3 南海海温增暖对水汽输送的影响

图 6 为 B 方案和 A 方案模拟的低层水汽输送通量差值图。由图可看出,由南海海温增加而造成的水汽辐合场与图 5 上的气旋式差值环流是很吻合的,而这个水汽辐合的中心也就是图 3 上的最大降水增大中心。也就是说,由于南海海温增暖,在其上空低层产生一个气旋式的差值环流,而这种差值环流可以促使这个区域水汽辐合得到加强,造成降水增加。此外,还可以看出,虽然图 5 上气旋式差值环流与水汽差值辐合场很相似,但并不完全一致。这主要是水汽分布的影响造成的,在北部湾附近是一个水汽的高值中心。所以,仔细比较后不难发现,降水增大中心和水汽辐合差值中心要比气旋差值环流中心偏西一些。

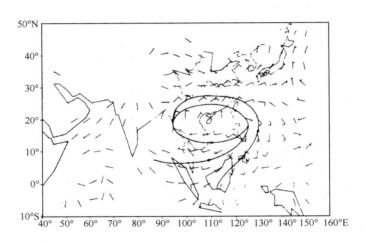

图 6　B 方案和 A 方案模拟的低层水汽输送通量差值场

3.4 南海海温增暖对垂直经向环流的影响

在方案 A 的计算结果中,在对流层中、低层,从我国到南亚的季风区内基本上皆为上升运动所控制(图略)。这个计算结果和实测结果基本上是一致的[10]。

图 7 是 B 方案和 A 方案模拟的我国南海地区附近沿 110°E 的经向垂直环流差值图。由图可见,南海海温增暖后,在南海地区,前述的那支上升气流得到了加强,并在对流层中上层辐散,向南和向北的两支分支气流都得到了加强。向南的这支偏差气流在某种意义上加强了东亚季风经向环流。由图也不难直接看出整个东亚季风经向环流的加强。

3.5 南海海温增暖对对流层高层流场的影响

图 8 是 A 方案模拟的 300 hPa 平均流场,图 9 则是 B 方案和 A 方案模拟的 300 hPa 流场差图。由图 8 可知,6 月份高层流场的平均状况是整个东亚和南亚中、低纬地区都由南亚高压所控制。而由图 9 可见,南海海温增暖的影响可一直达到对流层上层。在上节的讨论中曾指

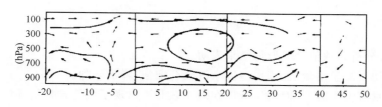

图 7   B 方案和 A 方案的沿 110°E 经向剖面差值环流

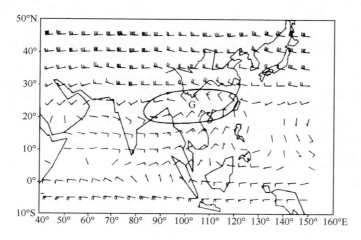

图 8   A 方案模拟的 300 hPa 平均流场

出,当南海海温增暖后,在其上空低层出现了一支偏差上升气流,这支气流在对流层中上层辐散。由图 9 可见,与此辐散中心相对应,在对流层上层出现了一个偏差式反气旋性环流,中心位于我国东部。对比图 8 可认为,这反映了南亚高压在我国东部沿海地区的加强,这时南亚高压呈现为"东部型"。这种高层流场形势对华南降水增加也是有利的[11]。

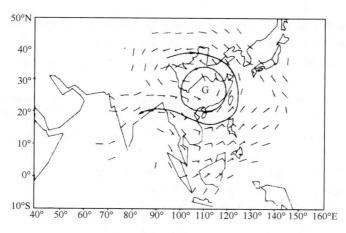

图 9   B 方案和 A 方案模拟的 300 hPa 流场差

4　结　论

由以上统计分析和数值试验所得结果表明：

(1)当南海初夏海温增暖后,华南地区水汽辐合增强,降水增加。

(2)南海初夏海温增暖后,对流层低层在南海东北面出现了气旋式差值环流。越过中南半岛的西南季风和越赤道气流(尤其是 110°E 附近的一支气流)明显加强。高层在我国东部出现了一个反气旋性差值环流,说明南亚高压呈"东部型",它在我国大陆上空得到加强。

(3)南海初夏海温增暖后,加强了华南地区的上升运动。同时,东亚季风经向环流也得到增强。

根据以上结果,我们可以将南海海温影响华南降水的物理过程综合成如下框图。

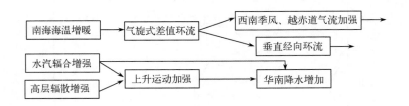

参考文献

[1] 梁必骐,等. 热带气象学. 广州：中山大学出版社,1990：335-361.

[2] Loon H V, Herry S L. Comments on warm events in the south oscillation and loeal rainfall over South Asia. *Mon Wea Rev*,1986,**14**(11)：1419-1423.

[3] 李麦村,吴仪芳,黄嘉佑. 中国东部季风降水与赤道东太平洋海温的关系. 大气科学,1987,**11**(4)：365-371.

[4] 罗绍华,金祖辉,陈烈庭. 印度洋和南海海温与长江中下游夏季降水的相关分析. 大气科学,1985,(3)：314-320.

[5] Shukla J. Effect of Arabian Sea surface temperature anomaly on India summer monsoon：A numeral experiment with the GFDL model. *J Atmos Sci*,1975,**32**(3)：503-511.

[6] 倪允琪,钱永甫,林元弼. 赤道西太平洋—印度洋海温异常对亚洲夏季风的影响. 气象学报,1990,**48**(3)：336-343.

[7] Qian Yungfu. A fine-lager primitiv equation model wlth to geography. *Plateau Meteorology*,1955,**4**(2)：1-23.

[8] Kuo H L, Qian Yungfu. Numeral simulation of the development of mean monsoon evolution in July. *Mon Wea Rev*,1982,**110**(12)：1879-1897.

[9] 梁必骐. 南海热带大气环流系统. 北京：气象出版社,1991：205-228.

[10] 乌元康. 热带季风图集. 北京：气象出版社,1987：22-24.

[11] 朱福康,等. 南亚高压. 北京：科学出版社,1980：61-79.

1980—1983 年低纬西太平洋、印度洋地区低频振荡的空间型和遥相关分析

温之平　　梁必骐

(中山大学大气科学系，广州 510275)

摘　要　利用 1980 年 1 月—1983 年 12 月已滤波的 OLR 资料，采用经验正交函数分析方法，对 1980—1981 年(正常年)和 1982—1983 年(异常年)低纬西太平洋和印度洋地区低频振荡的空间分布及遥相关特征进行了研究。结果表明：正常年与异常年，这些地区低频振荡的强度、空间型及时间系数的变化有较大的差异。此外，还发现正常年这些地区存在 3 种低频遥相关，即赤道西太平洋型，北热带西太平洋型和赤道印度洋型；异常年则仅存在 2 种低频遥相关，即赤道西太平洋型和南热带西太平洋型。由于受厄尔尼诺事件的影响，东西向偶极型低频振荡中心的位置和强度都有很大的变化。

关键词　低频振荡　低频遥相关　厄尔尼诺

1　引　言

关于低频振荡的基本特征、演变规律以及形成和变化的物理原因，许多学者都进行了研究[1,2]。梁必骐等[3]分析北半球冬季 500 hPa 位势高度资料得到 7 种大气遥相关，及与之相类似的 7 种低频遥相关型。陈隆勋等[4]的研究也发现，在 El Nino 发生前后，30～60 d 低频振荡(LFO)活动存在显著的差异。Lau 和 Chan[5,6]根据 1974—1983 年冬季 OLR 资料研究热带对流的季节变化(ISV)发现：40～50 d 周期振荡在 ISV 中占优势，并指出这种低频变化反映了热带大气的一种固有振荡，通过海—气耦合相互作用有可能激发 ENSO 现象。

上述研究表明，热带地区是大气低频活动的关键区。本文在分析热带地区低频振荡变化特征的基础上[7]，进一步探讨了这一地区低频振荡的空间分布和遥相关特征。

2　资料及其处理

本文采用 1980—1983 年每日 2 次的 OLR 资料，资料分辨率为 2.5°×2.5°格距，分析的要素为经过 30～60 d 滤波的 OLR 低频分量，计算和处理方法见参考文献[1]。分析范围取 20°S—20°N，40°E—180°。经验正交函数(EOF)分析和遥相关分析所用资料为 OLR 候平均序列。

本文发表于《应用气象学报》，1996,7(4).

3　低频振荡空间型及时间变化特点

正常年份的 EOF 分析主要空间型为东-西型、鞍型和东-西Ⅱ型。图 1a 为东-西Ⅰ型，特征是呈东西向偶极型分布，负值区位于赤道西太平洋暖池区，正值区位于赤道印度洋地区，该型的方差贡献为 19%。图 1b 为鞍型，表现为孟加拉湾地区和赤道西太平洋地区为正，热带西太平洋地区和澳大利亚北部洋面为负的低频振荡分布，其方差贡献为 14%。图 1c 为东-西Ⅱ型，其正负值中心分别位于菲律宾以南至澳大利亚北部洋面和赤道印度洋及赤道中太平洋地区，其方差贡献为 11%。

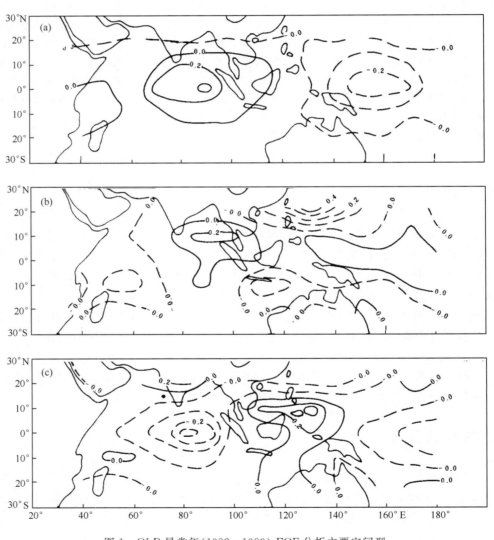

图 1　OLR 异常年(1982—1983) EOF 分析主要空间型

(a) 东-西Ⅰ型；(b) 鞍型；(c)东-西Ⅱ型

　　对以上各型的时间系数变化曲线的分析(图略)发现:正常年东—西型低频振荡冬强夏弱的变化较明显;鞍型分布虽也是冬强夏弱,但不明显;而东—西Ⅱ型分布则无明显的变化。

　　OLR 异常年的 EOF 分析主要分量呈东—西Ⅰ型、南—北Ⅰ型和一南—北Ⅱ型。图 2a 为东—西Ⅰ型,它与正常年的东—西型相似。但是低频振荡中心的强度却相差较大,赤道印度洋振荡强度加强,赤道西太平洋振荡强度则减弱,这种变化显然是受 El Nino 事件的影响所致,此型方差贡献为 20%。图 2b 为南—北Ⅰ型,正负振荡中心皆比正常年的鞍型稍有加强,此型方差贡献为 14%。图 2c 为南—北Ⅱ型,与正常年的东—西Ⅱ型相差较大,在热带中太平洋有一南北向偶极分布,而整个热带印度洋的振荡很弱,此型方差贡献为 9%。对上述各型的时间系数变化曲线分析(图略)发现:异常年的东—西型低频振荡在 El Nino 发生前明显加强,而进入 El Nino 期后振荡明显减弱;南—北Ⅰ型分布的低频振荡表现为冬强夏弱;南—北Ⅰ型低频振荡的变化却不明显。

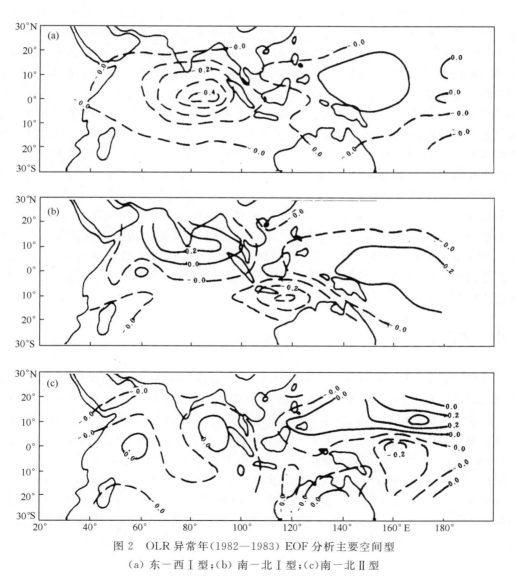

图 2　OLR 异常年(1982—1983) EOF 分析主要空间型

(a) 东—西Ⅰ型;(b) 南—北Ⅰ型;(c)南—北Ⅱ型

上述分析表明,无论正常年或是异常年,其 EOF 分析的前 3 个特征向量的空间型方差贡献之和都在 40％以上。因此,文中所讨论的前 3 种空间型完全可以表征研究区域内低频振荡的主要分布特征。而赤道印度洋和赤道西太平洋地区东西向偶极型的低频振荡更是这一地区最主要的环流特征。由于受 El Nino 事件的影响,异常年赤道西太平洋的低频振荡强度明显减弱,进入 El Nino 期后,其东西向偶极型翘翘板关系的变化也明显减弱。这反映出该地区天气系统活动的大尺度特征以及这些低频振荡中心之间的可能联系。

4   低频遥相关分析

为了进一步探讨各空间型振荡中心之间的可能联系,我们对研究区域内经过 $30\sim60$ d 滤波的 OLR 场进行遥相关分析。

图 3 是正常年和异常年的低频相关分布。分析图 3a 与图 1,发现正常年存在 3 种低频遥相关型。第一种是赤道印度洋与赤道西太平洋间东西向的低频遥相关,遥相关中心分别位于(0°,70°E)和(0°,140°E),称之为赤道太平洋(EWP)型,它表征东西向偶极型低频振荡中心间的跷跷板关系;第二种为孟加拉湾与热带西太平洋间东北—西南向的低频遥相关,遥相关中心分别位于(10°N,90°E)和(20°N,130°E),称之为北热带西太平洋(NWP)型,它表征了西太平洋与孟加拉湾间低频振荡的反相关关系;第三种为赤道印度洋与菲律宾附近洋面间东北—西南向的低频遥相关,遥相关中心分别位于(0°,90°E)和(10°N,130°E),称之为赤道印度洋(EI)型。而分析图 2 与图 3b,不难发现异常年仅存在 2 种低频遥相关型。第一种亦为东西向的低频遥相关,遥相关中心分别位于(0°,100°E)和(0°,150°E),仍称之为 EWP 型;第二种是澳大利亚西北部洋面与印度半岛地区间东南—西北向的低频遥相关,两中心分别位于(10°S,120°E)和(20°N,80°E),称之为南热带西太平洋(SWP)型。

上述分析表明,正常年与异常年低纬印度洋和西太平洋地区的低频振荡遥相关有较大差异。由于受 El Nino 事件的影响,EWP 型的赤道西太平洋地区振荡强度较弱,且遥相关中心位置偏东 10 个经距。另外,正常年的 NWP 型和 IE 型已不存在,而出现了南热带西太平洋(SWP)型。

5   小   结

(1)EOF 分析主要空间型反映了赤道印度洋、赤道西太平洋、热带西太平洋及南海、澳大利亚西北部洋面 OLR 的低频振荡存在一定的联系。正常年与异常年的 OLR 空间型有明显差异。正常年存在东—西Ⅰ型、鞍型和东—西Ⅱ型,异常年则包括东—西Ⅰ型、南—北Ⅰ型和南—北Ⅱ型。无论正常年或异常年,东—西Ⅰ型的偶极型涛动是这一地区低频振荡的主要特征,但异常年这一东西向涛动的赤道西太平洋振荡中心的强度明显减弱。

(2)正常年存在 3 种低频遥相关,即赤道西太平洋(EWP)型、北热带西太平洋(NWP)型和赤道印度洋(EI)型,异常年则存在赤道西太平洋(EWP)型和南热带西太平洋(SWP)型。其中 EWP 型受 El Nino 事件的影响最为明显,进入 El Nino 期后此型振荡强度明显减弱,且遥相关中心的位置偏东 10 个经距。

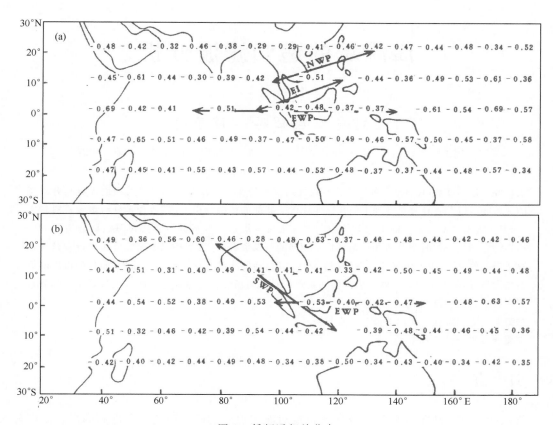

图 3　低频遥相关分布

(a) 正常年(1950—1981)；(b) 异常年(1982—1983)

参考文献

[1] Krishnamurti T N，Subrahrnanyam D. The 30～50 day mode at 850 hPa during MONEX. *J Atmos Sci*，1982，**39**：2088-2095.

[2] Anderson J R，Rosen R D. The latitude-height structure of 40～50 day variations in atmospheric angular momentum. *J Atmos Sci*，1983，**40**：1584-1591.

[3] 梁必骐，王安宇，梁经萍，等. 热带气象学. 广州：中山大学出版社，1990：90-94.

[4] 陈隆勋，谢安，Takio Murakaim，等. OLR 资料所揭示的 El Nino 和 30～60 d 振荡之间的关系. 气象科学技术集刊，1987，(10)：26-35.

[5] Lau K M，Chan P H. Aspects of the 40～50 day oscillation during the Northern winter as inferred from outgoing longwave radiation. *Mon Wea Rve*，1985，**113**：1889-1909.

[6] Lau K M，Chan P H. Intraseasonal and interannual variations of tropical eonvection：A possible link between the 40～50 day oscillation and ENSO. *J Atmos Sci*，1988，**45**：506-521.

[7] 温之平，梁必骐. OLR 资料所揭示的热带地区低频振荡的变化特征. 热带气象，1992，**2**：142-150.

海温场的递归滤波分析

王同美[1]　　梁必骐[1]　　陈子通[2]

(1. 中山大学大气科学系,广州 510275;2. 广州热带海洋气象研究所,广州 510275)

摘　要　递归滤波(RF)是一种属于经验线性插值类的客观分析方法。因其处理边界域和背景场的独特能力以及在计算机处理上的快速便捷优于其他的传统分析方法,适合于分析诸多资料量大(如卫星资料)、不同来源的不均匀资料。本文主要发展这一客观分析方法在海温场分析上的应用。综合利用各种时空分布和精确度均不相同的海温资料,对几个基本参数的取法进行调试并选取适当的值,分析得出细网格的海温场。结果表明,递归滤波方法不仅灵活简便,而且分析出的海温场质量好,基本上可以反映海温的实际情形。对海温场的分析还可为其他从卫星等提取的非常规资料分析提供借鉴。

关键词　海表温度　递归滤波　非常规资料

中图法分类号:P731.3

1　引　言

气象学尤其是热带气象学研究历来重视对海表温度的研究应用[1]。准确的海表温度分布及其变化规律的情报对于海洋天气分析和预报以及海洋与大气之间的能量交换研究是非常有用的。在海气耦合模式中,海温场的准确性也至为重要。此外,海面温度分布还能用来确定鱼群的位置,为渔场预报提供信息;用来绘制海洋流图,为海上石油开发和海洋科学研究提供资料。但是我们获得的海温资料的精度和质量因观测手段和分析方法的限制受到很大的影响。以前所用的海温数据库资料主要依靠商船海洋监测提供,空间覆盖也仅限于主要的商业航线,资料相当粗糙[2]。随着探测技术的发展及越来越多非常规资料的处理和分析技术的提高,尤其是使用卫星测量后,获取准确、覆盖面广、时空分辨率高的海温资料已成为可能。但是这些资料的密度和精确度都各不相同,要综合利用各种资料得出质量足够好的海温场,必须有合适的分析方法。

比较现今业务上普遍使用的较为成熟的分析方法,如逐步订正法和最优插值法(OI)[3],递归滤波(recusrivei fletr,简称为 RF)有其独特的优点:它通过观测资料的质量和数量决定局地可变尺度,使分析场在严格的质量控制下,逐步逼近观测场。这种方法属于经验线性插值类,从严格的统计意义上讲并不是最佳,但在计算机处理方面,它具有灵活多变、效率极高的特点,用于三维分析时可使各有效层的观测值很容易地插入,比传统方法具有明显的优势,这一点对云迹风分析尤为重要。使用者可以指定观测的权重,通过简单的质量控制,很容易地识别观测值的过失误差并将其权重清零以排除错误数据干扰。此外,产生的可信度场在分析的适用性方面也相当有用。近年来国外很重视这种方法的研究应用[4~8]。国内有关的研究则很少。

　　本文主要讨论递归滤波分析方法在海温场分析中的应用。综合利用各种时空分布和精确度均不相同的海温资料,对几个基本参数的取值进行调试选取,最后给出细网格的海温场。

2　递归滤波算法简介

2.1　RF 特征尺度

　　RF 指的是对网格的平滑,其一维基本算法是:
$$A'_i = (1-\alpha) + \alpha A'_{i-1} \quad 0 < \alpha < 1 \tag{1}$$
　　若网格距为 δ,定义特征尺度 R 表示为
$$R^2 = 2L(\lambda\delta)^2 \tag{2}$$
并得到 R 与平滑参数一个重要的关系表达式(具体推导步骤见文献[4]):
$$R^2 = 2L\alpha\delta^2/(1-\alpha)^2 \tag{3}$$
　　在 RF 中,L 和 δ 均为常数,由分析步决定 R 和平滑参数 $\beta=(1-\alpha)$。这里假定了无限的边界,并通过选择适当的初始条件,使滤波反复循环的效果大致可抵消实际边界插入产生的谬误的影响。

2.2　网格点调整

　　每次分析前将观测点资料的影响插值到网格点上。创建两套网格,其一为余差网格:$X_K = W_K(O_K - A_K)$,表示观测值 Q_K 与背景场估测值 A_K 的差异;其二为权重网格:$W_K = QW = Q*W$,质量系数 Q 与观测值的质量有关,W 为拟资料的可信度,根据资料情况而定,即 W_K 与资料的密度和质量有关。

　　两套网格均表示一个网格范围内多个观测点的影响在其周围网格点上的累加意义,并且都适于用多重步的递归滤波处理。在 W,X 的网格场确定后,经递归滤波的多重迭代,可给出新的分析场,则第 m 次分析的背景场更新为
$$A^m = A^{m-1} + \frac{\{G*X\}}{\{G*W\}} \tag{4}$$
这里,$\{G*\}$ 表示对网格点的多次累加、迭代。

2.3　逐步近似与局地可变尺度

　　对初始步,所有格点的特征尺度均取为初始特征尺度 R_0,为可调参数;之后各步的特征尺度(进而是平滑参数)根据周围资料的质量和密度每格点各不相同。对第 m 步,正常的空间尺度 $R_m = R_\infty + S^m(R_-R_\infty)$,取为第 m 步的下限,则有:$R_m \leqslant R_i \leqslant R_0$。其中,$R_\infty = R_0/L$,$S = \left[\left(0.3 - \frac{R_\omega}{R_0}\right)\left(1 - \frac{R_\omega}{R_0}\right)^{-1}\right]^{\frac{1}{m-1}}$ 是决定特征尺度和容忍度变化率的常数
$$R_i = \frac{f\delta}{W_i^{\frac{1}{D}}} \tag{5}$$
式中,参数 f 倍乘 δ 以控制平滑的程度,并通过平滑参数影响分析过程;D 为滤波的维数;W_i

与资料的密度和质量有关。

由式(3)可以看到, R 越大则 a 越大,平滑量也增大,因此可以说:资料的密度小→W_i 小→R_i 大→a 大→平滑量大;资料的质量低→W_i 小→R_i 大→a 大→平滑量大。

2.4　质量控制

定义初始容忍度 T_0 为对观测值可容忍的最大误差, $T_0 = T_0/L$, T_m 是与迭代步有关的容忍度,取为 $T_m = T_\infty + S^m(T_0 - T_\infty)$,它随步数 m 增大而减小。在每一个分析里,给出观测值的质量系数 Q:

$$Q = \left(1 + \left[\frac{(Q-A)_K}{T_m}\right]^n\right)^{-1} \tag{6}$$

对超出容忍度的观测值,只需将其权重清零以去除其影响,参数 T_0 的取值据不同气象要素的分析及资料情况决定。

2.5　最后质量标识

完成分析后,附加一步求算最后质量标识。 n 取其初值的一半以提高灵敏度,容忍度 T 亦取其 $1/2$,求出质量因子 Q_K,最后质量标识 $q_K - (Q_K * W_K)^{\frac{1}{2}}$,并将每一个格点上的值除以全场最大值使之正规化。最后质量标识反映了观测值的拟合程度及其领域分析的质量。

根据 RF 算法,可以列出递归滤波分析的基本流程图(图1)。

3　海温场的递归滤波分析

本文的海温场分析利用了两种观测资料,其一为 GFS 上获取的船舶站点每天 4 次(00时、06时、12时、18时)的海温观测资料;其二是实时接收静止卫星 GMS 的红外通道资料(每天 3 次:00时、06时、12时),用经验回归方法估算得到的海温。初估场通过将 GTS 上传送的 5°×5° 全球海温资料用双线性插值法插到 1°×1° 的经纬网格上来获取。这里取范围 0°—15°N,100°—150°E,通过递归滤波,最后得到每日 4 个时次的 1°×1° 网格海温分析场。

3.1　资料分析方案

为使分析尽可能精确,我们将该时刻之前的观测资料提供的信息更新为现在分析时的信息,从而补充现有观测资料中信息。由于海温观测值比较稳定,日变化不大,因此在作递归滤波时可将每日 4 次的观测资料作一准同化处理,即除 00 时外,分别用上一时刻的分析场作为下一时刻递归滤波的初估场,以期不断地将新的观测信息注入到分析场中。

3.2　参数调试

根据海温场分析的具体情况,对其中某些参数可以取经验值[4],这里主要对几个基本参数 f, T_0, R_0 进行调试,考查其对滤波效果的影响,以 1997 年 2 月 26 日 4 个时次的海温场分析为例,由全球粗网格资料插值得到的海温场如图 2 所示。可以看出,除 28℃线有一向北凸起的小暖舌外,海温等值线与纬线基本平行,没有明显的冷暖中心。试验中将它作为 00 时海温分析的初估场。

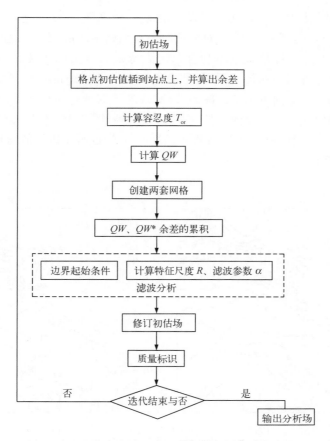

图 1 递归滤波分析基本流程图

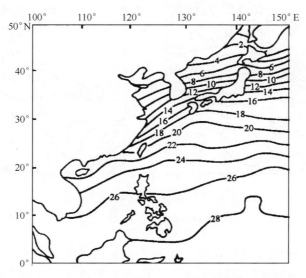

图 2 1997 年 2 月 26 日 GTS(5°×5°)资料插值得到的海温场

取第一组参数($f=2.0$,$T_0=4.0$,$R_0=4.0$)时输出海温分析场(见图3),将它们与各自的初估场相比较,00时分析场(图3a)在赤道附近出现一个明显的冷区,这在初估场上是没有的,此处对初估场的订正值达到$-1.5℃$。对照该时刻船舶站观测值,发现对应分析场冷区有一较低温度的值,说明分析与实际情况基本吻合。初估场28℃线上的小暖舌被平滑拉大,等温线上出现一些小波动,并且明显北抬。图3b是以图3a为初估场的06时海温分析场,两图差异也相当显著,分析场上赤道附近的冷区减弱,28℃线断裂为两个闭合中心,在低纬地区形成一西伸的暖舌,16℃等温线上暖舌更向北伸。12时分析场(图3c)则在低纬形成更强的暖区,中低纬处出现几个小的闭合中心。18时分析场(图3d)形势也明显比初估场复杂,这是因为参与滤波的信息增加的缘故。

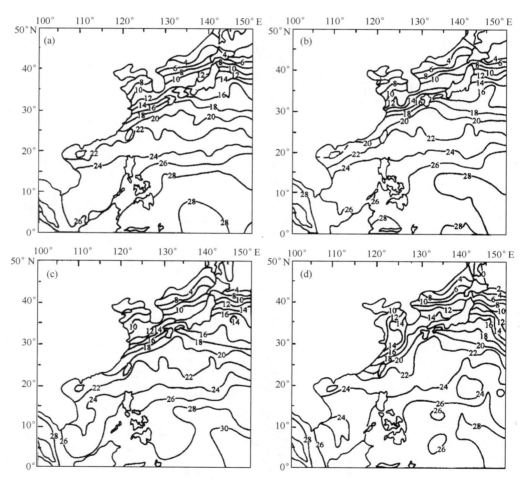

图3　取参数 $f=2.0$,$T_0=4.0$,$R_0=4.0$ 分析1997年2月26日海温场
(a)00时;(b)06时;(c)12时;(d)18时

递归滤波对初估场的订正体现在海温值的变化上(图略),在一些资料稀疏的地方,海温场的订正相当大,这是因为资料少,特征尺度R_m大,因而平滑量也大的缘故,即资料密度小,则有效资料的影响区域相对较大。这对从18时的分析看尤其明显,由于未用GMS卫星反演资

料,只有为数很少的船舶站观测资料用来订正(53 个有效值),资料的影响扩散太大,致使分析不够精确,不适合用于细网格分析。

为检验分析场的好坏,我们还计算了初估场和分析场与观测值的余差均方差。结果表明,递归滤波后的均方差分别为 0.34,0.29,0.23,0.18,比分析之前(1.28,1.12,0.18,3.17)明显减小。

参数 f 倍乘特征尺度 R_m 后,通过影响平滑参数而影响分析场。考查滤波过程中各步的特征尺度,发现 R_m 偏大,多取为上界 R_0 值,因此我们尝试将 f 变小,取第二组参数:$f=1.0$,$T_0=4.0$,$R_0=4.0$(其他参数不变)。从分析得到的海温场(图略)来看,基本形势与第一组相近,但从海温订正值的分布发现,由于 R_m 变小,相应观测值影响区域变小,在资料密集的地方有一些海温改变值的小闭合区,这说明滤波过程中海温场的平滑量变小,一些小尺度系统信息也反映了出来。分析场与观测场的余差均方差变为 0.20,0.18,0.11,0.10,分析效果明显比第一组好。试验中曾将 f 继续调小以期进一步减小观测值的影响域,使分析场更逼近于实测值,但结果表明,这样做使某些资料稀疏区得不到很好的订正,效果反而不如 $f=1$ 时理想。

初始容忍度 T_0 也是影响递归滤波的一个重要因子。它决定递归滤波对资料误差的最大容忍,其后各步分析的容忍度 T_m 也都与 T_0 有关。容忍度越小,容许资料与背景场的差异越小,即对资料的质量控制越严格,则用于订正背景场的观测值越少。对于海温场分析,取 $T_m=4.0$ 时,对资料的控制不够严密,也导致分析场质量不够好。因此在第三组试验中我们将 T_0 减小,取参数 $T_0=2.0$,$f=1.0$,$R_0=4.0$(其他参数不变),得到的分析场与前两组试验的结果比较,发现 5°~150°E 处的冷中心消失。这是因为在质量控制加强的情况下,订正过程中剔除了该处一个船舶站观测资料的影响。

我们以船舶站资料的最后标识来考查 T_0 变化对质量控制和滤波效果的影响。将分析订正中用到的船舶站点插上小旗作为标识,比较取第二组(a)和第三组(b)参数的结果(图略),发现 b 组插上小旗的船舶站明显减少,即 T_0 变小使质量控制加强。同时我们也注意到,T_0 若取得太小,则参与滤波分析逐步订正的观测资料变得更少,对背景场的更正会减弱,分析场与观测资料的逼近将变慢并且平滑,有可能会漏掉一些小系统的信息。

对分析场与观测值求余差均方差的分析也表明,T_0 取为 2.0 时,分析效果比取其他值佳(均方差分别为 0.09,0.09,0.08,0.11)。事实上,若将 T_0 按经验取为资料标准差的两倍,而本文用到的 GMS 卫星反演资料的标准差接近于 1.0,亦与试验结果相一致。

在第二组试验中曾将 f 值调小,以直接减小各步分析的特征尺度。若将初始步的特征尺度 R_m 变小,则在每一步资料影响域的上界减小情况下,可根据资料本身的质量和密度来适当减小其特征尺度,并调节递归滤波的分析效果。取第四组参数 $R_0=2.0$,$f=1.0$,$T_0=2.0$ 后输出的海温分析场(图略)可以看到,尽管 T_0 仍然取小值,但第三组试验中被“剔除”的站点又被用到,这说明在 R_0 变小后,小尺度信息的充分刻画使得几次更正后的分析场与观测场余差渐渐变小,以致在前几步分析中未用到的资料又在容忍度之内,从而对订正起作用。若干试验中,以该组试验的结果近于最好,4 个时次分析场与观测场均方根误差分别为 0.04,0.05,0.05,0.07。

图 4 分别给出了初估背景场与观测值、最后分析场与观测值的匹配结果。可以看出,分析前(图 4a)偏差在 1℃ 左右,均方根误差亦达 1.29;而分析后的海温场则与实测资料基本

吻合（错误资料除外），平均偏差只有 0.02℃。

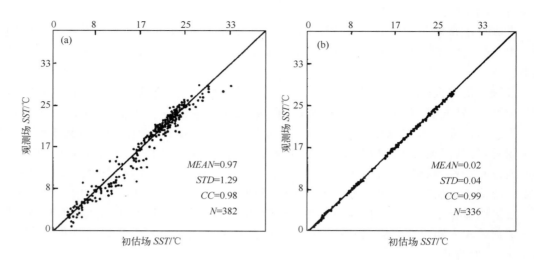

图 4　散点图：初估场与测值（a）、分析结果与测值（b）的匹配
MEAN：平均偏差；STD：均方根误差；CC：相关系数；N：样本数

3.3　海温场在分析各步中的变化

文中给出的多组参数调试都是 8 步分析。事实上，递归滤波分析中间输出的结果表明，对于场中大形势的调整在分析的第一步、第二步已大致完成，后面各步的分析只是实现一种类似"微调"的对细微处刻画。取第四组参数实验时，发现分析 4 步后输出的海温场同 3.2 中第四组试验结果相当接近。计算分析场与观测场余差的均方差也表明，分析四步得到的场效果甚至比取第三组参数分析 8 步的效果还好（均方差分别为 0.06，0.07，0.07，0.13），这说明分析的质量更大程度上取决于对参数的选取。如果参数取得好，那么即使分析步不多，也比取不恰当的参数分析多步的效果好。这从另一方面说明了若参数取得好，不仅可以提高分析效果，而且在一定程度上提高分析的速度。

在取相同参数的情况下，调节分析步数的结果表明，在综合考虑分析场质量、分析速度等因素的前提下，对于海温场的递归滤波，以分析 8 步比较适宜。

3.4　初估场质量对分析的影响

为考察初估场质量对分析质量的影响，选用 2 月 4 日的全球粗网格背景场（图略）作为 26 日 00 时的初估场作分析试验。与图 2 比较，4 日海温比 26 日明显偏低。4 日背景场与观测值的余差平均值为 2.07℃，而同一时刻（26 日）的全球粗网格海温资料，余差平均值只有 0.97℃。显然，用 4 日资料产生 26 日分析的初估场，其质量比用 26 日的资料差许多。

然而试验结果却发现，尽管初估场质量不很理想，输出的分析场却并不那么糟糕。尤其是 00 时以后的几个时次，由于海温场已包含有 00 时的若干信息，用它作为下一时刻的背景场，效果就相当理想了。计算余差均方差，00 时在分析之前（初估场与观测值）为 2.378，分析后则为 0.05。说明 RF 在很大程度上能排除较差的初估场的影响，而对资料的准同化处理将使这一初估场对后面时次分析的影响更小。

不用初始估值场的分析试验(可看作是初估场质量非常差)发现,分析出来的海温场与观测值有很大差别,特别是在某些边界区域,海温等值线非常密集,甚至重合为一条粗线。这是因为在边界一些资料贫乏区,观测值与背景场差异过大,其影响无法延及,相应分析效果也就很差了。

4 结果与讨论

将递归滤波运用于海温场分析的研究表明,用这种易行可信的分析技术,得到的分析场时空分辨率高、质量较好,能基本反映海温的实际情况,可应用于数值模式中以及作为天气分析与预报的辅助资料。利用本文发展的方法还可以分析出时空分辨率更高的其他气象要素场。

递归滤波客观分析方法最近10年来始应用于对各种气象资料,尤其是非常规资料的处理加工。它对资料的处理是根据资料本身的质量和数量来决定一些与滤波直接有关的参数,因而具有很大的灵活性,同时算法又相当简便快捷,在小型计算机甚至一般微机上都可运作。但正因其灵活多变、伸缩性较强的特点(可变且相互关联的参数极多),掌握并决定参数的选取比较困难。本文在诸多试验的基础上,对海温场分析的基本参数,如网格尺度、平滑参数、误差容忍度等作了适当的选取,得到一些颇有意义的结果。

长期以来,对沿海及海上的天气分析研究都因海上测站稀少、资料贫乏而受到极大的限制。随着大气探测手段的发展,现在不仅有来自全球各地的探空站、地面站、测风站大量常规观测资料,而且还越来越多地收集到各种非常规探测信息,而电子计算机的发展使得分析并充分利用这些信息成为可能,这对提高天气分析和预报起着重要作用。同时,根据这些资料揭示的现象,我们可以更进一步对大气运动的特征、规律及机制作研究。目前正在进行的对其他卫星资料的提取及应用,如分析地表参数、云迹风、水汽廓线、积雪覆盖、植被、地表反照率等气候模式所需参数及其他一些生物海洋参数,都需要一种适合的加工处理方法,RF在海温场分析中的尝试或可为之提供有益的借鉴。

参考文献

［1］梁必骐,等.热带气象学.广州:中山大学出版社,1990:335-362.

［2］罗滨逊 I S.卫星海洋学.吴克勤,等译.北京:海洋出版社,1989:157-216.

［3］张玉玲,吴辉碇,王晓林.数值天气预报.北京:科学出版社,1986:380-432.

［4］Hayden C M,Purser R J. Three-dimensional recursive filter objective analysis of meteorological fields. In: Preprinr of English Con. fon Numerical Weather Prediction,Baltimore,MD Amer Meteor Soc,1988, 185-190.

［5］Purser R J,McQuigg R. A successive correction analysis scheme using recursive numerical fileters. Met. oll Tech. Note No. 154,British Meteor Service,1982,17.

［6］Haydem C M,Purser R J. Applications of a recursive filter,objective analysis in the processing and presentation of VAS data. In:Preprints of the 2nd Conf. on Satellite Meteor//Remote Sensing and Applications,William sburg,Va,AMS,1986,82-87.

［7］Hayden C M. GOES-VAS simultaneous temperature-moisture retrieval algorithm. *J Appt Meteor*,1988, **27**:705-733.

[8] Hayden C M. Recursive filter objective analysis of meteorological fields:applications to NESDIS operational processing. *J Appl Metor*,1995,**35**:3-15.

[9] Hayden C M,Velden C S. Quality control and assimilation experiments with satelite derived wind estimates. In:Preprint of Ninth Conf. on Numerical Weather Prediction,Denver,CO,Amer,Meteror Soc,1991,19-23.

[10] Saski Y. Some basic formalisms in numerical variational analysis. *Mon Wea Rev*,1970,**98**:875-883.

第三部分

热带气旋研究

南海台风的结构及其与西太平洋台风的比较

梁必骐　邹美恩　李少群

（中山大学气象系）

摘　要　本文对 15 次台风个例作综合分析,得到一个南海台风的三维结构,并与西太平洋台风作了比较。结果表明,南海台风环流半径约为 600 km,在台风中心附近,850 hPa 到 200 hPa 是正温度距平,辐合区自地面直到 300 hPa,以下是正涡度,而 300 hPa 以上为负涡度,最强上升运动在 400 hPa 到 300 hPa。由于南海面上空有一股强的东北气流,所以低层聚集起来的能量易被高层东北气流带走。可见南海台风和西太平洋台风比较,强度较弱,生命期较短,结构较不对称,云系也较松散。

1　引　言

南海是台风活动最频繁的海区之一。影响南海的台风有两类,一类是来自西太平洋的台风;另一类是在南海海域生成的台风,本文所讨论的是指后一类台风。

南海由于海域小,台风生成点又临近大陆,所以南海台风无论是尺度和强度都比西太平洋台风小得多。其水平半径(6 级大风范围)一般为 300~500 km,西太平洋台风为 500~1000 km。在西太平洋台风中,最大风速极值≥50 m/s 的占 45%,中心气压极值低于 960 hPa 的次数占 27%,而在南海台风中只分别占 3% 和 2%。南海台风的生命史也比西太平洋台风短,前者平均 3~4 天,后者在 1 周左右。此外,由于南海台风经常处于较特殊的环境流场中,如低层季风活跃,高层存在东风急流等,所以其结构也有其特殊性。关于台风的结构已有过许多研究,并提出了一些结构模式[1]。但对南海台风的结构研究甚少,而这是研究台风物理过程和发生发展条件的基础工作,因此有必要对南海台风的结构进行研究。本文用综合法研究了南海台风的结构,并与西太平洋台风作了对比分析,发现它们在基本结构方面是相似的,但也有许多明显的差异,尤其是南海台风不像西太平洋台风那样存在明显的对称性结构。

2　资料和方法

由于南海地区测站稀少,用个例分析来了解其结构是不全面的。近年来用综合分析方法研究台风[2,3]、季风低压[4],中层气旋[5]等已显示了很大的优越性,取得许多有意义的结果。为

本文发表于《1983 年台风会议文集》,上海科技出版社,1986.

此,我们在普查 1949—1982 年间南海台风的基础上,选取了近年来强度相近的 15 个时次的南海台风个例作综合样本,其概况如表 1 所示。考虑到南海台风大都是范围小、强度弱,而且主要生成于 10°N 以北,所以我们选取的台风个例都只达到热带风暴强度,中心最低气压为990 hPa,中心附近最大风速为 20~25 m/s,而且大部分生成于南海北部,为了取得合成台风南部的资料,也选取了个别位置偏南的台风。上述台风资料取自我国中央气象局整编的"台风年鉴"(1949—1979 年)和广东省气象台编的"台风资料简集"(1980—1982 年)。

表 1　南海台风个例简况

序号	国内编号	日期	中心位置	中心气压(hPa)	最大风速(m/s)
1	7701	1977.6.14	15.6°N,117.0°E	990	25
2	7809	1978.8.10	18.5°N,113.0°E	990	20
3	7809	1978.8.11	18.3°N, 110.2°E	983	25
4	7914	1979.9.20	18.5°N,109.7°E	994	20
5	7914	1979.9.21	18.1°N,108.4°E	993	20
6	8004	1980.5.23	19.6°N,114.9°E	988	25
7	8004	1980.5.24	23.5°N,116.6°E	988	20
8	8008	1980.7.19	21.1°N,111.9°E	998	20
9	8011	1980.8.19	21.2°N,109.7°E	995	20
10	8020	1980.10.30	16.1°N,117.0°E	990	25
11	8020	1980.10.31	16.1°N,115.0°E	990	25
12	8103	1981.6.10	17.2°N,111.0°E	993	25
13	8111	1981.8.6	18.0°N,118.0°E	990	25
14	8113	1981.8.19	19.1°N,109.9°E	990	20
15	8118	1981.10.14	11.5°N,111.2°E	994	20

本文所取综合台风范围为东西 16 个经距,南北 16 个纬距,综合后的平均中心位于18.2°N,112.9°E,并以 1 个经纬距组成网格。在垂直方向上,从地面到 100 hPa 共分 10 个层次(地面,850 hPa,700 hPa,500 hPa,400 hPa,300 hPa,250 hPa,200 hPa,150 hPa,100 hPa)。我们选取的 15 个时次的台风资料,包括 200 多份无线电探空和测风资料及相应时次的地面温、湿、风资料和降水资料。对每一时次的资料,都以台风中心位置为 x,y 坐标的原点,按相对于各个台风中心的方位和距离标上各测站的有关要素值,然后将各网格内不同时次的资料平均,这样便得到各网格内的综合要素值。

为能更好地反映台风的结构特点,我们对不同要素值采取了不同的综合方法。由于各个台风的环境条件不同,温度差别又较大,所以采用区域温度距平进行综合,即首先根据每一时次的实测资料求出综合台风范围内各层的温度平均值,再求出各站点的温度距平,然后对各网格内不同时次的温度距平作综合。湿度取相对湿度综合。风场是用客观分析作矢量合成。根据各层的合成风场计算了涡度、散度和垂直速度。此外,利用 1979—1982 年的静止卫星云图分析了 15 个南海台风的云系结构。

3 南海台风的结构及其与西太平洋台风的差异

3.1 环流结构

南海台风与西太平洋台风一样,也具有明显的气旋性环流,低层有较强的流入气流,但其范围和强度都很小。由图 1 可见,南海台风中低层的气旋性环流十分明显,尤其是 850 hPa 环流最强,范围最大,水平半径约 600 km。这种气旋性环流愈近中心愈强,它可以一直伸展到 250 hPa 上空,范围随高度减小。200 hPa 以上是一致的偏东风气流,不存在反气旋性环流中心,这一点与西太平洋台风是不同的。气旋性环流中心轴线在中低层近于垂直,500 hPa 以上随高度略向东南倾斜。

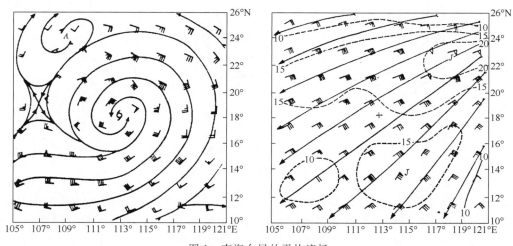

图 1 南海台风的平均流场
(a)850 hPa;(b)200 hPa

由图 1(a)可以看到,南海台风的低层存在明显的流入气流,特别是在台风南部有一支明显的强西南风气流自东南部流入台风中心,在卫星云图上也常可看到一条条积云线卷入台风中心。这支卷入台风的暖湿气流是台风内水汽的主要来源,也即是台风的能量输送带。在高层,南海台风不像西太平洋台风那样,常存在反气旋性流出气流,而是一致的偏东辐散气流,尤其是在台风的北侧有一支东北风急流,这可能是一支能量输出带,它对于台风能量平衡的维持是重要的。这也可能是南海台风不能强烈发展的原因之一。

3.2 温度场

暖心结构是台风最重要的特征之一,南海台风也如此,几乎整个对流层都有这种特征。由图 2(a)给出的区域温度距平可见,在台风中心附近,自 850 hPa 直至 200 hPa 都是正温度距平,最强暖中心出现在 400hPa 附近,这远不如太平洋台风明显,而且其出现高度也较低,如图 2(b)所示[2],太平洋台风在 250 hPa 增暖最强,正温度距平在 6℃ 以上,比南海台风高了一倍。在南海台风的地面和高层(150 hPa 以上)都出现负温度距平,这一点与太平洋台风和大西洋飓风都是相似的。在地面附近的冷心结构可能是台风降水蒸发的结果。高层的最强冷中心位于 100 hPa 附近。

　　由个例分析,更清楚地看到南海台风的这种暖心结构特点。在我们普查分析的所有个例中,在 400 hPa 上台风中心附近的温度一般都要比周围高好几度。例如,8004 号台风,在 5 月 24 日 08 时的 400 hPa 上,处于台风中心附近的汕头站温度是 −7.7℃,其附近的厦门站为 −11.5℃,两站相差近 4.0℃。

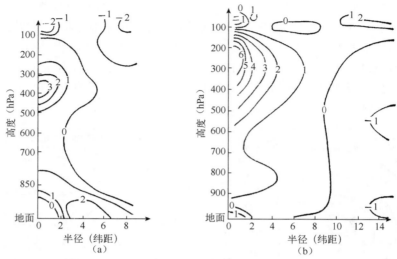

图 2　平均温度距平垂直剖面图(单位:℃)

(a)南海台风;(b)太平洋台风[2]

　　无论是综合分析或个例分析都表明,在整个南海台风范围内,温度场的结构是不对称的,对称结构只出现在台风中心附近的小范围内。就整个台风而言,温度分布总的趋势是南高北低,南侧有暖舌伸入台风中心,西北侧有冷舌伸入。在高层则是北高南低,这似乎表明,南海台风对高层环境温度场的影响不大。

3.3　湿度场

　　台风中心附近的低层是极湿区,在半径 4 个纬距范围内的相对湿度都在 90% 以上,台风的西南侧也是高湿区,但在北侧和东南侧是相对的干区。

　　在南海台风的中高层(500 hPa 以上),湿度分布是明显不对称的。台风的南部和东部是相对湿区,而北部和西部是相对干区。在台风南部和东部有湿舌自低层向上伸展,70% 等值线可达 300 hPa 以上,而北部和西部有干舌自高层向下伸展,这可能与青藏高压和高空东风急流的活动有关。这一点与湿度场呈对称性分布的太平洋台风是完全不同的。此外,南海台风湿层厚度也比太平洋台风浅得多,在南海台风中,相对湿度超过 90% 的湿层仅出现在 700 hPa 以下,而太平洋台风可伸达 400 hPa。

3.4　涡度场

　　南海台风环流与涡度场的配置十分吻合。由图 3 可见,在中低层,台风环流中心与气旋性涡度中心完全重合,正涡度区与台风环流区也配合得很好,这种对应关系从地面一直延伸至 300 hPa 高空。最大气旋性涡度中心位于 850 hPa,其值达 $10 \times 10^{-5} \text{s}^{-1}$ 以上,正涡度区也在该层最大,水平半径达 600 km。在台风外围是负涡度区。

从 850 hPa 开始,无论是气旋性涡度的强度或范围都随高度明显减小,至 200 hPa 转为负涡度区,中心位于 150 hPa 上空,这与高空东风急流的高度是相当的。

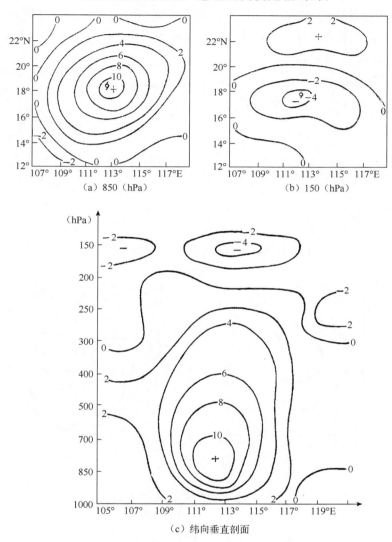

图 3　南海台风的平均涡度场(单位:$10^{-5} s^{-1}$)

(a)850 hPa;(b)150 hPa;(c)纬向垂直剖面

由图 3(a)和图 3(c)都可以看到,在中低层,南海台风涡度场的结构是准对称的。气旋性涡度轴心在 500 hPa 以下是垂直的,500 hPa 以上是随高度稍向东南倾的。这与台风环流中心轴线随高度的变化是完全一致的。

3.5　散度场

南海台风也是具有中低层辐合,高层辐散的特征。由图 4 可见,从地面至 300 hPa 高空,在南海台风中心附近是水平辐合区,200 hPa 以上对应辐散区,无辐散层位于 250 hPa 附近。辐散、辐合中心与台风环流中心并不完全重合。最大辐合中心($-4.2 \times 10^{-5} s^{-1}$)位于 850 hPa 上,与台风中心比较吻合,最强辐散中心出现在 150 hPa 上空,位于台风中心的西侧。

南海台风的平均散度场不像涡度场那样具有很好的对称性结构,水平散度的分布是比较复杂的,一般是不对称的。辐合中心轴线随高度向南倾。值得注意的是,在南海台风中低层的东北侧,有一条辐散带插入台风中心辐合区,在高层则相应地有一条辐合带伸入台风辐散区(图5(a),(b))。正是这种散度分布造成台风东北部相应地存在一条深厚的下沉运动带。

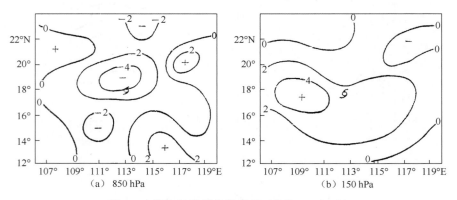

图 4　南海台风的平均散度场(单位:$10^{-5}\,\mathrm{s}^{-1}$)

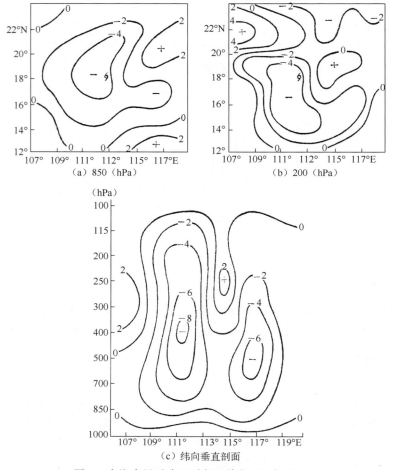

(c)纬向垂直剖面

图 5　南海台风垂直运动场(单位:$10^{-3}\,\mathrm{hPa/s}$)

3.6　垂直运动场

南海台风垂直运动场呈现明显的不对称。在假设地面和 100 hPa 垂直速度为零的基础上,由连续方程积分求出了各层(850 hPa,700 hPa,500 hPa,400 hPa,300 hPa,250,200,150 hPa)的垂直速度场,并作了线性订正。计算结果表明,从 850 hPa 直到 150 hPa 各层垂直运动场的结构是十分相似的,与平均散度场的结构也是比较吻合的。

由图 5 可见,在台风中心附近及其西南部存在深厚的上升运动区,其范围随高度减小,强度随高度增大。最强上升运动中心位于 400～300 hPa,最大值达 -8.2×10^{-3} hPa/s。但上升运动中心并不与台风中心重合,而是出现在台风中心的西侧,轴心随高度略向南倾。在南海台风的西北部和东北部存在两个宽约 300 km 的深厚的下沉运动带,其强度和范围都随高度增大,最强下沉运动中心位于 300 hPa 台风中心的东北侧,相距约 300 km。西北部的下沉运动显然是属于青藏高原东部的下沉区,与青藏高压活动有关。东北部的下沉区似乎与北支东风急流的下沉区相对应。

3.7　风速垂直切变

我们计算了合成台风范围 200 hPa 与 850 hPa 的风矢差,分别得到纬向风和经向风的垂直切变图,该图表明,南海台风中心附近垂直切变都为零或接近于零,而且存在很强的南北向或东西向的垂直切变梯度。根据 Gray[6] 的观点,这种风速垂直切变场对台风的发生发展是十分有利的。

图 6(a) 给出了南海合成台风的纬向风垂直切变场。可见,台风中心位于零线附近,其南侧存在很强的垂直切变和切变梯度,北侧则较弱。经向风垂直切变场(图略)也存在类似情况,只是对流层的 $\dfrac{\partial V}{\partial p}$ 切变零线呈南北走向,东侧的切变明显大于西侧。

图 6(b),(c) 是 McBride[7] 给出的太平洋台风和大西洋飓风的纬向风垂直切变场。比较图 6(a),(b),(c) 可以看到,三者的切变零线都穿过中心附近,且南北面存在符号相反,梯度很大的垂直切变。但由于各海区环境条件不同,所以三者的垂直切变场也有所不同。南海台风与

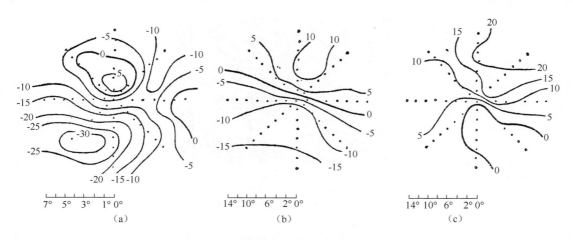

图 6　合成台风的风速垂直切变场 (单位:m/s)

(a) 南海 $U_{200\sim850}$;(b) 太平洋 $U_{200\sim900}$;(c) 大西洋 $U_{200\sim900}$

西太平洋台风的主要差别在于：正的风速垂直切变范围不大，位于台风中心附近的北侧，其余台风范围内都是负垂直切变区。这种特点显然是因为南海高层盛行东北风急流和低层盛行西南季风的缘故。

3.8　云系结构和天气

由于南海台风的热力和动力结构特点与太平洋台风有所不同，所以它们的云系结构和天气分布也有差异。

根据卫星云图分析，南海台风不像西太平洋台风那样具有典型的台风云系结构，一般都不够完整，云区范围也较小，只有少数发展强盛的台风具有典型的螺旋云带和眼区。较常见的台风云型主要有：(1)范围较大的涡旋状台风云系，中心云区结构紧密，有时螺旋结构和眼区都比较清楚，这类台风雨带宽广，雨量较大，但风力不一定很大(图7(a))；(2)范围较小的圆形台风云团，云系浓密白亮，但螺旋结构不清楚，有时可看到眼区，这是一种小而强的台风，风大雨不一定大，其发生发展很快，具有较大的破坏力(图7(b))；(3)"空心"台风云系，主要特点是外围云系比中心附近云系更稠密，有时可能出现大而不规则的台风眼，这种台风往往是外围风力比中心附近风力大(图7(c))；(4)结构松散而不对称的台风云系，它所带来的天气一般都不很严重。此外，还有一些呈条状的台风云团。

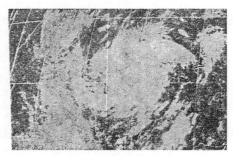

(a) 8118号　　　　　　　　　　　　　　　　(b) 7918号
(1981.10.14.08) 中心 (11.5°N, 111.2°E)　　　　(1979.10.7.08) 中心 (12.2°N, 119.4°E)

(c) 7914号
(1979.9.21.08) 中心 (18.1°N, 109.4°E)
图7　南海台风云系结构示例

南海台风云团，在低层一般都有积云带(线)从南侧卷入台风中心，这是台风发展的重要能量来源。但在高层辐散卷云往往不甚明显，尤其在东北象限很少出现向外辐散的卷云，这一点是与西太平洋台风云系结构不同的，这显然与它们在高层的流场结构不同有关。

4　结构和讨论

（1）南海台风环流的平均半径约 600 km，气旋性环流可达 250 hPa，在 850 hPa 上最强。在台风中心附近，850～200 hPa 都是正温度距平，以 400 hPa 暖心最强，100 hPa 高空转为冷心结构；中低层是极湿区，700 hPa 以下的低层相对湿度达 90％ 以上，西北侧为相对干区。台风中心的辐合区自地面可直达 300 hPa，最大辐合中心位于 850 hPa，无辐散层在 250 hPa 附近，最强辐散中心出现在台风中心西侧的 150 hPa 上空。在涡度场上，台风中心附近在 250 hPa 以下各层都是气旋性涡度区，最大正涡度中心也位于 850 hPa 上，200 hPa 以上为负相对涡度区，中心位于 150 hPa 上空。南海台风中心附近存在深厚的上升运动，最强上升运动中心位于 400～300 hPa 之间的台风中心西侧，在西北部是深厚的下沉运动区。南海台风中心位于风速垂直切变的零线附近，其南侧存在很强的纬向风垂直切变和切变梯度明显地大于北侧。南海台风云系不像太平洋台风那样具有典型的台风云系结构，一般是云区范围小，结构不够完整，眼区和辐散卷云不很明显。主要云区和强降水区都出现在台风中心附近及其东北侧。

（2）南海台风不仅强度和范围比太平洋台风小得多，而且其热力和动力结构除在中心附近小范围区域内是对称性结构外，一般是不对称的，这一点也是不同于太平洋台风的。我们认为这主要与南海台风所处的特殊环境场条件有关。南海台风一般都发生在南海中北部，这里临近大陆，它很难获得维持台风强烈发展的足够能量来源。同时南海高空很少有反气旋活动，而是盛行一致的偏东气流，这种单一方向的高空流型是不利于台风强烈发展的[6]。

因此，南海台风很少能发展到强台风阶段。在夏季，南海北部高层经常存在一支热带东风急流，低层盛行西南季风气流，这两支气流的活动对南海台风的结构有着十分明显的影响，实际上南海台风的结构往往就是这两支气流结构的反映。这种特殊的环境流场使得南海台风的结构存在许多不同于太平洋台风的特点。所以我们在研究和预报南海台风时，应该注意其特殊的环境场条件。

（3）由于我们所选的综合台风个例只是反映了南海台风的一般情况，严格来说，它们都没有达到台风成熟阶段，所以我们得到的南海台风结构模式与典型台风结构模式并不完全相同，把它看成是台风发展阶段的结构模式也许更合适一些。此外，由于我们所选取的个例不多，加上南海气象资料欠缺，所以本文所得结果也许还不足以代表南海台风的一般结构特征，有待今后进一步修改补充。

本文在上机计算时，得到彭金泉同志的帮助，谨表示感谢。

参考文献

[1] 陈联寿，丁一汇. 西太平洋台风概论. 北京：科学出版社，1979，31-63.

[2] Nunez E，Gray W M. 11th Technical conference on Hurricances and Tropical meteorology，1978.

[3] Frank W M. *Monthly Weather Review*，1982，**110**(6).

[4] Godbole R V. *Tellus*，1977，**29**(1)：25-40.

[5] 邹美恩，梁必骐. 全国热带夏季风学术会议文集. 云南人民出版社，1983：259-271.

[6] Gray W M. Observational and theoretical aspects of tropical cyclone genesis，Symposium on Typhoons，Shanghai，China，1980.

[7] McBride J L. *Journal of Atmospherie Sciences*，1981，**38**(6).

初夏南海台风的动能收支

杨　松　　梁必骐

（中山大学大气科学系）

摘　要　用准拉格朗日坐标系下的总动能和扰动动能收支方程计算分析初夏南海台风发展至消亡过程，主要结果有：(1)由积云对流作用产生的动能是台风能量的主要来源。当台风能量的内源产生的动能大于外源的消耗时，台风发展；反之则台风趋于消亡；(2)正压能转换的作用非常小，斜压能转换过程产生的能量起重要作用；(3)南海台风与环境场的相互作用明显，表现在向周围系统提供大量能量，这种过程主要由对流层中上层的相互作用来完成；(4)从能量平衡过程出发，可以认为 CISK 机制是南海台风发生发展的主要过程。

　　虽然前人对台风进行了大量工作，但对南海台风的研究仍较少．肖文俊和谢安[1]的研究结果表明：夏季东南亚和西太平洋地区上空存在两支东风急流，南支强时有利于南海台风的产生和发展，而北支强时反之。有关南海台风发生发展过程中的能量问题还未见有人分析，而多年来的工作表明，诊断能量过程是研究大气环流和扰动的一个十分重要和有效的方法。Frank[2]、Mcbride[3]和丁一汇等[4]对西太平洋台风的研究都表明，台风作为动能源向环境场提供能量，动能平衡过程中动能的制造、消耗以及水平输送项起主要作用。用准拉格朗日坐标系下的能量收支方程研究移动性系统更能清楚地反映系统的能量过程。不少作者用此方法进行了研究[5]，取得了一定的结果。为此，我们在结构分析的基础上，用准拉格朗日动能收支方程对 8005 号台风进行仔细分析，以便进一步弄清南海台风的发生发展过程及其可能机制。

1　资料处理和计算方法

　　利用 1980 年 4—6 月 00 GMT 的全球常规观测探空资料，在 5°S—30°N、95°—120°E 区域内客观分析得到 2.5°×2.5°格距点资料，为讨论方便起见，再把它线性插成 1.25°×1.25°的格距资料。

　　由于南海台风的平均半径只有 300～500 km，且 8005 号台风最强时的最外围闭合等压线直径不超过 10 个纬距，所以，取 9×9 格点范围跟踪台风进行分析，每一时次台风中心都位于区域中心。台风中心位置和路径取自台风年鉴。图 1 为台风路径和资料范围。

　　8005 号台风的初始扰动于 6 月 2 日出现在西北太平洋上，然后朝西北方向移动，且不断加强，24 日 14 时进入南海，25 日 02 时发展成台风。28 日 08 时达最强，这时的地面中心气压为 982 hPa，最大风速为 25 m/s，云系反映最清楚。29 日 08 时台风消失．图 2 为研究

本文发表于《南京气象学院学报》，1988，**11**(2).

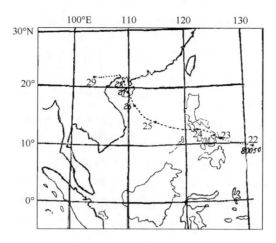

图 1 台风路径和资料范围

时段内台风的总动能(K)和扰动动能(K^*)的时间变化率。可见,25—26 日台风的总动能和扰动动能增长较快,又以 26 日扰动动能增长最为显著,说明此时次网格尺度活动最强。27 日台风在海南岛登陆(关于台风登陆的问题将另文讨论),动能下降。28 日台风重新移到海面上,总动能回升,但扰动动能急剧减小,台风开始走向灭亡。29 日扰动动能继续减小,台风消亡。

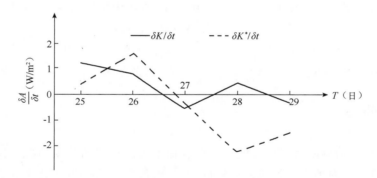

图 2 总动能(K)和扰动动能(K^*)的时间变化率

根据动能的演变和实况分析,将 8005 号台风划分成 4 个阶段:22—24 日为扰动阶段,25—26 日为发展阶段,28 日为强盛阶段,29 日为消亡阶段。由于资料所限,我们仅讨论后 3 个阶段的情况。

设任一变量 A 可分解为区域平均场和扰动之和,即 $A=[A]+A^*$,$[A]=\int_s A\mathrm{d}\sigma/S$,其中 S 为平均区域范围。在我们的计算过程中,任何变量的区域平均是相对整个资料范围而言的,扰动是指台风范围内任一点与平均值的偏差。单位质量的动能和扰动动能分别为

$$K=(u^2+v^2)/2, K^*=(u^{*2}+v^{*2})/2$$

准拉格朗日总动能和扰动动能收支方程分别为

$$\left[\frac{\delta K}{\delta t}\right]=[\nabla \cdot CK]-[\boldsymbol{V} \cdot \nabla \Phi]-\left[\frac{\partial \omega K}{\partial p}\right]-[\nabla \cdot \boldsymbol{V}K]+\left[\frac{vK}{R}\tan(\phi)\right]+[E] \tag{1}$$

$$\left[\frac{\delta K_e}{\delta t}\right] = [\nabla \cdot CK_e] - [\boldsymbol{V}^* \cdot \nabla \Phi^*] - \left[\frac{\partial \omega K_e}{\partial p}\right] - [\nabla \cdot \boldsymbol{V}^* K_e]$$

$$+ \left\{ [V] \left[\frac{\tan(\varphi)}{R} u^* u^* \right] - [u] \left[\frac{\tan(\varphi)}{R} u^* v^* \right] \right\}$$

$$- \left\{ [u^* \omega] \frac{\partial [u]}{\partial p} + [u^* v^*] \frac{\partial [v]}{\partial p} \right\} + [E_e] \tag{2}$$

式中 $\boldsymbol{V}$ 和 $\boldsymbol{C}$ 分别为水平风矢和台风水平移速,R 为地球半径,其他符号与常用相同。

在方程(1)和(2)中,$[\delta K/\delta t]$ 和 $[\delta K_e/\delta t]$ 分别是总动能和扰动动能的时间变化率。$-[\boldsymbol{V} \cdot \nabla \Phi^*]$ 和 $-[\boldsymbol{V}^* \cdot \nabla \Phi^*]$ 分别为总动能和扰动动能制造。$-[\nabla \cdot VK]$ 和 $[\nabla \cdot VK_e]$ 以及 $-[\partial \omega K \cdot \partial p]$ 和 $-[\partial \omega K_e \cdot \partial p]$ 分别为动能的水平通量散度和垂直通量散度。$[E]$ 和 $[E_e]$ 是耗散项,代表摩擦作用和网格尺度与次网格尺度之间的能量转换。(1)式和(2)式右边第 5 项分别表示由台风所处纬度的变化对总动能和扰动动能的贡献。(2)式右边第 6 项

$$C = - \left\{ [u^* \omega^*] \frac{\partial [u]}{\partial p} + [v^* \omega^*] \frac{\partial [v]}{\partial p} \right\}$$

表示区域平均动能与扰动动能之间的能量转换,反映正压过程对台风发生发展的作用,在本例中其值始终较小。$[\nabla \cdot CK]$ 和 $[\nabla \cdot CK_e]$ 为台风本身移动引起的动能输送。我们称 $-[\nabla \cdot VK]$、$-[\nabla \cdot VK_e]$、$-[\partial \omega K/\partial p]$、$-[\partial \omega K_e/\partial p]$、$[\nabla \cdot CK]$ 和 $[\nabla \cdot CK_e]$ 为台风动能的外源,而 $-[\boldsymbol{V} \cdot \nabla \cdot \Phi]$ 和 $-[\boldsymbol{V} \cdot \nabla \cdot \Phi^*]$ 以及 $[E]$ 和 $[E_e]$ 为台风动能的内源。

由于热带地区直接计算 $-[\boldsymbol{V} \cdot \nabla \cdot \Phi]$ 和 $-[\boldsymbol{V} \cdot \nabla \cdot \Phi^*]$ 有困难。不同学者用各自的方法来计算,为此,我们把各种方法的计算结果进行了比较,认为用(3)、(4)式计算比较合理

$$-[\boldsymbol{V} \cdot \nabla \cdot \Phi] = -[\nabla \cdot \boldsymbol{V} \cdot \Phi] + -[\Phi \nabla \cdot \boldsymbol{V}] \tag{3}$$

$$-[\boldsymbol{V} \cdot \nabla \cdot \Phi^*] = -[\nabla \cdot \boldsymbol{V}^* \cdot \Phi^*] + -[\Phi^* \nabla \cdot \boldsymbol{V}^*] \tag{4}$$

上面所有项均由网格点上的资料直接求得,$[E]$ 和 $[E_e]$ 用余差表示。

2　扰动动能收支

我们用(2)式讨论初夏南海台风发展至消亡过程中扰动动能的收支情况。这里仅给出发展和强盛阶段台风范围内平均的各项垂直分布(表 1 和表 2)。由纬度变化引起的扰动动能改变比其他项至少小一个量级,故表中没有给出该项。

发展阶段,400 hPa 以下制造扰动动能,以上破坏动能。台风最强时,100～150 hPa 扰动动能制造有极大值,700～850 hPa 有次极大值,而 250～500 hPa 为相对弱的动能破坏。到台风消亡时,较小的扰动动能制造只位于 500 hPa 以下,整层积分为消耗扰动动能。

$[E_e]$ 作为余项求得,因而包含了各种次网格尺度的作用,也包含了计算误差,对于台风这样的系统则主要表现为对流活动的作用。在发展阶段,最大消耗位于地面～850 hPa,这可能由边界层中的摩擦引起。100 hPa 以上全为正值,极值在 150～300 hPa 之间,以平衡能量收支过程。台风最强时,最大值在 150～100 hPa 附近,与高空东风急流对应,这表明在高层急流附近扰动动能被更小尺度活动耗散。另一大值位于 700～850 hPa 之间,消亡期,为维持平衡,对流层上层有更小尺度扰动向被研究的扰动提供功能。

表 1　南海台风发展阶段的扰动动能收支（单位：W/m²）

层次 (hPa)	$-[\nabla \cdot \mathbf{V}K_e]$	$-\left[\dfrac{\partial \omega K_e}{\partial p}\right]$	$-[u^*\omega^*]\dfrac{\partial[u]}{\partial p}$	$-[u^*\omega^*]\dfrac{\partial[v]}{\partial p}$	$-[\nabla \cdot CK_e]$	E_e	$-[\mathbf{V}^* \cdot \nabla \Phi^*]$	$\left[\dfrac{\delta K_e}{\delta t}\right]$
100—150	−0.20	0.19	−0.05	0.02	−0.02	1.33	−1.10	0.15
150—200	−0.58	0.11	−0.12	0.09	−0.10	3.49	−2.78	0.09
200—250	−0.50	0.12	−0.03	0.15	−0.11	2.84	−2.43	0.03
250—300	−0.30	0.04	0.01	0.12	−0.06	2.37	−2.11	0.06
300—400	−0.18	−0.09	−0.07	0.05	−0.04	1.96	−1.50	0.12
400—500	0.16	−0.04	−0.11	−0.07	−0.04	−1.34	1.47	0.07
500—700	−0.07	−0.06	−0.24	−0.04	0.12	−5.44	5.71	−0.00
700—850	−0.35	−0.13	−0.04	−0.01	0.23	−4.71	5.15	0.18
850—地面	−0.12	−0.20	0.04	−0.00	0.14	−6.59	7.05	0.26
100—地面	−2.14	−0.06	−0.61	0.31	0,16	−6.09	9.46	0.96

表 2　南海台风强盛阶段的扰动动能收支（单位：W/m²）

层次 (hPa)	$-[\nabla \cdot \mathbf{V}K_e]$	$-\left[\dfrac{\partial \omega K_e}{\partial p}\right]$	$-[u^*\omega^*]\dfrac{\partial[u]}{\partial p}$	$-[u^*\omega^*]\dfrac{\partial[v]}{\partial p}$	$-[\nabla \cdot CK_e]$	E_e	$-[\mathbf{V}^* \cdot \nabla \Phi^*]$	$\left[\dfrac{\delta K_e}{\delta t}\right]$
100—150	−0.46	−0.05	0.01	0.01	−0.02	−3.55	3.87	−0.20
150—200	−0.43	−0.03	−0.09	−0.01	−0.06	−2.10	2.29	−0.44
200—250	−0.00	0.01	−0.16	−0.02	−0.04	−0.34	0.26	−0.28
250—300	−0.20	0.01	−0.10	−0.00	−0.02	0.51	−0.25	−0.06
300—400	−0.27	−0.00	−0.08	0.00	−0.02	1.46	−1.35	−0.25
400—500	−0.11	−0.01	−0.04	−0.11	0.01	0.36	−0.59	−0.37
500—700	−0.64	0.01	0.01	−0.02	0.10	−2.81	2.89	−0.46
700—850	−0.59	0.02	0.01	0.01	0.08	−4.10	4.45	−0.13
850—地面	−0.23	−0.01	−0.01	0.00	0.04	0.04	0.11	−0.05
100—地面	−2.93	−0.05	−0.45	−0.06	0.07	−10.53	11.68	−2.24

　　$-[\nabla \cdot \mathbf{V}K_e]$ 是第三大项。在台风发展至最强阶段，有较大的扰动动能被输出台风以外，整层都为输出。两个极值区分别位于 700～850 hPa 和 150～200 hPa，即低层西风大值区和高层东风急流附近，以台风最强时量值最大。因此可以说初夏南海台风对环境大气提供较大的扰动动能，这与南海季风低压从环境场中获得大量扰动动能来维持和发展的情况相反，与西太平洋台风也有差别[4]。当台风消亡时，对流很弱，由 500 hPa 以下制造的动能不足以抵消动能的损耗，因而需要输入扰动动能来补偿，但整层积分仍为输出扰动动能。

　　再讨论动能与有效位能之间的转换和位能的垂直通量散度项。台风发展阶段，$-[\omega^* \alpha^*]$ 项在整个对流层都为较大的正能量转换，最大值位于 500～200 hPa 之间，整层积分值比产生项还大，成为此时扰动动能的主要能源。反映了通过对流潜热释放造成的温度分布不均匀而引起的能量转换在南海台风发展过程中的重要性。台风消亡时，整层都为负的能量转换。而在强盛期,正的能量转换量不大,且集中在对流层中上层。此结果说明了积云对流活动产生了增暖效应和上升运动,对流愈强,其作用愈大。换句话说,积云对流对于初夏南海台风的发生发展起重要作用。图 3 为 $-[\omega^* \alpha^*]$ 的垂直分布。把发展期的结果与文献[6]中对流活跃期 $-[\omega^* \alpha^*]$ 的垂直分布相比,发现两者非常一致。不同的是我们的结果要大得多。这可能是由于文献[6]计算的范围大,时间又长,故平均值偏小。

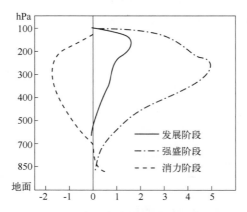

图 3 $\quad -[\omega^* \alpha^*]$ 的垂直分布(单位:10^{-3} W/kg)

在发展阶段,$-[\partial \omega^* \Phi^* / \partial p]$ 项 500 hPa 以下和 200 hPa 以上辐合,其间为辐散,它的作用在于通过积云对流把对流层中层得到的扰动动能向上和向下输送,使高、低层扰动得到维持发展,其中低层得到更多的扰动动能。而台风达最强后,则将对流层上层的扰动动能向下输送。

从 $-[\partial \omega^* \Phi^* / \partial p]$ 和 $-[\partial \omega K_e / \partial p]$ 的比较可发现,在台风发展阶段,积云对流和大尺度垂直运动对扰动动能的输送作用可能不同。其过程可能为:对流层 500~200 hPa 层得到的扰动动能最多,通过积云对流把多余的扰动动能向高层和低层输送,使高、低层扰动发展,再通过大尺度运动把低层剩余的扰动动能向上输送,使整层的扰动动能处于准平衡发展过程中。

3 台风的总动能收支

总动能收支结果见表 3、表 4。在台风发展阶段总动能增长较快,之后变化较小,消亡时动能减少。在台风移动时,由于纬度变化造成的动能在整个发展至消亡过程中是一个小量,可以忽略。

制造项 $-[\boldsymbol{V} \cdot \nabla \Phi]$ 是收支过程中的最大项。在发展至消亡过程中,都存在两个极值区,分别位于对流层高层和低层。高层的大值区与东风急流高度一致,与前人的结果相类似,这从一个侧面说明我们的计算结果是可信的。对流层中层的动能制造或消耗都很弱。制造项各层的值都比发展期小,整层积分后也弱得多。说明在台风发展过程中,由于积云对流旺盛造成强烈的非地转运动,导致气压梯度力作正功。而台风强盛时,旋转效应最强,其气流穿越等压线引起的动能制造相应减弱。当然,此时靠近沿海,受地形影响可能造成了一定的计算误差,但此时的净动能制造值最大。

动能的水平通量散度项是动能收支过程中的一个重要项。在发展和消亡阶段,对流层低层辐合,高层辐散,且辐散远大于辐合。台风强盛期,整层都为辐散,主要集中在 200~

100 hPa。整层积分表明,该项的作用在于使系统向环境场输送动能,尤其在强盛期,它成为一个巨大的能源。这个结果与文献[3]的结论非常一致,只是在台风最强时,我们的数值大得多,这可能是由于此时南海上空盛行的东风急流所引起。因此,可以认为初夏南海台风在发展至消亡过程中与环境场的相互作用关系密切。

耗散项[E]是收支方程中的第二大项,表明不同尺度系统之间的能量转换是重要的能量过程。相互作用最明显位于对流层高层和低层。发展阶段和消亡期,绝大部分制造的动能被次网格尺度耗散掉了。在量值上,前者是后者的两倍。

这说明积云对流活动在能量平衡过程中的重要性。值得注意的是在台风达最强时,高层有较大的正值,这可能是因为此时高层大量的动能被输出台风以外,为维持能量平衡而补偿动能制造的不足,必须从次网格尺度运动中获取能量。

表 3   南海台风发展阶段的总动能收支(单位:W/m²)

层次 (hPa)	$\left[\dfrac{\delta K}{\delta t}\right]$	$-\left[\dfrac{\partial \omega K}{\partial p}\right]$	$-[\nabla \cdot \boldsymbol{V}K]$	$-[\nabla \cdot \boldsymbol{C}K]$	$-\left[\dfrac{vK}{R}\tan(\varphi)\right]$	$-[\boldsymbol{V}] \cdot \nabla \varPhi$	$[E]$
100—150	−0.31	0.10	−1.01	−0.04	−0.01	4.68	−4.03
150—200	−0.31	0.24	−0.94	−0.04	−0.00	0.63	−0.18
200—250	−0.24	0.29	−0.54	0.00	−0.00	−0.34	0.34
250—300	−0.10	0.11	−0.32	0.05	0.00	−0.80	0.85
300—400	−0.00	−0.16	−0.20	0.03	0.01	−0.16	0.48
400—500	0.12	−0.20	0.19	−0.09	0.02	1.93	−1.73
500—700	0.52	−0.26	0.59	−0.14	0.06	4.58	−4.32
700—850	0.76	−0.13	0.54	0.01	0.06	4.01	−3.71
850—地面	0.59	−0.14	0.33	−0.06	0.04	6.66	−6.24
100—地面	1.03	−0.15	−1.36	−0.28	0.18	21.19	−18.54

表 4   南海台风强盛阶段的总动能收支(单位:W/m²)

层次 (hPa)	$\left[\dfrac{\delta K}{\delta t}\right]$	$-\left[\dfrac{\partial \omega K}{\partial p}\right]$	$-[\nabla \cdot \boldsymbol{V}K]$	$-[\nabla \cdot \boldsymbol{C}K]$	$-\left[\dfrac{vK}{R}\tan(\varphi)\right]$	$-[\boldsymbol{V}] \cdot \nabla \varPhi$	$[E]$
100—150	0.84	−0.17	−4.59	0.12	−0.13	2.36	3.24
150—200	0.86	−0.23	−4.21	0.19	−0.09	0.96	4.24
200—250	0.33	−0.17	−0.19	0.26	−0.02	0.43	0.01
250—300	0.09	−0.07	−0.44	0.16	−0.00	0.42	0.02
300—400	−0.29	−0.09	−0.45	0.16	0.00	0.32	−0.23
400—500	−0.39	−0.06	−0.27	0.08	0.01	0.42	−0.58
500—700	−0.65	−0.00	−0.63	0.13	0.05	1.90	−2.10
700—850	−0.26	0.02	−0.37	0.04	0.06	4.60	−4.51
850—地面	−0.07	−0.05	−0.12	−0.00	0.03	−3.22	1.99
100—地面	0.46	−0.82	−11.27	1.14	−0.09	8.19	2.08

4　讨　论

从上面的分析可发现,在台风发展至消亡过程中,始终都存在较强的非地转运动。总动能产生项的整层积分值在台风发展阶段最大,以后开始明显减少,而台风总动能是随台风加深而增大的。因而可以说并非主要由产生项的作用引起台风强度的变化,而是次网格尺度运动的结果。朱乾根等[7]在研究梅雨期暴雨时也得到类似结果。台风最强时,动能产生项的量级虽然不大,但此时有部分动能来自次网格尺度的作用,净动能制造最大。这种现象在扰动动能收支过程中也很明显:扰动动能在台风发展阶段最大,这时扰动动能制造只有 9.46 W/m², 而次网格尺度消耗的扰动动能也较小(6.10 W/m²);台风强盛期,扰动动能减小,但扰动动能制造却增至 11.69 W/m², 不过,此时次网格尺度的消耗也明显加大(10.53 W/m²),显见,净扰动动能制造减少了。所以积云对流的作用是台风发生发展的关键。

耗散项是能量收支过程中与产生项平衡的主要项,反映了初夏南海合风的能量过程存在明显的不平衡。由于目前的观测网太稀疏,很难利用网格资料直接计算该项,只好作为余项来处理,所以无法弄清其具体作用过程。要进一步解决这个问题,有待提高资料密度和精度来实现。

表 5 为研究时段内台风能量的总内源和外源的分布。括号中的数值代表该项所占总能量(内源和外源绝对值之和)的百分比,反映各项的比重。显而易见,当内源制造的动能比外源损失的动能大得多时,台风发展显著;动能的制造与消耗相平衡时,台风趋向强盛。当动能的产生小于损失时,台风趋于消亡。值得一提的是在台风达最强时,扰动动能的耗散比制造大得多,表明此时的积云对流活动比发展阶段弱得多,台风不可能继续加深。

表 5　台风的总内源和总外源(单位:W/m²)

台风	总动能		扰动动能	
不同阶段	内源	外源	内源	外源
发展	2.65(59)	−1.82(41)	3.36(60)	−2.22(40)
强盛	10.28(52)	−9.31(48)	1.16(28)	−2.92(72)
消亡	1.33(41)	−1.92(59)	−2.07(91)	0.20(9)

5　结　论

本文通过对一个初夏南海台风的总动能和扰动动能的收支分析,得到以下主要结果:

(1)在总动能收支中,动能制造项产生的能量,极值分别位于对流层高层和低层。所产生的动能大部分被次网格尺度消耗掉,但在台风强盛期,由于动能制造不足,台风通过与网格尺度的相互作用得到补充。从发展到消亡过程,台风一直向周围环境场输送动能,尤其在强盛期,它是一个巨大的能源。该输送过程主要通过对流层上层不同尺度运动的相互作用来实现。

(2)扰动动能收支表明,在台风的发展阶段,扰动动能的制造主要位于对流层中下层,当台风达最强后,制造项在对流层上层和下层分别存在一极值。台风产生的扰动动能中相当部分被输出台风以外,以台风盛期最大。摩擦作用消耗大量的扰动动能。

（3）由潜热释放引起的能量转换在能量平衡过程中,尤其在发展阶段起重要作用. 正压能量转换的作用很弱。

（4）发展过程中的南海台风能量平衡过程可大致用图 4 表示。图 4 中的数值为每一过程的贡献,括号内的值是该项占总能量的百分比。

台风处于发展阶段时,有效位能向动能的转换作用大,且对流层高、低层分别存在极大值动能制造,表明此时对流强,高层为高压辐散,低层为低压辐合;台风不发展时反之,把它与图 4 的能量循环过程结合起来,可知其能量循环过程正是通常所说的 CISK 机制的能量过程. 所以,从能量平衡过程出发,我们可以认为 CISK 机制是初夏南海台风发生发展的主要过程。

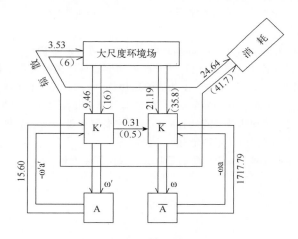

图 4 发展中的南海台风能量平衡过程

由于南海资料缺乏,本文仅对一个不很强的南海台风进行了能量分析,所得结果只能作为南海台风能量场方面的初步研究,是否适合其他季节的情况,有待用更多的资料进一步证实。

参考文献

［1］肖文俊,谢安. 热带高空两支东风急流与台风活功为关系//全国热带夏季风学术会议文集(1982). 云南人民出版社,1983:285-295.

［2］Frank W M. The stucture and energetics of the tropieal cyclone Ⅱ: Dynamics and Energetics. *Wea Mon Rev*,1977,**105**:1136-1150.

［3］Mcbride J L. Observational analysis of tropioal cyelone for mation part Ⅱ: Budget analysis. *J Atmos Sci*,1981,**38**:1152-1166.

［4］丁一汇,刘月贞. 台风中动能收支的研究——Ⅰ:总动能和涡动动能收支. 中国科学(B辑),1985,**10**:956-966.

［5］Vineent D G,Chang L N. Kinetic energy budets of moving systems:case studies for a extratropical cyclone and hurricane Celia 1970,*Tellus*,1975,**27**:215-233.

［6］丁一汇.西太平洋地区信风期和活跃季风期动能收支的对比研究//热带环流和系统学术会议论文集,1982:11-30.

［7］朱乾根,苗新华.我国夏季风北进时期的动能平衡分析. 南京气象学院学报,1984,**7**(2):139-149.

热带气旋的成因及其与温带气旋的比较

梁必骐[1]　　袁卓建[1]　　D. R. Johnson[2*]

(1. 中山大学大气科学系;2. 美国 Wisconsin 大学气象系)

摘　要　根据移动圆柱坐标系的准 Lagrangian 角动量收支方程和径向环流方程,利用 FGGE 资料,对"Nancy"台风过程进行了计算和分析,并同温带气旋的角动量收支作了比较。诊断研究表明,热带气旋的非绝热加热比典型温带气旋的非绝热加热大 2～3 倍。上述两种气旋发生发展过程中的角动量收支都主要是来自侧边界的输送,即径向环流的作用是十分重要的,但驱动径向环流的主要因子有所不同。驱动热带气旋的径向环流的主要因子是非绝热加热;而在温带气旋中,相对重要的驱动因子是同锋区斜压不稳定有关的力矩。

关键词　热带气旋　温带气候　成因　角动量收支　径向环流方程

1　引　言

用角动量原理来解释气旋的发生发展,已取得许多重要结果[1~10],尤其是 Holland[7] 利用随气旋移动的欧拉和拉格朗日坐标系的角动量方程,详细地诊断了热带气旋的发展过程;Johnson 等[8~10] 利用等熵面上的移动圆柱坐标系的拉格朗日角动量收支方程,成功地应用于温带气旋的研究。

本文试图利用 Johnson 等推导出的角动量收支方程和径向环流方程,根据 FGGE 资料,对南海台风"Nancy"的发生发展过程中的质量、角动量和加热场进行计算,并与温带气旋演变过程进行对比分析,从而探讨它们的成因。

2　计算方法和资料处理

2.1　计算方法

根据 Johnson 等[8~10] 给出的绝对角动量定义及其推导出的拉格朗日角动量收支方程,我们写成如下形式

$$\mathrm{d}G_{az}/\mathrm{d}t = LT(G_{az}) + VT(G_{az}) + S_p(G_{az}) + S_r(G_{az}) + S_l(G_{az}) + S_R(G_{az}) + S_T(G_{az}) \quad (1)$$

其中:

$$LT(G_{az}) = -\int_{\theta_B}^{\theta_r}\int_0^{2\pi} \overline{\rho J_\theta}\left[\widehat{g_{az}}(v-w)_B + \widehat{g_{az}^*}(v-w)_B^*\right]a\sin\beta\,\mathrm{d}a\,\mathrm{d}\theta\bigg|_{\beta_B}$$

本文发表于《中山大学学报(自然科学版)》,1989,**28**(1)。

* 参加本项工作的还有 T. K. Schaack(Wisconsin 大学)。

$$VT(G_{az}) = \int_{\theta}^{\beta_B} \int_0^{2\pi} \overline{\rho J_\theta} \left[\widehat{g_{az}} \widehat{\theta} + \widehat{g_{az}^*} \dot{\theta}^* \right] a^2 \sin\beta \mathrm{d}\alpha \mathrm{d}\beta \Big|_\theta$$

$$S_p(G_{az}) = \int_{\theta_B}^{\theta_r} \int_\theta^{\beta_B} \int_0^{2\pi} \frac{\partial \psi_M}{\partial \alpha_\theta} \overline{\rho J_\theta} a^2 \sin\beta \mathrm{d}\alpha \mathrm{d}\beta \mathrm{d}\theta$$

$$S_r(G_{az}) = \int_{\theta_B}^{\theta_r} \int_\theta^{\beta_B} \int_0^{2\pi} \boldsymbol{l} \cdot \boldsymbol{F} \overline{\rho J_\theta} a^3 \sin^2\beta \mathrm{d}\alpha \mathrm{d}\beta \mathrm{d}\theta$$

$$S_l(G_{az}) = \int_{\theta_B}^{\theta_r} \int_\theta^{\beta_B} \int_0^{2\pi} \boldsymbol{l} \cdot \frac{d_a \boldsymbol{w}_{0a}}{\mathrm{d}t} \overline{\rho J_\theta} a^3 \sin^2\beta \mathrm{d}\alpha \mathrm{d}\beta \mathrm{d}\theta$$

$$S_R(G_{az}) = -\int_{\theta_B}^{\theta_r} \int_\theta^{\beta_B} \int_0^{2\pi} \boldsymbol{k} \cdot (\boldsymbol{\Omega} \times \boldsymbol{g}_a) \overline{\rho J_\theta} a^2 \sin^2\beta \mathrm{d}\alpha \mathrm{d}\beta \mathrm{d}\theta$$

$$S_T(G_{az}) = \int_{\theta_B}^{\theta_r} \int_\theta^{\beta_B} \int_0^{2\pi} \frac{\mathrm{d}\boldsymbol{k}_0}{\mathrm{d}t} \cdot \boldsymbol{g}_a \overline{\rho J_\theta} a^2 \sin^2\beta \mathrm{d}\alpha \mathrm{d}\beta \mathrm{d}\theta$$

式中 g_a 是绝对角动量，g_{az} 是 g_a 在 $\boldsymbol{k}_0$ 方向上的分量，k_0、$\boldsymbol{l}$ 分别为铅直方向和切向的单位矢量，θ_P、θ_B 为收支柱上、下边界的位温，β_B 为收支柱侧边界上的 β 值，J_θ 为坐标转换的雅可比行列式，ψ_M 是蒙哥马利流函数，$\dot{\theta}$ 表示非绝热加热，$\boldsymbol{F}$ 表示摩擦力。其余符号的意义可见文献[9]的附录。

方程(1)各项的物理意义如下：$\mathrm{d}G_{az}/\mathrm{d}t$ 为绝对角动量的变化项；$LT(G_{az})$ 为角动量的侧边界输送；$VT(G_{az})$ 为角动量的垂直输送；$S_p(G_{az})$、$S_r(G_{az})$、$S_l(G_{az})$、$S_R(G_{az})$、$S_T(G_{az})$ 分别为气压力矩、摩擦力矩、惯性力矩、地转效应和垂直坐标系变动引起的角动量变化。

为了进一步探讨角动量输送的原因，有必要研究气旋径向环流的形成和维持机制。Eliassen[11] 曾给出一个在绝热加热和摩擦作用引起的轴对称涡旋的径向环流方程

$$\frac{\partial}{\partial R}\left(A \frac{\partial S}{\partial R} + B \frac{\partial S}{\partial P}\right) + \frac{\partial}{\partial P}\left(B \frac{\partial S}{\partial R} + C \frac{\partial S}{\partial P}\right) = \frac{\partial E}{\partial R} + \frac{\partial F}{\partial P} \tag{2}$$

考虑到本文研究的是移动的气旋，所以取拉格朗日坐标系，得到相应的气旋径向环流流函数 S 所满足的二阶线性偏微分方程为

$$\frac{\partial}{\partial \psi}\left(A \frac{\partial S}{\partial \psi} + B \frac{\partial S}{\partial P}\right) + \frac{\partial}{\partial P}\left(B \frac{\partial S}{\partial \psi} + C \frac{\partial S}{\partial P}\right) = \frac{\partial}{\partial P}(2 \widehat{g_{az}} \widehat{F}) + \frac{\partial}{\partial \psi}(|a_0|\widehat{\dot{\theta}}) \tag{3}$$

其中：

$$\frac{\partial}{\partial \psi} = \frac{1}{a}\left(\frac{\partial}{\partial \beta}\right)_P; \qquad \widehat{\omega_P} = -\frac{1}{\sin\beta}\frac{\partial S}{\partial \psi};$$

$$(\widehat{V-\omega}) = \frac{1}{\sin\beta}\frac{\partial S}{\partial P}; \qquad |\alpha_\theta| = \frac{a^3 \sin^3\beta R}{P}\left(\frac{P}{P_{00}}\right)^{R/C_P};$$

$$A = -\frac{|\alpha_\theta|}{\sin\beta}\frac{\partial \theta}{\partial P}; \qquad B = \frac{|\alpha_\theta|}{\sin\beta}\frac{\partial \theta}{\partial \psi};$$

$$C = -\left[\frac{2\widehat{g_{az}}}{\sin\beta}\frac{1}{a}\frac{\partial}{\partial \beta}(g_{az}) + \frac{|\alpha_\theta|}{\sin\beta}\frac{\partial P}{\partial \theta}\left(\frac{\partial \theta}{\partial \psi}\right)^2\right];$$

$$\widehat{F} = -\frac{\partial \widehat{\psi_M}}{\partial \alpha_\beta} + \boldsymbol{l} \cdot \boldsymbol{F}a\sin\beta - \boldsymbol{l} \cdot \frac{\mathrm{d}\overline{a w_{0a}}}{\mathrm{d}t}a\sin\beta + \frac{\mathrm{d}\boldsymbol{k}_0}{\mathrm{d}t} \cdot \boldsymbol{g}_a$$

$$\quad - \boldsymbol{k}_0 \cdot (\boldsymbol{\Omega} \times \overrightarrow{g_a}) - \frac{1}{a\sin\beta}\frac{\partial}{\partial \beta}[(\overline{V-w})_\beta^* g_{az}^* \sin\beta] - \frac{\partial}{\partial \theta}(\dot{\theta}^* \widehat{g_{az}^*}).$$

(3)式和(2)式在形式上是一致的，因此讨论问题时，同样可以引用 Eliassen[11] 由(2)式得

到的如下结论：①正力矩（$\hat{F}>0$）驱使环流指向气旋中心，负力矩（$\hat{F}<0$）则使环流自中心向外；②在热源处（$\hat{\theta}>0$），空气上升，冷源处（$\hat{\theta}<0$）空气下沉；③当冷热源和力矩的强度保持不变时，流体动力稳定度越小，径向环流越强。

2.2　资料来源及其处理

计算所用资料主要来源于 FGGE Ⅲb 资料，网格距取 1.875×1.875 经纬距。首先按 P^K（$K=R/C_p$）的线性插值公式将等压面上的资料插到等熵面上，然后将等熵面上的网格资料插到收支柱的网格点。收支柱网格的确定办法是：先将横截柱面的四周划分 36 等分，再自中心向外沿径向方向，按 1.5 纬距间隔等分为若干个同心圆，即半径为 1.5、3.0、4.5、6.0、7.5、9.0、10.5 纬距共 7 个圆环。在垂直方向上的层次划分如下：在 $\theta=380$ K 以下按 10 K 间距，380 K 以上按 20 K 间距，划分 14 层，即 280 K、290 K、…、380 K、400 K、420 K、440 K 共 14 个等熵面。根据南海台风"Nancy"的发生发展过程，时间尺度取 1979 年 9 月 17—23 日每天两个时次（08 和 20 时）。

2.3　边界条件和有关参数的确定

边界条件：

$$\frac{\partial \theta_B}{\mathrm{d}t}=0, \theta_s(\alpha,\beta,t)<\theta_B<\theta_T(\theta_s \text{ 为地面 } \theta);$$

$$P(\theta \leqslant \theta_s)=P_s; \qquad \frac{\partial \theta_B}{\mathrm{d}t}=\frac{\partial \theta_s}{\mathrm{d}t}(\alpha;\beta,t);$$

$$\theta_s \geqslant \theta_B; \qquad \psi_M(\theta \leqslant \theta_s)=C_p\theta\left(\frac{P_s}{P_{00}}\right)^K+gzx_s;$$

摩擦应力 $\tau=\rho C_D u_a|\boldsymbol{V}|$，其拖曳系数取 $C_D=0.039$。

3　南海台风的诊断分析

3.1　"Nancy"形成的环境场条件和触发机制

南海台风"Nancy"的前期低压于 1979 年 9 月 17 日 20 时在 112.4°E、16.0°N 附近生成，19 日 20 时在 111.0°E、18.9°N 发展成台风，当日 23 时在海南岛登陆，以后西行到越南再次登陆，于 23 日减弱消失。该台风给海南岛带来一次全岛性的大风、暴雨过程。

"Nancy"是一个近海发展的台风，当时南海北部的环境场条件十分有利于台风的形成。天气分析表明，它主要是以下几方面因素共同作用的结果（图 1）：

①华南沿海和南海北部有弱冷空气侵入低压，触发不稳定上升加强；②来自南半球越赤道气流转变成的西南季风与南海北部偏东气流辐合，造成水平切变和水汽辐合明显加强；③西移的东风波与南海 ITCZ 上的低压重叠，导致该低压辐合上升加强；④南海北部高空盛行的东风急流为低压的发展提供了高空辐散场；⑤邻近台风"Mac"发生发展过程中的能量频散作用和补偿效应，也促进了"Nancy"的发展；⑥南海海域的高海温为台风的形成提供了充足的水汽和能源。

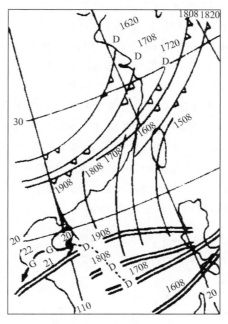

图 1　"Naney"台风过程的综合动态图

（带三角的实线为锋面，粗实线为东风波，双实线为 ITCZ，虚线为合风路径）

3.2　计算结果分析

根据角动量收支方程（1）和径向环流方程（3），我们对"Nancy"台风的整个发生发展过程进行了计算。图 2—图 6 给出了主要的计算结果。

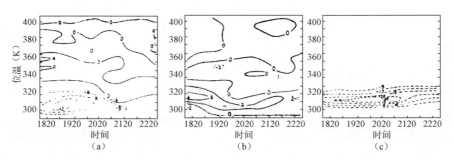

图 2　各种力矩项的时间垂直剖面（$R=6$ 纬距，以下同；单位：10^{15} kg·m^2·s^{-2}）

（a）气压力矩；（b）惯性力矩；（c）摩擦力矩

图 2 给出了各种力矩项的时间垂直剖面图。由方程（1）可知，气压力矩$[S_P(G_{az})]$与垂直的斜压力管有关。在锋区斜压不稳定场中，$S_P(G_{az})$在低层为负值，一般造成切向加权平均后的低层质量流入，而 $S_P(G_{az})>0$，则驱使中高层质量流出。由图 2（a）可见，在"Nancy"的初期阶段，低层的 $S_P(G_{az})<0$，中高层则大于零，这反映了高空东风急流造成高层辐散流出和ITCZ 与冷空气作用造成的低层辐合流入，可见气压力矩对气旋初期发展的贡献是重要的。但台风形成后，$S_P(G_{az})$逐步减小，甚至趋于零，说明这时该项的作用越来越不重要。惯性力矩

$[S_l(G_{az})]$总的变化趋势是随时间减小(图 2b)。因该项与气旋的对称性结构有关,在"Nanoy"初期因受冷空气影响,具有不对称性特点,随着台风的形成,轴对称性越来越明显,故 $S_1(G_{az})$日趋减小。这说明该项也只是在台风前期起作用。摩擦力矩项$[S_P(G_{az})]$的作用相当于 Ekman 抽吸作用,负的摩擦力矩将导致低层质量辐合上升。图 2(c)示出,该项最大负值出现在台风生成前后,即其对台风的形成具有相当重要的作用。

　　理论分析表明,高层正的涡动输送将引起质量辐散,低层负的涡动输送产生质量辐合。图3 给出了"Nancy"台风过程中角动量的侧边界输送,由图可见,高层为正值,低层为负值,最大值出现在台风形成以后。这说明该项对台风的发展和维持有着重要贡献。各种力矩和涡动输送的总和如图 4 所示。该图与图 3 相类似,说明热带气旋发展所需的角动量主要来自侧边界的输送。各项的综合作用也是低层为负,高层为正,结果驱使低层质量的环流流入,角动量向气旋中心输送,高层质量流出,角动量自中心向外输送(图 5)。

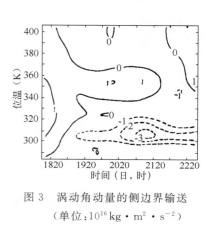

图 3　涡动角动量的侧边界输送
（单位：10^{16} kg · m² · s⁻²）

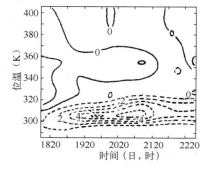

图 4　各项作用的总和
（单位：10^{16} kg · m² · s⁻²）

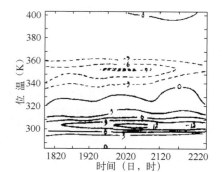

（a）

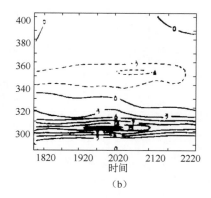

（b）

图 5　质量(10^9 kg · s⁻²)和角动量(10^{16} kg · m² · s⁻²)支收的时间垂直剖面
（a）质量收支；（b）角动量收支

　　由方程(1)可知,角动量的平均垂直输送$[VT(G_{gz})]$与非绝热加热($\dot{\theta}$)有关,加热强,垂直输送也强。由图 6 可见,$VT(G_{GZ})$随台风发生发展而逐步增大,20 日 20 时达最大,这意味着非绝热加热在台风成熟期达最大值。在"Nancy"发生发展过程中,角动量和加热量的变化趋势具有相似特点,即存在昼夜微振荡现象。在低层,白天(08—20 时)出现负角动量,对应加热和水汽辐合场的减值区,晚上(20—08时)出现正角动量,对应加热场和水汽辐合场的升值区。由图4可知,总力矩和的变化不存在这种微振荡,因此可以推论角动量的这种变化主要是由于非绝热加热不均所引起的,而加热场的昼夜变化可能是由于气旋区的深厚云区和外围少云区在白天和夜间的辐射加热差异所造成[12]。

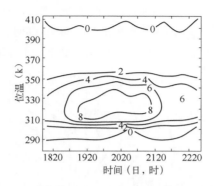

图6 角动量的平均垂直输送(单位:$10^{16}\,\mathrm{kg \cdot m^2 \cdot s^{-2}}$)

3.3 南海台风的发生发展框图

根据以上分析,我们可以将"Nancy"台风的发生发展过程概括为图7。

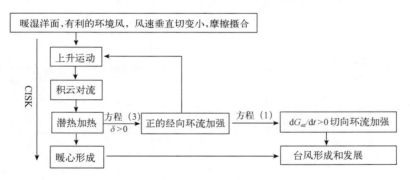

图7 "Nancy"台风发生发展过程

框图说明,在南海地区具备台风生成的基本条件时,通过 CISK 机制,将导致大气明显增暖,加热效应将驱使径向环流加强,进而使得角动量的侧边界输送加强,气旋将不断地从环境场获得角动量,切向环流也随之加强,加之潜热释放导致暖心形成,因而台风形成和发展。

4 热带气旋与温带气旋成因的对比分析

前面已指出,许多学者用上述方法对热带气旋的研究已取得有意义的结果。20世纪70年代以来,Johnson 及其助手用类似方法对温带气旋的研究也取得成功[8~10]。为此,比较两类气旋的诊断结果是有意义的。

最近,Hale 和 Rosinski(1983)分别研究了发生在1978年1月和1972年6月的两个不同来源的温带气旋。1978年1月25—27日发生在美国大陆上的温带气旋是极地涡旋和温带急流相互作用的产物。计算结果表明,各种力矩的作用和角动量的侧边界输送情况与热带气旋的角动量收支变化是大致相似的,所不同的是:将该气旋的计算结果与"Nancy"相比,无论是气压力矩或惯性力矩项都更大,而且最大值出现在气旋成熟时期,这说明由于其锋区斜压不稳定和不对称结构引起的气压力矩和惯性力矩的作用对于温带气旋的发展是很重要的。在热成风作用下,温带气旋的高空(300 hPa)常出现 S 形流场(图8),这种流场十分有利于涡动角动量的侧边界输送,它使得温带气旋的高层质量流出比台风更明显。图 9 给出了该气旋的各种力矩总和以及侧边界输送的计算结果,与图 4 和图 3 比较,可清楚看出上述不同特点。

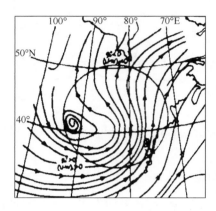

图 8 温带气旋的 300 hPa 流场(1978 年 1 月 26 日 20 时)

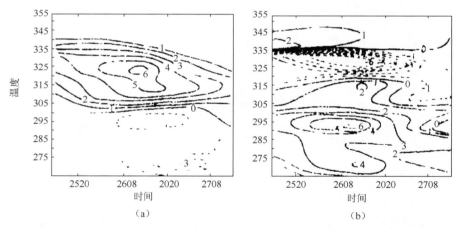

图 9 温带气旋的角动量收支变化(单位:10^{17} kg·m^2·s^{-2})

(a)各力矩总和的作用;(b)侧边界输送

1972 年 6 月 20—24 日发生在美国东部的温带气旋是飓风"Agnos"登陆后在冷空气影响下重新发展而成的。对角动量收支的计算结果表明,当飓风演变成温带气旋后,气压力矩和惯性力矩作用显著,而且最大值也出现在气旋强盛期。该气旋的高层流场也呈 S 型。总的变化趋势同前述个例类似。该两例都未出现类似"Nancy"的昼夜振荡现象,说明温带气旋的水汽辐合和加热场都不存在明显的日变化。

Snook(1982)用同样方法计算了 1979 年 7 月 3—8 日出现在孟加拉湾的季风低压过程。结果表明,其具有台风"Nancy"相似的特点,而与温带气旋的发生发展过程有所不同,其非绝热加热比温带气旋大 2～3 倍。

综上所述,可以将温带气旋的发生发展过程归纳成图 10。

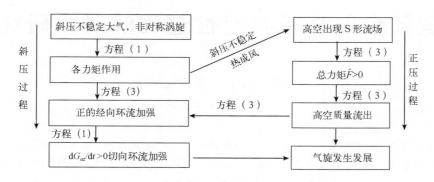

图 10　温带气旋的发生发展过程

5　结论和讨论

(1)无论是热带气旋或温带气旋,其发展所需的角动量主要都是来自侧边界输送,说明径向环流作用对气旋发展是十分重要的。但驱动径向环流的因子有所不同,在热带气旋中,主要因子是非绝热加热,而温带气旋相对重要的因子是与锋区斜压不稳定有关的力矩。

(2)对两类气旋而言,各种力矩的总和都呈上正、下负分布,促使低层质量流入,高层质量流出,并与角动量的侧边界输送相对应。但气压力矩和惯性力矩的作用,对热带气旋只在初期有贡献,而对温带气旋来说,整个发展过程都有重要作用。

(3)在热成风作用下,温带气旋的高空出现 S 形流场,它将通过涡动角动量的水平输送加强高层质量辐散。而在热带气旋发展中这种作用不明显。

(4)热带气旋的非绝热加热量比温带气旋大 2～3 倍,它同角动量的变化一样具有昼夜振荡的特点,在温带气旋中不具有这种特点。

参考文献

[1] Palmen E,Reihl H. *J Met*,1957,**14**:150-159.

[2] Pfeffer R L. *J Met*,1958,**15**:113-120.

[3] Reihl H,Malkus J S. *Tellus*,1961,**13**:181-213.

[4] Anthes R A. *Mon Wea Rev*,1970,**98**:520-528.

[5] Black P G,Anthes R A. *J Atmos Sci*,1971,**28**:1348-1366.

[6] Frank M. *Mon. Wea Rev*,1977,**105**:1136-1150.

[7] Holland G. *Quart J Roy Met Soc*,1983,**109**:187-209.

[8] Johnson D R,Downey W K. *Mon Wea Rev*,1975,**103**:967-979.

[9] Johnson D R,Downey W K. *Mon Wea Rev*,1975,**103**:1063-1076.

[10] Johsnon D R,Downey W K. *Mon Wea Rev*,1976,**104**:3-14.

[11] Eliassen A. *Astrophysica Norvegica*,1951,**5**:19-60.

[12] Gray W M,et al. *Mon Wea Rev*,1977,**105**:1182-1187.

登陆台风衰减与变性过程的对比研究

谭锐志　　梁必骐

（中山大学大气科学系）

摘　要　木文对登陆台风 Freda 的衰减和变性阶段进行了水汽、动能的对比诊断研究,结果表明,水汽供应条件对于台风登陆后的强度变化十分重要。台风北上过程中,副高边缘的偏南低空急流是最主要的水汽输送带。台风登陆后在衰减过程中,可看作是一个动能的"准封闭系统",次网格尺度效应及摩擦作用是台风衰减的主要因子;变性阶段,在对流层高层有大量的动能输出,次网格尺度效应成了重要的动能源,台风与西风带相互作用时的动能平衡与温带气旋类似。

关键词　登陆台风　衰减　变性　水汽收支　动能收支

自 Palmen[1] 对登陆北美的 Hazel 飓风进行了系统的能量学分析以来,关于登陆台风的研究取得了很大进展。但在国内,除谢安[2] 对 7613 号登陆台风作了能量学分析外,这方面的工作还少见。木文通过对登陆台风 Freda 的水汽及动能的综合诊断分析,以期进一步了解登陆台风衰减阶段和变性阶段各自的变化机制及其内部差异。

台风 Freda(国内编号为 8407 号台风)于 1984 年 8 月 8 日凌晨在福州附近登陆,台风中心气压为 988 hPa,最大风力为 10 级。以后台风向北移动并不断减弱,9 日 08 时移至河南境内减弱为低压(中心气压为 996 hPa,最大风力仅 5 级),仍保持热带系统性质(图 1a)。10 日 08 时移至天津附近,在西风带系统和弱冷空气影响下(图 1b),台风低压变性发展,中心加深到 993 hPa,最大风力增至 6 级。10 日 14 时台风低压移到辽宁西部,进一步变性为温带气旋,以后继续北上,并东移出海。该台风登陆后深入内陆,经历了减弱、变性发展过程,造成了华北东部和辽宁西部地区的特大暴雨(过程降水量达 300 mm 以上)。因此这是一个具有代表性的登陆台风过程。

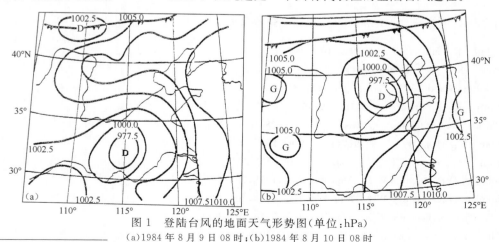

图 1　登陆台风的地面天气形势图(单位:hPa)

(a)1984 年 8 月 9 日 08 时;(b)1984 年 8 月 10 日 08 时

本文发表于《中山大学学报(自然科学版)》,1989,**28**(4)。

1 资料和方法

8407 号台风登陆后半径不超过 4 个纬距,所以我们取网格距为 1.25×1.25。应用常规地面和高空资料,对 1984 年 8 月 8 日 20 日至 10 日 08 时共 4 个时次(间隔 12 小时)的高度场、风场、温度场、湿度场及地面气压场,使用逐步订正法进行客观分析,将要素值插到跟踪台风移动的 9×9 个网格点上,在垂直方向上用拉格朗日插值方法插出 900 hPa,800 hPa 等压面上各网格点要素值。为消去观测记录和资料处理的误差,对各种要素进行了平滑处理。

垂直速度的计算是通过积分连续方程得到的,并用 O'Brein 方法订正[3]。在垂直边界上取齐次条件。

2 水汽收支分析

由于在上下界取了 ω 的齐次边界条件,故区域平均的水汽收支方程:

$$\frac{1}{Ag}\int_{P_T}^{P_S}\int_A \frac{\partial q}{\partial t}\mathrm{d}p\mathrm{d}A + \frac{1}{Ag}\int_{F_T}^{F_S}\int_A \nabla\cdot\boldsymbol{V}q\mathrm{d}p\mathrm{d}A = -m + Es \tag{1}$$

式中 A 是研究区面积,P_S 和 P_T 分别是地面和顶层气压,$-m$ 是水汽凝结量,Es 是地面蒸发项。一般局地变化与蒸发项较小,而水汽水平通量散度项和水汽凝结量是最重要的两大项。假设整个气柱中水汽的凝结量全部变成降水量,则大气柱中水汽的减少即为降水量。所以,在某一指定的降水区内,整层水汽水平辐合的大小近似地等于降水率。我们主要计算了水汽水平通量散度这一项。

表 1 给出了部分计算结果。表中正号表示流出,负号表示流入,AQQW、AQQE、AQQS、AQQN 分别表示西、东、南、北 4 个方向的通量值。可以明显看出,8 日 20 时和 9 日 08 时,水汽输送主要来自东、偏南方向,10 日 08 时水汽主要来源于偏南方向,它们都基本集中在 500 hPa 以下。还可以看到,9 日 08 时来自偏南方向的水汽通量较 8 日 20 时大,而且来自偏东方向的水汽通量减少了,10 日 08 时则主要是偏南方向输送水汽。水汽通道由东南方向朝偏南方向的偏转,反映了登陆北上台风与副高边缘低空急流的相对位置的变化。台风刚登陆后一段时间,离急流较远。随着台风北上,急流与台风间的距离逐渐缩短,急流轴的方向也由东南变为偏南。这支低空水汽输送通道为台风暴雨提供了水汽条件。

比较各时次的总辐合量,台风低压在变性前的水汽输送是不断减少的。实际上 9 日降水量比 8 日要小,且台风迅速地衰减。但 10 日 08 时的水汽辐合量则由 9 日 08 时的 30×10^{-5} kg/m^2 · s 增至 76×10^{-5} kg/m^2 · s,这一方面是由于台风与低空急流很靠近,另一方面则由于台风中心此时已移至渤海附近,台风环流又与海面相接的缘故。

由上面分析可知,台风登陆后的强度变化与水汽供应有密切联系。台风登陆后,由于水汽供应减少,维持台风暖心所需的潜热也就减少,台风内部能源也随之减少。当台风内部能量的获得不足以抵消耗散因子时,台风便趋向衰亡。而一旦水汽供应条件改善,又加入新的天气扰动,则台风低压又能获得能量而加强,若这种扰动是冷锋系统,则台风低压会变性加强成为所谓的大陆半热带气旋[4]或温带气旋。

表1　8407号台风登陆后的水汽收支(单位:10^{-5} kg/m²·s)

层次(hPa)	(a)8日20时				(b)9日08时				(c)10日08时			
	AQQW	AQQS	AQQE	AQQN	AQQW	AQQS	AQQE	AQQN	AQQW	AQQS	AQQE	AQQN
300—200	0.269	−0.345	−0.059	0.484	0.102	−0.284	−0.147	0.405	−0.333	−0.504	1.281	0.663
400—300	0.015	−1.139	−0.671	1.400	0.106	−1.896	−0.871	2.313	−1.009	−1.871	3.088	1.219
500—400	0.467	−1.330	−2.308	2.231	0.667	−3.491	−1.280	3.291	−2.109	−4.079	4.127	2.527
700—500	3.035	−3.307	−11.129	8.415	−1.489	−8.936	−2.744	8.271	−7.369	−16.693	6.603	4.858
850—700	8.594	−6.718	−16.749	−1.503	−5.008	−8.013	−4.459	8.694	−6.719	−26.039	1.109	1.316
1000—850	8.094	−7.803	−18.387	−7.023	−3.522	−5.453	−11.932	5.801	−5.061	−26.981	−4.433	0.684
1000—200		−44.067				−29.176				−76.730		

表2　8407号台风登陆后的动能收支(单位:W/m²)

层次(hPa)	(a)9日08时					(b)10日08时				
	$\delta k/\delta t$	$-\vec{V}\cdot\nabla\psi$	$-\partial\omega k/\partial p$	$-\nabla\cdot\vec{V}\psi$	余项	$\delta k/\delta t$	$-\vec{V}\cdot\nabla\psi$	$-\partial\omega k/\partial p$	$-\nabla\cdot\vec{V}\psi$	余项
200—100	−0.364	3.094	0.160	−0.074	−3.545	2.764	7.854	1.854	−3.191	−3.726
300—200	−0.217	2.2250	0.276	0.073	−2.785	3.800	3.180	1.315	−5.124	4.428
400—300	0.547	2.456	1.204	−0.384	−2.729	1.833	−0.916	−0.026	−2.148	4.974
500—400	0.654	1.586	−1.027	−0.510	0.604	0.738	−1.160	−0.505	−1.231	3.634
600—500	−0.086	0.556	−0.034	−0.146	−0.462	0.373	−0.213	−0.627	−0.549	1.762
700—600	−0.290	0.452	−0.018	−0.181	−0.542	0.106	0.165	−0.175	0.174	−0.058
800—700	−0.350	0.462	−0.260	−0.108	−0.442	0.071	0.943	−0.755	0.526	−0.642
850—800	−0.179	0.249	−0.090	0.007	−0.346	0.081	0.652	−0.297	0.254	−0.528
900—850	−0.157	0.208	−0.130	0.030	−0.265	0.095	0.542	−0.430	0.171	−0.188
1000—900	−0.133	3.244	−0.080	0.052	−3.349	0.131	5.579	−0.326	0.078	−5.200
1000—100	−0.576	14.527	0.000	−1.242	−13.860	10.041	16.625	0.000	−11.041	4.457

3 动能收支分析

3.1 公式及其计算方法

应用流体静力开放系统(即通过边界的质量输送不为零)的动能方程,在拉氏坐标系中,记为:

$$\int_V \frac{\delta K}{\delta t} dV = -\int_V \left[\nabla_p \cdot (\boldsymbol{V} - \check{c}) K - \frac{VK}{a} \tan\varphi \right] dV - \int_V \frac{\partial \omega}{\partial p} dV$$
$$\text{(a)} \qquad\qquad\qquad \text{(b)} \qquad\qquad\qquad \text{(c)}$$

$$-\int_V \boldsymbol{V} \cdot \nabla_p \psi dV + \int_V \boldsymbol{V} \cdot \boldsymbol{F} dV \qquad\qquad (2)$$
$$\text{(d)} \qquad\qquad \text{(e)}$$

(2)式中 $\int_V dV = \frac{1}{gA} \iiint dxdydp$,所以(2)式表达了移动开放区域中单位面积的动能时间变率(a)与一些能源能汇的关系。(b)和(c)项代表开放系统和周围大气之间动能的水平和垂直通量散度。(d)项可视为动能产生项或位能的转换。(e)项代表各种可能的动能耗散过程的复杂组合,包括摩擦和次网格尺度作用。对于大多数气旋来说,衰减主要是受涡动交换支配,因此此项基本代表次网格尺度和网格尺度气流间的动能交换[5]。计算过程中,(e)项是作为(2)式达到平衡所需的余项来估计的。

3.2 计算结果分析

由表 2 可见,动能的时间变率清楚地反映了台风的衰减与加强。衰减阶段(9 日 08 时)动能只在 500~300 hPa 稍有增加,其他所有层次都是减弱的,整层积分为 -4.58 W/m²。应该指出,台风登陆后,环流的宽度和厚度都减小,这在中低层反映更明显,所以中低层动能的整层减少意味着台风在不断衰减。变性阶段(10 日 08 时),动能整层增大,其中高层的显著增大是由于台风移近高空西风急流的缘故。

分析表 2 其他各项可知,在衰减阶段,动能制造($-\boldsymbol{V} \cdot \nabla\psi$)和余项最大,尤其是在中低层该两项较其他各项大 1~2 个量级。我们看到,动能制造项与余项几乎在各层都是作用相反,动能制造整层为正,余项则除 500~400 hPa 外整层为负。这说明 8407 号台风的衰减原因主要是次网格尺度效应及摩擦消耗作用。衰减阶段台风低压与外界交换是很小的,这表现为水平通量散度项($-\nabla \cdot VK$)在大多数层次较主要项小一个量级,垂直通量散度项($-\partial \omega K / \partial p$)也很小。也就是说台风环流外部的动能源和汇,对此台风的动能过程并不重要,因此,可以把该台风在变性前看作是一个动能的"准封闭系统"。这个结果与 Celia 飓风[8]、7613 号台风[2]的计算结果是相类似的。

变性阶段(表 2b)与衰减阶段相比,有着明显的差异。首先是动能制造项在对流层中层转为负值,而在顶层和边界层都有正的极值。这种双峰型的特点与温带系统中的动能产生率的典型分布类似[7]。其次,余项也发生了显著的变化,整层积分为 4.46 W/m²,在 600~200 hPa变成了正值,且随高度增大,200~100 hPa 又变成了大的负值。余项为什么在 600~200 hPa出现正值呢?一个可能的解释是次网格尺度效应(即对流层中层的对流活动和高层的涡动动量输送等),这种次网格尺度和网格尺度运动之间的相互作用是一种非线性作用,目前对这种过程的机理还了解不多。在 8407 号台风变性阶段,次网格尺度效应对于动能平衡起着十分重要的作用。另外,水平输送项比衰减阶段也有明显增大,整层积分达到－11.04 W/m²,这一负值是因为高层大的动能输出造成的,在 600 hPa 以下,动能的输入也与同层次其他项的量级相当。垂直输送项的作用,在两个阶段都是将低层动能向高层输送。

　　总而言之,台风在变性阶段已具有某些温带系统的特征,在中低层(500 hPa 以下)气压场做功和水平通量辐合是能源,而摩擦和次网格尺度效应以及垂直通量辐散是能汇,在 500 hPa 以上,气压场作功的总效果和次网格尺度效应以及垂直通量辐合是能源,而水平通量辐散则是主要的能汇。

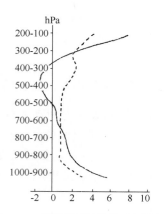

图 2　　－ωa 垂直分布(单位:10 W/m²)
实线:变性阶段;虚线:衰减阶段

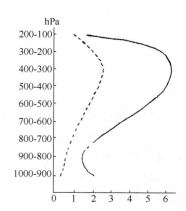

图 3　动能制造项的垂直分布(单位:W/m²)
(说明同图 2)

　　图 2、图 3 分别给出了台风登陆后各阶段－ωa 与动能制造项的垂直分布。比较可知,只有很小一部分－ωa 转换为动能制造($-\boldsymbol{V} \cdot \nabla\psi$),衰减阶段和变性阶段的－ωa 整层积分分别为 119.19 和 343.56 W/m²,而对应的动能制造率分别是 14.53 和 16.6 W/m²,两者相差一个量级以上,这与文献[2]、[8]的结果类似。从理论上分析,对于有限区域,位能的释放并不与动能产生率相当,由公式:

$$- a\omega = -\boldsymbol{V} \cdot \nabla\psi + \nabla \cdot \boldsymbol{V}\varphi + \frac{\partial}{\partial p}(\omega\psi) \tag{3}$$

可知,有限区域所释放的位能并不都转变为动能,它还伴随有这种能量在大气中的重新分布。计算表明(结果未全部给出),各层位能水平通量散度和垂直通量散度的量级与 ωa 相当,这说明区域与环境大气的位能交换是相当大的。从图 3 我们还可以看到,－ωa 都是在中高层较大,且变性阶段的位能释放远大于衰减阶段。

3.3　与其他研究工作的比较

　　由于各个研究者所选的个例的区域范围和登陆台风的生命阶段不同,所以要进行比较是有困难的,为此我们尽量选择相同的阶段进行比较。

　　在衰减阶段,比较的对象包括飓风 Celia[2]、飓风 Garmen[9]、7613 号台风[2]以及一个温带气旋[10];变性阶段,选取飓风 Candy[11]、飓风 Hazel[1]、7613 号台风以及同一个温带气旋(成熟阶段)。

　　由表 3a 可见,在衰减阶段,几个登陆台风个例的共同特点是扰动系统与环境大气的动能交换都很小,即衰减中的登陆台风低压在动能上可以当作"准封闭系统"。这一结论是否具有普遍性,有待于更多的个例分析证实。

表 3　不同登陆台风的动能收支比较(1000~100 hPa)(单位:W/m²)

	台风名称	$\partial k/\partial t$ $(\delta k/\delta t)$	$-\boldsymbol{V}\cdot\nabla\psi$	$-\nabla\cdot \boldsymbol{V}k$ $(-\nabla\cdot(\boldsymbol{V}-\boldsymbol{C})k)$	余 项
a. 衰减阶段	Celia	−9.6	9.0	−1.2	17.3
	7613 号台风	−4.2	−20.3	−1.3	16.9
	Garmen	−3.0	−0.8	0.5	4.5
	温带气旋	−4.4	16.5	−14.1	−6.8
	8407 号台风	−0.6	14.5	−1.4	−13.9
b. 变性阶段	Candy	33.4	17.1	−15.6	1.9
	7613 号台风	−11.4	33.8	9.7	−59.8
	Hazel	…	51.1	−50.5	…
	温带气旋	1.0	27.0	−13.4	−38.4
	8407 号台风	10.0	16.6	−11.0	4.5

当台风处于变性阶段时(表 3b),台风低压在动能上不再具有"准封闭"的特点。7613 号台风在低层有较大的动能输入,而其他个例都表现为高层有大量的动能输出。另外,几乎所有个例计算都表明,动能制造项的垂直分布(图略)很类似于温带气旋(呈双峰型)。这是台风与西风带作用的普遍特性。另一个共同特点是次网格尺度效应项的垂直分布(图略)几乎都是高层和低层为负值,中上层为大的正值,这可能是由于对流层中层对流活动较强的缘故。

4　结论与讨论

根据前面的计算和分析,我们可以给出台风登陆后衰减与变性过程的演变物理图像。台风登陆后,随着下垫面的更换,不仅摩擦减大,而且来自边界层的水汽供应也中断,并且台风愈向内陆,大气水平输送的水汽也会减少,因而大大抑制了台风内对流的发展,使潜热释放大量减少,台风仅依靠穿越等压线所产生的动能不足以克服摩擦和次网格消耗作用,结果导致台风趋于消亡,此时的台风在动能上可看作"准封闭系统"。但当衰减中的台风低压移至中纬与西风带相互作用时,一方面由于其与副高边缘的低空急流相接近,另一方面由于低压环流与海洋相连,水汽供应条件得到很大改善,在北方弱冷空气的扰动下,产生强烈的湿斜压不稳定,湿对流强烈发展,暴雨产生,释放大量凝结潜热,在潜热能与锋面斜压能的共同作用下,低压重又变性发展。

应该指出,上述过程释放出的潜热,主要是通过次网格尺度作用向网格尺度输送动能。因为变性阶段动能产生项整层积分并不比衰减阶段大多少,所以在台风低压变性发展过程中,次网格尺度效应对动能平衡所起的作用是十分重要的。但是,目前对这种非线性作用尚未有清楚的了解,因此有必要对这种特殊的湿过程作进一步的探讨。

参考文献

［ 1 ］Palmen E. *Tellus*，1958，**10**：1-23.

［ 2 ］谢安，等.气象学报，1982，**40**：289-299.

［ 3 ］O'Brein J. *J Appl Met*，1970，**9**：197-203.

［ 4 ］蒋尚城，等.气象学报，1981，**39**：18-28.

［ 5 ］Smith D J，et al. *Rev Geophys Space Phys*，1974，**12**，218-284.

［ 6 ］Vincent D G，et al. *Tellus*，1975，**27**：215-233.

［ 7 ］Kung E C，et al. *Bull Amer Met Soc*，1974，55：768-777.

［ 8 ］Anthes R A. *Mon Wea Rev*，1970，**98**：521-528.

［ 9 ］Edmon H J，et al. *Mon Wea Rev*，1979，**107**：295-313.

［10］Petter S S，et al. *Quart J Roy Meteo Soc*，1971，**97**：457-482.

［11］Kornegay F C，et al. *Mon Wea Rev*，1976，**104**：849-859.

A Diagnostic Study on the Modifying Process of a Landed Typhoon

Tan Reizhi(谭锐志)[1]   Liang Biqi(梁必骐)[2]

(1. Guangdong Institute of Tropical Marine Meteorology, Guangzhou;
2. Department of Atmospheric Sciences, Zhongshan University, Guangzhou)

Abstract　This paper presents diagnostic analyses of vorticity and angular momentum budget of the decaying and modifying processes of a landed typhoon(Freda). The main results show that the relative vorticity and angular momentum are the important indices reflecting the intensity change of typhoon depression. During the decaying stage, the subgrid scale effect and friction are the chief factors, and during the modifying stage, the former plays a significant role in the internal redistribution of vorticity and angular momentum. The lateral transport of vorticity and vorticity generation of divergence are dominant during both stages. The typhoon depression is a sink of angular momentum. Angular momentum of the system mainly originates from the mean lateral transport. The transverse circulation plays a very important role in the angular momentum process.

Key words: modifying process of a typhoon; vorticity budget; angular momentum budget

1　INTRODUCTION

Since Starr[1] first introduced the concept of angular momentum into the field of meteorology and successfully explained the westward and southward tilting of the westerly troughs in the middle latitude, studies on angular momentum have made great progress. Many significant results about the genesis and development of cyclones have been achieved on the basis of angular momentum principle[2-9]. These studies indicate that the change of angular momentum is a perfect index for measuring the intensity of a cyclone during its evolution, and it is greatly promising to study the genesis and development of cyclones according to the viewpoint of angular momentum. In fact, constant increasing(decreasing) of rotating velocity in the middle or lower troposphere in a cyclone implies that the typhoon is developing(decaying). In the light of this point, tangential circulation, vorticity, angular momentum could all be used as indices to reflect the intensity change of a cyclone. It is familiar to us that a unique relationship exists between vorticity and tangential circulation, given by Stoke's theory. It can also be proved theoretically that a unique. relationship exists between angular momentum about the cyclone axis and tangential circulation. Therefore, it is of representative significance

本文发表于《大气科学》,1990,**14**(3).

for us to select the angular momentum and vorticity as the budget indices, and because of their internal relation expounded above, we can expect their accuracy in reflecting intensity change of cyclones.

With the application of vorticity equation, we make an attempt to use the all-round angular momentum budget equation by Holland[6] to probe the physical process of the decaying and modifying stages of a landed typhoon and to get some understanding of its evolving mechanism.

For the above purposes, we have chosen Typhoon Freda in the present case study. Freda landed in the vicinity of Fuzhou, Fujian Province, in the small hours of August 8, 1984, with its central pressure of 995 hPa and the maximum wind velocity of 20 m/s(Figure 1). Afterwards it moved northward and decayed rapidly. It reached Wuhan at 0000 GMT August 9, when it had become a depression with central pressure of 996 hPa but the maximum wind velocity only 9 m/s. At that time, since it had not been disturbed by westerlies(Figure 2a), it got to the east of Hebei Province at 0000 GMT August 10, by this time a weak cold air from north had invaded its inverted trough(Figure 2b), the typhoon depression modified and developed under the influence of westerlies. Its central pressure now decreased to 993 hPa and the maximum wind velocity reached 15 m/s. At 0012 GMT August 10 this modified typhoon depression arrived in the vicinity of Fuxin, Liaoning Province, and then changed into an extratropical cyclone(figure is omitted here). At last, Freda translated to Harbin and obviously weakened. During this modifying process, torrential rain occurred in the eastern North China and western Liaoning Province. So we can see that this is a typical synoptic process that typhoons, landing along the coast of China and moving north into the inland, decayed for a time and then modified and developed after it interacted with westerlies in the middle latitude. It will be of exemplary significance to select such a process.

We can divide the process to three stages according to the above discussion: (1)the first decaying stage: from 0000. GMT August 8 to 0012 GMT 9 August; (2)the modifying stage: from 0012 GMT August 9 to 0012 GMT August 10; (3)the second decaying stage: from 0012 GMT August lo to 0000 GMT August 11.

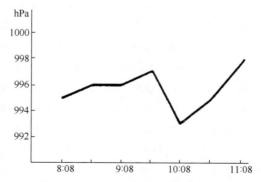

Fig. 1　The curve of change of the pressure at Freda's center after its landfall.

Nevertheless, because we mainly want to probe the modifying mechanism of the landed typhoon, we will focus our attention on the first decaying stage and, especially, on the modifying stage. Budget calculation will be carried out for these two stages.

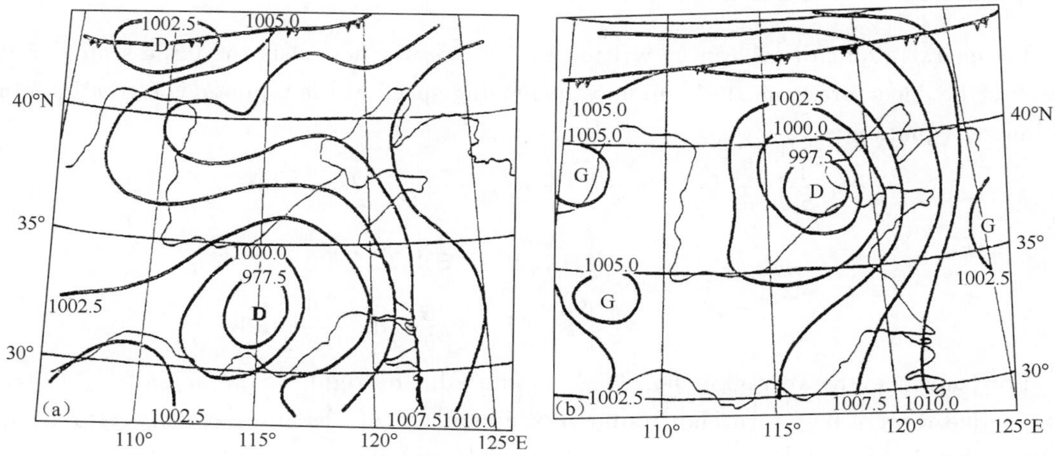

Fig. 2   Surface synoptic situation chart
(a)at 0000 GMT on August 9,1984;(b)at 0000 GMT on August 10,1984.

2   DATA AND METHODS

Since the radius of Freda was less than 4 latitude difference,a horizontal resolution of 1. 25°×1. 25°was given for the present diagnostic computation. By use of routine surface and upper air data and with the application of the Cressman's successive approximation method, objective analysis was made for the height,temperature,humidity,surface pressure fields and wind,time ranging from 0012 GMT August 8 to 0000 GMT August 10,1984 at intervals of 12 hours. All these elements were interpolated to a 9×9 grid points system,moving with Freda. Then Lagrangian interpolation method was used for vertical interpolation. In order to reduce the observational error and the error from data treatment, all elements were smoothed.

Angular momentum budget calculation was carried out in a cylindrical coordinate system,in which a series of 16 points were established along a number of concentric equidistant rings. For the budget volume defined by an outer radius of latitude,three radii were used at intervals of 1. 25. latitude difference. The field quantities(u,v,q,p) were all interpolated to the 16 points on the various rings with the scheme used by Dovrne[10] ,which involves a simple inverse square distance weighing procedure. Naturally,we further decomposed the wind into radial and tangential components.

Divergence and vertical velocity fields were obtained through the integration of continuity equation and revised with O'Brien's method[11]. In addition,homogeneous bounary condition was taken at 1000 hPa and 100 hPa. Especially,at 100 hPa,we also computed vertical velocity with thermodynamic equation,finding that the simple consideration of homogeneous boundary condition shows for the calculation of vertical velocity of the whole layers.

3　VORTICITY BUDGET ANALYSIS

In general, a quantity A can be written as $A = \overline{A} + A'$, here $\overline{A}$ is the large scale variable and A' is the departure from $\overline{A}$. Assuming the moving speed of the typhoon is C, the Lagrangian budget equation is:

$$
\begin{aligned}
\frac{1}{S_g}\int_v \frac{\delta_\eta}{\delta_t} \mathrm{d}v = & -\frac{1}{S_g}\int_v \left[\nabla \cdot (\vec{v} - \vec{c})\eta - \frac{v\eta}{a}\tan\varphi\right]\mathrm{d}v \\
& -\frac{1}{S_g}\int_v \frac{\partial\omega\eta}{\partial p}\mathrm{d}v - \frac{1}{S_g}\int_v \eta\nabla \cdot \vec{v}\mathrm{d}v \\
& -\frac{1}{S_g}\int_v \vec{k} \cdot \left(\nabla\omega \times \frac{\partial\vec{v}}{\partial p}\right)\mathrm{d}v + \frac{1}{S_g}\int_v z\,\mathrm{d}v
\end{aligned}
\tag{1}
$$

For convence, the averaging sign "—" is omitted. The right-hand side of Eq. (1) consists of five terms: first term, horizontal flux divergence of absolute vorticity, representing the exchange between typhoon and the ambient field and also being called external source of vorticity; second term, vertical flux divergence of absolute vorticity; third term vorticity generation of divergence; forth term, the twist term; fifth term, the contribution of subgrid scale effect to the large scale vorticitytfield, respectively.

Figures 3a and 3b show the changes with time of vorticity during the decaying anci modifying stages, respectively. As shown in Figure 3a, negative rate of change of η in nearly all layers is characteristic of the decaying stage($\delta_\eta/_t < 0$). The rate of change of relative vorticity js also negative for every layer, and its whole air column integration value reaches $-10.8 \times 10^{-7}\,\mathrm{kg/m^2 \cdot s^2}$. The rate of change of earth's vorticity is positive due to the moving north of the typhoon, and the 1000–100 hPa integration is $9.57 \times 10^{-7}\,\mathrm{kg/m^2 \cdot s^2}$. Since only the change of ξ can be reflected on the synoptic chart, these results indicated that Freda had pronouncedly weakened in despite of the large increment of earth's vorticity. Contrary to the decaying stage, $\delta\eta/\delta t$, became positive in all layers during the modifying stage, and $\delta\xi/\delta t$ and δ were positive, too. As concerns the whole air column integration $\delta\xi/\delta t$ was $16.94 \times 10^{-7}\,\mathrm{kg/m^2 \cdot s^2}$, showing that the typhoon depression had developed markedly again.

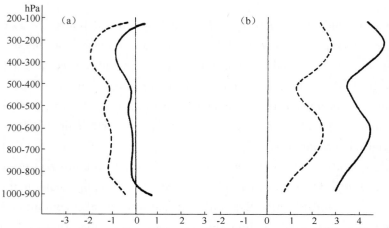

Fig. 3　Rate of change of vorticity with time. (unit: $10^{-7}\,\mathrm{kg/m^2 \cdot s^2}$).

Solidline: rate of change of absolute vorticity; dashed line: that of relative vorticity

(a)The decaying stage; (b)the modifying stage.

Figure 4 illustrates the effect of each term on the right-hand side of Eq(1)on the change of vorticity.

Decaying stage: The horizontal flux divergence of absolute vorticity, the vorticity generation of divergence and the residual term were dominant. It seems that the import of positive vorticity and inner vorticity generation made contribution to the maintenance of the depression, but the enormous negative residual term in all layers manifested that the subgrid-scale effect and frictional dissipation still forced Freda to decay. It should be noted that certain convergence and upward motion existed in the depression ignoring its decaying, which caused large-scale vorticity source in the lower troposphere. Vertical transport term (see Figure 4b), chiefly redistributed vorticity to upper layers. Its 1000-100 integration was equal to zero because of the imposed vertical boundary condition at 1000 and 100 hPa. The twist term was much less than other terms, reflecting that the baroclinicity was weak before Freda was disturbed by westerlies.

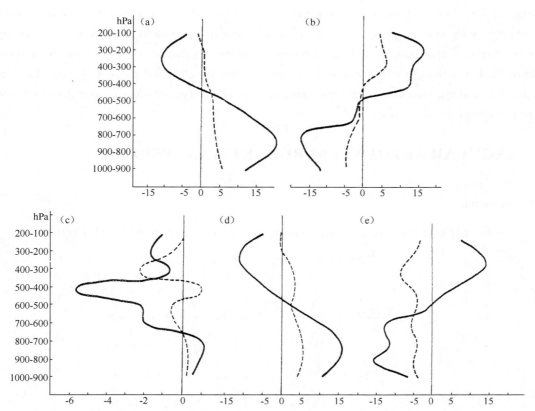

Fig. 4   The relative contribution of each factor to the vorticity change(unit: 10^{-7} kg/m^2 · s^2).
Solid line: the modifying stage; dashed line: the decaying stage (a) horizontal flux divergence of
absolute vorticity; (b) vertical flux divergence of absolute vorticity; (c) the twist
term; (d) vorticity generation of divergence; (e) the residual term.

Modifyring stage: The dominant terms were the same as those in the decaying stage, but their values increased apparently, which was due to the interaction between the depression and westerlies. It is notable that Z became positive above 500 hPa. Due to strong convection during this stage, Z mainly reflected the subgrid scale effect. From Figure 4, a very interesting phenomenon can be seen during this stage. With the 500 hPa as the layer of demarcation, the horizontal flux divergence and vorticity generation of divergence take positive sign below and negative one above, but the vertical transport and the residual terms behave the opposite. This could be explained as follows. Generally, absolute vorticity is positive for the synoptic-scale motion in the middle latitude of the Northern Hemisphere. Because of the strong convergence and upward motion in the lower troposphere and divergence in the upper part, positive vorticity was then imported below and exported above, at the same time, positive vorticity was generated below and negative one above. Thus large scale source of vorticity formed in the lower layers and sank in the upper layers. In order to keep the balance between the lower and upper tropospheres, large-scale vertical transports, in combination with the subgrid-scale convection, redistributed vorticity from the lower troposphere to the upper troposphere to offset the large anticyclonic vorticity generation and compensate the exported positive absolute vorticity by divergence. In fact, net positive vorticity increment still occurred in the upper troposphere after the offsetting and compensating. Again, we examine the twist term, finding that it, although still a minor term, had obviously increased compared with the decaying stage, and this indicated that the baroclinicity of the typhoon depression had enhanced during its interaction with westerlies.

4 ANGULAR MOMENTUM BUDGET ANALYSIS

4.1 Formulae

The budget equation in the quasi-Lagrangian coordinates derived by Holland[6] is:

$$\int_m \frac{\delta}{\delta_t} M_a^2 \mathrm{d}m = [F_H]_{r1}^{r2} + [F_r]_{p2}^{p1} + F_\theta + R,$$

where

$$F_H = -\frac{2\pi r^3}{g} \int_{p2}^{p1} \left(\frac{\overline{U_{rL}} \, \overline{V_{\theta L}}}{r} + \frac{\overline{U'_{rL} V'_{\theta L}}}{r} + \frac{f_0 \overline{U_{rL}}}{2} + \frac{\overline{f' U_{rL}}}{4} \mathrm{d}p \right)$$

$$\text{(HRA)} \quad \text{(HTA)} \quad \text{(HEA)} \quad \text{(HCA)}$$

$$F_r = -\frac{2\pi}{g} \int_{r1}^{r2} [r^2 (\omega \overline{V} \theta L + \overline{\omega' V'_{\theta L}} + \frac{r^3}{2} (f_1 \overline{\omega} + \overline{f' \omega'})] \mathrm{d}r,$$

$$\text{(VRA)} \quad \text{(VTA)} \quad \text{(VEA)} \quad \text{(VCA)}$$

$$F_\theta = -\int_0^{2\pi} \int_{r1}^{r2} r^2 \rho C_D \mid \overline{V}_s \mid \mathrm{d}r \mathrm{d}\theta,$$

$$\text{(FF)}$$

where the overbar denotes an azimuthal mean; prime is the deviation from this mean; M_a is the absolute angular momentum about the local vertical axis coinciding with the axis of the typhoon; $M_a = M_r + M_E = rV_\theta + r^2 f_0/2$; f_0 is the Coriolis parameter at the center of the typhoon; U_r, V_θ are the radial and tangential wind speeds, respectively; the subscript "L" denotes the Lagrangian coordinates; $U_rL = U_r - U_c$, $V_{\theta L} - V_\theta - V_c$, U_c and V_c are the radial velocities of the moving typhoon and the tangential one, respectively. Note that both U_c and V_c are not constant. although their quadratic sum is a constant.

Now, we give interpretation of each term in the budget equation:

HRA, horizontal mean flux(transport) of relative angular momentum (relative angular momentum); and it is caused by the mean radial circulation;

HTA, eddy transport of relative angular momentum;

HEA, radial mean transport of geostrophic angular momentum;

HCA, eddy Coriolis torque;

VRA, vertical mean flux(transport) of relative angular momentum;

VTA, vertical eddy transport of geostrophic angular momentum;

VEA, vertical mean transport of Eangular momentum;

VCA, vertical eddy transport of Eangular momentum;

FF, angular momentum dissipation by surface friction;

R, subgrid-scale effect, chiefly reflecting the generation and transport of angular momentum by convective activity.

All terms except R were directly computed with grid point data. The bulk aerodynamic method was used for the calculation of the surface friction. R was obtained as a residual. it contained the surface friction in the lowest layer, where, therefore, the subgrid-scale effect should be $R - F_\theta$.

4.2 Results and Analysis

Figures 5a and 5b show the rates of change of Ma during the decaying and modifying stages, respectively. Their signs clearly reflect the intensity change of the typhoon depression. Positive values of Ma from 1000 to 850 hPa resulted from the increment of geostrophic angular momentum(Figure 5a). As concerns $\delta M_r/\delta t$, it was negative for all layers during the decaying stage. However, $\delta M_r/\delta r$ became positive in an layers (Figure 5b). In comparison with the rate of change of vorticity, we can easily find that their vertical profiles are very similar. Thus it can be seen that both vorticity and relative angular momentum are good indices measuring the intensity change of typhoons. Furthermore, we consider that relative angular momentum and relative vorticity are better, for only the relative quantities could be reflected on the synoptic chart.

Next, we will discuss the changes of angular momentum of various stages caused by different factors.

Decaying stag: Being not disturbed by westerlies, the typhoon kept its symmetrical characteristics of tropical cyclone; this means that the mean radial circulation should play a dominant role(see Table 1). From Table 1 it can be seen that HRA, HEA and R are three major terms(eddy transport is also important in some layers such as the transport of relative

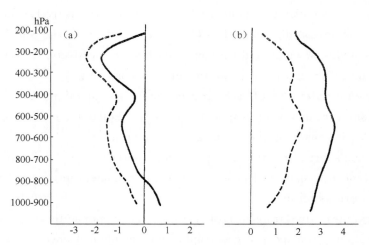

Fig. 5　Temporal rate of change of angular momentum(unit：10^4kg/s^2). Solid line,
that of angular momentum；dashed line,that of relative angular momentum.
(a)The decaying stage；(b)the modifying stage.

Table 1　Budget of the decaying stage.（unit：10^4 kg/s^2）

Layer	HRA	HTA	HEA	HCA	VRA	VTA	VEA	VCA	FR
200—100	0.524	0.303	−1.658	0.262	−0.548	−0.131	1.725	0.045	−0.459
300—200	0.630	0.080	−2.221	0.039	0.013	−0.077	1.741	0.089	−2.270
400—300	0024	−0.820	−0455	−0.266	1863	0293	0.439	0.053	−2651
500—400	0.119	−0929	0.461	−0.246	−0.059	−0185	0.134	−0.023	0302
600—500	0354	−0.167	1097	−0041	0143	−0.249	−0572	−0037	−1.612
700—600	0.440	−0200	1093	0.005	0039	−008 7	−0572	−0.037	−1530
800—700	0637	−0.059	1.438	0073	−0459	0.196	−0849	−0.036	−1452
900—800	0838	0.436	2.040	0167	−0607	0.157	−0.965	−0.030	−1956
1000—900	0.449	0.262	2143	0.294	−0.384	0.083	−1.080	−0.023	−1.167
1000—100	4.014	−1.244	3939	0.285	0.000	0.000	0.000	0.000	−12.790

angular momentum from 500 to 300 hPa). Generally speaking, the horizontal transports of
both relative angular momentum and geostrophic momentum were favorable for maintaining
the landed typhoon. However, since the radial circulation was weak at this time, the positive
horizontal import could not offset entirely the subgrid-scale effect and frictional dissipation,
which then resulted in the reduction of angular momentum of the typhoon and made it decay.
The roles of every term in vertical transports are all the adjustments of vertical distribution
of angular momentum. It can be seen from Table 1 that the mean vertical transport is still im-
portant and is of the same order of magnitudes with the mean horizontal transport. In addi-
tion, we compared the residual term with that in vorticity budget, finding that they are similar
in the vertical distribution.

Modifying stage: First we analysed the mean transport closely related to the mass circulation. The whole-volume integrations of the horizontal transport of angular momentum and geostrophic angular momentum reached, respectively, 17. 1×10^4 kg/s^2 and 11. 75×10^4 kg/s^2; the former was more than three times over that during the decaying stage and the latter more than two times. As for their vertical distribution, large import of relative angular momentum and geostrophic angular momentum occurred below 600 hPa and large export of the latter above 400 hPa, while the horizontal transports were little between 600 — 400 hPa. The net positive 1000 — 100 hPa integration of the transport of geostrophic angular momentum implied the conversion from it to relative angular momentum. The mean vertical transport plays an important role in the vertical rearrangement of angular momentum.

Then, we studied the eddy transport. First of all, the eddy term $\overline{f'U_{rL}}$. should not be mistaken as an eddy angular momentum flux, and it comes from the transfer of the internal Coriolis torque to a boundary flux. Because Freda's radius was only 3. 75 latitude difference, the variation of f was negligible. Thus the term appeared insignificant during both stages. Tables I and 2 illustrate HCA/HEA≪HTA/HRA(for each layer). Like the eddy Coriolis torque, VCA was a minor term, too. Consequently, only the eddy transport of relative angular momentum predominated. It increased by 400% compared with that during the decaying stage, which certainly resulted from the destruction of the axisymmetric characteristic of the typhoon after it was disturbed by westerlies. The negative integration value of the whole volume seems harmful to the development of the typhoon depression, but as has been pointed out by Liang[9], the positive upper-level transport will cause mass divergence and the negatIve low-level mass will cause mass convergence. that is, the eddy transports served a dual purpose.

Table 2   Budget of the modifying stage(unit: 10^4 kg/s^2)

Layer	HRA	HTA	HEA	HCA	VRA	VTA	VEA	VCA	FR
200—100	2. 353	0. 739	−7. 493	0. 067	−1. 168	0746	3. 623	−0. 119	3. 464
300—200	2. 199	0. 526	−11. 390	−0. 160	2. 400	0. 174	6. 524	0. 007	2. 594
400—300	−0. 169	−0. 748	−3. 387	0. 037	1. 056	0. 109	2. 874	−0. 016	3. 775
500—400	−0. 013	−0. 798	0. 054	0. 125	3. 058	−0727	0. 866	−0. 069	0. 748
600—500	0. 686	−0. 240	1. 670	0. 160	0. 495	−0. 319	−1. 081	0. 019	2. 268
700—600	2. 528	−0. 857	5. 638	0. 280	0. 340	−0. 694	−1. 081	0. 019	−2. 631
800—700	3. 831	−1. 346	8. 673	0. 335	−2. 430	−0. 116	−3. 882	0. 061	−1. 885
900—800	3. 736	−1. 435	10. 124	0. 345	−2. 356	0. 263	−3. 908	0. 053	−4. 124
1000—900	1. 853	−1. 726	7. 862	0. 484	−1. 395	0. 563	−3. 934	0. 045	−1. 196
1000—100	17. 104	−5. 891	11. 748	1. 673	0. 000	0. 000	0. 000	0. 000	3. 003

Finally, we will focus on the subgrid-scale effect and the surface friction dissipation. From Table 2, it can be seen that the residual term produces the sink of angular momentum below 500 hPa and source above, suggesting that the subgrid scale effect transported angular momentum from lower layers to upper ones. Simultaneously, it generated 7.46×10^4 kg/s² angular momentum, about 21% of the total net import quantity. When we compare the vertical distribution of the residual term with its counterpart in vorticity budget again, we are surprised by their close similarity. This similarity may suggest that the subgrid-scale effect exerts the same influence on the vorticity and angular momentum process

As pointed out by Roback[12], the frictional dissipation and transverse circulation enjoy a symbiotic relationship; frictional convergence is favorable for the maintenance or strengthening of the transverse circulation which in turn imports sufficient angular momentum to offset the frictional dissipation. For the modifying stage, the surface frictional dissipation amounted to 18.9% of the total net imported angular momentum and 52.6% of that for the boundary layer, and this is similar to the conclusion by Johnson[7] in his study on the extratropical cyclone.

Figure 6 gives the frame diagram of budget for the modifying stage, and shows that a typhoon depression is an angular momentum sink during the modifying stage; its development results from the transverse transport of angular momentum from the ambient field by the transverse circulation. Thus it can be seen the importance of transverse circulation in the modifying development of the landed typhoon.

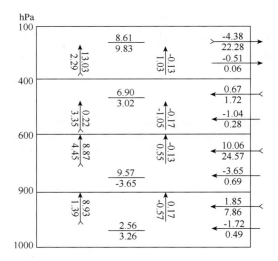

Fig. 6　Angular momentum budget of the modifying stage. Arrow with a tail, means transport, arrow without a tail, eddy transport. Value above or in the left of arrow, relative angular momentum transport; below or on the right of arrow, geostrophic angular momentum transport. The positive sign, transport along the arrow, the negative one, against the arrow. The numerator, the temporal rate of change; the denominator, the subgrid-scale effect The downward arrow at the bottom, the frictional dissipation.

According to Holland's analysis[9], the final intensity of the radial circulation is inrincately related to the moisture supply to the inner region of the typhoon, Johnson[7] recognized that in strong stratified atmosphere an organized transverse circulation can only exist in the presence of diabatic heating, especially in the release of latent heat; the heating forced a vertical branch of the radial circulation which combined with an inward lateral branch in the lower troposphere and an outward branch in the upper one. Besides, Eliassen[13] developed a second order linear partial differential equation about the stream function of the radial circulation caused by diabatic heating and friction for an axisymmetric, motionless vortex. Through discussion on its solutions, he pointed out that the negative torque forced the inward flow and positive torque forced the outward flow; the heat source corresponded to the upward branch and the cold one corresponded to the downward branch. Therefore, the strengthening of the transverse circulation during the modifying stage is closely related with the release of latent heat in the heavy rain area. According to our calculation, the water supply during the modifying stage increased greater than that during the decaying stage (this is because, on the one hand, the typhoon depression was approaching the transport belt of low-level jet stream in the edge of the subtropical high, and on the other hand, a part of the typhoon circulation was already over the Bohai Sea). Furthermore, due to a cold front had invaded the inverted trough in the north part of the depression, the cold air interacted with the southerly warm and moist flow, which caused drastic convergence and upward motion. Consequently, heavy rain occurred with the release of great deal latent heat, that finally resulted in the strengthening of the radial circulation.

To sum up, we can delineate, in terms of angular momentum, the physical picture of the change -from the decaying stage-to the modifying stage. After Freda landed, its water supply became poor, and then the release of latent heat decreased greatly, thus the transverse circulation decayed. Without other favorable dynamical factors, the angular momentum imported by the transverse circulation was not enough to offset the acceleration of negative angular momentum produced by frictional dissipation and subgrid-scale effect, and thus resulted in the gradual weakening of Freda. However, when Freda moved north and interacted with westerlies, the favorable water supply (i. e., it was-approaching the transport belt of the low-level jet in the edge of the subtropical high and came over the Bohai sea) and favorable dynamical triggering factor (ie., the northerly weak cold air invaded the inverted trough) brought about the favorable thermodynamical condition (i. e, release of a great deal of latent heat of condensation by heavy rain). This diabatic effect strengthened greatly the upward branch of the transverse circulation, which caused strong convergence in the lower layers, and thus increased the negative frictional torque and boosted the inward branch that transported a large quantity of angular momentum. Consequently, after offsetting the frictional dissipation and compensating the export by the eddy transport, the net positive accumulation of angular momentum made Freda develop again during the modifying stage.

5 CONCLUSION AND DISCUSSION

The main results of this paper are as follows:

(1) The relative vorticity and angular momentum are the important indices reflecting the intensity change of typhoon depression. The process and mechanism of their action are considerably similar.

(2) Before the typhoon was disturbed by westerlies, the subgrid scale effect and friction were the chief factors which made it decay for they reacted as dissipating role in the vorticity and angular momentum process. However, during the modifying stage the former played a significant role in the internal redistribution of vorticity and angular momentum.

(3) The lateral transport of vorticity and vorticity generation of divergence were dominant during both stages. They were positive in nearly all layers during the decaying stage, while they became vorticity sources in the lower half of the troposphere and sinks in the upper half of that during the modifying stage.

(4) The typhoon depression was a sink of angular momentum. Angular momentum of the system mainly originated from the mean lateral transport. The transvere circulation played a very important role in the angular momentum process.

In this paper, we purposely select vorticity and angular momentum as the indices reflecting the intensity change of the landed typhoon. They are verified to be very effective. Furthermore, we find that a good consistency exists between them.

Actually, for an axisymmetric vortex, the vorticity is:

$$\zeta = \frac{v}{r} + \frac{1}{r}\frac{\partial v}{\partial r} = \frac{1}{r}\frac{\partial}{\partial r}(rv) = \frac{1}{r}\frac{\partial M_r}{\partial r},$$

therefore, we have:

$$M_r = \int_0^r r\mathrm{d}r$$

On the other hand, the tangential circulation along a ring with the radius of r is

$$C = \int_0^{2\pi} rv\mathrm{d}\theta = \int_0^{2\pi} m_r\mathrm{d}\theta = \int_0^{2\pi}\int_0^r \zeta r\,\mathrm{d}\theta\mathrm{d}r$$

The above formulae clearly reveal the relationships between the tangential circulation, vorticity and angular momentum under the condition of axisymmetry, that is to say, angular momentum is the accumulation effect of the vorticity along radius and the tangential circulation is the tangential accumulation of angular momentum. For an unaxisymmetric vortex, taking tangential mean for those formulae, we can arrive at the similar conclusion, because in general, the mean quantities of tangential motion predominate compared with the deviation from them for a vortex. So we bring theoretically to light the consistency between relative vorticity and relative angular momentum when they are used as the indices to reflect the intensity change of the vortex.

We all know that diagnostic analyses of atmospheric circulation systems provided a useful tool for improving our knowledge of the continually changing physical characteristics associated with these systems. In this paper we examine the decaying and modifying mechanisms of a landed typhoon with this tool. Unlike other investigators, who usually focused on the energetics studies of landed typhoons we have selected vorticity and angular momentum as budget indices and made an attempt to probe the physical mechanise of change of a landed typhoon from vorticity and angular momentum points. What we have done seems encouraging. But undoubtedly, more thorough and more all-round understanding about the mechanisms must rely on reasonable numerical simulations. Thus such diagnostic studies od provide information which can be used to help the design of numerical models and to evaluate their effectiveness.

REFERENCES

[1] Starr V P. 1953. Some aspects of the dynamics of cyclones. *Geophysics Res Paper*, **23**: 9-17.

[2] Palmen E, Relihl H. 1957. Budget of angular momentum and energy in tropical storm. *J Met*, **14**: 150-159.

[3] Reihi H, Malkus I S. 1961. Some aspects of hurricane Dsisy, 1958. *Tellus*, **13**: 181-213.

[4] Antes R A. 1070. The role of large scale asymmetries and internal mixing in computing meridional circulations associated with the steady state hurricane. *Mon Wea Rev*, **98**: 521-528.

[5] Blacd P G, Anthes R A. 1971. On the asymmetric structure of the cyclone outflow layer. *J Atmos Sci*, **28**: 1348-1366.

[6] Holland G. 1983. Angular momentum transport in tropical cyclones. *Quart J Roy Meteor Soc*, **109**: 187-209.

[7] Johnson D R, Downey W K. 1976. Absolute angular momentum budget of extratropical cyclone: quasi-Lagrangian diagnostics, Part Ⅲ. *Mon Wea Rev*, **104**: 3-14.

[8] Jiang Dunchun, Wei Tongjian. 1987. A diagnostic analysis on the angular momentum balance of typhoon Hope. *Journal of Tropical Meteorology*, **3**(1): 9-19(in Chinese).

[9] Liang Bici, Johnson D R, Yuan Zhuojian. 1989. The formation of the tropical cyclone and its comparison with the extratropical cyclone. *Acta Scientrarum Naturalism Universitatis Sun Yatseni*, **28**(1): 77-84. (in Chinese).

[10] Downey D W, Jonhnson D R. 1978. The mass. absolute angular momentum and kinetic energy budgets of model-generated extratropical cyciones and anticyclones. *Mon Wen Rev*, **106**: 469-481.

[11] O'Brien J J. 1970. Alternative solution to the classical vertical velocity problem. *J Appl Met*, **9**(2): 197-203.

[12] Roback A. 1975. On the eddy structure of hurricanes. *Quart J Roy Meteor Soc*, **101**: 657-663.

[13] Eliassen A. 1951. Astrophysian. *Norvegica*, **5**: 19-61.

登陆热带风暴变性后重新增强的研究

孙绩华[1]　　梁必骐[2]

（1. 云南省气象科学研究所；2. 中山大学大气科学系）

1　引　言

积云对流无疑在热带风暴的整个生命史中都起着重要作用。积云可通过质量、水汽和热量、涡度、动量的垂直输送来影响大尺度环流。由于探测手段的限制，直接计算这种反馈影响是不容易的，目前一般是利用常规探空资料计算视热源 Q_1 和视水汽汇 Q_2，然后利用这两个量来讨论积云对流对大尺度环境场的反馈作用。早期使用 Q_1 和 Q_2 来诊断积云对流铅直输送的有 Riehl 和 Malks[2] 等，其结果表明，积云对流在不同尺度系统中的作用是不尽相同的。

对于积云对流在热带风暴中的作用，国内的丁一汇[3] 对此作过一些研究，结果表明，热带风暴在海洋上发展加强时的积云对流，对于形成高空加热中心具有重要作用。本文将用一次个例的大尺度资料来讨论积云对流对热带风暴登陆后重新增强的作用。

2　冰汽输送条件及动力条件的分析

本文所选个例为 1981 年 7 月 20 日 08 时在福建长乐登陆的 8107 号台风。登陆后于 21 日与北上的热带辐合带结合，22 日又得到加强，24 日后则随着热带辐合带的减弱而消亡。计算所用是 7 月 20—24 日整个过程 5 天共 10 个时次的 20°—25°N，105°—125°E 范围内的 35 个常规探空站点资料。客观分析计算区域选为 10°×10° 经纬距，格距为 1 个经纬距，计算区域随台风中心而移动。

为了弄清此次过程的变化，我们计算了各时次的水汽收支，结果表明，8107 号台风登陆后重新增强主要依赖于南、北两面的水汽输送。南面的水汽输送主要来源于 21—23 日系统南移后南侧的西南气流，北侧的水汽流入可视为系统北面存在一支东风急流的结果。水汽输入使得登陆衰减后的台风低压又获得能量而重新加强，对此，我们首先计算了各时次的涡度、散度和垂直速度，结果表明，登陆台风中心附近的涡度、散度和垂直速度随台风强度变化而变化。台风刚登陆时高低层涡度、散度场的配置呈不对称分布。在低压重新增强的过程中，涡度、散度场则呈对称分布，并在高低空有较好的配置。低压重新增强后的强盛期（23 日），垂直速度最大值出现在 600～500 hPa 上。

本文发表于《热带气旋科学讨论会文集》，北京：气象出版社，1992.

3　水汽收支分析及积云整体模式的应用

为了解过程中积云变化特点,我们还计算了各时次的显热源 Q_1 和显水汽汇 Q_2。结果表明,台风登陆的当天,Q_1、Q_2 的垂直分布廓线较为相似,并且数值较前几天减小,这说明此时的积云对流并不强盛,而且凝结潜热释放值也不大。在 21 日,Q_1 的最大值出现在 500 hPa,Q_2 的最大值出现在 600 hPa,这种差异说明了积云对流较前一天有所增强,而在 22 日、23 日,这种差异明显扩大,说明了 22 日、23 日的积云对流较 21 日有较大增强(见图 1、图 2)。24 日的结果则显示了积云对流的减弱,伴随着积云对流的减弱和凝结释放潜热值的减小,增强后的台风低压再次减弱直至消亡。

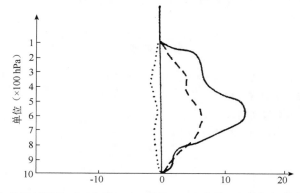

图 1　7 月 21 日区域平均 Q_1(实线)、Q_2(断线)、Q_R(点线)垂直分布廓线(单位:℃/d)

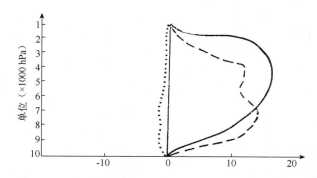

图 2　7 月 22 日区域平均 Q_1(实线)、Q_2(断线)、Q_R(点线)垂直分布廓线(单位:℃/d)

另一方面,计算结果还表明,台风登陆时积云对流的加热作用主要限于中低层。随着登陆台风的重新加强,显热加热大值区逐渐扩大并向上扩展,这表明积云对流的不断加强。在发展强盛期(23 日),其大值区扩展到 200 hPa,可见深厚的积云对流对热带风暴的重新加强起着重要作用。

利用前面计算所得的一些量,我们即可求解 Yanal 的积云整体模式,通过求解此模式可以得到有关积云的特征量,放到经过一定的假定和推导得到的参数化表达式中,考察各项的大小,以讨论积云反馈于水热场的机制。我们用以下两式来讨论积云对流反馈于环境水热场的机制[4,1]。

$$Q_1 - Q_R = -Le - M_c \frac{\partial \bar{s}}{\partial p} \tag{1}$$

$$-Q_2 = -M_c L \frac{\partial \bar{q}}{\partial p} + L\delta(\bar{q}^* - \bar{q} + \bar{l}) \tag{2}$$

式中符号均为各量的常用量符号。从所得的 21—23 日的积云对流加热场的参数化结果可以看出，补偿下沉气流的绝热增温是积云对流加热环境场的机制。虽然积云卷出液态水的冷却也随时间增长并向中高层扩展，但其增长不如补偿下沉气流的绝热增温的增长来得大，因而 $Q_1 - Q_R$ 随时间增长而增长。

　　从积云对流作用于环境水汽场的计算结果可以看出，积云补偿下沉气流对环境产生了很强的干燥效应。而积云卷出液态水的再蒸发和卷出水汽对环境造成的湿润，则是维持环境空气水汽平衡的另一个因素。上述三项的共同作用，造成了环境水汽场显水汽汇 Q_2 在三天中的值随时间变化。

参考文献

［1］Yanan M S，Esbensen J H. *J Atmos Sci*，1973，**30**：611-627.

［2］Riell H，Malkus LS. *Tellus*，1961，**13**：181-213.

［3］丁一汇，等. 1983 年台风会议文摘. 1993.

［4］Nitta T. *J Meteor Soc Japan*，1972，**50**：71-84.

登陆珠江三角洲热带气旋的
中尺度结构分析

彭金泉[1]　梁必骐[1]　朱国富[1]　朱久安[1]　廖柏梧[2]　钟保磷[3]

(1. 中山大学大气科学系,广州 510275;2. 珠海市气象局,珠海 59000;3. 深圳市气象局,深圳 518001)

摘　要　应用带通滤波方法,分析了登陆珠江三角洲热带气旋的环流结构。结果表明,在热带气旋内部的确存在若干中尺度系统,其类型包括:中尺度气旋、反气旋,以及中尺度辐合辐散带等。这些结果可以为进一步认识热带气旋的内部环流结构、进一步提高预报水平等提供新的思路和依据。

关键词　热带气旋　中尺度结构　珠江三角洲

关于热带气旋的天气尺度的结构特征,已有许多研究成果[1,2],然而,对其内部的中尺度结构,则有待进一步加以研究和认识。从 1 h 雨量分析中,我们已经发现,登陆珠江三角洲热带气旋所造成的暴雨具有中尺度雨团、雨带等特征①,然而,导致这种特征的影响系统及其结构特征等,则有待进一步研究。

本文是在上述研究基础上,通过分类带通滤波,对典型个例作了对比分析,然后,取中心位置比较接近的四个时次资料作了合成分析。

1　方法和资料

常规探测得到的数据实际上包含着各种不同尺度的信息,要用它们讨论中尺度问题,必须先进行滤波。

国际台风试验期间加密观测得到的流场资料表明,流场结构比较突出的中尺度涡旋半径约为 250 km,所以,在低层滤波中,我们选取 500 km 为平均中尺度系统的波长,进而选取滤波常数 C_1, G_1, C_2, G_2,使之在上述波长上有最大的响应函数,然后,由这两个低通场的差得到带通场②:

$$B(i, j) = r[F_1(i, j) - F_2(i, j)]$$

其中,$F_1(i, j)$,$F_2(i, j)$ 分别为两个低通场网格点数据,分别由滤波常数:C_1, G_1 和 C_2, G_2 产生;r 为最大响应差的倒数,计算过程中取为 1.25。

此外,在高空,考虑到以长波系统为显著的特点,最大响应函数的对应波长取为 1500 km。

本文所用资料取自国家气象局整理出版的《高空气象月报表》及广东省气象台收集整理的登陆珠江三角洲热带气旋的风、雨资料。

---

① 彭金泉等. 登陆珠江三角洲热带气旋暴雨的中尺度特征."七五"攻关课题阶段性成果。

② 丁一汇. 现代天气学中的诊断分析方法. 中国科学院大气物理研究所,1984 年。

本文发表于《热带洋海》,1992,**11**(4).

2　中尺度结构分析

登陆珠江三角洲的热带气旋粗略地可分为两类,即有无冷空气参与影响。我们以此为标准作了对比分析。

2.1　流场特征

7913号热带气旋是有冷空气参与影响的典型个例之一,图1给出9月24日08时850 hPa的流场(a)、带通场(b)、卫星云图(c),以及09时1 h雨量分布图(d)。从滤波得到的带通场(b)上可以看出,在热带气旋环流内部的确存在中尺度气旋、反气旋、辐合、辐散带等中尺度系统。这些中尺度系统可以在卫星云图(c)上,以及下一时次的1 h雨量图(d)上,找到对应的系统,设备条件好的单位还可以从数字化云图、雷达回波图上作更细致的分析。在这里,带通场(b)中心位置上的中尺度气旋,云图(c)上为高层暗灰色的云团,云图复印后表现为黑暗阴影,1 h雨量图(d)上正好是一个中尺度雨团,最大1 h雨量中心位于新会,达31.8 mm/h,范围包括开平、恩平、江门、鹤山等四县市,1 h雨量均超过4 mm/h,中心北侧的中尺度反气旋则与云图上的黑暗晴空区相对应,紧靠中心的中尺度辐合带与当时地面图上的冷锋相贴近,与1 h雨量图上一条准东西向的中尺度雨带相对应,位于高要至博罗一线;中心东北侧方向上的两个中尺度气旋,云图上体现为两个紧连在一起的白亮、紧密的中尺度云团,1 h雨量图上则分两部分,北侧的一个有中尺度雨团与之对应,位于龙门、新丰附近,南侧的一个因与中尺度辐合带连在一起,其降水系统也与中尺度雨带相连,叠置于该雨带的东侧。

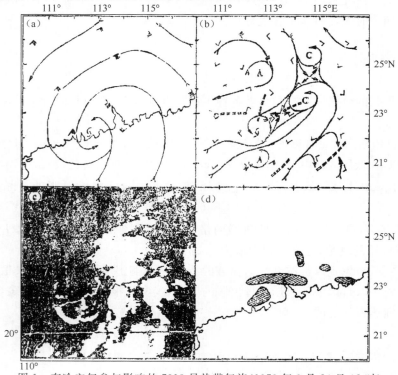

图1　有冷空气参与影响的7913号热带气旋(1979年9月24日08时)
(a)850 hPa流场;(b)850 hPa带通场;(c)卫星云图;(d)09时1 h雨量

　　与上例形成鲜明对比的是 7907 号热带气旋,无冷空气参与影响。图 2 给出 7 月 30 日 08 时 850 hPa 的流场(a)、带通场(b)、卫星云图(c),以及 09 时的 1 h 雨量分布(d)。从图中可以看出,较上例有明显差异的是,带通场上热带气旋中心位置上的中尺度气旋的尺度范围较大,在卫星云图上也是如此,中心位置上的云团紧密而且白亮,范围也较大。其次,中心西侧及西北侧的中尺度反气旋,在云图上也有黑暗的晴空区与之对应。第三,由中心向东延伸出去的一条中尺度暖式切变,在云图上表现为中心东侧的白亮云团,在 1 h 雨量图上则与珠江口东侧的中尺度雨带相对应。第四,中心北侧的中尺度倒槽,在云图及 1 h 雨量图上也分别有与之对应的系统,尺度范围也较上例为大。

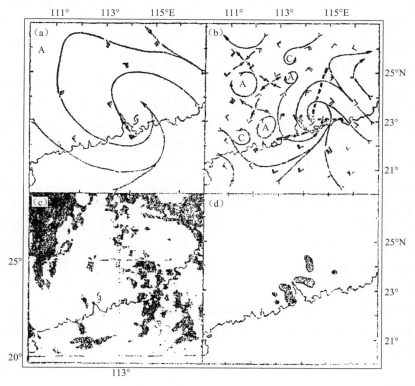

图 2　无冷空气参与影响的 7907 号热带气旋(1979 年 7 月 30 日 08 时)
(a)850 hPa 流场,(b)850 hPa 带通场;(c)卫星云图;(d)09 时 1 h 雨量

　　此外,我们还注意到了这两个个例在雨强上的差异,无冷空气参与影响的雨强普遍比有冷空气参与的小。7907 号热带气旋最大 1 h 雨量为 31.3 mm/h,而 7913 号则高达 86.7 mm/h。当然,应该说,这种差异是在热带气旋环流背景之下的,在这个基础上,冷空气的介入发挥了强迫抬升作用,对雨强的加大起了有利的促进作用。

　　实际上,在较大尺度天气系统中"寄生"次一级尺度的天气系统的现象,华东中尺度天气试验成果也曾提出,不过不是针对热带气旋环流。比如郑良杰等[①]在作江淮流域一次暴雨过程的中尺度分析时曾发现,在大尺度暖湿倒槽中"寄生"着两个中间尺度的低压环流,该低压环流

　　①　郑良杰、宋丽等,1984,江淮流域一次暴雨过程的中尺度分析,华东中尺度天气试验论文集,第一集,78-88。

中又包含有若干个中尺度低压。在热带气旋环流内部存在中尺度系统的问题,焦佩金等[3]也曾在地面流场上发现过中尺度反气旋、中尺度倒槽、中尺度切变线。

2.2　动力结构

在中尺度分析的基础上,我们对上述个例的带通场也作了涡度、散度、垂直速度计算。计算结果(图略)表明,在热带气旋中心附近的中尺度气旋,不论有无冷空气参与,其涡度、散度、垂直速度的水平分布,上下配置等都比较理想。即中低层为正涡度、负散度、负垂直速度,高层一般位于负涡度、正散度区之中,转换层通常位于 400 hPa 附近,而且中低层的辐合量往往大于高层的辐散量。负垂直速度的伸展高度更高,甚至整层均为上升运动,最大上升速度位于对流层中层 500 hPa 附近。这种动力特性,一方面表明,中心附近系统本身的动力特性比较显著,另一方面也促成登陆后迅速减弱、填塞的趋势。事实上,7913 号、7907 号热带气旋在陆上时间分别不到 3 h、11 h,在海上时间分别长达 177 h 和 55 h。

其次,在其他位置上的中尺度系统的动力特性则难有这么理想的分布与配置。情况稍好的要算靠近气旋中心的中尺度反气旋,比如 7913 号热带气旋中心南北两侧的中尺度反气旋,在中低层涡散度场上均分别为负涡度、正散度,只是在垂直速度场上,北侧表现出弱的上升运动,南侧表现出弱的下沉运动。而 7907 号热带气旋左侧的中尺度反气旋,其负涡度仅限于850～500 hPa,正散度仅限于 850～700 hPa,垂直速度则表现出整层的下沉运动,正好与卫星云图上这一带的灰暗晴空区相对应。其实,这种非理想型分布与配置本身正反映了这些中尺度系统不及中心位置上的中尺度气旋深厚。

第三,冷空气抬升作用的动力特性,在有冷空气侵入的带通流场垂直速度分布图上,已经有所反映。例如,7913 号热带气旋,在 9 月 24 日 08 时中低层,23°N 附近纬圈方向上,自111°E 至 115°E 均为上升运动,正好与这一位置上的一条东西向的中尺度雨带相对应,较好地反映了这一位置上一条中尺度切变线和冷空气抬升作用的动力特性。

此外,值得指出的是,上述中尺度系统的动力学量级普遍比天气尺度的大一个量级,这与计算网格距离的缩小有关。而登陆以后的迅速填塞还与离开洋面,水汽潜热供应减少,暖心结构减弱等因素有关[3]。

3　合成结构

个例分析毕竟只能反映个别情况,为了给出登陆珠江三角洲热带气旋的中尺度结构特征,我们用中心位置比较接近的 4 个热带气旋:7907 号,8106 号,8515 号,8607 号的 4 个时次带通场资料,做了合成分析。这 4 个时次是:1979 年 7 月 30 日 08 时,1981 年 7 月 7 日 08 时,1985年 9 月 6 日 08 时,1986 年 7 月 12 日 08 时。它们具有大致相似的天气形势:副高脊线位于28°—30°N 之间,热带气旋与副高之间有一支较强的偏东气流,无冷空气或冷槽参与影响,平均中心为 22.7°N,113.2°E。

3.1　合成流场

图 3 给出上述时次带通场的合成流场。由图中可以看出,低层的中尺度系统明显地比高层的多,尤其是地面(图 3a),图中合成中心位置上的中尺度气旋,以及与之相连接的中尺度辐

合带,从分布到走向都与热带气旋中心及其螺旋云带相似,还有相间其间的中尺度反气旋,则是热带气旋环流内部表现为晴空少云区的中尺度流场的体现。越到高层,流场越显简单,则是高层大气运动的时空尺度都比较大的缘故。在100 hPa(图3d)上,与热带气旋中心相对应的反气旋中心稍偏北,由此向外辐散的气流以西北侧的一支为最强,其次是西南侧的一支。梁必骐等[4]在总结热带气旋流场时曾指出,最大流出层出现在12 km附近。这里考虑到顶层 ω 取零,所以取到100 hPa。至于流出通道,金汉良[5]曾研究指出,其基本特征是:"反气旋式,高度非对称,大尺度辐散,并经常集中在一条或两条流出通道中"。至于以哪个方向为主通道尚难以一概全,这里给出的也仅仅是参加合成的几个个例的情形。

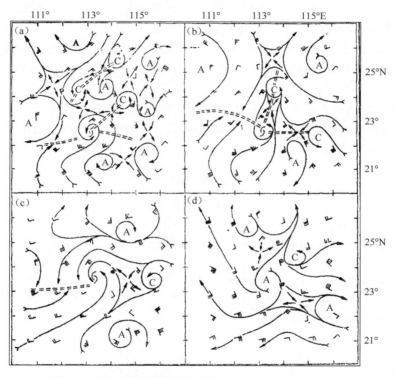

图3　合成热带气旋带通场(平均中心:22.7°N,113.2°E)
(a)地面;(b)850 hPa;(c)500 hPa;(d)100 hPa

3.2　合成动力学特征

由合成带通场得到的涡散度、垂直速度,基本上与上述个例分析中得到的中尺度系统的特性相似(图略),中心位置上的中尺度气旋的动力特性最为明显,即中低层为正涡度、负散度,高层为正散度、负涡度,整层为上升运动。中心以外的区域,上述三个量与中尺度系统的关系及其上下配置关系较差。其原因主要有两方面:一方面是由于其他区域的中尺度系统不及中心附近的深厚,合成叠加导致一部分格点上的正负值互相抵消,平滑了部分特性;另一方面是由于眼区附近的上升气流有随高度自中心向外倾斜的特点[6],而各时次的倾斜方向、位置、程度又各不相同,同样地将导致合成后的特征不明显。

4　小　结

综合以上分析,登陆珠江三角洲的热带气旋有以下主要特征:

(1)在热带气旋环流内部确实存在若干中尺度系统,其主要类型有:中尺度气旋、反气旋、中尺度辐合、辐散带。它们一般可以在卫星云图或 1 h 雨量图(有条件的还可以从分层云图或数字化雷达回波图)上找到对应的系统。

(2)这些中尺度系统具有自身的动力特性,特别是热带气旋中心附近的中尺度气旋,不论有无冷空气参与影响,均表现出中、低层辐合、高层辐散等特征。中心以外地区的中尺度系统的动力特性也能与流场相匹配,只是上下配置关系稍差。

(3)从量级上看,这些中尺度系统的动力学量普遍比天气尺度的大一个量级,而且中低层的辐合量明显地大于高层的辐散,这一点对于深入认识热带气旋登陆后的迅速填塞过程提供了物理依据。

(4)中尺度系统毕竟受天气尺度等大尺度环流背景的组织和制约,有冷空气参与影响时的情形实际上是这种制约作用的一种体现。表现在带通场上的是近东西向的中尺度辐合带,1 h 雨量图上的中尺度雨带等。

参考文献

［1］陈联寿,丁一汇.西太平洋台风概论.北京:科学出版社,1979:31-63.

［2］梁必骐.南海热带大气环流系统.北京:气象出版社,1991:80-137.

［3］焦佩金,范永祥.TOPEX 期间影响我国的台风暴雨及其中尺度系统∥台风会议文集,北京:气象出版社,1987:80-82.

［4］梁必骐,等.热带气象学.广州:中山大学出版社,1991:217-239.

［5］金汉良.台风高空流出层结构∥台风会议文集.北京:气象出版社,1985:47-54.

［6］斯公望.暴雨和强对流环流系统.北京:气象出版社,1989:315-328.

The Characteristics of Typhoon Disasters and Its Effects on Economic Development in Guangdong Province

Liang Biqi(梁必骐)，Liang Jingping(梁经萍)，
Wen Zhiping(温志平)

(Research Center of Natural Disasters,Department of Atmospheric Sciences,
Zhongshan University,Guangzhou)

Located in the southern tropical and subtropical areas on the verge of the South China Sea,Guangdong province is greatly affected by typhoons during summer and autumn of the year. As each attack of typhoon causes huge damages,it is therefore of great significance for Guangdong province to study the forecast and reduction of typhoon disasters.

1   The Characteristics of Typhoon Activities Affecting Guangdong

There are two types of typhoons affecting Guangdong,one coming from the western Pacific Ocean and the other forming in the South China Sea region. On the average,28 typhoons develop in the western North Pacific Ocean per year,mostly from July to October,with a peak period in August. The intensities of typhoons which are formed in the South China Sea where an average of 5 typhoons develops per year,are weaker than those formed in other areas,among which 28 percent are violent typhoons. The maximum appears in August and September.

Statistics show that most of the tropical cyclones affected or landing on China hit Guangdong and cause the most severe damages of long duration. Table 1 shows the monthly frequency of the tropical cyclones affecting Guangdong. From 1949 to 1988 there were all together 397 tropical cyclones affecting Guangdong,accounting for 64 percent of the total(618) that affected the whole country. The average number was about 10 a year. Except for February,tropical cyclones would strike Guangdong Province in any month of the year. Their principal period of occurence is from June to October,particularly in August and September which have half the whole year's occurence.

From 1949 to 1988 there is a total of 380 tropical cyclones landing in China,among which 158 ones landed in Guangdong province with an average of four a year,43 percent that of the whole country. Among the tropical cyclones landed in Guangdong,111 cyclones reached the intensity of tropical storm while landing on the beaches. The average is three,

本文发表于《中国减灾(英文版)》,1994,3(4).

about 40 percent of the total(including tropical storms) that landed in the whole country. Table 2 shows the monthly distribution of tropical cyclones landing month by month. There could be storms landing on Guangdong from May to December, and their usual landing period is from July to September with a peak period in July. The first typhoon of the year often lands between early June and late July in the province, and the earliest one in 1953 occurred on May 13 of the year. The last typhoon often occurs in the late September and in the early November; the lastest one in 1974 occurred on December 2nd. In short, the possible landing period of typhoons was as long as 204 days. The landing areas of typhoons are concentrated in the middle part of Guangdong province; this is especially true for half the total number of violent typhoons.

Table 1　The Monthly Frequency of the Tropical Cyclones Affecting Guangdong Province(1949—1988)

Month Items	1	2	3	4	5	6	7	8	9	10	11	12	whole year
Number of Times	1	/	1	2	13	45	75	101	95	49	13	2	397
Average	0.02	/	0.02	0.05	0.3	1.1	1.9	2.5	2.4	1.2	0.3	0.05	99
0/0	0.3	/	0.3	0.5	3.3	11.3	18.9	25.4	23.9	12.3	3.3	0.5	100

Note: Here are the tropical cyclones that can cause the precipitation($R>10$ mm)or the maximum wind speed($V>11$ m/s or $V_{max}>16$ m/s).

Table 2　The Monthly Frequency of Tropical Cyclones Landed in Guangdong Province(1949—1988)

Month Items	5	6	7	8	9	10	11	12	Total	Average	%
Tropical Depression	1	5	9	20	8	3	1	0	47	1.2	29.7
Tropical Storm	1	3	13	5	6	5	2	1	36	0.9	22.8
Violent Tropical Storm	1	7	11	6	13	3	1	0	42	1.1	26.6
Typhoon	1	3	7	7	11	4	0	0	33	0.8	20.9
Total	4	18	40	38	38	15	4	1	158	—	100
Average	0.1	0.5	1.0	1.0	1.0	0.4	0.1	0.0	—	4.0	—
%	2.5	11.4	25.3	24.1	24.1	9.5	2.5	0.6	100	—	100

2　The Basic Characteristics of Typhoon Disasters in Guangdong Province

Typhoon disasters are mainly resulted from huge gales, rainstorms and erratic sea tides. Grave typhoon disasters are mostly caused by the common affecting of huge gales, rainstorms and highly rough sea tides brought about landing typhoons. Typhoon disasters' affecting on Guangdong province have the following features.

2.1　High frequency in occurrence

Guangdong province is an area with the highest frequency of typhoon disasters and the

most disastrously affected area in the country. It is affected by typhoons in the whole year
except for one month. The number of the tropical cyclones landing in Guangdong province
reaches a maximum of 7 and a minimum of 1 per year. Among them typhoons with wind
speed more than 32 m/s occur at an average of 0. 8 per year. That is to say, grave typhoon
disasters occur almost every year, ordinary typhoon disasters occur with an average of more
than 9 times a year, the highest frequency in occurrence is from July to August.

2. 2   Wide range of affecting areas

Every district and economic department in Guangdong province could be affected by ty-
phoon. Because of the typhoons and disasters thus caused, more than 667,000 hectares of
farmland and nearly 10 million people suffer from disasters every year. The range affected by
a single process of the disaster often reaches dozens of counties (cities). For instance,
No. 8607 typhoon affected 94 counties(cites)in the province and caused damages to more than
667,000 hectares of farmland and over 5 million people.

2. 3   Violent in suddent occurrence

Typhoon disasters are all caused by the suddent occurence of typhoons. The disastrous
weather, storm surge brought by typhoons in particular, could often cause severe disasters in
several hours. The severe typhoon disasters along the coast of Guangdong province are all
caused in one or two days, even in several hours. For instance, in the delta of Pearl River,
No. 8309 typhoon caused disasters on about 134,000 hectares of farmland and turned many
villages and towns into a vast expanse of water in only one or two hours after landing in the
Pearl River.

Along the coast of Guangdong province, we must note that typhoons which strengthen
suddenly and land rapidly near the coast are often small in scale, and of the characteristics of
severe intensities, like developing violently, moving rapidly, hitting suddenly and bringing
about severe disasters. No. 8609 typhoon, for instance, spent less than 8 hours from its for-
mation to landing on the coast in drowning about 387,000 hectares of farmland. The eco-
nomic loss came to more than 1 billion Renminbi yuan. According to statistics, the typhoons' de-
veloping suddenly near the coast occurred with the maximum in the South China Sea and had
the maximum affects on Guangdong province. Approximately a half of this type of typhoons
landed on the coast of Guangdong province and caused sudden serious disasters.

2. 4   Remarkable in their chain effect

Typhoons affecting Guangdong province not only cause disasters from huge gales, rain-
storms, storm surge and rough sea brought by them, but often result in a group of disasters
from their chain effects. For example, the typhoon rainstorms can create flood, waterlogging
as well as mud-rock flow, avalanche, landslides and soil erosion. Moreover, the reverse irria-
tion of sea water caused by storm surges can form inner waterlogging and cause land to be
salted. The system about a group of disasters consisting of the chain effects of typhoon dis-

asters can be shown by the frame pattern as following：

　　Typhoons and their related disasters often cause huge disasters and bring about grave losses in some areas. For instance, No. 8607 and No. 9107 typhoons caused a maximum direct economic loss due to their resulted multiple disasters.

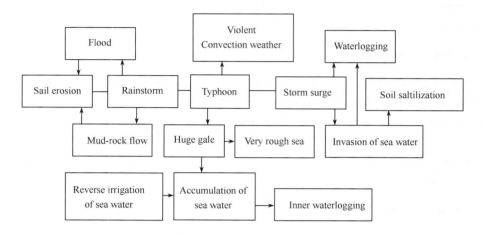

2.5　Severe intensities in disasters

　　Typhoon disasters, which often occur with a high frequency, caused by violent landing typhoons their creating flood disasters etc., are the main factors of casualty and economic loss in comparison with earthquakes. According to the record in history typhoon disasters with a death number of more than 10,000 people each have occurred many times in Guangdong province. For instance, in July 1862, a typhoon hit the delta of Pearl River and caused a death of tens of thousands people as a result of the capsizing of ships, and the corpses dredged up in province River reached more than 80,000. In August 1922, the typhoon landing in Shantou city, caused more than 60,000 people dead and hundreds of thousands others homeless. The economic loss came to 70 million silver yuan. After 1950s, the economic loss has become greater and greater even though the casualty caused by typhoons are reducing largely. According to the statistics, since 1980s, typhoon bringing about the economic loss of more than 1 billion yuan in Guangdong have occurred at least six times, of which No. 9107 typhoon caused direct an economic loss accounting to 2. 36 billion Renminbi yuan.

3　The Effects of Typhoon Disasters on the Economic Development in Guangdong Province

　　According to the initial statistics from 1950 to 1992, nearly 30 severe typhoon disasters have occurred in Guangdong province, of which typhoon and floods since 1985 resulted in an direct economic loss up to more than 2 billion Renminbi yuan. The average economic loss a year accounted to more than 2 hundred million Renminbi yuan. In 1991, typhoon disasters

were the most serious in Guangdong province. During this year, six typhoons and storms,
No. 6, No. 7, No. 8, No. 11, No. 16 and No. 19 typhoons, hit Guangdong province successively,
causing damages to more than 800,000 hectares of farmland, affecting 11 million people, and
causing 600,000 rooms to collapse. The direct economic loss totalled 4. 32 billion Renminbi
yuan. It is easily seen that typhoon disasters do not only cause the great causalty but also se-
riously affect production, construction and economic development in Guangdong province.

Typhoon disasters seriously affect almost every occupation, agricultural productions in
particular. In Guangdong, every typhoon occurrence causes disasters on large areas of crop-
land and decreases the output of grains. On the basis of analyzing about 10 typhoons with
the most disastrous effects in Guangdong, every typhoon causes a disaster on more than 66,
700 hectares of farmland. The serious Typhoon No. 8607 drowned more than 667,000 hec-
tares of riceland in Guangdong and Fujian provinces, as a result, the output of grain dropped
by more than one billion kilograms.

Typhoons cause a great damage on both industrial products as well as tropical crops.
The huge gales blow down and fruit trees, destroying the rubber plants or affecting their
growth and the output of rubber-cutting as well. Such disasters happen almost every year in
Guangdong. For instance, Typhoon No. 7513 and Typhoon No. 7514 which attacked the delta
of Pearl-River successively hit more than 800,000 banana trees and fell 98,700 hectares of
sugarcane. As a result, the output of banana and sugarcane dropped by a large quantity that
year, making it especially difficult to restore banana growth in a year or two. No. 8007 ty-
phoon landing in Xuwen and caused 1. 18 million rubber plants to fall or to be cut down, thus
seriously affecting the output of rubber-cutting and the cut rubber plants could only be re-
covered after about three years.

Typhoons destroy the installation of water conservancy projects seriously. Almost every
landing typhoon destroies many water conservancy projects. Storm surge often causes the
sea-dam to collapse. For instance, in 1991, Guangdong was hit successively by typhoons for
six times and a lot of water conservancy projects were destroyed, with an direct economic loss
coming to more than 0. 25 billion Renminbi yuan. The storm surge brought by No. 8007 Typhoon
hit Zhanjiang and broke down 380 kilometers of the dam, thus causing disasters of floods.

Typhoon also affects traffic seriously. They damage not only sailing on the sea but also
traffics on the land, such as highways, railways and bridges. For instance, No. 9107 typhoon
destroyed 292 kilometers of highway and rashed 214 bridges, which seriously affected the
traffics and transportation in the eastern part of Guangdong.

Typhoon is still a deadly enemy of catch-dragnet on the sea and oceanic exploration. It
has a great damage on fisherman and working person on the sea. No. 6903, No. 7220,
No. 7513 and No. 8007 typhoons, for instance, each caused more than a thousand boats to
sink. No. 8316 typhoon up set the "Zhua Wa Hai" platform of drilling well owned by AKE
oil company of United States of America at the South China Sea causing a fatality of 81 peo-
ple. No. 9111 typhoon caused the grand ship spreading over pipes, which was owned by

Marktamat company of the U. S. America, to sink while working on the sea near Hong Kong with 20 people dead or missing in that accident.

In addition, typhoons also adversely affect port projects, feeding of marine products, salt-industries, buildings, communications' networks and military activities. It is clearly seen that the economic losses caused by typhoon disasters is extremely serious and certainly affect the economic development directly. Moreover, the severe typhoon disasters can bring about the social effection not beneficial to economic developments.

（Translated by Liang Biqi）

热带气旋强度变化机制的位涡拟能诊断研究

何财福　梁必骐

（中山大学大气科学系，广州）

摘　要　分析表明，热带气旋（TC）区域平均的位涡拟能变化对应热带气旋强度变化是一致的。本文通过对切向波数域中位涡拟能收支的计算，分析讨论了影响 TC 强度变化的一系列因子。结果表明，平均非绝热加热随高度变化并通过气旋性涡度及科氏效应的作用是影响 TC 强度变化的重要因子，特别在强度突然加强阶段；当加热最大值出现在对流层中上层时有利于 TC 的形成及加强，而当加热的这种作用减小或最大加热出现在对流层中下层时 TC 将很快减弱。研究表明，TC 环流的轴对称场和非轴对称场对 TC 强度变化起不同的作用。此外，对其他因子的作用也进行了讨论。

关键词　热带气旋强度变化　位涡拟能　非绝热加热　加热廓线

1　引　言

不少研究表明，热带扰动发展过程中，加热的作用是不容置疑的[1~4]。从卫星云图上可看到，热带洋面大气中经常存在伴随旺盛积云对流加热的热带扰动，不过，它们只有少数能得到持续发展，大部分不能继续发展或只发展成热带低压。这说明积云加热的存在不一定能使扰动得以持续发展，因此有必要研究在什么条件下加热才有利于扰动的不断发展。观测研究表明[5]，在台风形成过程中经常存在强度突然加强的过程，其中心气压下降率可达 12～30 hPa/12 h，最大风速增长率可达 45 m·s⁻¹/12 h。而一些台风（如 8304 号）登陆后马上填塞减弱成低压，这种台风强度突然变化的机制是什么？目前对此研究较少。

不少作者从能量、动量、水汽、位涡等角度出发，利用相应的收支方程对 TC 进行了诊断研究。由于位涡拟能包含了热力和动力过程，其收支能更好地反映大尺度物理过程，用以检验天气分析和数值模拟结果，具有较明显的优越性，同时为便于讨论非轴对称场对 TC 强度变化的影响，我们利用切向波数域空间中位涡拟能方程进行收支计算，分析讨论了影响 TC 强度变化的一系列因子，特别是加热场的作用。

2　资料与收支方程

本文选用 8304 号西太平洋台风（Wayne）进行计算分析，先利用常规资料、船舶站资料（包

本文发表于《海洋学报》，1995，**17**(4)．

括有探空的船舶站 JBOA UUAA 资料)及卫星云图格点资料[6] 对 1983 年 7 月 20 日 08 时至 26 日 08 时、20 时的风、温、湿等资料进行曲面拟合客观分析,并将分析结果作为初始场进行逐步订正,得到圆柱坐标中的格点值,然后将风场分解为切向、径向方向分量,在垂直方向用二阶拉格朗日法进行内插,并对各要素场进行平滑处理,得到 1000 hPa、850 hPa、700 hPa、600 hPa、500 hPa、400 hPa、300 hPa、200 hPa、100 hPa 共 9 层资料,垂直速度采用订正运动学法进行计算。图 1 给出了客观分析结果的一个例子,可见它与别的作者的结果颇为一致,说明资料的客观分析结果是可信的。

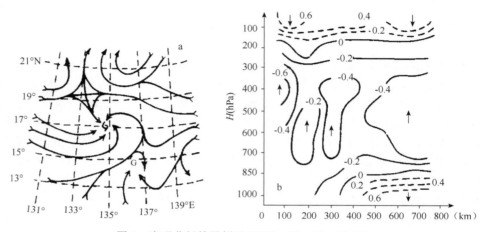

图 1　客观分析结果例子(1983—07—23—08:00)

(a)850 hPa 流线图;(b)垂直速度径向垂直剖面图(单位:10^{-3} hPa · s^{-1})

网格坐标采用圆柱坐标,极点取在 TC 中心并跟随 TC 移动,径向格距取 100 km,切向格距在 $100\sim600$ km 为 $\pi/8$,$600\sim1100$ km 为 $\pi/16$。收支方程采用 Euler 型方程,即计算时间导数项时,在该时次的坐标系下分别将客观分析前后一时次的资料用于计算时间导数项。

记 θ_d 为位温,定义位涡 $q=-(\zeta+f)\dfrac{\partial\theta_d}{\partial p}$,则柱坐标中不计摩擦的广义位涡方程为

$$\frac{\partial q}{\partial t}+u\frac{\partial q}{\partial r}+v\frac{\partial q}{r\partial\varphi}+w\frac{\partial q}{\partial p}-\frac{\partial\theta_d}{\partial p}\eta-(\zeta+f)\xi$$
$$+\frac{\zeta+f}{c_p}\left(\frac{p_0}{p}\right)^{R/c_p}\frac{\partial h}{\partial p}-\frac{Rp_0 h}{c_p{}^2 p^2}(\zeta+f)\left(\frac{p}{p_0}\right)^{\varepsilon}=RES \tag{1}$$

其中,$\eta=\dfrac{\partial w}{\partial r}\dfrac{\partial v}{\partial p}-\dfrac{\partial w}{r\partial\varphi}\dfrac{\partial u}{\partial p}$ 为扭转涡度,$\zeta=\dfrac{\partial rv}{r\partial r}-\dfrac{\partial u}{r\partial\varphi}$ 为涡度,$\xi=\dfrac{\partial u}{\partial p}\dfrac{\partial\theta_d}{\partial r}+\dfrac{\partial v}{\partial p}\dfrac{\partial\theta_d}{r\partial\varphi}$ 为热成风涡度,$D=\dfrac{\partial ru}{r\partial r}+\dfrac{\partial v}{r\partial\varphi}$ 为散度,$\varepsilon=c_v/c_p$,RES 为余项,h 为非绝热加热率,其他为气象上常用符号。

把任一物理量 $y(r,\varphi,p,t)$ 简记为 $y(\varphi)$,定义切向离散 Fourier 变换为

$$Y(n)=Y_c(n)+jY_s(n)=\frac{1}{N}\sum_{k=0}^{N-1}y(k)e^{-j\frac{2\pi}{N}kn}, \tag{2a}$$

$$y(k)=\sum_{n=0}^{N-1}Y(n)e^{jnk}. \tag{2b}$$

记 $C\equiv\dfrac{\partial q}{r\partial\varphi}$ 并采用下列符号

$$y(\varphi) \quad q \quad u \quad v \quad w \quad \eta \quad \xi \quad f \quad h \quad \theta_d \quad c \quad s$$
$$Y(n) \quad Q \quad U \quad V \quad W \quad \eta \quad \Xi \quad F \quad H \quad \Theta \quad C \quad S$$

这里 $Y(n)$ 为不对称结构在切向方向上呈 n 波变化,称 n 波型不对称结构,其中 $Y(0)$ 代表切向平均。对式(1)作 Fourier 变换,得到反映 TC 强度变化的切向平均位涡拟能收支方程(推导见附录):

$$\frac{\partial K(0)}{\partial t} = TEA(0) + TEC(0) + TED(0) + TEE(0) + TEF(0) + TEG(0)$$
$$+ TEH(0) + TEI(0) + TEJ(0) + TEK(0) + TEL(0)$$
$$+ TEM(0) + TEN(0) + TEO(0) + TEP(0) + TEQ(0)$$
$$+ TER(0) + TES(0) + TET(0) + TEU(0) + RES(0) +, \tag{3}$$

其中,

$$K(0) = \frac{1}{r - r_0} \int_{r_0}^{r} k(0, r) \mathrm{d}r, \qquad k(0, r) = \frac{1}{2} Q_c^{\,2}(0) \tag{4}$$

为位涡拟能平均值。通过计算发现,$K(0)$ 变化对应着 TC 强度的变化(如图 2 所示),同时 $K(0)$ 的变化与 Holland[7] 定义的总强度变化有很好的对应关系。式(3)右边各项即为影响 TC 强度变化的各因子,其表达式如下:

$$\left.\begin{array}{ll}
TEA(0) = -L[U_c(0)k_r(0,r)] & TED(0) = -L[W_c(0)k_p(0,r)] \\[2mm]
TEC(0) = -L[Q_c(0)V_c(0)C_c(0)] & TEE(0) = L[Q_c(0)\Theta_{cp}(0)\eta_c(0)] \\[2mm]
TEF(0) = L[Q_c(0)S_c(0)\Xi_c(0)] & TEG(0) = L[Q_c(0)F_c(0)\Xi_c(0)] \\[2mm]
TEH(0) = A \cdot L[Q_c(0)H_{cp}(0)S_c(0)] & TEI(0) = A \cdot L[Q_c(0)F_c(0)H_{cp}(0)] \\[2mm]
TEJ(0) = B \cdot L[Q_c(0)S_c(0)H_c(0)] & TEK(0) = B \cdot L[Q_c(0)F_c(0)H_c(0)]
\end{array}\right\} \tag{5}$$

以上各项描述的是轴对称部分(即平均场)间的相互作用对 TC 强度变化的影响。下面各项描述的是切向波数域空间中各波变化的非轴对称场间的相互作用总和对 TC 强度变化的影响。

$$\left.\begin{array}{lll}
TEL(0) = -L[\Phi_{C \cdot Q_r}] & TEN(0) = -L[\Phi_{W \cdot Q_p}] & TEM(0) = -L[\Phi_{V \cdot C}] \\[2mm]
TEO(0) = -L[\Phi_{\theta_p \cdot \eta}] & TEP(0) = L[\Phi_{S \cdot \Xi}] & TEQ(0) = L[\Phi_{F \cdot \Xi}] \\[2mm]
TER(0) = -A \cdot L[\Phi_{S \cdot H_p}] & TES(0) = A \cdot L[\Phi_{F \cdot H_p}] & TET(0) = B \cdot L[\Phi_{S \cdot H}] \\[2mm]
TEU(0) = B \cdot L[\Phi_{F \cdot H}]
\end{array}\right\} \tag{6}$$

其中 $TEA(0)$、$TED(0)$ 分别为轴对称位涡拟能的径向输送及对流输送项;$TEC(0)$ 为位涡切向平均场与切向运动相互作用项;$TEE(0)$ 为轴对称的扭转涡度通过层结的作用项;$TEF(0)$、$TEG(0)$ 分别为轴对称热成风涡度与 TC 环流气旋性涡度相互作用项及轴对称热成风涡度通过科氏效应的作用项;$TEH(0)$、$TEI(0)$ 分别为平均非绝热加热随高度变化通过 TC 环流气旋性涡度及科氏效应作用项;$TEJ(0)$、$TEK(0)$ 分别为平均非绝热加热通过低压环流气旋性涡度及科氏效应的作用项,低压环流越强,$TEJ(0)$ 的作用越大,因而该项反映 CISK 机制;$TEL(0)$、$TEN(0)$ 分别为非轴对称的位涡拟能径向平流及对流输送项;$TEM(0)$ 为非轴对称的切向运动与位涡的相互作用项;$TEO(0)$ 为非轴对称的扭转涡度由于层结的作用项;$TEP(0)$、$TEQ(0)$ 分别为非轴对称热成风涡度通过低压环流气旋性涡度及科氏效应的作用项;$TER(0)$、$TES(0)$ 分别为非轴对称加热随高度变化通过气旋性涡度及科氏效应的作用项;

$TET(0)$、$TEU(0)$分别为非轴对称加热通过气旋性涡度及科氏效应的作用项；$RES(0)$为余项，包括摩擦耗散、次网格尺度的作用及计算误差。

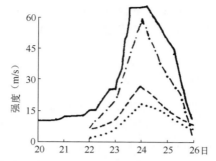

图 2　位涡拟能变化与台风强度变化及总强度变化对应关系

实线：台风强度；虚线：总强度；点划线：500 hPa 位涡拟能；点线：850 hPa 位涡拟能

对非绝热加热，我们分别用参数化方法[8]计算了长波辐射冷却 h_L、短波辐射加热 h_s，用改进的郭晓岚积云参数化方案[9]计算了积云加热 h_c 及大尺度凝结加热 h_e，总非绝热加热 $h = h_L + h_s + h_c + h_e$。

3　计算结果分析

根据 8304 号台风演变过程，我们把其强度变化分为 4 个阶段：20 日 08 时至 23 日 02 时为缓慢发展阶段，23 日 08 时至 24 日 08 时为突然加强阶段，24 日 08 时至 25 日 02 时为维持阶段，25 日 08 时至 26 日 08 时为登陆后强度明显减弱阶段。式(3)各项阶段平均的计算结果如表 1 所示。下面我们分阶段对各因子的作用进行讨论。

表 1　8304 号台风的计算结果

	850 hPa			700 hPa			600 hPa			500 hPa		
	缓发	突加	突减	缓发	突加	突减	缓发	突加	突减	缓发	突加	突减
$dK(0)/dt$	0.56	5.45	−2.52	0.77	8.04	−2.80	0.43	7.08	−2.66	1.98/	5.35	−3.46
$TEA(0)$	1.42	7.57	−18.62	−0.38	2.44	−9.04	−1.34	4.41	−6.74	0.88	4.08	−3.15
$TEC(0)$	0.05	−0.85	0.83	0.16	0.35	0.98	0.53	0.31	1.35	1.57	4.23	5.80
$TED(0)$	−0.39	−3.08	−5.36	0.23	−3.30	−1.02	0.50	0.74	−1.66	−1.54	−1.54	−2.34
$TEE(0)$	0.49	−1.65	3.61	−0.30	−1.43	6.20	−0.79	1.42	6.91	4.23	6.19	4.80
$TEF(0)$	−0.01	0.00	1.28	−0.01	−0.01	2.11	−0.05	0.07	1.11	−0.02	−1.48	0.80
$TEG(0)$	−0.18	0.01	2.33	−0.14	0.05	1.61	−0.13	−0.14	1.43	0.16	−1.86	1.08
$TEH(0)$	3.07	23.98	3.97	7.35	23.19	2.48	9.05	27.09	1.13	1.36	26.31	−5.10
$TEI(0)$	3.90	13.50	7.65	2.10	11.85	7.11	2.72	3.71	1.45	2.32	6.64	−4.05
$TEJ(0)$	1.04	2.92	0.65	3.02	1.12	1.10	1.11	4.06	2.59	0.65	5.16	3.93
$TEK(0)$	−0.37	4.72	0.70	0.94	1.44	0.98	0.35	0.59	1.49	0.47	4.37	4.23
$TEL(0)$	1.04	−15.50	9.69	0.45	−15.01	8.20	−0.44	−19.18	8.45	−4.56	−16.30	9.63
$TEM(0)$	1.98	−17.40	−14.00	−0.79	−2.11	−11.71	−1.16	−1.18	−4.14	8.10	−16.60	−5.62

续表

	850 hPa			700 hPa			600 hPa			500 hPa		
	缓发	突加	突减	缓发	突加	突减	缓发	突加	突减	缓发	突加	突减
TEN(0)	0.66	−4.14	−4.75	−1.34	−11.63	−5.37	1.13	−3.27	−2.92	5.87	−6.41	−10.68
TEO(0)	−0.30	−2.13	4.86	−0.55	−3.02	4.47	−1.88	−1.98	2.17	2.12	−1.93	3.69
TEP(0)	0.38	0.06	3.16	0.07	0.03	5.29	−0.50	−0.11	4.40	−0.35	−8.82	2.61
TEQ(0)	−0.06	0.43	1.07	−0.10	0.08	1.56	0.52	0.70	−1.46	−0.44	−1.63	−3.21
TER(0)	2.02	−1.41	−4.74	9.17	−6.78	−5.76	12.44	0.55	−1.21	2.84	4.00	−4.93
TES(0)	−1.30	−2.71	13.44	4.32	1.05	13.84	7.13	2.18	1.51	2.74	0.72	−3.05
TET(0)	−0.05	0.02	−0.00	−0.87	1.95	−0.15	−0.15	2.42	−0.34	−1.26	−0.03	−0.00
TEU(0)	−0.12	0.73	−0.57	1.19	0.75	0.22	0.68	2.34	0.45	−0.10	3.66	6.64
RES(0)	−12.71	0.39	−7.71	−23.74	7.04	−25.88	−29.30	−17.65	−18.62	−23.04	−3.40	−4.52

	400 hPa			300 hPa			200 hPa			850 hPa		
	缓发	突加	突减	缓发	突加	突减	缓发	突加	突减	缓发	突加	突减
$dK(0)/dt$	0.91	3.35	−2.72	−0.92	0.50	−0.22	−0.57	−0.81	−0.03	0.55	4.51	−2.18
TEA(0)	−2.67	−1.16	−1.68	−5.79	−1.25	−1.79	−3.08	−3.75	−5.22	−1.71	1.75	−5.37
TEC(0)	0.66	0.20	7.55	0.48	0.33	0.67	−1.61	0.38	5.39	0.547	1.12	2.99
TED(0)	−0.36	1.37	−0.72	1.24	0.89	2.40	1.18	6.09	1.54	0.05	−0.48	−0.69
TEE(0)	0.54	2.29	1.34	3.49	1.35	−6.07	1.27	4.78	−2.45	1.72	1.94	2.07
TEF(0)	0.04	0.14	−0.37	−0.02	0.08	0.10	−0.50	−0.22	0.55	−0.04	−0.30	0.85
TEG(0)	0.19	0.41	1.16	0.26	−0.23	−0.30	0.39	0.27	−0.12	0.014	−0.41	0.94
TEH(0)	4.29	16.30	−1.05	−0.44	−0.23	−0.32	−8.98	−1.03	−1.82	2.99	17.05	−0.52
TEI(0)	1.91	7.77	−1.07	−2.22	−0.83	−1.54	−5.36	−0.82	−1.59	0.92	5.90	0.72
TEJ(0)	1.53	2.96	2.35	0.74	7.06	1.15	0.37	0.35	0.250	1.35	3.93	1.97
TEK(0)	0.93	1.11	0.88	0.64	2.43	0.55	1.58	0.75	0.98	0.66	2.32	1.64
TEL(0)	−3.65	−7.99	2.94	−2.99	−3.91	−2.50	−3.71	−0.34	−2.44	−2.18	−11.73	5.07
TEM(0)	−1.00	−3.04	−3.51	1.06	−0.19	0.36	2.27	1.62	0.68	1.86	−5.54	−5.35
TEN(0)	1.98	−9.19	−1.77	−5.05	−0.74	−0.37	−5.28	−1.07	1.49	−0.03	−5.85	−4.35
TEO(0)	0.51	−2.25	1.17	0.56	−0.21	0.34	−1.95	0.81	−1.40	0.20	−1.69	2.45
TEP(0)	0.13	−0.40	2.82	0.07	−0.05	0.05	−0.12	0.22	0.18	−0.07	−1.97	2.76
TEQ(0)	0.29	−1.26	−6.24	−1.53	0.28	0.44	0.84	−1.46	−1.51	−0.33	−0.40	−1.15
TER(0)	3.96	9.45	−6.82	−2.39	−2.27	−1.92	−0.54	0.64	−2.97	4.07	−0.13	−4.12
TES(0)	0.86	0.55	−2.05	−4.90	0.30	−0.22	−6.36	−9.89	−3.57	0.94	0.06	2.84
TET(0)	0.42	−0.45	−0.69	0.23	−0.04	0.01	0.04	−0.19	0.22	−0.39	0.63	−0.13
TEU(0)	1.50	0.65	0.49	0.65	0.50	0.65	0.21	0.16	0.43	0.63	1.47	1.76
RES(0)	−11.15	−14.44	2.54	14.97	−2.78	8.10	29.54	3.15	11.43	−10.63	−3.18	−6.54

3.1 缓慢发展阶段

该阶段 TC 强度变化相对缓慢，这时 500 hPa 以下的 $TEH(0)$、$TEI(0)$、$TER(0)$、$TES(0)$ 均是大项，说明非绝热加热随高度分布不均是影响 TC 发展加强的重要因子，其中平均非绝热加热随高度变化通过 TC 环流气旋性涡度及科氏效应所起的作用及非轴对称加热随高度变化通过气旋性涡度所起的作用有利于 TC 的发展加强。从 $TEH(0)$、$TEI(0)$ 两项的表达式来看，对于 TC 环流，其平均涡度为正，北半球科氏参数为正，因而当非绝热加热随高度增加时，$TEH(0)$、$TEI(0)$ 为正，即有利于 TC 加强。实际上，当非绝热加热随高度增加时，$\frac{\partial}{\partial p}(\Delta z) > 0$（$\Delta z$ 为等压面厚度），即由于加热使等压面上凸的坡度随高度增加得比加热随高度减少时更快，这时有利于高层产生更强的辐散，从而导致低层产生强流入气流，通过 f 作用，低层气旋性涡度增加较快，而且其所达高度更高，因而有利于深厚系统的快速增长。Hack[10] 利用轴对称平衡模式研究表明，加热在 600 hPa 最大，涡旋发展比加热在 400 hPa 最大时快，但进一步试验表明，在对流层中高层的加热有利于产生深厚的涡旋，而低层加热将产生浅薄的涡旋。显然对 TC 这一类深厚的热带系统，加热在对流层中高层最大，将有利于其形成和发展，而对午后到傍晚发展的热低压，由于加热最大值是在对流层低层，因而它不能发展成像 TC 一样强烈而深厚的系统。本文的计算结果也说明，加热在对流层中高层最大，有利于深厚系统 TC 的发展。

我们从总加热随高度分布图（图略）来看，其最大加热在 400 hPa 以上层次，这从积云加热廓线图也可以看出，如图 3 所示，其最大加热在 300 hPa 左右。为进一步了解加热廓线与 TC 强度变化的关系，我们给出了 8408 号强热带风暴的积云加热廓线，如图 4 所示，其两次加强过程（16 日 08 时及 19 日 08 时）的最大加热均出现在 400 hPa 以上高度，而且这种非绝热加热随高度增加，强烈发展的 8304 号台风要比发展缓慢的 8408 号风暴明显得多。至于为什么 8408 号风暴在中高层加热最大的两个阶段并未像 8304 号台风一样强烈发展？这主要因为加热影响 TC 的发展还受其他因素的制约。Sohubert[11] 曾研究了惯性稳定度与 TC 发展的关系，指出在高值惯性稳定度（和 f^2 相比）区域的积云对流能使大气增温更快，因而更有利于 TC 的发展。本文的分析将主要从位涡拟能收支角度分析影响 TC 发展的其他因子。

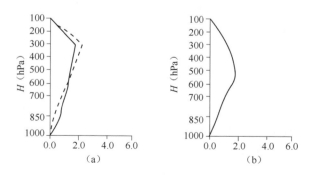

图 3　8304 号台风积云加热廓线

(a)发展阶段；实线为缓慢发展阶段；虚线为突然加强阶段；(b)突然减弱阶段

$TER(0)$ 在 400 hPa 以下均为正，即在气旋性涡度小的地方加热随高度增加较大，而在气旋性涡度大处随高度增加较小。加热与涡度场的这种配置有利于平均涡度的增加，因而有利

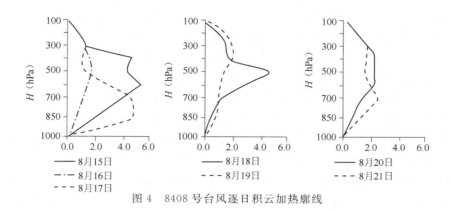

图 4　8408 号台风逐日积云加热廓线

于低压发展加强。$TEJ(0)$、$TEK(0)$、$TET(0)$、$TEU(0)$ 代表加热的直接作用，从表 1 知其作用相对较小。由于涡度的制造依赖于散度的大小，根据连续方程即依赖于垂直速度的分布，而由 ω 方程，非绝热加热随高度分布影响着垂直速度的垂直分布，因而使加热随高度变化的作用大于加热的直接作用，其中 f 则相当于一种转换机制，把加热随高度的变化转换为位涡拟能变化。$TEE(0)$ 在 $700\sim600$ hPa 为负，$500\sim400$ hPa 为正，且 500 hPa 正值较大，这表明为了维持中层位涡拟能的平衡，扭转涡度平均场起着重要作用，即由于扭转涡度平均场和层结的作用，使中层位涡拟能加大而在中低层则减小。非轴对称扭转涡度作用与轴对称扭转涡度的作用类似，但数值要小些。从表 1 可见，不对称结构的位涡切向梯度与切向运动的相互作用项 $TEM(0)$ 对 TC 强度变化也有较大影响，特别在 500 hPa 对流层中层。余项在 400 hPa 以下起着主要的能汇作用，即 400 hPa 以下次网格尺度输送或摩擦耗散主要消耗位涡拟能。在 $300\sim200$ hPa 余项为正，表明中高层次网格尺度输送对位涡拟能增加起重要作用，但高层 200 hPa 不存在位涡拟能变化与 TC 强度变化的对应关系。在该阶段，其他项的作用相对较小。

　　从 $850\sim200$ hPa 积分平均来看，在缓慢发展阶段，TC 强度变化主要是由于轴对称及非轴对称加热随高度变化通过气旋性涡度及科氏效应的作用、轴对称加热本身通过气旋性涡度的作用、轴对称扭转涡度通过层结的作用以及非轴对称切向运动与位涡相互作用等提供的能源，它抵消摩擦耗散的作用、轴对称及非轴对称位涡拟能负输送等的消耗作用后，产生位涡拟能的结余而引起 TC 的加强。

3.2　强度突然加强阶段

　　该阶段显著的特点是 $850\sim400$ hPa $TEH(0)$、$TEI(0)$ 明显增大，表明平均加热随高度变化通过气旋性涡度及科氏效应所起的作用加大。从总加热廓线图看，最大加热出现在 300 hPa 高度，且在 $850\sim300$ hPa 之间加热是随高度增加的。从表 1 看到，500 hPa 以下轴对称径向运动对位涡拟能的输送 $TEA(0)$ 项为正，说明在 TC 突然加强时，存在有利的径向输入并一直延伸到 500 hPa，而且 850 hPa 的输送比其他层次都大。实际上，在 TC 发展时，对流层边界层的摩擦辐合气流输送着大量的水汽，由此提供的潜热能维持着台风的发展。资料分析表明，对突然加强的 TC，这种流入气流可达 500 hPa 以上高度[12]。本文的结果也说明了这点，可见存在较深厚的辐合气流是 TC 突然加强所必需的。对非轴对称位涡拟能的径向输送而言，在 500 hPa 以下它不利于 TC 强度加强，而且是主要能汇之一。此外，非轴对称位涡与切向运动的相互作用项 $TEM(0)$ 及非轴对称位涡拟能的对流输送项 $TEN(0)$ 也起着重要的能汇作用,它们不利于 TC 的加强。同缓慢发展阶段类似,轴对称扭转涡度项 $TEE(0)$ 在 500 hPa 起着较重要的作用,而非轴对称扭转涡度项 $TEO(0)$ 不利于 TC 加强,但它们的作用相对较小。在 500 hPa,热成风涡度项 $TEG(0)$、$TEP(0)$ 不利于 TC 的加强,实际上这正是台风的暖心结构造成的。根据热成风公式,暖心结构不利于气旋性环流加强,而有利于反气旋环流的加强,但这种暖心通过热成风机制的作用相对较小。由此看来,在突然加强阶段,有利于 TC 加强的因子主要在平均场上,而不利于加强的因子主要在非轴对称场上。与缓慢发展阶段相比,余项的负值明显减小,说明摩擦消耗作用在减小或是次网格尺度的正输送在增大。

　　从上述结构及 850~300 hPa 平均结果来看,TC 强度突然加强是由于 400 hPa 以下平均加热随高度变化通过气旋性涡度及科氏效应作用的增大,同时在 500 hPa 以下平均位涡拟能的径向输送明显增大以及摩擦消耗减小或次网格尺度输送增大的结果。在这阶段,非轴对称位涡拟能的径向输送起着主要的能汇作用。

3.3　强度突然减弱阶段

　　在该阶段,一个明显的变化就是有利于强度加强的轴对称加热随高度变化通过气旋性涡度和科氏效应所起的作用明显减小,在 500 hPa 以上甚至转为不利于 TC 加强。这主要是对流层中层及上层平均加热是随高度减小的,这从积云加热廓线图上也可看到,这时最大加热已不在对流层中高层而在中层。在 500 hPa 以下平均位涡拟能的径向输送由有利于加强转为不利于加强,非轴对称位涡拟能的径向输送成为位涡拟能的主要能源。可见从突然加强到突然减弱阶段,轴对称的径向输送从有利于强度加强转为有利于强度减弱,非轴对称径向输送则从不利于强度加强转为有利于强度加强,而平均加热随高度变化的能源作用则从大到小。从表 1 看到,$TEM(0)$ 即非轴对称的切向运动与位涡的相互作用项负值较大,特别是在 850 及 700 hPa 中低层,它是引起 TC 强度迅速减弱的主要因子。在这阶段,余项为负,即摩擦及次网格尺度输送的总效果使得 TC 减弱。

　　由上述分析及 850~300 hPa 平均结果可见,TC 突然减弱是由于最大加热由对流层中上层下降到中层,使得平均非绝热加热随高度变化通过气旋性涡度及科氏效应所起的能源作用减弱,同时 500 hPa 以下有利于 TC 加强的轴对称径向输送消失,这时尽管非轴对称输送有利于强度加强,但它不能抵消非轴对称位涡与切向运动相互作用,对流输送及摩擦耗散所引起的能源消耗作用,因而引起 TC 突然减弱。由于位涡拟能包含热力及动力过程,登陆只引起运动学的摩擦加大,因而从考虑热力及动力过程的位涡拟能看,显然 TC 减弱并不单纯由于摩擦加大的结果。

4　结　语

　　由于位涡拟能变化对应 TC 强度变化,通过对位涡拟能收支方程的诊断分析,我们得到:

　　(1)在 TC 缓慢发展阶段,影响其发展加强的最重要因子是加热随高度的分布,而加热的直接作用较小。平均来说,加热随高度增大,最大加热在对流层中高层则更有利于 TC 一类深厚系统的发展加强。在这阶段,非轴对称位涡拟能的径向输送不利于 TC 加强,摩擦是位涡拟能的主要耗散因子。

　　(2)TC 突然加强是由于 400 hPa 以下平均加热随高度变化通过气旋性涡度及科氏效应作

用明显增大,同时平均位涡拟能的径向输送增大以及次网格尺度输送增大的结果。分析表明,存在较深厚的辐合气流是 TC 突然加强所必需的。在这阶段,非轴对称的位涡拟能径向输送是主要能汇。

(3)TC 突然减弱时,最大加热由对流层中上层下降到中下层,使得平均非绝热加热随高度变化通过气旋性涡度及科氏效应所起的能源作用减弱,同时存在较大的轴对称径向负输送,它不能抵消非轴对称位涡与切向运动相互作用、位涡拟能对流输送以及摩擦等所起的能量消耗作用,因而引起 TC 强度突然减弱。从 850～300 hPa 平均来看,在这阶段摩擦是主要的能汇。

(4)本文的分析结果表明,TC 环流的轴对称场和非轴对称场对 TC 强度变化起不同的作用,有利于 TC 加强的主要是轴对称场,而导致 TC 强度减弱的主要是非轴对称场.

本文的结论是根据个例研究得到的,是否存在普遍性,尚有待用更多资料作进一步研究。

参考文献

[1] 梁必骐,等. 热带气象学. 广州:中山大学出版社,1990:182-264.

[2] 李崇银. 对流凝结加热与不稳定波. 大气科学,1983,7(3):260-268.

[3] 张铭. 风场和热源垂直分布廓线对台风发展影响的数值试验. 气象学报,1985.43:144-152.

[4] 梁必骐,刘四臣. 加热效应对南海季风低压垂直环流的贡献. 气象学报,1989.47(3):363-370.

[5] Yanai M. A detailed analysis of typhoon formation. *J Met Soc Japan*,1961,39:187-213.

[6] Anony. Monthly Report of Meteorological Satellite Center,July,1983. Published by Meteorological Satellite Center,Tokyo,Japan,1983.

[7] Holland G J,and R T Merrill. On the dynamics of tropical cyclone structural changes. *Qusrt J Met Roy Soc*,1984,110:723-745.

[8] 谢安,陈受钧. 暴雨系统中的辐射特征. 气象学报,1984,42(2):171-188.

[9] Kuo H L. Further studies of the paramenterization of the influence of cumulus convection on large scale flow. *J Atmos Sci*,1974,31:1232-1240.

[10] Hack J J. Nonlinear response of atmospheric vortices to heating by organized cumulus convection. *J Atmos Sci*,1986,43:1559-1573.

[11] Schubert W H,Hack J J. Inertial stability and tropical cyclone development. *J Atmos Sci*,1982,39:1687-1697.

[12] 梁必骐,孙积华. "8107"号登陆台风暴雨的诊断研究. 中山大学学报(自然科学版),1993,32(3):84-90.

8014 号热带气旋发生发展过程的
能量学诊断研究

梁必骐　卢健强

（中山大学大气科学系,广州 510275）

摘　要　利用动能和总位能收支方程,对 8014 号强热带风暴过程进行了能量学诊断研究。结果表明,地转作用是该热带气旋中辐散风动能向旋转风动能转换的主要物理机制;非绝热加热是热带气旋发展的主要能源,其对总位能的制造大部分用于次网格耗散和侧边界输出,只有一小部分被转化为辐散风动能;两个转换函数 $C(P, K_\chi)$ 和 $C(K_\chi, K_\psi)$ 在时空分布上具有很好的一致性;该热带气旋与周围环境场有明显的能量交换,在高层有总位能和旋转风动能输出,在低层有辐散风动能输入;在总动能收支中,辐散风做功是主要的动能产生项,旋转风做功主要是消耗动能。

关键词　南海　热带气旋　动能和总位能收支

1　引　言

　　关于台风能量学研究,过去很多工作集中在总动能和扰动动能收支方面[1~6],近年来,一些学者[7~9]进一步分析了辐散风和旋转风分量在总动能收支中的作用,结果表明,这是诊断台风能量及其转换的一种较好方法。长期以来,这类研究都集中在三大洋,而对南海热带气旋研究甚少。近年来梁必骐[10]对热带气旋的研究表明,南海热带气旋虽然与西太平洋热带气旋是基本相似的,但在环境条件、结构等方面都存在一些明显的差异。杨松等[4]分析初夏南海台风时发现,它在能量学方面也有所不同。本文选取一个在弱冷空气影响下的南海低压在近海发展成强热带风暴的个例(8014 号强热带风暴),应用开系情况下的辐散风、旋转风动能及总位能变率的收支平衡方程进行了诊断研究,同时进一步计算了边界通量项,以期得到该热带气旋发生发展过程中的较完全的动能转换和能量循环过程。

2　资料处理和计算方法

　　计算所用资料来源于香港天文台提供的南海地区(5°—25°N,100°—120°E)1980 年 9 月 7—17 日常规地面和高空观测、船舶和飞机报告以及气象卫星观测等资料,并结合欧洲中心 $2.5° \times 2.5°$ 网格点资料,先作必要的主观分析,再采用逐步订正的客观分析方法,将要素值水平插到跟踪热带气旋移动的 $10° \times 10°$ 网格,取格距 $1° \times 1°$ 经纬距;垂直方向用样条函数插值法

本文发表于《热带气象学报》,1995,**11**(3).

可得到 1000 hPa、900 hPa、800 hPa、700 hPa、600 hPa、500 hPa、400 hPa、300 hPa、200 hPa、100 hPa 等压面上的数据。以齐次上下边界积分连续方程得到了垂直速度,并用 O'briet[11] 方法加以订正。

单位质量总动能为

$$K = K_\psi + K_\chi - J(\psi, \chi) \tag{1}$$

式中 $K_\psi = \frac{1}{2}|\Delta\psi|^2$,$K_\chi = \frac{1}{2}|\Delta\chi|^2$ 分别为风场的旋转风和辐散风分量,ψ、χ 分别为流函数和速度势函数,K_ψ、K_χ 分别为旋转风动能和辐散风动能。

根据涡度方程、散度方程和热力学方程可以推导出开系情况下的旋转风动能、辐散风动能和总位能($P+I$)的平衡方程[12]:

$$\frac{\partial K_\psi}{\partial t} = B_\psi + C(K_\chi, K_\psi) + F_\psi \tag{2}$$

$$\frac{\partial K_\chi}{\partial t} = B_\chi + C(P, K_\chi) + C(K_\chi, K_\psi) F_\chi \tag{3}$$

$$\frac{\partial(P+I)}{\partial t} = B_{P+1} - C(P, K_T) + Q_{P+1} + F_T \tag{4}$$

其中 $C(K_\chi, K_\psi) = f\nabla\chi \cdot \nabla\psi + \nabla^2\psi\nabla\chi \cdot \nabla\psi + \frac{1}{2}|\nabla\psi|^2\nabla\chi + \omega J\left(\psi, \frac{\partial\chi}{\partial P}\right)$ 是 K_χ 与 K_ψ 的转换函数;$C(P, K_\chi) = \chi\nabla^2\psi$ 是总位能与 K_χ 的转换函数;B_ψ、B_χ、B_{P+1} 是侧边界通量项;Q_{P+1} 是非绝热加热项,只考虑凝结加热 Q_L,其中大尺度加热 $Q_{SL} = -L\omega\frac{\partial q_S}{\partial P}$(当 $\omega < 0$ 和 $q/q_S > 0.8$),积云对流加热场 Q_{CL} 的计算采用 Kuo[13] (1974)的积云对流参数化方案;F_ψ、F_χ、F_T 是次网格尺度效应和摩擦消耗项,作为余项求出。

本文的计算是在跟踪系统移动的准拉格朗日坐标系中进行的,故 $\frac{\partial}{\partial t}(\ ) = \frac{\delta}{\delta t}(\ ) - \boldsymbol{C} \cdot \nabla(\ )$,$\boldsymbol{C}$ 为系统移动速度。最后对式(2)~(4)求区域平均,即 $\frac{1}{s}\int_s(\ )\mathrm{d}s$($s$ 是区域面积),并对气压层积分(即取 $\frac{1}{g}\int_{P_2}^{P_1}(\ )\mathrm{d}p$),求出各层的积分值。

为便于讨论,将 8014 号热带气旋的发生发展过程分为 4 个阶段:7—10 日为低压扰动阶段,11—13 日为扰动发展阶段,14—16 日为风暴成熟阶段,17 日以后为衰亡阶段。本文只讨论前 3 个阶段。

3 计算结果及对结果的分析

3.1 动能的时间演变

图 1 给出了 8014 号强热带风暴发生发展过程中的逐日区域平均总动能、旋转风动能和辐散风动能的变化,由图可见,旋转风动能与总动能是同步增减的,它们都随风暴的发生发展而迅速增大,辐散风动能虽然演变趋势也是一样的,但变化幅度很小,在总动能中所占比例也很小。

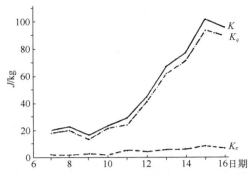

图 1　8014 号风暴 1000～700 hPa 平均的 K、K_ψ 和 K_χ 的时间变化（单位：J/kg）

3.2　旋转风动能的收支

表 1 根据式（2）的计算结果给出了 8014 号风暴各发展阶段的旋转风动能收支情况。由表 1 可以看出，就整层而言，动能转换项 $C(K_\chi, K_\psi)$ 和边界通量项 B_ψ 量值最大。$C(K_\chi, K_\psi)$ 项在各阶段都是正值，且随扰动的发展而迅速增大，是产生旋转风动能的主要源项。B_ψ 项在各阶段均为负值，表明有大量旋转风动能向外界输出，尤其在成熟阶段最为明显。

表 1　各阶段旋转风动能的收支（单位：W/m^2）

	层次（hPa）	$\partial K_\psi/\partial t$	B_ψ	$C(K_\chi, K_\psi)$	F_ψ
扰动	300～100	−0.17	−0.60	0.44	−0.01
	700～300	−0.06	−0.20	0.04	0.10
	1000～700	0.02	−0.32	0.47	−0.13
	1000～100	−0.21	−1.12	0.95	−0.04
发展	300～100	−0.13	−2.28	0.19	1.96
	700～300	0.47	−0.66	0.47	0.66
	1000～700	0.63	0.96	2.04	−2.37
	1000～100	0.97	−1.98	2.70	0.25
成熟	300～100	0.09	−2.39	−0.33	2.81
	700～300	−0.05	−0.58	0.45	0.08
	1000～700	0.28	−0.39	3.83	−3.16
	1000～100	0.32	−3.36	3.95	−0.27

辐散风向旋转风的动能转换由 4 项决定。计算结果（表 2）表明，地转作用项（C_1）贡献最大，这说明地转作用是热带气旋发展过程中能量转换的主要机制。这种动能转换主要发生在低层，高层的正转换随着风暴的发展而减小，至成熟期出现了负转换。

表 2　各阶段转换函数 $C(K_\chi, K_\psi)$ 的计算结果（1000～100 hPa，W/m^2）

	$f\,\nabla\chi \cdot \nabla\psi$	$\nabla^2\psi\,\nabla\chi \cdot \nabla\psi$	$\frac{1}{2}\|\nabla\psi\|^2 \cdot \nabla^2\chi$	$\omega J(\psi, \partial\chi/\partial P)$	$C(K_\chi, K_\psi)$
扰动	1.20	−0.05	0.00	−0.20	0.95
发展	2.21	0.28	0.22	−0.01	2.70
成熟	2.95	0.82	0.49	−0.31	3.95

侧边界的动能(K_ψ)输出主要发生在高层($300\sim100$ hPa),这显然与热带东风急流有关。对 B_ψ 项的计算结果表明,旋转风动能的输出是随风暴的发展而增大的。但在发展阶段低层出现了动能输入,这是该阶段风暴外围的冷空气活动所造成的。

余项 F_ψ 的整层积分值在各阶段都不大,但在发展、成熟期,在低层为较大负值,而高层为较大正值,这说明次网格尺度(积云对流活动)在风暴能量平衡过程中的重要作用。

3.3 辐散风动能的收支

表 3 给出了由式(3)算得的结果。显然,辐散风动能主要来源于总位能的转换,其次为侧边界输送。而在各阶段辐散风动能总是向旋转风动能转换,所以辐散风动能很小。

表 3 各阶段辐散风动能的收支(单位:W/m^2)

	层次(hPa)	$\partial K_\chi/\partial t$	B_χ	$C(P, K_\chi)$	$C(K_\chi, K_\psi)$	F_χ
扰动	$300\sim100$	0.00	-0.07	0.20	-0.44	0.31
	$700\sim300$	0.00	0.08	-0.08	-0.04	0.04
	$1000\sim700$	0.00	0.09	0.43	-0.47	-0.05
	$1000\sim100$	0.00	0.10	0.55	-0.95	0.30
发展	$300\sim100$	0.03	-0.28	0.49	-0.19	0.01
	$700\sim300$	0.00	0.18	0.10	-0.47	0.19
	$1000\sim700$	0.04	1.22	1.42	-2.04	-0.56
	$1000\sim100$	0.07	1.12	2.01	-2.70	-0.36
成熟	$300\sim100$	0.03	-0.70	-0.19	0.33	0.59
	$700\sim300$	0.01	-0.10	0.13	-0.45	0.43
	$1000\sim700$	0.05	1.76	3.44	-3.83	-1.32
	$1000\sim100$	0.09	0.96	3.38	-3.95	-0.30

$C(P, K_\chi)$ 项反映了斜压转换过程,如表 3 所示,总位能向辐散风动能的转换主要发生在低层,高层有弱转换,成熟期出现负转换。在垂直方向上,$C(P, K_\chi)$ 与 $C(K_\chi, K_\psi)$ 的分布是相当一致的,前者的增大总是对应着后者的减小,反之亦然,而且它们都随着风暴的发展而迅速同步增加,在成熟期都比扰动期大一个量级。不过,$C(P, K_\chi)$ 比 $C(K_\chi, K_\psi)$ 量值要小些,这说明需要外界的 K_χ 输入。

K_χ 的边界输入(B_χ)主要发生在低层,高层则有一定数量的向外输出。低层 K_χ 的输入与冷空气扩散造成的通量辐合有关,它弥补了转换函数 $C(P, K_\chi)$ 和 $C(K_\chi, K_\psi)$ 之间的数量差异,使 $C(K_\chi, K_\psi)$ 得以维持,而 $\dfrac{\partial K_\chi}{\partial t}$ 在高低层也都出现正值。

次网格尺度过程(F_χ)在总体上是消耗 K_χ 的,但在中高层有较大的 K_χ 制造,以补偿高层 K_χ 的输出。

3.4 总位能的收支

由式(4)算得的风暴各阶段的总位能收支情况见表 4。从表 4 可以看到,就整层积分而言,非绝热加热项(Q_{P+I})最大,其次为边界通量项(B_{P+I})和余项(F_T)。这表明位能主要由非绝热加热产生,该项是总位能收支中的唯一源项,其大部分用于抵消边界输出和次网格耗散,剩下部分用于向 K_χ 的转换。

$C(P, K_\chi)$ 在辐散风动能收支中是最重要的源项,但在总位能收支中是微不足道的,这说明总位能中只有很少一部分向动能转化。

由表 4 看到,非绝热加热项随着风暴的发展而迅速增大,自始至终都是风暴的能源项。$C(P, K_\chi)$ 虽然量级较小,却与 Q_{P+I} 保持着同步增大的关系,即加热愈强,斜压转换愈大。

表 4　各阶段总位能的收支(单位:W/m²)

	层次(hPa)	$\partial(P+I)/\partial t$	B_{P+I}	$-C(P, K_\chi)$	Q_{P+I}	F_T
扰动	300~100	1.32	−682.35	−0.20	48.54	635.33
	700~300	−0.45	25.76	0.80	104.31	−130.60
	1000~700	1.32	518.11	−0.43	18.99	−535.35
	1000~100	2.19	−138.48	−0.55	171.84	−30.62
发展	300~100	−0.44	−997.24	−0.49	185.59	811.70
	700~300	0.66	−218.16	−0.10	396.35	−177.43
	1000~700	−0.47	933.64	−1.42	64.67	−997.36
	1000~100	−0.25	−281.76	−2.01	646.61	363.09
成熟	300~100	−0.07	−3028.75	0.91	355.71	2676.78
	700~300	−4.29	419.29	−0.13	725.18	−1148.63
	1000~700	7.58	2129.55	3.44	107.69	−2226.22
	1000~100	3.22	−479.91	−3.38	1188.58	702.07

图 2 给出 8014 号风暴在不同阶段非绝热加热的平均廓线。不难看出,各阶段的加热峰值均出现在 300~200 hPa,且随风暴的发展而显著增大;成熟期比扰动期增加了 10 倍以上。Q_{P+I} 主要由大尺度凝结加热(Q_{SL})和积云对流加热(Q_{CL})两部分组成。图 3 给出了各阶段不同性质加热的垂直廓线。由图可见,在扰动阶段,Q_{SL} 与 Q_{CL} 差异较小,但随着风暴的加强,Q_{CL} 急剧增大,至成熟期,Q_{CL} 比 Q_{SL} 大 3~4 倍;Q_{SL} 的峰值出现在 300~200 hPa,与 Q_{P+I} 一致,而 Q_{SL} 的峰值位于 500 hPa 左右,这也说明非绝热加热主要取决于积云对流加热。

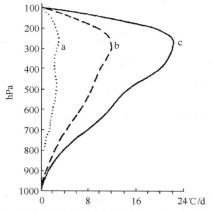

图 2　8014 号风暴各阶段的非绝热加热廓线(单位:℃/d)

曲线 a、b、c 分别代表扰动、发展、成熟阶段

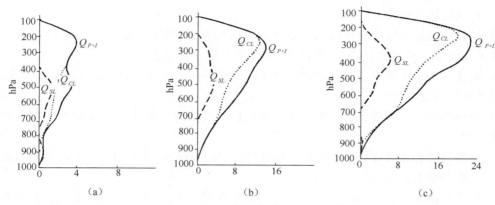

图 3　8014 号风暴 Q_{P+1}（实线）、Q_{SL}（虚线）和 Q_{CL}（点线）的垂直分布（单位：℃/d）

（a）扰动阶段；（b）发展阶段；（c）成熟阶段

4　讨论和结论

计算结果与 Vincent 等[1]、Mcbride[3]、丁一汇等[8] 和杨松等[4] 对大西洋、西太平洋和南海热带气旋中动能收支的研究结果是基本一致的。其能量过程可概括为：热带气旋中的非绝热加热（主要是凝结潜热加热）产生总位能，部分总位能转换为辐散风动能，然后转换为旋转风动能。在总动能收支中，辐散风动能很小，大部分是旋转风动能。在热带气旋发展、成熟阶段有动能向外界输出，所以不能看成是封闭系统，但在衰减时期可视为"准封闭系统"[5,6]。过去的工作都未计算边界通量项，未能给出完全的能量循环。本文计算了 B_χ、B_ψ、B_{P+1}，综合以上讨论，得到热带气旋的能量循环框图（图 4）和结论如下：

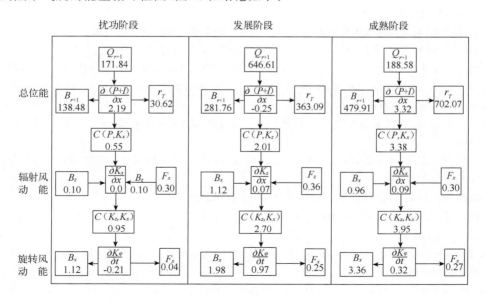

图 4　热带气旋发生发展过程中的能量循环（单位：W/m²）

（1）在热带气旋发生发展过程中，旋转风动能占总动能的绝大部分，两者的时间演变趋势完全一致，辐散风动能所占比例很小。

（2）风暴中的旋转风动能直接来自辐散风动能的转化，随着风暴的发展，$C(K_\chi, K_\psi)$转换和旋转风动能（K_ψ）同步迅速增强，在高层 K_ψ 向外界输出也显著增大。

（3）地转作用是风暴中辐散风动能向旋转风动能转换的主要机制，尤其是在低层，这种转换随风暴发展而急剧增强。

（4）非绝热加热尤其是积云对流凝结加热是热带气旋的主要能源。位能的产生主要取决于非绝热加热。

（5）在热带气旋发展过程中产生的巨额总位能，绝大部分用于次网格尺度耗损和侧边界输出，只有一小部分被转化为辐散风动能。

（6）两个转换函数 $C(P, K_\chi)$ 和 $C(K_\chi, K_\psi)$ 在时间演变和空间垂直分布上具有很好的一致性，这显示出加热场通过两个转换函数对热带气旋强度变化过程所起的作用。

（7）在能量循环过程中，CISK 机制表现为积云对流加热与辐散风动能之间通过 $C(P, K_\chi)$ 转换的正反馈相互作用。

（8）南海热带气旋与周围环境场有明显的侧边界能量交换。除有大量总位能向外界输出外，旋转风动能也向外界输出，能量的输出集中发生在对流层上层的偏东风急流区。相反，辐散风动能一直是向内输入的，且主要发生在对流层低层。

参考文献

［1］Vincent D G, Gommel W R, Chang L N. Kinetic energy study of Hurricane Celia, 1970. *Mom Wea Rev*, 1974, **102**: 35-47.

［2］Frank W M. The structure and energetics of the tropical cyclone. I. Dynamics and energetics. *Mom Wea Rev*, 1977, **105**: 1136-1150.

［3］Mcbride J L. Observational analysis of tropical cyclone formation. Part Ⅲ: Budget analysis. *J Atmos Sci*, 1981, **38**: 1152-1166.

［4］杨松, 梁必骐. 初夏南海台风的动能收支. 南京气象学院学报, 1988, **11**: 175-186.

［5］谢安, 肖文俊, 陈受钧. 登陆台风的能盆学分析. 气象学报, 1982, **40**: 289-299.

［6］谭锐志, 梁必骐. 登陆台风衰减与变性过程的对比分析. 中山大学学报（自然科学版）, 1989, **28**: 15-21.

［7］Chen T C. Wiin-Nielsen. On the Kinetic energy of the divergent and noondivergent flow in the atmosphere. *Tellus*, 1976, **28**: 786-498.

［8］丁一汇, 刘月贞. 台风中总动能收支的研究Ⅰ. 总动能和涡动动能收支. 中国科学（B 辑）, 1985, **10**: 956-966.

［9］丁一汇, 刘月贞. 台风中总动能收支的研究Ⅱ. 辐散风动能和无辐散风动能的转换. 中国科学（B 辑）, 1985, **11**: 1045-1054.

［10］梁必骐. 南海热带大气环流系统. 北京: 气象出版社, 1991: 80-137.

［11］O'Briet J T. Alternative solutions to the classical vertical velocity problem. *J Appl Met*, 1970, **9**: 197-203.

［12］Krishnamurti T N, Ramanathan Y. Sensitivity of the monsoon onset to differential heating. *J Atmos Sci*, 1982, **39**: 1290-1306.

［13］Kuo H L. Further studies of the parameterization of the influence of cumulus convection on large-scale flow. *J Atmos Sci*, 1974, **31**: 1232-1240.

台风的诊断与数量模拟研究(Ⅰ)
——涡度平衡

梁少卫　　梁必骐

(中山大学大气科学系)

摘　要　本文利用分辨率较高的 TCM-90 资料,采用有限区域中准拉格朗日坐标系的涡度收支方程对 9018 号台风登陆台湾岛前后的涡度变化进行了诊断分析,结果表明,大尺度涡度平流和涡度辐合在低层造成的正涡度积累是该台风发生发展及其副中心形成的涡源。这种涡度平流和辐合,与台湾海峡上空低空急流输送有关。

1　引　言

地形是影响台风的一个重要因子,关于这方面的研究已有不少重要结论。自从 Brand 和 Blelloch(1973)分析了地形对风暴移动的影响之后,人们对于地形对台风的影响做了大量的研究工作。对于山地地形影响台风迅速衰减问题,Brand 和 Blelloch(1974)发现当热带风暴中心到达台湾之前 12 h,其地面最大风速值减少 40% 以上;Hebert(1980)注意到当 David 飓风经过 Hispaniola 岛时,风暴强度在 18 h 内减弱了 76 hPa。地形作用也明显地表现在岛屿地形对台风的影响。Chang(1982)首次用数值模拟方法模拟了台湾地形对台风的影响,这种影响包括路径向右偏移、加速以及两个中心的出现。Pao 和 Hwang(1977)在实验室模拟了山脉地形对类似台风涡旋的作用。Brand 等(1982)对菲律宾群岛的地形作用作了类似模拟实验。Bender 等(1987)的模拟结果表明,在 10 m/s 的东风流场情况下,台风在台湾岛山脉背风坡形成一个低压中心,台风低层中心以"跳跃"方式向副中心合并。

国内对于岛屿地形对台风强度变化的影响也做了一些工作。董克勤等(1982)对海南岛地形对台风的影响作了一些统计分析,结果与 Brand 和 Blelloch 对台湾岛和吕宋岛所做的研究结果较为吻合。他们的研究表明,岛屿地形对台风的影响与台风本身的强度有关。台风强度愈强,在过岛前后强度衰减愈大;强度较弱时,有的在过岛前后仍可有所发展。同时发现靠近大陆的台湾岛和海南岛对台风强度衰减的影响,要比远离大陆的吕宋岛明显一些。

在数值模拟和动力诊断分析方面,张捷迁等(1975)在实验室用转盘模拟发现,台风下层出现两个中心以及台风在靠近大陆时明显加速。许多人对于登陆台风的涡度收支、水汽收支、能量收支、角动量收支和位涡拟能收支等进行分析研究,揭示了登陆台风衰减与加强的一些物理机制。杨才文等(1994)对穿过台湾岛的 9018 号台风作了水汽收支、位涡收支等诊断研究。

以上研究工作从各个角度,各个方面揭示了地形对台风的影响。为了进一步了解台湾岛

本文发表于《台风科学实验和天气动力学理论研究论文集》,北京:气象出版社,1996.

地形对过岛台风的作用机制,我们利用 TCM-90 资料对登陆台湾和中国东南沿海的 9018 (Dot)台风作了动力诊断分析,主要从涡度收支、能量收支入手,研究该台风副中心的形成及其与主中心的合并过程,并与模拟真实地形的数值试验结果作了对比研究,本文先讨论 9018 号台风的涡度平衡问题。

2 资料处理和计算方法

本文资料取自台风特别实验观测资料(TCM-90),从中选取了 7 日 02 时至 8 日 08 时共 6 个时次的 u、V、w 以及位势高度 Z 和地面高度 Z_s 等要素值。层次取自 $1000 \sim 100$ hPa,间隔 500 hPa 共 19 层,水平网格距取 0.5×0.5 个经纬距。由于资料的风场在低层 900 hPa 以下,存在大片的风速零值区,本文采取考虑地形高度与位势高度关系的一些经验公式对风速进行主观外插,插值之后再选取 $1000 \sim 200$ hPa(间隔 100 hPa)共 9 层的资料。水平区域取 $114.5°\sim 129.0°E$,$16.5°\sim 31.0°N$,即 30×30 个网格范围。

为了对台风的整个环流系统以及对副中心的变化过程有一个详细了解,我们分别跟踪台风整个环流和副中心的移动作了涡度和动能收支计算。计算区域有两个:①以各时次台风地面中心为中心的正方形区域(在主副中心共存时,以两中心的中间点为中心),最初格点为 19×19 个,即 9×9 个经纬距,由于取导数时用中央差分,最终的积分区域为 15×15 个格点,即 7×7 个经纬距;②以台风副中心为中心的正方形区域,其积分区域为 2×2 个经纬距,在副中心出现前及主副中心合并后,所取区域与最接近这一时次的副中心存在时的积分区域一致。

大尺度涡度方程可写成:

$$\frac{\partial \zeta}{\partial t} = -\boldsymbol{V} \cdot \Delta\eta - \omega\frac{\partial \eta}{\partial P} - \eta\Delta \cdot \boldsymbol{V} - \boldsymbol{K} \cdot \Delta\omega \times \frac{\partial \boldsymbol{K}}{\partial P} \tag{1}$$

考虑积云尺度对大尺度涡度的影响,即视涡度源 Z,以及台风是一个移动性系统,取 $\boldsymbol{V} - \boldsymbol{C}$,采用准拉格朗日坐标,将(1)式改写成

$$\frac{\delta\xi}{\delta t} = -(\boldsymbol{V} - \boldsymbol{C}) \cdot \Delta\zeta - (\zeta + f) \cdot D - \omega\frac{\partial \zeta}{\partial P} - \beta\upsilon - \boldsymbol{K} \cdot \Delta\omega \times \frac{\partial \boldsymbol{V}}{\partial P} + Z \tag{2}$$

$\frac{\delta\xi}{\delta t}$ 是局地涡度变率,右边各项依次为相对涡度平流项、散度项、涡度垂直输送项、地转涡度平流项、扭转项和积云对流尺度的垂直输送项。Z 主要反映积云尺度的涡度垂直输送对大尺度涡度调整的作用,实际计算时,Z 作大尺度余项处理。

3 台风中的涡度收支

我们将(2)式简写成

$$\frac{\partial \xi}{\partial t} = HADV + VADV + DIV + BV + TWIST + RES \tag{3}$$

9018 号台风 7 日 08 时—8 日 08 时的涡度收支各项的计算结果见表 1。

图 1 是台风系统和副中心附近 $\delta\zeta/\delta t$ 的时间演变,两者的变化较为吻合,在 7 日 20 时有一急剧增大的过程,以后又迅速减小,甚至在 8 日 08 时转为负值。相对涡度的时间变率较好地反映了 9018 号台风的强度变化。

表 1　台风系统的涡度收支（1000～200 hPa，$10^{-10} s^{-2}$）

项目	时间						
	$\delta\zeta/\delta t$	$HADV$	$VADV$	DIV	BV	$TWIST$	RES
7 日 08 时	1.01	−12.18	2.56	6.44	−4.84	−6.10	15.17
7 日 14 时	31.97	−13.48	1.30	29.00	−1.41	−7.96	24.43
7 日 20 时	26.67	−5.39	3.50	−2.46	−2.01	3.89	79.10
8 日 02 时	41.11	13.91	2.08	−1.27	−0.02	−2.58	28.97
8 日 08 时	−21.18	−12.49	3.19	0.51	−4.70	−4.07	−3.59

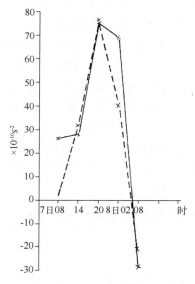

图 1　台风系统和副中心附近的涡度时间演变
（虚线表示台风系统，实线表示台风副中心）

由表 1 可见，局地涡度变化主要取决于涡度平流项，散度制造项和积云对流尺度的涡度垂直输送项，而大尺度涡度垂直输送项，地转涡度平流项和扭转项的贡献较小，比其他项约小 1 个量级。垂直输送项的作用在于调整上下层涡度。余项包括了积云对流尺度的涡度输送和各种计算误差，在讨论中我们主要用它来表征积云对流作用。

7 日 08 时，$\delta\zeta/\delta t$ 在 600 hPa 以下有正涡度积累，不过辐合较弱，辐合层在 800 hPa 以下，因而大尺度散度作用仅在低层产生大尺度涡源，在中高层为大尺度涡汇。涡度平流项在300～700 hPa 为正，以下都是负值，尤其近地层负涡度平流较强，大大抵消了大尺度散度制造的作用。积云对流尺度作用（Z）与大尺度散度作用相反，低层为负，中高层为正，对维持低压上下层的涡度平流有着重要作用。

7 日 14 时，$\delta\zeta/\delta t$ 迅速增大，从 1000～200 hPa 都为正，此时在高度场上可以分析出副中心，表明正涡度的增加导致副中心的产生。这时低层有较强辐合和较大的正涡度积累。此外，积云对流尺度对于中高层的涡度积累起了较大作用。该时次的负涡度平流较强，只在 900～700 hPa 中有微弱正涡度输送。

7 日 20 时，主中心在高度场上表现为向副中心合并，流场上两个中心并存也很明显，此时副中心较强，主中心并未减弱。从 $\delta\zeta/\delta t$ 看，各层都达最大正值，而 $(V \sim C)\Delta\zeta$ 项在 500 hPa 以下为负，以上为正。正好与 $-(\zeta+f)D$ 项（低层辐合和高层辐散达最强）作用相反，积云对流作用在 900 hPa 以上各层都为正值，成为涡度制造的主要源项。

8 日 02 时，两中心完全合并，由于台风登陆台湾后，受地面摩擦影响，1000 hPa 层 $\delta\zeta/\delta t$ 转为负值，此时高层辐散、低层辐合的散度配置有所改变，辐散区向下伸展到 800 hPa。在中高层，积云对流输送和水平通量输送为主要涡度源项，在低层，涡度辐合项为主要源项，使台风强度得以维持。

8 日 08 时，$\delta\zeta/\delta t$ 在中低层转为负值，整层积分也小于零。低层辐合所产生的正涡度不足以抵消平流项和积云对流尺度所造成的负涡度，因而台风开始减弱。

表 2 给出了台风副中心附近的涡度收支，可见其与整个台风系统不一样。在副中心出现之前的 7 日 08 时，整个台风系统的 $\delta\zeta/\delta t$ 较小。而台湾岛西侧的 $\delta\zeta/\delta t$ 要大得多，说明该处有较大的正涡度积累，对未来副中心的产生有利，从整个副中心形成过程的涡度收支来看，涡度平流项和散度项在低层产生正涡度，而积云对流尺度将正涡度向上输送，维持上下层的涡度平衡。可以这样解释，低层，海峡低空东北急流把北边较小的 ζ 向台湾西南侧输送，故 $-V \cdot \Delta\zeta > 0$。而高层正相反，$-V \cdot \Delta\zeta < 0$。所以，大尺度涡度平流在低层向该区输送负涡度。由于低纬度地区 f 较小散度项，主要决定于 ζ 和 D 的相关，低层辐合，$-(\zeta+f) \cdot D > 0$，制造正涡度，高层辐散，$-(\zeta+f) \cdot D < 0$，正涡度亏损，这一切有利于低层正涡度在该区的积累，对于副中心的产生和加强起着重要作用。

表 2　台风副中心附近的涡度收支（$1000 \sim 200$ hPa，$10^{-10}\,\mathrm{s}^{-2}$）

项目	时间						
	$\delta\zeta/\delta t$	HADV	VADV	DIV	BV	TWIST	RES
7 日 08 时	26.10	51.66	0.51	145.17	−2.79	19.89	−189.79
7 日 14 时	27.99	35.46	1.35	106.30	−2.79	21.60	−132.93
7 日 20 时	75.24	140.49	4.32	106.65	−2.88	20.43	−193.85
8 日 02 时	69.21	116.82	−0.05	150.12	−8.05	11.07	−200.64
8 日 08 时	−28.44	49.41	4.17	−75.69	5.52	−7.92	−4.02

总之，台风副中心形成所需的正涡度，既来自于低空东北风急流的涡度平流输送，也来自低层辐合。分析表明，在台湾西南侧有东北急流与西南气流的切变，它所形成的低空辐合，对低层的正涡度积累有积极贡献。

4　结　论

（1）大尺度涡度平流和涡度水平辐合是台风涡度收支中的主要涡源，这反映出台湾海峡上空的低空急流输送，对台风发生发展的重要作用。

（2）次网格尺度对涡度垂直输送，起着维持上下层涡度平衡的作用。

（3）整个台风系统与台风副中心的涡度收支有所不同：前者的主要涡源是低层涡度的水平

辐合,高层正涡度来自积云对流向上输送;后者的主要涡源是低层涡度平流输送和低空水平辐合的共同作用,次网格尺度作用仍是向上输送正涡度。

参考文献

[1] 梁必骐,等. 热带气象学. 中山大学出版社,1990.

[2] Brand S,Blelloch J W. Changes in the characteristic of tyhoons crossing the Philippines. *J Appl Meteor*,1973,**12**:104-109.

[3] Brand S,Blelloch J W. Changes in the characteristics of tyhoons crossing the island of Taiwan. *Mon Wea Rev*,1974,**102**:708-713.

[4] Hebert P J. Atlantic hurricane season of 1979. *Mon Wea Rev*,1980,**108**:973-990.

[5] Chang S W. The orographic effects induced by an island mountain range on propagating tropical cyclones. *Mon Wea Rev*,1982,**110**:12558-1270.

[6] Pao H P,Hwang R R. Effects of mountains on a typhoon vortex: A laboratory study Extended Abstracts for the 11th Technical Conf. on Hurricanes and Tropical Meteorology,Miami Beach,1977.

[7] Brand S,et al. Mesoscale effects of topography on tropical cyclone-associated surface winds. *Papers in Meteor Research*,1982,**5**:37-49.

[8] Bender M A,et al. A numerical study of island terrain on tropical cyclones. *Mon Wea Rev*,1987,**115**:130-155.

[9] 董克勤,李曾中,等. 大型岛屿对过境台风影响的研究. 大气科学,1982,**3**(3):165-168.

[10] 张捷迁,魏鼎文,何阜华. 台风结构和中国东南沿海地形对台风影响的初步实验研究. 中国科学,1975,**2**:302-314.

[11] 梁必骐. 南海热带大气环流系统. 北京:气象出版社,1991:90-136.

[12] 王作述,赵平. 一个南海台风登陆后的结构变化和涡度平衡∥台风会议文集(1993).1985:177-188.

台风的诊断与数值模拟研究（Ⅱ）
——动能收支与数值模拟

梁必骐[1]　　梁少卫[1]　　阎敬华[2]

（1. 中山大学大气科学系；2. 广州热带海洋气象研究所）

摘　要　本文根据 TCM-90 资料，利用准拉格朗日坐标系的动能和扰动动能方程对 9018 号台风作了诊断分析，并与数值模拟结果作了比较研究。结果表明，扰动动能的主要源项是低层的扰动动能制造和水平辐合，在总动能收支中，整个台风系统和副中心的主要源项有所不同；台湾海峡的低空东北风急流对 9018 号台风强度变化有着重要作用。台湾岛及其海峡地形的动力和热力作用是 9018 号台风副中心形成与发展的关键因素。

1　引　言

近年来国内对登陆台风的水汽和能量收支作了许多研究；从而揭示出登陆台风衰减、变性和加强的一些物理机制，但对登陆大型岛屿的台风能量变化研究不多，关于岛屿地形对台风影响的数值模拟研究更少。本文根据 TCM-90 资料对 9018 号台风进行能量诊断并与数值模拟结果比较，试图探讨台湾岛及海峡地形对台风强度变化的影响，尤其是台风副中心发生发展的物理过程。

2　资料处理和计算方法

本文所计算的区域平均的动能和扰动动能分别为

$$KZ = [K] = \overline{[(u^2 + v^2)/2]} \tag{1}$$

$$KE = [Ke] = \overline{[(u'^2 + v'^2)/2]} \tag{2}$$

在有限区域中，准拉格朗日坐标系的总动能和扰动动能收支方程

$$\left[\overline{\frac{\delta K}{\delta t}}\right] = -\overline{[\boldsymbol{V} \cdot \Delta\Phi]} - \overline{[\Delta \cdot (\overline{\boldsymbol{V} - \boldsymbol{C}})K]} - \left[\overline{\frac{\partial \omega K}{\partial P}}\right]$$
$$+ \left[\overline{\frac{vK}{R}\tan(\varphi)}\right] + [\overline{E}] \tag{3}$$

$$\left[\frac{\delta Ke}{\delta t}\right] = -\overline{[\vec{v}^* \cdot \Delta\Phi^*]} - \overline{[\Delta \cdot (\boldsymbol{V} - \boldsymbol{C})Ke]} - \left[\overline{\frac{\partial \omega Ke}{\partial P}}\right]$$
$$+ \left\{[\overline{V}]\left[\overline{\frac{\tan(\varphi)}{R}u^* u^*}\right] - [\overline{u}]\left[\overline{\frac{\tan(\varphi)}{R}u^* v^*}\right]\right\}$$

本文发表于《台风科学实验和天气动力学理论研究论文集》，北京：气象出版社，1996.

$$-\left\langle [u^* \omega^*] \frac{\partial [u]}{\partial P} + [v^* \omega^*] \frac{\partial [v]}{\partial P} \right\rangle + [\bar{E}e] \tag{4}$$

式中，V 和 C 分别是水平风速和台风移速，$\Phi = gz$ 为位能，R 为地球半径，其他为常用参量。$\left[\overline{\dfrac{\delta K}{\delta t}}\right]$ 和 $\left[\overline{\dfrac{\delta Ke}{\delta t}}\right]$ 分别是总动能和扰动动能的时间变化率，$-[\overline{V \cdot \Delta \Phi}]$ 和 $-[\overline{V^* \cdot \Delta \Phi^*}]$ 为总能和扰动动能制造，$-[\overline{\Delta \cdot (V-C)K}]$ 和 $-[\overline{\Delta \cdot (V-C)Ke}]$ 以及 $-\left[\overline{\dfrac{\partial \omega K}{\partial P}}\right]$ 和 $-\left[\overline{\dfrac{\partial \omega Ke}{\partial P}}\right]$ 是动能的水平通量散度和垂直通量散度。$[\bar{E}]$ 和 $[\bar{E}e]$ 是耗散项，代表摩擦作用和网格尺度与次网格尺度之间的能量转换。式(3)和式(4)右边第 4 项分别表示由台风所处纬度变化对总动能和扰动动能的贡献，(4)式右边第 6 项表示区域平均动能与扰动动能之间的能量转换，反映正压过程对台风发生发展的作用。

我们将动能的水平和垂直通量称为台风动能的外源，而动能制造及 $[\bar{E}]$ 和 $[\bar{E}e]$ 称为台风动能的内源。在实际计算中，$[\bar{E}]$ 和 $[\bar{E}e]$ 均用余差表示。

3 计算结果与分析

3.1 总动能与扰动动能变化

计算 KZ, KE，并取 $1000 \sim 200$ hPa 积分，得到台风系统和副中心附近总动能和扰动动能的时间变化，如图 1 及图 2 所示。从图 1 可见，在台风系统中，两者随时间变化趋势是一致的。在副中心产生前，动能是逐渐增大的，7 日 14 时动能开始有所减小，此时，高度场和流场上虽然可以分析出副中心，但强度很弱。20 时随副中心的增强，动能迅速增大。而台风两中心登陆后，变化趋于平缓，扰动动能维持不变，总动能开始有所减弱。因此，就整体动能分析来看，9018 号台风并不是像通常所分析的那样，台风在移近岛屿并登陆后，动能会急剧减小。实际上，它在接近并登陆台湾时动能是迅速增大的。

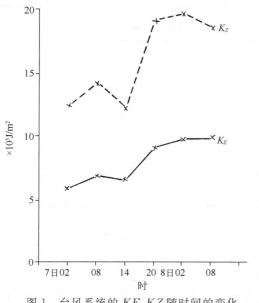

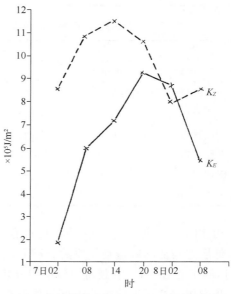

图 1　台风系统的 KE、KZ 随时间的变化　　　图 2　台风副中心的 KE、KZ 随时间变化

　　台风副中心附近的扰动动能变化(图2)反映了副中心的强度变化趋势。7日14时以前，副中心尚未形成，但是，在其未来所在的位置(台湾海峡东部)动能是迅速增大的，表明有大量动能向该区输送或该区有较强的动能制造，对于副中心的形成起着极其重要的作用。总动能在7日14时达最大值，此后开始减小。而扰动动能20时以后才开始减小，反映了扰动动能对台风副中心发生发展的重要作用。

　　比较图1及图2可以发现，副中心附近的动能变化比台风系统的动能变化早两个时次，副中心所在区域动能的增加将会通过副中心的产生、加强而使整个台风系统的动能增大。

3.2　总动能收支

　　表1及表2分别给出了台风系统和副中心附近的总动能收支情况，表中A、B、C、D、F分别代表(3)式的右端各项。由表1可以看到，从7日02—20时，$\frac{\delta K}{\delta t}$除08时有微小负值外，其余均为较大正值。表明有强动能制造或有动能向该区输送。在这一阶段中，外界向该区的水平通量输送是主要项，其较大正值出现在1000~800 hPa。这显然与台湾附近低空急流的输送有关。

表1　台风系统的总动能收支(1000~200 hPa, W/m²)

项目	时间					
	$\delta K/\delta t$	A	B	C	D	F
7日02时	8.30	−3.09	11.22	0.18	0.15	0.22
7日08时	−0.44	3.62	−0.56	−0.15	0.58	−3.92
7日14时	11.42	12.89	2.15	−0.27	0.51	−3.86
7日20时	17.28	2.40	17.63	−0.27	−0.11	−2.38
8日02时	−1.49	−6.82	13.08	−0.23	0.81	−8.33
8日08时	−5.53	1.60	−4.68	−0.37	0.71	−2.78

表2　台风副中心附近总动能收支(1000~200 hPa, W/m²)

项目	时间					
	$\delta K/\delta t$	A	B	C	D	F
7日02时	10.74	−13.65	67.62	−0.35	−0.64	−42.52
7日08时	7.46	−34.28	62.60	−0.81	−0.64	−19.41
7日14时	−0.70	−11.90	56.33	−0.10	−1.53	−43.54
7日20时	−7.70	−5.59	15.93	−0.28	−1.10	−16.30
8日02时	−5.25	−43.80	48.79	−0.03	−0.69	−9.35
8日08时	3.04	24.41	−30.99	−0.44	0.79	8.39

　　动能的制造项$-V \cdot \Delta\Phi$是收支过程中的另一大项，在副中心形成过程中(7月02—20时)，低层总动能的制造是主要的。7日14时达最大，极值区在1000~800 hPa的低层。8日02时，两中心合并，动能制造项整层积分转为负值。

　　我们用表2讨论副中心附近的总动能收支。在副中心附近，从7日02—20时，动能的水平通量输送始终是动能的源项,它在对流层高层有弱的输出,在中低层有强的输入,并且输入远大于输出,即动能的水平辐合在 500 hPa 以下很强。这种中低层输入,高层输出的配置,可能与高层的东风急流和低层的东北风急流有关。由于海峡低空急流增强,使得动能通量辐合增大,而此时高层的向外输出并没有相应增加,因而整层积分值很大。动能制造项在中低层是损耗动能的,只有高层有动能制造,而整层积分均是负值,说明动能制造项主要是损耗动能的,对副中心的产生并不起主要作用。

综合上述的分析,我们知道,在 9018 号台风副中心形成及其与主中心合并的过程中,主要的动能源是低层的水平通量辐合,即通过台湾海峡低空急流向中低层的台风系统输入能量,使扰动在台湾岛西侧获得动能而发展成为副中心。动能制造项对于整个台风系统是有重要贡献的,但对于副中心的产生并不直接起作用,而是通过低空辐合将台风系统的动能输送到副中心发生区。次网格尺度在动能平衡中起着十分重要的作用,它在对流层上层主要是动能源,而在下层是动能汇,将低层产生的动能向高层输送,维持整层的动能平衡。

3.3　扰动动能收支

表 3 列出整个台风系统的扰动动能收支情况,表中 A、B、C、D、E、F 表示(4)式的右端各项。从扰动动能制造项($-V^* \cdot \Delta\Phi^*$)的垂直分布来看,在台风远离台湾岛时,台风是发展的,$\frac{\delta K_e}{\delta t}$ 较大,该项在高层损耗扰动动能,在中低层制造扰动动能,对于扰动的发展起到积极作用。在 7 日 08 时和 14 时台风主中心达最强时,动能制造在低层仍是正值,尤其在 1000～900 hPa 有较大的动能制造。7 日 20 时低层动能制造有所加强,但高层仍为负。在两个中心合并后(8 日 02 时),这种分布仍不变,表明在这个台风扰动的加强和维持中,动能制造的作用并不像以前的研究所表现的那么重要。

表 3　台风系统扰动动能收支(1000～200 hPa, W/m²)

项目	时间						
	$\delta K/\delta t$	A	B	C	D	E	F
7 日 02 时	4.25	−1.83	5.85	−0.18	−0.07	0.05	−2.96
7 日 08 时	1.43	−4.57	−0.71	−0.06	−0.01	0.04	6.81
7 日 15 时	5.18	−4.69	1.83	−0.16	0.05	0.04	13.93
7 日 20 时	7.60	−4.34	1.52	−0.08	−0.01	0.12	10.44
8 日 02 时	2.66	−3.66	1.46	−0.14	0.10	−0.00	4.25
8 日 08 时	0.15	−4.17	4.60	−0.09	0.25	0.07	−0.71

余项[E_e]在初始阶段(7 日 02 时)是损耗动能的,以后表现为在近地层损耗动能,中高层产生动能,7 日 20 时副中心产生时达到最大值,在 400～200 hPa 为最大,地面～800 hPa 为负。近地层的负值可能是由于台风接近陆地的边界层摩擦引起的,而其最大正值是由于台湾东部产生了 200 mm 以上的降水,引起的凝结潜热释放所造成的。此后,低层的负值继续增大,到 8 日 08 时整层积分转为负值。从以上分析我们可以看到,积云对流尺度的作用在于将低层产生的动能向中高层输送,它对于动能平衡的作用是不可忽视的。

作为台风外源的扰动动能辐合 $-[\Delta \cdot (V-C)K_e]$ 也是一个大项。在 7 日 02 时,除

300～200 hPa外，其余各层都是正值，即扰动动能的水平辐合几乎都集中在 300 hPa 以下的中低层，尤以 1000～500 hPa 最强。此后，在副中心形成和发展的过程中，低层的动能输送始终占据着较为重要的地位。由此可以认为，台湾海峡的低空急流是台风系统与外界扰动动能交换的主要通道，对于台风的发生发展起着重要作用。

4　与数值模拟结果的对比研究

我们利用 TCM-90 资料，取 7 日 08 时为初始场作了数值模拟试验，试验采用的模式是 NCAR(1987)的中尺度模式 MM4。结果表明，在考虑了台湾地形的情况下，可以成功地模拟出台风副中心的产生、合并等过程。在将台湾处理为海洋或无山脉的平地时，都没有台风副中心产生，可见台湾地形的动力作用在台风副中心的产生中是十分重要的。

台湾岛地形是一种特殊地形，由于其西侧大陆的存在，使台湾海峡成为导致过岛台风发生结构及强度变化的一个重要因素。据统计，从 1965—1968 年共有 8 次台风由台湾岛南部经过，其中有 5 次出现了两个中心。张捷迁等在模拟中国东南部沿海地形的转盘试验中也证实了这一现象。

数值模拟结果表明，当取真实地形时，可以很好地模拟出海峡上空出现的低空急流（图 3a₁、a₂）；而当取台湾岛为海面或平地时，这支急流不出现或不明显。因此，可以认为这支急流是台湾地形作用的产物。台风副中心出现在海峡西侧，即低空急流活动区，并且其产生和发展也与急流区存在的时间相吻合。这说明这支急流对副中心的产生具有重要作用。

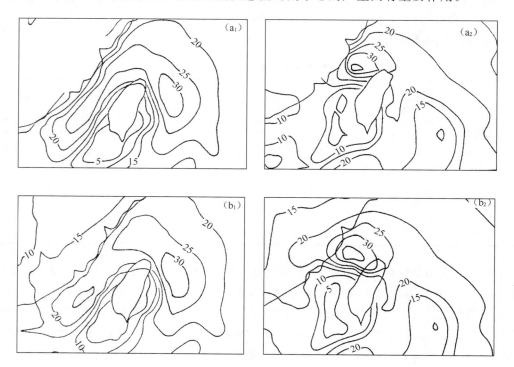

图 3　台风风场的模拟结果(7 日 20 时和 8 日 02 时，950 hPa)

(a)考虑真实地形的模拟；(b)不考虑大陆地形的模拟

　　从前面的诊断分析可以看到,对正涡度积累起主要作用的是低空急流的水平输送造成低层 $-V\cdot\Delta\zeta>0$,而台湾西侧东北风急流与该台风环流的西南气流所形成的辐合是正涡度的另一主要贡献项。在动能平衡中,副中心附近的动能源主要来自水平辐合,而动能制造项并不起主要作用。

　　根据数值模拟试验,在考虑了地形作用之后,即使去掉湿过程,仍能模拟出副中心的产生和合并过程,但是,主中心和副中心的强度不能维持,很快便与实况相背。因此,实际上副中心的产生与合并过程是台湾地形的动力和热力作用的共同结果。

　　在数值模拟试验中,不考虑台湾西侧大陆的存在,依然可以模拟出副中心的产生(图 3b₁、b₂)。这并不意味着大陆的存在与副中心的形成无关,因为在积分的初始场中,已包含有形成海峡急流的因子,加上台湾岛的存在对台湾海峡急流形成起着举足轻重的作用。因此,模拟中仍能模拟出急流的存在,但是风带较宽,大风区较散,在这种情况下,副中心仍能形成,但较弱,不能维持。

　　总结数值模拟和诊断分析结果,我们认为 9018 号台风副中心的产生与发展可以描述为这样一个过程。当台风移近台湾岛时,台风外围气流在台湾岛的影响下发生绕流,在海峡内由于"狭管效应",在低空形成一条狭长的强风速带,即低空急流。当台风邻近台湾岛时,南面的偏西气流逐渐加强,这样就导致了在台湾岛西南侧产生较大的水平风切变,并逐渐形成台风副中心。当台风中心登陆台湾岛后,低层由于地面摩擦作用而减弱消失,高层台风环流继续维持西移,并在海峡上空与副中心合并。

5　结　论

　　(1)台风中的扰动动能主要来源于低层的扰动动能制造和扰动动能水平辐合,次网格尺度的作用在于向高层输送扰动动能,在动能收支中起着平衡高低层动能的作用。

　　(2)在总动能收支中,整个台风系统的动能源是低层的动能制造和水平通量辐合,但是在副中心的产生和发展过程中,动能制造不起主要作用,其主要动能来源于低层急流对整个台风系统的动能输送。

　　(3)与数值模拟结果的比较可知,台湾海峡低空急流在副中心的产生中起着十分重要的作用。而数值模拟结果显示这支低空急流是由于台湾地形的作用形成的。

　　(4)诊断分析和数值模拟结果表明,台风副中心的产生与合并是台湾及其海峡地形动力与热力作用的共同结果。

参考文献

[1]梁必骐.南海热带大气环流系统.北京:气象出版社,1991.

[2]谢安,肖文俊,陈受钧.登陆台风的能量学分析.气象学报,1982,**4**(3):289-299.

[3]孙绩华,梁必骐.登陆热带风暴增强过程的变化特征.低纬高原天气,1989,**2**:112-114.

[4]谭锐志,梁必骐.登陆台风衰减与变性过程的对比研究.中山大学学报,1989,**28**(4):15-21.

[5]谭锐志,梁必骐.登陆台风变性过程的诊断研究.大气科学,1990,**12**(4):422-431.

[6]Liang Biqi, He Caifu. Potential enstrophical diagnostic analyses on the mechanism of change of tropical cyclone intensity. *Acta Oceanotogica Sinica*,1994,**13**(3):361-375.

[7]梁必骐,卢建强.8014 号热带气旋发生发展过程的能量学诊断研究.热带气象学报,1995,**11**(3):240-246.

9018（Dot）台风的结构和强度的诊断分析

杨才文　　梁必骐

（中山大学大气科学系）

摘　要　利用 TCM-90 台风特别实验资料，对 9018 台风登陆台湾前后的结构和强度进行了诊断分析，结果发现：①台湾地形的作用使得台风移近台湾时，在台湾中央山脉背风坡有台风副中心形成，而在山脉迎风坡有高压脊出现，随着台风移近台湾，高压脊和台风副中心都加强；②基本气流的垂直切变变化和水汽收支的增加或减弱与台风的强度变化一致。

1　引　言

关于台风登陆前后的强度变化及其衰减机制已有不少研究结果。该问题早在 20 世纪五六十年代就已经引起气象工作者的注意。70 年代进一步从统计和天气预报角度分析了移近岛屿和大陆的台风结构和强度的变化特征，给出了一些预报规则和部分特征，并在转盘实验中得到了模拟结果。80 年代分别分析、统计、整编了多年以来，世界上受台风影响较严重的几个岛屿资料，包括路径、强度、移速及生命史等，从而揭露出台风移近岛屿时的一些变化规律。关于地形的作用在数值模拟中得到进一步的揭示。Chang[1] 在水平格距 60 km 和理想化地形情况下，第一次用数值模拟方法成功地模拟出移近台湾时热带气旋的一些特征变化，包括路径向右偏移，加速及副中心的出现等。Bender 等[3] 进一步用三重嵌套模式以 1/6°的网格距及实际的台湾地形，模拟了两种基本气流情况下台风移近台湾时强度减弱是由于水汽供应减少所致。另外，还有许多学者用数值模拟方法，分别研究了日本、中国和其他一些岛屿对台风的影响，都得到了一些有价值的结论。

台风登陆岛屿时强度的变化不仅受到地形的影响，而且和环境流场也有很密切的关系。

本文的目的在于运用 TCM-90 台风特别实验资料分析 9018（Dot）台风登陆台湾前后的结构和强度变化特征，讨论了环境流场及垂直切变场对台风在登陆前后的影响，并计算了台风登陆前后在台风中心范围内的水汽收支情况，以此探讨台风强度变化的原因。

2　资料与方法

本文资料取自台风特别实验（TCM-90）加密观测资料，资料网格距为 0.5°经纬距，计算范围为 18°—30.5°N，115°—127.5°E，共 26×26 个格点。由于资料较密，这使得详细地分析和讨论台风登陆台湾前后产生的一系列中尺度变化成为可能。

本文发表于《台风科学实验和天气动力学理论研究论文集》，北京：气象出版社，1996.

个例为 9018(Dot)台风过程,该台风于 1990 年 9 月 3 日形成于关岛附近洋面,4 日以后一直向西北方向移动,7 日 21—22 时在台湾东南部新港附近登陆。7 日 14 时在台湾西部低层有一副中心;台风登陆后,台风主中心以"跳跃"式与副中心合并,到 8 日 02 时,台风中心移出台湾向西北移动,于 8 日 08 时移近福建东南沿岸,以后在福建东南部登陆,并在大陆上逐渐变性消失。

3 台风登陆台湾前后的结构变化特征

3.1 流场变化特征

利用 TCM-90 各层各格点上的 U、V 资料,分析了 7 日 14 时—8 日 08 时四个时次自 1000～100 hPa 每隔 100 hPa 的流场分布,并做出了分析图(图略)。

从分析图可以看出,4 日 14 时 500 hPa 环流中心位于台湾东南偏南约 1.5 个经纬距,1000 hPa 环流中心比 500 hPa 环流中心明显偏北,两中心南北相距约 1 个经纬距。在低层 800 hPa 以下各层,在台湾西南偏南侧存在一环流副中心,而在前一个时次,这一环流副中心并不存在,这说明该副中心是由于台风移近台湾时才形成的。环流副中心的形成与台湾海峡低层偏北绕流及台湾以南的西南气流切变相关联。台湾海峡低层的东北风绕流自 7 日 02 时就已出现,但到 7 日 08 时在台湾西南侧低层仍无环流中心出现,这支海峡绕流以低层急流的形式一直持续到 7 日 20 时,台风登陆台湾后才消失。至 7 日 20 时,500 hPa 环流中心已移至台湾东南沿岸,低层环流中心已经明显减弱,特别是在 1000 hPa 流场上环流中心已近于填塞,在台湾西南侧的环流副中心位置向西北方向移动了一个经纬距,其强度相对于 7 日 14 时有所加强,并向上发展到了 700 hPa,环流副中心越往低层越强。到 8 日 02 时,台风环流中心在低层以"跳跃"的方式移出台湾,并与环流副中心合并,合并后的环流中心位于台湾西南偏南侧,高层中心明显偏北,500 hPa 和 1000 hPa 环流中心南北相距约 1 个经纬距。至 8 日 08 时,500 hPa 和 1000 hPa 环流中心上下各层已近于重合,中心位于福建东南沿岸。

3.2 高度场变化特征

利用 TCM-90 资料,分析了 7 日 14 时至 8 日 08 时从 100～1000 hPa 每隔 100 hPa 每 6 个小时各等压面上高度场分布特征,图 1 仅给出了 7 日 14 时 1000 hPa 的高度场分布。

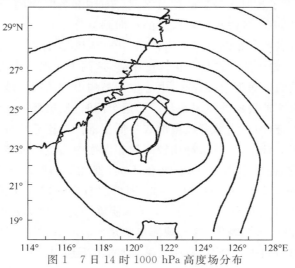

图 1 7 日 14 时 1000 hPa 高度场分布

从分析结果可以看出,在 7 日 14 时,500 hPa 高度场中心位于台湾东南约 150 km 左右,低层 1000 hPa 高度场中心位置相对于 500 hPa 中心略为偏北,在 1000 hPa 层上在台湾西侧有另一高度场中心存在。7 日 20 时,低层高度场中心已经登陆台湾,高度场中心与副中心合并,但高层 500 hPa 以上层次高度场中心没有登陆台湾,低层高度场中心略偏北,上、下层高度场中心向东倾斜,500 hPa 和 1000 hPa 以上各层高度场中心位置对比 7 日 14 时变化不大,至 8 日 02 时,低层高度场中心已移出台湾,而高层 500 hPa 以上各层高度场中心没有移出台湾,低层高度场中心较偏北,两层中心位置南北和东西相距约 0.5 个经纬距。从图还可以看出,7 日 20 时至 8 日 02 时,低层中心明显北移,这与以往预报员注意到的事实是一致的,即高度场地形低压出现后,往往向北移。8 日 08 时,上下各层高度场中心趋于一致,位于福建东南沿岸一带。另外,从各时次 500 hPa 和 1000 hPa 高度场中心值可以看出,500 hPa 高度中心 7 日 20 时比 7 日 14 时有明显增强,而 8 日 02 时和 7 日 20 时变化不大,但 8 日 08 时比 8 日 02 时又明显加强,1000 hPa 高度场中心一直维持并明显地加强,加强最明显出现在 7 日 20 时。

对比各时次高度场中心和环流中心分布,发现二者之间存在明显的差异。首先高度场副中心的出现略早于环流副中心,且高度场副中心的位置与环流副中心的位置不一致,高度场副中心的位置明显偏北,在 1000 hPa 层上,7 日 14 时两副中心位置南北相距约 200 km。而高度场中心与环流中心的位置差异不大。7 日 14 时,高度场中心仅略偏北于环流中心,到 8 日 08 时,两中心的位置一致。高度场中心比环流中心登陆早约 6 个小时,高度场中心向副中心的合并在 7 日 20 时就已完成,比环流中心与副中心的合并早约 6 个小时。高度场中心与副中心的合并发生在登陆的过程中,而环流副中心与环流中心的合并则出现在移出台湾的过程中,大约出现在 8 日 01 时左右。同样,"合并"后高度场中心位置与环流中心位置不同,二者相差甚远,这从流场分布图和高度场分布图可以看出。从图还可看出,低层中心的登陆先于 500 hPa 中心。

3.3　涡度场变化特征

根据相对涡度的定义式 $Vd = \dfrac{\partial v}{\partial y} - \dfrac{\partial u}{\partial x}$,利用 TCM-90 资料计算出了各时次各层在各格点上的相对涡度值,并做出了各时次各层的相对涡度分布图和各时次的台风中心相对涡度纬向垂直分布图,图 2 是台风中心各时次相对涡度的纬向垂直分布。

从各时次各层相对涡度分布图可以看出,500 hPa 层上,在台湾东南侧有一强的正涡度中心,自 600 hPa 以下在台湾西侧存在另一正涡度中心,这两个正涡度中心越往低层值越大。两正涡度中心之间有较强的负涡度中心存在,中心位于岛屿山脉的迎风坡上,这一现象与 Chang 的结果是一致的。造成这种现象的原因是台风移近台湾时,低层环流受台湾中央山脉的阻挡,在迎风坡形成一个高压脊,而在山脉背风坡形成一低压槽。对比流场分布图可以看出,涡度中心和环流中心的位置在 7 日 14 时各层都比较一致。涡度中心也和环流中心一样,越往低层越偏北,并且涡度中心值在各层基本上一致,变化不大,都在 20 到 25 个单位左右。在 7 日 20 时,600 hPa 以上各层涡度中心值基本维持不变,而低层自 700 hPa 以下各层的涡度值都有明显减弱,特别是在 1000 hPa,在台湾岛的东南边缘,涡度值近于零,说明台风低层环流中心几乎填塞,台风在低层强度已大为减弱,这与观测事实是比较一致的。8 日 02 时,台风中心已以"跳跃"的方式移出台湾与副中心合并,位于台湾西侧,上下层涡度中心已近于重合,合并后中心涡度值在低层相对于 7 日 20 时有较大的增强,而且各层涡度中心都比 7 日 20 时明显偏北,在 200 hPa 和 300 hPa 层上,正涡度中心仍位于台湾上方,没有移出台湾,说明台风中心在高层受台湾地形影响较小,主中心向副中心以"跳跃"的方式合并只是发生在低层,这与实际的台湾地形较一致。

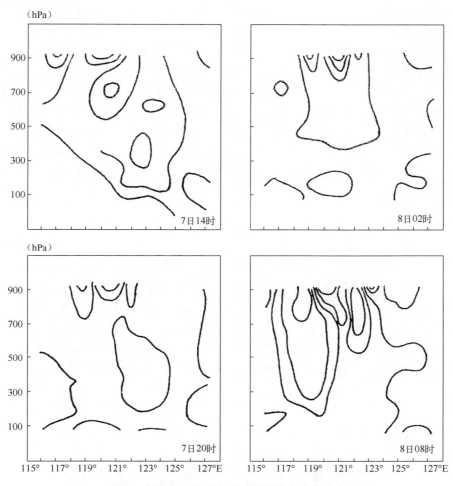

图 2　台风中心各时次相对涡度纬向垂直分布

3.4　垂直速度场变化特征

从图中可以看出,在 7 日 14 时,在台湾东侧,各层都是上升运动,上升中心最大值出现在 200 hPa 附近,上升运动中心和台风环流中心位置不一致,前者略偏东。在台湾西侧,存在另一上升运动区,上升运动中心在 900 hPa 层附近。7 日 20 时,台湾东侧的上升运动中心西移,台湾西侧的上升运动中心位置变化不大,但台湾上方的垂直下沉运动区东移到台湾正上方,下沉运动有较大的加强。在低层,台湾东侧的上升运动有较大的加强。这可能是由于台湾地形引起的爬坡运动造成的,高层上升运动变化不大。而在西侧的上升运动相对 7 日 14 时则向上发展,且中心值有较大的增加,垂直上升运动中心仍位于副中心西侧,但有合并的趋势。8 日 02 时,台湾上方的垂直下沉运动减弱,东侧仍存在一垂直上升运动中心,不过强度比 7 日 20

时要小,在西侧,垂直上升运动向上发展,上升运动区中心与台风中心位置基本一致。但到 8 日 08 时,在台风中心位置只有一狭窄的上升运动区,且其上升运动较弱。

3.5 温度场变化特征

分析了各时次各层的温度场分布,并且做出了各时次沿台风中心的温度距平分布(图略)。

从图可以看出,在 7 日 14 时,400 hPa 以上台风中心上方为正温度距平,而 400 hPa 以下各层为负温度距平,正温度距平中心出现在 150 hPa 附近,负温度距平中心出现在 800 hPa 附近。该垂直分布图位于副中心北侧一个经纬距处,所以在图上还没能反映出副中心温度距平情况。7 日 20 时,台风中心上方负温度距平及正温度距平值都减小,说明 7 日 20 时台风中心已经减弱,但台湾西侧副中心位置为正温度距平,距平值较大,说明 7 日 20 时副中心加强。8 日 02 时,台风中心低层正温度距平减小而高层正温度距平增大,说明台风仍在继续发展。8 日 08 时,台风中心上方在 700 hPa 层以下,温度距平值由 8 日 02 时的正温度距平变为负温度距平,而 700 hPa 层以上的正温度距平增加,说明台风在 8 日 02 时到 8 日 08 时这段时间内,强度有较大的加强。

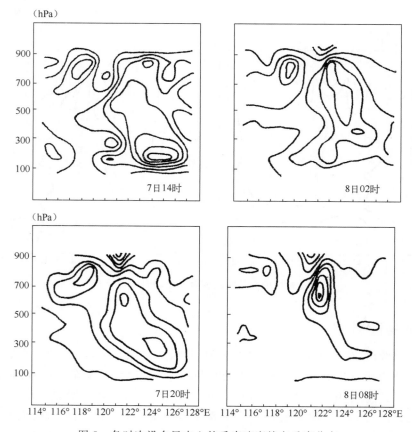

图 3　各时次沿台风中心的垂直速度纬向垂直分布

4　环境流场和纬向垂直切变对台风登陆前后强度的影响

　　图 4 是 7 日 20 时 500 hPa 的环境流场。从图可以看出,副高呈带状,位置偏北,向西延伸到 90°E 附近,副高脊线位于 30°N 附近。西风带气流在中高纬都比较平直,虽然有一些小槽小脊活动,但由于受副高的阻挡作用,对 30°N 以南基本无影响。台风中心距副高脊线约 7 个纬距。在台湾海峡,自 7 日 08 时以前就存在一支海峡低层急流,急流中心值达 30 m/s 左右。850 hPa 天气形势也比较简单,中高纬仍然为平直的西风气流,副热带高压强盛,在台风中心十个经纬距范围内没有低值系统及切变线的存在。在台风登陆台湾前后,这种形势都一直稳定存在。从上面的分析可以得出这样的结论:9018(Dot)台风经过台湾时,环境流场对台风强度变化的影响较小,过台湾后低层强度有较大的增强,主要是与副中心合并的结果,再者可能是移出台湾后摩擦减小的原因。对于后者,本文不作讨论。另外,台风在越过台湾前后的强度变化可能还与大陆地形有关。

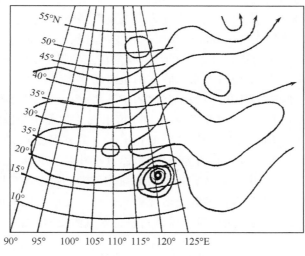

图 4　7 日 20 时 500 hPa 环境流场

　　另外计算各时次 200 hPa 和 850 hPa 及 500 hPa 和 850 hPa 基本气流的纬向垂直切变场,发现 500 hPa 和 850 hPa 之间的垂直切变场更接近于台风强度变化的实际情况,而 200 hPa 和 850 hPa 之间的垂直切变场反应不很明显。在台风登陆台湾前后,台风中心区域范围内的垂直切变绝对值由小变大,而登陆及登陆后台风副中心区域的垂直切变绝对值由大变小,甚至接近于 0。可见 500~850 hPa 层基本气流的纬向垂直切变的变化能很合理地解释台风强度的变化情况,台风中心上空垂直切变的变化反映了台风强度的变化。

5　台风登陆前后水汽收支诊断分析

　　水汽供应的变化是台风强度变化的一个重要因素。谭锐志等[8]和孙积华等[9]对不同登陆台风个例的诊断分析表明,水汽供应减少,是登陆台风强度减弱的主要因素,而当其重新获得水汽供应时,又会重新加强。

本文所采用的水汽收支议程如下:

$$P - E_s = -\frac{1}{\delta g}\int_{P_t}^{P_b}\int\left(\delta\frac{\partial q}{\partial t} + \nabla\cdot V_q + \frac{\partial(\omega q)}{\partial P}\right)\mathrm{d}P\mathrm{d}\delta \tag{1}$$

在(1)式中,$P - E_s$ 表示此气层可产生的净降水量,P_t 和 P_b 分别表示某一气层底部和顶层的气压。方程右边第一项表示所求气柱内水汽局地变化对水汽收支的贡献;第二项表示水汽的水平通量散度对水汽收支的贡献,具体用通过东南西北四边界与外界的水汽交换来表示;第三项表示水汽的垂直输送对水汽收支的贡献。

采用以上水汽收支方程,分别计算了各时次台风中心四个经纬距范围的水汽收支情况,并做出了各时次各层对水汽收支的贡献表格(表略)。从所列四个表的数据中可以发现,水汽的垂直输送对水汽收支的贡献为0。水汽的垂直输送项在低层基本都获得水汽,但在高层又把所获得的水汽提供给外界,而各层所获得水汽总收支结果为0。水汽的局地变化对水汽收支的贡献很小,几乎可以忽略。决定水汽收支的主要因子是水汽的水平通量散度,而东南西北四个边界在各时次所起的作用又不同。西边界在台风登陆前后都是台风获得水汽的重要通道。在登陆台湾前,南边界是台风获得水汽收支的另一条重要通道,但过岛后通过南边界所获得的水汽供应大为减弱。东边界在台风登陆前对水汽收支的贡献不大,但过岛后作用显著,是台风获得水汽收支最重要的一条通道。北边界在台风登陆前及登陆台湾过程中均向外输送水汽,但过岛后从外界获得水汽收支,而且对水汽收支的贡献还比较大。

另外,对比 7 日 14 时至 8 日 08 时四个时次的 $P - E_s$ 项,即水汽总收支情况,发现四个时次水汽总的收支变化情况是:7 日 14 时到 7 日 20 时,水汽总收支大为减弱,但 8 日 02 时又比 7 日 20 时大为增加,而 8 日 08 时和 8 日 02 时变化不大。台风强度的实际变化情况是:低层中心在 7 日 14 时到 7 日 20 时这段时间内为减弱阶段,高层中心强度变化不大。台风过岛后到 8 日 02 时与副中心合并,低层中心强度有较大的增强,8 日 08 时的强度与 8 日 02 时的强度相差不大,稍有加强或维持。可见水汽的收支情况能较合理地反应台风强度变化情况,当总的水汽收支减少时,台风强度会减弱,然而当台风重新获得水汽收支时,强度又会增加。

6 结 语

通过对 9018 号台风结构和强度的诊断分析,发现台风在登陆台湾前后其结构和强度都发生了较明显的变化。在台湾西侧有副中心形成而在台湾中央山脉的迎风坡上有一高压脊出现。分析台风环流场和高度场的变化情况发现,台风环流场和高度场不一致,台风环流中心和高度场中心不重合,台风高度场中心先于台风环流中心登陆台湾,高度场中心向副中心的合并比台风环流中心向副中心的合并早约 6 h。涡度场中心与副中心都与环流中心和副中心比较吻合。

环境流场对 9018 号台风的影响较小,因为在台风登陆台湾前后除了台湾海峡有低层急流外,没有其他天气系统与其配合。当然,登陆前后强盛的副热带高压会对台风的强度产生一定的影响,但在登陆前后副高强度基本维持,说明四副高对台风登陆台湾前后强度的变化影响较小。在台风登陆台湾前后,整个天气形势稳定少变。

经过研究,更进一步证实了纬向基本气流垂直切变绝对值及水汽收支的增加和减少能合理地反映台风强度的实际变化情况。

参考文献

［1］Chang S W. The orographic effects induced by an island mountain range on propagating tropical cyclones. *NWR*,1982,**110**:1255-1270.

［2］Brand S,Jack W. Blelloch. Changes in the Characteristic of Typhoon Crossing the Island of Taiwan. *NWR*,1974,**102**:708-713.

［3］Bender M,Tuleya R,Kurihara Y. A numerical study of the effect of island terrain on tropical cyclones. *NWR*,1987,**125**:130-155.

［4］Li P C. Terrain effects on typhoons approaching Taiwan. Proc. U. S. ,Asia Military Weather Sympons,3-7,February,1963.

［5］Wang S T. Prediction of the behavior and strength of typhoons in Taiwan and its Vicinity(in Chinese). Res. No. 108. Chinese National Science Council Taipei,Taiwan,1980.

［6］梁必骐,等. 热带气象学. 中山大学出版社,1990.

［7］董克勤,李曾中. 大型岛屿对过境台风的影响. 1982.

［8］谭锐志,梁必骐. 登陆台风衰减与变性过程的对比研究. 中山大学学报(自然版),1989,**28**(4).

［9］孙积化,梁必骐. 登陆热带风暴增强过程的变化特征. 低纬高原大气,1989,**2**.

近海加强的登陆台风统计分析

梁必骐　　陈　杰

(中山大学大气科学系,广州 510275)

摘　要　本文应用 40 年资料对登陆中国的近海加强的热带气旋进行了统计分析,结果表明,这类热带气旋集中发生在 7—9 月,尤以 8 月为高峰期;海区主要在南海北部,登陆地区集中在广东沿海;该类热带气旋多是向偏西或西北方向移动,异常路径较少;这类登陆热带气旋一般都会带来大风和暴雨,其中有相当一部分会带来 12 级以上大风和特大暴雨,因而造成严重灾害。

关键词　近海　台风　统计

1　引　言

热带气旋的预报难点,一是异常路径,二是突然加强。对于路径异常的热带气旋已有不少研究[1,2],而对近海突然加强的热带气旋研究较少。一般而言,热带气旋在向陆地移动过程中,愈近大陆愈易减弱,但也有相当一部分热带气旋在登陆前夕会突然加强。据统计,在登陆中国的热带气旋中,约有 1/4 左右是近海加强的。本文用 1949—1988 年的《台风年鉴》和历史天气图资料,对登陆前 24~48 h 内突然加强(中心气压降低或风速增大)的热带气旋的时空分布及其灾害性天气进行了统计分析,并对这类台风灾害的影响进行了讨论,希望能从中提供一些信息供天气预报和防灾减灾参考。为叙述简便,本文将这类热带气旋统称为近海加强台风。

2　近海加强台风的统计特征

对 1949—1988 年在中国登陆的近海加强台风的统计表明,这类台风主要发生在南海,占总数的 71%,东海、黄海很少,分别占 10% 和 2%,还有一部分发生在台湾以东洋面,约占总数的 17%。这显然是由于南海是属于热带海洋,其北部海温高、水汽条件充足,而且热带扰动活跃,常常为近海台风的发生发展提供极有利的环境条件,所以在该海区易于形成近海台风或导致台风加强。

影响南海的热带气旋有两类,一是南海海域生成的,另一类来自西北太平洋,这两类热带气旋各占 48% 和 52%[3]。据 40 年资料统计,在南海北部(18°N 以北)加强并登陆中国的热带气旋共 72 个,其中只有 28 个形成于南海,占 39%,而 61% 是来源于西北太平洋。可见,近海加强台风与南海海区活动的台风一样,大多数都源于西北太平洋。

对近海加强台风在登陆前 24 h 和 24~48 h 内的海上加强点分别做出图 1 和图 2。由图 1

本文发表于《全国热带气旋科学讨论会论文集》,北京:气象出版社,2001.

可见,这类台风登陆前24 h内的加强点大多数集中在18°—22°N、110°—118°E海区,占总数的63%。一个经纬距网格内出现最多加强台风的海区是20°—21°N、112°—113°E,共发生6个。加强点的位置最北为32.3°N,最南为18.0°N,最东为126.6°E,最西为108.6°E。由图2可知,在登陆前24～48 h内,近海加强台风主要发生在17°—22°N、111°—120°E海区,占总数的65%,其中19°—20°N、115°—116°E海区共发生7个。其加强点位置以30.3°N 最北,16.4°N为最南,133.9°E 为最东,108.7°E 为最西。

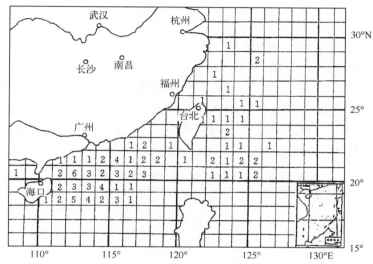

图1 近海加强台风登陆前24 h内加强点的地理分布

注:(1)按第一次登陆点统计;

(2)粤东是指汕尾市以东,粤西为阳江市以西;台东、台西以121°E为分界线;浙江以椒江市所在纬度为南北分界线;福建则以莆田市所在纬度为南北分界线。

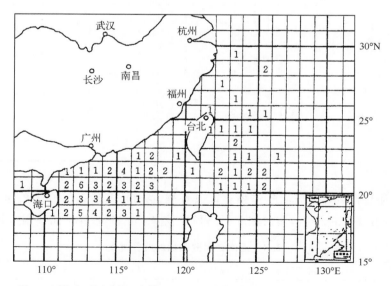

图2 近海加强台风登陆前24～48 h内加强点的地理分布(注同图1)

据 40 年台风资料统计,登陆中国的近海加强台风共发生 102 个。如表 1 所示,这类台风发生季节是 5—11 月,以 7—9 月为盛行期,占全年总数的 88%,8 月为高峰期,占全年的 34%。最早见于 5 月 19 日,最迟出现在 11 月 22 日,即近海台风的加强期达 188 天。

表 1　近海加强台风的逐月分布

月份	1—4	5	6	7	8	9	10	11	12	全年
频数	0	3	5	27	35	28	3	1	0	102
频率	0	3	5	27	34	27	3	1	0	100

近海加强台风的登陆地区分布如表 2 所示,以登陆广东的最多,共 48 个,将近总数的一半,其中以登陆粤西最多,占登陆广东的 42%;台湾次之,占总数的 21%;海南占 19%;闽浙地区占 11%,上海以北沿海地区仅有 3 个,还不足总数的 3%。可见这类台风主要登陆华南地区,占总数的 90%。由表 3 可以看到,这类登陆台风在广东省 5—11 月均有发生,影响期最长;海南发生在 6—10 月;台湾、福建只出现在夏季(7—9 月),其他地区仅见于盛夏季节(7—8 月)。河北、上海、天津等地尚未发现这类台风登陆。

表 2　近海加强台风登陆地段分布

地　区	广　东			海南	台　湾		福　建		浙　江		江苏	山东	合计
	粤东	粤中	粤西		台东	台西	闽南	闽北	浙南	浙北			
频数	13	15	20	19	18	3	1	3	4	3	2	1	102
频率	13	15	19	18	18	3	1	3	4	3	2	1	100

表 3　登陆各省(区)的近海加强台风逐月分布

月份	广西	广东	海南	台湾	福建	浙江	江苏	山东	辽宁	合计
5	0	3	0	0	0	0	0	0	0	3
6	1	4	1	0	0	0	0	0	0	6
7	2	16	0	5	4	4	0	1	0	32
8	1	14	9	9	5	2	3	2	0	49
9	0	15	10	7	3	0	0	0	0	35
10	0	3	1	0	0	0	0	0	0	4
11	0	1	0	0	0	0	0	0	0	1
合计	4	56	20	21	12	8	2	4	3	130

注:按多次登陆点统计。

分析近海加强台风登陆后的路径趋势可以看到(表 4),这类台风登陆后多数是向偏西和西北方向移动,占总数的 62%;转向和北行路径也较多,占 36%;异常路径很少,仅占 3%。

表 4　近海台风登陆后的路径类型

路径类型	偏西、西北	偏北	转向	异常路径	合计
频数	63	17	19	3	102
频率	62	17	18	3	100

3　近海加强台风的灾害性天气统计

近海加强台风登陆时，一般都伴随大风和暴雨，其中相当一部分有 12 级以上大风和特大暴雨，因而造成严重灾害。例如，7314 号近海台风登陆时最大风速超过 60 m/s，导致琼海县城几乎全部房屋被毁；近海加强的 7913 号台风登陆珠江三角洲时，出现日雨量为 499 mm 的特大暴雨，造成洪水灾害。

据 40 年资料统计，几乎所有的近海加强台风登陆时都有 6 级以上大风，大风范围都超过 100 km，平均半径为 328 km，最大达 770 km，其中以登陆台东的台风 6 级大风范围最大，平均半径达 457 km。对这类台风造成的 8 级和 10 级大风的统计，所得结果如表 5 所示，它们出现的概率分别为 79％和 32％，大风范围平均半径分别为 152 和 75 km，最小为 20～30 km，以登陆台东的大风范围最大。

表 5　近海加强台风的大风统计

地　区		广东		海南		台湾		福建		浙江		江苏		山东		合计	
大风级		8级	10级	8级	10级	8级	10级	8级	10级	8级	10级	8级	10级	8级	10级	8级	10级
台风数		37	10	16	4	17	11	3	2	5	5	2	1	1	0	81	33
大风半径（km）	平均	145	80	136	57	210	82	97	30	185	88	105	50	250	0	152	75
	最大	330	120	190	80	330	170	120	30	280	130	120	/	/	/	330	170
	最小	20	30	60	30	120	50	80	30	120	60	90	/	/	/	20	30

对近海加强的登陆台风降水的统计表明，这类台风一般都会造成暴雨，暴雨覆盖面积平均为 88 个县，最多可达 343 个县市，极少数只有个别站出现暴雨。由表 6 可以看到，这类台风产生大暴雨（日雨量≥100 mm）和特大暴雨（日雨量≥250 mm）的概率分别为 84％和 50％，其中广东出现最多，分别占大暴雨的 50％和特大暴雨的 51％，其次是台湾，分别占 21％和 24％；从覆盖面积看，一次台风造成大暴雨和特大暴雨的最多站数为 126 和 16 个县市。表 7 给出了近海加强台风登陆时造成的台风过程总雨量，可以看出，这类台风造成的总雨量最大为 875 mm，最小为 61 mm，平均为 360 mm。对降水强度的统计分析表明，这类台风造成的日最大雨量为 610 mm，平均为 266 mm，1 h 最大雨量为 140 mm。

表 6　近海加强台风的大暴雨和特大暴雨统计

地　区		广东		海南		台湾		福建		浙江		江苏		合计	
暴雨级别		A	B	A	B	A	B	A	B	A	B	A	B	A	B
台风个数		43	26	17	8	18	12	4	2	3	2	1	0	86	51
出现站数	平均	30	3	12	2	40	4	52	4	28	2	9	/	30	4
	最多	83	16	37	5	88	8	126	6	61	3	/	/	126	16
	最少	3	1	1	1	5	1	6	2	14	1	/	/	1	1

注：A、B 分别表示大暴雨和特大暴雨。

表 7　近海加强台风过程总雨量的统计（单位：mm）

地　　区	广西	粤东	粤中	粤南	海南	台东	台西	闽南	闽北	浙南	浙北	其他地区	合　计
台风数	10	10	14	9	19	5	5	7	3	5	4	8	99
过程雨量　最大	779	811	587	766	787	378	693	875	312	578	359	724	875
平均	428	416	329	433	374	308	474	449	258	450	262	359	360

4　结论和讨论

根据 40 年台风资料的统计分析，对登陆中国的近海加强台风的活动特征，可以得到如下初步结论：

（1）这类台风主要发生在南海北部海域，其源地除南海外，大部分源自西北太平洋。

（2）这类台风发生在 5—11 月，以 7—9 月为盛行期，8 月为高峰期。

（3）这类台风集中在华南沿海登陆，尤其以登陆广东的最多。

（4）这类台风登陆后的路径主要是向偏西和西北行，异常路径不多。

（5）这类台风登陆时几乎都会带来大风和暴雨，其中约有 1/4 可带来 12 级以上大风，半数左右可造成特大暴雨。

近海加强台风常在 1～2 天，甚至数小时内形成或加强，并迅速登陆，袭击沿海地区[4]。例如，7301 号台风在 7 月 3 日 02 时加强为台风强度，而 14 时就登陆厦门；7314 号台风在 9 月 13 日 20 时突然强烈发展为特强台风（中心气压为 930 hPa，最大风速 60 m/s），8 h 后（14 日 04 时）就登陆海南岛；8609 号台风于 7 月 20 日 14 时形成，22 时就在徐闻登陆；其他如 7513、7614、7619、8807、8817、9309、9315、9316、9318 和 9615 号强台风都是在 1～2 天内发展起来的。这类台风不少是突发性的特强台风，破坏力大，突袭性强，所以常常造成严重灾害。如 7314 号台风造成琼海县城倒房 10 多万间，死亡近千人；8609、9309、9315、9316、9318 号等台风都适成直接经济预失达 10 亿～20 亿元以上[5]；9515 号台风更造成数百人死亡、180 多亿元的直接经济损失。但由于这类台风发展快，移动快，有的还是小而强的"微型"台风，是目前台风预报的一个难点，所以加强对这类台风的监测和研究是十分必要的。

参考文献

［1］陈联寿，丁一汇.西太平洋台风概论.北京：科学出版社，1979.

［2］梁必骐，等.热带气象学.广州：中山大学出版社，1990：182-228.

［3］梁必骐.南海热带大气环流系统.北京：气象出版社，1991：80-137.

［4］Liang Biqi，et al. Analysis about tropical cyclone disasters in south China//Tropical Cyclone Disaster/TCD 92. Peking University Perss，1993：53-556.

［5］Liang Biqi，et al. The typhoon disasters and related effects in China，*Journal of Chinese Geography*，1996，**6**(1).

南沙海区热带气旋的统计特征

梁必骐　王同美　邹小明

（中山大学大气科学系，广州 510275）

摘　要　对 1949—1994 年影响南沙海区的 142 个热带气旋进行统计分析，从而得到有关其源地、活动季节、路径、登陆点和消亡点等的统计特征，为深入研究南沙海区热带气旋的活动和发生发展规律提供了客观依据。

1　引　言

自 1986 年以来，我国开展了对南疆南沙海区的考察研究，特别是由于南沙海区的丰富资源和地理位置的特殊性而显得尤为重要。南沙海区是热带气旋活动较频繁的海区之一，全年都可观测到热带气旋的活动，它们对我国南海和华南沿海以及中南半岛的天气和气候有直接影响。但由于观测资料的缺乏，对该海区气象的研究起步较晚。20 世纪 70 年代以来，我国学者对西太平洋（包括南海）热带气旋作了许多研究工作[1~5]，而对南沙海区热带气旋的分析研究却甚少。

本文根据 1949—1994 年共 46 年的台风年鉴资料，并参考历年卫星云图、热带天气图等资料，对影响南沙海区（$5.5°—12.0°N$，$107.5°—119.0°E$）的热带气旋作了统计分析，试图揭示南沙海区热带气旋的活动规律。

2　资料来源

本文所用资料主要来源于气象出版社出版的《台风年鉴》（1949—1993 年）。1994 年资料来源于广州中心气象台。此外，分析了相关年份的卫星云图和历史天气图。

3　南沙海区热带气旋活动的基本特征

按照世界气象组织规定的统一标准，我们将热带气旋分为 4 级：气旋中心附近最大平均风力 < 8 级（$<17.2 \mathrm{~m \cdot s^{-1}}$）为热带低压；8~9 级（$17.2~24.4 \mathrm{~m \cdot s^{-1}}$）为热带风暴；10~11 级（$24.5~32.6 \mathrm{~m \cdot s^{-1}}$）为强热带风暴；$\geqslant 12$ 级（$32.7 \mathrm{~m \cdot s^{-1}}$）为台风或飓风。分别统计分析了 4 类热带气旋的源地、时空分布特征以及路径和强度变化特征，结果如下：

本文发表于《南沙海域海气相互作用与天气气候特征研究》，科学出版社，1998.

3.1　分类统计特征

1949—1994 年共 46 年间,进入或发生于南沙海区的热带气旋总数为 142 个,按照这些热带气旋在南沙海区活动时的风力强弱分类,其中热带低压 49 个(占总数 34.5%),年平均 1.1个;热带风暴 32 个(占总数 22.5%),年平均 0.7 个;强热带风暴 21 个(占总数 14.8%),年平均 0.5 个;台风 40 个(占总数 28.2%),年平均 0.9 个。登陆热带气旋共有 73 个,占总数的51.4%,年平均达 1.6 个。

3.2　源地分布特征

影响南沙海区的热带气旋,其源地主要有:南沙海区生成的热带气旋,占总数的 48.6%;来自热带西太平洋的气旋,占总数的 45.8%,其中菲律宾东部海区占 16.2%,加罗林群岛海域占 29.6%;从南海 12°N 以北海区移入的气旋占总数的 5.6%。

表 1 列出了各级热带气旋的源地及其比例分布。可以看出,热带低压和强热带风暴主要在南沙海区生成,其次来自西太平洋;南沙海区生成的热带风暴与来源于西太平洋的热带风暴个数相近;台风则主要源自西太平洋,约占总数的 60%,南沙海区生成的较少;南海中北部的热带气旋较少进入南沙海区。

表 1　南沙海区热带气旋的源地分布(1949—1994 年)

源　地	分　类									
	热带低压		热带风暴		强热带风暴		台　风		合　计	
	个数	占该类总数的%	个数	占该类总数的%	个数	占该类总数的%	个数	占该类总数的%	个数	占该类总数的%
南沙海区	26	53.0	16	50.0	13	61.9	14	35.0	69	48.6
菲律宾东部海区	12	24.5	6	18.8	0	0.0	5	12.5	23	16.2
加罗林群岛海区	9	18.4	9	28.1	5	23.8	19	47.5	42	29.6
南海中北部海区	2	4.1	1	3.1	3	14.3	2	5.0	8	5.6
合　计	49	100.0	32	100.0	21	100.0	40	100.0	142	100.0

3.3　年变化和年际变化特征

南沙海区是全年都有热带气旋活动的少数海区之一。根据 1949—1994 年的资料统计(表 2),全年各月均有热带气旋活动,其中以 9—12 月为盛期,占全年总数的 74%;11 月为最多月,年平均 0.9 个,约占全年总数 30%;2 月最少,年均仅 0.04 个。台风主要集中在 10—12月,占总数的 75%。

表 2　南沙海区热带气旋的逐月频数(1949—1994 年)

类　型		月　份												
		1	2	3	4	5	6	7	8	9	10	11	12	合计
热带低压	个　数	3	0	1	2	1	2	0	4	5	7	15	9	49
	年平均个数	0.07	0.0	0.02	0.04	0.02	0.04	0.0	0.09	0.11	0.16	0.33	0.20	1.09
	占全年总数的%	6.12	0.0	2.04	4.08	2.04	4.08	0.0	8.16	10.21	14.29	30.61	18.37	100.00

续表

类型		1	2	3	4	5	6	7	8	9	10	11	12	合计
热带风暴	个数	1	1	0	1	0	5	2	1	0	8	12	1	32
	年平均个数	0.02	0.02	0.0	0.02	0.0	0.11	0.04	0.02	0.0	0.18	0.27	0.02	0.70
	占全年总数的%	3.13	3.13	0.0	3.13	0.0	15.62	6.25	3.12		25.00	37.50	3.12	100.00
强热带风暴	个数	0	0	3	0	1	0	0	0	4	4	6	3	21
	年平均个数	0.0	0.0	0.07	0.0	0.02	0.0	0.0	0.0	0.09	0.09	0.13	0.07	0.46
	占全年总数的%	0.0	0.0	14.23	0.0	4.76	0.0	0.0	0.0	19.05	19.05	28.57	14.29	100.00
台风	个数	0	1	0	0	2	3	2	1	0	9	9	12	40
	年平均个数	0.0	0.02	0.0	0.0	0.04	0.07	0.04	0.02	0.02	0.20	0.20	0.27	0.87
	占全年总数的%	0.0	2.50	0.0	0.0	5.00	7.50	5.00	2.50	2.50	22.50	22.50	30.00	100.00
合计	个数	4	2	4	3	4	10	4	6	10	28	42	25	142
	年平均个数	0.09	0.04	0.09	0.06	0.09	0.22	0.08	0.13	0.22	0.62	0.93	0.55	3.11
	占全年总数的%	2.82	1.41	2.82	2.11	2.82	7.04	2.82	4.22	7.04	19.72	29.58	17.60	100.00

从表 2 可以看到,热带低压主要发生在 8—12 月;热带风暴集中在 10—11 月,1—5 月和夏季都很少;强热带风暴则集中在 9—12 月,其他月份很少发生;台风以 10—12 月为盛期。

表 3 和表 4 分别统计了源自南沙海区和西太平洋的热带气旋逐月频数。可以看出,这两个海区都是 10—12 月发生热带气旋最多。其中南沙海区生成的热带气旋有一半以上发生在 10—11 月,1—4 月则较少发生;而来自西太平洋的热带气旋则集中在 11—12 月,占总数的 55.4%,尤其是台风,有 2/3 以上集中在这两个月,夏季(7—9 月)极少有来自西太平洋的热带气旋。

表 3　南沙海区生成的热带气旋逐月频数(1949—1994 年)

类型		1	2	3	4	5	6	7	8	9	10	11	12	合计
热带低压	个数	1	0	0	0	1	2	0	3	3	4	8	4	26
	占全年%	3.85	0.0	0.0	0.0	3.85	7.69	0.0	11.54	11.54	15.38	30.77	15.38	100.00
热带风暴	个数	0	1	0	0	0	2	2	1	0	4	5	1	16
	占全年%	0.0	6.25	0.0	0.0	0.0	12.50	12.50	6.25	0.0	25.00	31.25	6.25	100.00
强热带风暴	个数	0	0	1	0	0	0	0	0	2	3	5	2	13
	占全年%	0.0	0.0	7.70	0.0	0.0	0.0	0.0	0.0	15.33	23.03	38.46	15.38	100.00
台风	个数	0	0	1	2	2	1	1	0	0	3	4	0	14
	占全年%	0.0	0.0	7.14	14.29	14.29	7.14	7.14	0.0	0.0	21.43	28.57	0.0	100.00
合计	个数	1	1	2	2	3	5	3	4	5	14	22	7	69
	占全年%	1.45	1.45	2.90	2.90	4.35	7.25	4.35	5.80	7.25	20.29	31.88	10.14	100.00

表 4　源自西太平洋的热带气旋逐月频数（1949—1994 年）

类　型		月　份												
		1	2	3	4	5	6	7	8	9	10	11	12	合计
低热压带	个　数	2	0	1	2	0	0	0	1	0	3	7	5	21
	占全年%	9.52	0.0	4.76	9.52	0.0	0.0	0.0	4.76	0.0	14.29	33.34	23.81	100.00
风热暴带	个　数	1	0	0	1	0	2	0	0	0	5	5	1	15
	占全年%	6.67	0.0	0.0	6.67	0.0	13.53	0.0	0.0	0.0	33.33	33.33	6.67	100.00
风强热暴带	个　数	0	0	3	0	0	0	0	0	1	0	0	1	5
	占全年%	0.0	0.0	60.00	0.0	0.0	0.0	0.0	0.0	20.00	0.0	0.0	20.00	100.00
台　风	个　数	0	1	0	1	1	1	0	0	0	4	5	12	24
	占全年%	0.0	4.17	0.0	4.17	4.17	4.17	0.0	0.0	0.0	16.66	20.83	50.00	100.00
合　计	个　数	3	1	4	4	1	3	0	1	1	12	17	19	65
	占全年%	4.62	1.54	6.15	4.62	1.54	4.62	0.0	1.54	1.54	18.46	26.15	29.23	100.00

　　南沙海区热带气旋和台风的年际变化显著，由图 1(a,b)可以看到，热带气旋最多的年份是 1971 年(8 个)，1957，1976 年无热带气旋；台风最多的年份则是 1952 年(4 个)，无台风影响的年份有 1953，1956—1958，1960，1961，1963，1965，1969，1974，1976—1978，1980，1981，1987，1989，1991，1994 年共 19 年，即南沙海区有 43% 的年份没有台风活动。由图 1(b)还可以看出台风活动的高峰期存在 20 年左右周期。

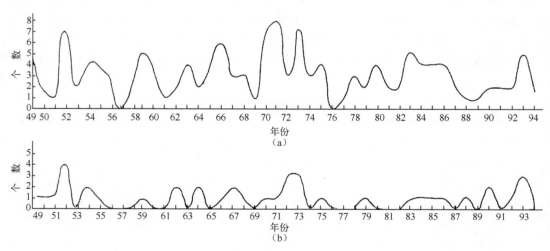

图 1　南沙海区热带气旋年际变化图(1949—1994 年)
(a)热带气旋；(b)台风

3.4　路径特征

　　在南沙海区活动的热带气旋，主要路径类型有：西行类，西北行类，西南行类，转向类，回旋类及北行类。表 5 给出了各种类型路径的热带气旋个数及其比例分布。可以看到，绝大多数热带气旋在南沙海区是偏西行，尤以西行路径最多，占总数的 63%，特殊路径也占有较大比例。

表 5 南沙海区热带气旋路径的分类统计（1949—1994 年）

项 目	类 型						
	西 行	西北行	西南行	转 向	回 旋	北 行	合 计
个数	89	19	11	7	8	8	142
百分比（%）	62.7	13.4	7.8	4.9	5.69	5.6	100

表 6 统计了在南沙海区活动的台风路径类型，可见西行路径的比例更大，达 65%，转向路径次之，且多呈抛物线型。

表 6 南沙海区台风路径的分类统计（1949—1994 年）

项 目	类 型						
	西 行	西北行	西南行	转 向	回 旋	北 行	合 计
个数	26	4	1	5	3	1	40
百分比（%）	65.0	10.0	2.5	12.5	7.5	2.5	100

统计还表明，源地不同，其主要的路径类型也不同。从表 7 和表 8 可以看出，南沙海区生成的热带气旋，主要是西行和西北行路径。回旋路径也不少，说明其路径复杂。源于西太平洋的热带气旋几乎都是西行和偏西行，异常路径很少。

表 7 南沙海区生成的热带气旋路径统计（1949—1994 年）

项 目	类 型						
	西 行	西北行	西南行	转 向	回 旋	北 行	合 计
个数	35	12	4	4	7	6	69
百分比（%）	50.7	18.9	5.8	5.8	10.1	8.7	100

表 8 源自西太平洋的热带气旋路径统计（1949—1994 年）

项 目	类 型						
	西 行	西北行	西南行	转 向	回 旋	北 行	合 计
个数	48	5	7	3	0	2	65
百分比（%）	73.8	7.7	10.8	4.6	0.0	3.1	100

图 2 按 $1° \times 1°$ 经纬距网格统计，给出了南沙海区（$3°—15°N, 100°—130°E$）热带气旋路径频率分布。由图不难看出，该海区活动的热带气旋主要是向西、西北和西南行。图 3～图 6 分别给出了 9—12 月在南沙海区活动的热带气旋的路径频率分布。主要路径都为向西、西北和西南行。9 月热带气旋多为热带低压，以西北行路径为主。10 月多西行和偏北行路径。11 月路径较复杂，偏西、偏北和西南行路径都较多，12 月以西南行路径占优势。

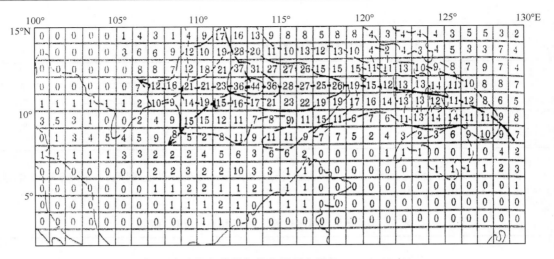

图 2　南沙海区热带气旋路径频率图(1949—1994 年)

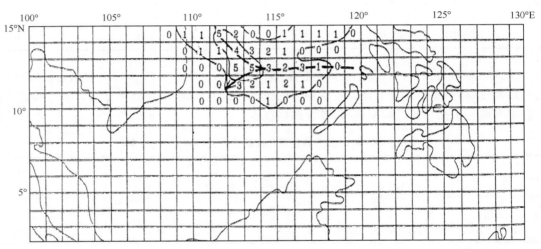

图 3　9 月南沙区热带气旋路径频率图(1949—1994 年)

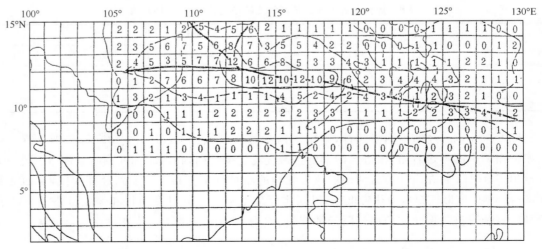

图 4　10 月南沙海区热带气旋路径频率图(1949—1994 年)

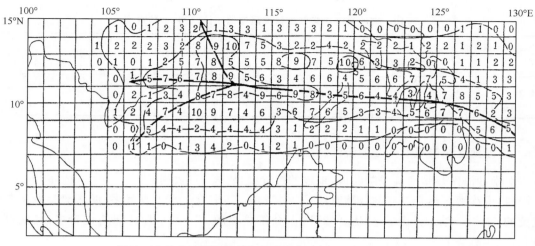

图 5　11 月南沙海区热带气旋路径频率图(1949—1994 年)

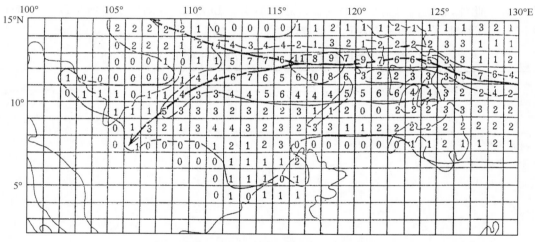

图 6　12 月南沙海区热带气旋频率图(1949—1994 年)

3.5　强度和持续时段的统计特征

　　表 9 和表 10 分别给出了南沙海区热带气旋的中心气压极值和最大风速值。可以看出,大多数热带气旋强度较弱,这是因为南沙海区纬度很低,涡度条件不够充分,而且是一个封闭式海区,加之热带气旋多发生在冬季,因而它们在海上逗留时间较短,水汽条件也不够充分,因此其持续时间短,一般为 2～3 d,很难发展成强台风。不过,有少数来自西太平洋的台风也可达较大强度。如 9025 号台风,进入南沙后,中心气压极值 935 hPa,最大风速 55 m·s^{-1},影响南沙两天后转向北行,并在我国海南登陆。

表 9　南沙海区热带气旋的中心气压极值统计(1949—1994 年)

中心气压极值 (hPa)	931～940	941～950	951～960	961～970	971～980	981～990	991～1000	1001～1100	合计
个　数	1	0	0	6	21	15	45	54	142
百分比(%)	0.7	0.0	0.0	4.2	14.8	10.6	31.7	38.0	100

表 10　南沙海区热带气旋最大风速的统计(1949—1994 年)

最大风速极值 （m·s⁻¹）	10～19	20～29	30～39	40～49	50～60	合计
个　　数	78	34	20	9	1	142
百分比(%)	54.9	23.9	14.1	6.4	0.7	100

3.6　南沙海区热带气旋登陆的统计特征

对南沙海区热带气旋登陆时段、地段的统计结果(表 11)表明：

(1)南沙海区热带气旋的登陆时段是 4—12 月,其中以 9—11 月最多,约占全年登陆热带气旋的 60%。尤以 10 月为登陆高峰月,占全年总数的 27%。6 月登陆的也较多,是次高峰月,占全年总数的 12%。

(2)南沙海区热带气旋主要在越南登陆,占总数 75%,其中又以越南南部为最多,占总数的 41%。此外,在我国海南登陆的气旋占总数 16%。还有 4% 登陆广东沿海地区。也有个别热带气旋在福建、台湾和马来西亚等地登陆。

表 11　南沙海区热带气旋登陆地点的逐月分布(1949—1994 年)

登陆地点	月　份												合计	占总数 百分比%
	1	2	3	4	5	6	7	8	9	10	11	12		
越南南部	0	0	0	0	0	1	0	0	3	12	9	5	30	41.1
越南中部	0	0	0	0	0	2	0	2	4	5	2	1	16	21.9
越南北部	0	0	0	0	1	3	1	1	2	1	0	0	9	12.3
海　　南	0	0	0	2	2	0	2	1	1	0	3	0	12	16.4
广　　东	0	0	0	0	0	0	0	0	0	2	0	1	3	4.1
台　　湾	0	0	0	0	1	0	0	0	0	0	0	0	1	1.4
福　　建	0	0	0	0	0	0	0	0	0	0	0	1	1	1.4
马来西亚	0	0	0	0	0	0	0	0	0	0	0	1	1	1.4
合　　计	0	0	0	2	4	6	3	4	10	20	14	7	73	—
占总数 百分比(%)	0.0	0.0	0.0	2.7	5.5	12.3	4.1	5.5	13.7	27.4	19.2	9.6	—	100

南沙海区热带气旋登陆时强度较弱。台风和强热带风暴登陆时大部分可达热带风暴或以上强度,中心风速为 17.2～32.6 m·s⁻¹,有的减弱为热带低压。热带风暴和热带低压登陆时,中心风速则为<17.2 m·s⁻¹,只达热带低压强度。

3.7　南沙海区热带气旋消亡地区的统计特征

统计南沙海区热带气旋的消亡地区(表 12),可以看到,消亡点以南沙海区为最多,占总数的 41%。在越南地区登陆后消亡的热带气旋有 57 个,占总数的 40%,其中 18% 在越南南部消亡。另外,还有少数热带气旋在南海中北部海面、西太平洋海面消失,或登陆华南后消亡。

个别热带气旋在朝鲜、马来西亚、日本等地消亡。

表 12 南沙海区热带气旋的消亡地区统计（1949—1994 年）

消亡点	南沙海区	越南南部	越南中部	越南北部	南海中北部海面	西太平洋	广西	海南	其他	合计
个 数	58	26	17	14	9	5	4	3	6	142
占总数的 %	40.8	18.3	12.0	9.9	6.3	3.5	2.8	2.1	4.2	100

4 结 论

（1）影响南沙海区的热带气旋，其源地主要有南沙海区和西太平洋，其中台风有 60% 来自西太平洋。在南沙海区生成的热带气旋强度弱，多为热带风暴和热带低压。

（2）热带气旋在南沙海区活动的盛期为 9—12 月，以 11 月为最多。台风的集中性尤其明显，主要出现在 11—12 月。这与南海热带气旋主要发生期（7—10 月，其中高峰期 8—9 月）和西北太平洋热带气旋主要发生期（7—10 月，高峰期 8 月）完全不同。

（3）南沙海区热带气旋活动的年际变化明显，最多年份可达 8 个。46 年间有两个无热带气旋年，19 个无台风年。

（4）南沙海区热带气旋路径多为西行、西北行和西南行。

（5）南沙海区热带气旋大多数强度较弱，持续时间较短。

（6）南沙海区热带气旋的登陆点主要集中在越南南部和中部，其次是中国海南。消亡点则多在越南和南沙海区。

参考文献

［1］陈联寿，丁一汇. 西太平洋台风概论. 北京：科学出版社，1979.

［2］梁必骐，王安宇，梁经萍，等. 热带气象学. 广州：中山大学出版社，1990.

［3］梁必骐. 南海热带大气环流系统. 北京：气象出版社，1991.

［4］Liang Biqi and He Caifu. Potential enstrophical diagnostic analyses on the mechanism of change of tropical cyclone intensity. *Acta Oceanologica Sinica*，1994，**13**（3）：361-375.

［5］梁必骐，卢健强. 8014 号热带气旋发生发展过程的能量学诊断研究. 热带气象学报，1995，**11**（3）：240-246.

第四部分

暴雨研究

华南前汛期暴雨的中分析

梁必骐[1]　　包澄澜[2]

（1. 中山大学气象系；2. 南京大学气象系）

根据华南前汛期暴雨实验研究计划，1977 年 5—6 月进行了预演实验，在桂北、粤中、闽西南三个暴雨重点实验区取得了站网密度一般为 20 km 的每小时气象观测资料。在实验期间，华南出现了十多次暴雨过程，其中包括一次罕见的最大总雨量 1461 mm 的"77·5"粤东特大暴雨过程。

1977 年前汛期，华南暴雨大多发生在亚欧中高纬为二脊一槽，低纬副热带高压脊线位置偏南（15°—20°N）的环流形势下。在低层则经常维持一支西南急流，它不仅是暴雨区大量水汽、热量和位势不稳定能量的传送带，而且也是暴雨和中系统产生的重要触发机制。在华南常见的暴雨触发机制还有冷锋、静止锋、切变线、低涡以及一些中尺度低值系统。暴雨往往就是这些不同尺度天气系统相互作用的产物。而某些特定地形的作用则进一步促使暴雨的加强和维持。对 1977 年华南暴雨的分析会战，已取得大量成果[1,2]。本文根据其中的一些中分析成果，综合讨论一下华南前汛期暴雨的中尺度特征及其发生发展的原因。

1 暴雨的中尺度特征

暴雨是一种中尺度现象，具有明显的中尺度特征。华南暴雨的每一次过程都是由若干场降雨所造成，每场降水的时段一般为几小时至十几小时。"77·5"粤东特大暴雨过程是由五场暴雨过程组成，每次过程都伴随有生命史为 18～36 h 的中间尺度低层扰动。

每次暴雨过程的天气尺度雨区中包含有几个中尺度雨带。分析每小时雨量图更可看到，中尺度雨带是由若干个中尺度雨团所造成，这些雨团在雨带中不断生消和移动。据初步统计，华南每次暴雨过程一般都有 10 个以上的中尺度雨团（每小时雨强≥5 mm 的雨区）活动。这些雨团的水平尺度一般为 30～40 km，几个雨团组合可形成长达 100 km 以上的雨团。生命史平均为 5 h 左右，短的不到 1 h，长的可达 10 h 以上。雨团产生后多是随 500 hPa 或 750 hPa 气流引导，向偏东方向移动，平均移速为 25 km/h，最快可达 100 km/h。有些雨团受地形影响，常呈准静止或路径打转。一些大暴雨的形成，往往同这些停滞性雨团的活动有关。例如，5月 31 日一个强雨团在海陆丰一带打转，停滞 9 个小时，它是造成粤东特大暴雨的重要角色。

暴雨的产生总是与中尺度系统相联系的。一些大尺度暴雨系统也常常表现出中尺度特征。例如，5 月 28 日在出海变性高压脊后部，存在一条横贯华南沿海的东西向切变线，由于西南风日变化的影响，午后该切变线断裂成三条近于南北向的中尺度切变线，分别位于粤中、粤东和闽南，与气候暴雨区颇为一致。5 月 31 日减弱的广东静止锋上亦出现断裂成三段切变线

本文发表于《暴雨文集》，吉林人民出版社，1980.

的中尺度结构。6 月 21 日粤中暴雨过程中,在 850 hPa 切变线和地面静止锋前暖区的偏南气流中,可以同时清晰地分析出三条中尺度暖式切变和一个辐合点(图 1),暴雨就产生在这些中系统活动的区域内。

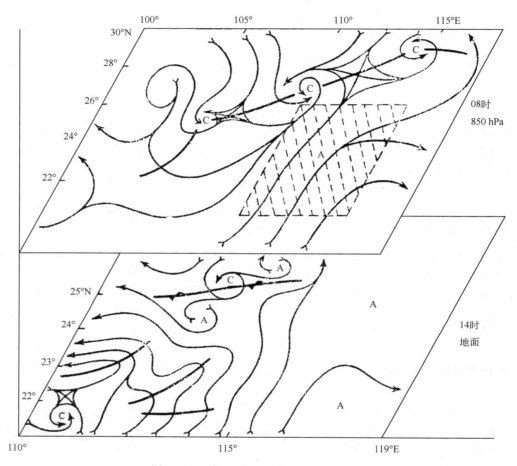

图 1　1977 年 6 月 21 日大、中尺度流场图

计算 5 月 31 日广东实验区及其周围的每小时散度场(网格距为 $\frac{1}{3}$ 纬距)可以看到,有雨团存在时,其散度量级为 10^{-4} s^{-1},而计算范围内同一时刻的平均散度量级为 10^{-5} s^{-1}。例如,31 日 17 时雨团区的散度为 -1.07×10^{-4} s^{-1},其周围的散度为 0.78×10^{-4} s^{-1},而整个计算范围($2° \times 3°$ 经纬距)的平均散度为 -0.95×10^{-5} s^{-1}。同一时次计算的水汽通量散度($\nabla \cdot qv$)也有同样的特点。由此可见,雨团附近的地面辐合比大范围区域平均大一个量级,这反映出在大尺度辐合场中存在中尺度扰动。这种中尺度辐合场一般是随雨团移动的。

2　造成暴雨的中尺度系统

暴雨大多是由中尺度系统直接造成的。华南前汛期暴雨过程中,中尺度系统都相当活跃。例如,5 月 29 日—6 月 1 日,华南地面图上,先后有 16 次中尺度切变线和 21 次中尺度低压活动,它们一般都伴有明显的雨团过程。

中系统和雨团的产生往往有一定的源地。如分析5月底的暴雨过程发现,中低压的源地主要有四个,即西江下游的梧州——召庆间、珠江三角洲、潮汕平原和龙岩地区。粤中的暴雨中系统和雷暴常常发源于梧州—怀集一带和佛冈、龙门等地。这些源地与一定的天气形势和特定的地形(如喇叭口地形区)有关。

在华南暴雨分析中还发现,在有利的大尺度背景条件下,暴雨和中系统的产生还必须具备一定的中尺度条件,其中主要有两条:①中尺度温湿场上为高温高湿区或能量锋区;②存在中尺度触发机制,如中尺度辐合区(气流辐合或风速辐合)。

造成华南前汛期暴雨的中系统大致有以下几类。

(1)中尺度气旋

常见的有中尺度低压、中尺度涡旋和辐合点。这类系统的主要特点是气流明显向中心辐合,水平尺度较小,约数十千米,生命史也较短,一般只维持数小时,移速较慢,其中不少是属停滞性系统。

中尺度气旋大多产生于中尺度切变线上,特别易于产生在两条切变线的交点附近。有些中低压产生于静止锋上或孤立存在于锋前暖区中。它们是造成暴雨的重要系统,几乎所有这类系统都与雨团有密切联系,特别是一些强烈降水大多是这类系统和中尺度切变线共同作用的结果。例如,粤东特大暴雨就是活动在过程总雨量为500 mm以上范围内的25个中尺度涡旋(图2)及与之相联系的中尺度切变线相互作用所造成的。这25个中尺度涡旋大多集中在海陆丰和惠来以东,正与二个暴雨集中区相对应。中低压降雨多出现于其东部,中尺度涡旋和辐合点(气压场不一定有明显反映的流场系统)的强烈降水则主要产生于辐合中心附近。

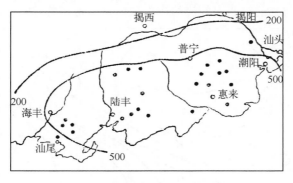

图2　中尺度涡旋与"77·5"特大暴雨关系
· 为中尺度涡旋位置;——过程总雨量等值线(mm)

(2)中尺度反气旋

这类系统主要有雷暴高压、中尺度高压(脊)、辐散点。主要特点是在流场上气流是辐散的,气压场上有时有小高压对应。水平范围略大,一般尺度为40~50 km,大者可达200 km。生命史较长,有的可维持10 h以上。路径多受高空气流引导向偏东方向移动,平均移速20 km/h。强烈降水一般产生于中高压前缘的辐合线附近。

与暴雨、雷暴关系最密切的是雷暴高压。它不仅有明显的反气旋式气流辐散,而且在气压场上也常有高压对立,在热力结构上则一般与干冷中心或干冷舌相配合。雷暴高压实质上是雷暴降水的产物,一般出现在强烈对流性降水之后,随着降水的减弱而减弱消失。在粤东特大暴雨过程中,虽然雷暴强烈,但并没有雷暴高压出现,这可能是由于云底低、降水太强,使云下气温低、湿度大,不利于雨滴蒸发冷却的缘故。

(3)中尺度切查线和飑线

中尺度切变线是最常见的暴雨中系统。它通常是 NW—NE 与 W—SW 气流之间的切变。水平尺度约 100 km 左右,有的可达 300 km。生命史约数小时,个别可维持 20 h 以上。一般自西往东或自西北往东南方向移动,平均移速 25 km/h。静止锋后的切变线移动较快,达 50～100 km/h。有地形的阻挡时,切变线常呈准静止状态。有的切变线前生后消,表现为新旧更替的传播移动过程。

中尺度切变线一般产生于温、湿梯度较大的气流辐合区,常活动于锋前暖区,有的出现于静止锋后。它的产生往往与雷暴高压的辐散气流有关,故常与中高压相伴出现。切变线与雨团和雷暴活动密切关联,尤其是准静止性切变线是大暴雨产生的重要系统。例如,5 月 30—31 日一条中尺度切变线在海陆丰地区南北摆动,造成该地区出现特大暴雨,24 h 最大雨量 884 mm。不过,沿切变线的降水分布并不均匀,强降水主要出现于雷暴高压前缘的切变线附近或明显辐合的地区,特别是两条切变线相交点附近或当它与其他降水系统相遇叠加时,更易造成强烈降水。

与中高压相联系的切变线过境时,如果伴有气压急升、气温骤降、风向突转、风速急增等现象,就是所谓"飑线"。在华南暴雨过程中,这种典型的飑线极少见。图 3 表示的是 5 月 29 日的一次飑线过程,它不仅带来强烈降水,而且伴有强降温和阵性大风。它所对应的雷达回波强而厚,成带状排列,具有一般飑线回波的特征。飑线回波带宽 20～50 km,长 100～200 km,向偏东方向移动,移速 50km/h 左右。该飑线出现于锋前暖区,它的形成与加强,除与其后的冷锋和中高压有关外,还与其前缘西南气流的产生和增强密切相关,两者几乎完全是同步的。

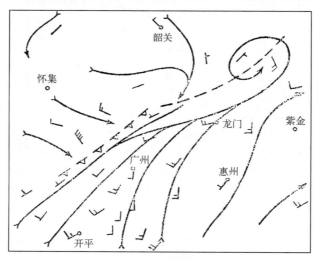

图 3　1977 年 5 月 29 日 13 时地面流线图

小三角虚线为飑线

(4)偏南风辐合区

这也是华南常见的一种暴雨中系统。其水平尺度约数十千米,仅维持数小时。它的形成与地形作用有关。例如,粤中实验区在向南开口的喇叭口地形作用下,北上的偏南风气流常在这里产生辐合区。鉴于这是一支暖湿的气流,所以当偏南风气流向某一方向辐合形成一条辐合渐近线时,会造成暖湿空气的辐合上升,产生明显的降水(图 4)[3],特别是当它伴有风速辐合时,更易形成暴雨。

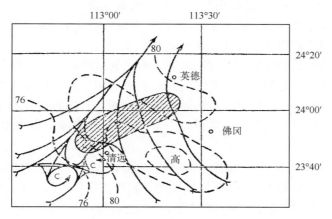

图 4 1977 年 5 月 31 日 15 时地面流线图

(阴影区为暴雨区)

值得注意的是,这种偏南风辐合往往是中尺度切变线、中尺度涡旋等中系统形成的触发条件。

(5)露点锋和能量锋

在锋前暖区,当偏南气流活跃时,有时会在某些地区形成一条向 N—NE 方向伸展的暖湿舌(等 θ_{se} 线大值舌区),其西侧是一干冷区,二者构成一露点梯度最大区,即所谓露点锋或干锋。它的附近常有中尺度辐合线相配合,因而在露点锋上或暖湿舌顶端易于产生雨团。例如,5 月 20 日和 30—31 日在粤中地区以及粤东特大暴雨过程中,都有明显的露点锋产生。

在粤东特大暴雨的能量分析[4]中可以看到,5 月 27—31 日,从南海北部向北挺伸的高能舌及其左侧的低能区始终同时并存且一起东移,二者在华南中部构成一条呈东西向波动的能量锋,最大梯度达 5℃/10 km。暴雨主要产生于能量锋与中尺度辐合线准重叠区附近(图 5),当地面能量锋与 850 hPa 高能舌轴相对应时,暴雨最强。

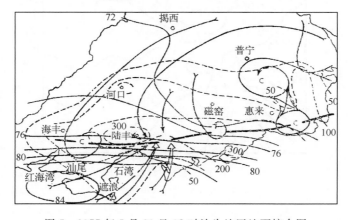

图 5 1977 年 5 月 30 日 08 时汕头地区地面综合图

3　小地形对暴雨的作用

　　我们知道,大地形的强迫抬升作用是暴雨产生的重要条件之一。但计算的地形上升速度大约只有强对流上升速度的十分之一左右,所以单靠地形抬升是不足以产生大暴雨的。显然,地形暴雨的产生还与其微物理过程和小地形影响有关[5,6]。

　　华南地势是北高南低,境内广布丘陵、河谷。南北贯通的河谷是冷空气的通道,而河流出口处的喇叭形平原则常常是偏南风暖湿气流的辐合区。所以这里最易于发生对流云群、雷暴和雨团,而且常常是中系统发生发展、雨团停滞汇集的地区。因而在有利的天气形势下,这些地区最易于产生暴雨以至特大暴雨。下面以1977年两次特大暴雨为例来简要讨论局地地形对暴雨的作用。

　　5月18日发生在广东清远县西南面的径口特大暴雨(465 mm/6 h),是范围很小(20～30 km)、强度很大并伴有强烈雷暴的局地性暴雨。它出现在锋前暖区,是在先有静止锋北抬,后有冷锋南下迫近,并且低层有活跃的西南急流输送大量暖湿空气的有利天气形势下发生的。局地地形作用使得暴雨猛烈发展而形成特大暴雨。如图6所示,清远县位于珠江三角洲北部,背靠东西走向的笔架山(1250 m),为一北高南低的喇叭口平原,其间有北江纵贯全县。这种不均匀的下垫面易于造成不均匀加热而形成局地热对流;同时,低空盛行的偏南气流与山脉成正交,在迎风坡造成强烈抬升,加上一直活动在清远附近的中低压的触发作用,因而促使热雷雨发生发展。尤其是位于喇叭口山谷入口处的径口、太平,极有利于偏南气流辐合上升,夜间(23时)又适逢弱冷锋南下,冷空气沿河谷侵入,因而触发对流性热雷雨猛烈发展,造成2小时(23—01时)雨量达279.2 mm。从佛山雷达观测的回波演变也可看到,18日17时在清远上空有若干离散分布的对流回波单体在锋前暖区活动,21时回波加强,演变成"V"形回波,23时回波高达16 km,宽仅10 km左右,这也反映出对流性热雷雨的明显特征。

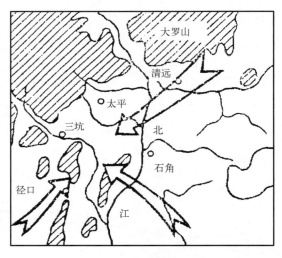

图6　清远附近地形

(阴影区为山地,箭头表示气流方向)

　　5月27日至6月1日发生的粤东特大暴雨(过程总雨量1461 mm),也与地形作用有着密切的关系。如图7所示,暴雨中心区的海陆丰就是一个向南开口的喇叭形地区,而且南临两个海湾。这里是来自海洋上的偏南气流辐合区和暴雨中系统频繁活动区,也是大多数雨团停滞、打转的地区。由于莲花山系的屏障作用,使得整个暴雨期间低空西南急流始终在粤东沿海稳定维持,因而保证暴雨区能不断获得充足的水汽和不稳定能量。而福建变性高压的维持,使莲花山系南麓经常维持一支来自台湾海峡的偏东气流,当它到达海陆丰与来自南海的西南气流相遇时,往往激发中尺度切变线和中尺度低涡的产生和加强,而这些中系统正是这次暴雨过程的主要制造者。这次过程中的强降水大多出现在早晨和夜间,这可能与中尺度切变线的日变化有关,而这种日变化很可能是"海陆风效应"和"山谷风效应"的结果。由于海陆的热力差异,造成白天吹海风,使偏南风加强,切变线随之加强北抬,雨带北移;夜间吹陆风,使偏北风加强,切变线南移靠近沿海。由于夜间吹山风,冷空气下沉,加上暴雨的拖曳作用,近地面层冷空气堆积,因而造成一支较强的干冷气流叠加在偏北风之上,这有利于露点锋的生成。它和切变线叠加的作用,必然大大触发暴雨的加强。此外,地形对系统降水的增幅作用,显然也是这次特大暴雨形成的重要因素。

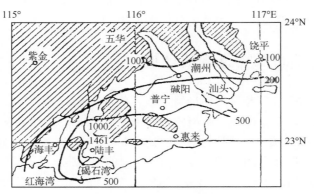

图 7　地形对粤东特大暴雨的影响

(阴影区为 500 m 以上的山系,实线为等雨量线)

参考文献

[1] 华南前汛期暴雨会战组. 一九七七年华南前汛期暴雨实验研究报告. 1977(油印本).

[2] 包澄澜,李真光,梁必骐. 一九七七年华南前汛期暴雨研究. 气象,1978,(7).

[3] 梁必骐,罗会邦. 华南地区一次暴雨过程的中分析. 中山大学学报(自然科学版),1978,(3).

[4] 陈新强. "77·5"粤东暴雨能量特征的初步分析(摘要). 天气预报经验选编1(广东省气象局),1978.

[5] 二宫洸三. 大きなスクールでみた地形と暴雨. 天气,1977,(1).

[6] 武田乔男. 云物理学的れみた地形の效果. 天气. 1997,(1).

华南低空急流的活动及其对暴雨的作用

仲荣根　梁必骐

（中山大学气象系）

1　前　言

近几年来,随着对暴雨研究的深入,对华南地区低空急流的形成、特性、结构、移动、变化及其对暴雨的作用等方面都进行了广泛的研究,并取得了不少有益的结果[1~5]。然而这些研究主要着重于 4—6 月份,对全年的低空急流活动情况研究得还不多,对形成低空急流的环流形势也有多种说法,急流对暴雨的作用问题也有不同的看法。本文主要是对以上这些问题进行分析,并提出一些初步的看法。

2　华南地区全年的低空急流活动规律

为了进行分析,对于低空急流的标准给出这样的规定:凡在 30°N 以南,105°—120°E 范围内 850 hPa 图上,西南风或西南西—南南西风的风速大于或等于 12 m/s 的等风速线轴长大于 500 km 以上者,定为低空急流。同时规定中心风速小于 16 m/s 的定为弱急流;中心风速为 16~20 m/s 的定为次强急流;中心风速大于 20 m/s 的定为强急流。

根据以上规定对华南地区 1970—1977 年各月 850 hPa 高空图进行了普查,8 年共出现低空急流 279 次,急流日 637 天,平均每年约 35 次,一年中约有 80 天有急流活动(表 1)。其中 1973 年和 1976 年产生的急流最多,分别达到 41 次和 39 次;1970 年和 1971 年最少,仅 28 次和 29 次。此外,急流出现次数和日数还有明显的季节变化(表 2),各月出现次数有很大的不同。在上述 8 年中,3—6 月出现的急流最多,共 149 次,占总数一半以上,其中以 4 月最多,达 43 次;9—11 月最少,平均每月约 8 次,11 月仅 6 次,其出现日数从 1 月到 6 月逐渐增加,6 月最多,达 117 天;6 月以后又逐渐减少,9—11 月为最少。但平均以 5—7 月急流出现天数最多,7 月平均可达 4.6 天。同时从表 2 还可看到,在不同强度的急流中,以次强急流为最多,其次是强急流,弱急流最少,而且强急流也多出现在 4—6 月,分别达到 32%~37%。

表 1　低空急流次数及出现日数

项目	年								合计	平均
	1970	1971	1972	1973	1974	1975	1976	1977		
急流次数	28	29	36	41	36	35	39	35	279	35
急流日数	86	69	79	95	74	78	70	86	637	80

本文发表于《全国热带环流和系统学术会议文集》,海洋出版社,1984.

表 2 1970—1977 年期间各月不同强度急流出现次数总次数及急流日数

项目	月												合计
	1	2	3	4	5	6	7	8	9	10	11	12	
弱急流	4	3	6	6	1	3	1	3	2	1	2	7	39
次强急流	11	20	26	21	22	18	16	12	4	7	4	13	174
强急流	4	5	7	16	13	10	4	2	2	2	0	1	66
合计次数	19	28	39	43	36	31	21	17	8	10	6	21	279
合计日数	26	61	70	84	90	117	96	27	13	19	6	28	637
平均每次急流日	1.4	2.2	1.8	1.9	2.5	3.8	4.6	1.6	1.6	1.9	1.0	1.3	2.3
强急流占总急流次数的%	21	18	18	37	36	32	19	12	25	20	0	5	24

由以上的统计事实可知:(1)低空急流的活动与冷暖空气的活动有非常密切的关系,冷空气较强或暖空气较强时,急流活动相对较少;(2)3—6月急流活动次数最多,而强急流多出现在 4—6 月,这就为华南前汛期暴雨的产生提供了充分的水汽和热量条件。

3 低空急流形成的环流形势

低空急流的形成多与一定的环流形势相联系,但以往的研究多侧重在西风带系统对急流活动的影响,而对急流南侧的系统注意得不够[2,5]。事实上,急流的活动与其南侧的天气系统——副热带高压、高原南部的热低压(或季风低压),赤道缓冲带的活动(越赤道气流的作用)等也有密切的关系,当这些系统与西风带系统相互作用时,可以形成强度较强、持续日数较长以及水平尺度较大的低空急流。下面根据 850 hPa 天气图,讨论 4—6 月有利急流形成的几种常见形势。

3.1 四川盆地低压发生发展和副高加强西伸而形成的急流

急流形成前,长江中下游及其以南地区为变性冷高压或高压脊控制,以后高压脊减弱东移,与副高合并,使副高加强西伸。当变性高压(或脊)合并于副高的同时,在四川盆地附近即诱生出一个低压,这样,在副高与四川盆地低压间的气压梯度加大,于是形成了急流。图 1 是急流形成时的流线图。原来在长江中下游及其以南的变性冷高压已消失,而在四川盆地附近出现了低压环流,同时变性冷高压的加入,副高加强西北伸也十分明显,152 线从恒春移到了赣州,流场形势发生了变化,大陆上从原来一片的偏东北风变成了一片西南风,中心最大风速达 16 m/s。这种形势是 4—5 月上、中旬低空急流产生的常见形势。急流形成后多随四川盆地低压的东移而东移,随其发展而加强。

3.2 西风低槽东移和副高加强西伸北抬而形成的急流

急流形成前,高原东部处在副高西北侧偏南气流控制下,但风速较小。副高中心偏东偏南,中心位于 24°N、140°E 附近。以后随着高原北部西风槽东移,副高也加强西伸北抬,副高中心移到 29°N、135°E 附近,即向西向北各移动了 5 个纬距,由于西风槽和副高的相向移动,使两者间的气压梯度加大,随之急流形成(图 2)。这种急流主要出现在南岭以北的长江中下游地区,一般多是弱和次强急流,且随西风槽的东移而东移。当西风槽与四川盆地低压相结合时,急流的位置较偏南,但对华南地区一般无影响。

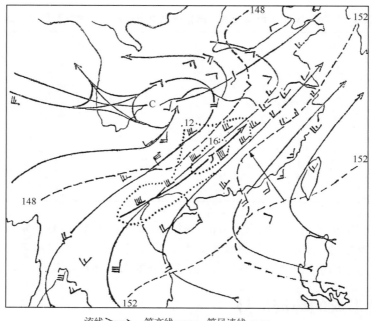

流线 >——→　等高线 ----　等风速线 ……

图 1　1973 年 4 月 13 日 08 时 850 hPa 流线图

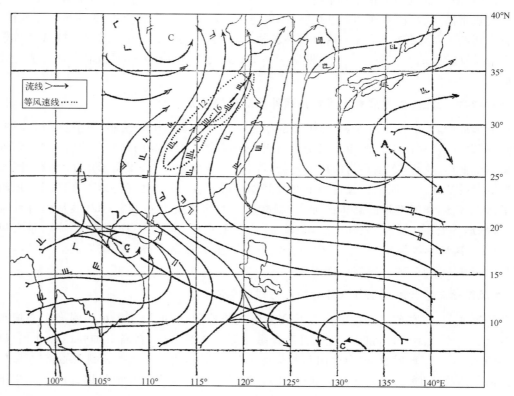

流线 >—→　等风速线 ……

图 2　1979 年 6 月 23 日 08 时 850 hPa 流线图

3.3　高原南部的热低压或季风低压加强发展与华南低空急流的关系

　　高原南部的热低压或季风低压加强发展与华南低空急流的形成有密切的关系。一般在 5 月中、下旬以后，高原南部常有热低压或季风低压的发生发展，华南沿海常有急流形成。然而，这种热低压或季风低压的发生发展所形成的急流，当其他天气系统配置不同时，其急流的强度，位置变化也有不同。

　　单纯的热低压或季风低压的发展所形成的急流主要位于南海北部的华南沿海一带，其强度主要决定于低压中心强度。例如 1978 年 6 月 5 日到 6 月 8 日华南沿海的一次急流过程，6 月 4 日 850 hPa 上印度北部的热低压强度为 144 dagpm，副高位置偏东，低压南部西南气流抵达华南沿海，但此时无急流形成。到了 6 月 5 日，热低压加强到 140 dagpm，其低槽东伸到粤东沿海，流场上出现了好几个气旋性涡旋，南边的副高强度变化不大，就在这一系列涡旋与副高之间，因气压梯度加大，风速均增大，从中南半岛到东沙以东出现了风速达 18 m/s 的强风带（图 3）。以后随着热低压的维持和向北推进，西南气流逐渐向北扩展，到 6 月 8 日西南气流北界已推进到黄河下游，急流轴位置也稍有北移。由于热低压不强，故急流也不强。但当热低压的强度愈强时，形成的急流也愈强。例如，1973 年 6 月 13 日—6 月 20 日中南半岛到华南沿海的一次急流过程。6 月 15 日印度北部的热低压强烈发展，低压中心强度达 130 dagpm，低压槽东伸到华南沿海，低槽南部的中南半岛到华南沿海出现了一股强西南急流，由于热低压较强，因此其急流强度也强，达到 24 m/s（图 4）。

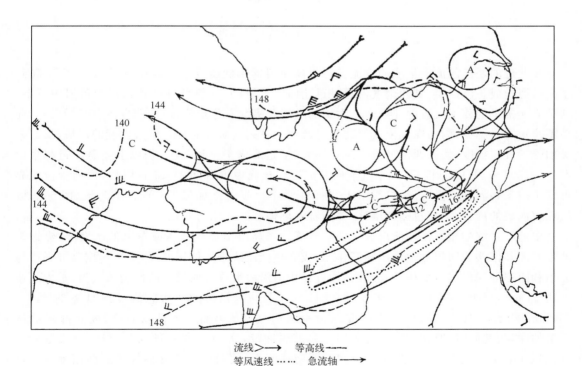

流线 >→　　等高线 ----
等风速线 ……　急流轴 ——→

图 3　1978 年 6 月 5 日 08 时 850 hPa 流线图

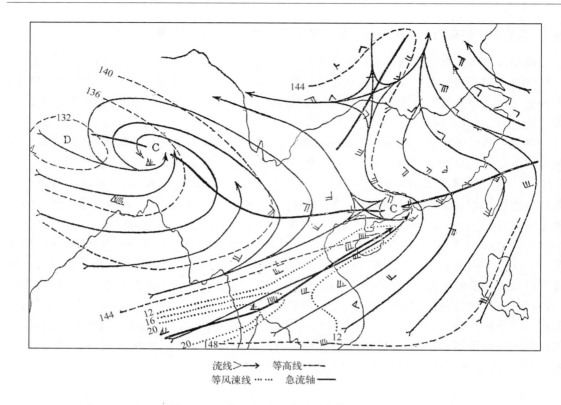

流线 ≻—→　　等高线 ----

等风速线 ……　　急流轴 ——

图 4　1973 年 6 月 5 日 08 时 850 hPa 流线图

　　在北进的西南气流上形成的急流。每当高原南部热低压或季风低压发展,在中南半岛到华南沿海形成急流以后,其西南气流总是迅速向北推进的,一般可推进到长江及黄河中下游。这种向北推进的西南气流向北输送了大量的动能及潮湿不稳定能量,在北方冷空气激发下,促使不稳定能量释放,因而在西南气流北界可形成一系列气旋性涡旋。这些涡旋的形成,反过来又加强了气压梯度,使原西南气流上风速加大,于是形成了急流,这里仍以上述急流过程来说明。1973 年 6 月 15 日以后,西南气流向北推进到长江中下游,6 月 19 日以后,西南气流北界形成了一系列涡旋。涡旋形成后,由于气压梯度加大,反过来加强了其南部的急流(图 5)。以后随着涡旋的南移,急流也逐渐南移,并随着涡旋强度的变化而变化。

　　中低纬系统的相互作用所形成的低空急流。当高原南部热低压或季风低压发展,赤道缓冲带北上和南移的四川盆地低压相互作用,或者热低压或季风低压发展,太平洋副高加强西伸北抬和南移的四川盆地低压相互作用,均可在华南沿海形成一股较强的西南风气流,最大风速可达 20 m/s 以上。例如,1977 年 5 月 28 日—31 日华南沿海的一次急流过程即是如此。在850 hPa 图上,5 月 26 日以前,印度北部为一弱的气旋式环流,28 日以后,印度北部热低压逐渐加深,与此同时,原在 6°S 左右活动的赤道缓冲带,28 日也北上进入北半球,一股越赤道气流也跟着北上,并加入到热低压南侧的西南气流上,使西南气流北界推进到西南地区。这时,在四川盆地以南又有一低压强烈发展并南移,于是气压梯度进一步加大,西南气流上形成两股急流。29 日急流最强,中心风速达 22 m/s,30 日两股急流合并为一股,强度减弱到18 m/s(图 6)。

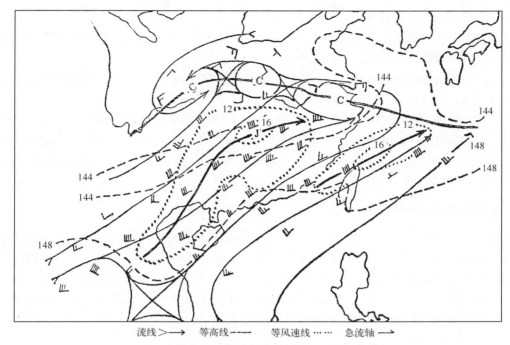

流线 >—→ 等高线 ---- 等风速线 ······ 急流轴 —→

图 5 1973 年 6 月 20 日 08 时 850 hPa 流线图

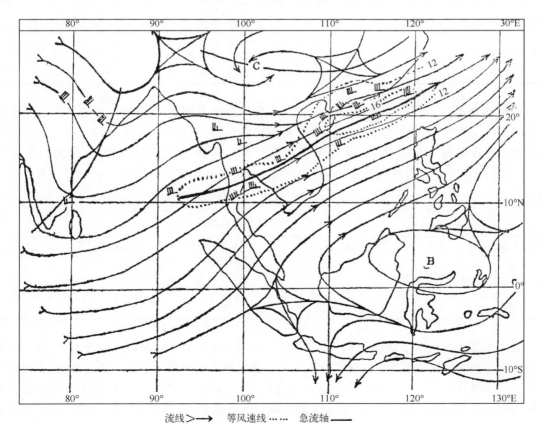

流线 >—→ 等风速线 ······ 急流轴 ——

图 6 1977 年 5 月 30 日 08 时 850 hPa 流线图

综上所述,我们可以看到:

(1)高原南部热低压或季风低压加强时,在华南沿海均能形成急流,热低压越强,形成的急流也强,低压较弱时,形成的急流也较弱;

(2)热低压或季风低压加强,如果有四川盆地低压和赤道缓冲带或副高相配合时,可在华南沿海形成较强急流;

(3)向北推进的西南气流,其北界可形成一系列涡旋,涡旋南侧的西南气流上可形成较强的急流。这里我们要指出,热低压或季风低压发展所形成的急流,或热低压或季风低压与低纬系统配合所形成的急流,在性质上也许属于热带系统,但这里主要从急流角度出发来讨论的。此种急流对华南暴雨贡献最大。

3.4 低空急流对暴雨的作用

从急流暴雨(4 个纬距内)日数(以 50 mm/d 为标准)和急流暴雨概率来看,4—7 月急流暴雨日数和暴雨概率为最大(表 3),特别是 5—6 月份,急流暴雨概率达到 84%～85%;其次是 9 月份,急流暴雨日数虽不多,但暴雨概率却比较大,达到 77%。其他各月除 10 月份外,暴雨概率都在 40% 以下。究其原因,一方面是由于 4—7 月的急流活动频繁,特别是强急流活动次数较多;另一方面还与其他天气系统的配合有密切的关系。

表 3　1970—1977 年急流暴雨日数和暴雨概率

项目	月份											
	1	2	3	4	5	6	7	8	9	10	11	12
急流暴雨日数	0	3	6	53	76	99	66	13	10	11	2	2
暴雨概率		5	8	63	84	85	69	40	77	68	33	7

急流强度不同,其所产生的暴雨强度及暴雨概率也是不同的。握统计,强急流产生暴雨的概率达 63%,其中大暴雨(大于 100 mm/d)和特大暴雨(大于 200 mm/d)的概率为 27%;次强急流产生暴雨的概率为 55%,大暴雨和特大暴雨的概率为 21%;弱急流产生暴雨的概率为 44%,大暴雨和特大暴雨的概率仅 15%(表 4)。很显然,急流强度与暴雨强度是存在着一定的关系的。

表 4　急流强度与降水降度的关系

急流强度	急流日数	特大暴雨日数	%	大暴雨日数	%	暴雨日数	%	合计
强	78	6	8	15	19	28	36	63
次强	427	9	2	82	19	143	33	55
弱	132	2	2	17	13	39	30	44

急流和暴雨从统计上讲虽存在一定的关系,但并不能说暴雨就是急流所产生的。通常,急流是在有急流存在的前提下,它与其他各种天气系统相互作用而产生的。为说明这个问题,我们作了如下统计(表 5)。在 637 日的急流总日数中,在其他不同天气系统配合下出现暴雨的日数为 279 日,概率是 43.8%;单独急流出现暴雨的日数是 62 日,概率是 9.7%;无暴雨的急流日数是 296 日,概率是 46.5%。由此可知,单独急流是很少有暴雨产生的,而且近一半的急

流没有暴雨产生,绝大多数急流暴雨都是在急流与其他天气系统共同作用下产生的。

表 5　急流与天气系统配合统计

项　　目	日　数	概　　率
急流总日数	637	
急流与其他天气系统配合出现暴雨的日数	279	43.8%
单独急流出现暴雨的日数	62	9.7%
无暴雨的急流日数	296	46.5%

与其他天气系统共同作用产生的暴雨可以出现在急流轴的前后和左右。产生在急流轴的左前方或正前方的暴雨,一方面是由于与西风带的低值系统配合较好,地面上多有静止锋或冷锋,850 hPa 和 700 hPa 上有切变线,有时伴有低涡东移,在 500 hPa 上有低槽活动。这些系统是产生暴雨的主要天气系统,这些系统的存在为中小尺度系统的产生提供了环境条件。另一方面,在这些系统的相互配合下,有利于急流轴左前方和正前方辐合上升运动的维持和加强,这一点可以通过急流入口处和出口处以及沿急流轴的垂直剖面图看出。在入口处,急流所在高度及其左侧从低层到高层都是辐散,其右侧从低层到高层均为辐合(图略);在出口处刚好相反,在急流所在高度及左侧,600 hPa 以下均为辐合,以上为辐散,在急流右侧为弱的辐合、辐散相间出现(图 7)。沿急流轴其前方的低层为辐合,高层为辐散,后方为弱辐散、辐合相间出现。很显然,急流轴左前方和正前方的这种散度分布是有利于上升运动的维持和加强的,因而是有利于降水的;急流后方左右侧的散度是不利于降水产生的。另外,急流轴本身在空间具有一定的坡度,有利于上升运动的产生,因而对降水也是有利的。根据对 14 个急流轴的分析,其平均坡度约 1/300,与华南准静止锋的坡度相当,其中最大的坡度为 1/150,多出现于东北—西南走向的急流中;最小的坡度为 1/600 左右,多出现在近于纬向的急流中。由于这种急流轴坡度的存在,使得暖湿空气沿急流轴上升,犹如沿锋面的爬升运动,这种爬升运动与系统性的上升运动相叠加,可使上升运动进一步加强,因而对降水是有利的。在上述条件下,加之急流所提供的充沛的水汽条件,可造成范围广、强度大的暴雨。特别是在高原南部热低压或季风低压南侧所形成的较强急流,水汽条件更为充沛,层结更不稳定,急流左前方及正前方在冷空气激发和地形影响下,对流层低层更易形成中尺度涡旋和切变线,因而产生的暴雨强度更大。例如前面提到的 1977 年 5 月 28 日—5 月 31 日的急流过程,在华南的粤东沿海造成了特大暴雨。在该暴雨过程中,在急流左侧地面有静止锋维持,850 hPa 和 700 hPa 有切变线,500 hPa 南支槽也十分活跃,四川盆地低涡又强烈发展东移。由于这些系统的共同作用,地面上有很多中尺度涡旋和切变线产生。据统计[7],在 5 月 27 日—6 月 1 日 18 个时次中,每次都有切变线存在,其上共有 27 个中小尺度涡旋产生,其中有 25 个落在过程总雨量 500 mm 范围内(图 8),而且中涡旋的集中区正是二个暴雨最强区。可见,这些中尺度切变线和涡旋是暴雨的直接制造者,而天气尺度的急流、静止锋、切变线或槽线等为暴雨的产生提供了极有利的环境条件。

至于急流右侧及后方产生的暴雨,主要是由于副高后部的偏南气流与西南气流汇合而产生的。但这种暴雨是分散的,强度也不大,有时可达大暴雨。

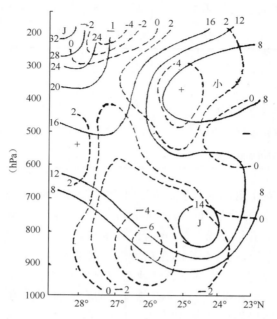

图 7　1976 年 6 月 9 日 08 时急流出口处散度剖面图

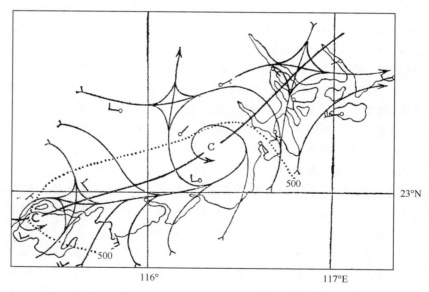

图 8　1977 年 5 月 29 日 08 时汕头地区流线图
流线——　切变线——　500 mm 雨量线……

4　结　语

（1）30°N 以南 105°E 以东的华南地区,全年均可有低空急流出现,年平均 35 次。以 3—6 月出现次数最多,强急流多出现在 4—6 月份。

（2）低空急流是在一定的环流形势下产生的,在有低值系统和高值系统配合下,一般以在热低压或季风低压南侧产生的急流较强,水平尺度较大,维持时间也较长。

（3）低空急流入口区和出口区的散度和垂直速度分布有很大的不同。在入口区,左侧为辐散下沉,右侧为辐合上升;其出口区刚好相反,左侧为辐合上升,右侧为辐散下沉。

（4）单独的急流一般不能产生明显的暴雨,范围广强度大的暴雨是在急流与其他天气系统的配合作用下产生的。低空急流的主要作用是提供水汽条件、潮湿不稳定条件和高能条件。当没有其他天气系统配合时,往往不具备触发条件,因而不稳定能量一般不能获得释放,这就是单独急流很少产生暴雨的原因所在。相反,当有各种天气系统配合时,低层容易激发产生中尺度切变线和涡旋,产生强上升运动,促使不稳定能量释放。不稳定能量释放反过来又可促使低层中尺度系统的发展,上升运动进一步加强,因而往往形成范围广、强度大的暴雨。

参考文献

［1］广东省气象台.华南前汛期的一次低空急流过程∥热带天气会议论文集.科学出版社,1976.

［2］彭本贤,梁必骐,等.华南低空急流与4—6月广西暴雨.中山大学学报(自然科学版),1977,(1).

［3］广东省热带海洋气象研究所.华南前汛期低空急流过程的初步分析.大气科学,1977,(2).

［4］包澄澜.热带天气学.科学出版社,1980:227-233.

［5］仲荣根.4—6月华南西南风低空急流的形成、移动和预报的研究.中山大学学报(自然科学版),1979,(1).

［6］孙淑清.低空急流及其与暴雨的关系∥暴雨文集.吉林人民出版社,1978:40-46.

［7］梁必骐,包澄澜.华南前汛期暴雨的中分析∥暴雨文集.吉林人民出版社,1978:87-93.

暴雨中尺度环境场特征及积云对流的反馈作用

梁必骐　李　勇

（中山大学大气科学系）

摘　要　本文利用一套具有中尺度分辨率的观测资料，对发生在 1983 年 6 月下旬的一次长江流域梅雨暴雨过程进行了诊断研究，并比较了该过程的对流降水活跃期和非活跃期的中尺度环境场特征。结果表明，两个时期的动量场存在明显差异，而水热场差异不大，Q_1 和 Q_2 以及涡度收支也存在明显差异。在降水活跃期（暴雨集中期），积云对流对能量和涡度的垂直输送有着重要作用；在水热收支中，起主要作用的是垂直输送项，潜热加热基本上为抬升冷却所平衡，水汽的垂直输送是积云对流的主要水汽源；在涡度收支中，低层散度项和扭转项制造正涡度，并通过积云对流向上输送，无论在低层或高层积累的正涡度都被平流非线性过程所耗损。

1　引　言

国内外气象工作者对梅雨过程的环境场特征作了大量研究，但多是从大尺度角度进行研究，而对中尺度环境场特征研究不多。对积云对流对大尺度环境场的反馈作用的研究，通常是利用观测资料计算出视热源（Q_1）和视水汽汇（Q_2），进而讨论积云对流对大尺度水热场的反馈。例如，李维亮等（1979）[1]、Luo 和 Yanai（1984）[2]、丁一汇等（1988）[3,4] 先后用 Q_1 和 Q_2 讨论了梅雨锋降水过程，杨松等（1988）[5]、孙积华和梁必骐（1989）[6] 分别讨论了台风和登陆台风中的 Q_1、Q_2 特征，这些工作都强调了积云对流加热的重要作用。Johnson（1976）[7]、李勇和梁必骐[8] 用云谱模式进一步研究了积云对流的这种反馈机制。

积云对流不仅在水热场上而且在动量场上也有反馈作用。例如，利用大尺度涡度方程的余差项讨论积云对流对涡度的垂直输送。许多作者利用这种方法讨论了热带扰动[5,9-12]和梅雨过程[13,14]的涡度收支及积云对流在涡度平衡中的重要作用。

上述工作基本上是应用大尺度观测资料进行的，因而不能分离出中尺度系统，实际上中尺度系统在暴雨中的作用是十分重要的。为此，我们利用一套较高分辨率的中尺度实验观测资料，讨论了梅雨暴雨过程的中尺度环境场特征及积云对流对中尺度水热场和涡度场的反馈作用。

2　资料处理和计算方法

本文选用的暴雨个例是 1983 年 6 月 24 日 13 时至 26 日 19 时 1 发生在长江下游的一次一般强度的梅雨暴雨过程。计算中使用的资料是 6 h 一次的探空和每小时一次的降水观测资

本文发表于《热带气象》，1991，**7**(1).

料。计算区域为 117°—120°E、31°—34 °N,该区域内有雨量站 58 个,探空站 12 个,平均网格距约 80~90 km。垂直格距为 50~100 hPa。

我们首先将原始风资料分解为东西风分量(u)和南北风分量(v),并由温度(T)、比湿(q)、饱和比湿(q_m)和位势高度(z)等要素分别组合出干静力能(S)、湿静力能(H)和饱和湿静力能(H_m),即

$$S = C_p T + gz \tag{1}$$

$$H = C_p T + gz + Lq \tag{2}$$

$$H_m = C_p T + gz + Lq_m \tag{3}$$

式中 c_p、g 和 L 分别为干空气的定压比热、重力加速度和凝结潜热系数。由此扩展成计算所需的 9 个要素(u,v,T,q,q_m,z,S,H,H_m)。对每一时次、每一高度上的每一要素,都用二次曲面拟合的办法处理:

$$\chi = Ax^2 + Bxy + Cy^2 + Dx + Ey + F \tag{4}$$

其中 χ 代表任一要素;A、B、C、D、E、F 为拟合系数,均由最小二乘法求得;x、y 为相对于站点几何中心的经纬度坐标。在用最小二乘法求解系数时,使用权重函数

$$W(r) = \exp(-br^2) \tag{5}$$

式中 $r^2 = x^2 + y^2$,b 为系数,本文取 $b = 0.04$ 度$^{-2}$。系数 A、B、C、D、E、F 的求解可参看文献[15]。为了检验拟合的精度,我们在求得拟合系数后,分别将各站点所在经纬度值(x,y)代入(4)式,求出拟合的各要素值,并与原始资料相减求得绝对值,然后与本要素的绝对数值相除便得到相对误差。结果发现,这样的拟合是相当准确的,求得要素,u,v,T,q,q_m,S,H,H_m,z 的平均相对误差分别为 0.041,0.363,0.002,0.018,0.011,0.001,0.001,0.001,0.002。但对风场(u,t)拟合系数必须进行订正,以使得 100 hPa 高度上的 ω 等于零,其订正方法参看文献[15]。

求得各系数之后,便可计算下列式中各项:

$$Q_1 = \frac{\partial \bar{S}}{\partial t} + \bar{V} \cdot \nabla \bar{S} + \bar{\omega} \frac{\partial \bar{S}}{\partial p} \tag{6}$$

$$Q_2 = -L(\frac{\partial \bar{q}}{\partial t} + \bar{V} \cdot \nabla \bar{q} + \bar{\omega} \frac{\partial \bar{q}}{\partial p}) \tag{7}$$

$$Z = \frac{\partial \bar{\zeta}}{\partial t} + \bar{V} \cdot \nabla(\bar{\zeta} + f) + (\bar{\zeta} + f)\nabla \cdot \bar{V} + \bar{\omega}\frac{\partial \bar{\zeta}}{\partial p} + k \cdot \nabla \bar{\omega} \times \frac{\partial \bar{V}}{\partial p} \tag{8}$$

其中 Q_1 为视热源,Q_2 为视水汽汇,Z 为视涡源,其余符号均为常规符号。在计算过程中,时间导数项除了最后一个时次采用向后差外,其余均采用向前差。对于中心点,各项都用二次曲面拟合的系数求得。

3　计算结果分析

虽然长江流域梅雨主要是连续性降水,但在梅雨暴雨过程中对流性降水也是重要的。Yamazaki 等(1981)[16]通过参数化方法对日本梅雨暴雨过程进行研究得到,暴雨过程开始时,大范围抬升降水占主要,而后则对流降水占主要。为了了解长江梅雨暴雨过程中对流性降水的贡献,我们利用计算区域内的 58 个降水站资料,各探空时次前后 6 h 的降水量,用二次曲面拟合的办法求得探空站几何中心点的降水量 R,然后用

$$R_m = -\frac{1}{g}\int_{P_t}^{P_s}\overline{\omega}\frac{\partial q_m}{\partial p}\mathrm{d}p \tag{9}$$

求得上升运动造成的降水。因此

$$R_c = R - R_m \tag{10}$$

R_c 可视为对流性降水,即表示积云对流对暴雨过程总降水量的贡献。实际上 R_c 应更大些,因为 R_m 包括了积云对流造成的上升运动所产生的部分降水。在积分(9)式时,取 $q/q_m < 0.9$ 为判据。当 $q/q_m < 0.9$ 时定为没有抬升降水的贡献。图 1 给出了各探空时次前后 6 h 的抬升降水和对流降水(图中阴影部分)。因为暴雨具有中尺度特征,其强降水过程并不是连续性的,为此,我们可以根据不同时段的降水量和降水性质将整个暴雨过程分为降水活跃期(暴雨期)和非活跃期(非暴雨期),取前三个时次为活跃期,而后七个时次为非活跃期。可以看到,对流降水在总降水中占有一定的比重,尤其是活跃期对流性降水量占 1/5 以上。这说明梅雨暴雨过程的总降水量不是仅由梅雨锋的抬升凝结造成的。积云对流活动也是梅雨暴雨过程中一个重要因素。

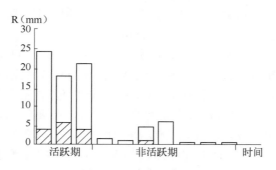

图 1　6 h 降水量序列

空白部分:大尺度降水,阴影部分:对流性降水。

下面我们讨论降水活跃期与非活跃期的中尺度环境场差异,以及对流活动对环境场的反馈作用。

3.1　降水活跃期与非活跃期环境场的特征

由图 2 可以看到,降水活跃期与非活跃期的干静力能和比湿的垂直分布几乎完全一致,这说明两个时期的中尺度环境温湿场差异并不明显。两个时期的大气层结十分相似,而且都近于饱和。这一点与 So(1985)[17] 对日本梅雨暴雨的研究结果一致。与 Lord 等(1980)[18] 给出的廓线相比较,梅雨暴雨时期的空气要比 GATE 时期的 ITCZ,或 Marshall 群岛和西印度洋的扰动期与非扰动期都更接近饱和,而与台风期的空气十分接近。

图 3 分别给出了活跃期和非活跃期的涡度、散度和垂直速度廓线。该图表明,两个时期的中尺度动力场存在较大差异,尤其是在量值上相差很大。由图 3(a)可见,虽然两个时期在对流层中低层都是正涡度,高层为负涡度,最大正涡度位于 850 hPa 高度上,但活跃期的正涡度层厚度要比非活跃期大,其量值也相差一倍以上。很显然,在本例中,中尺度涡度场与降水的关系是相当好的。这一点同一些学者用大尺度资料计算得到的结果不大一致。例如,孙淑清(1982)[19] 对华南前汛期暴雨过程的诊断表明,涡度场对降水并不敏感。Reeves 等(1979)[20] 用 GATE 资料诊断指出,涡度与降水的关系是很复杂的,有时相关较好,而有时又相关不好。

显然,涡度场对降水的敏感程度并不是一个简单的问题,它可能与所在地区、引起降水的天气系统和资料的分辨率都有关。图 3b、3c 表明,活跃期的散度场和垂直速度场与非活跃期的相差很大,无论是低层辐合或高层辐散,前者都比后者大很多,上升速度相差二倍以上。这与其他作者的结论一致。

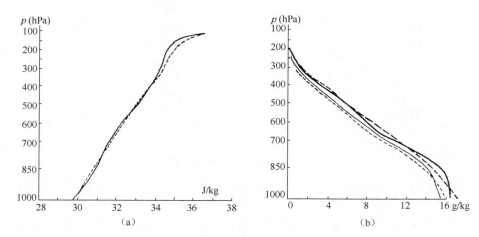

图 2　降水活跃期与非活跃期的平均热力场

(a)干静力能;(b)比湿(粗线为饱和比湿),实线为活跃期,虚线为非活跃期。

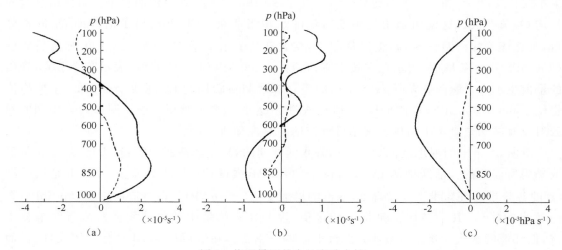

图 3　梅雨暴雨的中尺度动力场

(a)涡度;(b)散度;(c)垂直速度,其他说明同图 2。

3.2　中尺度水热收支和积云对流的反馈

用大尺度资料计算得到的长江流域梅雨期或梅雨过程的平均 Q_1、Q_2 垂直廓线极为相似,而且它们的峰值均出现在相同高度[2,3]。这说明梅雨期降水主要是梅雨锋造成的连续性降水,与 ITCZ 附近的对流性降水是不同的。但计算表明,梅雨暴雨过程具有类似热带对流降水的特点。

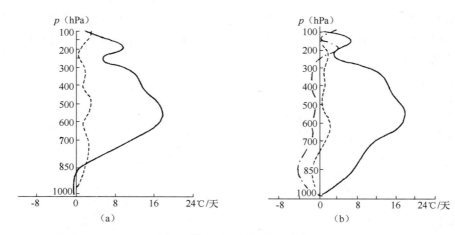

图 4　暴雨过程的视热源分布

(a)Q_1 的垂直廓线(说明同图 2);(b)Q_1 的各分量(实线为 $\overline{\omega}\dfrac{\partial \overline{S}}{\partial p}$ 项,虚线为 $\dfrac{\partial \overline{S}}{\partial t}$ 项,点画线为 $\overline{V} \cdot \overline{\Delta S}$ 项)。

图 4a 给出了降水活跃期和非活跃期的视热源 Q_1 的垂直廓线。可以看到,活跃期的 Q_1 比非活跃期大很多。在活跃期,即暴雨集中期,积云对流旺盛,对环境有很强的加热作用,最强加热层位于 600~500 hPa,强度达 18℃/d;此外在 200 hPa 上还有一个次峰值。该结果不仅比文献[2]和[3]所得 Q_1 值大,而且比 So(1985)[17]计算得到的整个梅雨暴雨过程的平均 Q_1 值要大。这说明暴雨集中期对流降水相当活跃。图 4b 给出了活跃期 Q_1 的各分量,可见环境的增温($\partial \overline{S}/\partial t$)整层都很小,接近于零;水平平流项($\overline{V} \cdot \overline{\Delta S}$)在对流层低层(850 hPa)有一负峰值,表示存在暖平流,在高层(200 hPa)有一正峰值,表示有冷平流,该项的量值也不大;垂直平流项($\overline{\omega}\partial \overline{S}/\partial p$)的垂直廓线与活跃期的 Q_1 廓线十分相似,主要峰值也位于 600~500 hPa,量值也最大,可见该项是 Q_1 的主要贡献项。这说明暴雨集中期的积云对流凝结加热基本上由中尺度抬升气流的绝热冷却所平衡。

由图 5a 给出的视水汽汇 Q_2 可见,降水活跃期的 Q_2 比非活跃期的 Q_2 大得多,这正是形成暴雨所需要的。活跃期的 Q_2 峰值位于 700 hPa,强度达 16 ℃/d 以上。图 5b 是活跃期 Q_2 的各分量垂直廓线。可以看出,水汽的局地变化($-\partial \overline{q}/\partial t$)只在对流层中层(500 hPa)有一较小的峰值,其余各层都是很小的正值,说明在暴雨集中期虽然积云对流凝结消耗水汽,但环境的水汽含量减少较小;水汽平流项($\overline{V} \cdot \Delta \overline{q}$)在低层(850 hPa)有一较大峰值,而 700 hPa 以上接近于零,这表明从水汽水平平流来看,积云对流所需水汽主要来自对流层低层;水汽垂直输送项($\overline{\omega}\partial \overline{q}/\partial p$)是最大项,是对 Q_2 起主导作用的项,也就是说中尺度上升气流造成的水汽垂直输送是积云对流活动的主要水汽源。

比较图 4a 和图 5a 可以看到,暴雨集中期的 Q_1 和 Q_2 在垂直分布上存在明显差异,Q_1 比 Q_2 的峰值位置更高,说明存在积云对流活动。这种差异表明,积云对流将湿静力能从低层向高层输送。由于积云对流的作用,导致了梅雨过程中热源性质和降水性质的变化。

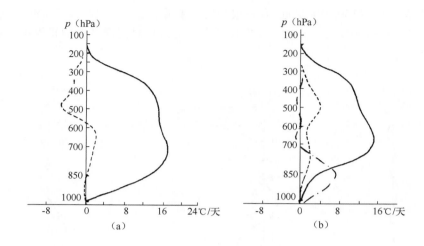

图 5　暴雨过程的视水汽汇分布

(a)Q_2 垂直廓线(说明同图 2);(b)Q_2 各分量(实线为 $\overline{\omega}\dfrac{\partial\overline{q}}{\partial p}$ 项,虚线为 $\dfrac{\partial\overline{q}}{\partial t}$ 项,点画线为 $\overline{v}\cdot\overline{\Delta q}$ 项)。

3.3　中尺度涡度收支及积云对流的反馈

　　用涡度方程诊断系统的发生发展,以及通过余项来讨论次网格尺度作用于网格尺度的方法应用较广。但对梅雨暴雨过程的诊断,尤其是中尺度诊断仍不多。本文利用(8)式分别计算了梅雨暴雨区的降水活跃期和非活跃期的中尺度涡度收支,并通过比较涡度方程的余项讨论了积云对流对环境涡度场的反馈作用。计算结果如图 6 所示。由图可以看到降水活跃期和非活跃期涡度方程中各项的特点如下:

　　(1)局地变化项$\left[\dfrac{\partial\overline{\zeta}}{\partial t}\right]$(图 6a):该项无论是活跃期或非活跃期都很小,说明中尺度系统各处于准平衡状态。

　　(2)水平平流项$[\overline{V}\cdot\nabla(\zeta+f)]$(图 6b):该项数值很大,其中活跃期比非活跃期大很多。在活跃期,该项在对流层上层(200hPa)附近有最大正值(在 $4.0\times10^{-9}\,\mathrm{s}^{-2}$ 以上),在低层(850hPa)有一次大正值(约 $1.7\times10^{-9}\,\mathrm{s}^{-2}$)。也就是说无论在高层或低层,该项的作用都是导致负涡度积累,正涡度亏损。

　　(3)散度制造项$[(\overline{\zeta}+f)\Delta\cdot\overline{V}]$(图 6c):该项也是活跃期比非活跃期大。在活跃期,该项的垂直廓线与散度垂直廓线(图 3b)相似,即它们垂直分布的符号一致,这说明高层负的相对涡度($\overline{\zeta}$)仍小于地转涡度(f)。该项的作用是在低层制造正涡度,高层制造负涡度。

　　(4)垂直平流项$\left[\overline{\omega}\dfrac{\partial\overline{\zeta}}{\partial p}\right]$(图 6d):数值很小,接近于零,说明该项作用很小。

　　(5)扭转项$\left[k\cdot\Delta\overline{\omega}\dfrac{\partial\overline{V}}{\partial p}\right]$(图 6e)在非活跃期该项接近于零。在活跃期,该项在低层和高层都制造正涡度,在中层有较小的负涡度制造。

　　(6)余项$[Z]$(图 6f):该项可以表征积云对流对中尺度涡度场的反馈作用,其量值也是活跃期比非活跃期大很多,这说明活跃期比非活跃期具有更强的积云对流对环境涡度场的反馈作用。在活跃期,高层(150 hPa 附近)有一很强的涡度源(约 $5.0 \times 10^{-9} \mathrm{s}^{-2}$),低层(700 hPa 附近)有一涡度汇(约 $-1.0 \times 10^{-9} \mathrm{s}^{-2}$)。这反映了积云对流将对流层低层的正涡度向高层输送,以维持涡度平衡。

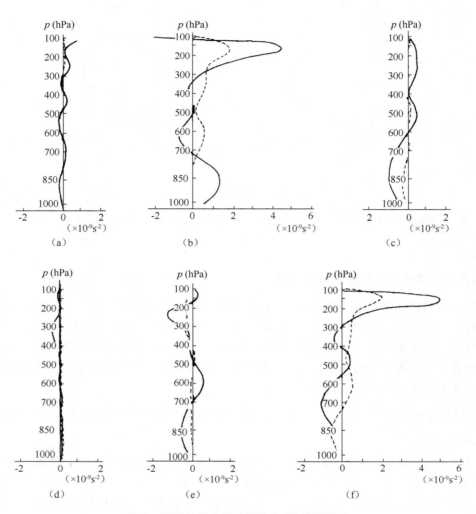

图 6　暴雨过程中的涡度收支(说明同图 2)

$$(a) \frac{\partial \overline{\zeta}}{\partial t}; (b) \overline{\boldsymbol{V}} \cdot \nabla (\overline{\zeta} + f); (c) (\overline{\zeta} + f) \Delta \cdot \overline{\boldsymbol{V}},$$

$$(d) \overline{\omega} \frac{\partial \overline{\zeta}}{\partial p}; (e) k \cdot \nabla \overline{\omega} \times \frac{\partial \overline{V}}{\partial p}; (f) z_o$$

　　本文所得结果同一些作者用大尺度资料对热带扰动和梅雨过程计算得到的涡度收支相比较[11-14,20],有许多不同之处,其中主要一点是平流非线性过程的作用特别大,尤其是高层,涡度收支基本上是平流项与积云对流产生的涡源所平衡。在低层,散度项和扭转项制造正涡度,其一部分由水平平流项抵消,而另一部分由积云对流输送到高层,以补偿高层平流对正涡度的耗损。综上所述,我们可以将梅雨暴雨过程中的中尺度涡度收支概括成如下框图:

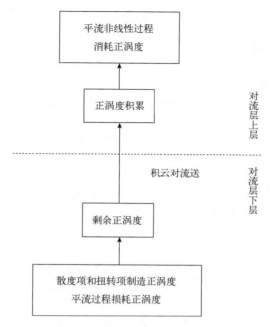

在上述诊断分析中,我们把余项视为积云对流的效应,实际上余项还包含了计算误差。为此,我们按张可苏[*]的误差估计方法作了检验,结果表明,对本文的诊断工作可能造成较大误差的是局地变化项,而从前面给出的结果可看出,该项数值很小,因此它所造成的误差对余项的影响也就不大,故可以认为对余项的分析在物理上是有意义的。

4　结　论

(1)在梅雨暴雨过程的总降水量中,对流性降水占一定的比重,尤其是在暴雨集中期对流性降水占 1/5 以上。

(2)在降水活跃期和非活跃期,中尺度涡度、散度和垂直速度场存在很大差异,活跃期比非活跃期大 1~2 倍。但两个时期的中尺度水热环境场却差异不大。

(3)对流降水活跃期的视热源 Q_1 和视水汽汇 Q_2 比非活跃期的大很多,这反映了积云对流对环境水热场的反馈作用。活跃期的 Q_1、Q_2 垂直廓线存在明显差异,表明存在积云对流活动及其对能量的垂直输送。

(4)水热收支的计算结果表明,在暴雨集中期起主要作用的是垂直平流项。这时积云对流的凝结加热基本上被上升运动造成的绝热冷却所抵消;而对流所需的水汽供应除低层主要来自水平平流过程外,基本上是由垂直方向的水汽输送所提供。

(5)中尺度涡度收支的诊断表明,在低层,散度项和扭转项制造正涡度,而平流项产生负涡度。总的净正涡度由积云对流输送到高层,在高层积累的正涡度将由平流非线性过程所消耗。

陈良栋教授对本文的完成提供了帮助,特此致谢!

＊　张可苏,诊断分析误差估计(手稿)。

参考文献

［1］李维亮,章名立.1972 年梅雨期长江中下游地区上空的能量输送//中国科学院大气物理研究所集刊第 7号. 北京:科学出版社,1979:66-77.

［2］Luo H B,Yanai M. The large-scale circulation and heat sources over the Tibetan Plateau and surrounding areas during the early summer of 1979,Part Ⅱ,Heat and moisture budgets. *Mon Wea Rev*,1984,**112**: 966－989.

［3］丁一汇,王笑芳.1983 年长江中游梅雨期的热源和热汇分析. 热带气象,1988,**4**:134-145.

［4］Ding Yihui,Hu Jian. The variation of the heat sources in East China in the early summer of 1984 and their effects on the large-scale circulation in East Alia. *Adv Atmos Sci*,1988,**5**:171-180.

［5］杨松,梁必骐. 初夏南海台风的结构分析. 热带气象,1988,**4**:61-66.

［6］孙积华,梁必骐. 登陆热带风暴增强过程的变化特征. 低纬高原天气,1989,**2**:43-51.

［7］Johnson R H. ,The role of convective-scale precipitation downdraft in cumulus and synoptic-scale interaction. *J Atmos Sci*,1976,**33**:1890-1910.

［8］李勇,梁必骐. 暴雨中积云对流的反馈机制. 大气科学(即将发表).

［9］William K,Gray W M. Statistical analysis of satellite-observed trade wind cloud clusters in the north Pacific. *Tellus*,1973,**25**:313-336.

［10］Reed R J,Johnson R H. The vorticity budget of synoptic-scale wave disturbances in the tropical Western Pacific. J *Atmos Sci*,1974,**31**:1784-1790.

［11］Chu J H,et al. Effects of cumulus convection on the vorticity field in the tropics,Part Ⅰ:large scale budget. *J Met Soc Jap*,1981,**59**:535-546.

［12］梁必骐,刘四臣. 南海季风低压的结构演变和涡度收支.海洋学报,1988,**10**:626-634.

［13］陈受钧,郑良杰. 梅雨暴雨的涡度平衡和积云对流. 气象学报,1979,**37**:8-13.

［14］汪钟兴.梅雨期盛期的大尺度涡度收支特征.热带气象,1986,**2**:211-217.

［15］丁一汇. 天气动力学中的诊断分析方法. 北京:科学出版社,1989.

［16］Yamazaki K,Ninomiya K. Response of Arakawa-Schubert cumulus parametrization model to real data in the heavy rainfalls area. *J. Met. Soc. Jap*,1981,**58**:547-563.

［17］So S S. An observational study of the role of convection in the Baiu situation with special attention to the Arakawa-Schubert cumulus paramaterization,Part Ⅰ. *J Met Soc Jap*,1985,**83**:657-672.

［18］Lord S J, Arakawa A. Interaction of a cumulys cloud ensemble with the large-scale environment,Part Ⅰ. *J Met Soc Jap*,1980,**37**:2677-2692.

［19］孙淑清. 华南前汛期幕雨文集. 北京:气象出版社,1982,149-156.

［20］Reeves R W,et al. Relationship between large-scale motion and convective precipitation during GATE. *Mon Wea Rev*,1979,**107**:1154-1168.

Feedback Mechanism of Cumulus Convection in Heavy Rainfall

Li Yong(李　勇)，Liang Biqi(梁必骐)

(Department of Atmospheric Sciences,Zhongshan University,Guangzhou,China)

Abstract　　Nitta's cloud spectrum model and the cumulus parameterization formulae are used to study the cumulus feedback mechanism on the mesoscale thermal and moisture fields of heavy rainfall in the Meiyu season based on the analysis of a mesoscale experiment data set. The results show that shallow clouds and deep convection are the two primary modes in the cloud spectrum. There are few clouds detrained in the middle troposphere. The compensation downdraft has strong heating and drying effects on the ambient atmosphere. But most of these effects are counteracted by the reevaporation of the detrained liquid water. There may exist some reevaporation mechanism of liquid water other than the directly detrained liquid water evaporation.

Keywords　　Meiyu；heavy rainfall；cumulus convection；heat and moisture fields；feedback mechanism

1　INTRODUCION

Many meteorologists have studied the characteristics of the thermal and moisture fields of Meiyu season along the Changjiang River Valley[1-5]. The results show the importance of the latent heat release,and indicate that the precipitation in Meiyu is primarily sustained rainfall caused by sheet clouds. But all these works were done by using observational data on a large scale and therefore only demonstrate the large scale mean parameters of Meiyu. A mesoscale observational data set in a heavy rainfall case during Meiyu season was used for some studies by us. The characteristics of the mesoscale ambient field for both heavy rainfall period and non-heavy rainfall period were investigated. The results show that convective precipitation has very high percentage among the total precipitation during heavy rainfall period and there exists a strong feedback effect of cumulus convection on the ambient thermal and moisture fields.

Concerning the mechanism of feedback effects of cumulus convection on the ambient field,some people have obtained satisfactorily meaningful diagnostic results by using either cumulus parameterization method or cloud spectrum model. Kuo[6],Ooyama[7] and Chen et al.[8] used different kinds of parameterization schemes and obtained interesting results.

本文发表于《大气科学》(英文版),1991,**15**(4).

Arakawa[9] and Lord et al. [10−12] used a cloud spectrum model to obtain the complete spectrum of cloud ensemble. The work in parallel with the parameterization is diagnostic model of cloud or cloud ensemble. The diagnostic models are closed without many assumptions unlike parameterization models. Yanai et al. [13] proposed a model which can be used to determine the bulk characteristics of cloud ensemble and which was actually applied for the observational data of the Marshall Islands to investigate the role of cumulus in the large-scale thermal and moisture budgets. Ogura and Cho[14], Nitta[15] respectively proposed the cloud spectrum model which consists of clouds on different scales and applied the model to BOMEX data to study the cumulus activities in trade wind area. Nitta[16] included downdrafts in the model and used it for GATE data. Johnson[17] used the concept of cloud spectrum not only for updraft but also for downdraft. Yousef et al. [18] combined the 1−D cloud model with Arakawa's cloud spectrum scheme and then presented a new diagnostic model which was then tested with GATE data. The results for thermal and moisture fields agree with the observation very well, but the results of momentum budget are not quite satisfactory.

Yanai et al. [19] compared the data results of the Marshall Islands between Nitta's spectrum model and the bulk model. The total mass fluxes obtained by these two different methods are consistent, but the spectrum model can give more detailed information since it describes the whole spectrum of cloud ensemble. Nitta's approach is used in this work to determine the characteristics of clouds, and then parameterization approach is used to investigate the feedback effects of cumulus convection on the mesoscale thermal and moisture fields.

2　DIAGNOSTIC MODEL AND NUMERICAL ALGORITHM

Apparent heat source Q_1 and apparent moisture sink Q_2 are computed as follows,

$$Q_1 = \frac{\partial \bar{s}}{\partial t} + \vec{\bar{v}} \cdot \nabla \bar{s} + \bar{\omega} \frac{\partial \bar{s}}{\partial p}, \tag{1}$$

$$Q_2 = -L \left(\frac{\partial \bar{q}}{\partial t} + \vec{\bar{v}} \cdot \nabla \bar{q} + \bar{\omega} \frac{\partial \bar{q}}{\partial p} \right), \tag{2}$$

where $s = C_p T + gz$ is the dry static energy, C_p, g and z are the heat capacity at constant pressure for dry air, gravity and geopotential height, respectively; q is the specific humidity; and L is the latent heat constant.

The feedback effect of cumulus convection on the ambient field is parameterized as[7,9,10]

$$Q_1 - Q_R = \delta(\hat{s}_c - \bar{s}) - L\delta\hat{l} - M_c \frac{\partial \bar{s}}{\partial p}, \tag{3}$$

$$-Q_2 = L\delta(\hat{q}_c - \bar{q}) + L\delta\hat{l} - LM_c \frac{\partial \bar{q}}{\partial p}, \tag{4}$$

where Q_R is the radiation heating rate (J kg^{-1} s^{-1}), δ is the detrainment rate of cumulus (s^{-1}), $\hat{s}_c$ is the dry static energy of detrained air(J kg^{-1}), $\hat{l}$ is the liquid water content of detrained cloud air (g kg^{-1}), $\hat{q}_c$ is the specific humidity of detrained cloud air, M_c is the total mass flux by cumulus($hPa\ s^{-1}$). The physical meaning of the terms in Eqs. (3) and (4) are:

$\delta(\hat{s}_c - \bar{s})$, the heating on the environment by the detrainment of dry static energy;

$-L\delta\hat{l}$, evaporation cooling of detrained liquid water;

$-M_c\partial\bar{s}/\partial p$, adiabatic heating by the compensation downdraft of cumulus;

$L\delta(\hat{q}_c - \bar{q})$, moistening by detrainment of moist air;

$L\delta\hat{l}$, evaporation moistening by detrained liquid water;

$-LM_c\partial\bar{q}/\partial p$, drying effect by compensation downdraft.

The diagnosis of the heavy rainfall case is based on the above-mentioned terms. $\bar{s}_0$, δ, $\hat{q}_c$ and M_c are obtained from solving the cloud spectrum model. $L\delta\hat{l}$ is obtained as the residual. Nitta's model is modified to fit the properties of data which are distributed unevenly in vertical direction. The Meiyu case in this work is divided into two periods, heavy rainfall and nonheavy rainfall. Nitta's model is solved at every time level during heavy rainfall period. After obtaining the cloud parameter, we used the parameterization formula to investigate the feedback mechanism of cumulus on the mesoscale ambient field. The numerical procedure is illustrated in Figure 1. λ is the cumulus entrainment parameter and η denotes the ratio of cumulus mass flux at some level to that at the cloud base. H_c, s_c and q_c are the moist static energy, dry static energy and specific humidity inside clouds, respectively.

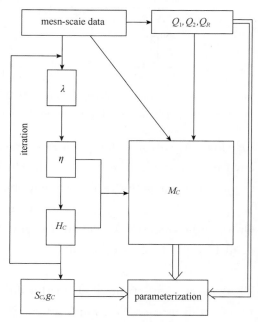

Fig. 1   Scheme of Computation

3   CALCULATION NUMERICAL RESULTS AND ANALYSIS

Figure 2 shows the Q_1 and Q_2 profiles using the mesoscale observational data for the heavy rainfall period in the Meiyu season. For comparison, the results from Luo et al. [2] and Ding et al. [4] by using large scale observational data for the periods of May 26-July 4. 1979 and June 9-July 17, 1983 are given. This shows that for the large-scale results Q_1 and Q_2 have similar vertical profiles and the peaks are around the same height(Figures 2b, c). This indicates that the precipitation is mainly due to continuous rain during the Meiyu season. But during the heavy rainfall period (Figure 2a), Q_1 and Q_2 have different vertical distributions. The peak of Q_1 is between $600\sim500$ hPa while that of Q_2 is around 700 hPa, which means that convective precipitation plays an important role in the total precipitation.

The vertical profile of the cumulus entrainment parameter $\lambda = \dfrac{1}{m}\dfrac{\mathrm{d}m}{\mathrm{d}z}$(Figure 3) shows

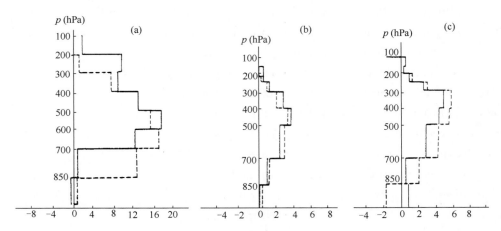

Fig. 2　Vertical profiles of Q_1 and Q_2 during Meiyu season (℃ · d^{-1})

(a)Heavy rainfall case during Meiyu; (b)1979 Meiyu season; (c)1983 Meiyu season

that lower clouds have larger entrainment, which means that more air gets entrained from the environment so that the air inside the cloud reaches the cloud top where buoyancy disappears sooner. If we denote the detrainment height of a cloud as z_D, we have

$$z_D = z_D(\lambda_D). \tag{5}$$

On the other hand, if we denote the entrainment parameter for a cloud whose top (detrainment level) ia at Z as λ_D, we have

$$\lambda_D = \lambda_D(z) \tag{6}$$

Then we get a spectrum of clouds for different values of λ. Figure 3 shows that different authors got different λ distributions for different cases, especially for those clouds which detrain at lower levels(below 500 hPa). The values of λ obtained for the Meiyu heavy rainfall case (solid line in Figure 3) are larger than those obtained by So[20] for Japanese Baiu cases (dashed dotted line), and the values from So are larger than those by Lord et al. for GATE case (dashed line)[10]. This is obviously related to the different characteristics of different convective activities. And the resolution of the observational data is important too. So it is not difficult to understand why the values of λ are larger in this paper than those in others.

In cumulus parameterization, the solution of cumulus mass flux (M_c) is the key problem. The cumulus mass flux (M_B) at cloud base can be calculated from the cloud spectrum model as $M_B(\lambda_D)$. After we obtain $M_B(\lambda_D)$, M_c can be determined by

$$M_c(z) = \int_0^{\lambda_D(z)} m(z,\lambda)\mathrm{d}\lambda = \int_0^{\lambda_D(z)} m_B(\lambda)\eta(z,\lambda)\mathrm{d}\lambda, \tag{7}$$

where

$$\eta(z,\lambda) = \begin{cases} \mathrm{e}^{\lambda}(z - z_B) & z_B \leqslant z \leqslant z_D(\lambda), \\ 0 & z_D(\lambda) < z. \end{cases}$$

Nitta[15] solved the cloud spectrum model by using BOMEX data, and found that $M_B(\lambda_D)$ is restricted in the lower layer under the inversion when trade wind is well developed. But

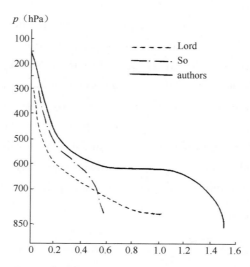

Fig. 3   Vertical profiles of detrainment parameter $\lambda(km^{-1})$

higher clouds will develop when there is a trough passing by at 800 hPa. Yanai et al. [19] analyzed $M_B(\lambda_D)$ and found out that the cloud spectrum demonstrates a bi-peak shape which consists of shallow clouds and deep clouds in the area of ITCZ. Lewis[21] used the data from NSSL and diagnosed a prefrontal squall line case with Ogure-Cho model. In the squall line case deep convection dominates and cumulus mass flux is very large. The $M_B(\lambda_D)$ obtained in Ref. [21] in the Meiyu heavy rainfall case is shown in Figure 4. Similar to the results for ITCZ by Yanai, the spectrum also has a bi-peak shape corresponding to shallow clouds and deep convection, and there are few clouds detrained in the middle troposphere. Due to the uneven discretization in vertical direction, though the value of the high peak for the shallow cloud mode is very large, it has to be normalized by the pressure interval for actual comparison. So the deep convection peak is actually larger than the shallow one but the spectrum range for shallow clouds is wider. By com-

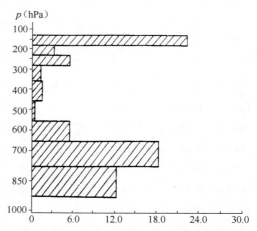

Fig. 4   Spectrum of cloud mass flux at cloud base ($hPa \cdot h^{-1}$) in Meiyu heavy rainfall case

parison with Lewis's results, the difference between the cumulus convection in the Meiyu heavy rainfall case and that in the prefrontal squall line case can be seen.

Figure 5 shows the total cumulus mass flux in the heavy rainfall period. Obviously. only those clouds which detrain at higher levels can contribute to the mass flux at that level. Compared with the results obtained by Nitta and Yanai the mass flux in the heavy rainfall case is larger than that in the tropical trade wind zone and ITCZ even larger by one order of magnitude. The main reason is probably that their results show the mean of longer period and larger scale while the case used in this paper is mesoscale and in the heavy rainfall period. From the cloud spectrum model, it can be seen that the larger Q_1 and Q_2 are, the more different their distributions are, and the larger the coefficients b_i, then the larger the $M_B(\lambda_D)$. When the environment gets moister, coefficients $a_{i,j}$ get smaller, which makes $M_B(\lambda_D)$ larger. The M_c obtained in this paper is much larger than that by Nitta and Yanai; this is because that the Q_1 and Q_2 are larger and the ambient atmosphere is much moister. Compared with the M_c obtained by Lewis for the prefrontal squall line case, the value is similar for deep convection but the shallow mode is much stronger. This is physically reasonable since squall line is a relatively isolated system and usually dies without much shallow cloud associated with.

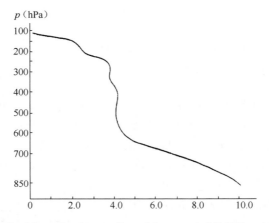

Fig. 5　Mean cloud mass flux of heavy rainfall (hPa · h^{-1})

Knowing the cumulus entrainment parameter (λ) and detrainment parameter (δ) we can understand the cumulus convective activities. Figure 6 gives the total entrainment and detrainment rate for the heavy rainfall period of Meiyu. Since the vertical resolution is uneven, we have to divide the entrainment and detrainment rates with dimension of hPa · h^{-1} by the thickness ΔP so that they have dimension of h^{-1} before they are used in the parameterization formula. From Figure 6, we can see that the largest detrainment is in the upper troposphere and the second largest is in the lower troposphere, which corresponds to deep convection and shallow cloud respectively. The small negative detrainment rate in the middle is probably due to computational error. Entrainment mainly occurs in the lower layer.

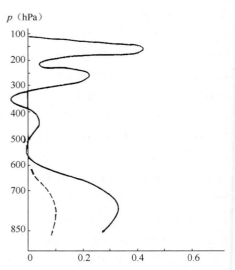

Fig. 6　Cumulus detrainment rate (solid line) and entrainment rate (dashed line)(h^{-1})

Due to the limitations of observation, it is very difficult to study the mechanism of feedback of cumulus in the thermal and moisture fields of environment directly. An indirect way to address this issue is to use parameterization formula. Resolvable observational data are used to solve cloud models so that some characteristic parameters of clouds can be obtained; and then they are put into the parameterization formulae to determine the various terms which describe different mechanisms of the feedback.

Figure 7 gives the heating field from the parameterization results. The diabatic heating by the compensation downdraft of cumulus $(-M_c \partial \bar{s}/\partial p)$ is the primary mechanism of cumulus heating on the environment. But most of the heating is counteracted by the evaporation cooling due to the detrainment of cloud liquid water $(-L\delta\hat{l})$. The remainder of the heating becomes the net heating of cumulus on the ambient atmosphere. It can bee seen from Figure 7 that the detrainment of dry static energy $[\delta(\hat{s}_c - \bar{s})]$ has a very small cooling effect on the ambient atmosphere. This indicates that there is only a slight difference between temperatures inside and outside the cloud.

Figure 8 shows that compensation downdraft has a very strong drying effect on the ambient atmosphere $(-LM_c \partial \bar{q}/\partial p)$, especially in the lower layer. The moistening effect by the reevaporation of detrained liquid cloud water $(L\delta\hat{l})$ is the primary moistening mechanism for the ambient atmosphere. Of course, the ultimate moisture source is the mesoscale water vapor convergence. The moistening effect by detrainment $[L\delta(\hat{q}_c - \bar{q})]$ is very small, which is different from the results of Nitta in the trade wind zone and Lewis in the prefrontal squall line case in which the detrainment of water vapor is very important. By analyzing the characteristics of the ambient field, we can find that the air is very wet and almost close to saturation in the Meiyu heavy rainfall case. It is the main reason why the water vapor detrainment has few moistening effects on the ambient field.

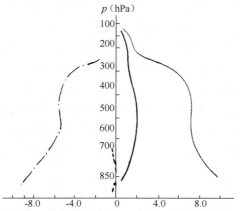 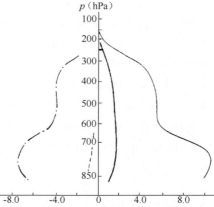

Fig. 7   Parameterization results of heating fields ($°C \cdot d^{-1}$). thick solid line, $Q_1 - Q_R$; thin solid line, heating t) y compensation downdraft; dashed dotted line, reevaporation of detrained liquid water; dashed line, effects of dry energy detrainment.

Fig. 8   Parameterization results of moisture fields ($°C \cdot d^{-1}$). thick solid line, Q_2; thin solid line, drying by compensation downdraft; dashed dot line, reevaporation of detrained liquid water; dashed line, effects of moisture detrainment.

Compared with the results by Lewis for the squall line case, the reevaporation of detrained liquid water due to shallow clouds in the heavy rainfall case is much larger. This is because of that shallow clouds are active in the Meiyu heavy rainfall while squall line does not have that much shallow clouds. The existence of shallow clouds is very helpful to the maintaining of deep convection which intensifies and lengthens the precipitation process.

$L\delta\hat{l}$ can be estimated from the liquid water content inside the cloud. If the liquid content is taken as 1.0 g m^{-3}, air density $0.5 \times 10^{-3} \text{ g} \cdot \text{cm}^{-3}$, liquid water content $l \sim 2.0 \text{ g} \cdot \text{k}^{-1}$, cumulus detrainment rate $\delta \sim 0.2 \text{ h}^{-1}$, then $L\delta\hat{l}$ term is of the order of $25^{\circ}\text{C} \cdot \text{d}^{-1}$. Of course, this value is very different from the values given in Figures 7 and 8. This is due to the fact that the results in Figure 7 and 8 are obtained as the residual term in the parameterization formula and therefore subject to large errors. But the value of $L\delta\hat{l}$ is large for the middle troposphere where there is no detrainment. So it may not be appropriate to attribute the inconsistency completely to computational errors. It may be the case that part of the reevaporation effect of liquid water is not from the cloud top detrainment but due to some other processes, such as reevaporation of rain water in mesoscale downdraft.

It needs to be pointed out that the $L\delta\hat{l}$ term estimate values from the above two different parameterization formulae are very close, which implies that the solution of the model is correct.

4 CONCLUSION AND DISCUSSION

(1) Convective precipitation plays a primary role in the heavy rainfall period of Meiyu, and cumulus has a strong feedback effect on the ambient thermal and moisture fields.

(2) During the heavy rainfall period, there are primarily two varieties of clouds, shallow clouds and deep convection. There are few clouds detrained in the middle troposphere.

(3) Compensation downdraft of cumulus has strong drying and heating effects on the ambient atmosphere. But these effects are mostly counteracted by the reevaporation of detrained liquid water. The direct heating and moistening effects due to cloud detrainment are weak. There may exist some reevaporation mechanism of liquid water other than the directly detrained liquid water evaporation.

The value of Q_R used in solving the cloud model is the climatological one, which may not be very appropriate for the heavy rainfall case, and the downdraft inside the clouds are not considered in the solution of cloud spectrum model, which needs to be further studied.

REFERENCES

[1] Li Weilian, Zhang Mingli. 1979. Energy transport over the Changjiang River area during 1972 Meiyu season // in: *The Formation and Prediction of Precipitation during Meiyu Season*, Science Press, Beijing: 66-77. (in Chinese)

[2] Luo H B, Yanai M. 1984. The large scale circulation and heat source over the Tibetan Plateau and surrounding areas during the early Summer of 1979, Part Ⅱ, heat and Moisture Budgets. *Mon Wea Rev*, **112**:

966-989.

[3] Kuo Y H,Anthes R A. 1984. Mesoscale budgets of heat and moisture in a convective system over the central United States. *Mon Wea Rev*,**112**:1482-1497.

[4] Ding Yihui,Wang Xiaofang. 1988. Analysis of heat source and sink over the Changjiang River area in 1983. *Journal of Tropical Meteorology*,**4**:134-145. (in Chinese)

[5] Ding Yihui,Hu Jian. 1988. The variation of the heat sources in cast China in the early summer of 1984 and their effects on the large scale circulation in East Aslat. *Advances in Atmospheric Sciences*,**5**: 171-180.

[6] Kuo H L. 1965. On formation and intensification of tropical cyclones though latent heat release by cumulus convection. *J Atmos Sci*,**22**:40-63.

[7] Ooyamo K. 1971. A Theory of parameterization of cumulus convection. *J Met Soc Japan*,**49**:744-756.

[8] Chen Shoujun,Zheng Liangjie. 1979. Vorticity balance and cumulus convection in Meiyu. *Acta Meteorologica Sinica*,**37**:8-13. (in Chinese)

[9] Arakawa A,Schubert W H. 1974. Interaction of a cumulus cloud ensemble with the large scale environment,part Ⅰ. *J Atmos Sci*,**31**:674-701.

[10] Lord S J,Arakawa A. 1980. Interaction of a cumulus cloud ensemble with the large scale environment, Part Ⅱ. *J Atmos Sci*,**37**:2677-2692.

[11] Lord S J. 1982. Interaction of a cumulus cloud ensemble with the large scale environment,Part Ⅲ. *J Atmos Sci*,**39**:88-103.

[12] Lord S J,Chao W,Arakawa A. 1982. Interaction of a cumulus cloud ensemble with the large seale environment,Part Ⅲ. *J Atmos Sci*,**39**:104-113.

[13] Yanai M,Esbensen S,Chu J H. 1973. Determination of average bulk properties of tropical cloud clusters from large-scale heat and moisture budget. *J Atmos Sci*,**30**:611-627.

[14] Ogura Y,Cho H R. 1973. Diagnostic determination of cumulus cloud populations from large-scale variables. *J Atmos Sci*,**30**:1276-1286.

[15] Nitta T. 1975. Observational determination of cloud mass flux distribution. *J Atmos Sci*,**32**:73-91.

[16] Nitta T. 1977. Response of cumulus updraft and downdraft to GATE A/B-scale motion system. *J Atmos Sci*,**34**:1163-1186.

[17] Johnson R H. 1976. The role of convective-scale precipitation downdraft in cumulus and synoptic-scale interaction. *J Atmos Sci*,**33**:1890-1910.

[18] Yousef A,Roecker E. 1984. Parameterization of cumulus-scale heat,heat,moisture and momentum flux with a modified Arakawa—Schubert model. *Batr Phys Atmos*,**57**:21-28.

[19] Yanai M,Chu J H,Stark T E. 1976. Response of deep and shallow tropical maritime cumulus to large-scale processes. *J Atmos Sci*,**33**:976-991.

[20] So S S. 1985. An observational study of the role of convection in the Baiu situation with special attention to the Arakawa—Schubert cumulus parameterization,Part Ⅰ. *J Met Soc Japan*,**63**:657-672.

[21] Lewis J M. 1975. Test of the Ogura—Cho model on a prefrontal squall line case. *Mon Wea Rev*,**103**: 764-778.

8107 号登陆台风暴雨的诊断研究

梁必骐　　孙积华

（中山大学大气科学系）

摘　要　本文在统计华南登陆台风暴雨的基础上，着重对 8107 号台风登陆后的强度变化及其暴雨过程进行了诊断研究。结果表明，华南登陆台风及其降水的强度变化主要取决于水汽输送条件的变化，Q_1、Q_2 的变化则表明，积云对流及其潜热加热的反馈作用是登陆台风及其暴雨维持和加强的主要机制。

关键词　华南　登陆台风　暴雨　诊断研究

对于登陆台风及其暴雨形成条件的问题，国内外已作了不少研究[1~10]。但对华南登陆台风暴雨的研究不多，对其维持和加强机制的研究更少。本文在对华南登陆台风（包括热带风暴）暴雨的统计分析基础上，主要讨论 8107 号登陆台风及其暴雨过程的诊断研究结果，分析了其结构变化特征和热力、动力条件，初步给出了登陆台风及其暴雨维持和加强的物理过程。

1　资料和方法

本文所选的台风个例（8107 号）及降水资料取自中央气象局（现改为中国气象局）出版的《台风年鉴》。计算所用资料包括 20°—35°N、105°—125°E 范围内的 35 个探空站的常规观测资料（T、Z、$T-T_d$、u、v、q 和 q_s）。计算区域为 $10°\times10°$ 经纬距，格距为 $1°\times1°$ 经纬度，计算网格随台风移动而移动，在垂直方向上，经拉格朗日插值处理后取 1000 hPa、900 hPa、800 hPa、700 hPa、600 hPa、500 hPa、400 hPa、300 hPa、200 hPa、100 hPa，共 10 层。

对原始资料进行客观分析，得到上述 7 要素的网格值，然后由下式计算得到干静力能（S）、湿静力能（H）和饱和静力能（H_s）：

$$S = CpT + gz \tag{1}$$

$$H = CpT + gz + Lq \tag{2}$$

$$Hs = CpT + gz + Lq_s \tag{3}$$

式中 L 为凝结潜热系数。垂直速度是用连续方程计算的，并用 O'Brien 方法进行了订正。

根据区域平均的水汽收支方程

$$\frac{1}{Ag}\int_{P_r}^{P_s}\int_A \frac{\partial q}{\partial t}\mathrm{d}p\mathrm{d}A + \frac{1}{Ag}\int_{P_r}^{P_s}\int_A \nabla\cdot\mathbf{V}q\mathrm{d}p\mathrm{d}A = -m + E_s \tag{4}$$

计算了水汽通量散度，即将（4）式左边第二项化成线积分

本文发表于《中山大学学报（自然科学版）》，1993，**32**（3）.

$$\frac{1}{A}\oint V_n q\,\mathrm{d}l = \frac{1}{A}\Big[\sum_{i=1}^{m}(-\overline{v_i q_i}\cdot\nabla\,l_s) + \sum_{j=1}^{n}\overline{u_i q_i}\cdot\nabla\,l_E$$
$$+ \sum_{i=1}^{m}\overline{v_i q_i}\cdot\Delta l_N + \sum_{j=1}^{n}(-\overline{u_i q_i}\cdot\nabla\,l_w)\Big] \tag{5}$$

对 $1000\sim400$ hPa 各界面的水汽输送作了讨算。式中 A 为研究区面积，P_s 和 P_r 分别为地面和顶层气压，Δl_s、Δl_E、Δl_N、Δl_w 分别为计算区（$10°\times10°$ 经纬距）的南、东、北、西边界长度。

此外，利用

$$Q_1 = \frac{\partial\bar{s}}{\partial t} + \nabla\cdot\overline{s\boldsymbol{V}} + \frac{\partial\overline{sw}}{\partial P} = -\frac{\bar{\partial}}{\partial P}(\overline{\omega's'}) + L(\bar{c}-\bar{e}) + Q_R \tag{6}$$

$$Q_2 = -L\Big(\frac{\partial\bar{q}}{\partial t} + \nabla\cdot\overline{q\boldsymbol{V}} + \frac{\partial\overline{sw}}{\partial P}\Big) = \frac{\bar{\partial}}{\partial P}(\overline{\omega'q'}) + \bar{c} - \bar{e} \tag{7}$$

计算了显热源（Q_1）和显水汽汇（Q_2）。式中 Q_R 是辐射加热率，本文 Q_R 值取自 Dopplick[11] 计算的气候平均值，c 是凝结率，e 是液态水的蒸发率。

各种参量的垂直廓线都是取台风中心区域（400 km×400 km）的平均值。

2　华南台风暴雨的统计和 8107 号登陆台风暴雨的特点

据统计[12]，登陆中国的热带气旋大约有 90% 集中在华南，而且登陆季节最长，每年有 8 个月可出现登陆台风，而登陆华南的台风（包括热带风暴）几乎都能引起暴雨。根据登陆广东和海南的 199 个台风资料分析，平均每年有 4 个登陆台风，它们除极少数只造成单站暴雨外，绝大多数都会给华南沿海带来较大范围的暴雨过程，而且相当一部分能产生大暴雨和特大暴雨。据初步统计，70% 的登陆台风能造成大暴雨（日雨量≥100 mm），特大暴雨（日雨量≥200 mm）约占总数的 40%。在登陆台风中，尤其是登陆后维持甚至加强的台风更易产生大暴雨。本文重点分析的 8107 号登陆台风就是这类典型个例之一。

8107 号台风于 1981 年 7 月 18 日在菲律宾东部海面形成，20 日 08 时在福建长乐登陆，25 日在湖南境内消失。这是一个比较异常的登陆台风，其主要特点是：①登陆后路经异常，先西移后南行，然后又打转北上（见图 1），②强度变化不稳定，登陆时减弱快（风力由 11 级减为 6

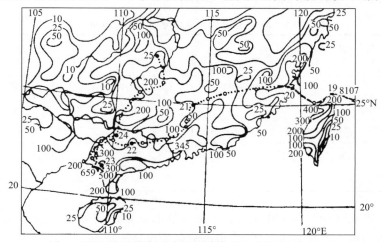

图 1　8107 号登陆台风路径及其降水量分布（单位：mm）

级），进入内地后强度又有所加强（见表 1）；③维持时间较长，从登陆至消亡共历时 5 天，④影响范围广，在该台风影响下，台、闽、浙、赣、粤、琼、桂、湘等省（区）出现了大范围降水，其中有 160 个县市出现暴雨，⑤台风降水强度大，有 52 个站出现了大暴雨，过程最大降水量为 659 mm（北海），最大日降水量和一小时降水最分别为 444 mm 和 7 8 mm（北海，23 日）。

表 1　8107 号台风登陆后的强度变化及中心附近最大降水量

	日期	20		21		22		23		24		25
	时间	08	20	08	20	08	20	08	20	08	20	02
中心位置	纬度（°N）	25.8	25.6	25.0	23.2	22.8	22.9	21.6	22.1	23.2	25.4	26.0
	经度（°E）	119.7	115.8	114.2	112.8	111.0	110.0	109.5	109.2	110.2	111.2	112.5
中心强度	气压（hPa）	987	997	998	997	997	995	995	995	995	997	998
	风速（m/s）	30	12	10	10	10	10	12	10/15	10/12	10	10
最大日雨量	08—08 时（mm）	81	/	151	/	290	/	444	/	161	/	87
	地点	大田	/	郁南	/	围洲岛	/	北海	/	贺县	/	余干

在 8107 号台风的影响下，华南地区出现了大范围暴雨，其中珠江三角洲和桂东南地区出现了大暴雨和特大暴雨。表 2 给出了部分测站记录。由表可知，这些地区的大暴雨和最大降水量是出现在登陆台风低压重新加强时期（22 日 08 时—24 日 08 时）。

8107 号台风登陆后的强弱变化主要取决于其水汽输送条件。由图 2 可以看到，台风登陆后（21 日），由于与之相伴的热带辐合带（ITCZ）断裂，西南季风对水汽的输送被切断，加之地面摩擦的影响，台风很快减弱成低压（中心附近风速由 20 日 08 时的 30 m/s 减至 21 日 08 时的 10 m/s），降水强度也较小。22 日台风低压移至粤中地区，与进入华南的 ITCZ 结合，重新获得水汽而开始加强，23 日该低压入海（北部湾）进一步获得充足水汽，因而登陆台风低压发展最强，暴雨也最强烈，大暴雨和特大暴雨都出现在 23 日前后。24 日以后，台风低压北上减弱消失，珠江三角洲降水也随之减小，25 日结束。

表 2　8107 号台风大暴雨分布（单位：mm）

地　点		广州	番禺	深圳	台山	开平	中山	新会	高鹤	顺德	江门	陆川	横县	灵山	涠洲岛	北海	浦北
过　程总雨量	雨量	208	345	159	262	200	334	261	212	231	228	277	241	331	541	659	279
	日期	19~24	20~24	20~24	21~24	22~24	21~24	22~24	21~24	20~24	22~24	21~24	21~24	21~24	21~24	21~24	21~24
最大日雨量（08—08 时）	雨量	113	180	107	182	142	311	161	113	76	12		109	104	173	290	444
	日期	24	23	23	23	23	23	23	24	23	23	23	22	23	22	23	23

由以上分析可见，8107 号台风登陆后重新发展和暴雨的增强，主要取决于 ITCZ 北抬和西南季风对水汽的输送。在卫星云图上，也可清楚看出这一特点。

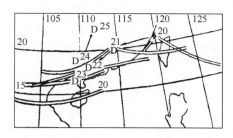

图 2 1981 年 7 月 20—25 日综合动态图(双实线为 ITCZ,数字为日期)

3 台风暴雨的热力和动力条件分析

台风登陆后,由于海洋热源被切断,水汽供应减少,它通常是迅速减弱的,降水也逐渐减小,8107 号台风刚登陆时就是如此。但由前面分析可知,该台风在 2 日以后由于重新获得大量水汽供应,所以台风低压有所增强,降水量也明显增大。从计算结果也可清楚地看到,有利的热力和动力条件导致了该登陆台风及其暴雨的增强。

3.1 水汽条件

表 3 给出了水汽通量散度的计算结果,可以看到,在台风登陆初期,由于东边界输入的水汽明显减少,总辐合量也小,还不足 10 万 t/s,因而台风及其降水都较弱。22—23 日,由于来自南边界的水汽显著增大,同时北边界也有水汽输入,所以台风区水汽辐合再明显增强,22 日、23 日分别达 −36.0 和 −30.3 万 t/s,比 21 日增加 3 倍多,因而登陆后的台风低压和暴雨也随之达到最强。以后随着水汽辐合的减弱,导致了台风的衰亡和降水的结束。

由图 3a 也可看到,在对流层,区域平均($400 \times 400 \ \mathrm{km}^2$)的湿静力能($H$)与饱和湿静力能($Hs$)的垂直廓线十分相似,但在低层,$H$ 明显大于干静力能(S),这也表明低层存在较多水汽。

表 3 通过各边界的水汽通量散度($1000 \sim 400 \ \mathrm{hPa}$, $10^8 \ \mathrm{kg/s}$)

日期	东	西	南	北	总计
20 日 08 时	−4.722	0.270	3.907	0.120	−0.425
21 日 08 时	−0.065	1.536	−0.364	−1.871	−0.960
22 日 08 时	0.930	0.833	−2.067	−2.756	−3.596
23 日 08 时	1.970	0.992	−5.401	−0.887	−3.026
24 日 08 时	3.794	9.042	−4.648	−0.167	−0.646

3.2 动力条件

在登陆台风低压增强时期(22—23 日),其涡度(ζ),散度(D)和垂直速度(ω)的区域平均垂直廓线变化不大,基本是相似的,只是它们的数值逐日有所增大,至 23 日达最大。图 3b 给出了这些参数在 22 日的垂直变化廓线。可以看出,高层辐散、低层辐合的配置相当好,无辐散层位于 600 hPa 附近。24 日这种结构明显减弱,这与台风强度和降水的变化是一致的。在涡度场上,300 hPa 以下是正涡度,以上为负涡度。低层正涡度逐日增大,也是 23 日达最强,直至 24 日仍维持较大值。计算结果表明,涡度场与散度场结构一样,都是登陆时不对称,登陆后趋于对称。

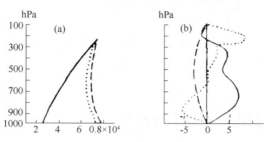

图 3　8107 号登陆台风的热力和动力结构(22 日)
(a)S(实线)、H(点线)、H_s(虚线)(单位:J · kg^{-1})
(b)ζ(实线)、D(点线)、ω(虚线)(单位:10^{-5}s^{-1},10^{-3}hPa · s^{-1})

从垂直运动场来看(图略),在台风中心附近区域,登陆时(20 日)对流层出现弱的下沉运动和上升运动并存。但 21 日下沉运动不明显,整层为上升运动,并随时间增强,23 日上升运动最强,最大值出现在 600～500 hPa,24 日虽仍为上升运动,但数值已减小。

上述结构为登陆台风的重新增强和大暴雨的产生(22—23 日)提供了很有利的动力条件。24 日虽然台风低压减弱,但仍存在有利的动力条件,所以台风暴雨仍然维持,但强度已明显减小。

3.3　水热收支

根据(6)式和(7)式的计算结果,给出了 8107 号台风登陆后逐日的 Q_1、Q_2 和 Q_R 的垂直廓线(图 4)。可以看到,辐射加热(Q_R)在整个过程中都很小,Q_1 和 Q_2 在台风登陆时(20 日)也较小,它们的垂直廓线较相似,这表明这时积云对流较弱。21 日以后,Q_1、Q_2 都明显增大,22—23 日达最大,它们的最大值所在高度也不同,21 日 Q_1、Q_2 最大值分别位于 500 和 600 hPa,22—23 日 Q_2 最大值都出现 700 hPa 附近,Q_1 最大值则分别出现在 500 和 500～300 hPa。上述情况表明,积云对流及其潜热加热在逐日加强,并不断向上扩展,这说明深厚的穿透性积云对台风暴雨的加强起了主导作用。

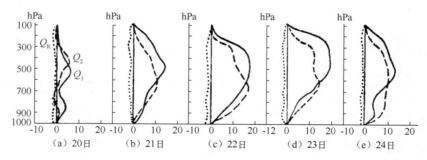

图 4　8107 号登陆台风中心区的 Q_1、Q_2、Q_R 垂直廓线(单位:℃/d)

根据上述台风个例分析,我们可以把登陆台风及其暴雨的强度变化过程概括成如下物理框图:

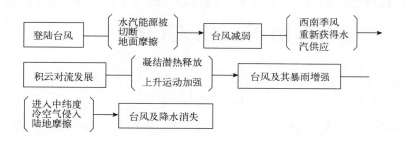

4 结 论

(1)登陆华南的热带气旋一般都会造成大范围暴雨,尤其是登陆后加强的热带气旋或它与其他系统(如 ITCZ、西南季风等)结合时,更能产生大暴雨和特大暴雨。

(2)登陆台风及其降水的强度变化主要取决于水汽输送条件的变化,而西南季风是主要的水汽输送通道。水汽、能源被切断是台风衰减的主要原因,登陆台风获得新的水汽供应,可能重新发展加强。

(3)热带气旋登陆时,涡、散度场呈不对称结构,加强中的登陆热带气旋则呈对称性结构,其中心附近是高层辐散、低层辐合,中低层是气旋性涡度,整层为上升运动。

(4)随着登陆热带气旋的重新增强,其中心区的视热源和视水汽汇也随之加强并向上扩展,二者垂直廓线的差异也渐趋明显,表明积云对流的加强。

(5)积云对流及其潜热加热的反馈作用,将促使登陆台风及其暴雨增强,是台风暴雨维持和加强的主要机制。

参考文献

［1］陈联寿,丁一汇. 西太平洋台风概论. 北京:科学出版社,1979:440-481.

［2］陶诗言,等. 中国之暴雨. 北京:科学出版社,1980:121-133.

［3］Vincent D G, et al. *Mon Wea Rev*,1974,(102):35-47.

［4］Chien H H, Smith P. *J. Mon Wen Rev*,1977,(105):67-77.

［5］Edmen H J, Vincent D G. *Mon Wea Rev*,1979,(107):295-313.

［6］Dimege G T, Bosart L F. *Mon Wea Rev*,1982,(110):412-438.

［7］谢安,等. 气象学报,1982,(40):289-299.

［8］谭锐志,梁必骐. 中山大学学报(自然科学版),1989,28(4):15-21.

［9］孙积华,梁必骐. 低纬高原天气,1989,(2):43-51..

［10］Tan Reizhi, Liang Biqi. *Chinese Journal of Atmospheric Sciences*.1990,(14):423-435.

［11］Dopplick T G. *J Atmos Sci*,1972,(29):1278-1294.

［12］梁必骐,梁经萍. 南京大学学报(自然灾害研究专辑),1991,288-293.

Studies on Mesoscale Severe Weather in South China

Liang Biqi

(Department of Atmospheric Sciences, ZhongShan University, Guangzhou, China)

ABSTRACT　　Observation experiments on Mesoscale Severe Weather in South China (Typhoon, Rainstorm and severe local storm) and their main results in recent years have been discussed. And some existing problems we found and some suggestion have been shown here.

1　Preface

South China is the very place in which the severe weather and specifically the mesoscale severe weather happens and influences the most. The meteorological damages happen every month, every year. The economy loss of GuangDong Province caused by them in the recent years is up to 1 billion R. M. B. per year, sometimes over 10 billion R. M. B.

The commonest severe weather in South China includes typhoon, rainstorm and severe local storm. In the recent years, field observation experiments and some more comprehensive studies of the severe weather have been carried out for times, and a lot of new discoveries, results and development have been obtained. Here, we are going to make a comprehensive analysis and discussion on their results.

Here, South China means GuangDong, GuangXi and HaiNan.

2　Introduction to the Mesoscale meteorological experiment studies in South China

Since 1970s, large mesoscale meteorological observations have been carried out twice in South China. Intensive observations have been organised in some regions. Several monographic studies on typhoon, rainstorm and severe local storm have been made.

2.1　Experiments on pre-rainy season rainstorm in South China

It was the first rainstorm experiment in China that was made in South China at the end of 1970s. The experiment was made in the state meteorological stations of GuangXi, Guang-

本文发表于《The Workshop on Mesoscale Meteorology and Heavy Rain in East Asia. Fuzhou》,1995.

Dong, FuJian and some station, Rader observation in GuiZhou, HuNan, the South of JianXi with emphasis on the northeast of GuangXi, the centre of GuangDong, and the Southwest of FuJian, where intensive observation was made. The purpose of the study is to find the contributing factors and the predictive methods for the pre-rainy season.

2.2 Studies on the monitoring and nowcasting of severe weather in Pearl River Delta

From 1986 to 1990, the State Scientific and Technological Committee placed "Extended Numerical Weather Forecast and Severe Weather Forecast" as one of the state scientific and technological key tasks during the period of the 7th five year plan. And "the monitoring of severe weather in Pearl River Delta and the studies of $0-12$ hours forecast" was one of the key subjects in the task. The study considers the Pearl River Delta as the observations region, which is about $30-40$ thousand km^2. Severe weather observational network established in the experimental region in 1989 includes 24 auto meteorological stations, which collect data of all meteorological elements every hour.

2.3 Experiment studies of typhoon landing on South China

In order to cooperate with the International Tropical Cyclone operational experiments, intensive observation on tropical typhoon had been carried out at the end of 1980s and 1990s respectively, through which some intensive Observations, esp. those "TCM—90" typhoon experimental data with assimilation processing for mesoscale analysis, had gained. Many results have been gained through them.

We carried out the scientific operational field experiments from 1993 to 1994 to cooperate with the State Scientific and Technological Key Task-Studies on the monitoring and forecasting technique of severe weather such as typhoon, rainstorm. What we gained from the studies have been/are used in the studies of typhoon.

2.4 Mesoscale observation and studies being made

The surface auto meteorological observational networks have been/are established in JianMen, ZhuHai, ShenZhen, etc. More than 10 such stations have been built in JiangMen, ZhuHai. "City Anti-disaster Meteorological service system in ShenZhen" is planed to be built, which will be invested over 20 million Ren Min Bi. The early warning system of typhoon and rainstorm, which will include 45 auto meteorological stations and which spatial and temporal resolution is 6.5 km and 15 minutes, respectively, will cooperate with other detective system such as wind profile recorder, lightning location system, radar, satellite, etc. to make a 3-dimension monitoring net of mesoscale severe weather.

National monitoring base of mesoscale severe weather in Pearl River Delta will be built to meet the demand of the fast economics development of Pearl River Delta.

3　Main Studies Results

Based on regular and irregular observations and field observations, large studies on severe weather in South China, and specially typhoon, rainstorm and severe local storm, have been carried out in the recent years. Some new facts have been discovered and some new opinions have been put forward through the studies. The main results and development are:

3.1　The Contributing Factors and Predictive studies of Rainstorm in South China

The main studies results from pre-rainy season rainstorm experiment in South China show the Characteristics of the rainfall in the Warm Sector in South China and point out the contribution of low-level suroit jet to the rainstorm. The trigger action of some mesoscale disturbance and the boundary layer and landscape has also been found. The conceptual picture of pre-rainy season rainstorm in South China and the forecasting of hyetal region have been put forward.

Analyses for the heaviest rainstorm in South China named "7705" and "9406" (Maximum precipitation in the rain centre are 1461 mm and 1080mm, respectively) show that the interaction between the low-level jet and the middle and low latitude circulation system is the essential factors for the formation and maintainance of the heaviest rain-storm in South China and provide a concept model for the formation of this continuous heavy rain-storm.

Three types of rainstorm mesoscale concept models have been provided through the studies of the rainstorm experiments in Pearl River Delta and the research of the energy conversion inside the low vertex system of South China. Quasi-operational system of the precipitation numerical prediction in Pearl River Delta.

Studies on the rainstorm in HaiNan Island from 1990 to 1992. Show is characteristics and the environmental condition it depends on. The studies placed the emphasis on the discussion of the effect and mechanism of the tropical weather system and the terrain of HaiNan Island to the formation of rainstorm.

3.2　Studies on typhoon impacting or landing on South China

Large dynamic diagnoses on the tropical cyclone which impacted or landed on South China have been done with the processed conventional and non-conventional data in the recent years. The physical procedure and mechanism of the formation and development of the tropical cyclone have been discussed from the budget and variation of such physical parameters as vapour, kinetic energy, potential enstrophy, vorticity, potential vorticity and angular momentum, etc. The diagnosis of the budget equation of the variation of the strength of tropical typhoon include the distribution of the variation of the diabatic heating with height, esp. the perpendicular distribution of the cumulus heating and its heating profile shape.

Based on the typhoon experimental data, studies on the mesoscale structure of landing typhoon and the impact of the island terrain on the variation of the variation of the motion and strength of the typhoon. The impact process of TaiWan Island on the variation of the motion and strength of tropical cyclone has been known by using the mesoscale numerical simulation (MM4). Emphasis has been placed on the formation of the unusual track of cross-island typhoon and the physical procedure of the formation of "the secondary centre of the typhoon in Taiwan Channel.

During the period of "the seventh five year plan", the motion, wind and rain distribution and the variation characteristics of the those tropical cyclones impacting or landing on Pearl River Delta have been studied systematically. The studies not only put forward the distribution characteristics of the wind and rain of the typhoon landing on Pearl River Delta but also put forward the wind and rain model and the mesoscale structure under the influence of different tracks. And the formation conditions of the typhoon rainstorm and its maintainance mechamism have been discussed. It has been put forword to use the radar, satellite data to diagnose the model and criteria of typhoon weather. Now the operational system for the typhoon weather forecasting has been built in Pearl River Delta.

3.3 Studies on severe local storm in Pearl River Delta

Severe local storms impacting GuangDong mainly include squall line, severe thunderstorm, thundery gale, hail, spout, and the following heavy rain. The studies have shown the characteristics of the severe local storm in GuangDong.

According to the state key tasks of "the seventh five year plan", it's the first time to make a systematic study on the severe local storm in Pearl River Delta. The spatial and temporal distribution features of the severe local storm there and its genesis and evolution background field features have been analysized in the results of the study. The features of ageostrophic motion in the air and the mesoscale structure of severe storm have been found with the scale discrete approach. The mechanism of energetics and the dynamical mechanism of severe storm have been discussed. The internal inertia gravity waves in a nonuniformly stratified. The impact of atmospheric stratification, shear field, atmosphere and their role in initiating convection, terrain and suchlike on the propagation and evolution of the gravity wave is now known.

3.4 Mesoscale meteorological disasters and their impact on South China economy

Studies show that the South China is a region where the disasters such as typhoon, rainstorm and severe local storm happen the most not only in history but also in the recent years. Although the wounded and the dead are much less than before, the economic loss has the tendency to increase with year. The average economic losses caused by flooding in Guang-Dong list as follows (yuan/year), 0.3 billion in 1960s, 1 billion in 1970s, 1.8 billion in 1980s, 8 billion in the early 1990s. In 1994, the direct economic lossed in GuangDong caused by typhoon and flooding are over 20 billion which is over 10 times as much as those in 1980s.

The largest impact to the South China economic development is typhoon and flood-water logging damage. Since 1980s, the economic losses in GuangDong caused by typhoon and its sudden tide are more than 1 billion yuan per year. Those that caused the economic losses over 1 billion are up to 15, the severest one of which is the one named "9403" causing 5.8 billion year losses in the west of GuangDong. The economic losses caused by flooding and rainstorm range from several hundred million to more than 10 billion yuan. And the heavies one which happened in GuangDong, GuangXi, caused the loss more than 50 billion yuan.

The thundery gale and the hail can happen in anytime of the year in GuangDong and GuangXi, respectively. Their frequency is over 10 times per year and the economic losses caused by them are more than 10 million yuan, spout is another severe disaster happening frequently, which alway happen with other sever storm. The one with hail and thundery rain which happened to the centre of GuangDong in Apr. 19, 1995, caused more than 200 people wounded and dead. The direct economic losses were over 680 million yuan.

4　Problems and Suggestions（omit）

References

[1] Huang Shisong, et al. 1986. Heavy Rainfall in the Pre-Rainy Season in South China. GuangDong Scientific and Technological Press, 244.

[2] Liang Biqi. 1991. Tropical Atmospheric Circulation System of South China Sea. Meteo roltogical Press, 80-137.

[3] Luo Huibang, et al. 1994. Severe Local Storm in Pearl River Delta, GuangZhou, Zhong Shan University Press, 152.

[4] Liang Biqi, et al. 1993. Natural Disasters in GuangDong, GuangZhou, GuangDong People's Press, 312.

暴雨中尺度环境场的总动能收支

蒙伟光　梁必骐

（中山大学大气科学系,广州 510275）

摘　要　利用一套分辨率较高的中尺度实验观测资料,对一次暴雨过程的中尺度环境场进行了总动能平衡的诊断研究,讨论了对流活跃和非活跃两个时期动能平衡过程的差异。结果表明,暴雨的能量过程很活跃,非地转运动的绝热耗损和动能的向外界辐散是暴雨过程的主要能汇,而次网格尺度向网格尺度的运动动能转换,是环境场动能的主要能源;暴雨区对流层高层的能量过程比低层活跃,高层急流对环境场动能平衡过程有很大作用。比较对流活跃和非活跃 2 个时次的动能平衡过程发现,暴雨过程的动能平衡与对流强度变化有联系,2 个不同时段的动能平衡过程有差异,尤其在中层这种差异更明显。

关键词　动能　暴雨　中尺度环境场

对天气系统能量平衡过程的研究可以增进对系统发展与维持物理机制的认识。文献[1—4]对具有对流性质的温带气旋、热带气旋、季风低压和梅雨天气尺度扰动等环境场进行了能量收支的研究。但对具有强对流性质的中尺度现象的环境场能量收支的分析目前还不多见。

对具有对流性质的天气尺度系统的动能收支分析表明[5],环境场能量存在着明显的相互转换和传输过程,大范围的对流,通过不可分辨的次网格尺度运动向可分辨的网格尺度运动的能量转换,被认为是天气尺度系统动能的一种能源。本文利用较高分辨率的中尺度实验资料,计算了梅雨暴雨中尺度环境场总动能的收支,并通过对对流活跃和非活跃 2 个时期动能平衡过程的对比,试图了解暴雨中尺度环境场能量的平衡过程,及对流在能量平衡过程中的作用。

1　资料及总动能收支方程

1.1　资料

资料来自 1983 年 6 月 24：13～26：02 的梅雨暴雨过程,6 h 一次的探空资料,观测站点共有 27 个(图 1),观测层次有 1 000 hPa,850 hPa,700 hPa,600 hPa,500 hPa,400 hPa,250 hPa,200 hPa,150 hPa,100 hPa 共 10 个层次。在计算前,利用逐步订正客观分析方案,对各气象要素进行了格点化处理,确定了计算范围。该暴雨发生时,中纬度西风带入海高压南侧的回流气流与热带季风气流在江淮一带交绥,形成较稳定的环流形势,地面图上的准静止锋,在暴雨期间位置变化很小,南侧低空为西南低空急流,北边为高空西风急流,高低层、低空急流的配置为暴雨的发生提供了有利条件。

本文发表于《中山大学学报(自然科学版)》,1998,**37**(3).

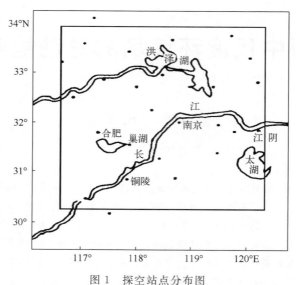

图 1　探空站点分布图

（黑圆点为探空站，正方形区域为计算区域）

1.2　总动能收支方程

有限固定区域的动能诊断方程[6]

$$\left[\frac{\partial k}{\partial t}\right] = -[\boldsymbol{v}\cdot\nabla H] - [\nabla\cdot\boldsymbol{v}k] - \left[\frac{\partial\omega K}{\partial p}\right] + [D] \tag{1}$$

式中，H 为位势高度，$K=(u^2+v^2)/2$，$\boldsymbol{v}$ 为水平风速，ω 为 P 坐标中的垂直运动。[]表示对气柱的积分，即 $[\ ] = \frac{1}{gA}\iint \mathrm{d}A\mathrm{d}p$，$A$ 为计算区域面积的大小。

方程中，动能的局地变化 $\left[\frac{\partial k}{\partial t}\right]$ 与方程右边的 4 个能量过程有关。$-[\boldsymbol{v}\cdot\nabla H]$ 表示气流穿越等压线的动能制造，当运动是非地转时，气流将会穿越等压线运动，有动能的产生和消耗；$-[\nabla\cdot\boldsymbol{v}k]$ 和 $-\left[\frac{\partial\omega K}{\partial p}\right]$ 分别表示动能的水平和垂直通量散度，表示动能重新分布的过程。$-[\boldsymbol{v}\cdot\nabla H]$ 是动能的内源项，$-[\nabla\cdot\boldsymbol{v}k]$ 和 $-\left[\frac{\partial\omega K}{\partial p}\right]$ 为外源项。[D]表示摩擦消耗，计算中这一项作为方程的余项算出。

2　总动能的平衡过程

表 1 为计算区域总动能区域－时间平均的诊断结果。总动能从低层到高层增加。高层的大值与高空急流的活动有关。$-[\boldsymbol{v}\cdot\nabla H]$ 除在 $850\sim600$ hPa 之间有正值外，其他层次都是负值，而且在高层负值比较大，即非地转运动消耗动能。水平通量散度项 $-[\nabla\cdot\boldsymbol{v}k]$ 在 200 hPa 附近为大的负值区，也即在急流高度上有动能的向外输送，而低层这一项为辐合，说明强对流暴雨区有动能向外界大气输送。垂直输送项 $-\left[\frac{\partial\omega K}{\partial p}\right]$ 在中下层是辐散，上层是

辐合,有动能向下输送。从动能内外源项的结果看,强对流暴雨区动能存在较强的非地转运动绝热损耗,需要外界环境输入动能予以补偿,但从$-[\nabla \cdot vk]$项的整层积分看,外界环境不但没有输入,反而在暴雨区有向外界的动能输出,这说明暴雨区所需的动能要由另外的途径供给。

表 1　暴雨中尺度环境场区域—时间平均的总动能收支(W/m^2)

气压层 (hPa)	$\dfrac{[k]}{(10^5 \text{ J} \cdot \text{m}^{-2})}$	$-\left[\dfrac{\partial k}{\partial t}\right]$	$-[v \cdot \nabla H]$	$[-\nabla \cdot vk]$	$-\left[\dfrac{\partial \omega K}{\partial p}\right]$	$[D]$
150~100	1.09	0.93	−10.18	−1.68	5.26	7.53
200~150	2.50	1.67	−18.87	−6.30	5.51	21.33
250~200	2.80	1.99	−17.36	−8.48	2.87	24.96
300~250	1.97	2.19	−9.82	−5.57	−1.36	18.94
400~300	2.20	2.00	−12.93	−4.43	−4.68	24.04
500~400	1.15	−0.34	−7.16	−0.94	−2.81	10.57
600~500	0.77	−0.50	−0.51	0.07	−1.56	1.50
700~600	0.53	−0.80	1.37	0.83	−0.75	−2.25
850~700	0.87	−0.81	2.45	4.02	−1.08	−5.20
1000~850	0.97	0.12	−3.99	4.23	−1.40	1.28
1000~100	14.85	6.45	−76.91	−18.25	0.00	101.71

由表1可看到,整层积分的正$[D]$值维持了总动能的平衡。$[D]$是作为方程的余项算出的,也可称为次网格摩擦。针对这一项的物理意义,陈受钧等[2]认为,在对一些大尺度系统进行动能平衡分析时,由于用了大网格距的资料,或者对资料进行了平滑处理,可能使中间尺度系统被过滤掉,有可能不正当地过分强调斜压不稳定产生的动能,也即过分强调了积云对流的作用。但在我们的计算中,使用的是具有中尺度分辨率的资料,并且文献[7]认为积云对流活动在本次梅雨暴雨过程中占有很大的比重,可以认为次网格尺度运动的效应主要是积云对流的作用,是积云的活动维持了暴雨环境场动能的平衡,成为暴雨区主要的能源。

另外,所有的收支项在对流层高层的数值比对流层中低层的数值大,整层的动能平衡特征基本上由高层的特征所决定。这表明在强对流暴雨区中对流层上层的能量过程较低层活跃,说明高空急流在环境场总动能平衡过程中起重要的作用。

针对梅雨暴雨环境场总动能的收支计算,本文的结果与谢安等[1]的大尺度观测资料的计算结果比较,各主要收支项符号一致,只是本文的数值大得多。Fuelberg等[8]在比较2种不同分辨率资料的诊断结果时也指出了这种差别,他们认为细网格资料算出的动能制造项与消耗项均比由粗网格资料的结果大,而且粗网格资料算出的结果不能正确反映风暴区强的动能向外界输送过程。可见细网格资料更能描述出运动的非地转性及对流天气区对流活动的强度,更能揭示对流天气区的能量转换过程。

3　对流活跃和非活跃期的动能平衡过程

按照文献[7]对本次暴雨过程的划分,研究了暴雨对流活跃期和非活跃期动能的平衡过程。选取对流强、弱 2 个时次,就其动能平衡过程进行了对比。结果表明,2 个时次的能量过程有差异,中层的差异更明显。图 2 给出了各主要项 2 个时次的垂直分布。由图 2(a)可见,由于穿越等压线运动而损耗的动能,对流强时比弱时要大,这种差别在中层非常明显,对流弱时中层有弱小的动能产生;图 2(b)为动能水平通量散度项 2 个时次的垂直分布,差别不是很明显,但可看出对流弱时暴雨区有更多的能量向外界输送;余项[D](图 2c)的垂直分布与动能制造项的分布比较对称,说明动能的绝热损耗主要由次网格摩擦效应来平衡;低层的次网格摩擦消耗动能,这种效应在对流强时比对流弱时要大。在 600 hPa 以上,次网格摩擦有向网格尺度运动提供能源的效应,这种效应同样在对流强时比对流弱时要大,这种差别说明对流活跃时积云对流在环境场动能平衡中的作用比非活跃时要大。

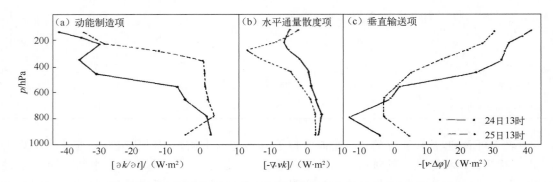

图 2　对流活跃和非活跃时动能平衡方程各主要项垂直分布的比较

4　结　论

(1)暴雨中尺度环境的能量过程很活跃。高层有较强的能量向外界输送,非地转运动的绝热损耗和动能的向外界辐散是暴雨区的主要能汇,而次网格尺度运动在动能平衡过程中贡献最大,是暴雨过程的主要能源。

(2)暴雨区对流层上层的能量过程比低层活跃,高层急流在环境场总动能平衡过程中起很大作用。

(3)暴雨过程的动能平衡与对流强度变化有联系。在对流活跃和非活跃 2 个不同时期动能平衡过程有较大差异,尤其在中层差异明显,对流活跃时有更大的动能绝热消耗,而非活跃期中层有弱的动能产生。积云对流对环境场的动能平衡过程在对流活跃期有更大的作用。

(4)中尺度与大尺度资料的计算结果揭示的动能平衡过程的特征是相似的,但细网格资料更能描写运动的非地转性和对流天气区中对流活动对环境流场的反馈作用,更能揭示对流天气区中能量的转换过程。

需要指出的是,在不同天气形势下,动能收支计算的结果可以很不相同,而且对于有限区域的能量收支、各能量收支项的数值还依赖于区域的选取。本文只是针对具有较强对流活动的梅雨暴雨中尺度环境场动能平衡过程的个例计算,不能说其结果有广泛的代表性。但计算结果至少说明中尺度环境场受到中尺度运动以及其他尺度运动相互作用的影响。目前我们对这种尺度间的相互作用的认识还是很有限的,需要更多地从理论、诊断分析、数值模拟等方面进行研究。

参考文献

［1］谢安,肖文俊,陈受均.梅雨期间次天气尺度扰动的动能平衡.气象学报,1979,**38**(4):351-359.

［2］陈受钧,谢安.次天气尺度与天气尺度系统间动能交换的诊断分析.气象学报,1981,**39**(4):408-415.

［3］刘四臣,梁必骐.南海季风低压的扰动动能收支.热带海洋,1993,**12**(1):1-8.

［4］梁必骐,卢健强,8014 号热带气旋发生发展过程的能量学诊断研究.热带气象学报,1995,**11**(3):240-246.

［5］丁一汇.高等天气学.北京:气象出版社,1991:208-223.

［6］Tsui T L,Kung E C. Subsynoptic-scale energy transformations in various severe storm situations. *J Atmos Sci*,1979,(34):98-109.

［7］梁必骐,李勇.暴雨中尺度环境场特征及积云对流的反馈作用.热带气象,1991,**39**(4):16-25.

［8］Fuelberg H E,Printy M F. A kinetic energy analysis of the mesoscale severe storm environment. *J Atmos Sci*,1984,**41**(22):3212-3224.

暴雨中尺度环境场的涡旋动能收支

蒙伟光　　梁必骐

(中山大学大气科学系,广州 510275)

摘　要　本文计算了暴雨区涡旋动能的收支.分析表明:非地转运动产生和水平辐合输送以及平均动能转换的涡旋动能是扰动发展、维持的动能来源。摩擦项是扰动的主要能汇。在能源项中,涡旋动能的制造项起主要作用,其中斜压转换有很大贡献,暴雨区中尺度扰动具有较强的斜压性质。在垂直方向上,高、低层涡旋动能与平均动能之间有较大的相互转换,低层动能由扰动向平均气流转换,为环境场提供能源,而在高层,扰动从平均气流获得动能。此外还给出了暴雨区可能的一种尺度相互作用过程。

关键词　涡旋动能　暴雨　中尺度环境场

暴雨往往是在不同尺度天气系统相互作用下产生的。梅雨暴雨的直接影响系统是次天气尺度(中间尺度)系统,但梅雨雨带内的降水并不均匀,在卫星云图上,雨带常存在一个个白亮的中尺度暴雨团,这些中尺度雨团对应的是在次天气尺度辐合系统中形成的中尺度扰动,说明暴雨的形成与中尺度扰动有关。孙淑清等[1]在探讨梅雨的维持与发展机制时,曾对梅雨锋上的中尺度扰动的发展特征作过研究,认为中尺度扰动的发展与局地条件和低空急流的加强有密切关系。杨福全等[2]从动力学角度出发,探讨了中尺度扰动与大尺度环境水热场具有强烈的反馈作用。但由于资料所限,对这些中尺度系统天气学和动力学还有待进一步研究,本文在文献[5]的基础上,讨论梅雨暴雨区涡旋动能的收支问题。

1　资料处理及涡旋动能收支方程

把气象要素分为区域的平均 $\overline{X}$ 和相对于区域平均的扰动量 X^*

$$X = \overline{X} + X^* \tag{1}$$

式中,$\overline{X} = \frac{1}{A}\iint \mathrm{d}A$,A 为计算区域的面积。单位质量的涡旋动能可写为

$$Ke = \frac{1}{2}(u^{*2} + v^{*2}) \tag{2}$$

把各变量用区域平均值和扰动值代入运动方程求平均,可得区域平均动能方程,然后由文献[5]总动能方程减去所得的区域平均的动能方程,得到区域的涡旋动能方程

$$\left[\frac{\partial Ke}{\partial t}\right] = -\left[\nabla \cdot vKe\right] - \left[\frac{\partial \omega K}{\partial p}\right] - \left[v^* \cdot \nabla H^*\right] + [C] + [D] \tag{3}$$

本文发表于《中山大学学报(自然科学版)》,1998,**37**(4).

其中，$[C] = \left\{ [u^* k^*] \dfrac{\partial [u]}{\partial p} + [v^* k^*] \dfrac{\partial [v]}{\partial p} \right\}$，为区域平均动能与涡旋动能的相互转换项；

$\dfrac{\partial Ke}{\partial t}$ 为涡旋动能的局地变化项；$-[\nabla \cdot vKe]$ 为涡旋动能的水平输送，$-\left[\dfrac{\partial \omega Ke}{\partial p}\right]$ 为垂直输送，该 2 项是动能外源项；$-[v^* \cdot \nabla H^*]$ 是非地转运动产生的动能制造项，它与 $[C]$ 项是动能的内源项，根据 Kung 等[6]，涡旋动能制造项可分解为 3 项

$$-[v^* \cdot \nabla \cdot H^*] = -[\nabla \cdot v^* H^*] - \frac{\partial \omega^* H^*}{\partial p} - [\omega^* a^*] \qquad (4)$$

$-[v^* \cdot \nabla \cdot H^*] - \dfrac{\partial \omega^* H^*}{\partial p}$ 分别表示位能的水平和垂直涡旋通量散度，而 $[-\omega^* a^*]$ 则为涡旋有效位能与涡旋动能之间的斜压转换。

如果把中尺度实验资料看作为中尺度扰动的背景场，那么扰动量 x^* 可以看作是中尺度扰动的一种表现，方程(3)可以认为是描述这种中尺度扰动动能的平衡方程。本文利用客观分析得到的格点资料，计算了区域—时间的涡旋动能收支。

2 涡旋动能的平衡过程

对涡旋动能与总动能进行比较(表1)可看到，暴雨中尺度环境场中的涡旋动能 Ke 平均只占总动能 K 的 1% 左右；由于流场总动能的增大，比率逐渐减少。但在低层这种比率较大，最大在 850 hPa 附近，达 3.8%，这与暴雨区低空急流的维持是有联系的。孙淑清等[1]认为扰动的发展与低空急流的加强发展有关，低空急流的加强可使高低空流场发生耦合，构成特殊的季风环流。环流圈的建立促使其上升区有暴雨产生，使低空中尺度扰动得以加强。

表 1　涡旋动能与总动能的比较(10^4 J/m^2)

气压(hPa)	$[K]$	$[K_e]$	$[K_e/K]$/%
150～100	10.90	0.10	0.92
200～150	25.00	0.12	0.48
250～200	0.10	0.10	0.36
300～250	19.70	0.07	0.37
400～300	22.00	0.10	0.45
500～400	11.50	0.11	1.00
600～500	7.74	0.11	1.42
700～600	5.27	0.13	2.47
850～700	8.68	0.33	3.80
1000～850	9.68	0.24	2.48
1000～100	148.47	1.41	0.95

由(3)式计算得到的涡旋动能方程各项的垂直积分结果见表2。整层正的涡旋动能产生成为涡旋动能的主要来源。这与环境场总动能的平衡结果不同。尽管总动能的制造是负的，也即消耗动能，但涡旋动能制造(整层积分结果为 4.22 W/m^2)却为环境场提供了能源。这种

涡旋扰动与中尺度雨团对应的中尺度扰动有关,可以说雨团中对流的发展为环境场提供了能源,说明在总动能收支中,余项[D]的贡献主要表现为积云对流的作用。

由(4)式计算所得结果(表 3)表明,正的涡旋动能制造,很大一部分是由于斜压转换项 $-[\omega^* T^*]$ 的贡献,即由于暖空气上升,冷空气下沉使大气质量中心降低,造成涡旋有效位能向涡旋动能转换的结果,也即是对流发展的结果。

这一点与 Kung 等[7]对美洲强风暴涡旋动能的诊断结果相似。他们也指出,具有对流性质的扰动之斜压转换项在涡旋动能产生项中占有很大的一部分,而在弱对流中,斜压的转换并不十分重要。但从数值上看,本文的结果为 4.29 W/m²,比整个涡旋动能产生项 4.22 W/m²还要大,而他们对两个个例计算的结果表明,斜压转换仅占涡旋动能产生项的 63% 和 48%。丁一汇等[8]比较了暴雨和强对流天气发生的条件,认为这两种天气过程的发生有着很不相同的原因:强风暴的发展主要与对流层中上层干冷空气团的活动有关,中上层冷平流及其与低层暖湿空气的叠置对强风暴爆发有很重要的作用;而暴雨的形成主要与中低层暖湿气团活动有密切关系,由于暴雨的这种性质,有更多的凝结潜热释放,使环境空气受热而促使暖空气上升,冷空气下沉,因而有更多的能量通过斜压过程向涡旋动能转换。可见,梅雨暴雨区的中尺度扰动斜压性质是重要的。表 3 还说明,涡旋位能的垂直通量散度项 $-[\partial\omega^* H^*/\partial p]$ 对涡旋动能的制造也有较大的贡献;而涡旋位能水平通量散度项 $-[\nabla \cdot v^* H^*]$ 整层积分为负值,说明暴雨区有涡旋有效位能向外界辐散,是扰动的能汇。

表 2　暴雨区区域—时间平均的涡旋动能收支

气压(hPa)	$[K_e]$ $(10^3 \text{ J} \cdot \text{m}^{-2})$	$[\partial K_e/\partial t]$	$[C]$	$-[v^* \cdot \nabla H^*]$	$-[\nabla v K_e]$	$-[\partial \omega K_e/\partial p]$	$[D^*]$
				(W · m⁻²)			
150~100	0.95	−0.002	0.08	−0.83	0.01	0.05	0.69
200~150	1.18	−0.002	0.04	−0.23	0.02	0.04	0.11
250~200	0.95	−0.005	0.08	1.02	−0.07	0.03	−1.06
300~250	0.73	−0.005	0.08	0.53	−0.07	0.00	−0.54
400~300	1.06	0.001	0.07	0.19	−0.02	−0.00	−0.24
500~400	1.10	0.002	0.01	0.73	0.02	0.01	−0.77
600~500	1.10	0.001	0.01	1.18	0.07	−0.01	−1.24
700~600	1.32	−0.001	−0.02	0.46	0.18	0.00	−0.64
850~700	3.29	0.006	−0.12	0.72	0.68	0.00	−1.24
1000~850	2.41	0.008	−0.08	0.45	0.54	−0.09	−0.81
1000~100	14.09	0.006	0.14	4.22	1.38	0.00	−5.73

表 3　涡旋动能制造项的区域—时间平均结果(W/m²)

气压(hPa)	$-[v^* \cdot \nabla H^*]$	$-[\omega^* T^*]$	$-[\nabla \cdot v^* H^*]$	$-\left[\dfrac{\partial \omega^* H^*}{\partial p}\right]$
150~100	−0.83	−0.78	−0.38	0.33
200~150	−0.23	−0.01	−0.56	0.34
250~200	1.02	0.68	−0.36	0.52

续表

气压(hPa)	$-[v^* \cdot \nabla H^*]$	$-[\omega^* T^*]$	$-[\nabla \cdot v^* H^*]$	$-[\frac{\partial \omega^* H^*}{\partial p}]$
300～250	0.53	-0.02	0.08	0.47
400～300	0.19	1.43	-0.28	-0.96
500～400	0.73	1.878	-0.62	-0.52
600～500	1.18	0.37	0.04	0.77
700～600	0.46	0.21	0.17	0.08
850～700	0.72	0.29	0.14	0.29
1000～850	0.45	0.07	-0.15	0.53
1000～100	4.22	4.29	-1.92	1.58

表 2 中[C]是区域平均动能与涡旋动能的相互转换项,表示尺度之间的一种相互作用。在高层和低层,由于急流高度附近存在较强的垂直切变,相应[C]项有相对较大值。低层低空急流附近涡旋动能向基本气流转换,扰动发展对低空急流维持有作用,但在高层,特别是高空急流高度附近涡旋扰动从基本气流得到动能,高层急流对扰动有维持作用。

$-[\nabla \cdot vK_e]$ 为水平输送项,这一项中、低层为辐合,高层为辐散,整层积分结果为 1.38 W/m² 。在涡旋动能平衡中,这一项是源项。而垂直输送 $-[\partial \omega K_e / p]$ 在低层为辐散,高层为辐合,有涡旋动能向下输送,高层的气流对低层扰动的维持有重要作用。

图 1 表明,主要的源区在 200 hPa 以下,对应高低空急流附近相应有 2 个峰值,500 hPa 附近也有 1 个峰值。扰动的维持大部分靠其自身的动能制造,来自外界的输送只占小部分。$-[v^* \cdot \nabla H^*]$ 和 $[D^*]$ 垂直分布比较对称,说明作为扰动主要动能来源的涡旋动能产生项平衡了大部分的动能损耗。

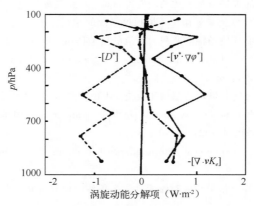

图 1　涡旋动能主要内外源项的垂直分布

可以认为,中尺度实验观测资料是暴雨区中尺度扰动系统的一种环境场,即可代表中间尺度扰动;而对区域平均值的脉动量 X^*,可认为是暴雨区中尺度扰动的表现,涡旋动能方程描写的就是这种尺度扰动的能量平衡过程。因此,综合以上的分析,梅雨暴雨区尺度之间的相互作用可能存在着这样一种过程:在合适的中间尺度系统的影响下,主要由于对流的发展,虽然涡旋动能有很大一部分被摩擦消耗掉,但在这过程中,由尺度之间的非线性相互作用,导致涡旋动能向平均流场动能转换,促使低空急流等次天气尺度系统的维持和加强,而次天气尺度系统对水汽汇集和维持条件性不稳定起重要作用,对中尺度对流系统的发展起组织作用,因而使暴雨得以维持加强。

4 结 论

(1)在暴雨区,扰动在高层和低层均有反映,但低层的扰动更加明显。

(2)涡旋动能的产生为扰动提供了能源,其中斜压转换项有很大的贡献。可以认为梅雨暴雨中的中尺度扰动具有强的斜压性质。

(3)在高、低空急流附近涡旋动能与平均气流动能有较大相互转换。低空急流附近涡旋动能向平均气流转换,有利于低空急流的维持和加强。而在高空急流附近,扰动从平均气流那里得到动能。高层平均气流还向低层输送动能。高低空急流附近涡旋动能与平均气流动能相对大的转换反映了尺度之间能量转换的作用。

(4)维持扰动发展的涡旋动能来自高空急流高度以下的层次,在高、低空急流高度附近为两个较大的涡旋动能源区。涡旋摩擦消耗动能,摩擦损耗的动能主要由扰动本身的涡旋动能制造平衡,来自外界的涡旋动能输入仅占维持扰动发展所需动能的小部分。

(5)暴雨区可能存在这样一种尺度之间的相互作用过程:合适的中间尺度系统为水汽汇集和不稳定条件的维持提供了有利的环境,促使涡旋位能通过斜压机制向涡旋动能转换,使对流发展、维持,而由于尺度间的非线性相互作用,在低层有涡旋动能向中间尺度系统转换,使中间尺度系统得以维持,这种维持使对流能继续发展,因而有利于暴雨加强。

参考文献

[1]孙淑清,杜长萱.梅雨锋的维持与其上扰动的发展特征.应用气象学报,1996,**7**(2):153-159.

[2]杨福全,杨大升.1991年江淮流域暴雨中不同尺度系统的相互作用.应用气象学报,1996,**7**(1):9-17.

[3]梁必骐,李勇.暴雨中尺度环境场特征及积云对流的反馈作用.热带气象,1991,**39**(4):16-25.

[4]Li Y,Liang B Q. Feedback mechanism of cumulus convection in heavy rainfall. *Chinese Journal of Atmospheric Sciences*,1991,**15**(3):269-277.

[5]蒙伟光,梁必骐.暴雨中尺度环境场的总动能收支.中山大学学报(自然科学版),1988,**37**(3):112-116.

[6]Kung E C,Merritt L P. Kinetic energy sourses in large-scale tropical disturbances over the Marshallislands area. *Mon Wea Rev*,1974,**102**:489-502.

[7]Kung E C,Tusi T L. Subsynoptic-scale kintic energy balance in the storm area. *J Atmos Sci*,1975,**32**:729-740.

[8]丁一汇,章名立,李鸿洲,等.暴雨和强对流天气发生条件的比较研究.大气科学,1981,**5**(4):388-379.

第五部分

自然灾害研究

广东自然灾害成因及其对经济的影响

梁必骐 梁经萍

（中山大学自然灾害研究中心、大气科学系，广州 510075）

摘 要 本文从地理位置、地形特征、地质构造、水文特征、天气气候特征、人类活动、经济结构与布局，以及社会环境等 8 个方面分析了广东自然灾害形成的环境条件及类型，并分析研究了成灾特点和对广东经济发展的影响。结果表明，广东自然灾害的形成及其成灾频度和强度，既决定于自然环境的变异，也受制于人类活动和社会经济环境，并具有区域性、周期性、群发性、连锁性、阶段性和社会性等特点，自然灾害对于广东经济发展的严重影响有日益加剧的趋势。

关键词 广东 自然灾害 孕灾环境 成灾特征 经济发展

1 广东省自然灾害的类型

地球上自然现象的变化复杂纷繁并且无时无地不在发生，当自然变异强度达到人类难以抗拒，以至对人类的生命财产和经济建设带来危害时，便构成自然灾害。实际上，自然灾害就是自然变异过程对人类社会经济系统产生危害性后果的事件[1]。自然灾害既包括短时间的突发性灾害（如地震、台风、洪水、山崩、泥石流等），也包括长时间的缓变性灾害（如干旱、连阴雨、水土流失等），以及更长周期演变的趋势性灾害（如环境污染、海面上升、生态变异、土地沙漠化和盐碱化等）。

广东省的自然灾害，按其成因可划分为 5 大类：(1)大气灾害；(2)陆地灾害；(3)海洋灾害；(4)生物灾害；(5)人为自然灾害。其中以大气灾害和人为自然灾害造成的经济损失最为巨大。

2 广东的孕灾环境

自然灾害是自然—经济—社会的综合反映。它的形成及其成灾强度，既决定于自然环境变异的频度和强度，也受制于人类活动的影响，还取决于经济结构和社会环境。自然灾害都是在一定的孕灾环境中形成的，重大灾害常是上述因素综合作用的结果。广东省自然地理环境、经济发达程度和社会结构状况构成了广东的孕灾和成灾环境。

2.1 地理位置和地质地貌特征

广东省北靠南岭，南临热带海洋，海岸线长达 4300 km。广东省属热带、亚热带地区，北回归线从南澳岛—从化—封开穿过，横贯全省。

本文发表于《自然灾害学报》，1994，3(3).

广东省地势北高南低,地形复杂,境内山川纵横,沿海岛屿遍布。南岭山脉横贯广东北部,乃寒潮南侵之屏障,但山脉重叠,其间北江河谷纵贯广东南北,又是冷空气南下之通道。南岭山地以南,地势渐低,但分布有多条呈东北—西南向的山脉,有利于来自海洋的暖湿空气抬升而致雨,使之在粤东、粤中和粤西形成三大暴雨中心。沿海地势平坦,属台地平原区,其中河网交错的珠江三角洲平原和潮汕平原是洪水常泛之地。粤西广布台地,海拔在 200 m 以下,其中以玄武岩构成的雷州半岛台地最大。这些台地平原既是台风、暴雨、强风暴、暴潮常袭之地,又是干旱多发区。

广东省的地质构造复杂,构造运动较强烈,且有南强北弱的特点。尤其是沿海处于活动断裂带,包括泉州—汕头、莲花山、河源、阳江、吴川等多个活动断裂带,它们与地震活动密切关联。广东海岸还处于构造升降地带,尤其是珠江三角洲和潮汕平原属沉降区。广东多暴雨,岩石又风化强烈,加上人类活动的影响,更为地质灾害的形成提供了引发条件,所以广东孕育着多种地质灾害的潜在危机。

2.2　水文特征

南岭是长江水系和珠江水系的分水岭,广东主要受珠江水系控制,其中西江、北江和东江流域布及全省,且汇流入珠江口。此外,还有韩江、漠阳江、鉴江等都是由北而南汇入南海。广东的水系具有以下特征:

(1)河流众多,纵横全省。全省有大小河流近 2000 条,总长 3600 km。尤其是珠江三角洲更是三江汇合区,河汊密布,水道交错,构成网状水系,极易形成洪涝。

(2)流量大,年变化明显,年际变化小。珠江的年均径流量为 3412 亿 m^3,在国内仅次于长江,而为黄河的 7 倍。一般是 4—9 月为丰水期,10 月至翌年 3 月为枯水期,干流各站水位空间最大可达 15 m 以上。但各河流水量的年际变化同北方河流相比要小得多,丰水年径流量一般比枯水年大 1～2 倍,不过,最大洪水流量比最小枯水流量可大几十倍至几百倍。

(3)汛期长,且有前、后汛期之分。广东雨季长,所以河流汛期也特别长,从 4 月至 9 月都是汛期,都可能发生洪水。广东年降水有两个集中期,一是以锋面降水为主的前汛期(4—6月),二是以台风降水为主的后汛期(7—9 月),所以一年之中常有两个洪峰出现,分别在 5 月、6 月和 8 月、9 月。

(4)河流含沙量小,但输沙总量并不少。广东植被繁茂,森林覆盖率达 27%,所以水土流失较轻,河流所带泥沙较少。珠江年均含沙量比黄河、长江都小。但因各水系水量丰富,故总输沙量还是相当可观的,全省年均输沙量约达 1 亿多吨,约为长江的 1/5。河流所带泥沙使三角洲出海水道淤浅,滨海滩地日渐扩大,不利于航运,并对防洪、排涝带来严重的影响。

此外,南海是热带海洋,是热带天气系统特别活跃的海区,夏季台风活动频繁,冬季受冷空气影响,而且在冬、夏季风盛行时期常形成季风潮,所以海上多大风、大浪和风暴潮,是海洋灾害多发区。

2.3　天气气候特征

广东背靠欧亚大陆,面临热带海洋,地跨热带和亚热带,具有明显的季风性气候和海洋性气候特点。全省年平均气温超过 19℃,其中 7 月更高达 27～39℃,气温分布大致是南高北低,极端最低、最高气温分别为 -7.3℃ 和 42℃。粤北山区可见雪霜。全省年平均降水量为

1500～2000 mm,在粤东、粤中、粤西三个暴雨中心的年降水量超过 2200 mm。4—9 月为雨季,占全年降水量的 75%～85%。最大过程降水量为 1461 mm,最大日雨量为 884 mm。可见,广东是高温多雨,长夏无冬,热量丰富,水分充足,具有得天独厚的气象条件,极有利于农作物和树木的生长。但由于暴雨多而量大,易引发洪涝,由于降水分布不均,也常在一些地区形成旱灾。此外,由于广东是冷暖气团强烈交绥之地,更是台风等热带天气系统经常侵袭的地区,所以北方来的寒潮大风、冷害和南方来的台风、暴潮等灾害性天气异常活跃。因而导致广东的气象灾害最频繁,最严重,影响时间最长。

2.4　人类活动的影响

环境恶化是自然灾害频发的主要根源,而人类对自然资源的不合理开发,都导致生态平衡的破坏。人类活动不仅诱发和加剧了一系列突发性自然灾害,而且还制造了许多人为自然灾害,例如在广东沿海,盲目围垦,侵占滩地,使一些地区洪水加剧,防洪、防潮能力减低;在山区由于滥砍山林,乱垦坡地,使植被覆盖率日益减少,加剧和引发了水土流失和一系列地质灾害;一些地区盲目垦殖和开发,导致海堤、河堤被破坏,出现人为的地裂、地陷等;还有水库地震、矿山突水和大多数森林火灾等都是人为因素造成的。

2.5　社会经济环境的影响

自然灾害的经济损失程度,即成灾强度不仅仅取决于自然因素,还与受灾区的经济发展、结构和布局有关。广东自然条件优越,资源丰富,又是我国最早的综合经济开发区,所以经济发展迅速,密集程度大,尤其是蓬勃发展的乡镇企业大都集中在珠江三角洲地区。据 1991 年资料统计[2],沿海地区集中了全省 70% 的人口,80% 以上的大中城市,以及 88% 的社会总产值,而且也是社会财富和文化科学技术的密集区,尤其是三角洲地区更是人口、城镇、经济、文化的集中区,如珠江三角洲集中了全省 24% 的人口和 40 多个万人以上的城镇,集中了全省 70% 的工业产值,仅广州、佛山、深圳三市的工业总产值就占全省工业总产值的一半以上,一旦发生自然灾害,将会比其他地区的损失更为严重。受自然灾害影响最敏感的农业仍然是广东的经济基础,但比较发达的农业都集中在沿海地区,尤其是粮食生产更集中在三角洲和河谷平原地区,而沿海地区正是自然灾害多发区,尤其是经常遭受台风和风暴潮的袭击。例如,珠江三角洲在近 1000 万亩耕地中,约有 290 万亩低于海拔 1 m,并有 400 多万亩耕地为易涝之地,极易遭受洪涝之害,至于海面上升可能导致的潜在危害将更为严重。在北部山区,经济布局不似沿海密集,而且灾害类型、频率都相对较少。显然,同样的灾变发生在经济发达的三角洲要比发生在经济落后的山区所造成的经济损失大得多。

3　广东自然灾害的特点和规律

广东是我国的自然灾害多发区,也是重灾区。自然灾害具有种类多、发生频率高、突发性强、影响时间长和范围广的特点。全省发生的各种自然灾害超过 50 种,不仅一年四季有自然灾害发生,每年发生频率也居全国之首,而且全省几乎没有哪个地区不出现自然灾害,其中影响最严重的是沿海地区。从自然灾害的形成规律来看,广东自然灾害具有以下基本特征:

3.1 灾害的区域性

自然灾害在空间分布上具有明显的地带性和区域性特点,主要集中在沿海一带,这里既是海洋灾害多发区,也是孕育地震的断裂带;三角洲平原区还是暴雨洪涝频发区;粤北山区主要是山地灾害多发区;粤东山区多水土流失和崩岗;西江、北江、东江流域主要是气象灾害和洪水危害带;雷州半岛是干旱严重区。

3.2 灾害的周期性

自然灾害在时间分布上具有一定的周期性规律。例如,珠江流域 2~3 年发生一次水旱灾,大约 20 年发生一次大的水旱灾。广东主要灾害性天气存在 2 年、8 年和 10 年左右的振荡周期;广东干旱存在 10~11 年和 30 年的周期变化;广州洪水频数具有 170 年、45~50 年、23 年的周期变化。其他如台风、地震等也有一定的周期性规律。

3.3 灾害的群发性

自然灾害的发生往往不是孤立的,而常在一定时段或地区相对集中出现,即具有群发性特征。在历史上,存在灾害的相对频发期。就地区而言,常见多种灾害同时发生。如广东沿海的登陆台风,常伴暴雨、大风、风暴潮等多种灾害出现,广东发生的强对流灾害天气也常有雷暴、大风、冰雹相伴出现,地震、地裂缝、山崩、滑坡等也往往是群发性的。它们构成灾害体系、所造成的灾害更为严重。例如,1985 年 3 月下旬发生的强风暴灾害天气,雷雨大风、冰雹、暴雨共生,席卷广东 14 个县市,造成直接经济损失 5000 多万元;1992 年 4—5 月粤北和粤西发生强风暴灾害,造成近亿元损失,也是暴雨、冰雹、龙卷共同影响的结果。

3.4 灾害的连锁性

由于自然灾害的连锁效应,一些强自然灾害常引发出一连串的次生灾害,形成灾害链。例如,广东常见的台风,登陆后一般都会产生暴雨,暴雨引发洪水,在山区还会造成严重的水土流失,因而构成台风—暴雨—洪水和台风—暴雨—水土流失灾害链。在广东,较常见的还有台风—风暴潮—海水倒灌—洪涝,暴雨—山洪—山崩,地震—崩塌—滑坡等连锁效应构成的灾害链。南海较常形成的灾害链有台风—大风—大浪。寒潮—大风—大浪等。灾害链的构成使灾害进一步加剧。实际上,强台风、地震造成的重大损失,都是同它们的连锁效应而构成的灾害链分不开的。例如,8607 号台风带来广东历史上最大台风降水(1078 mm),引起山洪暴发,形成"台风—暴雨—洪水"灾害链,造成了广东罕见的灾害损失。

3.5 灾害的阶段性

每次自然灾害的形成过程都要经历酝酿、形成和发生各阶段,即具有明显的阶段性。不同的自然灾害其形成过程是有所不同的。有些自然灾害,其成灾过程带有突发性,如地震、台风、龙卷等往往只在几小时,甚至几秒钟内就可形成巨大灾害,不过,这类灾害仍然有一个酝酿期,只是这类灾害发展迅速,各阶段历时短暂。例如,影响广东的台风,在登陆前都要经历低压、风暴阶段,只是各阶段持续时间有所不同。另一类自然灾害成灾过程缓慢,各阶段都要经历较长的时段,如干旱、水土流失等一般都要历时数天,甚至数月或数年才能形成严重灾害。当然,一些突发性灾害也可能引发这类灾害。例如,在广东山区,一些突发性强暴雨可引发山洪或水土流失,连续性暴雨则可能进一步造成严重洪水或灾害性的水土流失。还有一些历时更长的趋势性灾害,如土壤盐渍化、土地沙漠化、海面上升等灾害的酝酿期可能是几年、甚至几十年才能构成严重的灾害。珠江三角洲的碱害导致土壤盐渍化,就是逐步演变过程。这就是说,不论哪一类自然灾害都有一个酝酿过程,只要抓住该阶段的特点,就有可能预测或预防灾害的发生。

3.6　灾害的社会性

灾害的严重程度总是通过社会经济损失和人员伤亡来反映的。人类的盲目活动对自然环境的破坏,将加剧和诱发一系列自然灾害,而自然灾害造成的严重经济损失和人员伤亡,将直接影响经济和社会发展,以及社会的安定,严重自然灾害可能威胁人类的生存,引起社会动乱,甚至毁灭城市和人类文明。例如:1862 年侵袭广东的台风、1915 年广州的"乙卯大水"和 1943 年的全省大旱都造成 10 余万人死亡;1918 年的南澳大地震,将全县屋宇夷为平地等。另方面,人类的积极活动,可以预防自然灾害,减轻灾害损失。例如,1922 年粤东"八·二"台风造成 6 万余人死亡,而 1969 年"7·28"台风与其类似,但由于事前做出了准确预报,并采取积极的防、抗台风的行动,所以死亡人数不足前者的 1/70。这就是说人类活动既是致灾因素,也是减灾动力。可见自然灾害与人类社会息息相关,具有广泛的社会性。

4　自然灾害对广东经济的影响

广东历史上就是自然灾害的频发区。据史料记载①,广东洪水灾害记载始于东汉永初元年(公元 107 年),至 20 世纪 30 年代全省各县发生水灾 2802 年次,其中大水灾 2608 年次,最严重的是 1915 年的"乙卯大水"造成 10 万余人丧生,灾民 380 万人;旱灾自唐元和三年(公元 808 年)至 20 世纪上半叶,共记载 1208 年次,其中大旱为 717 年次,尤其是 1943 年大旱,全省 80% 的耕地受害,饥荒加战乱导致 300 万人死亡。台风灾害的记载始于唐贞元十四年(公元 798 年)至 20 世纪上半叶共发生 829 次,其中 1862 年的台风使珠江三角洲 10 多万人丧生,1922 年在汕头登陆的台风造成 6 万余人死亡,数十万人流离失所。地震在广东虽然大震不多,但次数也不少,自 288 年至 20 世纪 40 年代共记有 280 次,738 县次,其中最强的一次是 1918 年的南澳 7.3 级地震,造成全县人员伤亡十之八九。其他如霜、雪、严寒、冷害、连阴雨和疫灾等也有不少历史记载。

20 世纪 50 年代以后,广东对自然灾害的记载更为详实,已有的资料表明,自然灾害对广东经济发展的影响正在日益加剧。近年的统计表明,全省每年因自然灾害造成农田成灾面积为数百万至 1000 多万亩,受灾人口数百万至 1000 多万人,减产粮食为数十万至 100 多万吨,直接经济损失达十几亿至上百亿元。据省防汛防旱防风总指挥部办公室的统计[3],洪、涝、风、旱灾造成的农田受灾面积,80 年代平均为 1230 万亩,是 50 年代的 5 倍,受灾耕地损失的稻谷,80 年代更是 50 年代的 10 倍。80 年代每年受灾人口也是 50 年代的 5 倍。80 年代广东受灾损失最大的是 1986 年,该年因自然灾害造成的直接经济损失约 31 亿元,民政部门拨救济款 5416 万元,约占总损失的 2%。因此,根据每年所拨救灾款可估算出历年自然灾害造成的经济损失,如表 1 所示。1991 年广东因台风、洪涝灾害造成的直接经济损失是 43.2 亿元,相当于

① 杨迈里,广东省气候历史记载初步整理,1986。

50 年代年均损失的 10 倍,如考虑其他自然灾害,其损失增长速度更大。1993 年广东因气象灾害造成的直接经济损失更是多达 100 亿元以上。1994 年上半年,仅台风、洪涝灾害造成本省的直接经济损失就已超过 100 亿元。

表 1　广东省年平均受灾情况统计表

	50 年代	60 年代	70 年代	80 年代	1990 年	1991 年
受灾人口(万人/年)	242	734	859	1226	1529	1600
成灾农田(万亩/年)	272	659	805	1230	2049	1134
直接经济损失(亿元/年)	4.4	2.9	10.3	18.3	16.6	43.2

注:(1)1985—1989 年年均实际经济损失为 22.6 亿元;

　　(2)1990—1991 年只是台风、洪涝灾害损失。

由表 1 可以看到,广东自然灾害的影响呈明显上升趋势,20 世纪 80 年代无论是年均受灾人口、受灾面积或经济损失都比 70 年代增加近一倍,而 1991 年的直接经济损失又比 80 年代增加了一倍多,而 1993 年、1994 年的损失又比 1991 年增加 1 倍以上。显然,广东自然灾害损失的增长速度明显高于经济发展的增长速度。如果不在经济发展的同时加快防灾减灾工程的建设步伐和改善社会整体结构(包括防灾体制、城市规划、防灾保险机制、国土利用等),自然灾害势必影响经济发展。

对广东经济发展影响最大的是台风及其暴潮灾害[4,5]。这类灾害每年都有发生,不仅发生频率高,而且影响时间长、范围广、灾情重,造成的经济损失最大。80 年代以来,每年因台风造成的经济损失都超过 10 亿元,1985 年以来已造成直接经济损失约 200 亿元,其中有 10 个台风造成了 10 亿元以上的直接经济损失,严重的 8607 号台风造成的经济损失占当年全省财政收入的 28%,而 1991 年因台风带来的直接经济损失也相当于全省财政收入的 1/4,1993 年 6—9 月 5 个登陆台风造成的经济损失达 84.1 亿元。9403 号强热带风暴造成的直接经济损失高达 58 亿元。

暴雨洪涝是影响广东经济发展的另一重大灾害。据统计,自 17 世纪以来,广东 90% 以上的年份都发生洪涝灾害。尤其是广东的主要经济开发区(如珠江三角洲、潮汕平原、鉴江三角洲等)都是位于江河下游,且河网密布,极易发生洪水。例如,历史上的 1915 年大水,若按 1981 年的生产水平估算,其造成的直接经济损失达 100 亿元;1947 年全省水灾,造成 1200 多万亩耕地受灾,死亡 2 万余人。还有 1959 年的东江大洪水、1966 年的全省洪水、1976 年多次暴雨洪水、1982 年北江洪水、1987 年的海陆丰特大暴雨洪涝等都造成数百万亩农作物、百万以上人口受灾,造成数以亿公斤计的粮食损失,大批水利设施被破坏,经济损失相当严重。1994 年 6 月广东遭遇历史上罕见洪水灾害,造成直接经济损失 50 亿元以上。

干旱也是广东的严重灾害之一,80% 以上的年份都有旱灾发生。这类灾害主要发生在春、秋季节,影响范围最大,发生次数也较多。最严重的是 1943 年全省大旱。1962 年冬至 1963 年初夏的全省持续大旱和 1977 年的全省春旱,受灾面积都在 2000 万亩以上,共损失粮食近 10 亿千克,严重影响农业生产。1991 年全省持续 9 个月大旱,受灾面积 2000 万亩(水稻 1100 万亩),损失粮食 5 亿公斤,经济损失超过 20 亿元。

冷害是影响广东冬季农业生产的主要灾害。它对喜温、喜热作物,越冬与冬种作物,尤其是热带作物与果树常造成严重危害。近几年由于冷害造成的农业经济损失特别严重。据有关部门统计,1991—1992 年冷害造成的直接经济损失达 18 亿元,1993 年 1 月广东发生少见的长时间冷害,造成农业直接损失 40 多亿元。

此外,地震、水土流失、雷雨大风、冰雹等灾害对广东经济发展也有一定影响。其他地质灾害也有影响,但多是局部地区的。值得注意的是海面上升、地面沉降、土壤盐渍化、沙漠化和环境污染等趋势性灾害对广东经济发展可能构成潜在的危害。

参考文献

[1] 梁必骐.自然灾害研究的几个问题.热带地理,1993,**13**(2).

[2] 广东省统计年鉴(1991 年).北京:中国统计出版社,1992.

[3] 广东省"三防"办公室等.广东自然灾害与减灾对策//论沿海地区减灾与发展.北京:地震出版社,1991:143-149.

[4] Liang Biqi,et al. Analysis about tropical cyclone disasters in South China, Tropical Cyclone Disasters (ICSV/WMO). Beijing:Peking University Press,1993:553-556.

[5] 梁必骐,梁经萍.广东台风灾害的特点及其对经济发展的影响.中国减灾,1993,**3**(3).

The Typhoon Disasters and Related Effects in China

Liang Biqi　　Wen Zhiqing　　Liang Jingqing

(Department of Atmospheric Science, Zhongshan University, Guangzhou 510275 People's Republic of China)

Abstract　China is one of the countries which were affected were seriously by tropical cyclones. In this paper, the active features of tropical cyclones which affected and landfell over China, the distinguishing characteristics of typhoon disasters and related formation laws have been studied, and the impact of typhoon disasters on China's socio-econonfic development have been discussed. The study reveals that typhoon disasters which affected China are characterized by high frequency in occurrence, Violent in sudden occurrence, remarkable effects in China, widescope in impact and severe intensities in disasters, and this type of disaster was caused by huge gales, rainstorms, storm surges and related chain-disasters. Typhoon disasters have not only caused great casualties but also exerted severe effects on every economic departments in China. There is an annual increasing tendency in direct economic loss caused by typhoon disasters and since 1990, the annual average economic loss has totalled up to over 10 billion RMB yuan.

Keywords　tropical storm, disaster assessment, secondary disaster, China

1　Introduction

Natural disaster is one of the major global problems with which mankind are facing nowadays, and typhoon disaster is especially a type of global disaster with the highest occurrence frequency and most serious impact(1). According to statistics[1], on earth, 80 to 100 tropical cyclones occurred every year, and caused an average economic loss of 6 to 7 billion U. S. dollars and a casualty of 20 000 people. The disasters caused by a few typhoons were much more astonishing. For example, a tropical storm occurred in November 1970 and another in April 1991 hit Bangladesh and killed 300 000 and 140 000 people respectively and made over 10 billion people being homeless. Through August to September 1992, two successive hurricanes hit American Florida and Hawaii(Hawaiian Islands), the economic loss to talled up to over 20 billion U. S. dollars. China is one of the countries affected most seriously by typhoons, and about four-fifths of its provinces, cities and autoonmous regions, especially the 18 000-kilometer-long coastal zone from South China to Northeast China can be affected by tropical cyclones. The occurrence frequency and affecting intensity of typhoon disasters

本文发表于《地理学报(英文版)》, 1996, **6**(1).

predominate all other natural disasters over the coastal areas. In Chinese history, there had even several typhoon events which killed more than 100 000 people of which the most serious one occurred in July 1696 and killed more than 100 000 people in Shanghai; and another one landfell over the Pearl River Delta in July 1862, capsized many boats on the fiver in Guangzhou city, caused a lot of people to be drown, over 80 000 dead bodies dredged up on the province's river; and related huge wave washed away over 100 000 people, animals and houses in Panyu County. In recent years, the casualties caused by typhoons have been cut down, yet the economic loss have been more and more serious. Since 1980, the direct economic loss caused by typhoon disasters has totalled up to 20 to 80 billion RMB yuan in the whole country. Nevertheless, as the major source of summer precipitation over the coastal areas, tropical cyclones are necessary for water supply for industrial, agricultural and domestic purposes in the above mentioned regions, and also an important factor for mitigating drought. Therefore, it is an important research subject for us on how to take advantages of typhoons and prevent related disasters for the purpose of not only protecting people's life and properties but also promoting production and developing economies.

For a long period of time, numerous investigations on tropical cyclones have been carried out[3], but only a few analyses on related disasters were made. In this paper, we study the active characteristics of tropical cyclones which affected China, the special features and formation factors of typhoon disasters, their intensity and related impacts on the development of China's economies based on the available data.

2   The Active Characteristics of Tropical Cyclones Affecting China

The tropical cyclones affecting and landfalling over China mainly come from Northwest Pacific Ocean and the South China Sea, and the storms in the Bay of Bangal also affected Southwest China. The Northwest Pacific(including the South China Sea) is the marine area where most tropical cyclones occur compared with other areas on earth[2], of which tropical storms and typhoons account for 38 percent of the total number with an average frequency of 28 per year, 40 in maximum year and 20 in minimum year. About one-fourth of the tropical cyclones occurring in this region made landfalling over China, of which about one half of the tropical cyclones occurring in the South China Sea landfell over China's coastal areas.

According to statistical data of 45 years(1949—1993), we found that 701 tropical cyclones affected China with an average frequency of 16 per year, of which 455 tropical cyclones and typhoons caused a windforce of over 8 on coastal areas with an average frequency of 10 per year, accounted for 64 percent of the total. Table 1 shows the monthly distribution of all types of tropical cyclones which affected China. The table reveals that tropical cyclones affected China occurs every month except February, of which the time between June and November is their major affecting period and they concentrated especially in the period from July to September, accounted for 66 percent of the total number affecting China annually. Tropical cyclones occurred early on January 17(1988), lately on December 30(1966). That is to say that the possible affecting period of tropical cyclones is as long as 348 days a year. Among tropical cyclones affecting China, most of them affected Guangdong Province accounted for about 64 percent of the total, and their affecting period is the longest(348 days).

Table 1　The monthly frequency of tropical cyclones affecting China(1949—1993)

Month	1	2	3	4	5	6	7	8	9	10	11	12	Y	X	%
a	1	0	1	1	11	27	34	82	43	33	18	1	252	5.6	36
b	0	0	0	0	2	13	27	26	30	17	14	2	131	2.9	19
c	0	0	0	1	6	14	31	34	30	20	7	2	145	3.2	20
d	1	0	0	0	4	14	39	43	48	24	6	0	179	4.0	25
Total	2	0	1	2	23	68	131	185	151	94	45	5	707	15.7	100
X	0.05	0	0.0	0.05	0.5	1.5	2.9	4.1	3.4	2.1	1.0	0.1	15.7	15.7	
%	0.3	0	0.1	0.3	3.2	9.6	18.5	26.2	21.4	13.3	6.4	0.7	100		100

Note: * 　Tropical cyclones refer to that cause daily precipitation over 10 mm of or a maximum wind speed of over 11 m/s.

　　** 　The intensity of tropical cyclone takes China's coastal areas as a criterion and is classified by international standard.

　　a—Tropical depression　　b—Tropical storm　　c—Violent tropical stoma

　　d—Typhoon　　　　　　　X—Average　　　　　Y—Whole year

　　China is a country which was landfallen over by the most tropical cyclones all over the world. According to statistics, 419 tropical cyclones made landfalling over China with an average 9 per year during 45 years, and 311 of them developed to intense tropical storms and typhoons when they landfell, with an average of 7 per year, 12 in maximum year(1971) and 3 in minimum year(1950). Tropical storms and typhoon landfall over China normally from May to December, the most frequent activities occur from July to September, accounting for 76 percent of the year's total. The earliest landfalling tropical cyclones occurred on April 28 (1991) and the earliest landfalling typhoon on May 11(1954). The corresponding latest data on landfalling are on December 2(1974) and November 18(1967) respectively. That is to say that the possible landfalling periods of tropical cyclones and typhoon are as long as 218 days and 192 days a year, respectively.

　　Figures 1 and 2 indicate the monthly average number of tropical cyclones affecting and landfalling over China and the time-variation of frequency of typhoons, respectively. It is easy to find that their annual variation is of characteristics of a single peak pattern but their peaks occurred in different months. The former occurred in August and the latter, in September.

　　The study results show that almost every province over China's coastal areas, excluding Hebei Province, are affected by landfalling tropical cyclones up to now. However, only the provinces south to Shanghai are affected by landfalling typhoons with the maximum windforce of 12. Most tropical cyclones make landfalling in Guangdong Province, which occur during May to December, accounting for 30 percent of the total. Hainan and Taiwan provinces come the second place. However, the tropical cyclones landfalling over the coastal areas north to Shanghai only accounted for 5 percent of the total and occurred during July to August. Taiwan experienced the most frequent landfalling typhoons, whereas Guangdong, Hainan and Fujian provinces come the second. The typhoons landfalling over the above-mentioned 4 provinces accounted for over 90 percent of the country's total. Generally speaking, all landfalling typhoons would cause severer disasters, of which Guangdong, Hainan, Zhejiang, Fujian and Taiwan provinces suffer the most.

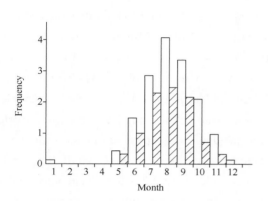

Fig. 1　The monthly average number of tropical cyclones affecting and landfalling China(decline line)

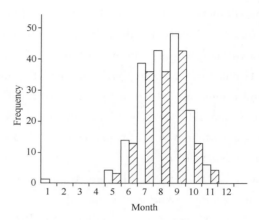

Fig. 2　The monthly frequency of typhoons affecting and landfalling China(decline line)

3　The Characteristics and Causes of Typhoon Disasters

The typhoon disasters affecting China's coastal areas are characterized by high occurrence frequency, wide affecting scope, violent in sudden occurrence, remarkable effect in China and severity in disasters, which are mainly mused by huge gales, rainstorms, flooding, storm surges and related secondary disasters. The usually encountered disasters are huge gales, huge waves, rainstorms, storm surges, tornados and related geological disasters caused by typhoons(such as collapse, landslide, mud-rock flow and disastrous soil erosion). Many huge typhoon disasters were caused by common affections of huge gales. Torrential rams and erratic sea fides were brought about by landfalling typhoons and the chain of typhoon disasters. Due to interacting with other circulation systems, a landfalling typhoon not only intensified its disasters over coastal areas but also went into inlands and caused huge disasters. For instance, "75 · 8" the special violent flooding in Henan Province was caused by the extraordinary heavy torrential rams resulted from the interaction between No. 7503 typhoon depression and westly circulation systems, which killed over 26 000 people and the economic loss came to over 10 billion RMB yuan.

The huge gales and related sea waves is also one of the main causes of typhoon disasters. Typhoon is a kind of vortex with extraordinary low central pressure, great pressure gradient and spinning force. So it will be bound to bring about the maximum wind. On the sea, the maximum wind speed near the centre of violent typhoon is as strong as 100 to 120 m/s, which can cause sea waves being as high as over I0 meters. On the land, violent typhoon often brings about huge gales which are as strong as over force-twelve wind of wide scope. Most landfalling typhoons can cause the huge gales of over force-twelve wind. According to statistics[1] typhoons landfalling in China, the mean radial of their causing scope of over force-six wind is about 400 kilometers and that of over force-ten wind scope is about 100 kilometers. On August 1 1956, the typhoon, causing over 20 000 people died, landfell over Xiangshan County, Zhejiang Province and caused wide scope of over force-eight wind, which ranged northwards Tianjin, southwards Xiamen, westwards Qinling Mountains, western part of Hubei Province and southern part of Hunan Province, and its wide scope of force-twelve wind ranged into the inner parts of Anhui Province. As shown in Table 2, 419 tropical cyclones landfell over China, of which 148 caused huge gales of force-twelve wind or much stronger accounted for 35 percent of the total number. Among the typhoons landfalling over China, No. 6416 is the most violent and its maximum wind speed is up to 100 m/s on the sea. But No. 5612 and No. 7314 are the most violent typhoons at the moment of landfalling and their maximum wind speed exceeds 70 m/s. However, No. 6903 and No. 9107 typhoons landfalling over eastern part of Guangdong Province, their recorded maximum wind speed all exceeds 52 m/s. The force-twelve wind caused by landfalling typhoons are mainly concentrated in the period from July to September. Typhoon huge gales, with very strong destructive force, can uproot trees, collapse houses, turn over boats and even destroy whole town. Such as No. 7314 typhoon. it landfell over Hainan Island with maximum wind speed of 70 — 80 m/s, and its huge gales of over force-twelve sustained for 10 hours. The rate of rubber trees fallen or broken was 50 to 70 percent and over 7 million rubber trees were destroyed when it passed through the orchard (rubber garden). It also collapsed over 100 000 houses and killed nearly 1 000 people and almost damaged the entire Qionghai County.

Table 2　The monthly frequency of tropical cyclones landfalling over China (1949—1993)

Month	4	5	6	7	8	9	10	11	12	Y	X	%
a	1	5	13	19	42	19	6	3	0	108	2.4	26
b	0	2	6	19	10	14	4	3	1	59	13	14
c	0	4	11	29	25	24	8	3	0	104	2.3	25
d	0	3	13	36	36	43	13	4	0	148	3.3	35
Total	1	14	43	103	113	100	31	13	1	419	9.3	100
X	0.0	0.3	1.0	2.3	2.5	2.2	0.7	0.3	0.0	9.3	9.3	—
%	0.2	3.3	10.3	24.6	27.0	23.9	7.4	3.1	0.2	100	—	100

Note: *　Statistics were based on the time and intensities of first landfalling of tropical cyclones.

　　** According to maximum wind force when they landfell, tropical cyclones were classified by international standard.

　　a—Tropical depression　　b—Tropical storm　　c—Violent tropical storm

　　d—Typhoon　　　　　　　X—Average　　　　　Y—Whole year

Torrential rains and related floods are other important factors which result in typhoon disasters. Especially mountain torrents and inland inundation resulted from them can easily cause severe disasters at a wide scope. Because of abundant moisture and violent ascending motion, a typhoon can easily cause the torrential rain. Typhoons affecting and landfalling over China can almost result in rainstorm and precipitation of wide scope. Accorrding to statistics[1], the tropical storms and typhoons landfalling over China nearly brought about torrential rain, of which 95 percent result in heavy torrential rain(daily rainfall is equal to or more than 100 mm)and about 60 percent would brought about the special heavy torrential rain(daily rainfall is equal to or more than 250 mm). Precipitation records in China were almost set by typhoons. The No. 6718 typhoon set 3-days precipitation record of 2479 mm and 24-hour precipitation record of 1672 mm in Xinliao,Taiwan Province. In mainland China,the 3-day record,24-hour record,12-hour record and one hour record in precipitation are 1605 mm,1062 mm,954 mm and 189.5 mm respectively,all set by No. 7503 typhoon in Linzhuang,Henan Province. Typhoon-induced rainstorms are concentrated in July to September and the severe flooding and waterlogging disasters over coastal areas were almost caused by typhoons in the mean time. Typhoon torrential rains not only directly cause disasters,especially much severe flooding disasters,but also bring about disasters penetrating extensively landward. For example,the "75 · 8" catastrophic flood disaster was caused by the process of special heavy torrential rains resulted from No. 7503 typhoon(procedure precipitation was 1631 mm which equaled to the total rainfall in two years over this region). In 1985, the Liaohe catastrophic flood disaster rarely encounted in Northeast China was resulted due to the impact of three successive typhoons,which caused over 1. 6 million ha of farmland to be inundated and the direct economic loss came to be 47 billion RMB yuan; No. 8607 typhoon brought about the heaviest precipitation in history to Guangdong Province(Daily rainfall in Shuangkeng reservoir and 3-day rainfall in Longjing reservoir equaled to 760 mm and 1078 mm respectively in Jiexi County),which caused wide scope of mountain torrents to erupt and the water level of rivers to rise fast and flattened 200 000 rooms and resulted in over 7000 peoples death,the direct economic loss came to 2. 2 billion RMB yuan; and No. 9403 violent tropical storm and related flooding disasters made 250 000 people homeless in the western part of Guangdong Province,the direct economic loss totalled up to 5. 8 billion RMB yuan.

The formation of most severe typhoon disasters was in relation with related storm surges,especially when they are combined with big astronomical tides,huge sea tides would be resulted to cause severe disasters. China is one of the counries that are often affected by the storm surge disasters. Based on statistical data covering 1949 to 1990[6],the storm surges of typhoons have occurred for 92 times over China's coastal areas with an average 2−3 times per year, of which 11 severe surge disasters occurred and each of them caused over 1000 people death and related direct economic loss came to over 1 billion RMB yuan. In addition,this type of storm surge usually made the water level of rivers rise up to over 2 m. The storm surges of typhoons would occur on China's 4 sea sectors,of which most did on East China

Sea, accounting for 52 percent of the total number; the next did on South China Sea, accounting for 34 percent and few on Yellow Sea and Bohai, only accounting for 14 percent of the total. Most storm surges of typhoons occurred in the coastal areas of Guangdong Province, in which the maximum water level risen were caused by typhoons. According to statistics[4], over the coastal areas in Guangdong Province, the extent of water level risen caused by typhoons was 1 m, occurred for an average 2.3 times per year. In the central coastal areas of the province, the average occurrence was 4.2 times per year, the highest in the region and least in the eastem coastal areas with a frequency of less than one time per year(0.7 times). The water level risen exceeding 2 m occurred in the western coastal areas, averaging one time in two years. The maximum rising record of water level caused by typhoons in China was 5.94 m, which occurred in the southern part of Leizhou Peninsula and caused by No. 8007 typhoon. The record of the highest tide level was as high as 6.98 m(above the mean sea level) in Hainan and Zhejiang provinces and was set by No. 8923 typhoon. The above two typhoons all caused severe disasters and direct economic loss was over 1 billion RMB yuan each. According to the record of historical data, a total of 576 severe surge disasters occurred during Han Dynasty to 1949, of which the most serious one occurred over Shanghai the 35th year of the emperor Kangxi in Qing Dynasty(1696) and caused a death of over 100,000 people, the highest ever experienced. The extraordinary severe storm surge disasters of typhoons occurring in July 1854, August 1905, and August 1922 also caused several ten thousand people died in Zhejiang Province, Shanghai and Guangdong Province respectively. Since 1949, the storm surge disasters, which killed over 100 people each, have occurred for over 20 times. Of which the extraordinary severe storm surge disaster caused by No. 9216 was of the widest in scope of affecting and the most serious in economic loss[2]. It set the record of surpassing the waming water level of rivers of 76 station-times over 5 provinces(municipality)in East China, of which over 10 stations set the record of the highest tide level in history, and caused over 20 million people disaster-stricken and 241 death, the direct economic loss came to exceed 9.4 billion RMB yuan.

The formation of typhoon disaster chain is the major causes resulted in severe disasters of wider scope. Once a typhoon affected China, the resulting huge gales, rainstorms and storm surges would not only bring about disasters but also related chain effects which often formed links of disasters and caused disasters in group. As shown in Figure 3, typhoon rainstorms could bring about flooding and waterlogging which could induce mud-rock flow, landslide, mountain collapse and disastrous soil erosion, and then the invasion of sea water resulted from surges could make inland waterlogging and result in soil salinization. In some areas, the very severe disasters of great extent often occurred by typhoons and related disasters. For example "75 · 8"— the catastrophic flood disaster in Henan Province was resulted from typhoon rainstorms and flooding induced. The two special severe typhoon disasters occurred in East China, which affected the whole region, were resulted from the common interaction of huge gales rainstorm, storm surge and multiple-induced secondary disasters that were brought about by "56 • 8" typhoon and No. 9216 typhoon. And four typhoon disasters, of which each caused Guangdong Province over 2 billion RMB yuan of direct economic loss, were respectively resulted from No. 8607, No. 9107, No. 9309, and No. 9403 typhoons and multiple-induced disasters. When it landfell over Ruian Country, Zhejiang Province, the No. 9417 typhoon brought about huge gales, rainstorm and storm surge rarely occurred in history and caused catastrophic flood, disasters in group and so on. As a consequence, over 10 million people were affected, 300,000 ha of farmland were hit, more than 800 000 houses were destroyed and 7000 people were killed, the direct economic loss exceeded 10 billion RMB yuan.

Occasionally typhoons bring about squall lines and tornados which further intensify local disasters. It is necessary to point out that the relative importance in the extent of disaster is also relative to social and economic factors. For instance, affected by same violent typhoons, the areas, where population and cities are highly concentrated in and economy is developed, will suffer even greater loss than'other areas. Of course, the extent of disasters is also dependent on measures adopted in advance to prevent typhoon disasters.

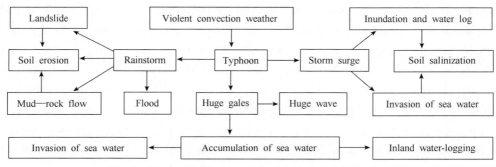

Fig. 3   Typhoon disasters and related chain of disasters

4   The Impacts of Typhoon Disasters on Socio-Economic Development in China

China suffers from typhoon disasters every year, and landfalling typhoons cause great casualties and huge economic loss. According to preliminary statistics, in recent 10 years typhoon disasters averagely caused a death of 500 to 600 people, destroy 200 000 to 300 000 houses and a loss of 0. 5 to I billion kg of grain every year. The direct economic loss was 6 to 7 billion RMB yuan, which seriously affected production and construction and economic development. Especially in China's coastal areas where population and cities are concentrated and economy is developed, people's casualty and economic loss caused by typhoons are much greater. The economic loss of typhoon disasters in some areas even surpass the value of financial income and expenses of local government. For instance, during 1980 to 1989, the total financial income of government in Hainan Province(including every administration) is over 2. 8 billion RMB yuan, however, the direct economic loss caused by typhoon disasters totalled up to over 2. 9 billion RMB yuan only in 1989.

In China, since 1950, although the number of wounded or killed people caused by typhoons has been cut down considerably, economic loss tended to be increased annually. Especially since 1980, direct economic loss caused by typhoons has totalled up to several billion to 10 billion RMB yuan throughout the country every year. According to preliminary statistics, during the 1980s the direct economic loss caused by typhoon disasters was equivalent to 3 to 4 billion RMB yuan throughout the country every year. And since 1990, the annual economic loss has been increased much faster and averaged a total up to over 10 billion RMB yuan. Of which 10 tropical storms and typhoons landfell over China's coastal areas successively in 1990, the direct economic loss came to 7.9 billion RMB yuan only in Fujian and Zhejiang provinces. In 1992, typhoon disasters affected 15 provinces (big cities, autonomous regions), the economic loss came to over 13 billion RMB yuan. In 1994, the economic loss caused by typhoons totalled up to over 20 billion RMB yuan. Guangdong Province is located in the frontier of economic reform and opening to the outside world where typhoon disasters occurred most frequently[5]. Based on historical data, from 1848 to 1949, severe typhoon disasters occurred over 60 times only in the Pearl River Delta. Since 1950, major typhoon disasters have occurred over 30 times throughout the province, and only since 1985, typhoons, of which each caused Guangdong Province over 1 billion RMB yuan economic loss, have occurred 12 times. No. 8607, No. 9107, No. 9309 and No. 9403 typhoons all resulted in over 2 billion RMB yuan of direct economic loss, respectively. In 1991, Guangdong Province lost 4.32 billion RMB yuan due to impact of typhoon, which was equivalent to one-fourth of the financial income of that year in the whole province. During June to September 1993, 5 typhoons successively landfell over Guangdong, and each of them caused over 1 billion RMB yuan of direct economic loss, and the total loss came to 8.41 billion RMB yuan.

As mentioned above, merely every occupations were affected by typhoon disasters, of which agricultural production was even seriously affected. Each typhoon landfalling over China can bring about disasters on large scope of cropland and the reduction on grain output. Based on the analysis on ten huge typhoon disasters in South China, each landfalling typhoon usually caused disasters on over 100 000 ha of farmland, and serious No. 8607 typhoon resulted in inundation on over 670 000 ha of paddy-field and over 1 billion kg of grain were lost in Guangdong and Fujian provinces. Since 1990, typhoons have brought about disasters on over 1.8 million ha of farmland all over the country every year, of which No. 9015-and No. 9216 typhoons caused disasters on about 2 billion ha of farmland in eastern China, the direct economic loss totalled 1.3 billion RMB yuan.

Typhoons seriously endangered industrial and tropical crops. The huge gales brought about by typhoons directly blew down and out fruit trees, destroyed rubber trees, and such disasters almost happen every year in Guangdong and Hainan. For example, No. 7314 and No. 7514 typhoons successively hit the Pearl River Delta, cutting over 800,000 banana trees and falling down about 100 000 ha of sugarcanes and causing a reduction on output of banana and sugarcanes in large amounts. It was especially difficult to restore the production of banana trees in one or two years. No. 8007 and No. 9204 typhoons all made over 1 million rubber trees fallen and seriously affect the output of rubber trees, and the broken rubber trees could only be restored to production usually after about 3 years. No. 9111 typhoon landfell over Xuwen County, Guangdong Province, cutting 32. 35 million rubber trees, and resulted in extraordinary loss in Leizhou Peninsula and Hainan Island.

Typhoons often seriously destroyed the installations of water conservancy projects. Almost each landfalling typhoon would destroy a batch of water conservancy projects. For instance, in 1991, typhoons destroyed a batch of water conservancy projects in Guangdong Province, and the direct economic loss of this particular event came to over 250 million RMB yuan. Many catastrophic flood and waterlogging resulted in collapse of reservoirs and sea-dike breaching owing to typhoons. For example, the special heavy rainstorms resulted from the joining of No. 7503 typhoon depression caused "75 • 8" catastrophic flood in Hainan Province. The storm surges caused by No. 8007 typhoon made over 380 km of dam be collapsed and disasterious flooding in Zhanjiang, Guangdong Province. No. 9216 typhoon destroyed over 1000-kilometer- long of seadam and caused disasters on over 2 million ha of farmland. And No. 9417 typhoon destroyed about 1000 km of dam and caused over 2 million people inundated. The above two typhoons all brought about extraordinary economic loss.

Typhoons also seriously affected the lifeline projects(such as traffic. communication and energy sources). Not only did they capsized boats on sea, but also destroyed traffic and communication facilities on land and stopped the supply of water, electricity and production which seriously affected social production. For instance, No. 8807 typhoon hit Hangzhou city and destroyed a batch of installations of communication, which made the whole city being completely in dark and train stopped running and over 1,000 enterprises stopped their production. The catastrophic flood caused from No. 7503 typhoon depression washed out over 100 km of highway and made the railway from Beijing to Guangdong stopped operating. No. 9107 typhoon destroyed 792 km of highways and wash away 214 bridges, which seriously affected traffic and transportation in the eastern part of Guangdong Province. No. 9309 typhoon landfell over Yangxi, Guangdong and seriously destroyed traffic and communication installations, which broke off communication and halted traffics and made the vehicles lined up into a 12-kilometer-long line on the Guangzhou-Zhanjiang highway, and the supply of water and power were stopped, over 1000 mines and enterprises had to stop their production in Yangjiang and Maoming, Guangdong Province. No. 9417 typhoon destroyed 1,056-kilometer-long of highway and 2. 397-kilometer- long wires of communication and made over 90 000 mines and enterprises stopped their production.

The huge wave and storm surge disasters of typhoons are the severest among all kinds of marine disasters, which seriously affect the catch-dragnet on the sea and ocearnic exploitation, and endangered the safety of fishermen and workers on the sea. Such as No. 6903, No. 7220, No, 7513 No. 8007, No. 9005, No. 9007, No. 9107 No. 9116 and No. 9216 typhoons, each of them made over 1000 boats sunk; No. 8316 typhoon resulted in the submerged of "Laut Jawa", a drilling floor owned by AKE oil company of U. S. while operating on the South China Sea and made all 81 workers lost their lives; No. 9111 typhoon made the grand ship spreading over pipes be submerged, which was owned by KARKTAKAT company of U. S, and over 20 persons was killed or missing in that accident.

Typhoons also seriously affected salt-industry and feeding of marine products. It frequently inundated salt-land and washed out feeding fields of marine products, and caused the reduction of output of raw salt and marine products. For example, No. 8609 typhoon made 3. 825 ha of feeding fields of pearl and shrimp over the coastal areas of Beibu Gulf be washed away, No. 9106 typhoon washed out about 400 ha of pools of fish and shrimp in the eastem part of Hainan Island; No. 9216 typhoon washed out over 50 000 ha of shrimp pools and inundated 150 000 ha of saltland, the loss of raw salt came to be over 1. 55 million tons; No. 9302 and No. 9315 typhoons made 3581 and 8182 tons of marine products lost respectively in the western and the eastern parts of Guangdong Province.

In addition, typhoons also seriously affected port projects, construction of national defense and military activities. For instance, according to historical data, in 1281, Kublai Khan, the first emperor of Yuan Dynasty, dispatched 100 000 soldiers by 3 500 boats to cross over sea for conquering Japan, and the whole fleet was capsized by a typhoon. It is visible that the economic loss caused by typhoons is extremely serious and the affecting scope is extremely wide. At the same time, the huge disasters caused by typhoons can affect the investment confidence of foreign merchants in psychology which will affect the economic reform and opening the coastal areas of China. In a word, typhoon disasters can not only directly affect economic development, but also cause social effects unfavorable for economic development. Therefore, it is of vital importance to socio-economic effects in the process of preventing typhoons and reducing related disasters. Nevertheless, typhoons prevention and disaster reduction is a social system project of trans occupations and trans regions, only by close coordinating and collaborating between multiple subjects, multiple departments and multiple occupations. We can reduce the economic loss, caused by typhoon disasters and promote the economic development over coastal areas.

References

[1] Anthes R A. 1982. Tropical cyclones and their evolution, structure and effects. *Bull Amer Met Soc*.

[2] Guo Hongshou et al. 1992. The specially big storm surges and related monitoring prediction. *Natural Disasters Reduction in China*, **3**(1). (In Chinese)

[3] Liang Biqi, et al. 1990. Tropical Meteorology. Guangzhou: Zhongshan University Press(In Chinese)

[4] Liang Biqi, Liang Jingqing. 1991. The analysis on huge disasters in South China. *Journal of Nanjing University* (Causing Reasons of Natural Disasters and Related Countermeasures), 288-293. (In Chinese)

[5] Liang Biqi, et al. 1993. The natural disasters in Guangdong Province. Guangzhou: Guangdong People's Press: 103-118. (In Chinese)

[6] Yang Huating. 1991. Chinese oceanic disasters and related preventing countermeasures. In: Discussion on Disasters Reduction and Developments over Coastal Areas. Beijing: Seismological Press. (In Chinese)

1994 年和 1915 年两次特大暴雨洪涝的对比分析

梁必骐[1]　梁经萍[1]　梁暖培[2]

(1. 中山大学大气科学系;2. 广州中心气象台)

摘　要　20 世纪以来,华南地区发生了两次罕见的特大暴雨洪涝灾害。本文对这两次洪涝灾害的特点和成因进行了对比分析,发现它们具有许多相似性。

分析表明,两次特大洪涝都是由大面积的连续性暴雨所造成,特大暴雨都是中低纬环流系统(西风槽、锋面、副热带高压、低空急流和热带气旋等)相互作用的结果;两次洪水过程都是西、北江及其支流同时发洪,洪峰在中下游和珠江三角洲地区同时遭遇而形成特大洪涝;洪水在珠江三角洲沿海都遭遇天文高潮,因而出现历史罕见的特大洪涝。这两次暴雨洪涝过程都历时长、范围广、影响大,造成了罕见的灾害,所不同的是“15・7”洪水造成的人员伤亡更惨重,“94・6”洪水造成的经济损失更严重。

1　引　言

华南是我国发生暴雨洪涝最多的地区,而且年年都有暴雨洪涝发生,较大洪涝大约 10～15 年发生一次。本世纪以来,华南发生水灾 80 多年次,其中以 1915 年 7 月和 1994 年 6 月发生的两次特大暴雨洪涝灾害影响最大。前者造成滇、桂、粤、湘、赣、闽等 6 省(区)均遭受严重洪涝灾害,其中两广受灾农田 100 万公顷,受灾人口 600 万人,死伤 10 余万人。后者导致桂、粤、湘、赣等省(区)受灾,其中两广 120 多个县市受灾,受灾农作物 148 万多公顷,受灾人口 2500 多万人,死伤 5000 余人,直接经济损失达 500 多亿元。

长时期以来,国内对华南洪涝研究不多,近年来虽然对旱涝作过一些研究[1~6],但对华南重大洪涝极少研究,而这类灾害影响极大,尤其是 1994 年的特大洪涝灾害更有其特殊性,为此深入研究这次洪涝过程的特点和成因,具有重要意义。本文就 1915 年和 1994 年特大洪涝灾害特点和成因进行对比分析,得到一些有意义的结果。

2　两次暴雨洪涝特点分析

2.1　暴雨强度大、范围广

1915 年 6 月下旬至 7 月上旬,华南发生大范围暴雨,雨区遍及广东、广西、福建、江西、湖南、云南等省(区),面积达 50 多万 km²。主要雨区位于珠江、湘江中上游以及赣江、闽江流域,

---

本文发表于《1994 年华南特大暴雨洪涝学术研讨会论文集》,北京:气象出版社,1996.

暴雨中心位于南岭山区,6月上旬位于南岭北侧,7月上旬移至南岭山区及其南侧(图1)[7],分别导致湘江、珠江流域大洪水。1915年7月洪水区各测站的当月雨量都在300 mm以上,超过多年平均值,表1和图2给出了部分站点的实测记录。由表1可以看到,1915年7月南宁、梧州、龙州、三水等站的雨量都比多年平均值高出一倍以上。由图2可看到,7月雨量主要集中在上旬(1—10日),梧州、广州在这10天的雨量分别为333.8 mm、253.1 mm,占全月雨量的90%以上。

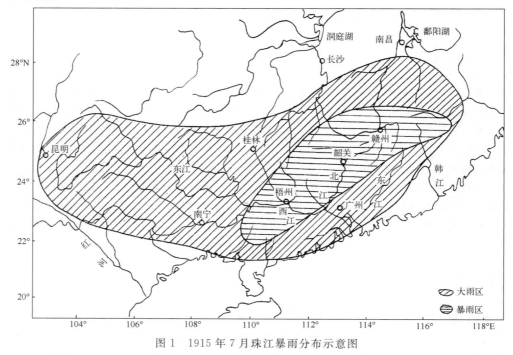

图1　1915年7月珠江暴雨分布示意图

表1　1915年7月华南部分测站雨量(单位:mm)

站　名	南　宁	梧　州	龙　州	三　水	广　州
1915年	349.0	366.6	516.0	426.2	275.2
多年平均值	195.1	169.0	233.3	221.0	212.7

　　与1915年相似,1994年6月上中旬发生的华南特大暴雨也是一次范围广、强度大的罕见暴雨过程。这次暴雨过程主要发生在两广,如图3所示。据统计,北江和西江流域总雨量>200 mm的面积为15万多 km²,超过400 mm的暴雨区也达7万多 km²,其中北江、柳江、桂江等流域的平均总雨量都达到400 mm左右。与1915年相比,"94·6"暴雨范围较小,但强度更强(图2)。由图3可见①,三个暴雨中心分别位于粤北、桂东北和雷州半岛北部,最大过程雨量分别为1080 mm(北江长久站)、913 mm(西江川江站)和1065 mm(遂溪杨柑镇)。表2给出了这次暴雨过程的部分气象站和水文站的实测记录,可以看到,北江上游和西江上游的红水河、柳江和桂江都出现了大暴雨和特大暴雨,其中过程总雨量超过500 mm的面积达一万多平方

---

　　①　刘利平,"94·6"西、北江特大暴雨洪水成因及特征分析,1995。

千米,暴雨中心的最大日雨量达 302 mm(广西华江,6 月 12 日),最大 3 h 雨量为 117 mm(广西罗城,6 月 14 日)。此外,由于 9403 号热带风暴的影响,雷州半岛北部普遍出现大暴雨和特大暴雨,廉江最大 24 h 雨量为 548 mm,缸瓦窑水文站测得的记录是 624.2 mm。

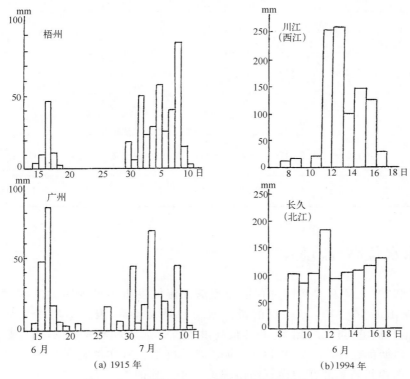

(a) 1915 年　　　　　　　　　　　　　　(b)1994 年

图 2　"15·7"和"94·6"部分测站雨量逐日分布

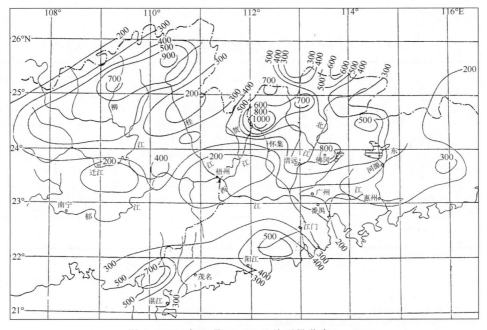

图 3　1994 年 6 月 7—20 日总雨量分布(mm)

表 2　部分测站的最大日雨量和过程雨量（mm）

	站名	都安	河池	勾滩	华江	川江	大湟江口	韶关	黄廉圹	清远	珠坑	廉江	遂溪
最大日雨量	雨量	172	243	255	302	257	262	117	201	206	198	524	326
	日期	14	13	14	12	13	16	16	12	17	9	9	9
过程雨量	雨量	307	508	844	741	913	328	413	781	547	511	674	459
	日期	12—17	12—17	12—17	12—17	12—17	12—17	8—17	8—17	8—17	8—17	8—10	8—10
江河名		红水河	龙江	融江	桂江	桂江	浔江	北江	连江	北江	滨江	九洲江	遂溪河

2.2　洪水水位高、流量大

"15·7"和"94·6"两次暴雨过程都导致珠江流域发生罕见的特大洪水，西江、北江中下游地区普遍出现 50～100 年一遇的最高水位和最大流量，表 3 给出了几个主要测站的最大洪峰水位和流量，可以看到，这些站最高洪水位远远超过警戒水位，而且超过历史实测最高水位，重现期都在 50～100 年以上，洪峰流量也都是有实测记录以来的最高记录。如 "15·7"西江的梧州站和北江的横石站出现 200 年一遇的洪峰流量；"94·6"在三水和珠江三角洲出现 200 年一遇的最高洪水位，外江水位普遍比三角洲范围内水位高 1 m 以上，最高达 5 m 以上[①]。

表 3　"15·7"和"94·6"大洪水最大洪峰水位（m）和流量（m³/s）

	站　名	柳州	梧州	高要	韶关	横石	清远	石角	三水
	警戒水位	81.5	15.0	9.0	53.0		10.5	13.9	7.0
1915 年 7 月	洪峰水位		27.1	14.6	58.6	25.0	16.8	15.1	
	洪峰流量	22000	54500		10900	21000	15000	17800	
1994 年 6 月	洪峰水位	89.3	25.9	13.6	57.2	23.9	16.4	14.7	10.4
	洪峰流量		48500	48700	9400	17500	14000	16700	

---

① 朱俊茹，珠江流域"94·6"特大暴雨洪水分析，1995。

2.3 暴雨洪水持续时间长,灾情严重

两次暴雨洪水过程不仅强度大、范围广,而且持续时间长,因而造成了十分严重的灾害。

"15·7"暴雨自 6 月下旬开始,先造成洞庭湖水系大洪水,随暴雨中心自北向南移,在珠江流域历时 10 多天,其中 7 月 1—10 日在西江和北江流域同时发生持续性暴雨,因而导致较长时间洪水。西江上游和北江自 6 月 25 日开始涨水,7 月 1 日以后洪水迅速上涨,至 10—14 日普遍出现最高洪水位,如图 4 所示。南宁、梧州、三水站洪水过程都于 6 月 26 日开始起涨,7 月 10—12 日出现最高洪水位,直至 7 月下旬才先后全部消退,整个洪水过程历时 30 余天。这次长时间的特大洪水给华南各省(区)造成了十分惨重的灾情,尤其是广州和珠江三角洲损失最严重。广州被水淹 7 天 7 夜,长堤、西关一带水深 1～3 m,珠江三角洲的堤围几乎全部溃决,淹没农田 43.2 万公顷,受灾人口 378 万多人。据史料记载,"广州被淹,水高及十尺、八尺","泮塘屋崩五六成,死人数百","小北门外见有浮尸千余具","十三行遭大火,焚去店铺二千八百余间,死者万余人";"肇庆府城死者数千人,满江浮尸,饥民十余万";三水"乡民溺毙无数";"高明县淹水灌城,溺死人甚多,数十万灾民露宿山岗";"鹤山县难民遍山野";"佛山全镇数十万难民露宿岗顶,绝食待救,传闻死难者二万余人"。据统计[8],这次洪水造成的直接经济损失达 3000 万银元,如按 1981 年经济水平估算,损失达 100 亿元,其中广州的损失约 30 亿元,珠江三角洲的损失超过 50 亿元。

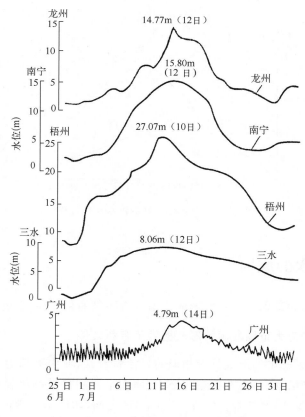

图 4 "15·7"洪水逐日平均水位过程线

　　"94·6"暴雨洪水也是一次华南罕见的持续性的特大暴雨洪涝过程。以 9403 号登陆热带风暴为先导,6 月 8 日在粤西地区揭开了这次暴雨洪水的序幕,以后在华南地区出现大范围暴雨过程,该过程持续至 6 月中下旬才结束,集中暴雨过程发生在 8—17 日,历时 10 天,如考虑 7 月中下旬发生的第二次暴雨过程,则整个强降水过程历时 20 余天,超过 1915 年的持续性暴雨过程。这次洪水过程持续时间之长也是罕见的。粤西九洲江于 6 月 8 日发生百年一遇的特大洪水,10 日洪峰高达 8.99 m,超过历史最高水位;北江自 6 月 9 日开始涨洪,18—19 日出现最高洪水位;西江中上游除在 10—13 日出现一次较小的洪水涨落外,大部分支流和干流都是在 13—14 日开始涨洪,17—19 日先后出现最高水位,珠江三角洲地区都是在 20 日出现最高洪水位。无论北江或西江流域"94·6"洪水过程都历时 10 余天(图5)。这次暴雨洪水过程也造成了历史上罕见的灾害损失。与 1915 年相比,这次洪水灾害所导致的受灾农田更广,受灾人口更多,经济损失也更大,但人员伤亡却少得多。据统计,广东和广西有 120 多个县市受灾,受灾农作物 148 万多公顷、人口 2500 多万人,死亡 442 人,受伤 4800 多人,直接经济损失达 500 多亿元。

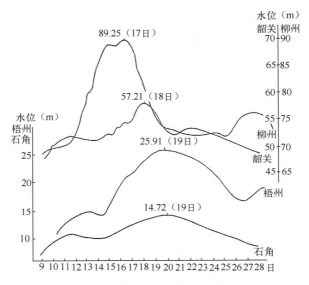

图 5　1994 年 6 月部分测站的洪水水位过程线(m)

3　两次暴雨洪水的成因

　　分析表明,两次特大暴雨和洪水的形成原因具有明显的相似性,主要成因有如下几点。

3.1　稳定的环流形势为大范围暴雨的形成提供了有利条件

　　"15·7"和"94·6"暴雨的形成具有相似的环流背景:欧亚中高纬地区存在较稳定的阻塞形势,中纬地区多小槽活动,不断有冷空气南下;西太平洋副热带高压异常,位置较常年偏南、偏西、偏强,且较稳定少变,脊线都稳定在 15°—18°N 之间;印度季风槽位置偏北(15°N 以北)、强度偏强,印度季风活跃,澳大利亚高压稳定,105°E 附近越赤道气流偏强;南海季风也异常活跃,两支季风气流在 105°E 以东地区汇合,直接影响华南,为暴雨的形成输送了大量暖湿气流,提供了充沛的水汽条件。

3.2　活跃的降水天气系统导致了持续性暴雨的产生

两次特大暴雨过程都是中低环流系统相互作用的产物。图 6 给出了"15·7"暴雨过程中的地面锋动态[7],可以看到,自 6 月底至 7 月上旬,锋面一直稳定在华南地区徘徊,这反映出南下的冷空气活动是相当频繁的,说明亚洲中纬地区多波动和小槽活动,它们不断引导冷空气南下。与此同时,锋面南侧的暖湿气流也相当强盛,这是由于西南季风和低空西南急流持续存在的结果。正是由于南北冷暖空气持续交汇和中低纬环流系统较长时间的相互作用,形成了这次持续性大暴雨,从而导致了华南历史上罕见的特大洪涝。

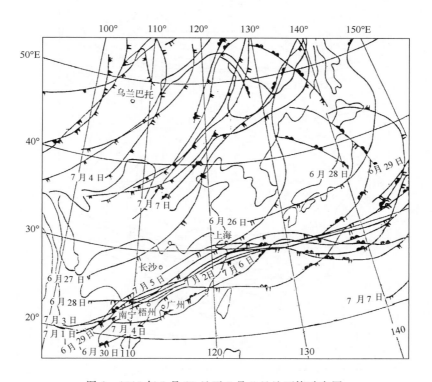

图 6　1915 年 6 月 26 日至 7 月 7 日地面锋动态图

"94·6"暴雨也是中低纬多种降水系统共向作用的结果。整个暴雨过程以 9403 号强热带风暴为引发系统,6 月 9 日风暴与冷锋相互作用,揭开了广西地区持续性暴雨的序幕,6 月中旬不断有西风小槽引导冷空气南下影响华南,低空切变线和地面准静止锋以及低空西南风急流自始至终都在华南地区活动,而且常伴有低涡活动(图 7)①。由于这些暴雨天气系统的连续影响和相互作用,以及由它们导致的冷暖空气在华南不断交汇,使得"94·6"暴雨过程能够持续 10 余天。从而在华南引发了又一次罕见的持续性洪涝过程。

---

① 梁暖培、梁必骐,华南"94·6"特大洪水分析,1994。

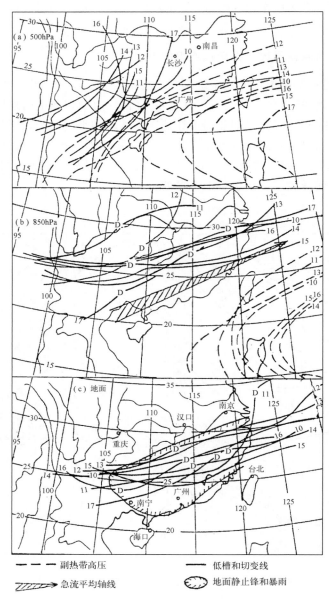

图7　"94·6"暴雨天气系统动态图

（虚线表示副高，实线分别表示横遭线、切变线和锋线，数字为日期）

3.3　珠江流域上游多江同时发洪，中下游洪峰遭遇，形成历史罕见的特大洪涝

两次特大洪涝的形成过程几乎都是一样的，即大面积的持续性暴雨导致西江和北江干流及其支流同时发生大洪水，多江洪峰在中下游地区同时遭遇，从而形成历史上的最高洪峰水位和最大洪峰流量（见表3）。1915年7月，湘江、赣江和珠江流域同时发洪；尤其是西江和北江干、支流普遍出现大洪水，而且多条干、支流洪水并峰，形成特大洪水。如桂江洪峰与西江干流洪峰遭遇，导致梧州站出现最高洪水位27.07 m，洪峰流量54500 m³/s，为200年一遇的特大

洪水。1994 年 6 月特大洪水也是西、北江多条支流与干流同时发洪,洪水在中下游并峰而形成的。梧州站于 6 月 19 日出现自 1915 年以来的最高水位(25.91 m)和最大流量(48500 m³/s),也是桂江洪峰与西江干流洪水相互叠加的结果。

此外,"15·7"和"94·6"不仅在珠江三角洲发生多江洪水并峰,而且在沿海遭遇洪、潮顶托,因而形成珠江三角洲历史罕见的特大洪涝。1915 年 7 月中旬,东、西、北三江洪水接踵进入珠江三角洲,旬初三江洪水同时遭遇,又适逢天文大潮期(农历六月初一),由于洪峰、高潮相互顶托,致使珠江三角洲出现前所未有的洪涝灾害;"94·6"西、北江洪水在珠江三角洲遭遇,多个测站于 6 月 20 日出现 100～200 年一遇的最高洪水位,最大洪峰过后又遭遇大潮期(6 月 23 日,即农历五月十五日),导致珠江三角洲各围外江水位持续高涨,外洪内涝进一步加剧。

以上分析表明,"15·7"和"94·6"暴雨洪涝过程的特点和成因都是十分相似的,但它们也存在一些明显的差别。"15·7"暴雨遍布 6 省(区),而且是西、北、东三江同时发洪,因而影响范围更广、历时更长,但由于降水持续时间长而强度较弱,故洪水涨落缓慢,例如,梧州和三水都是 6 月 26 日开始涨洪,经历 15 天之后才出现最高水位,洪水消退也历时 10 余天。"94·6"暴雨主要发生在华南,洪水来自西江和北江的干、支流,影响范围比"15·7"较小,但暴雨集中、强度大,故洪水涨率大、起落快、涨洪历时短,例如,梧州站自 14 日起涨,15 日超警戒水位,19 日达最高洪峰,涨洪历时 122 h,最大涨幅 3.81 m/d,最大涨率 0.17 m/h,洪峰顶只持续 1 天多;柳州站自起洪到峰现,涨洪历时只有 109 h,最大涨率 0.28 m/h;韶关站从起涨至峰现还不足 100 h,最大 24 h 涨幅达 3.43 m。比较"15·7"和"94·6"暴雨成因可以看到,它们的区别主要是暴雨诱发系统不同,前者是西风带的南下冷锋,后者是热带的 9403 号强热带风暴。

4 结论和讨论

(1)形成华南大范围连续性暴雨的环流条件是:亚洲中高纬西风带环流形势较稳定,中纬地区多小槽活动,不断有冷空气补充南下影响华南;低纬度西太平洋副热带高压位置偏南(脊线位于 15°—18°N)或偏北(脊线位于 30°—35°N)、强度偏强,且较稳定;夏季风活跃,中南半岛和南海盛行西南季风,在华南有大规模暖湿气流持续活动,存在较稳定的水汽通道;降水天气系统活动频繁,尤其是有切变线、锋面和低空急流持续不断影响华南,且有热带天气系统(如热带气旋、热带辐合带等)参与,更有利于暴雨的加强。

(2)华南持续性特大洪涝形成的基本条件是珠江流域中上游出现大范围的持续性暴雨;珠江流域的三江(东江、西江、北江)或两江干流与支流同时发生洪水,且持续涨洪;多江洪峰在下游并峰,尤其是洪峰与高潮遭遇,更加剧珠江三角洲地区的洪涝持续与加强。

(3)华南特大洪涝形成的基本框图:

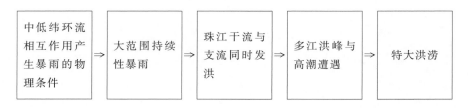

(4)20 世纪 50 年代以来,"94·6"暴雨并不是最大暴雨,但却出现了最大洪水。"88·8"

最大暴雨中心为 1548.2 mm(再老站),"68·6"暴雨中心为 1202.3 mm,它们的 500 mm 以上暴雨区分别为 1.9 和 1.4 万 km²,都超"94·6"暴雨,但却以"94·6"洪水最大,这主要是因为"94·6"暴雨较集中、强度较大,而"88·8"和"68·6"为暴雨在时程上和地区上都较分散、分布不均匀,故洪水涨幅较小、涨洪较慢。"82·5"暴雨中心 824.9 mm,历时 6 天,虽比"94·6"暴雨更集中,强度也更大,但暴雨区主要在中下游地区,所以"82·5"洪水也小于"94·6"洪水。可见,暴雨更集中、强度更大,且出现在中上游,形成的洪涝也更大。

(5)特大洪涝灾害的形成不仅有自然原因,也有社会原因。与"15·7"洪水相比,"94·6"洪峰水位和流量都略小,但珠江三角洲河网区有些测站却出现了历史最高水位。一方面,由于对"94·6"暴雨洪水预报准确,政府及时组织广大军民抗洪抢险,保障了西江和北江大堤,因而广州市安然无恙,珠江三角洲也决堤不多,所以虽然两次洪水规模相近,但"94·6"并未重现"15·7"洪灾惨状,两广伤亡总人数还不及 1915 年广州和珠江三角洲伤亡人数的 5%。另一方面,由于一些地区的不合理开发和盲目围垦等人为因素,导致一些堤围被破坏,一些河道淤浅,行洪道缩小、泄洪口淤塞,所以虽然"94·6"洪水流量不是最大的,珠江三角洲地区降水也不是特别大,但一些测站却出现了百年、甚至 200 年一遇的最高洪水位,导致巨大经济损失。以上事实说明,对于特大洪涝灾害的研究及预防,既要重视自然因素的研究,也要注意分析社会因素,才能提出更合理的防洪减灾对策。

参考文献

[1] 梁必骐,等.广东的自然灾害.广东人民出版社,1993;27-188.

[2] 梁建茵.南海海温变化及其对广东雨量的影响.热带气象,1991,(7):246-253.

[3] 吴池胜,杨平章.海气系统异常与广东夏季旱涝关系.中山大学学报(自然科学版),1991,**30**;76-83.

[4] 吴池胜,梁必骐.广东旱涝的气候特征.中山大学学报(气象学论文集),1993;49-53.

[5] 仲荣根,等.南海和孟加拉湾海温与广西旱涝关系分析.中山大学学报(气象学论文集),1993;36-42.

[6] 吴晓彤,梁必骐,王安宇.初夏南海海温对华南降水影响的数值模拟.海洋学报,1995,**17**(2):38-43.

[7] 胡明思,骆承政.中国历史大洪水.中国书店,1988;621-653.

[8] 马宗晋,等.中国重大自然灾害及减灾对策(分论).北京:科学出版社,1993;283-285.

Analysis of the Characteristics of "94 · 6" Catastrophic Storm Rainfall and
Flood-waterlogging in Zhujiang River Basin
· 395 ·

Analysis of the Characteristics of "94 · 6" Catastrophic Storm Rainfall and Flood-waterlogging in Zhujiang River Basin

Liang Biqi

(Natural Disaster Research Center, Zhongshan University, Guangzhou)

Since this century, there have been more than 10 serious floods in Zhujiang River Basin, among which the two largest ones took place in July 1915 and in June 1994. They exerted such tremendous effects that they can be referred to as century's flood-waterlogging damage. Although the "94 · 6" catastrophic flood were not as large as the 1915 one, and also with less casualties, it caused significantly greater economic losses, which were already as much as over 50 billion RMB only in Guangdong and Guangxi provinces.

1 Characteristics of "94 · 6" Storm Rainfall and Flood-waterlogging Damage

The general characteristics of "94 · 6" storm rainfall are: vast areas, large volume, high density, long period and serious disaster losses. The flowing are its characteristics in detail.

1. 1 Storm rainfall Covered Vast Areas with High Density

"94 · 6"storm rainfall was an exceptionally large—area storm rainfall in Zhujiang River Basin, which covered the whole valley of Beijiang River and the main trunk and branch areas of Xijiang River. Rain areas with a total rainfall of over 200 mm covered more than 150 000 km² and with a total rainfall of over 500 mm, about 50 000 km². Maximum rainfallin three rainstorm centers was respectively 913 mm(Chuanjiang Station on Xijiang River), 1 080 mm(Changjiu Station on Beijiang River)and 1 065 mm(Yangan Town on Suixi River). Most areas on Beijiang River and Xijiang River suffered large rainstorms or catastrophic storm rainfall with maximum rainfall of more than 900~1 000 mm. Under the influence of No. 9403 strong tropical storm, there occurred a rare catastrophic storm rainfall in north Leizhou Peninsula. The hydrometric station in Gangwayao detected the maximum rainfall of 624. 2 mm in 24 hours. The rainstorm process was fairly concentrated in time, on Xijiang River and Beijiang River, it was from 9 to 17 and Jiuzhou River from 8 to 10. Total rainfall of

本文发表于《中国减灾(英文版)》,1998,7(3).

"94 • 6" rainstorm has doubled secular average in June, which at last caused the catastrophic flood in Zhujiang River Basin.

Although covering all river basins, the storm rainfall centers were most located in the upper reaches of Xijiang River and Beijiang River, but not in the lower reaches, which suffered the most severe flood. Storm rainfall in Zhujiang delta was not so heavy. It indicated that distribution and density of the storm rainfall in upper reaches had decisive influences on the formation and density of the catastrophic flood rather than that in local district.

1.2　Flood Had High Water Level and Large Volume

Because "94 • 6" storm rainfall covered vast areas with high rainfall and was followed one by one, the flood was exceptionally catastrophic in history. In the lower reaches of Xijiang and Beijiang rivers, flood peaks and volumes of flow topped all records since 1915. It even created the highest record of flood level in Zhujiang delta in the past 200 years. Every observation stations reported flood levels much higher than warning line, most of which topped all records in the past years. The volumes of flow in flood peaks also reached the highest since there had been records on the spot.

1.3　Storm Rainfall and Flood-waterlogging Lasted for a Long Period and Caused Serious Disaster Situation

"94 • 6" storm rainfall lasted for a long time. The curtain was raised when No. 9403 strong tropical storm landed on west Guangdong on June 8th. Since then, there were widespread rainstorms on the Xijiang and the Beijiang rivers. The whole process lasted until late June, taking for more than 10 days, during which large and catastrophic storm rainfall were concentrated from 8th to 17th of June, taking 10 days. Compared with several storm rainfall in history of South China, the process duration is just next to that of "68 • 6" storm rainfall. But the former one was much more concentrated in distribution than the latter one. Therefore, though flood caused by "68.6" rainstorm lasted longer it was not as high in density as the "94 • 6" one.

"94 • 6" flood was featured not only with high peak, large volume of flows, but also with unusually long duration in history. On June8, the tropical cyclone storm rainfall caused the biggest flood in a century on the Jinjiang River, with a rare water level of 8.99 m(June 10, Liangjiang River)at flood peak. Flood began to rise on Beijiang River on 9 and most upper reaches of the Xijiang River on 13 and 14. Flood in the Zhujiang River delta reached its peak on 20 and 21. The whole process lasted for over 10 days.

Compared with historical large flood on the Zhujiang River, "94 • 6" flood was not the one that covered the largest areas or lasted the longest, but it rose rapidly with high rising rates and short rising period. For example, Wuzhou Station detected the beginning of flood on 14 and its peak on 19. The whole process took only 122 hours, with a daily rising range record of 3.81m and rising rate of 0.17 m/h; at Liuzhou Station, it took only 109 hours from

beginning to peak. Flood rose 3. 43 m in 24 hours at Shangnan Station. In the mid and lower
reaches and Zhujiang delta, it took quite a time for flood to go down due to the support of
flood and high tide. For instance, at Wuzhou Station, it took 10 days.

The lasting flood is the most serious natural disaster since 1915 in South China. Accord-
ing to statistics of Guangdong and Guangxi provinces, more than 120 counties and cities were
hit by the flood. Stricken areas covered 2/3 of Guangdong Province, including 62 ha of farm-
land. About 12 million people suffered the disaster. 1. 57 million were besieged and 4425
casualties(220 deaths). 250 thousand houses were destroyed. In Guangxi, 1. 22 million ha
farmland and 13 million people were hit by the disaster, causing more than 1700 casualties
(224 deaths). 240 thousand houses were destroyed. The direct economic losses in Guang-
dong and Guangxi reached more than 50 billion RMB.

2　Contributing Factors of "94 · 6" Storm Rainfall and Flood-waterlogging Damage

A main cause of "94 · 6" catastrophic flood in Zhujiang River Basin is constant storm
rainfall in vast areas. In addition, the formation of the disaster is due to some other social
factors.

Stable Circulation. The circulation factors for "94 · 6" widespread storm rainfall:
(1)Westerlies circulation in Asia and Europe was quite stable while there were blocks in mid-
dle and high latitude regions. (2)Many short wave troughs in middle latitude continuously
led cold air going down to the south. (3)Unusual West—Pacific high pressure in subtropics
was rather south, west and stronger compared with former years. Its ridge line was quite
steady between 15° and 18°N, which was extremely favorable for transportation of warm and
wet airs to southern China. (4)Indian monsoon through was rather north(north to 15°N)and
stronger. The monsoon stretched up to South China. (5)High pressure in Australia was
steady. There was evidently stronger crosstropic air flows near 105°E and monsoon in China
South Sea was particularly active. They were the main vapor passages for "94 · 6" storm
rainfall areas. The confluence of cold and warm airs and the joining of airflows of different
sources were the basic factors in the formation and maintenance of this widespread rain-
storm.

Active rainfall systems and their interactions provided extremely favorable physical con-
dition for "94 · 6" continuous storm rainfall. The influences and interactions of rainfall sys-
tems in two successive flood seasons prolonged the duration of this rainstorm. The landing of
No. 9403 strong tropical storm at Zhanjiang River brought with it great volume of warm and
wet airs that further strengthened the activities of low-level shear line and ground stationary
front in South China, also accompanied by low vortex. A low-level jet flow of strong south-
west wind was bowing from Center-south Peninsula to Nanling Mountains, which kept trans-
porting warm and wet air to storm rainfall areas. It also had interactions with other systems.

This led to continuous ascending motion and convective instability, which maintained and strengthened the widespread rainstorms in South China.

One main reason for the formation of "94 · 6" catastrophic flood was widespread rainstorms with high density and long period, but there were also rules of formation of flood itself and other social factors. One outstanding characteristic of the "94 · 6" flood was that several rivers on the middle and upper reaches of Zhujiang River started flood simultaneously and their peaks met at the lower reaches, which formed extraordinary flood level and volume of flow. The meet of flood from Xijiang and Beijiang rivers caused catastrophic flood in Zhujiang delta. Moreover, flood and tide supported each other, aggravating the disaster.

3　Comparison with the Catastrophic Storm Rainfall and Flood-waterlogging in 1915

It is southern China that suffers the most storm rainfall and floods in our country. According to statistics, there happened one large flood every 15 years and one small flood every 1 or 2 years. In this century, there have been over 80 year-times of floods, among which the July 1915 one and June 1994 one were most serious and caused the largest losses. "15. 7" disaster flooded Yunnan, Guangxi, Guangdong, Hunan, Jiangxi and Fujian provinces. In Guangxi and Guangdong, 1 million ha of farmland were flooded and about 6 million people were hit, including over 100 thousand casualties in Zhujiang delta. In comparison and analysis of causes and characteristics of these two rainstorm floods, there are many similarities as well as differences.

It can be induced from analysis that both of them were initiated by continuous and widespread storm rainfall. In both situations, Xijiang and Beijiang rivers and their branches began to flood simultaneously, whose peaks joined together at the lower reaches of the Zhujiang River. That caused the maximum peak flow volume and the highest flood level later on. They also met astronomical hightide period that aggravated the disasters. What "15. 7" rainstorm was different from "94 · 6" one is that the former one covered a larger region and longer period while the latter one was higher in density and more concentrated. As a result, "94 · 6" flood had a large rising rate and shorter rising process. The analysis of the courses of two floods shows that there were similar circulation pattern that initiated the storm rainfall. In low latitudes, subtropical high pressure belt in West Pacific appeared rather south (high-pressure ridges were both south to $20°N$) and were quite stable. Southwest monsoon was active in the north of China South Sea and South China and there was strong warm and wet airflow. In middle and high latitudes, there were stable bloking pattern in Asia and Europe. Active small troughs in middle latitudes kept leading cold air down to the south, which formed in South China the process of continuous storm rainfall covering vast areas. Systems effective on both storm rainfall were quite similar, too. Active ground fronts swung in South China. South to it was strong southwest low — level jet. This prolonged the rainstorm process in South China, which at last led to widespread floods. There were some main differences: In early time of "15. 7" rainstorm, low pressure through dominated the southern China and quasi—stationary front remained there long. The rainstorm process began under interactions of cold air and warm air. "94 · 6" rainstorm started with No. 9403 strong tropical storm, which brought large volume of warm and wet airflow. They came into quasi stationary front above Southern China and hence started the beginning of a continuous storm rainfall.

4 Conclusions

(1) "94 · 6" storm rainfall flood had characteristics of covering vast areas, lasting long with high density and serious disaster losses.

(2) The formation of "94 · 6" widespread and continuous storm rainfall was mainly advocated by favorable stable circulation and active weather systems of precipitation and their interactions. They kept leading cold air down to the south and warm and wet air up to the north. Their Join in South China caused the storm rainfall. There were circulation systems with varying scales that had effects on storm rainfall. They included large scale systems like stable bloking pattern, subtropical high pressure, southwest monsoon and macro scale circulation system as well as active short wave troughs, shear lines, fronts, low vortexes and tropical cyclones. There were also mid-scale systems, which directly produced rainstorms (MCC, for example).

(3) Formation routine of "94 · 6" continuous catastrophic flood was: widespread and lasting storm rainfall in Zhujiang River Basin caused a simultaneous flood on Xijiang and Beijiang rivers and their branches. All flood peaks joined together in the lower reaches and formed floods with high peak and large volume of flow. The flood peak plus the astronomical high tide caused the exceptionally large flood disaster in Zhujiang delta.

(4) The formation of "94 · 6" and "15 · 7" rainstorm flood disasters are quite similar. Here is their main process: Interactions of circulation systems of varying scales in mid and low latitudes→Continuous transportation of water vapor, ascending motion and convective instability→Widespread and continuous storm rainfall→Zhujiang River and all its branches flooded simultaneously→Peaks of all rivers joined together→Floods met with tides→Catastrophic flood disaster.

(Translated by Zhou Ziqing)

珠江三角洲的自然灾害与可持续发展

梁必骐　　梁经萍　　王同美

（中山大学自然灾害研究中心、大气科学系,广州 510275）

摘　要　利用多年收集的资料,分析了珠江三角洲自然灾害的特点及其对经济和社会发展的影响。分析指出,珠江三角洲是自然灾害多发区和重灾区,自然灾害对经济社会发展已构成了严重障碍,成为可持续发展的隐患。减灾研究和减灾建设应是珠江三角洲可持续发展的战略措施之一。

关键词　自然灾害　可持续发展　珠江三角洲

1　引　言

自然灾害对经济和社会的严重影响,已成为制约可持续发展的重要因素。据统计[1],1965—1992 年,全球因自然灾害造成 30 亿人次受灾,360 万人死亡,直接经济损失达 3400 亿美元。近年来灾情更为严重,平均每年因此死亡 25 万人,经济损失 400 多亿美元,1995 年全球自然灾害的经济损失达 1500 亿美元,比 1994 年翻了一番。中国自进入 20 世纪 90 年代以来,平均每年受灾农田约 5000 万 km^2,受灾人口近 3 亿人,直接经济损失约 1500 亿元,1996 年达 2882 亿元[2]。广东省在历史上就是多灾、重灾区,自然灾害发生频率居全国之首,灾害经济损失更呈明显上升趋势,如表 1 所示。近 10 年来灾害的经济损失基本上是逐年增长,总损失已超过 900 亿元*。

表 1　广东省台风、洪涝灾害造成的直接经济损失（单位：亿元）

年份	1987	1988	1989	1990	1991	1992	1993	1994	1995	1996	合计
经济损失	17.1	17.9	24.3	16.4	48.8	25.1	160.3	264.3	146.0	207.2	926.4

注：据广东省"三防办"的资料统计。

珠江三角洲是中国改革开放的前沿地区,它毗邻港澳,面临南海,地处亚热带,阳光充足,降水充沛,区内水系交错,水热资源相当丰富,为珠江三角洲的可持续发展提供了优越的自然和社会环境。但是,珠江三角洲同时又是自然灾害的多发地区和重灾区。近年来由于经济迅猛发展,城市化速度加快,导致环境质量下降,自然环境进一步恶化,因而诱发或增大了自然灾害的发生频率和灾害程度,给珠江三角洲社会和经济的可持续发展造成了障碍。因此研究珠江三角洲的自然灾害特点及其对经济和社会发展的影响,讨论减灾建设对该地区可持续发展的作用是十分必要的。

本文发表于《自然灾害学报》,1998,**7**(3).
* 梁必骐.自然灾害与灾害保险的若干问题. 1997.

2　珠江三角洲的自然灾害及其影响

珠江三角洲的致灾因子种类多，强度大，发生频率高，致灾范围广，成灾概率高。

珠江三角洲的自然灾害大约有 30 多种，按致灾过程可分为短时间的突发性灾变（如台风、暴潮、洪水和地震等）、较长时间的缓变性灾变（如干旱、连阴雨等）和周期更长的趋势性灾变（如土壤盐渍化、海面上升、环境污染等）[3]。如按灾害源则可分为：大气灾害（由大气圈变异所引起，常见的有台风、暴雨、洪涝、干旱、雷雨大风、龙卷风、高温、酸雨等）；陆地灾害（主要由地壳运动和地质变异所引发，如地震、滑坡、崩塌、地面沉降、软土变形、沙土液化、土壤盐渍化和地氟病等）；海洋灾害（由水圈变异所形成，主要有风暴潮、赤潮、海水入侵、海岸侵蚀、海洋污染、海面上升等）；生物灾害（由生物圈与大气环境变异所引发，常见的有农作物病虫害、果树病虫害、森林病虫害、鼠害、毒草害、生物污染等）。还有一种人为因素引发的灾害，可称为人为引发灾害（如地面塌陷、地基下沉、森林火灾和环境污染等）[4]。

珠江三角洲的自然灾害不仅具有"多、广、强"的特点，而且常是突发性和群发性的，所以成灾快、灾情重。如 8309 号台风在珠江登陆后，仅一二小时内就造成珠江三角洲 10 多万 hm² 农田和许多村庄一片汪洋；历史上 1862 年 7 月一个台风登陆珠江三角洲，造成"人畜田庐逐波涛以去者十万计"，"广州河面复舟溺死者以数万计，省河捞尸八万余"。1915 年 7 月的"乙卯大水"，造成广州和珠江三角洲伤亡 10 余万人，经济损失 100 亿元（据珠江水利委员会按 1981 年生产水平估算）。建国以后，自然灾害造成的人员伤亡是大大减少了，但经济损失却有增无减，且有逐年上升的趋势，已严重影响了该地区社会和经济的可持续发展。

影响珠江三角洲的自然灾害主要是气象水文灾害，其中以台风和洪涝灾害最为严重，干旱、冷害和强风暴的影响也很大，这类灾害一年四季都有发生。台风及其暴潮灾害是珠江三角洲最常见、影响最大的自然灾害之一，几乎每年都有发生，其特点是突发性强、连锁效应显著、成灾概率高、强度大。据史料记载，16 世纪至 20 世纪 40 年代，珠江三角洲发生台风灾害 375 次，约占全省台风灾害的一半；据 1884—1996 年的台风资料统计，登陆珠江三角洲的热带气旋和台风共 124 个，平均每年超过一个；而据 1956—1995 年资料统计，登陆珠江三角洲的热带气旋 79 个，平均每年 2.6 个，其中登陆时达到台风强度（风力＞12 级）的 19 个，即 1～2 年就有一次强台风灾害。在 18°N 以北的南海海区活动的热带气旋，70% 可在珠江三角洲产生暴雨[5]。登陆珠江三角洲的热带气旋，95% 会带来六级以上大风[6]。热带气旋带来的大风、暴雨和风暴潮一般都会造成较大灾害，尤其是当它们引发其他灾害（如洪涝等）形成灾害链时，更易形成重大灾害。如 7513，7514 号台风连续登陆台山、珠海，导致珠江三角洲普遍出现大暴雨和 11～12 级以上大风，造成 27 万 hm² 水稻被淹，10 万 hm² 甘蔗倒伏；8309 号台风登陆珠海，带来 40 m/s 以上的大风和暴雨，珠江口出现百年不遇的最高暴潮，导致 120 万人受灾，45 人死亡，直接经济损失 10 亿元；9316，9318，9505 号台风袭击珠江三角洲，带来大风、暴雨和暴潮，造成的直接经济损失都超过 10 亿元。

暴雨洪水是珠江三角洲常发的另一种严重灾害源，这类灾害源主要发生在 5—9 月，成灾快、影响大、造成的灾情重。据历史记载，1001—1949 年珠江三角洲有 288 年发生水灾，其中以 1915 年，1947 年的洪水最严重。建国以来，发生大范围严重洪涝 11 次，以 1994 年 6 月的洪涝影响最大。珠江三角洲地势低洼，许多农田和城镇极易受暴雨洪涝之害。如深圳市就是常受洪涝灾害影响的城市之一，1993年"6·16"和"9·26"两次特大暴雨洪涝造成直接经济损失达20多亿元。1994年6月，虽然珠江三角洲的暴雨量不很大，但却出现了罕见的洪涝，多个测站出现50~100年，甚至200年一遇的高洪水位[8]，造成直接经济损失50多亿元，约占该地区政府当年财政收入的22％。1995年，珠江三角洲因台风、洪涝灾害造成的直接经济损失也达30多亿元。

干旱、冷害和局地强风暴（如雷雨大风、龙卷风等）也导致珠江三角洲发生较多的严害灾害。例如，1963年全省大旱，珠江三角洲也是重旱区之一，受旱面积占耕地的40％以上；1991年全省受旱面积达224万hm²，珠江三角洲受旱面积率也达40％~60％，深圳市因干旱发生水荒，20多万人缺水，10多万人断水多日，大批工厂停产，损失产值超过2亿元；1996年广东省出现该省数十年一遇的低温冷害，造成经济损失47亿元，珠江三角洲也损失惨重，仅广州市的农产品损失就达3.5亿元，香港冻死40人；1995年珠江三角洲多次受到雷雨大风和龙卷风袭击，其中以"4·19"强风暴最为严重，造成500多人伤亡，直接经济损失8.6亿元。

珠江三角洲是由多断块组成的三角洲，且位于沿海活动断裂带区，所以地震活动也较多，如台山地区在1970—1992年发生3级以上地震13次。去年全球进入地震活跃期，珠江三角洲一些地区也出现了震群。如台山11—12月就发生大于3级的地震10次。据史料记载，珠三角发生5级以上的地震不多，20世纪共出现7次，历史上最强的地震是1874年6月23日发生在珠江口外担杆岛的5.75级地震。该地区虽然震级较低，但由于广布厚层软土淤泥，即使较小地震也会产生较大烈度，且易出现砂土液化和震陷，对工程建设有重要影响，所以"中国地震烈度区划图"将珠江三角洲列为7度区。另外，珠江三角洲北部的广花盆地常出现地面塌陷和地裂缝等人为地质灾害；而县城市化的发展以及高、大、重型建筑和地下工程的剧增，也可能触发一些新的地质灾害和震害。此外，珠江三角洲较常发生的鼠害、水稻病虫害、果树和森林病虫害及恶性杂草等生物灾害，对农业生产的稳定发展也有重要影响。

从以上资料可见，珠江三角洲的自然灾害已成为影响该地区社会经济可持续发展的重要因素。至于城市化、工业化带来的环境污染，海水入侵造成的土壤盐渍化，以及海面上升可能造成的严重后果，更是珠江三角洲可持续发展的潜在影响因素。三角洲平原高程在1m以下的面积将近3000 km²，约有20万hm²耕地在海拔1m以下，几乎占总面积的一半[9]。如按一些专家的预测，未来50年海平面可能上升0.4~1.0 m，则从珠海到广州一带都将被水淹，其可能产生的灾害是不言而喻的。

3　减灾研究与可持续发展

由前述可知，自然灾害对珠江三角洲的经济和社会发展已构成严重影响，并将成为该地区可持续发展的隐患。因此，减灾研究和减灾建设是保障社会和经济持续稳定发展的重要对策，是实现可持续发展的一个不可忽视的战略问题。

自然灾害致灾因子的发生频度及其强度，除取决于自然物质的变异外，还受人类活动的影响。许多自然灾害都受人类盲目活动的影响，尤其是处于经济发展时期的地区，人们常常只考虑眼前利益而对资源进行盲目开发和利用，导致环境恶化，增大了自然灾害的发生频度和程度。广州和珠江三角洲由于经济发展迅速，人口、城镇日趋密集，如果不注意防灾、减灾建设，自然灾害的发生频率和灾害损失都将日益加剧，这是因为：

(1)社会专业化生产规模越来越大,相互依赖也越来越强,只要一方受灾,就将影响整个生产过程,而导致生产停滞或减产。

(2)社会生产对生命线工程(交通、电信、能源等)的依赖程度越来越高,自然灾害中交通、通信设施的破坏和停电、停水等,将会连锁反应而影响相互依赖的社会生产。

(3)乡镇企业发展迅速,这些小企业的防灾、抗灾能力很脆弱,易遭受自然灾变的冲击。

(4)农业生产技术落后,在相当大的程度上还是"靠天吃饭",抗灾能力脆弱;迅速发展的水产养殖业,抗灾能力也很脆弱。它们都极易受到自然灾变的打击而减产。

(5)人们在开发建设中的一些盲目行为,如滥伐森林、乱垦坡地、围海造田、联围筑闸等人为活动都可能成为新的致灾因素,导致愈来愈多的次生灾害,加重灾害强度。

(6)专业化生产使用大量有害、有毒、易燃、易爆物质,排放的污染物日益增多,将对环境造成严重污染。

此外,由于城镇人口、财产的密集,一旦发生较大的自然灾害,其损失将会比其他地区的大得多。因此,对于经济发达的珠江三角洲,防灾、减灾的研究和建设更具重要意义。

科学技术对经济发展的重要作用主要体现在两个方面:一是优化生产过程,提高生产效率,扩大经济效益;二是应用科学技术防御灾害,减轻灾害损失,从而获得相对的经济增值,即减灾也是增产,也有重大经济效益。目前我国因自然灾害造成的直接经济损失每年约1500亿元,如能达到国家"减灾十年委员会"提出的减轻灾害损失30%的目标,则每年可获得450亿元的相对增值,可见减灾的经济效益是相当可观的。至于减灾效果导致减少人员伤亡和社会的稳定,更是促进经济发展的重要因素。减轻自然灾害的损失是珠江三角洲经济持续发展的必然要求,有必要把减灾建设作为经济发展的一个组成部分,从而保证减灾研究与减灾建设的经费与技术的投入。减灾建设也是社会发展的重要战略措施。人类活动可以是减灾动力,也可以成为致灾因子。人类的积极活动能够防御和控制自然灾害,而盲目活动(如不科学地开发资源,破坏生态平衡等)则常常引发新的灾害,加强灾害强度,因而给社会带来极大的危害,甚至影响社会发展的进程。因此,加强灾害研究和减灾建设既是经济发展,也是社会发展的急需。在当前,既要加强防灾减灾的工程建设,也要重视减灾的非工程建设,如加强灾害监测与预测、建立灾害预警系统与信息系统、开展风险评估与灾害区划、制定减灾规划与减灾立法以及加强减灾宣传与管理。特别值得提出的是,在经济发展和建设中,必须把自然资源开发与减灾建设结合起来,要加强资源、环境的管理和保护,合理开发利用自然资源,防止人类活动的盲目性,最大限度地消除灾害隐患和减轻灾害损失,从而确保可持续发展的实现。

4 结束语

上述大量资料的分析表明,影响珠江三角洲的自然灾害种类多、强度大、频率高、范围广、灾情重,其中尤以台风、暴潮和暴雨、洪涝灾害影响最为严重;自然灾害对珠江三角洲的经济和社会发展已构成严重影响,灾害经济损失呈逐年上升趋势,已成为可持续发展的重要影响因素。所以,减轻自然灾害的经济损失是珠江三角洲经济发展的必然要求,减灾研究和减灾建设应成为可持续发展的一项战略措施。

自然灾害对可持续发展的影响是多方面的,其中主要是两个方面:一是直接和间接造成经济损失,影响经济的持续发展;二是造成人员伤亡,影响社会安定,给经济社会发展制造隐患。

为了防御和减轻自然灾害对珠江三角洲的影响,促进该地区经济和社会的稳定发展,广东省政府和当地政府对防灾减灾建设历来都是非常重视的。广东省计委和科委联系编制的《中国21世纪议程广东省实施方案研究报告》已将防灾减灾研究和建设列为广东省经济社会可持续发展的重要战略之一,并将"珠江三角洲防灾减灾示范区"的建设列为第一批优先建设项目[10]。可以相信,防灾减灾建设将在珠江三角洲可持续发展中发挥更大的作用。

参考文献

[1] 第42届联合国大会第169号决议.中国减灾,1991,**1**(1):11-12.

[2] 许厚德.论保险业在减灾中的作用.自然灾害学报,1995,**4**(1):1-5.

[3] 梁必骐,梁经萍.广东省自然灾害成因及其对经济的影响.自然灾害学报,1994,**3**(3):62-68.

[4] 梁必骐,等.广东省自然灾害.广州:广东人民出版社,1993:1-26.

[5] 梁必骐,等.珠江三角洲热带气旋暴雨的统计分析.大气科学研究与应用,1993,**2**:64-71.

[6] 梁必骐,等.珠江三角洲台风大风的统计特征.中山大学学报论丛,1993,**1**:75-81.

[7] Liang Biqi,et al. The Typhoon Disasters and Related Effects in China. *The Journal of Chinese Geography*,1996,**6**(1):61-71.

[8] 梁必骐."94·6"珠江流域特大洪涝特征与成因分析//自然地理研究与应用.广州:中山大学出版社,1996:134-143.

[9] 曾昭璇,等.珠江口水位变化的趋势.热带海洋,1992,**11**(4):56-62.

[10] 广东省计委、科委课题组.中国21世纪议程广东省实施方案研究报告.广州:广东经济出版社,1997:142-158,214-217.

广东致洪特大暴雨的综合分析

练江帆[1]　梁必骐[2]

(1. 广州热带海洋气象研究所,广州 510080;2. 中山大学大气科学系)

摘　要　对广东 1949—1994 年发生的 12 场造成较大洪涝灾害的特大暴雨进行分析,发现广东的致洪特大暴雨基本上可以分为 3 类,并具有不同的环流和物理量特征:西、北江并发洪水的特大暴雨一般发生在前汛期,暴雨持续时间长、范围广、灾情重,暴雨期间环流稳定,锋面降雨系统完整,暴雨层结不稳定面积大;沿海诸河及小支流洪水致洪暴雨多发生在后汛期,暴雨突发性强、持续时间短、雨强大,暴雨主要是由于热带气旋的入侵而造成,只在暴雨区附近有明显的层结不稳定,对流现象非常强烈;造成东江及其他主要支流洪水的暴雨则可能是锋面雨也可能是热带气旋雨,稳定度指数及分布状况介于二者之间。

关键词　广东　特大暴雨　洪涝特征

分类号　P458.121.1

1　引　言

暴雨是我国常见的一种灾害性天气,造成洪水的特大暴雨更给人民的生产生活带来极大困扰和损失。长期以来,人们从多方面对暴雨的成因进行了研究[1-5]。这些研究中,针对华北及长江中下游地区的比较多[6-8],对华南前汛期暴雨也有过系统的研究和一些个例研究[9-10]。广东地区地形复杂,受中低纬环流影响显著,尤其是珠江三角洲一带河网纵横,常成为洪水多发地区,但是目前对这一地区的暴雨洪水所做的综合研究还比较少见[11]。本文旨在选取广东历史上造成较大灾害的致洪暴雨个例进行归类分析,探讨其不同的环流背景和影响机制,归纳出关于广东特大暴雨的一个较为综合的图像。

2　历次致洪暴雨特点

2.1　洪水水情和灾情

本文选取 12 个造成广东大洪水的特大暴雨过程进行分析。这些暴雨洪水过程在历史上都造成了严重灾害[12],而且个例的分布范围涉及珠江流域各支流和沿海小河流,代表性比较好。

本文发表于《热带气象学报》,1999,15(3).

(1)1949年6月西江大洪水。这次洪水峰高量大,西江干流为50年一遇。据历史洪水调查,梧州至高要洪峰流量都仅次于1915年特大洪水。据统计,两广农田受灾39.3万 hm^2,灾民达370万人。

(2)1959年6月东江大洪水。东江中下游百年一遇洪水,受淹农田15.9万 hm^2,倒塌房屋7.6万间,死亡78人。

(3)1960年6月韩江大洪水。这次洪水涨落过程较陡,历时较短。韩江和榕江流域受淹农田10.2万 hm^2。

(4)1964年6月韩江、东江、北江大洪水。许多站点出现百年一遇洪量。暴雨引起的山洪暴发和泥石流造成了较严重灾害。

(5)1966年6月东江大洪水。东江的一次全流域性洪水,洪水灾害集中在东江下游及增江、西枝江等流域。

(6)1968年6月西、北江大洪水。这场洪水高水持续时间很长,长历时洪量也很大,西、北江中下游受灾面积达12.73万 hm^2,珠江三角洲近1.9万 hm^2 农田受灾。

(7)1976年9月粤西沿海诸河大洪水。高州、化州县县城和茂名市区均受淹浸,茂名市属各县淹浸农田7.2 hm^2。

(8)1979年9月西枝江大洪水。东江支流西枝江的百年一遇大洪水,峰高量大、陡涨陡落、洪水历时短、水位变幅大,东坑、平山、平潭的洪峰水位均超过历史最高记录。惠阳地区受淹农田17.33多万 hm^2,倒塌房屋13.6万间,受灾人口62万人,其中死亡151人,直接经济损失约2亿元。

(9)1982年5月北江中下游大洪水。这场洪水洪峰水位高、流量大、陡涨陡落、涨幅高、涨率大、高水持续时间短,受淹农田13.2万 hm^2,倒塌房屋16万多间,受灾人数229万人,其中死亡493人,直接经济损失约4.4亿元。

(10)1986年7月粤东沿海诸河大洪水。这是粤东沿海诸河实测最大洪峰首位的特大洪水,受灾农田65.33万 hm^2,倒塌房屋12.5万间,死亡261人,直接经济损失达22.6亿元。

(11)1994年6月西、北江大洪水。这是建国以来最大的一场洪水,也是20世纪第二位的大洪水。北江是全流域性洪水,规模为建国之最。洪水造成的灾害也为建国以来之最。受灾面积广,损失相当严重。两广农作物受灾面积达125万 hm^2(广东26万 hm^2),死亡371人(广东145人)。就广东省而言,直接经济损失达102亿元。

(12)1994年7月西、北江大洪水。1994年7月中、下旬珠江流域再次出现大洪水。紧接"94·6"洪水。区间来水量大是"94·7"洪水的主要特点。广东省农作物受灾30.56万 hm^2,倒塌房屋45.44万间,受灾人口932万,死亡109人,直接经济损失68亿元。1994年6、7两个月的洪涝灾害,使广西全区88个县有85个受灾,广东有1102个乡镇受灾,两广直接经济损失达632亿元。

表1给出了一些代表站点的最大流量和最高水位。需要说明的是,由于不同地区遭遇洪水的频率不同,且资料也不尽齐全,不同个例之间不应进行比较。但绝大部分个例中,代表站点的最大流量或最高水位均为历史实测最高,已经说明这些个例确是当地少见的特大洪水。

表 1　历次暴雨洪水的基本状况（单位：雨量为 mm，时间为天）

	个例	49.6	59.6	60.6	64.6	66.6	68.6	76.9	79.9	82.5	86.7	94.6	94.7
	日期	22—30	11—15	6—10	9—15	20—23	21—27	19—23	23—25	9—14	10—14	8—17	17—26
时间特征	前汛期	*	*	*	*	*	*			*		*	
	后汛期							*	*		*		*
	<7 天		*	*		*		*	*	*	*		
	≥7 天	*			*		*					*	*
影响范围	西江	*				*						*	*
	北江	*				*	*				*	*	*
	东江		*										
	韩江			*	*								
	西枝江								*				
	粤东沿海										*		
	粤西沿海							*					
最大雨量	过程雨量	582.9	943.6	924.5	699.4	743.6	1389.1	987	1009.0	824.9	1201.1	1080	716
	持续时间	9	5	5	7	3	24	4	3	6	4	10	8
	日雨量	300.0	432.0	399.8	353.1	367.9	385.8	680	400	548.7	728.3	599.0	
	24h 雨量		448	620.0	398.9	627.0	366.5	731.4	997.5	646.7	786.2	624.2	
最大流量(m³/s)		50000	12800	13300	13000	10200	42600	5900	14290	18000	5810	49200	
最高水位(m)		25.55	15.68	76.47	16.95	16.90			51.23	58.74	51.28	84.17	

2.2　个例的雨情特点

从表 1 看出，这 12 次过程绝大部分发生在前汛期（4—6 月）。过程影响的范围包括珠江流域的干流西江、北江、东江及一些支流如韩江、西枝江及粤东、粤西沿海诸河。西江和北江常常并发洪水。东江发洪一般范围比较小。这 12 次过程短历时降雨过程较多，暴雨过程一般在7 天以内。

（1）"49·6"暴雨：主要发生在广西境内西江流域。历时 9 天的暴雨可分两个阶段，洪水主要由后 4 天的暴雨造成。22 至 30 日的总雨量最大达 500 mm 以上，最大日雨量是 28 日永福站的 300.0mm（表 1）。总的来说，这次暴雨历时长、范围广，但雨量不算很大。

（2）"59·6"暴雨：范围广、强度大，但 400 mm 以上的范围仅限于广东东南部，中心位置有变化，造成东江洪水的降雨主要在 11 至 13 日。

（3）"60·6"暴雨：暴雨范围包括整个广东省东部地区，但高值区范围不大。主要降雨日是 8，9 日。

（4）"64·6"暴雨：这是一次历时长、范围广的暴雨。历时 7 天，但雨量主要集中在 12—14

日,东部主要在 14 至 15 日。

(5)"66·6"暴雨:这是一场范围广、强度大的暴雨,历时短但雨量大。主要降雨为 20—22 日,特别是 21 和 22 日。

(6)"68·6"暴雨:西江暴雨主要在广西境内,集中在 21—27 日,又以 23—25 日雨强最大;北江是全流域性暴雨。总的而言,暴雨过程时空分布不集中。可以说,"68·6"洪水是由长时间的分散暴雨累积而成,而不是由短暂而集中的暴雨造成。

(7)"76·9"暴雨:这是一场历时短、范围广的暴雨。自 19—22 日雨量大值中心有自东向西移的趋势。

(8)"79·9"暴雨:这是一场典型的短历时大暴雨。暴雨区范围包括广东南部和东南部,惠阳至汕尾为主要的中心,日雨量达 400 mm 以上。暴雨中心多祝站最大 24 h 雨量达 670.3 mm,最大 3 天过程雨量 910.2 mm,为多年平均 9 月份雨量的 4.7 倍及多年平均年雨量的 46.6%,雨量之大实属罕见。

(9)"82·5"暴雨:这是一场时程分布集中的暴雨,范围较广,中心位于北江流域。雨量主要集中在 11、12 日,尤其是 12 日。

(10)"86·7"暴雨:这次暴雨影响地区为广东东部和东南部,且量级相当大(表1)。

(11)"94·6"暴雨:具有历时长、范围广的特点,暴雨可分为两个阶段:前期为 8—11 日,西江下游、北江全流域普降大至暴雨,日雨量量级为 100～200 mm;后期为 12—17 日,雨量比前期大,为 200～300 mm。"94·6"暴雨集中程度不高,暴雨中心分散,但降水时间长、面积广。可见这次洪水是由长时间、大范围的降水引起。

(12)"94·7"暴雨:西江暴雨主要发生在广西境内,暴雨雨量小于 6 月。北江暴雨雨量较大,最大过程雨量在下游的滨江珠坑站,为 716 mm。

从以上分析可看出,这 12 场洪水多具有几十年甚至上百年一遇的洪峰流量或水位,暴雨影响范围广,过程雨量大,珠江流域干支流和沿海诸河都有发生,导致的灾害也很严重,因此这些过程都比较有代表性,概括了广东,尤其是珠江流域造成洪水的特大暴雨的一些共同特征:

①暴雨主要发生于春夏两季,其中 6 月份更为暴雨多发期。

②致洪暴雨的基本特点是强度大、历时长、范围广,最大日雨量都超过 300 mm,最大 24 h 雨量达到 600 mm 以上的并不罕见,过程雨量多在 800～1000 mm 以上。

③珠江流域各支流及沿海诸河皆可由暴雨引发洪水,其中西、北江地区尤为严重。西江洪水一般首先在上游广西境内发洪,北江多为全流域性洪水。

2.3　个例分类

综上所述,12 次过程的雨情大致可分为两种类型(表2):历时长、范围大、空间分布均匀的暴雨过程(类型 A);历时短、空间分布集中的暴雨过程(类型 B),往往在一两天内降雨 400 mm 甚至 600 mm。经过初步的综合分析,我们将这些暴雨过程分为 3 类:

2.3.1　前汛期锋面系统暴雨

以西、北江流域最为常见,也是珠江流域最恶劣的一种洪灾,常常是长时间暴雨累积的结果。涉及范围广、雨量较大、空间分布均匀,有时会有多个雨量大值中心,多集中在流域中上游地区。通常发生在前汛期,由锋面系统作用引起。

表 2　暴雨个例分类

		类型 A		类型 B	
雨情特征		1.历时长 2.范围大 3.空间分布均匀(中心分散) 4.日雨量较小		1.历时短 2.范围小 3.空间分布集中(高值区较小) 4.日雨量较大	
个例	49.6	94.6	68.6	94.7	64.6	59.6	66.6	82.5	60.6	76.9	79.9	86.7
类型	A	A	A	A	A	B	B	B	B	B	B	B
时间	前汛期	前汛期	前汛期	后汛期	前汛期	前汛期	前汛期	前汛期	前汛期	后汛期	后汛期	后汛期
影响区域	西江 北江	西江 北江	西江 北江	西江 北江	韩江 东江 北江	东江	东江	北江	韩江	粤西 沿海 诸河	西枝江	粤东 沿海 诸河
影响系统	锋面	锋面	锋面	热带系统	锋面	锋面	锋面	锋面	锋面、热带气旋	热带气旋	热带气旋	热带气旋

2.3.2　后汛期热带气旋暴雨

在沿海诸河及珠江的小支流较为常见,一般由热带气旋引起。这类暴雨往往具有历时短、雨强大的特点。空间分布较为集中,暴雨中心一般在热带气旋登陆点附近,或从气旋登陆前开始降雨,中心随着气旋路径的移动而变化。这类暴雨洪水影响范围相对较小,却在短时间内造成很大灾害。

2.3.3　两种系统作用的暴雨

发生在东江及其他主要支流的洪水较难像前两类那样可以根据影响系统进行明确的归类。这类暴雨多发生在前汛期。影响范围比第二类洪水要大,但却具有第二类洪水雨强较大的特点。发生概率没有第一类洪水那么频繁,但灾害也不小。既可能由锋面系统作用引起,也可能由热带气旋引起,有时还是二者结合作用的结果。

3　暴雨成因分析

根据以上分类,对天气背景及物理量进行分析,分别说明几类暴雨的发生机制。

3.1　前汛期锋面系统暴雨

这一类暴雨持续时间长、影响面积大。稳定的环流背景是暴雨发生时的典型形势。在高空(100 hPa 或 200 hPa),中高纬吹西风,华南地区一般处于高压外缘。500 hPa 上,中低纬系统的相互作用非常明显,具体表现为中高纬的环流形势和副热带高压的位置长期保持稳定,副高位置偏南,高纬不断有冷空气南下。由于冷空气的影响,华南地区长期维持有冷锋(并常常转为静止锋)。另外,低层往往同时有切变线、低涡的配合,并有一支较稳定的西南急流向暴雨区输送水汽。锋面降雨系统完整,是这一类暴雨最明显的环流特点。锋面降雨影响范围大、历时长,是造成这一致洪暴雨最主要的原因。

从个例来看,虽然在"68·6"和"94·6"暴雨中,中高纬环流和副高位置有所不同,但都具有长期稳定的特点。588北线长期稳定在华南沿海地区,副高位置较常年偏南,强度偏弱(脊线一般在15°N左右,而从多年平均来看,6月份副高脊线已达20°N)。当副高加强西伸,中高纬冷空气作用减小时,也就预示着暴雨过程将要结束,这正是"68·6""94·6"暴雨结束前的环流形势。

这一类暴雨低层影响系统显著。高纬不断南下的冷空气使准静止锋长期维持在粤北地区,造成长时间的持续降雨。西南低涡和切变线的维持,也说明了华南地区低值系统的活跃。此外,低空西南暖湿气流的输送对暴雨的长期维持起到不可忽视的作用。物理量分析结果表明,在这类暴雨中,整个华南地区(包括广东、广西、海南及福建)都是层结不稳定的区域,沙氏指数表现为大面积的负值。水汽通量值虽然不很大,但输送方向稳定,分布均匀而广泛,如在"94·6"暴雨中,从6月8日至17日华南地区均为稳定的西南—东北向水汽输送。

总而言之,这种西、北江常见的大面积持续性降水,一般与环流的长期稳定分不开,具体包括(图1a):高层中高纬为西风,欧亚地区北部为稳定的一槽一脊或宽槽形势;500 hPa副高变化不大,较常年偏弱、位置偏南(脊线在15°N附近);700 hPa或850 hPa存在较强的西南气流,直接影响至暴雨区的切变系统和低涡活动;地面一般有静止锋。这些系统的完整配合使得暴雨影响面积大。副高的长期稳定应该是这类暴雨持续时间长的根本原因,由于副高偏东或偏南,北方冷空气长驱直入控制影响华南地区,在西南水汽输送的配合下产生绵绵不绝的降雨。直至副高加强西伸,控制这一区域,中高纬系统影响让位于低纬作用,暴雨才宣告结束。

3.2　后汛期热带气旋暴雨

这类暴雨触发系统比较单纯,一般由热带气旋引起。总的来说,高层形势较稳定,中层副高位置变动大,低层为明显的气旋性环流。

并非所有热带气旋登陆都会带来导致洪水的特大暴雨,从几次典型过程来看,造成暴雨的热带气旋具有一些共同点:

①生命长。这些热带气旋无一例外都有10天以上的生命期;

②强度大。这些热带气旋均达到强热带风暴以上的强度,而且大部分为台风;

③移速慢。即使曾经快速移动,暴雨过程也常开始于移速减慢时。

时间长、移动慢的热带气旋,长期滞留在洋面上,积蓄了大量能量,容易带来强降水。降水时间多在登陆前后,此时热带气旋常常由强变弱,但有些个例中也有气旋登陆前加强的迹象。另外,这类热带气旋常具有路径复杂的特点(图2),有的数度打转,有的在海上或登陆后转向,有的具有副中心,路径较为稳定的只有8607号台风。

值得注意的是,这几次暴雨洪水虽是由热带气旋引起,但也同时受到北方弱冷空气南下的影响。如"76·9"和"79·9"暴雨期间,副高较弱,远在西北太平洋上,中高纬西风带小槽频繁东移,冷空气不断南下,与热带气旋交绥,加强其辐合环流。从物理量分布来看也是这样,在这一类暴雨过程中,不稳定层结的站点远比前一类暴雨要少,主要集中在暴雨中心附近。如在"76·9""79·9"暴雨中,华南地区绝大部分站点的沙氏指数是正的,但在暴雨中心的粤西和粤东地区就呈现出与周围截然不同的负值。水汽输送比起前一类暴雨更强烈得多,虽然范围相对较小,但水汽通量值却很大,在850 hPa上常达到40 g/(s·cm·hPa)以上的极值,在"86·7"暴雨中甚至超过50 g/(s·cm·hPa),反映了强烈的对流活动。

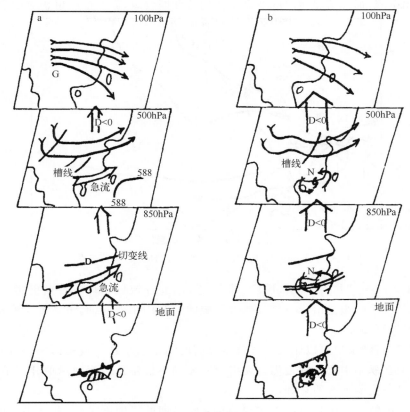

图 1　两类暴雨的天气背景
（a）前汛期锋面暴雨；（b）后汛期热带气旋暴雨

　　所以，此类暴雨的特点与前一类刚好相反，可归纳如下（图 2b）：不大稳定的环流形势（主要表现在西太平洋副高强度和位置变化大），除了高层依旧有中高纬西风特点外，低层的降水系统主要是热带气旋。热带气旋环流的侵入及气旋的登陆是产生暴雨的直接原因，随着气旋的登陆减弱及填塞，暴雨也迅速减弱、结束。这类暴雨能够造成那么严重的洪水，与这些热带气旋本身的特点有关。时间长、强度大、移动慢的热带气旋，本身就携带了大量的水汽，又容易受环境流场引导，而且具有强烈的垂直运动。这时北方弱冷空气的南下，加强气旋的辐合上升，无疑起到了推波助澜的作用。

3.3　两种系统作用的暴雨

　　这一类暴雨多发生在东江及其他小支流，成因也显得较为复杂和不固定。所选个例中，大部分的成因与第一类类似。共同的天气背景是：环流形势比较稳定，主要影响系统与第一类暴雨类似，但对流层中高层因子的影响加强，具体表现为高空中高纬为西风的形势更加明显。虽然在不同暴雨过程中强弱有所不同，但对流层中层副高位置基本变化不大，中高纬不断有冷空气南侵；700 hPa 及 850 hPa 的西南气流、切变线、低涡依旧是明显和稳定的影响因子。尽管"60・6"和"82・5"期间副高西脊点位置相差很大，但脊线大致维持在 15°—20°N，一般控制南海地区，与第二类暴雨过程中副高位置变化大形成鲜明对比。第三类暴雨主要也是由中低纬系统相互作用引起,但环流稳定时间及系统作用持续期较短,影响范围也相对较窄。

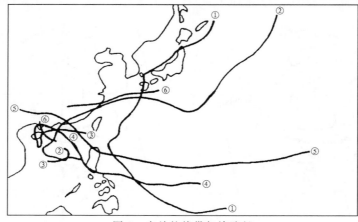

图 2　有关的热带气旋路径

说明:①—⑥分别为 4902、6001、7619、7913、8607、9403 号台风。

其中,"64·6"暴雨涉及范围广(韩江、东江、北江流域),环流特点更接近于第一类暴雨的情形。而"60·6"则是由冷空气和热带气旋的相互作用引起的,虽然发生在前汛期,环流特点却更类似于第二类。

从物理量分析结果也可以印证天气背景分析的结论。在这一类暴雨中,层结不稳定的站点比较分散,但在暴雨中心及附近仍呈现出较明显的不稳定。水汽通量值介于前两类暴雨之间,方向不如第一类的那么明显和稳定。

所以,广东的特大暴雨具有两类主要成因:前汛期的锋面雨是西、北江洪水的主要原因,副高偏弱,华南地区为各种前汛期降雨系统所控制,这种环流形势的长期稳定使暴雨持续不断,大面积、长时期的降水导致大范围洪水;后汛期的热带气旋雨则是沿海诸河与珠江水系小支流洪水的主要原因,这种暴雨具有突发性强、来去迅速的特点,如果碰上本身较强、移动缓慢的热带气旋,再加上北方有冷空气南下影响的话,就极易产生大暴雨而引发大洪水。第三类暴雨可以视为这两种典型降水之间的过渡情形。表 3 给出了这几类暴雨过程中环流形势的主要特点。

表 3　几类不同暴雨的天气背景因子归纳

		前汛期锋面暴雨	后汛期热带气旋暴雨	两种系统作用的暴雨
高层	中高纬西风	*	*	*
	副高位置稳定	*		*
	副高位置变化大		*	
中层	副高偏强			*
	副高偏弱	*		
	冷空气南下			*
	西南气流输送	*		*
低	低空切变线	*		*
层	西南低涡作用	*		*
	热带气旋作用		*	
地面	冷锋或静止锋	*		

4 结　语

(1)珠江流域是洪水多发地区,洪水可发生在珠江流域干流和各支流,以及广东沿海诸河。引发洪水的特大暴雨从 5—9 月皆可发生,尤以前汛期的 6 月为多。珠江流域致洪暴雨具有强度大、历时长、范围广的特点。

(2)珠江流域致洪特大暴雨大致可分为:

前汛期锋面暴雨:西北江并发洪水多属于这一类。影响范围广、灾情重,洪水一般由大面积的持续性暴雨累积造成。

后汛期热带气旋暴雨:沿海诸河及小支流常见。影响范围相对较小,洪水一般是由于短暂的突发性暴雨造成,暴雨常由后汛期的热带气旋引起。

两种系统作用的暴雨:引发东江及其他主要支流洪水的暴雨性质介于前两类暴雨之间,可能是锋面雨也可能是热带气旋雨所形成。

(3)各类暴雨的影响系统截然不同。第一类暴雨具有稳定的环流背景,中低纬系统相互作用明显,水汽输送稳定而持久,具有大范围的层结不稳定,长期稳定的锋面形势使得降水持续不断而导致大洪水;第二类暴雨则相反,环流形势相对不稳定,对流活动很强,暴雨的产生和结束基本上都与热带气旋的发展和消亡相一致。第三类暴雨兼有大范围不稳定和强对流活动的特征,但均不如前两类暴雨明显。

参考文献

[1] 梁必骐.天气学教程.北京:气象出版社,1990:536-585.

[2] 章淮.暴雨预报.北京:气象出版社,1990:27-87.

[3] 包澄澜,王德瀚.暴雨的分析与预报.北京:农业出版社,1981:1-189,243-267.

[4] 王德瀚,吴宝俊,韦统健,等.暴雨分析方法有关物理量的计算.北京:气象出版社,1985:3-167.

[5] 陶诗言.中国之暴雨.北京:科学出版社,1980:1-225

[6] 华北暴雨编写组.华北暴雨.北京:气象出版社,1992:1-182.

[7] 张丙辰.长江中下游梅雨锋暴雨的研究.北京:气象出版社,1980:7-269.

[8] 长江流域暴雨科研协作片技术组.长江流域暴雨文集.北京:气象出版社,1982:1-208.

[9] 黄士松.华南前汛期暴雨.广州:广东科技出版社,1986:7-233.

[10] 研讨会技术组.1994 年华南特大暴雨洪涝学术研讨会文集.北京:气象出版社,1996:1-272.

[11] 梁必骐.广东的自然灾害.广州:广东人民出版社,1993:171-175.

[12] 广东省防汛防旱防风总指挥部,广东省水利厅.广东水旱风灾害.广州:暨南大学出版社,1997:80-116.

热带气旋灾害的模糊数学评价

梁必骐　樊　琦　杨　洁　王同美

(中山大学大气科学系,广州 510275)

摘　要　对 1979—1996 年登陆广东省的热带气旋灾害进行了分析,并采用模糊数学方法提出了灾害评估模型,计算出历次登陆热带气旋的综合灾害指数,根据指数进行分级(5 级),得到轻重不同的灾害判据。结果表明,综合灾情指数基本能反映经济损失的大小,可见该模型是可行的。

关键词　热带气旋　模糊数学　灾害　评估

分类号　P444

1　引　言

　　台风灾害是最严重的自然灾害之一。据联合国公布的资料,1947—1980 年全球死于台风灾害的总人数为 49.9 万人,居十大自然灾害之首。据统计,全球平均每年因台风造成 2 万～3 万人死亡,60 亿～70 亿美元的经济损失,其中最严重的是 1970 年 11 月一个热带风暴登陆,造成孟加拉国 30 万人丧生,1991 年 4 月另一个强热带风暴导致该国 13.9 万人死亡,1000 多万人无家可归。台风对于中国沿海地区也是一种常见的严重灾害[1],尤其是近年来台风灾害造成的直接经济损失呈明显上升趋势,进入 20 世纪 90 年代以来,平均每年损失达 100 亿元以上,其中 1992 年全国台风灾害损失达 130 亿元,1994 年超过 200 亿元,1996 年更高达 300 多亿元,可见,减轻台风灾害的损失,具有十分重要的经济和社会效益。广东是热带气旋的多发区和重灾区,每年平均影响和登陆广东的热带气旋分别为 10 个和 4 个,近 10 年来由于热带气旋灾害造成的直接经济损失已高达 900 亿元以上,所以无论是其发生频率或灾情都居全国之首[2,3]。可见,对广东来说,减轻台风损失更为重要。

　　但是,如何科学评价台风灾害损失仍是一个急待解决的问题。目前关于这一方面的研究较少,且结论不完全一致。本文试图利用模糊数学的理论来建立灾害评估模型,从而对热带气旋造成的经济损失进行定量性评估。

2　计算方法

2.1　隶属度的指定

　　模糊数学是研究和处理模糊性现象的数学。这里所谓的模糊性,主要是指客观事物的差异在中介过渡时所呈现的"亦此亦彼"性。现代数学与集合论是密切相关的,因此引入模糊集

本文发表于《热带气象学报》,1999,15(4).

论。模糊集是研究和处理客观世界中存在的模糊现象的,一般是用隶属函数来刻画的。隶属函数的确定过程,本质上是客观的,但又允许有一定的人为技巧。在某种场合,可以通过模糊统计实验加以确定,也可以吸收概率统计的处理结果,还可以用二元对比排列的方法,如三分方法的思想,等等。总之,实践效果是检验和调整隶属度函数的依据。只要这种隶属函数能很好地解决客观问题就是一个很好的隶属函数。

本文采用的隶属函数模型为"涝"的隶属函数,取戒下型分布,解析如下

$$U_i(x) = \begin{cases} 0 & x \leqslant c \\ \dfrac{1}{1+[a(x-c)]^b} & x > c \end{cases} \tag{1}$$

式中:$U_i(x)$ 为因素 x 的隶属函数;a,b,c 均为参数,且 $a>0,b<0,c>0$。

这种"戒下型"的隶属函数分布可以用来表示热带气旋灾害轻重程度。从解析式中分析可得:我们考虑某一灾情因子时,若它的数值超过一个界值 c(本文中取 c 为某一灾情因子的历年来灾情统计数值的最小值),可以认为成灾,否则也不成灾。随着灾情因子统计数据 x 的增大,该因子所表示的灾情轻重隶属函数值即 $U_i(x)$ 也会增大,直至为 1。本文取最大灾情统计值 $x_{\max}$ 所对应的隶属度 $U_i(x_{\max})$ 值为 0.99。

因此,隶属函数 $U_i(x)$ 可以反映某种灾情因子在此次灾害过程中的"贡献",也即体现了此次灾害的轻重程度。所以,可以挑选"戒下型"这种隶属函数形式来评估台风灾害。

在解析式中,规定数值如下:$b=-2,c=x_{\min}$;令历年最大灾情统计数据 $x_{\max}$ 所对应的隶属度值为 0.99,则有:

$$0.99 = \frac{1}{1+[a(x_{\max}-c)]^{-2}} \quad 即 \quad a = \frac{\sqrt{99}}{x_{\max}-x_{\min}} \tag{2}$$

规定好 a,b,c 参数后,利用解析式便可以确定各因子灾情隶属度值,构成某灾情因子 i 的评价集 $R_i = (r_{i1}, r_{i2}, \cdots, r_{im})$(令有 m 个统计数据)。

2.2 灾情综合指数的计算方法

模型:设论域 $\boldsymbol{U} = \{u_1, u_2, \cdots, u_m\}$ 为 m 个统计因子的评价等级;再设共计有 n 个因子即 $\boldsymbol{V} = \{v_1, v_2, \cdots, v_n\}$ 来进行评价。

这 n 个灾情因子,每一个因子的评价集为 $R_i = (r_{i1}, r_{i2}, \cdots, r_{im})$,$i = 1,2,\cdots,n$,则由 n 个灾情因子得到的总的评价矩阵为

$$\boldsymbol{R} = \begin{bmatrix} R_1 \\ R_2 \\ \vdots \\ R_n \end{bmatrix} = \begin{bmatrix} r_{11} & r_{12} & \cdots & r_{1m} \\ r_{21} & r_{22} & \cdots & r_{2m} \\ \vdots & \vdots & \vdots & \vdots \\ r_{n1} & r_{n2} & \cdots & r_{nm} \end{bmatrix}$$

对各灾情因子权衡其造成灾害程度的相对重要性来分配权重。通过实验法,主观评定和专家评分等,可以建立各因子的权重分配,记为:$\boldsymbol{A}(a_1, a_2, \cdots, a_n)$,其中 $a_i \geqslant 0$,$i = 1,2,\cdots,n$,而 $\sum\limits_{i=1}^{n} a_i = 1$。

从模糊观点考虑,由因子集评价的模糊关系为 $\boldsymbol{V} \times \boldsymbol{U}$。

由模糊变换原理:$\boldsymbol{B} = (b_1, b_2, \cdots, b_m) = A O R$

$$b_j = \sum a_i r_{ij1} \qquad j = 1, 2, \cdots, m$$

从而作出各因子综合评价，b_j 就是热带气旋灾情的综合指数。

3　热带气旋灾害的模糊综合评价

3.1　登陆热带气旋个例的选取及其灾情指数的计算

本文选取的个例是 1979—1996 年 41 个登陆广东的热带气旋，如表 1 所示。

我们选取的灾情因子共 9 个，即：

$X1$——农业受灾面积（万公顷）；$X2$——死亡人数（人）；$X3$——受伤人数（人）；$X4$——倒塌房屋（间）；$X5$——损坏房屋（间）；$X6$——损坏公路桥梁（座）；$X7$——损坏公路（千米）；$X8$——倒断电线杆（根）；$X9$——损坏水利设施（个）。利用灾情隶属度公式求出每个登陆台风的各灾情因子隶属度值，构成矩阵

$$R = \begin{bmatrix} u_{11} & u_{12} & \cdots & u_{1m} \\ u_{21} & u_{22} & \cdots & u_{2m} \\ \vdots & \vdots & \vdots & \vdots \\ u_{n1} & u_{n2} & \cdots & u_{nm} \end{bmatrix} \qquad (4)$$

式中 n 为灾情因子个数，即 $n = 9$；m 为登陆热带气旋个例总数，即 $m = 41$。

权重选取具有非常大的主观性，为了减少权重的选择对 b_j 的影响，本文选取了五组不同的权重分配系数（见表 2），分别计算其综合评价指数 b_j，结果表明，各灾情因子权重分配的差异，对灾情综合指数 b_j 的影响很小（见表 3）。本文则将这五组综合指数求其平均来进行综合评价。

3.2　灾情的综合指数分级

为了确定灾情轻重的等级，我们将灾情综合指数分成 5 个级别，各级域值如下

1 级	灾情轻微	综合指数	（G 0.00——0.150）
2 级	灾情较轻	综合指数	（G 0.150——0.225）
3 级	灾情较重	综合指数	（G 0.225——0.350）
4 级	灾情严重	综合指数	（G 0.350——0.475）
5 级	灾情极重	综合指数	（G 0.475——0.990）

表 1　1979—1996 年登陆广东的热带气旋及其灾情指数

热带气旋序号	灾情指数（方案 1）	灾情级别（方案 1）	灾情指数（方案 2）	灾情级别（方案 2）	经济损失（亿元）
7908	0.2267	2	0.1265	1	***
8007	0.7873	5	0.7330	5	10.5
8106	0.2785	3	0.1063	1	***
8116	0.4376	4	0.4026	4	***
8217	0.0370	1	0.0336	1	***
8309	0.3727	3	0.1758	2	***
8314	0.3664	3	0.1788	2	***

热带气旋序号	灾情指数(方案1)	灾情级别(方案1)	灾情指数(方案2)	灾情级别(方案2)	经济损失(亿元)
8402	0.4851	5	0.4305	4	***
8410	0.5778	5	0.4274	4	***
8411	0.0859	1	0.2071	2	***
8504	0.5414	5	0.4533	4	9.0
8515	0.4924	5	0.4496	4	6.1
8517	0.5985	5	0.5202	5	8.0
8607	0.9275	5	0.9161	5	22.0
8609	0.6630	5	0.6345	5	10.0
8702	0.4351	4	0.4145	4	* * *
8805	0.5741	5	0.5317	5	12.1
8817	0.2096	2	0.1066	1	1.6
8903	0.3948	4	0.2717	3	3.0
8908	0.5164	5	0.3797	4	11.1
9004	0.4571	4	0.4087	4	5.0
9009	0.4003	4	0.3907	4	***
9107	0.9404	5	0.9409	5	23.6
9108	0.3487	4	0.1880	2	5.0
9111	0.5326	5	0.4543	4	7.0
9116	0.5436	5	0.4698	4	6.0
9119	0.0808	1	0.1072	1	10.5
9207	0.5493	5	0.5337	5	7.6
9302	0.6937	5	0.6504	5	13.4
9309	0.7386	5	0.7104	5	26.2
9315	0.7084	5	0.7148	5	20.3
9316	0.5480	5	0.4178	4	15.7
9403	0.8215	5	0.7838	5	58.0
9405	0.5616	5	0.5213	5	11.0
9504	0.1518	2	0.2024	2	6.4
9505	0.5414	5	0.4916	5	11.7
9506	0.0437	1	0.083	31	0.9
9509	0.8075	5	0.7618	5	36.5
9515	0.3730	4	0.2253	3	13.3
9516	0.4048	4	0.2801	3	9.0
9615	0.8808	5	0.8421	5	170.0

表 2　五种权重分配系数比较

权重	A1	A2	A3	A4	A5	A6	A7	A8	A9	$\sum A_i$
第一组	0.20	0.15	0.06	0.15	0.06	0.06	0.08	0.04	0.20	1
第二组	0.155	0.125	0.06	0.10	0.06	0.06	0.05	0.11	0.28	1
第三组	0.15	0.12	0.06	0.10	0.06	0.06	0.05	0.12	0.28	1
第四组	0.145	0.115	0.06	0.12	0.08	0.06	0.08	0.06	0.28	1
第五组	0.14	0.12	0.08	0.10	0.08	0.06	006	0.08	0.28	1

表 3　权重分配差异对综合指数的影响

台风号	1	2	3	4	5	平均值
7909	0.2523	0.2275	0.2231	0.2178	0.2130	0.2267
8007	0.8311	0.7651	0.7564	0.8037	0.7801	0.7873
8106	0.2785	0.2747	0.2705	0.2626	0.2591	0.2700
8116	0.4550	0.4314	0.4259	0.4404	0.4353	0.4376
8217	0.0393	0.0369	0.0361	0.0350	0.0378	0.0370
8309	0.3608	0.3851	0.3812	0.3679	0.3684	0.3727
8314	0.3557	0.3778	0.3746	0.3631	0.3609	0.3664
8402	0.5167	0.4733	0.4676	0.4966	0.4713	0.4851
8410	0.5865	0.5714	0.5676	0.5931	0.5702	0.5778
8411	0.0926	0.0803	0.0803	0.0923	0.0842	0.0859
8504	0.5489	0.5423	0.5373	0.5473	0.5312	0.5414
8515	0.5115	0.4829	0.4778	0.5074	0.4822	0.4924
8517	0.6234	0.5883	0.5825	0.6129	0.5855	0.5985
8607	0.9509	0.9139	0.9089	0.9365	0.9271	0.9275
8609	0.6855	0.6456	0.6422	0.6897	0.6521	0.6630
8702	0.4585	0.4236	0.4199	0.4460	0.4276	0.4351
8805	0.5780	0.5656	0.5602	0.5953	0.5716	0.5741
8817	0.2308	0.2100	0.2052	0.2018	0.2000	0.2096
8903	0.4109	0.3925	0.3882	0.4004	0.3820	0.3948
8908	0.5236	0.5106	0.5044	0.5326	0.5106	0.5164
9004	0.4665	0.4535	0.4482	0.4683	0.4489	0.4571
9009	0.4247	0.3892	0.3851	0.4117	0.3908	0.4003
9107	0.9337	0.9422	0.9433	0.9413	0.9416	0.9404
9108	0.3410	0.3547	0.3516	0.3523	0.3438	0.3487
9111	0.5354	0.5289	0.5250	0.5453	0.5253	0.5326
9116	0.5615	0.5372	0.5320	0.5561	0.5313	0.5436
9119	0.0812	0.0748	0.0748	0.0927	0.0807	0.0808
9207	0.5553	0.5396	0.5354	0.5710	0.5451	0.5493

台风号	1	2	3	4	5	平均值
9302	0.6809	0.6944	0.6940	0.7100	0.6893	0.6937
9309	0.7282	0.7359	0.7369	0.7600	0.7318	0.7386
9315	0.7002	0.7065	0.7063	0.7199	0.7092	0.7084
9316	0.5376	0.5537	0.5502	0.5512	0.5472	0.5480
9403	0.8542	0.7975	0.7896	0.8485	0.8178	0.8215
9405	0.5696	0.5494	0.5457	0.5875	0.5561	0.5616
9504	0.1608	0.1415	0.1409	0.1674	0.1483	0.1518
9505	0.5353	0.5433	0.5417	0.5531	0.5337	0.5414
9506	0.0477	0.0406	0.0404	0.0474	0.0424	0.0437
9509	0.8104	0.8057	0.8051	0.8195	0.7988	0.8075
9515	0.3807	0.3779	0.3751	0.3709	0.3605	0.3730
9516	0.4212	0.4003	0.3951	0.4087	0.3988	0.4048
9615	0.9183	0.8564	0.8477	0.8992	0.8826	0.8808

按照以上分级指标,我们根据前面得到的灾情综合指数,确定出各登陆热带气旋灾情轻重等级。结果表明,该指数级数与热带气旋造成的实际直接经济损失基本一致,如表 1 所示。

上面所采取的方案(1)选取五种权重值所遵循的原则是:认为农业受灾面积,死亡人数,倒塌房屋以及毁坏水利设施这几项灾害是占主要部分的。因此分配的权重值都比较大,在一定的值周围内波动,这是专家评定以及主观分析的结果。事实上,我们从反方面也可以证实这一点。

为了进行比较,我们将各因子权重任意调整了一下,加大了受伤人数,损坏房屋,损坏公路桥梁,损坏公路,倒断电线杆等权重的分配,结果见表 4。由此算出各热带气旋的综合灾情指数,见表 1。

表 4　调整后的各因子权重

序号	1	2	3	4	5	6	7	8	9	$\sum a_i$
权重	0.06	0.06	0.15	0.08	0.15	0.15	0.15	0.10	0.10	1

由方案(2)的计算结果,我们可以看到许多与实际灾情不符的例子。例如:8517 号强热带风暴,直接经济损失为 8.1 亿元,算出的灾情指数为 0.5202,灾情级数为 5 级,而 8504 号强热带风暴,直接经济损失为 9.0 亿元,灾情指数却为 0.4533,灾情级别为 4 级;9004 号强热带风暴和 9108 号台风直接经济损失均为 5.0 亿元,但它们的灾情级别分别为 4 级和 2 级;9316 号台风,直接经济损失达到 15.74 亿元,灾情级别却只为 4 级。以上这些均表明,在采取权重时由于主次重要性选取不当将造成偏差。可见对于台风灾害而言,表 3 给出的灾情因子权重分配是合理的,即在各灾情因子中应该是农业受灾面积、死亡人数、倒塌房屋以及损坏水利设施等项占主要地位。

4 结束语

本文利用模糊数学建立了热带气旋灾情评估模型,但此模型只是针对灾后评估使用的。因为文中所选取的灾情因子均为灾后各部门的损失情况。本文的结果表明,影响台风灾情的主要因子是农业受灾面积、死亡人数、倒塌房屋以及毁坏水利设施等四项,而其他的如伤亡人数、毁坏房屋等五项则占比较轻的地位。

综合灾情指数的计算结果表明,指数大小分布与台风灾害经济损失程度是基本一致的,说明用模糊数学综合评估台风灾害不失为一个较好的方法,灾害评估应包括灾前、灾后评估,灾前评估及预测必须考虑台风本身的强度,降水、大风和暴潮等因素的影响,对此我们将另作研究。

参考文献

［1］Liang Biqi, Liang Jingping, Wen Zhiping. The typhoon disasters and related effects in China. *The Journal of Chinese Geography*, 1996, **6**(1):61-71.

［2］梁必骐,梁经萍. 广东台风灾害的特点及其对经济发展的影响. 中国减灾,1993,**3**(3):34-37.

［3］梁必骐,等. 广东的自然灾害. 广州:广东人民出版社. 1993:103-118.

［4］贺仲雄. 模糊数学及应用. 天津:天津人民出版社. 1998:52-75.

华南异常降水的气候特征

李　萍　梁必骐

（中山大学大气科学系，广州 510275）

摘　要　利用 1959—1988 年 30 年来华南均匀分布的 33 个站点的月平均降水资料。分析了华南雨季降水的气候特征、华南旱涝的时空分布特征。结果表明，30 年来华南大致经历了一个干—湿—干的年代际气候变化过程。具体表现在华南地区 20 世纪 60 年代比正常降水偏少，70 年代降水比正常偏多，80 年代降水又比正常偏少。华南旱涝的时空分布特点是：干旱主要发生在中秋至前春 10—3 月，洪涝则主要出现在汛期 4—9 月。旱月数和涝月数的地理分布趋势基本相同，即由内陆向沿海递增，东部、南部的沿海地区及雷州半岛既是干旱的多发区，又是洪涝的多发区。

关键词　华南　降水　干旱　洪涝　特征

中图分类号　P429　　　　　　**文献标识码**　A

自 20 世纪 70 年代以来，世界大范围气候异常（例如非洲的持续干旱和孟加拉的洪涝）给许多国家的水资源、粮食生产和能源都带来极其严重的影响。因此，关于气候变化的原因及预测已成为迫切需要研究解决的重大科学问题，受到各国科学家及政府的共同关心和重视。我国地处东亚，是全球气候变异较大的区域之一，一些较大的气候异常在我国都有反映。由于我国是季风气候，气候变化更多地表现在降水的变化，造成我国大范围的气候异常也主要是干旱和洪涝。所以，我国国内的研究主要集中在气候异常对大范围旱涝的影响，特别是华北、西北的干旱和长江中下游的洪涝。而对华南异常降水的研究相对较少[1]，其中大部分的研究侧重在前汛期方面。本文着眼于华南整个汛期（包括前汛期 4—6 月和后汛期 7—9 月），分析了华南降水和异常降水的一些时空特征。

1　资料和方法

本文用到的资料有：华南四省区（广东、广西、福建、海南）分布均匀的 33 个测站，包括浦城、福安、南平、福州、永安、龙岩、河池、柳州、蒙山、连平、韶关、佛冈、梅县、漳州、厦门、百色、桂林、梧州、高要、南海、河源、汕头、龙川、南宁、玉林、深圳、北海、海丰、湛江、阳江、海口、东方、崖县，1959—1988 年 1—12 月的降水量资料。方法主要是统计分析方法。

2　华南降水的气候特征

2.1　年降水分布复杂

华南降水分布的复杂性与它的地形和地理位置相对应。气候统计事实表明，华南年雨量

本文发表于《中山大学学报（自然科学版）》，1999，**38**（增刊 2）.

分布有两个最大轴带:武夷山—南岭山脉和两广沿海。说明了大尺度地形对降雨量分布的重要性。本文根据 30 年的资料统计(表 1),华南全年降水量平均线为 1593 mm,雨季降水量约为 1247 mm,其中前汛期平均约为 655 mm(4—6 月分别为 160、238 和 257 mm),占全年降水量的 41.1%,后汛期平均约为 593 mm(7—9 月分别为 204、235 和 154 mm),占全年降水量的 37.2%。通过计算还发现,华南雨季降水量的年际变率比较大,前汛期最多年为 865.9 mm (1973 年),最少年为 324.3 mm(1963 年),极差为 541.6 mm。后汛期最多年为 856.9 mm (1961 年),最少年为 424.5 mm,极差为 452.4 mm。

表 1　1959—1988 年华南雨季降水距平百分率(%)

月份	4	5	6	4—6	7	8	9	7—9
1959	−11.8	17.5	48.9	22.6	5.8	35.4	30.7	24.0
1960	−47.5	17.3	−17.0	−12.0	−0.4	37.0	13.2	18.0
1961	62.5	−29.1	−22.7	−4.2	20.7	32.4	94.8	44.6
1962	−26.2	17.7	42.8	16.8	−38.3	−36.0	19.4	−22.4
1963	−75.4	−69.2	−17.6	−50.5	29.2	−31.4	−3.1	−3.3
1964	−33.5	−29.6	29.1	−7.6	−40.9	23.7	22.4	1.3
1965	70.7	−4.6	11.8	20.3	−15.6	−56.7	−2.1	−28.4
1966	13.9	−55.5	61.2	7.2	44.2	−35.2	−77.0	−20.0
1967	21.4	−11.5	−42.0	−15.4	−35.8	58.4	−16.8	6.7
1968	−41.1	−3.7	16.6	−4.9	−11.0	39.8	−52.7	−1.7
1969	−20.6	3.5	−17.1	−10.4	10.2	−27.9	−47.1	−20.0
1970	−14.6	−1.0	4.3	−2.3	−20.0	9.5	47.2	9.1
1971	−31.0	17.4	24.4	8.3	3.3	−8.0	−30.0	−9.9
1972	−9.4	26.5	−0.7	7.1	−25.5	32.5	−15.1	0.2
1973	66.7	45.6	−2.0	32.1	26.2	34.6	38.2	32.7
1974	−3.1	−20.7	20.0	−0.4	31.9	−23.4	−31.8	−6.7
1975	−4.4	56.7	1.2	20.0	−14.1	4.8	−18.1	−7.7
1976	9.4	−27.9	−0.2	−7.9	14.4	14.9	8.6	13.1
1977	−42.8	−6.2	2.6	−11.7	22.9	−33.7	−1.0	−5.8
1978	6.1	26.8	7.1	14.0	−32.7	7.1	−4.9	−9.7
1979	21.4	−2.9	0.8	4.5	−25.9	12.3	26.1	2.8
1980	41.4	7.3	−26.3	2.5	23.3	−7.5	−13.2	1.5
1981	46.1	14.5	−7.8	13.5	73.8	−48.2	12.1	−9.3
1982	13.8	1.2	−32.8	−9.0	−3.1	1.0	−2.0	−1.2
1983	5.2	4.7	−13.7	−2.4	−34.7	−12.4	14.6	−13.0
1984	30.2	10.6	−4.3	9.6	−44.6	8.8	2.3	−11.2
1985	3.1	−26.4	−33.3	−21.9	−24.1	32.1	57.0	18.4
1986	−15.3	11.1	14.4	5.9	27.1	−34.3	−30.8	−12.3
1987	−17.3	39.7	−17.0	3.7	53.6	−37.0	−19.2	−1.3
1988	−28.0	−30.0	−30.6	−29.0	−19.5	17.0	−21.7	−5.6

2.2 年际变化明显

利用上述资料计算得到华南各月降水距平百分率 Di 和前、后汛期的降水距平百分率 DBi, DAi,如表 1 所示。

本文将 $DBi, DAi > 20\%$ 划为多雨年,$DBi, DAi < -20\%$ 划为少雨年,那么从表 1 中可以看出,1959—1988 年间华南前汛期多雨年有 1959 年,1965 年,1973 年,1975 年共 4 年,少雨年有 1963 年,1985 年,1988 年共 3 年,其中多雨以 1973 年最显著,而最显著的少雨年是 1963 年。后汛期的多雨年有 1959 年,1961 年,1973 年共 3 年,少雨年有 1962 年,1965 年,1966 年,1969 年共 4 年,其中最显著的多雨年和少雨年分别是 1961 年和 1965 年。

2.3 存在周期变化趋势

吴尚森等[2]曾用最大熵谱方法分析了华南前、后汛期降水的年际变化周期。发现华南前、后汛期降水存在准 3 年的变化周期。林学椿[3]的结果表明:在热带和副热带地区的大气中,这种 3 年变化周期较普遍地存在。

华南汛期降水除准 3 年的振荡周期外,还有较长时间的阶段性变化。我们从表 1 中给出的 4—9 月华南雨季降水距平百分率可以得出:华南前汛期 20 世纪 60 年代降水累积距平 $\sum D = -60.7\%$,有 7 年为负距平,是少雨期;70 年代 $\sum D = 63.7\%$,有 6 年为正距平,为多雨期;80 年代前 9 年累积距平 $\sum D = -25.5\%$,其中有 5 年负距平,事实表明 80 年代也是少雨期。类似上面计算,可以得到:华南后汛期 60 年代 $\sum D = -22.2\%$,有 6 年负距平,为少雨期;70 年代 $\sum D = 18.1\%$,正负距平各占 5 年,是多雨年;80 年代前 9 年 $\sum D = -37\%$,有 7 年负距平,说明 80 年代少雨。

比较华南前、后汛期的年代际变化,不难发现它们的特点是较一致的。这就意味着近 30 年来华南大致经历了一个干—湿—干的年代际气候变化过程。

3 华南旱涝的气候特征

3.1 旱涝的标准

(1)旱的标准。以降水距平百分率(Di)为主要依据,把旱情划分为一般干旱和重旱两类,如表 2 所示。另外,为适当考虑前期情况,规定"旱月"的前一个月的距平百分率必须小于 -50%,对连续 2 个月或 3 个月(或 3 个月以上)的旱期亦作如此类推。

表 2　旱的标准

旱期/月	一般干旱	重旱
1	-80%以上	
2	$-51\%\sim-80\%$	-80%以上
3(或以上)	$-25\%\sim-50\%$	-50%以上

(2)涝的标准。与干旱等级的划分相似,雨涝等级的划分也以降水距平百分率(Di)作为主要依据,但考虑到降水量的季节变化,不同的季节所采用的标准有所差异,以使涝害的划分

与实际情况相接近。具体标准为：①3 和 10 月，若 $Di>150\%$，则定为涝月；②11 月、12 月、1 月和 2 月，若 $Di>400\%$ 或连续 2 个月的 $Di>300\%$ 或连续 3 个月的 $Di>200\%$，则定为涝月；③4—9 月涝害的标准为：涝期 1 个月，$Di>80\%$，涝期 2 个月，$Di>60\%$，涝期 3 个月，$Di>40\%$。

由于降水量的地理分布差异很大，比如某些站点某月份的多年平均雨量可能不及同期全省平均雨量的一半，如不考虑这种降水量的地域差异而对所有的台站均采用上述同一标准，则容易产生虚假的涝站点，为避免这种情况发生，本文规定：若 $|(DA-DS)/DS|>40\%$（其中 DA,DS 分别为 A 站和全省平均的多年平均月降水量）才能定为涝月，这样的处理兼顾了纵向的（即多年的）出较和横向的（即区域面上）比较，因而更加合理。

此外，我们在定义涝月时，也适当考虑了前期的降水情况，若涝月前一个月的降水量是负距平，则此距平必须是 $|Di|<50\%$，才能将该月定为涝月。

3.2　干旱的时空分布特征

（1）干旱的季节变化。以 N_{ij} 表示 i 站第 j 个月份 30 年的旱月（包括一般干旱和重旱）频数。先计算华南分布均匀的 33 个站点的平均旱月频数（$f_j=N_{ij}/33$），然后算出华南各月出现干旱的概率即华南干旱的季节分布（表 3）。从表 3 可见，华南一年四季均可出现干旱，但概率不同，一般主要出现在中秋至前春（10—3 月）这一时段。可见华南秋季到前冬（10—12 月）出现重旱的概率最大，占全年的一半还多，约为 58.7%。

表 3　华南各月干旱和重旱的发生概率（单位：%）

月份	1	2	3	4	5	6	7	8	9	10	11	12
干旱	13.5	7.2	7.4	5.0	2.9	2.9	3.4	3.2	4.6	14.9	16.5	8.5
重旱	4.8	8.6	9.6	6.1	3.1	1.4	0.8	1.2	5.7	25.4	19.9	13.4

华南干旱的另一个季节特点是旱期较长的季节连旱，包括春夏连旱（连旱概率为 10.0%，连重旱概率为 9.8%）、夏秋连旱（24.1%，20.0%）、秋冬连旱（42.5%，45.7%）、冬春连旱（24.5%，24.5%）等。反映出夏秋连旱在各种连旱中所占概率最高，而秋冬连旱的概率在各类跨季节重旱中发生最频繁，冬春和夏秋的连重旱出现的概率差不多。

（2）干旱的地理分布特征。我们把一年分为 1—3 月、4—9 月（汛期）、10—12 月 3 种情况讨论。按地方旱月频数的大小依次排出上面几种情况下的顺序，就可了解到干旱的地理分布情况。分析表明，三种情况下，华南地区干旱（包括一般干旱和严重干旱）的严重程度一般都是由内陆向沿海地区增大。1—3 月旱月频数的大值区依次在：①以崖县、东方为代表的雷州半岛西部，②以深圳、海丰、厦门为代表的东南沿海地区，③以北海、湛江、阳江为代表的南部沿海地区；轻旱区则在以柳州、梧州、河池为代表的华南中西部地区和以永安、浦城、福安为代表的华南北部地区。4—9 月旱月频数的大值区分布与 1—3 月的分布特点相似，尤其在北海、湛江地区更明显。10—12 月旱月频数的大值区有所变化，以深圳、海丰、汕头、厦门为代表的东南部沿海成为旱发最频繁地带，其次是以高要、南海、河源、韶关、梅县、南平、龙岩为代表的华南中部偏东地区，没有比较显著的轻旱区。另外分析了华南重旱的地理分布特征，发现与上述特点相似。

3.3   洪涝的时空分布特征

(1)洪涝的季节分布特征。华南是典型的季风气候区,汛期内的降水占全年总降水量几乎90％,所以洪涝一般发生在汛期。事实证明,在汛期以外的其他几个月里,洪涝发生的概率很小,尤其是11月到次年2月发生的概率更是微乎其微,4个月总共平均约1.4％,10月份高一些,有7.4％,3月份约为5.1％。而前汛期的洪涝发生率为38.5％,后汛期为47.6％。

(2)洪涝的地理分布特征。由于造成华南前汛期降水的主要原因是冷空气南侵与暖湿气流相交汇,而后汛期则主要以热带天气系统所引起的降水为主,这两种降水的强弱与不同的地形和地理位置密切相关。所以,华南不同地区前、后汛期发生洪涝的概率是不同的。分析表明,前汛期涝月频数的大值区依次主要有:雷州半岛西部、南部;以百色、南宁、玉林为代表的广西中西部;以湛江、阳江、北海为代表的南部沿海;以深圳、海丰、汕头为代表的粤东沿海地区。轻涝区主要分布在广东省的中北部和福建省的龙岩、漳州等地。后汛期涝月频数的大值区依次主要有:以厦门、汕头、福州为代表的东部沿海;以梅县、连平、韶关为代表的粤北地区和以漳州、龙岩、永安为代表的福建中部。在后汛期没有显著的轻涝区。

总之,前、后汛期涝月频数的地理分布趋势与旱月频数分布基本相似,都由内陆向沿海递增。旱月频数和涝月频数的大值区分布说明了沿海地区既是干旱的多发区,又是洪涝的多发区。

4   结   论

(1)华南降水的年际变化显著,涝年和旱年的极差很大,且有明显的年代际变化,近30年来,华南大致经历了一个干—湿—干的年代际变化过程,具体表现为20世纪60年代比正常降水偏少,70年代偏多,80年代又偏少。

(2)华南一年四季均可能出现干旱,以中秋至前春(10月到次年3月)的概率最大,其中10—12月最易出现重旱。华南还有旱期较长的季节连旱和季节连重旱,秋冬季节最明显。

(3)无论是否雨季,华南地区干旱(包括一般干旱和严重干旱)的严重程度都由内陆向沿海地区增大。

(4)华南的洪涝都发生在汛期4—9月,前汛期占38.5％,后汛期占47.6％,而地理分布趋势则具有和干旱同样的特点,这说明沿海地区既是干旱的多发区,又是洪涝的多发区。

参考文献

[1]梁必骐,等.广东的自然灾害.广州:广东人民出版社,1999;144-152.

[2]吴尚森,等.华南前汛期旱涝时空分布特征.热带气象,1992,(1):87-92.

[3]林学椿.大气中3～5年周期的观测研究.科学通报,1989,**14**:1089-1092.

旱涝灾害对华南地区粮食生产
影响的模糊评价

邹小明　　梁必骐

（中山大学大气科学系,广东 广州 510275）

摘　要　根据华南地区 1966—1995 年的粮食气象单产和降水量资料,利用模糊数学方法评价了华南地区旱涝灾害对粮食生产的影响并计算了减产率。结果表明,夏涝和春涝对华南地区粮食生产的影响最大,所造成的减产率均占粮食气象产量的一半以上。

关键词　旱涝灾害　粮食生产　模糊评价

中图分类号：P444　　　　　**文献标识码**：A

干旱、雨涝和低温冷害等气象灾害常造成农业大幅度减产,因此分析气象灾害及其对农业生产的影响程度,有着重要的经济意义. 运用模糊集原理[1]划分灾害类型及建立影响程度的量化关系,不但方法简捷而且可收到相当满意的结果[2]。

本文根据 1966—1995 年华南地区粮食气象单产和降水量划分旱涝年型并计算减产率。

1　计算公式

1.1　确定作物产量的隶属度和丰产年份

模糊集论是研究和处理客观世界中存在的模糊现象的[3]。模糊集是用隶属函数来描述的,隶属函数的指派要反映划分对象各元素对集合的隶属程度。一般认为可以主观地设计隶属函数,只要这种隶属函数能很好地解决客观问题就是一个好的隶属函数。设 y_t 表示第 t 年的扣除趋势产量的气象单产,隶属度公式指派为

$$\mu_t = \frac{y_t - \min_t(y_t)}{\max_t(y_t) - \min_t(y_t)} \qquad t = t_1, t_2, \cdots, t_n \tag{1}$$

n 为总年数,即样本大小。按历年资料提供的信息和专家经验确定界限水平 $\alpha_1, \alpha_2 \in [0,1]$,$\alpha_1 > \alpha_2$,则丰年集为 $T_F = \{t \mid \mu_t \geqslant \alpha_1\}$。

T_F 中计有 n_1 个元素. 歉年集为 $T_Q = \{t \mid \mu_t < \alpha_2\}$；$T_Q$ 中计有 n_3 个元素. 显然平年集为 $T_P = T - T_F - T_Q$；T_P 中有 $n_2 = n - n_1 - n_3$ 个元素。

本文发表于《中山大学学报(自然科学版)》,2000,39(5).

1.2　计算丰年集中气象因子的合理均值

根据农作物自身的生物学特征及其与气象条件的关系,将生长季节分为 K 段。记气象因子如温度、降水等为 X,对各季节段计算丰年集样品的气象因子的合理均值,即

$$\overline{X}_j = \sum_{i=1}^{n_1-2} \frac{X_{ij}}{n_1-2} \qquad j=1,2,\cdots,K \qquad X_{ij} \neq \max X_{ij}, \min X_{ij}$$

所谓合理均值是将序列中的最大值和最小值去掉后算得的均值,所以上式求和号中只有 n_1-2 个元素。

1.3　计算气象因子的隶属度

由于原始的产量数据为气象单产,理所当然地认为丰年的气象条件适宜于作物生长发育及形成产量,因此我们用丰年集的气象因子的合理均值作为标准指派隶属度

$$\mu(X_{ij}) = \frac{\min(\overline{X}_j, X_{ij})}{\max(\overline{X}_j, X_{ij})} \qquad i=1,2,\cdots,n \quad j=1,2,\cdots,k$$

经验地确定界限水平 β,则灾年集为

$$D_j = \{t \mid \mu(X_{ij}) \leqslant \beta\} \qquad j=1,2,\cdots,K$$

从隶属度公式可知,当气象因子观测值小于合理均值时,隶属度是观测值的线性函数;当气象因子大于合理均值时,隶属度是合理均值除以气象因子值,随着气象因子值的增大,隶属度呈双曲线减少。

1.4　计算作物的气象灾害减产率

当发生第 i 种灾害时灾年集的作物产量均值

$$\overline{y}_i = \sum_{j=1}^{S_i} \frac{y_{ij}}{S_i} \qquad i=1,2,\cdots,I$$

式中,$\overline{y}_i$ 表示在发生第 i 种灾害时,作物受害的 S_i 年的产量均值;I 表示共有 I 种灾害;S_i 为发生第 i 种气象灾害的灾年集的元素个数。

丰年集的产量均值:$\overline{y}_F = \sum_{j=i}^{n_i} \frac{y_i}{n_i} \quad i=1,2,\cdots,I$

由第 i 种气象灾害造成的作物减产率:$Q_i = \dfrac{\overline{y}_F - \overline{y}_i}{\overline{y}_F - \min\limits_t(y_t)} \times 100\%, i=1,2,\cdots,I$。

2　华南地区旱涝年型的划分和减产率的计算

2.1　确定丰年集

粮食气象单产 y_t 的原始数据和根据公式(1)计算所得到的隶属度列在表 1,选定 $\alpha_1 = 0.75$,则丰年集为 $T_F = \{t \mid \mu_t \geqslant 0.75\} = \{t_1, t_2, t_{12}, t_{15}, t_{17}, t_{22}, t_{27}\}$。

表 1　华南地区粮食单产和隶属度

T	y_t	μ_t	T	y_t	μ_t	T	y_t	μ_t
t_1	6.9	0.84	t_{11}	-7	0.29	t_{21}	-9.3	0.20
t_2	5	0.76	t_{12}	5	0.76	t_{22}	6.7	0.83
t_3	0	0.57	t_{13}	-5.9	0.33	t_{23}	-8.7	0.22
t_4	4	0.72	t_{14}	-2.4	0.47	t_{24}	1.4	0.62
t_5	2.9	0.68	t_{15}	6.9	0.84	t_{25}	4.1	0.73
t_6	3.8	0.72	t_{16}	-4.8	0.38	t_{26}	1.8	0.64
t_7	-0.4	0.55	t_{17}	11	1.00	t_{27}	6.5	0.82
t_8	-8.7	0.22	t_{18}	3.7	0.71	t_{28}	1.1	0.61
t_9	-3	0.45	t_{19}	-2.3	0.48	t_{29}	-14.4	0.00
t_{10}	-8.4	0.24	t_{20}	1.3	0.62	t_{30}	-2	0.49

2.2　旱涝灾害年的划分

将粮食生长季节分为冬季段(1—3 月)、春季段(4—6 月)、夏季段(7—9 月)和秋季段(10—12 月),4 段雨量分别记为 X_{i1}、X_{i2}、X_{i3} 和 X_{i4},对丰年集而言,$i=1,2,\cdots,7$,雨量值列在表 2.根据公式

$$\mu(X_{i1})=\min(191.0,X_{i1})/\max(191.0,X_{i1})$$
$$\mu(X_{i2})=\min(651.8,X_{i2})/\max(651.8,X_{i2})$$
$$\mu(X_{i3})=\min(521.2,X_{i3})/\max(521.2,X_{i3}) \qquad i=1,2,\cdots,30$$
$$\mu(X_{i4})=\min(138.9,X_{i4})/\max(138.9,X_{i4})$$

表 2　华南地区各季段雨量(mm)

T_F	X_{i1}	X_{i2}	X_{i3}	X_{i4}
t_1	167.9	707.1	440.7	142.5
t_2	172.2	556.4	540.7	99.8
t_{12}	102.3	631.5	508.2	154.9
t_{15}	204.0	654.2	553.3	125.8
t_{17}	198.0	610.8	520.0	266.3
t_{22}	213.1	655.5	552.1	171.5
t_{27}	456.7	724.6	484.8	80.1
合理均值	191.0	651.8	521.2	138

计算冬、春、夏、秋季段雨量的隶属度(见表 3),根据旱涝灾害知识和隶属度的实际数值,确定界限水平 $\beta_1=0.65,\beta_2=0.85,\beta_3=0.85,\beta_4=0.65$。

表 3 各季段雨量的隶属度

T	$\mu(X_{i1})$	$\mu(X_{i2})$	$\mu(X_{i3})$	$\mu(X_{i4})$	T	$\mu(X_{i1})$	$\mu(X_{i2})$	$\mu(X_{i3})$	$\mu(X_{i4})$
t_1	0.88	0.92	0.85	0.97	t_{16}	0.90	0.86	0.89	0.68
t_2	0.90	0.85	0.96	0.72	t_{17}	0.96	0.94	1.00	0.52
t_3	0.86	0.83	0.98	0.79	t_{18}	0.31	0.97	0.92	0.93
t_4	0.66	0.91	0.88	0.82	t_{19}	0.68	0.89	0.94	0.62
t_5	0.97	0.96	0.89	0.70	t_{20}	0.56	0.76	0.81	0.71
t_6	0.46	0.93	0.93	0.95	t_{21}	0.99	0.97	0.86	0.80
t_7	0.61	0.94	0.90	0.51	t_{22}	0.90	0.99	0.94	0.81
t_8	0.87	0.72	0.73	0.93	t_{23}	0.85	0.90	0.99	0.80
t_9	0.73	0.99	0.99	0.62	t_{24}	0.90	0.98	0.75	0.78
t_{10}	0.66	0.81	0.99	0.57	t_{25}	0.59	0.95	0.88	0.63
t_{11}	0.68	0.95	0.87	0.80	t_{26}	0.94	0.80	0.87	0.84
t_{12}	0.54	0.97	0.98	0.90	t_{27}	0.42	0.90	0.93	0.58
t_{13}	0.85	0.84	0.89	0.83	t_{28}	1.00	0.76	0.95	0.91
t_{14}	0.81	0.96	0.94	0.23	t_{29}	0.95	0.89	0.64	0.69
t_{15}	0.94	1.00	0.94	0.91	t_{30}	0.83	0.89	0.89	0.71

由 $D_1 = \{t \mid \mu(X_{i1}) \leqslant 0.65\}$ 划分出冬季灾害集，由 $D_2 = \{t \mid \mu(X_{i2}) \leqslant 0.85\}$ 划分出春季灾害集，由 $D_3 = \{t \mid \mu(X_{i3}) \leqslant 0.85\}$ 划分出夏季灾害集，由 $D_4 = \{t \mid \mu(X_{i4}) \leqslant 0.65\}$ 划分出秋季灾害集。

进一步，若实测雨量 $X_1 < 191.0$ mm，$X_2 < 651.8$ mm，$X_3 < 521.2$ mm 或 $X_4 < 138.9$ mm，则该样品归入旱灾集，否则为涝灾集．具体划分结果见表 4，隶属度函数曲线见图 1。图中，水平 0.65 或 0.85 与隶属曲线的交点截出旱灾集、常年集和涝灾集。该方法划分出的旱、涝灾集与文献[4]利用 Z 指数确定的大旱大涝年份十分一致。

表 4 灾害集及减产率

灾害类型	i	样品个数	样品	灾、丰年集平均值/(kg·hm^{-2})	$Q_i/\%$
冬旱	1	3	t_6, t_7, t_{12}	42.0	19.2
春旱	2	3	t_2, t_{20}, t_{26}	40.5	19.7
夏旱	3	2	t_1, t_{24}	63.0	12.7
秋旱	4	3	t_{14}, t_{19}, t_{27}	9.0	29.6
冬涝	5	4	t_{18}, t_{20}, t_{25}, t_{27}	78.0	8.0
春涝	6	5	t_3, t_8, t_{10}, t_{13}, t_{28}	−66.0	53.1
夏涝	7	3	t_8, t_{20}, t_{29}	−109.5	66.7
秋涝	8	5	t_7, t_9, t_{10}, t_{17}, t_{25}	10.5	29.1
丰年		7		103.5	

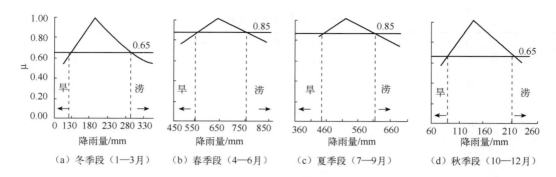

图 1　不同季段雨量的隶属曲线

2.3　旱灾和涝灾造成的粮食减产率

由表 4 可知:华南地区不同季节的旱涝灾害造成的粮食气象产量减产率差别较大,其中以夏涝和春涝对粮食产量的影响最为明显,分别占气象产量的 66.7% 和 53.1%;秋旱和秋涝的影响次之,分别占 29.6% 和 29.1%;冬旱、春旱和夏旱的影响较小,都不超过 20%;冬涝的影响最小,只占 8%.以上分析结果与实际情况相符[5],这充分说明了旱涝灾害是造成华南地区粮食单产波动的主要灾害,而涝灾的影响大于旱灾,尤其是夏涝和春涝是粮食减产的主要原因。

3　结　论

利用模糊数学方法评价华南地区旱涝灾害对粮食生产的影响,结果表明,夏涝和春涝对华南地区粮食生产的影响最为明显,由此造成的减产占气象产量的一半以上;秋旱和秋涝造成的减产率近 30%;其他各季旱涝的影响都比较小,冬涝影响最小.该结果与文献[4]所得大体相同,这表明用该方法评价旱涝灾害对粮食生产的影响是有意义的。

参考文献

[1] 梁荣欣.农业气象灾害的 Fuzzy 分析[J].模糊数学,1984,(1):101-106.

[2] Liang Bi-qi,Fan Qi. A fuzzy mathematics evolution of the disaster by tropical cyclones[J]. *J Tropical Meteorology*, 2000,**6**(1):94-99.

[3] 汪培庄.模糊集合论及其应用[M].上海:上海科学技术出版社,1983:55-86.

[4] 邹小明,梁必骐.旱涝灾害对华南地区粮食生产的影响[J].中山大学学报(自然科学版),1999,**38**(增2):70-79.

[5] 鹿世瑾.华南气候[M].北京:气象出版社,1990:8-16.

热带气旋灾情的预测及评估

樊　琦　　梁必骐

（中山大学大气科学系，广州 510275）

摘　要　针对 1990—1996 年登陆广东省的 21 个热带气旋所造成的灾情，采用模糊数学原理和方法，选取不同的因子组合，计算出登陆热带气旋的综合灾情指数，并在此基础上客观地划分 5 个灾情等级，用来表示受灾的程度。结果表明，灾前预测及灾害评估模型都具有较高的拟合率，能较好地评价和预测登陆热带气旋可能造成的经济损失程度。

关键词　热带气旋　模糊数学　热带气旋灾害　预测评估

中图分类号：P429　　　**文献标识码：**A

1　前　言

中国是世界上受热带气旋影响最严重的国家之一，据不完全统计，最近 10 年全国受热带气旋灾害影响，平均每年造成 $500 \sim 600$ 人死亡，倒塌房屋 20 万～30 万间，损失粮食 5 亿～10 亿 kg，直接经济损失 60 亿～70 亿元，表 1 给出了广东省近 10 年因台风和洪涝灾害造成的直接经济损失，可见 1996 年比 10 年前的 1987 年增加了 10 多倍。20 世纪 50 年代以来，因热带气旋造成的人员伤亡比过去是大大减少了，但经济损失却有逐年增大之势[1]。

目前，我国对于自然灾害的灾情收集主要是靠行政渠道逐级上报，由于缺乏统一的灾情统计规范，在统计灾情时存在较大的人为性，既费时费力又不够准确。因此有必要提出一个简便、及时、科学的评估灾害的方法。本文依据模糊数学原理和方法，从灾前、灾后两方面分别对热带气旋的灾情进行预测及评估，建立了一个热带气旋灾害经济损失的评估及预测模式。

表 1　广东省台风、洪涝灾害造成的直接经济损失（单位：亿元）

年份	1987	1988	1989	1990	1991	1992	1993	1994	1995	1996	合计
损失	17.1	17.9	24.3	16.4	48.8	25.1	160.3	264.3	146.0	207.2	926.4

2　资料来源和计算方法

2.1　资料来源

选取 1990—1996 年登陆广东的 21 个热带气旋灾害作评估对象，资料分别取自《台风年

本文发表于《地理学报》，2000，**55**（增刊）．

鉴》(气象出版社)和《中国经济年鉴》(经济出版社),经济损失是根据《中国减灾》和广东"三防"部门提供的灾情资料统计的结果。

2.2 隶属度的确定

隶属函数 $U_i(x)$ 可以体现灾情因子在灾害过程中的"贡献",即可以反映灾害的损失程度,因此可以隶属函数的分布来表示热带气旋灾情轻重程度。采用的隶属函数模型为"涝"的隶属函数,解析式如下[2]:

$$U_i(x) = \begin{cases} 0 & x \leqslant c \\ \dfrac{1}{1+[a(x-c)]^b} & x > c \end{cases} \tag{1}$$

式中 $U_i(x)$ 为因素 x 的隶属函数;a,b,c 为参数,且 $a>0,b<0,c>0$。

在解析式中,规定数值如下:$b=-2$;$c=x_{\min}$;令历年最大灾情统计数据所对应的隶属度值为 0.99,则有:

$$0.99 = \frac{1}{1+[a(x_{\max}-c)]^{-2}} \quad 即 \quad a = \frac{\sqrt{99}}{x_{\max}-x_{\min}} \tag{2}$$

在灾前预测模型中,定义

$$a = \frac{\sqrt{99}}{x_{\max}-x_{\min}}K$$

经过多次计算,我们取 K 值为 0.4。

设影响热带气旋灾害的因子为 n 个,每一个因子的评价集为 $R_i=(r_{i1},r_{i2},\cdots,r_{im})$,$i=1,2,\cdots,n$,由 n 个灾情因子得到的总评价矩阵为:

$$\boldsymbol{R} = \begin{bmatrix} R_1 \\ R_2 \\ \vdots \\ R_n \end{bmatrix} = \begin{bmatrix} r_{11} & r_{12} & \cdots & r_{1n} \\ r_{21} & r_{22} & \cdots & r_{2n} \\ \vdots & \vdots & \vdots & \vdots \\ r_{n1} & r_{n2} & \cdots & r_{nn} \end{bmatrix} \tag{3}$$

根据各灾情因子在成灾过程中的相对影响大小,可建立各因子的权重分配,记为:

$$A = (a_1,a_2,\cdots,a_n),其中 \alpha_i \geqslant 0, i=1,2,\cdots,n,而 \sum_{i=1}^{n}\alpha_i = 1 \tag{4}$$

由此可以计算出表示各热带气旋灾情的综合指数为

$$b_j = \sum a_i r_{ij}, \qquad j=1,2,\cdots,n \tag{5}$$

具体计算方法见文献[4]。

3 热带气旋灾情的模糊数学预测及评估

3.1 灾情因子的选取

热带气旋灾害主要由大风、暴雨、风暴潮及其引发的次生灾害所造成的,常见的灾害现象有大风、巨浪、暴风雨、洪水、风暴潮、龙卷风以及热带气旋引发的地质灾害。重大热带气旋灾害多数是登陆热带气旋带来的狂风、暴雨和大海潮的共同影响以及热带气旋灾害链所形成。风暴潮通常取决于登陆时的中心气压和风向、风速,而热带气旋次生灾害或灾害链则主要是暴雨造成。因此,选用热带气旋登陆时的气压最低值、最大瞬时风速以及过程降水量的极值作为灾前的灾情预测因子。此外,因各地经济发展不平衡,经济发达和人口密集的地区,受灾情况越严重,选取可能受灾区的人口总数、耕地面积和年国民生产总值等因子定义一个承灾体密度(随时间、空间而变),与前 3 个因子一起放入模式中进行计算分析。具体定义和数值的确定见文献[4]。

热带气旋灾害几乎对各行各业都有影响,这里选取了农业受灾面积、死亡人数、受伤人数、倒塌房屋、损坏房屋、损坏公路桥梁、损坏公路、倒断电线杆和损坏水利设施等 9 种因子作为评估灾情的依据。

3.2 灾情因子的权重分配

由于各种灾情因子对致灾的"贡献"不同,必须对各因子作权重分配。但因子权重的选取常有较大的主观性,为了减少权重的选取对灾情指数的影响,对灾前、灾后的因子权重均选取了 5 组不同的分配系数(表 2、表 3),分别计算其综合评价指数。最后将 5 组综合指数求其平均来进行综合评价。

表 2　灾前因子权重分配系数

权重	A_1	A_2	A_3	A_4	$\sum A_i$
第 1 组	0.10	0.20	0.50	0.20	1.00
第 2 组	0.10	0.20	0.20	0.50	1.00
第 3 组	0.10	0.25	0.25	0.40	1.00
第 4 组	0.10	0.30	0.30	0.30	1.00
第 5 组	0.10	0.40	0.25	0.25	1.00

表 3　灾后因子权重分配系数

权重	B_1	B_2	B_3	B_4	B_5	B_6	B_7	B_8	B_9	$\sum B_i$
第 1 组	0.20	0.15	0.06	0.15	0.06	0.06	0.08	0.04	0.20	1.00
第 2 组	0.16	0.12	0.06	0.10	0.06	0.06	0.05	0.11	0.28	1.00
第 3 组	0.15	0.12	0.06	0.10	0.06	0.06	0.05	0.12	0.28	1.00
第 4 组	0.15	0.11	0.06	0.12	0.06	0.06	0.06	0.06	0.28	1.00
第 5 组	0.14	0.12	0.08	0.10	0.08	0.06	0.06	0.08	0.28	1.00

3.3 登陆热带气旋灾情指数的计算

考虑到计算的难度和资料的选取,我们选取近年(1990—1996 年)登陆广东省的 21 个热带气旋作代表,计算得出各个例的平均灾情指数(表 4)。

3.4 综合指数与灾情的分级

由于灾情指数是根据实际灾情资料计算出的,所以可以反映灾情的大小,于是可用它作为划分灾情等级的依据。参考灾情指数的变化范围,最后确定分为 5 个等级:

表 4　1990—1996 年登陆广东的热带气旋个例的灾情指数

热带气旋序号	灾情指数		灾情级别		直接经济损失（亿元）
	灾前	灾后	灾前	灾后	
9004	0.2946	0.4571	2	2	1.80
9009	0.5054	0.4003	2	2	6.80
9107	0.7885	0.9404	4	5	23.60
9108	0.7355	0.3487	4	2	5.00
9111	0.6558	0.5326	3	3	7.10
9116	0.5884	0.5436	3	3	6.00
9119	0.2680	0.0808	1	1	1.50
9207	0.5092	0.5493	3	3	7.60
9302	0.7260	0.6937	4	4	13.40
9309	0.7110	0.7386	4	4	26.22
9315	0.7053	0.7084	4	4	20.34
9316	0.5950	0.5480	3	3	15.74
9403	0.8438	0.8215	5	5	58.00
9405	0.7337	0.5616	4	3	11.00
9501	0.5323	0.1518	3	1	6.40
9505	0.6216	0.5414	3	3	11.70
9506	0.1146	0.0437	1	1	0.90
9509	0.8516	0.8075	5	5	36.00
9515	0.6930	0.3730	4	2	13.30
9516	0.6415	0.4048	3	2	9.0
9615	0.9142	0.8808	5	5	170.00

表 5　各灾情等级、指数与经济损失分级

灾情等级	灾情指数	直接经济损失
1 级	<0.30	轻微
2 级	$0.31\sim0.50$	较轻
3 级	$0.51\sim0.65$	较重
4 级	$0.66\sim0.80$	严重
5 级	>0.80	极重

　　从表 4 中可见，在这 21 个热带气旋中，无论是灾前的灾情指数，还是灾后的灾情指数均可以较好地反映出灾情的轻重。灾情的预测和灾后的评估与实际经济损失比较，拟合率均达 80%，这表明该模型能较好地预测和评估登陆热带气旋灾情。

4　结语和讨论

　　除上述计算结果外，还对登陆福建、浙江，并造成特大损失（直接经济损失达 50 亿～100 亿元以上）的 9216、9417、9607、9711 号热带气旋灾害进行了计算，其灾情指数均超过 0.8，即达 5 级灾情。可见，利用模糊数学方法建立的热带气旋灾情的预测评估模型，具有较高的准确率，不失为一种较好的灾情评价方法。灾前预测或灾后评估选取不同因子，只要因子选取合适，就可建立较好效能的评测模型。对灾前、灾后评估所得结果几乎一致（表 5），这表明所选因子具有较好代表性。不过，灾情的严重程度，不仅取决于热带气旋本身的因素，还与预报准确率的提高、防灾抗灾能力的增强、群众防灾抗灾意识的建立有关。

参考文献

[1] Liang Biqi et al. The Typhoon Disasters and Related Effects in China [J]. *The Journal of Chinese Geography*，1996，**6**(1)：61-71.

[2] 贺仲雄. 模糊数学与应用[M]. 天津：天津科技出版社，1988：52-75.

[3] 梁必骐，等. 热带气旋灾害的模糊数学评价[J]. 热带气象学报. 1999，**15**(4)：305-311.

[4] 樊琦，梁必骐. 热带气旋灾害经济损失的模糊数学评测[J]. 气象科学，2000，(2).

第六部分

附　录

附录 1　梁必骐教授简介

　　梁必骐,教授。男,1935 年 1 月生于湖南长沙,祖籍江西吉安。1951—1953 年吉安县立中学读书。1953—1956 年吉安高级中学读书。1956 年 7 月参加中国共产党。1956 年 9 月考入中山大学学习,1960 年 7 月毕业,留校任教。1962—1964 年在南京大学气象学系进修。

　　历任中山大学助教、讲师、副教授、教授,先后兼任教研室副主任、主任,大气科学系副主任、主任和中山大学自然灾害研究中心主任,以及中山大学学术委员会、教师职称评审委员会、工程技术人员职称评委会委员。并兼任国家教委第一、二届高等学校大气科学教学指导委员会成员,全国高校气象类教材编审领导小组成员,中国自然资源研究会资源持续利用与减灾委员会副主任,中国气象学会和中国水利学会水文气象学委员会以及热带气象学、高等教育与智力开发和大气科学名词审定等委员会委员,中国灾害防御协会理事,广东省气象学会副理事长,以及《中山大学学报》和《热带海洋》学报编委等职。

　　20 世纪 50—70 年代,他参与创办中山大学气象学专业和气象系(现为大气科学系),90 年代初创办中山大学自然灾害研究中心。1984 年 8 月率领中山大学气象学术考察团访问香港天文台、香港大学和香港中文大学,并作“热带气象研究的若干进展”的学术报告。1985 年赴美国威斯康星大学作访问学者,同著名气象学家 D. R. Johnson 教授进行合作研究。1995 年12 月应邀赴日本东京访问,并作关于“自然灾害研究”的学术讲座。1998—2003 年多次应邀赴澳门地球物理暨气象台讲学,2004—2005 年应邀赴澳门理工学院讲学。

　　任教 50 余年,他先后讲授过《中长期天气预报》《天气学》和《热带气象学》等 10 门课程,编写教材多种,共 500 多万字。1981 年开始招收研究生,并先后为研究生开设《热带气象学》《热带大气环流与系统》和《热带气候学》等学位课程。至今已培养研究生 30 余名,参与培养其他各类学生 3000 余人。他对教学精益求精,并注意教书育人,而且具有开拓精神,积极进行教学改革和教学研究。因此他多次获得中山大学先进工作者、先进科技工作者、师德先进个人奖、优秀研究生导师,以及教学优秀奖和优秀教学成果奖,其中《加强课程建设,创建一类课程》的教学研究成果,于 1993 年获得广东省普通高等学校省级优秀教学成果一等奖和国家级优秀教学成果二等奖。

　　梁必骐教授主要从事天气动力学、热带气象学和自然灾害学研究,在热带气旋、暴雨、季风、热带大气环流系统和自然灾害等方面作了长期深入的研究,取得多项重要成果。他是我国最早从事热带气象和自然灾害研究的学者之一,先后主持国家自然科学基金和国家科技攻关等项目 10 余项。20 世纪 70 年代,他参与策划和组织了首次在国内进行的大规模气象实验——华南前汛期暴雨实验研究。70—90 年代,先后参与组织了“中国热带天气研究”、“中国热带夏季风研究”、“热带环流系统研究”和“热带环流系统及其预报研究”等国家重点气象科研课题,以及国家“七五”“八五”“九五”等科技攻关项目。系统地对南海热带环流系统进行了研究,填补了这方面的空白。在“自然灾害与减灾防灾”方面也做了大量研究,取得一批重要研究成果。他在国内外先后发表学术论文 130 多篇,出版有《天气学》《热带气象学》《南海热带大气环流系统》《广东自然灾害》《广东省自然灾害地图集》和《天气学教程》等专著和教材,参与撰写有《暴雨分析与预报》《华南前汛期暴雨》《1994 年华南夏季特大暴雨研究》等专著。《热带气象学》一书经中国科学院院士陶诗言、高由禧等十多位国内外知名专家书面评审,一致肯定该书的科学性、先进性和适用性,认为这是一本"高水平的著作,内容全面、系统、丰富、新颖,有独到的特色,反映了国内外最新研究成果,是同类著作中的佼佼者,处国内领先,达国际先进水平"。《南海热带大气环流系统》一书由包括有中科院院士在内的 8 位同行专家进行书面评议认为,该专著"内容广泛而深入,且富有新意,是国内外关于该地区气象研究的唯一系统著作,填补了南海气象学的空白,丰富发展了热带气象学和海洋气象学,为南海地区的气象保障及天气预报提供了坚实的理论基础,有助于南海资源的开发,具有重要的学术意义和应用价值,达国内领先和国际先进水平"。该专著曾获联合国 TIPS 中国国家分部颁发的 1994 年度"发明创新科技之星"奖。另外,主编出版有《热带气象论文集》《南沙海域海气相互作用与天气气候特征研究》《自然地理学研究与应用》和《重睹芳华》等书,发表科普文章和散文、游记、回忆录等文章100 余篇。先后获科技成果奖 10 余项,其中包括全国科学大会奖、国家科技进步奖和国家级优秀教学成果奖。1992 年开始获得"政府特殊津贴"。

　　梁必骐教授传略已载入《中国当代教育名人大辞典》《中国专家大辞典》《中华人物辞海》《世界名人录》以及英国剑桥国际传记中心的《Dictionary of International Biography》和美国传记学会的《International Who's Who of Contemporary Achievement》等多种名人辞典。

附录2　同行专家对《热带气象学》 一书的评议意见

陶诗言教授（中国科学院学部委员，中国气象学会名誉理事长，博士生导师）：

梁必骐等同志编著的《热带气象学》，内容涉及热带气象的各个领域，比起 Krishnamurti 教授的书更新颖、全面和系统。本书在国内是领先的，在国际是超过 Krishnamurti 的《热带气象学》一书。（Krishnamurti T N. 热带气象学（Tropical meteorology）. 柳崇健，朱伯承，译. 北京：气象出版社，1987，284pp. 这本书被认为是国际上权威的佳作）

高由禧教授（中国科学院学部委员，中国科学院兰州高原大气研究所名誉所长，中国气象学会
　　　　　热带气象委员会主任）：

梁必骐教授等编著了国内第一本《热带气象学》。这是一本内容丰富，重点明确，特色鲜明，系统性强，文字简练，行文流畅，可读性很强的好书。同国外同类书籍相比，在内容和组织安排的系统性上，都具有自己独到的特色。

黄士松教授（中国气象学会名誉理事长，南京大学博士生导师）：

梁必骐等同志编著的《热带气象学》，体系完整，内容丰富，基本上涉及到热带气象各方面问题，且很好地反映了本领域现代新发展。阐述清晰透彻，是近年来我国出版的热带气象学类书中较好的一本，对气象业务、科研、教学工作都有很好的参考价值。

仇永炎教授（北京大学地球物理系博士生导师）：

该书有两大优点：第一全面完整，内容丰富；第二理论与实际相结合，而且系统性强。该书除介绍国外最新成果外，还大量地阐述国内最新研究，而且有机地安排在一起。该书是一本高水平的著作，与国外同类书籍相比，有其独有的特色。

党人庆教授（南京大学大气科学系，全国高等学校气象类教材编审领导小组气象专业组组长）：

这是我国出版的第一本《热带气象学》。同著名热带气象学者 Krishnamurti 教授的《热带气象学》相比较，新增与补充内容的章节反映了 Krishnamurti 一书出版后10多年以来，热带气象领域内新的研究成果。本书突出了亚洲地区的有关内容。这是一本在热带气象学方面继 Krishnamurti 一书以后，内容丰富、重点突出、可读性强的好书。

陈隆勋研究员（中国气象局气象科学研究院，国家自然科学基金地学评审组成员）：

国内外出版的几本"热带气象学"著作，以梁必骐等著的最好。本书优于目前国内外以热带气象学命名的著作，内容新颖、有许多是作者们的成果，学术观点较为新颖可靠。其水平是目前此类著作中领先的，同国际上同类著作相比也是先进的。

陈世训教授（中山大学大气科学系前系主任,广东省气象学会名誉理事长）：

本书内容全面,包括了热带气象有关的重要问题,是各有关单位研究人员的良好读物。本书的出版,对我国热带气象学的发展将会起着促进作用,就世界意义来说,也是我国在这一领域中的一份贡献。

李真光高级工程师（广东省气象局教授级高工,广东省气象学会名誉理事长）：

本书的内容更为新颖,更能反映热带气象学的新进展。本书编写,特别适合于我国的实际情况和需要,对我国的气象工作者有更佳的参考价值。这是一本有很好的学术价值和实用基础知识的书,也是国际上系统了解我国热带气象学研究进展的书。

吕兆骧高级工程师（教授级,广西壮族自治区气象局总工程师,广西气象学会副理事长）：

该书很好,主要是:一、它是近期出版的气象书籍较好的一种,理论阐述清楚,且实用性较强;二、既有理论分析,也介绍预报思路;三、理论分析虽较多,但容易看懂,它的读者将会较广泛,影响面会较大;四、对低纬度国家气象工作人员也将有较大的吸引力;五、中央最近提出,科研成果要用到提高生产上,该书起到了这样的作用;六、该书国内先进,达国际水平。

陈瑞闪高级工程师（福建省气象台台长）：

该书:1.重点明确,系统性强。深入浅出,论据充分,重点突出;2.具有十分鲜明的中国特色,这是以往任何一本书中所没有的;3.行文非常讲究,文笔十分流畅,可读性强。本书全面反映了国内外热带气象学研究的最新进展和先进水平,内容非常新颖,对实际业务工作具有十分重要的指导意义。本书是一本很好的具有高水平的科学论著。

高志成高级工程师（云南省气象科学研究所所长）：

该书全面而有重点地阐述了近代热带气象学所涉及的各个领域以及最新科研成果,尤其在热带大气环流、热带天气系统方面做了精辟的论述,是一本难得的好书。它重点突出,系统性很强,对从事低纬度天气和高原天气研究的业务、科研人员都有很大的参考价值。

刘雅章博士（美国普林斯顿大学地球物理流体力学研究所教授）：

此书对当今热带气象学的所有重要课题都有广泛而深入的介绍,并充分顾及到基本理论、物理概念、观测结果、数值模拟及预报等环节。全书引用了国内外最新的参考文献,报导了近年来国际气象界对热带环流的最先进认识。此书可说是同类书目当中的佼佼者,将成为从事气象研究工作的标准参考。

李勇博士（美国佛罗里达州立大学研究员）：

该书无论是作为本科生或研究生教材,还是该领域专家的参考书,都是难得的。尤其是该书中对近年来中国学者在热带气象方面的研究成果给予充分的介绍,使之更具特色。中国学者的许多研究工作的质量和意义都是第一流的,该书的出版在这方面起了独特的作用。

薛明博士(美国俄克拉荷马大学强风暴分析和预报中心研究员)：

　　该书系统地总结了国内外学者近年来在热带气象学方面的研究成果,并对该领域的前沿课题进行了深刻的讨论。这的确是一本内容丰富、重点明确、特色鲜明、系统性较强的好书。该书在内容及其组织安排的系统性方面亦有独到之处。

　　注:1991 年 5—6 月,中山大学先后收到 14 位同行专家对《热带气象学》一书的书面评审意见,根据专家原文摘录而汇成此评议意见,作为审议《热带气象学》的依据,用于申报教材奖。

附录 3　获奖证书

国家科技进步三等奖（1985）

国家级优秀教学成果二等奖（1993）

省级优秀教学成果一等奖（1993）

英国剑桥国际传记中心 DIB 入选证书（1995）

政府特殊津贴证书（1992）

附录 4　梁必骐教授论著目录

（1975—2012 年）

（按发表时间排序）

一、专著和教材

[1] 梁必骐,主编.天气学.全国高等气象院校试用教材.1980,8.

[2] 包澄澜,王德瀚,梁必骐,等.暴雨的分析与预报.北京:农业出版社,1981,5.

[3] 梁必骐.暴雨的中尺度系统//黄士松,主编.华南前汛期暴雨.广州:广东科技出版社,1986:132-150.

[4] 梁必骐,等.热带气象学.广州:中山大学出版社,1990,12.

[5] 梁必骐,南海热带大气环流系统.北京:气象出版社,1991,6.

[6] 梁必骐,主编.广东的自然灾害.广州:广东人民出版社,1993,12.

[7] 梁必骐,等,主编.广东省自然灾害地图集.广州:广东省地图出版社,1995,5.

[8] 梁必骐,等.天气学教程.北京:气象出版社,1995,12.

[9] 梁必骐.华南历史上的特大暴雨洪涝及其对比分析//薛纪善,主编.1994 年华南夏季特大暴雨研究.北京:
气象出版社,1999;160-185.

二、学术论文

[1] 梁必骐,彭本贤,等.中南半岛和南海地区热带辐合带的初步分析.中山大学学报(自然科学版),1975,
(2).

[2] 仲荣根,梁必骐,等.热带辐合带与台风发生发展关系的初步探讨.中山大学学报(自然科学版),1975,
(2).

[3] 梁必骐,等.南海及其附近地区中层气旋的分析研究.中山大学学报(自然科学版),1976,(1).

[4] 梁必骐,彭本贤,等.华南低空急流与 4—6 月广西暴雨.中山大学学报(自然科学版),1978,(1).

[5] 梁必骐,罗会邦.华南地区一次暴雨过程的中分析.中山大学学报(自然科学版),1978,(3).

[6] 包澄澜,李真光,梁必骐.1977 年华南前汛期暴雨研究.气象,1978,(7,8).

[7] 梁必骐,包澄澜.华南前汛期暴雨的中分析//暴雨文集编委会.暴雨文集.长春:吉林人民出版社,1980.

[8] 彭本贤,梁必骐.地形对华江暴雨的作用//暴雨文集编委会.暴雨文集.长春:吉林人民出版社,1980.

[9] 梁必骐.我国热带天气研究的若干问题.热带地理,1981,(3).

[10] 梁必骐,梁孟璇,徐小英.夏季赤道缓冲带和赤道反气旋的初步分析//会议论文集编辑组.1980 年热带天
气会议论文集.科学出版社,1982.

[11] 李真光,梁必骐,包澄澜.华南前汛期暴雨的成因与预报问题//华南前汛期暴雨文集.北京:气象出版
社,1982.

[12] 章震越,梁必骐.一次暖区暴雨过程的中分析//华南前汛期暴雨文集.北京:气象出版社,1982.

[13] 梁必骐,梁孟璇,徐小英.低空越赤道气流与南海和中南半岛的夏季风//会议论文集编辑组.全国热带夏
季风学术会议论文集(1981).昆明:云南人民出版社,1983.

[14] 梁必骐,彭金泉.影响华南的热带扰动谱分析//会议论文集编辑组.全国热带夏季风学术会议论文集
(1982).昆明:云南人民出版社,1983.

[15] 邹美恩,梁必骐.南海地区中层气旋的合成结构//会议论文集编辑组.全国热带夏季风学术会议论文集(1982).昆明:云南人民出版社,1983.

[16] 梁必骐.近年来我国对热带天气系统的研究.气象科技,1983,(4).

[17] 余志豪,梁必骐,等.热带环流和系统研究课题的十年(1973—1982)技术总结.气象科技,1983,(5).

[18] 梁必骐,杨运强,等.华南东风波的分析//会议论文集编辑组.全国热带环流和系统学术会议文集.北京:海洋出版社,1984.

[19] 仲荣根,梁必骐.华南低空急流的活动及其对暴雨的作用//会议论文集编辑组.全国热带环流和系统学术会议文集.北京:海洋出版社,1984.

[20] 梁必骐,罗章爱,伍培明.冬半年南海高压的初步研究//会议论文集编辑组.全国热带环流和系统学术会议文集.北京:海洋出版社,1984.

[21] 梁必骐.热带扰动和热带云团研究的展望//文集编写组.2000年的我国大气科学(预测研究文集).北京:气象出版社,1984.

[22] 陈世训,梁必骐,等.近年来中山大学气象系热带气象研究的进展//热带气象论文集.中山大学气象学系,1984.

[23] 梁必骐,等.中尺度系统和地形对华南前汛期暴雨的作用//热带气象论文集.中山大学气象学系,1984.

[24] 梁必骐,邹美恩.南海地区中层气旋的研究//热带气象论文集.中山大学气象学系,1984.

[25] 邹美恩,梁必骐.南海季风低压与南海台风的对比分析.中山大学学报(自然科学版),1984,(2).

[26] 梁必骐.热带大气环流系统的若干研究.气象,1985,(6).

[27] 邹美恩,梁必骐.南海地区中层气旋的生成.热带气象,1985,**1**(3).

[28] 梁必骐,等.南海季风低压的活动和结构特征.热带海洋,1985,**4**(4).

[29] 梁必骐,薛联芳.赤道反气旋的合成结构和涡度收支.热带气象,1986,**2**(3).

[30] 梁必骐,邹美恩,李少群.南海台风的结构及其与西太平洋台风的比较//会议论文集编辑组.1983年台风会议文集.上海:上海科技出版社,1986.

[31] 彭金泉,梁必骐,等.影响我国东南季风的初步研究.气象科学技术集刊(10),北京:气象出版社,1987.

[32] 梁必骐,张秋庆.南海发展与不发展低压的对比分析.热带海洋,1988,**7**(1).

[33] 莫秀贞,梁必骐.冬季北半球大气遥相关和低频遥相关//全国季风学术会议(西安),1988.

[34] 杨松,梁必骐.初夏南海台风的结构分析.热带气象,1988,**4**(2).

[35] 杨松,梁必骐.初夏南海台风的动能收支.南京气象学院学报,1988,**11**(2).

[36] 梁必骐,刘四臣.南海季风低压的结构演变和涡度收支.海洋学报,1988,**10**(5).

[37] 韦有暹,梁必骐,等.我国近几年热带环流系统及其预报研究评述(一).热带气象,1988,**4**(2).

[38] 韦有暹,梁必骐,等.我国近几年热带环流系统及其预报研究评述(二).热带气象,1988,**4**(4).

[39] 刘四臣,梁必骐.南海季风低压发生发展机制的探讨.中山大学学报(自然科学版),1988,**27**(4).

[40] 梁必骐,Johnson D R,袁卓建.热带气旋的成因及其与温带气旋的比较.中山大学学报(自然科学版),1989,**28**(1).

[41] 梁必骐,刘四臣.加热效应对南海季风低压垂直环流的贡献.气象学报,1989,**37**(3).

[42] 孙积华,梁必骐.登陆热带风暴增强过程的变化特征.低纬高原天气,1989,**2**(1).

[43] Liang Biqi, et al. A comparison analysis between developed and undeveloped depressions over the South China Sea. *Acta Oceanologica Sinica*, 1989,**8**(2).

[44] 谭锐志,梁必骐.登陆台风衰减与变性过程的对比研究.中山大学学报(自然科学版),1989,**28**(4).

[45] 梁琼,梁必骐.北半球夏季大气遥相关与低频遥相关的初步研究//全国热带气象学术会议(广州),1989.

[46] 黄志桐,梁必骐.夏季南海地区OLR低频振荡与热带气旋的关系//全国热带气象学术会议(广州),1989.

[47] 谭锐志,梁必骐.登陆台风变性过程的诊断研究.大气科学,1990,**14**(4).

[48] Tan Reizhi, Liang Biqi. A diagnostic study on the modifying process of a landed typhoon. *Chinese Journal of Atmospheric Sciences*, 1990,**14**(4).

[49] 梁必骐,李勇.暴雨中尺度环流场特征及积云对流的反馈作用.热带气象,1991,**7**(1).

[50] 李勇,梁必骐.暴雨中积云对流的反馈机制.大气科学,1991,**15**(4).

[51] Li Yong, Liang Biqi. Cumulus feedback effects in heavy rainfall. *Chinese Journal of Atmospheric Sciences*, 1991,**15**(3).

[52] 梁必骐.中国沿海的台风灾害及其对经济发展的影响//论沿海地区减灾与发展——全国沿海地区减灾与发展研讨会论文集.北京,1991.

[53] 梁必骐,梁经萍.华南重大台风灾害的分析.南京大学学报(自然灾害成因与对策专辑),1991.

[54] 袁叔尧,梁必骐,王昭正.南海北部海洋环境和海洋地形 Rossby 波与近海热带气旋的发生发展//热带气旋科学讨论会文集.北京:气象出版社,1992.

[55] 孙积华,梁必骐.登陆热带风暴变性后重新增强的研究//热带气旋科学讨论会文集.北京:气象出版社,1992.

[56] 温之平,梁必骐.OLR 资料所揭示的热带地区低频振荡的变化特征.热带气象,1992,**8**(2).

[57] 彭金泉,梁必骐,等.登陆珠江三角洲热带气旋的中尺度结构分析.热带海洋,1992,**11**(4).

[58] 梁必骐.全球变化的若干问题//自然地理与环境研究.广州:中山大学出版社,1992.

[59] 刘四臣,梁必骐.南海季风低压的扰动动能收支.热带海洋,1993,**12**(1).

[60] 梁必骐.自然灾害研究的几个问题.热带地理,1993,**13**(2).

[61] Liang Biqi, et al. Analysis about tropical cyclone disasters in South China.//ICSU/WMO International Symposium on Tropical Cyclone Disasters. Beijing: Peking University Press, 1993.

[62] 梁必骐,孙积华."8107"号登陆台风暴雨的诊断研究.中山大学学报(自然科学版),1993,**32**(3).

[63] 梁必骐,梁经萍.广东台风灾害的特点及其对经济发展的影响.中国减灾,1993,**3**(3).

[64] Liang Biqi, Liang Jingping. The property of typhoon disasters and related effects in Guangdong. *Natural Reduction in China*, 1993,**3**(3).

[65] 梁必骐,等.南海地区中层气旋的动能平衡//国家气象局"七五"期间气象科学基金课题研究论文及论文摘要.北京:科学技术文献出版社,1993.

[66] 梁必骐,等.南海中层气旋降水条件和机制的初步分析//国家气象局"七五"期间气象科学基金课题研究论文及论文摘要.北京:科学技术文献出版社,1993.

[67] 谭锐志,梁必骐.南海季风低压动能平衡的初步研究//国家气象局"七五"期间气象科学基金课题研究论文及论文摘要.北京:科学技术文献出版社,1993.

[68] 梁必骐,刘四臣.季风低压暴雨的形成机制//国家气象局"七五"期间气象科学基金课题研究论文及论文摘要.北京:科学技术文献出版社,1993.

[69] 梁必骐,等.南海中层气旋及其对华南降水的影响.中山大学学报论丛(气象学),1993.

[70] 梁必骐,等.南海季风低压的活动及其降水分析.中山大学学报论丛(气象学),1993.

[71] 吴池胜,梁必骐.广东旱涝的气候特征.中山大学学报论丛(气象学),1993.

[72] 梁必骐,等.珠江三角洲台风大风的统计特征.中山大学学报论丛(气象学),1993.

[73] 许丽章,梁必骐.广东历史自然灾害的分布与变迁.中山大学学报论丛(气象学),1993.

[74] 梁必骐,等.珠江三角洲热带气旋暴雨的统计分析.大气科学研究与应用,1993,(2).

[75] 梁必骐,等.南海季风低压的统计特征及其降水机制的探讨//大气科学文集.南京:南京大学出版社,1993.

[76] 梁必骐,易耀辉.广东局地强风暴的活动特征及其灾害分析.广东气象,1994,(1).

[77] 梁必骐,梁经萍.广东自然灾害成因及其对经济的影响,自然灾害学报,1994,**3**(3).

[78] Liang Biqi, et al. The Characteristics of Typhoon Disasters and its Effects on Economic Development in

GuangDong Province. *Natural Disaster Reduction in China*, 1994, **4**(3).

[79] Liang Biqi, He Caifu. Potential enstrophical diagnostic analyses on the mechanism of change of tropical cyclone intensity. *Acta Oceanlogica Sinica*, 1994, **13**(3).

[80] Liang Biqi, et al. The typhoon disasters and their affects on the economic development in China//Proceedings of the South and East Asia Regional Symposium on Tropical Storm and Related Flooding. Hohai University Press, 1994, 12.

[81] 梁必骐,梁经萍,温之平. 中国台风灾害及其影响的研究. 自然灾害学报, 1995, **4**(1).

[82] 吴晓彤,梁必骐,王安宇. 初夏南海海温对华南降水影响的数值模拟. 海洋学报, 1995, **17**(2).

[83] 梁必骐. 中国南方重大气象灾害的若干研究. 地球科学进展, 1995, **10**(1).

[84] 梁暖培,梁必骐. 厄尔尼诺事件与广州降水. 热带海洋, 1995, **12**(2).

[85] 何财福,梁必骐. 热带气旋强度变化机制的位涡拟能诊断研究. 海洋学报, 1995, **17**(4).

[86] 梁必骐,卢健强. 8014 号热带气旋发生发展过程的能量学诊断研究. 热带气象学报, 1995, **11**(3).

[87] Liang Biqi. Studies on mesoscale severe weather in South China//The workshop on Mesoscale Meteorology and Heavy Rain in East Asia. Fuzhou, China, Nov. 7-10, 1995.

[88] Liang Biqi, et al. The typhoon disasters and related effects in China. *Journal of Geographical Sciences*, **6**(1), 1996.

[89] 梁必骐,等. 1994 年和 1915 年两次特大暴雨洪涝的对比分析//1994 年华南特大暴雨洪涝学术研讨会论文集. 北京:气象出版社, 1996.

[90] 黎伟标,梁必骐. 1994 年珠江流域暴雨与亚洲季风活动的关系//1994 年华南特大暴雨洪涝学术研讨会论文集. 北京:气象出版社, 1996.

[91] 梁必骐. 中国南方自然灾害的若干研究//自然地理学研究与应用. 广州:中山大学出版社, 1996.

[92] 梁必骐. "94·6"珠江流域特大洪涝特征与成因分析//自然地理学研究与应用. 广州:中山大学出版社, 1996.

[93] 温之平,梁必骐. 热带地区积云对流的长期变化特征. 热带海洋, 1996, **15**(3).

[94] 温之平,梁必骐. 1980—1983 年低纬西太平洋、印度洋地区低频振荡的空间型和遥相关分析. 应用气象学报, 1996, **7**(4).

[95] 梁少卫,梁必骐. 台风的诊断与数值模拟研究(Ⅰ)——涡度平衡//台风科学实验和天气动力学理论研究论文集. 北京:气象出版社, 1996.

[96] 梁必骐,梁少卫. 台风的诊断与数值模拟研究(Ⅱ)——动能收支与数值模拟//台风科学实验和天气动力学理论研究论文集. 北京:气象出版社, 1996.

[97] 杨才文,梁必骐. 台湾岛对台风结构和强度变化的影响//台风科学实验和天气动力学理论研究论文集. 北京:气象出版社, 1996.

[98] 杨才文,梁必骐. 9018 号台风位涡的诊断研究//台风科学实验和天气动力学理论研究论文集. 北京:气象出版社, 1996.

[99] 温之平,梁必骐,等. 武夷山和台湾地形对台风路径与强度的影响//台风科学实验和天气动力学理论研究论文集. 北京:气象出版社, 1996.

[100] 温之平,梁必骐,等. 武夷山和台湾地形对台风结构的影响//台风科学实验和天气动力学理论研究论文集. 北京:气象出版社, 1996.

[101] 练江帆,梁必骐. 9615 号台风特点及其原因初探. 广东气象, 1997, **3**(增刊).

[102] 梁必骐. "94.6"珠江流域特大暴雨洪涝特征分析. 中国减灾, 1997, **7**(4).

[103] Liang Biqi, et al. Study of natural disasters and related effects on South China Coast//Symposium on Coastal Ocean Resources and Environment'97. Hongkong, Aug, 1997.

[104] 练江帆,梁必骐,等. 9615 号台风特点及其原因分析. 中山大学学报(自然科学版), 1998, **37**(2).

[105] 蒙伟光,梁必骐.暴雨中尺度环境场的总动能收支.中山大学学报(自然科学版),1998,**37**(3).

[106] 梁必骐.华南沿海的自然灾害及其影响研究//'97海岸海洋资源与环境学术研讨会论文集.香港科技大学,1998.

[107] 蒙伟光,梁必骐.暴雨中尺度环境场的涡旋动能收支.中山大学学报(自然科学版),1998.**37**(4).

[108] 梁必骐.中国南方自然灾害及其影响的若干研究.暴雨·灾害,1998,(1).

[109] 梁必骐,梁经萍,王同美.珠江三角洲的自然灾害与可持续发展.自然灾害学报,1998,**7**(3).

[110] Liang Biqi. Analysis of the characteristics of "94.6" catastrophic storm rainfall and flood-waterlogging in Zhujiang River Basin, *Natural Disaster Reduction in China*, 1998,**7**(3).

[111] 梁必骐,陈杰.近海加强的登陆台风统计分析//热带气旋科学讨论会文集.北京:气象出版社,1998.

[112] 梁必骐.南沙海域气象特征的若干研究//南沙海域海气相互作用与天气气候特征研究.北京:科学出版社,1998.

[113] 梁必骐,等.南沙海区热带气旋的统计分析//南沙海域海气相互作用与天气气候特征研究.北京:科学出版社,1998.

[114] 练江帆,梁必骐.华南致洪暴雨的综合分析.热带气象学报,1999,**15**(4).

[115] 林建恒,梁必骐,冯瑞权.广东"//97.7"暴雨的成因分析.广东气象,1999,**21**(2).

[116] 李萍,梁必骐.华南异常降水的气候特征及诊断分析.中山大学学报(自然科学版),1999.**38**(2).

[117] 邹小明,梁必骐.旱涝灾害对华南地区粮食生产的影响.中山大学学报(自然科学版),1999,**38**(2).

[118] 练江帆,梁必骐."94.6"与"94.7"两次致洪暴雨的对比分析.中山大学学报(自然科学版),1999,**38**(3).

[119] 梁必骐,樊琦,等.热带气旋灾害的模糊数学评价.热带气象学报,1999,**15**(6).

[120] 梁必骐.华南历史上的特大暴雨洪涝及其对比分析//1994年华南夏季特大暴雨研究.北京:气象出版社,1999:160-185.

[121] 王同美,梁必骐,陈子通.海温场的递归滤波分析.海洋学报,2000,**22**(1).

[122] 樊琦,梁必骐.热带气旋灾害经济损失的模糊数学评测.气象科学,2000,**20**(3).

[123] 樊琦,梁必骐.热带气旋灾情的预测及评估.地理学报,2000,**55**(增刊).

[124] 邹小明,梁必骐.旱涝灾害对华南地区粮食生产影响的模糊评价.中山大学学报(自然科学版),2000,**39**(5).

[125] 梁必骐,陈杰.近海加强的登陆台风统计分析//全国热带气旋科学讨论会论文集.北京:气象出版社,2001.

[126] 王同美,梁必骐,等.登陆广东热带气旋统计及个例的对比分析.中山大学学报(自然科学版),2003,**42**(5).

[127] 戴彩悌,梁必骐.南海地区对流活动的时空变化特征.中山大学学报(自然科学版),2003,**42**(6).

[128] 梁必骐.自然灾害的影响与防范.广东气象,2007,**29**(3).

[129] 刘艳群,梁必骐,唐宇.珠江流域夏半年降水的预测.气象科技,2008,(2).

[130] 冯瑞权,吴池胜,梁必骐,等.1901—2007年澳门地面气温变化的分析.气候变化研究进展,2009,**5**(1).

[131] 唐晓春,梁必骐,等.广东沿海地区近50年登陆台风灾害特征分析.地理科学,2003,**23**(2).

[132] 冯瑞权,吴池胜,梁必骐,等.澳门近百年气候变化的多时间尺度特征.热带气象学报,2010,**26**(4).

[133] 梁必骐.广东历史上的水旱风灾害分析//纪念仇永炎教授文集.北京:气象出版社,2011.

三、部分科普文章

[1] 梁必骐.暴雨形成的条件.气象,1978,(6).

[2] 梁必骐.瞄准南沙特点,深入进行研究//南沙综合科学考察第二次学术讨论会.广州,1990,2.

[3] 梁必骐.增强减灾意识,加强防灾研究.广东气象,1993,(4).

[4] 梁必骐.加强课程建设,创建一类课程.高教探索,1993,(2).

[5] 梁必骐. 教授谈高校专业——大气科学系//理科热、冷门专业的现状与展望. 广州：中山大学出版社，1995，5.

[6] 梁必骐. 敲响减灾警钟，筑起防灾长城. 深圳读书报，1996，1.

[7] 梁必骐. 珠江三角洲防灾减灾示范区//中国 21 世纪议程广东省实施方案研究报告. 广州：广东经济出版社，1997，4.

[8] 梁必骐，等. 我国大气科学人才培养现状的分析//中山大学本科教学改革论文集》(四). 广州：中山大学出版社，1998，2.

[9] 梁必骐. 《热带气象学》教材特点及其评价//中山大学优秀教学成果汇编. 广州：中山大学出版社，1999，11.

[10] 梁必骐. 面向 21 世纪大气科学人才的需求分析与教改刍议//中山大学本科教学改革论文集. 广州：中山大学出版社，1999，11.

[11] 梁必骐. 减轻极端天气和气候灾害的影响//纪念 2002 年世界气象日：降低极端天气和气候灾害的危害. 2002.

[12] 梁必骐，等. 大气科学志//广东省科学技术志. 广州：广东人民出版社，2002：174-193.

[13] 梁必骐. 自然灾害，人类的天敌. 绿色中国，2005，(2).

[14] 梁必骐. 自然灾害与可持续发展//落实科学发展观的伟大实践. 北京：中国档案出版社，2006.

[15] 梁必骐. 现代城市雨涝呼唤绿地回归. 中国气象报，2010-5-25.

[16] 梁必骐. 暴雨预报究竟难在何处？中国气象报，2010-5-27.

[17] 梁必骐. 北京暴雨之后的反思. 中国气象报，2010-7-30.

[18] 梁必骐. 水资源大省缘何变贫乏省. 中国气象报，2012-3-5.

[19] 梁必骐. 造型各异的回归线标志建筑//北回归线生态文化与历法文明论文集. 广州·从化，2012.

[20] 梁必骐. 北回归带上的沙漠奇观//北回归线生态文化与历法文明论文集. 广州·从化，2012.

[21] 梁必骐. 中国的"回归绿洲"及其成因//北回归线生态文化与历法文明论文集. 广州·从化，2012.

[22] 梁必骐. 北回归线的地理景观文化//北回归线生态文化与历法文明论文集. 广州·从化，2012.

编后语

在我步入八十华诞之际，我的几位学生（温之平教授、王同美副教授和樊琦副教授）为我出版了这本文集，让我有机会将过去发表的部分学术论文汇编成册，了却了科教人生中的一个心愿，心甚欣慰。

本文集从已发表的 130 多篇学术论文中选取了 55 篇，内容包括热带大气环流、热带天气系统、热带气旋、暴雨和自然灾害等方面的研究成果。重点讨论了热带大气环流的分布和变化特征，南海及其附近地区的热带环流系统（热带辐合带、低空越赤道气流、赤道缓冲带、赤道反气旋、南海高压等）和各种热带天气系统（低空急流、中层气旋、季风低压、东风波、热带云团、中尺度系统等）的分布和形成规律、结构特点以及它们对季风、台风、暴雨的作用，给出了热带气旋的活动规律、结构模式及其形成机制，揭示了暴雨和自然灾害的形成规律及其对经济建设的影响。

本文集的出版得到各方的大力支持，中国科学院大气物理研究所曾庆存院士给文集送来了题词，中国气象科学研究院陈隆勋研究员为文集撰写了序言，中山大学大气科学系主任温之平教授为文集写了前言，杨崧教授对文集的出版给予了关心和支持，樊琦副教授为文集的编辑做了许多具体工作，气象出版社黄红丽和林雨晨编辑为文集的编辑出版付出了辛勤劳动。谨在此对他们表示衷心的感谢！

本文集名义上是我的文选，实际上是我同我的同仁和学生的共同作品。为此，我要借此机会对长期同我真诚合作的各位同事和学生致以诚挚的谢意！

由于编辑时间仓促，加之编者水平有限，难免存在错漏或不完善之处，祈望有关专家和读者批评指正。

梁必骐
2015 年 9 月 10 日
于康乐园